N. BOURBAKI

ÉLÉMENTS DE MATHÉMATIQUE

N. BOURBAKI

ÉLÉMENTS DE MATHÉMATIQUE

ALGÈBRE

Chapitres 4 à 7

Springer

Réimpression inchangée de l'édition originale de 1981

ISBN-10 3-540-34398-9 Springer Berlin Heidelberg New York
ISBN-13 978-3-540-34398-1 Springer Berlin Heidelberg New York

Springer est membre du Springer Science+Business Media
springer.com

Maquette de couverture: WMXDesign GmbH Heidelberg
Imprimé sur papier non acide SPIN 12062621 41/3180 – 5 4 3 2 1

Mode d'emploi de ce traité

NOUVELLE ÉDITION

1. Le traité prend les mathématiques à leur début, et donne des démonstrations complètes. Sa lecture ne suppose donc, en principe, aucune connaissance mathématique particulière, mais seulement une certaine habitude du raisonnement mathématique et un certain pouvoir d'abstraction. Néanmoins, le traité est destiné plus particulièrement à des lecteurs possédant au moins une bonne connaissance des matières enseignées dans la première ou les deux premières années de l'Université.

2. Le mode d'exposition suivi est axiomatique et procède le plus souvent du général au particulier. Les nécessités de la démonstration exigent que les chapitres se suivent, en principe, dans un ordre logique rigoureusement fixé. L'utilité de certaines considérations n'apparaîtra donc au lecteur qu'au cours de chapitres ultérieurs, à moins qu'il ne possède déjà des connaissances assez étendues.

3. Le traité est divisé en Livres et chaque Livre en chapitres. Les Livres actuellement publiés, en totalité ou en partie, sont les suivants :

Théorie des Ensembles	désigné par	E
Algèbre	—	A
Topologie générale	—	TG
Fonctions d'une variable réelle	—	FVR
Espaces vectoriels topologiques	—	EVT
Intégration	—	INT
Algèbre commutative	—	AC
Variétés différentielles et analytiques	—	VAR
Groupes et algèbres de Lie	—	LIE
Théories spectrales	—	TS

Dans les *six premiers* Livres (pour l'ordre indiqué ci-dessus), chaque énoncé ne fait appel qu'aux définitions et résultats exposés précédemment dans le chapitre en cours ou dans les chapitres *antérieurs dans l'ordre suivant* : E ; A, chapitres I à III ; TG, chapitres I à III ; A, chapitres IV et suivants ; TG, chapitres IV et suivants ; FVR ; EVT ; INT. A partir du septième Livre, le lecteur trouvera éventuellement, au début de chaque Livre ou chapitre, l'indication précise des autres Livres ou chapitres utilisés (les six premiers Livres étant toujours supposés connus).

4. Cependant, quelques passages font exception aux règles précédentes. Ils sont placés entre deux astérisques : * … *. Dans certains cas, il s'agit seulement de faciliter la compréhension du texte par des exemples qui se réfèrent à des faits que le lecteur peut déjà connaître par ailleurs. Parfois aussi, on utilise, non seulement les résultats supposés connus dans tout le chapitre en cours, mais des résultats démontrés ailleurs dans le traité. Ces passages seront employés librement dans les parties qui supposent connus les chapitres où ces passages sont insérés et les chapitres auxquels ces passages font appel. Le lecteur pourra, nous l'espérons, vérifier l'absence de tout cercle vicieux.

5. A certains Livres (soit publiés, soit en préparation) sont annexés des *fascicules de résultats*. Ces fascicules contiennent l'essentiel des définitions et des résultats du Livre, mais aucune démonstration.

6. L'armature logique de chaque chapitre est constituée par les *définitions*, les *axiomes* et les *théorèmes* de ce chapitre ; c'est là ce qu'il est principalement nécessaire de retenir en vue de ce qui doit suivre. Les résultats moins importants, ou qui peuvent être facilement retrouvés à partir des théorèmes, figurent sous le nom de « propositions », « lemmes », « corollaires », « remarques », etc. ; ceux qui peuvent être omis en première lecture sont imprimés en petits caractères. Sous le nom de « scholie », on trouvera quelquefois un commentaire d'un théorème particulièrement important.

Pour éviter des répétitions fastidieuses, on convient parfois d'introduire certaines notations ou certaines abréviations qui ne sont valables qu'à l'intérieur d'un seul chapitre ou d'un seul paragraphe (par exemple, dans un chapitre où tous les anneaux considérés sont commutatifs, on peut convenir que le mot « anneau » signifie toujours « anneau commutatif »). De telles conventions sont explicitement mentionnées à la tête du chapitre ou du paragraphe dans lequel elles s'appliquent.

7. Certains passages sont destinés à prémunir le lecteur contre des erreurs graves, où il risquerait de tomber ; ces passages sont signalés en marge par le signe ☡ (« tournant dangereux »).

8. Les exercices sont destinés, d'une part, à permettre au lecteur de vérifier qu'il a bien assimilé le texte ; d'autre part à lui faire connaître des résultats qui n'avaient pas leur place dans le texte ; les plus difficiles sont marqués du signe ¶.

9. La terminologie suivie dans ce traité a fait l'objet d'une attention particulière. *On s'est efforcé de ne jamais s'écarter de la terminologie reçue sans de très sérieuses raisons.*

10. On a cherché à utiliser, sans sacrifier la simplicité de l'exposé, un langage rigoureusement correct. Autant qu'il a été possible, les *abus de langage ou de notation*, sans lesquels tout texte mathématique risque de devenir pédantesque et même illisible, ont été signalés au passage.

11. Le texte étant consacré à l'exposé dogmatique d'une théorie, on n'y trouvera qu'exceptionnellement des références bibliographiques ; celles-ci sont groupées dans des *Notes historiques*. La bibliographie qui suit chacune de ces Notes ne comporte le plus souvent que les livres et mémoires originaux qui ont eu le plus d'importance dans l'évolution de la théorie considérée ; elle ne vise nullement à être complète.

Quant aux exercices, il n'a pas été jugé utile en général d'indiquer leur provenance, qui est très diverse (mémoires originaux, ouvrages didactiques, recueils d'exercices).

12. Dans la nouvelle édition, les renvois à des théorèmes, axiomes, définitions, remarques, etc. sont donnés en principe en indiquant successivement le Livre (par l'abréviation qui lui correspond dans la liste donnée au n° 3), le chapitre et la page où ils se trouvent. A l'intérieur d'un même Livre la mention de ce Livre est supprimée ; par exemple, dans le Livre d'Algèbre,

E, III, p. 32, cor. 3

renvoie au corollaire 3 se trouvant au livre de Théorie des Ensembles, chapitre III, page 32 de ce chapitre ;

II, p. 24, prop. 17

renvoie à la proposition 17 du Livre d'Algèbre, chapitre II, page 24 de ce chapitre.

Les fascicules de résultats sont désignés par la lettre R ; par exemple : EVT, R signifie « fascicule de résultats du Livre sur les Espaces vectoriels topologiques ».

Comme certains Livres doivent seulement être publiés plus tard dans la nouvelle édition, les renvois à ces Livres se font en indiquant successivement le Livre, le chapitre, le paragraphe et le numéro où se trouve le résultat en question ; par exemple :

AC, III, § 4, n° 5, cor. de la prop. 6.

CHAPITRE IV

Polynômes et fractions rationnelles

Dans tout ce chapitre, A *désigne un anneau commutatif.*

§ 1. POLYNÔMES

1. Définition des polynômes

Soit I un ensemble. Rappelons (III, p. 25) que l'algèbre commutative libre de I sur A se note $A[(X_i)_{i\in I}]$ ou $A[X_i]_{i\in I}$. Les éléments de cette algèbre sont appelés *polynômes* par rapport aux indéterminées X_i (ou en les indéterminées X_i) à coefficients dans A. Rappelons que l'indéterminée X_i est l'image canonique de i dans l'algèbre commutative libre de I sur A ; il est parfois commode de désigner cette image par une autre notation, telle que X_i', Y_i, T_i, etc. On annonce souvent cette convention par une phrase telle que : « Soit $\mathbf{Y} = (Y_i)_{i\in I}$ une famille d'indéterminées » ; lorsqu'il en est ainsi, on note A[Y] l'algèbre de polynômes considérée. Pour $I = \{1, 2, \ldots, n\}$, on écrit $A[X_1, X_2, \ldots, X_n]$ au lieu de $A[(X_i)_{i\in I}]$.

Pour $\nu \in \mathbf{N}^{(I)}$, posons

$$X^\nu = \prod_{i\in I} X_i^{\nu_i}$$

Alors $(X^\nu)_{\nu\in\mathbf{N}^{(I)}}$ est une base du A-module $A[(X_i)_{i\in I}]$. Les X^ν s'appellent les *monômes* en les indéterminées X_i. Pour $\nu = 0$, on obtient l'élément unité de $A[(X_i)_{i\in I}]$. Tout polynôme $u \in A[(X_i)_{i\in I}]$ s'écrit d'une façon et d'une seule sous la forme

$$u = \sum_{\nu\in\mathbf{N}^{(I)}} \alpha_\nu X^\nu$$

avec $\alpha_\nu \in A$ et les α_ν nuls sauf pour un nombre fini d'indices ; les α_ν s'appellent les *coefficients* de u ; les $\alpha_\nu X^\nu$ s'appellent les *termes* de u (l'élément $\alpha_\nu X^\nu$ étant souvent appelé le terme en X^ν) ; en particulier le terme $\alpha_0 X^0$, identifié à α_0, s'appelle le *terme constant* de u. Lorsque $\alpha_\nu = 0$, on dit, par abus de langage, que *u ne contient pas de terme en* X^ν ; en particulier, quand $\alpha_0 = 0$, on dit que u est un polynôme *sans terme constant* (III, p. 26). On appelle *polynôme constant* tout multiple scalaire de 1.

Soient B un anneau commutatif, et $\rho : A \to B$ un homomorphisme d'anneaux. Considérons $B[(X_i)_{i\in I}]$ comme une A-algèbre grâce à ρ. Alors l'application σ de $A[(X_i)_{i\in I}]$ dans $B[(X_i)_{i\in I}]$ qui transforme $\sum \alpha_\nu X^\nu$ en $\sum \rho(\alpha_\nu)X^\nu$ est un homomorphisme de A-algèbres ; si $u \in A[(X_i)_{i\in I}]$, on note parfois ${}^\rho u$ l'image de u par cet homomorphisme. L'homomorphisme de $B \otimes_A A[(X_i)_{i\in I}]$ dans $B[(X_i)_{i\in I}]$ défini canoniquement par σ transforme, pour tout $i \in I$, $1 \otimes X_i$ en X_i ; c'est un isomorphisme de B-algèbres (III, p. 22).

Soit M un A-module libre de base $(e_i)_{i\in I}$. Il existe un homomorphisme unifère φ et un seul de l'algèbre symétrique $\mathbf{S}(M)$ dans l'algèbre $A[(X_i)_{i\in I}]$ tel que $\varphi(e_i) = X_i$ pour tout $i \in I$, et cet homomorphisme est un isomorphisme (III, p. 75). Cet isomorphisme est dit *canonique*. Cela permet d'appliquer aux algèbres de polynômes certaines propriétés des algèbres symétriques. Par exemple, soit $(I_\lambda)_{\lambda\in L}$ une partition de I. Soit φ_λ l'homomorphisme de $P_\lambda = A[(X_i)_{i\in I_\lambda}]$ dans $P = A[(X_i)_{i\in I}]$ qui transforme X_i (considéré comme élément de P_λ) en X_i (considéré comme élément de P). Alors les φ_λ définissent un homomorphisme de l'algèbre $\bigotimes_{\lambda\in L} P_\lambda$ dans l'algèbre P, et cet homomorphisme est un isomorphisme (III, p. 73, prop. 9).

Soit E un A-module. On pose $E \otimes_A A[(X_i)_{i\in I}] = E[(X_i)_{i\in I}]$. Les éléments du A-module $E[(X_i)_{i\in I}]$ s'appellent polynômes en les indéterminées X_i à coefficients dans E. Un tel polynôme s'écrit d'une façon et d'une seule $\sum_{\nu\in \mathbf{N}^{(I)}} e_\nu \otimes X^\nu$, où $e_\nu \in E$ et où les e_ν sont nuls sauf pour un nombre fini d'indices ; le plus souvent, on écrira $e_\nu X^\nu$ pour $e_\nu \otimes X^\nu$.

2. Degrés

Soit $P = A[(X_i)_{i\in I}]$ une algèbre de polynômes. Pour tout entier $n \in \mathbf{N}$, soit P_n le sous-module de P engendré par les monômes X^ν tels que $|\nu| = \sum_{i\in I} \nu_i$ soit égal à n. Alors $(P_n)_{n\in\mathbf{N}}$ est une graduation qui fait de $A[(X_i)_{i\in I}]$ une *algèbre graduée de type* $\mathbf{N}$ (III, p. 31). Les éléments homogènes de degré n de $A[(X_i)_{i\in I}]$ sont parfois appelés *formes de degré n* par rapport aux indéterminées X_i.

Lorsqu'il sera question de degré de polynômes non homogènes, nous conviendrons généralement d'adjoindre à l'ensemble $\mathbf{N}$ des entiers naturels un élément noté $-\infty$ et de prolonger à $\mathbf{N} \cup \{-\infty\}$ la relation d'ordre et l'addition de $\mathbf{N}$ par les conventions suivantes, où $n \in \mathbf{N}$,

$$-\infty < n\,,\quad (-\infty) + n = n + (-\infty) = -\infty\,,\quad (-\infty) + (-\infty) = -\infty\,.$$

Soit $u = \sum_{\nu\in\mathbf{N}^{(I)}} \alpha_\nu X^\nu$ un polynôme. La composante homogène u_n de degré n de u (pour la graduation de type $\mathbf{N}$ définie ci-dessus) est égale à $\sum_{|\nu| = n} \alpha_\nu X^\nu$, et l'on a évidemment $u = \sum_{n\in\mathbf{N}} u_n$. Lorsque $u \neq 0$, les u_n ne sont pas tous nuls, et l'on appelle *degré* (ou *degré total*) de u, et l'on note $\deg u$, le plus grand des entiers n tels que $u_n \neq 0$; autrement dit (III, p. 26), le degré de u est le plus grand des entiers $|\nu|$ pour les multiindices ν tels que $\alpha_\nu \neq 0$. Lorsque $u = 0$, le degré de u est égal par convention à $-\infty$. Pour tout entier $p \in \mathbf{N}$, la relation $\deg u \leqslant p$ équivaut donc à « $\alpha_\nu = 0$ pour tout multiindice ν tel que $|\nu| > p$ » ; l'ensemble des polynômes u tels que $\deg u \leqslant p$ est donc un sous-A-module de $A[(X_i)_{i \in I}]$, égal à $P_0 + P_1 + \cdots + P_p$ avec les notations ci-dessus.

Soit E un A-module. La famille $(E \otimes P_n)_{n \in \mathbf{N}}$ est une graduation de type $\mathbf{N}$ du module $E[(X_i)_{i \in I}] = E \otimes_A A[(X_i)_{i \in I}]$ des polynômes à coefficients dans E. On étend à ce cas les conventions adoptées plus haut pour le degré des polynômes non homogènes.

PROPOSITION 1. — *Soient u et v deux polynômes.*

(i) *Si* $\deg u \neq \deg v$, *on a*

$$u + v \neq 0 \quad \textit{et} \quad \deg(u + v) = \sup(\deg u, \deg v)\,.$$

Si $\deg u = \deg v$, *on a* $\deg(u + v) \leqslant \deg u$.

(ii) *On a* $\deg(uv) \leqslant \deg u + \deg v$.

Les démonstrations sont immédiates.

Soient $J \subset I$ et $B = A[(X_i)_{i \in I - J}]$. Identifions $A[(X_i)_{i \in I}]$ à $B[(X_i)_{i \in J}]$ (III, p. 26). Le degré de $u \in A[(X_i)_{i \in I}]$, considéré comme élément de $B[(X_i)_{i \in J}]$, s'appelle le degré de u par rapport aux X_i d'indice $i \in J$ (III, p. 27).

Soit $u = \sum_{k=0}^{n} \alpha_k X_k \in A[X]$ un polynôme non nul en une indéterminée, de degré n. Le coefficient α_n, qui est par hypothèse $\neq 0$, s'appelle le *coefficient dominant* de u. Un polynôme $u \neq 0$ dont le coefficient dominant est égal à 1 s'appelle un *polynôme unitaire*.

Dans $A[X_1, X_2, \ldots, X_q]$, le nombre de monômes de degré total p est égal au nombre d'éléments $(n_k)_{1 \leqslant k \leqslant q}$ de $\mathbf{N}^q$ tels que $\sum_{k=1}^{q} n_k = p$, c'est-à-dire à $\binom{q+p-1}{p}$ (E, III, p. 44, prop. 15).

Plus généralement, soient Δ un monoïde commutatif et $(\delta_i)_{i \in I}$ une famille d'éléments de Δ. Il existe une unique graduation de type Δ de l'algèbre $A[(X_i)_{i \in I}]$ telle que chaque monôme X^ν soit de degré $\sum_{i \in I} \nu_i \delta_i$ (III, p. 31, exemple 3). Le cas considéré ci-dessus est celui où $\Delta = \mathbf{N}$ et $\delta_i = 1$. Dans le cas général, pour éviter des confusions, nous utiliserons le mot « poids » au lieu de « degré », et le mot « isobare » au lieu de « homogène ». Par exemple, il existe une unique graduation de type $\mathbf{N}$ de l'algèbre $A[(X_i)_{i \geqslant 1}]$ telle que X_i soit de poids i pour tout entier $i \geqslant 1$. Les éléments isobares de poids n sont les polynômes de la forme $\sum_{\nu} a_\nu X^\nu$ avec $a_\nu = 0$ lorsque $\sum_{i \geqslant 1} i \cdot \nu_i \neq n$.

3. Substitutions

Soient E une algèbre associative unifère sur A, $\mathbf{x} = (x_i)_{i \in \mathrm{I}}$ une famille d'éléments de E deux à deux permutables. Soit $\mathbf{X} = (\mathrm{X}_i)_{i \in \mathrm{I}}$ une famille d'indéterminées. D'après III, p. 22, prop. 7, il existe un unique homomorphisme unifère f de A[**X**] dans E tel que $f(\mathrm{X}_i) = x_i$ pour tout $i \in \mathrm{I}$. L'image d'un élément u de A[**X**] par f se note $u(\mathbf{x})$ et s'appelle *l'élément de* E *déduit par substitution des* x_i *aux* X_i *dans* u, ou *la valeur de* u *pour les valeurs* x_i *des* X_i, ou encore *la valeur de* u *pour* $\mathrm{X}_i = x_i$. En particulier, $u = u((\mathrm{X}_i)_{i \in \mathrm{I}})$. Si $\mathrm{I} = \{1, \ldots, n\}$, on écrit $u(x_1, \ldots, x_n)$ au lieu de $u((x_i)_{i \in \mathrm{I}})$. Plus généralement, si M est un A-module et si v est un élément de

$$\mathrm{M}[(\mathrm{X}_i)_{i \in \mathrm{I}}] = \mathrm{M} \otimes_{\mathrm{A}} \mathrm{A}[(\mathrm{X}_i)_{i \in \mathrm{I}}]\,,$$

on note $v(\mathbf{x})$ l'image de v dans $\mathrm{M} \otimes_{\mathrm{A}} \mathrm{E} = \mathrm{M}_{(\mathrm{E})}$ par l'application $1_{\mathrm{M}} \otimes f$.

Si l'homomorphisme $u \mapsto u(\mathbf{x})$ de A[**X**] dans E est injectif, on dit que la famille **x** est *algébriquement libre* sur A, ou que les x_i sont *algébriquement indépendants* sur A. Cela signifie aussi que les monômes $\mathbf{x}^{\nu}$ ($\nu \in \mathbf{N}^{(\mathrm{I})}$) sont linéairement indépendants sur A.

Si λ est un homomorphisme unifère de E dans une A-algèbre associative unifère E′, on a

$$\lambda(u((x_i)_{i \in \mathrm{I}})) = u((\lambda(x_i)_{i \in \mathrm{I}}))\,, \tag{1}$$

car $\lambda \circ f$ est un homomorphisme de A[**X**] dans E′ qui transforme X_i en $\lambda(x_i)$.

Soit $u \in$ A[**X**]. Si E est commutative, l'application $\mathbf{x} \mapsto u(\mathbf{x})$ de E^{I} dans E s'appelle la *fonction polynomiale* définie par u (et l'algèbre E) ; on la note parfois $\tilde{u}$ (ou même simplement u).

Soit $\mathbf{Y} = (\mathrm{Y}_j)_{j \in \mathrm{J}}$ une autre famille d'indéterminées. Prenons pour E l'algèbre de polynômes A[**Y**]. Soit $u \in$ A[**X**] ; pour $i \in \mathrm{I}$, soit $g_i \in$ A[**Y**] et posons $\mathbf{g} = (g_i)_{i \in \mathrm{I}}$; soit $u(\mathbf{g}) \in$ A[**Y**] le polynôme obtenu par substitution des polynômes g_i aux X_i dans le polynôme u. Soit $\mathbf{y} = (y_j)_{j \in \mathrm{J}}$ une famille d'éléments deux à deux permutables d'une A-algèbre associative unifère E′ ; appliquons (1) en prenant pour λ l'homomorphisme $g \mapsto g(\mathbf{y})$ de E dans E′ ; on obtient :

$$(u(\mathbf{g}))(\mathbf{y}) = u((g_i(\mathbf{y})))\,. \tag{2}$$

Si $\mathbf{f} = (f_i)_{i \in \mathrm{I}} \in (\mathrm{A}[(\mathrm{X}_j)_{j \in \mathrm{J}}])^{\mathrm{I}}$ et $\mathbf{g} = (g_j)_{j \in \mathrm{J}} \in (\mathrm{A}[(\mathrm{Y}_k)_{k \in \mathrm{K}}])^{\mathrm{J}}$, on note $\mathbf{f} \circ \mathbf{g}$, ou $\mathbf{f}(\mathbf{g})$, la famille de polynômes $(f_i(\mathbf{g}))_{i \in \mathrm{I}} \in (\mathrm{A}[(\mathrm{Y}_k)_{k \in \mathrm{K}}])^{\mathrm{I}}$. Si l'on désigne par $\tilde{\mathbf{f}}$ l'application $\mathbf{x} \mapsto (f_i(\mathbf{x}))_{i \in \mathrm{I}}$ de E'^{J} dans E'^{I} (où E′ est une A-algèbre unifère associative et commutative), la relation (2) entraîne

$$(\mathbf{f} \circ \mathbf{g})^{\sim} = \tilde{\mathbf{f}} \circ \tilde{\mathbf{g}}\,. \tag{3}$$

Si $\mathbf{h} = (h_k)_{k \in \mathrm{K}} \in (\mathrm{A}[(\mathrm{Z}_l)_{l \in \mathrm{L}}])^{\mathrm{K}}$, il résulte de (2) que :

$$\mathbf{f} \circ (\mathbf{g} \circ \mathbf{h}) = (\mathbf{f} \circ \mathbf{g}) \circ \mathbf{h}\,. \tag{4}$$

PROPOSITION 2. — *Soit* $\mathbf{a} = (a_i)_{i \in \mathrm{I}}$ *une famille d'éléments de* A *et soit* $u \in \mathrm{A}[\mathbf{X}]$. *Soit* v *le polynôme obtenu par substitution de* $\mathrm{X}_i + a_i$ *à* X_i *pour tout* $i \in \mathrm{I}$. *Le terme constant de* v *est égal à* $u(\mathbf{a})$.

Le terme constant de v est obtenu par la substitution de 0 à X_i dans v pour tout $i \in \mathrm{I}$. La proposition résulte donc de la formule (2).

COROLLAIRE 1. — *Soit* $\mathfrak{m}$ *l'idéal des polynômes* $u \in \mathrm{A}[\mathbf{X}]$ *tels que* $u(\mathbf{a}) = 0$. *Alors* $\mathfrak{m}$ *est engendré par les polynômes* $\mathrm{X}_i - a_i$ *(pour* $i \in \mathrm{I}$*).*

Il est clair qu'on a $\mathrm{X}_i - a_i \in \mathfrak{m}$ pour tout $i \in \mathrm{I}$. Soit $u \in \mathfrak{m}$ et soit v comme dans la proposition 2. Comme v est sans terme constant, il existe une famille à support fini $(\mathrm{P}_i)_{i \in \mathrm{I}}$ de polynômes dans $\mathrm{A}[\mathbf{X}]$ telle que

$$v(\mathbf{X}) = \sum_{i \in \mathrm{I}} \mathrm{X}_i . \mathrm{P}_i(\mathbf{X}) .$$

Substituons $\mathrm{X}_i - a_i$ à X_i pour tout $i \in \mathrm{I}$ dans l'égalité précédente ; on trouve alors une relation de la forme $u(\mathbf{X}) = \sum_{i \in \mathrm{I}} (\mathrm{X}_i - a_i) . \mathrm{P}'_i(\mathbf{X})$, d'où le corollaire.

COROLLAIRE 2. — *Soient* $\mathbf{X} = (\mathrm{X}_i)_{i \in \mathrm{I}}$ *et* $\mathbf{Y} = (\mathrm{Y}_i)_{i \in \mathrm{I}}$ *deux familles d'indéterminées. L'ensemble* $\mathfrak{d}$ *des polynômes* $u \in \mathrm{A}[\mathbf{X}, \mathbf{Y}]$ *tels que* $u(\mathbf{X}, \mathbf{X}) = 0$ *est l'idéal de* $\mathrm{A}[\mathbf{X}, \mathbf{Y}]$ *engendré par les polynômes* $\mathrm{X}_i - \mathrm{Y}_i$ *(pour* $i \in \mathrm{I}$*).*

Ce corollaire résulte immédiatement du cor. 1 où l'on remplace A par $\mathrm{A}[\mathbf{Y}]$ et a_i par Y_i, en interprétant $\mathrm{A}[\mathbf{X}, \mathbf{Y}]$ comme l'anneau des polynômes en les X_i à coefficients dans $\mathrm{A}[\mathbf{Y}]$.

PROPOSITION 3. — *Soient* $u \in \mathrm{A}[\mathbf{X}]$ *et* $\mathbf{X}.\mathrm{Z}$ *la famille* $(\mathrm{X}_i \mathrm{Z})_{i \in \mathrm{I}}$ *d'éléments de l'anneau de polynômes* $\mathrm{A}[\mathbf{X}][\mathrm{Z}]$. *Le coefficient de* Z^k *dans* $u(\mathbf{X}.\mathrm{Z})$ *est la composante homogène de degré* k *de* u, *pour tout entier positif* k.

Il suffit de démontrer la prop. lorsque u est un monôme, auquel cas c'est immédiat.

COROLLAIRE. — *Pour qu'un polynôme* $u \in \mathrm{A}[\mathbf{X}]$ *soit homogène de degré* k, *il faut et il suffit que l'on ait :*

$$u(\mathbf{X}.\mathrm{Z}) = u(\mathbf{X}) . \mathrm{Z}^k .$$

Remarque. — Soit $\mathbf{x} \in \mathrm{A}^{\mathrm{I}}$. Soit f l'application $u \mapsto u(\mathbf{x})$ de $\mathrm{A}[\mathbf{X}]$ dans A. Soit M un A-module. Considérons l'homomorphisme $1 \otimes f$ de $\mathrm{M}[\mathbf{X}] = \mathrm{M} \otimes_{\mathrm{A}} \mathrm{A}[\mathbf{X}]$ dans $\mathrm{M} \otimes_{\mathrm{A}} \mathrm{A} = \mathrm{M}$. Pour tout $v \in \mathrm{M}[\mathbf{X}]$, on a $(1 \otimes f)(v) = v(\mathbf{x})$. Si $v = \sum_{\nu \in \mathbf{N}^{(\mathrm{I})}} e_\nu \mathbf{X}^\nu$, on a $v(\mathbf{x}) = \sum_{\nu \in \mathbf{N}^{(\mathrm{I})}} \mathbf{x}^\nu e_\nu$.

4. Différentielles et dérivations

Soit $B = A[(X_i)_{i \in I}]$. D'après III, p. 134, il existe, pour tout $i \in I$, une A-dérivation D_i de B et une seule telle que

$$D_i X_i = 1 , \quad D_i X_j = 0 \quad \text{pour } j \neq i . \tag{5}$$

Le polynôme $D_i P$ s'appelle *la dérivée partielle de* P *par rapport à* X_i ; on le note aussi $D_{X_i} P$, ou $\frac{\partial P}{\partial X_i}$, ou P'_{X_i}. D'après III, p. 123, formule (21), on a, si $\nu = (\nu_j) \in \mathbf{N}^{(I)}$,

$$D_i(X^\nu) = \begin{cases} \nu_i X_i^{\nu_i - 1} \prod_{j \in I - \{i\}} X_j^{\nu_j} & \text{si } \nu_i > 0 \\ 0 & \text{si } \nu_i = 0 . \end{cases} \tag{6}$$

On déduit de (6) que $D_i D_j = D_j D_i$ quels que soient $i, j \in I$. Pour $\nu = (\nu_i)_{i \in I} \in \mathbf{N}^{(I)}$, on pose $D^\nu = \prod_{i \in I} D_i^{\nu_i}$ et $\nu ! = \prod_{i \in I} (\nu_i !)$. Munissons $\mathbf{N}^{(I)}$ de l'ordre produit. On a

$$D^\nu(X^\mu) = \begin{cases} \dfrac{\mu !}{(\mu - \nu)!} X^{\mu - \nu} & \text{si } \nu \leqslant \mu , \\ 0 & \text{sinon} . \end{cases}$$

Lorsque P est un polynôme en une seule indéterminée X, l'unique dérivée partielle de P se note DP ou $\frac{dP}{dX}$ ou P′, et s'appelle simplement la *dérivée* de P.

Soit à nouveau $B = A[(X_i)_{i \in I}]$. D'après III, p. 134, le B-module $\Omega_A(B)$ des A-différentielles de B admet pour base la famille $(dX_i)_{i \in I}$ des différentielles des X_i. Soit ∂_i la forme coordonnée d'indice i relativement à cette base sur $\Omega_A(B)$. Alors l'application $u \mapsto \langle \partial_i, du \rangle$ de B dans B est une dérivation de B qui transforme X_i en 1 et X_j en 0 pour $j \neq i$, donc est D_i ; autrement dit, on a

$$du = \sum_{i \in I} (D_i u)\, dX_i \tag{7}$$

pour tout $u \in B$. Si I est fini, $(D_i)_{i \in I}$ est une base du B-module des dérivations de B.

PROPOSITION 4. — *Soient* E *une* A-*algèbre associative, commutative et unifère,* $\mathbf{x} = (x_i)_{i \in I}$ *une famille d'éléments de* E, u *un élément de* $A[(X_i)_{i \in I}]$, *et* $y = u(\mathbf{x})$. *Pour toute dérivation* D *de* E *dans un* E-*module, on a*

$$Dy = \sum_{i \in I} (D_i u)(\mathbf{x}) . Dx_i .$$

Il suffit de prouver la proposition quand u est un monôme, et elle résulte alors de (6) et de III, p. 123, prop. 6.

COROLLAIRE. — *Soient* $f \in A[X_1, \ldots, X_p]$ *et* $g_i \in A[Y_1, \ldots, Y_q]$ *pour* $1 \leqslant i \leqslant p$. *Posons* $h = f(g_1, \ldots, g_p)$. *Alors, pour* $1 \leqslant j \leqslant q$, *on a*

$$\frac{\partial h}{\partial Y_j} = \sum_{i=1}^{p} D_i f(g_1, \ldots, g_p) \cdot \frac{\partial g_i}{\partial Y_j}. \tag{8}$$

C'est le cas particulier $E = A[Y_1, \ldots, Y_q]$, $x_i = g_i$ et $D = \partial/\partial Y_j$ de la prop. 4.

Soient $\mathbf{X} = (X_i)_{i \in I}$, $\mathbf{Y} = (Y_i)_{i \in I}$ deux familles disjointes d'indéterminées. Notons $\mathbf{X} + \mathbf{Y}$ la famille $(X_i + Y_i)_{i \in I}$. Soit $u \in A[\mathbf{X}]$. Considérons l'élément $u(\mathbf{X} + \mathbf{Y})$ de $A[\mathbf{X}, \mathbf{Y}]$. Pour $\nu \in \mathbf{N}^{(I)}$, on note $\Delta^\nu u$ le coefficient de $\mathbf{Y}^\nu$ dans $u(\mathbf{X} + \mathbf{Y})$, considéré comme polynôme en les Y_i à coefficients dans $A[\mathbf{X}]$. On a par définition $\Delta^\nu u \in A[\mathbf{X}]$ et

$$u(\mathbf{X} + \mathbf{Y}) = \sum_\nu (\Delta^\nu u)(\mathbf{X})\, \mathbf{Y}^\nu. \tag{9}$$

(Ici et dans la suite de ce numéro, les sommations portent sur l'ensemble d'indices $\mathbf{N}^{(I)}$, sauf mention du contraire.)

Soit $\mathbf{a} \in A^I$. En substituant $\mathbf{a}$ à $\mathbf{X}$ et $\mathbf{X} - \mathbf{a}$ à $\mathbf{Y}$ dans (9), on obtient

$$u(\mathbf{X}) = \sum_\nu (\Delta^\nu u)(\mathbf{a})\, (\mathbf{X} - \mathbf{a})^\nu. \tag{10}$$

En particulier, on a

$$u(\mathbf{X}) = \sum_\nu (\Delta^\nu u)(0)\, \mathbf{X}^\nu. \tag{11}$$

Si $u, v \in A[\mathbf{X}]$, on a

$$\begin{aligned}(uv)(\mathbf{X} + \mathbf{Y}) &= \Big(\sum_\nu (\Delta^\nu u)(\mathbf{X})\, \mathbf{Y}^\nu\Big) \Big(\sum_\rho (\Delta^\rho v)(\mathbf{X})\, \mathbf{Y}^\rho\Big) \\ &= \sum_\sigma \Big[\sum_{\nu+\rho=\sigma} (\Delta^\nu u)(\mathbf{X})\, (\Delta^\rho v)(\mathbf{X})\Big] \mathbf{Y}^\sigma\end{aligned}$$

donc

$$\Delta^\sigma(uv) = \sum_{\nu+\rho=\sigma} (\Delta^\nu u)\,(\Delta^\rho v). \tag{12}$$

Soit $\mathbf{Z} = (Z_i)_{i \in I}$ une autre famille d'indéterminées. On a :

$$\begin{aligned}\sum_\nu (\Delta^\nu u)(\mathbf{X})\, (\mathbf{Y} + \mathbf{Z})^\nu &= u(\mathbf{X} + \mathbf{Y} + \mathbf{Z}) \\ &= \sum_\sigma (\Delta^\sigma u)(\mathbf{X} + \mathbf{Y})\, \mathbf{Z}^\sigma \\ &= \sum_{\rho,\sigma} (\Delta^\rho \Delta^\sigma u)(\mathbf{X})\, \mathbf{Y}^\rho \mathbf{Z}^\sigma,\end{aligned}$$

donc, d'après I, p. 94, corollaire 2 :

$$\Delta^\rho \Delta^\sigma u = \frac{(\rho + \sigma)!}{\rho!\, \sigma!} \Delta^{\rho+\sigma} u. \tag{13}$$

PROPOSITION 5. — *Quels que soient* $u \in A[X]$ *et* $\nu \in \mathbf{N}^{(I)}$, *on a*

$$D^{\nu}u = \nu!\, \Delta^{\nu}u\,.$$

Supposons d'abord que ν soit de longueur 1 ; il existe alors un élément i de I tel que $\nu = \varepsilon_i$, c'est-à-dire $\nu_i = 1$ et $\nu_j = 0$ pour tout $j \neq i$ dans I. La formule (12) montre que Δ^{ε_i} est une dérivation de la A-algèbre A[X], qui annule évidemment X_j pour $j \neq i$ et prend la valeur 1 sur X_i. On a donc $\Delta^{\varepsilon_i} = D_i$ pour tout $i \in I$.

D'après la formule (13), on a

$$(\rho!\,\Delta^{\rho}).(\sigma!\,\Delta^{\sigma}) = (\rho + \sigma)!\,\Delta^{\rho+\sigma} \tag{14}$$

dans l'algèbre des endomorphismes du A-module A[X]. On en déduit $\nu!\,\Delta^{\nu} = D^{\nu}$ par récurrence sur la longueur de ν.

Si A est une **Q**-algèbre, les formules (9), (10), (11) peuvent donc s'écrire

$$u(X + Y) = \sum_{\nu} \frac{1}{\nu!}(D^{\nu}u)(X)\, Y^{\nu} \tag{15}$$

$$u(X) = \sum_{\nu} \frac{1}{\nu!}(D^{\nu}u)(\mathbf{a})\,(X - \mathbf{a})^{\nu} \tag{16}$$

$$u(X) = \sum_{\nu} \frac{1}{\nu!}(D^{\nu}u)(0)\, X^{\nu}\,. \tag{17}$$

Les formules (15), (16), (17) s'appellent toutes trois « *formule de Taylor* ».

PROPOSITION 6 (« identité d'Euler »). — *Soit* $u \in A[X]$ *un polynôme homogène de degré* r. *On a*

$$\sum_{i \in I} X_i . D_i u = ru\,.$$

Soit D l'application A-linéaire de A[X] dans lui-même telle que $D(v) = sv$ quand v est homogène de degré s. On sait (III, p. 119, exemple 6) que D est une dérivation de A[X]. La prop. 6 est donc un corollaire de la prop. 4 (IV, p. 6).

5. Diviseurs de zéro dans un anneau de polynômes

PROPOSITION 7. — *Soient* $f \in A[X]$ *un polynôme non nul en une indéterminée,* α *son coefficient dominant. Si* α *est simplifiable dans* A (*en particulier si* f *est unitaire*), *on a, pour tout élément non nul* g *de* A[X],

$$fg \neq 0 \quad \textit{et} \quad \deg(fg) = \deg f + \deg g\,.$$

Soient $g \in A[X]$ un polynôme non nul, β son coefficient dominant, $n = \deg f$, $p = \deg g$. Alors le coefficient de X^{n+p} dans fg est $\alpha\beta$ donc est non nul, d'où la proposition.

Proposition 8. — *Si* A *est intègre,* $A[(X_i)_{i\in I}]$ *est intègre.*

Soient u, v deux éléments non nuls de $A[(X_i)_{i\in I}]$. Il s'agit de prouver la relation $uv \neq 0$. Or u et v appartiennent à un même anneau $A[(X_j)_{j\in J}]$ où J est une partie finie de I. On peut donc se borner au cas où I est fini et égal à $\{1, 2, \ldots, p\}$. D'autre part, l'anneau $A[X_1, \ldots, X_p]$ est isomorphe à l'anneau des polynômes en X_p à coefficients dans $A[X_1, \ldots, X_{p-1}]$. Par récurrence sur p, on est donc ramené à démontrer la proposition pour A[X], et il suffit alors d'appliquer la proposition 7.

Corollaire 1. — *Si* A *est intègre, et si* u, v *sont des éléments de* $A[(X_i)_{i\in I}]$, *on a* $\deg(uv) = \deg u + \deg v$.

On peut se limiter au cas où u et v sont non nuls. Soient $m = \deg u$, $n = \deg v$. On a

$$u = u_0 + u_1 + \cdots + u_m, \quad v = v_0 + v_1 + \cdots + v_n$$

où u_h (resp. v_h) est la composante homogène de degré h de u (resp. v). Comme $u_m \neq 0$ et $v_n \neq 0$, on a $u_m v_n \neq 0$ (prop. 8). Or $uv = u_m v_n + w$ avec $\deg w < m + n$, d'où le corollaire.

Corollaire 2. — *Si* A *est intègre, les éléments inversibles de* $A[(X_i)_{i\in I}]$ *sont les éléments inversibles de* A.

Cela résulte aussitôt du cor. 1.

Proposition 9. — *Soit* $u \in A[(X_i)_{i\in I}]$. *Pour que* u *soit nilpotent dans l'anneau* $A[(X_i)_{i\in I}]$, *il faut et il suffit que tous ses coefficients soient nilpotents dans l'anneau* A.

Comme dans la démonstration de la prop. 8, on se ramène au cas des polynômes en une variable X. Si tous les coefficients de u sont nilpotents, u est nilpotent (I, p. 95, cor. 3). Supposons u nilpotent non nul, et soit n son degré. Nous raisonnerons par récurrence sur n. Soit α le coefficient dominant de u. Il existe un entier $m > 0$ tel que $u^m = 0$. Le coefficient dominant de u^m est α^m, donc $\alpha^m = 0$. Alors $u - \alpha X^n$ est nilpotent (I, *loc. cit.*), et l'hypothèse de récurrence prouve que tous les coefficients de $u - \alpha X^n$ sont nilpotents. Ainsi, tous les coefficients de u sont nilpotents.

Remarque. — Soient u et v des éléments de $A[(X_i)_{i\in I}]$. On suppose que A est intègre, que v est multiple non nul de u, et que v est homogène. Alors u est homogène. En effet, soit $u' \in A[(X_i)_{i\in I}]$ tel que $v = uu'$; on a $u \neq 0$, $u' \neq 0$; soient

$$u = u_h + u_{h+1} + \cdots + u_k$$

$$u' = u'_{h'} + u'_{h'+1} + \cdots + u'_{k'}$$

les décompositions de u et u' en composantes homogènes, avec $u_h \neq 0$, $u_k \neq 0$, $u'_{h'} \neq 0$, $u'_{k'} \neq 0$. Alors $v = u_h u'_{h'} + u_h u'_{h'+1} + \cdots + u_k u'_{k'}$ et $u_h u'_{h'}$ est homogène non nul de degré $h + h'$, $u_k u'_{k'}$ est homogène non nul de degré $k + k'$ (prop. 8). Comme v est homogène, on a $h + h' = k + k'$, d'où $h = k$, $h' = k'$.

6. Division euclidienne des polynômes à une indéterminée

PROPOSITION 10. — *Soient f et g des éléments non nuls de* A[X] *de degrés respectifs m et n. Soient α_0 le coefficient dominant de f, et* $\mu = \sup(n - m + 1, 0)$. *Il existe $u, v \in$* A[X] *tels que*

$$\alpha_0^\mu g = uf + v\,, \quad \deg v < m\,.$$

Si α_0 est simplifiable dans A, *u et v sont déterminés de manière unique par ces propriétés.*

L'existence de u et v est évidente quand $n < m$ puisqu'on peut alors prendre $u = 0$ et $v = g$. Pour $n \geqslant m$, démontrons-la par récurrence sur n. Soit β le coefficient dominant de g. Si $f = \sum_{k=0}^{m} \alpha_k X^{m-k}$, on peut écrire $\alpha_0^\mu g = \alpha_0^{\mu-1}\beta X^{n-m} f + \alpha_0^{\mu-1} g_1$, où $g_1 \in$ A[X] et $\deg g_1 < n$. D'après l'hypothèse de récurrence, il existe $u_1, v \in$ A[X] tels que $\alpha_0^{\mu-1} g_1 = u_1 f + v$ et $\deg v < m$. Donc

$$\alpha_0^\mu g = (\alpha_0^{\mu-1}\beta X^{n-m} + u_1)\, f + v$$

et il suffit de poser $u = \alpha_0^{\mu-1}\beta X^{n-m} + u_1$.

Supposons que α_0 soit simplifiable dans A, et prouvons l'unicité de u et v. Soient u, $v, u_1, v_1 \in$ A[X] tels que

$$\alpha_0^\mu g = uf + v = u_1 f + v_1\,, \quad \deg v < m\,, \quad \deg v_1 < m\,.$$

On a $(u - u_1)\, f = v_1 - v$ et $\deg(v_1 - v) < m$, donc $u - u_1 = 0$ (IV, p. 8, prop. 7) et par suite $v_1 - v = 0$.

COROLLAIRE (« *division euclidienne des polynômes* »). — *Soient f un élément non nul de* A[X] *dont le coefficient dominant est inversible, et* $m = \deg f$.

(i) *Pour tout $g \in$* A[X], *il existe $u, v \in$* A[X] *tels que*

$$g = uf + v\,, \quad \deg v < m\,.$$

En outre, ces conditions déterminent u et v de manière unique.

(ii) *Les sous-A-modules* $A + AX + \cdots + AX^{m-1}$ *et* fA[X] *de* A[X] *sont supplémentaires dans* A[X].

(iii) *Supposons f non constant et considérons* A[X] *comme un* A[T]*-module au moyen de l'homomorphisme* $u(T) \mapsto u(f(X))$ *de* A[T] *dans* A[X]. *Alors* A[X] *est un* A[T]*-module libre de base* $(1, X, \ldots, X^{m-1})$.

Les assertions (i) et (ii) sont des conséquences immédiates de la prop. 10.

Prouvons (iii). Soit ψ l'homomorphisme $v \mapsto v(f(X), X)$ de A[T, X] dans A[X]. Considérons d'abord A[T, X] comme l'anneau des polynômes en T à coefficients dans A[X] ; le cor. 1 de IV, p. 5, montre que le noyau $\mathfrak{a}$ de ψ est l'idéal $(T - f(X))$ de A[T, X]. Considérons maintenant A[T, X] comme l'anneau des polynômes en X à coefficients dans A[T] ; alors ψ est une application A[T]-linéaire de A[T] [X] dans A[X]. L'assertion (ii) ci-dessus (appliquée au polynôme $f(X) - T$ en X à coefficients dans A[T]) montre que $(1, X, \ldots, X^{m-1})$ est une base d'un A[T]-sous-module de A[T, X] supplémentaire de $\mathfrak{a}$. Comme on a $\psi(X^i) = X^i$ pour tout entier $i \geqslant 0$, on en déduit aussitôt (iii).

Avec les notations de (i), on dit que u est le *quotient* et v le *reste* de la *division euclidienne* de g par f ; pour que le reste soit nul, il faut et il suffit que f divise g.

7. Divisibilité des polynômes à une indéterminée [1]

PROPOSITION 11. — *Soit* K *un corps commutatif.*

(i) *Pour tout idéal non nul* $\mathfrak{a}$ *de* K[X], *il existe un polynôme unitaire* f *dans* K[X], *et un seul, tel que* $\mathfrak{a} = (f)$.

(ii) *Soient* f_1 *et* f_2 *dans* K[X]. *Pour que* $(f_1) = (f_2)$, *il faut et il suffit qu'il existe un élément non nul* λ *de* K *tel que* $f_2 = \lambda f_1$.

Prouvons (ii), la suffisance de la condition énoncée étant claire. Le cas où f_1 et f_2 engendrent l'idéal nul est trivial. Supposons donc que les polynômes non nuls f_1 et f_2 engendrent le même idéal de K[X]. Il existe donc des polynômes u_1 et u_2 tels que $f_1 = u_1 f_2$ et $f_2 = u_2 f_1$; on en déduit $u_1 u_2 = 1$, d'où $\deg u_1 + \deg u_2 = 0$, et par suite $\deg u_2 = 0$. On a donc prouvé que u_2 est un élément non nul de K.

Prouvons (i). Soit dans $\mathfrak{a}$ un polynôme unitaire f de degré le plus petit possible. Étant donné g dans $\mathfrak{a}$, soient u et v le quotient et le reste de la division euclidienne de g par f ; alors $v = g - uf$ appartient à $\mathfrak{a}$ et l'on a $\deg v < \deg f$; si v était non nul, il existerait un élément non nul λ de K tel que λv soit unitaire, et comme λv appartiendrait à $\mathfrak{a}$, ceci contredirait la définition de f. On a donc $\mathfrak{a} = (f)$. L'unicité d'un polynôme unitaire f tel que $\mathfrak{a} = (f)$ résulte de (ii).

PROPOSITION 12. — *Soient* K *un corps commutatif et* f, g *deux éléments de* K[X]. *Pour tout polynôme* d *dans* K[X], *les propriétés suivantes sont équivalentes* :

(i) *Le polynôme* d *divise* f *et* g, *et tout polynôme qui divise à la fois* f *et* g *divise* d.

(ii) *Le polynôme* d *divise* f *et* g, *et il existe deux polynômes* u *et* v *tels que* $d = uf + vg$.

(iii) *On a la relation* $(d) = (f) + (g)$ *entre idéaux de* K[X].

Le polynôme d *est déterminé par ces propriétés, à la multiplication près par un élément non nul de* K. *Si* f *et* g *ne sont pas tous deux nuls, on a* $d \neq 0$ *et le degré de* d *majore le degré de tout polynôme divisant à la fois* f *et* g.

Lorsque f et g sont nuls, chacune des propriétés (i) à (iii) est satisfaite dans le seul cas où $d = 0$, donc elles sont équivalentes. Nous supposerons désormais que f et g ne sont pas tous deux nuls, et nous noterons $\mathfrak{a}$ l'idéal $(f) + (g)$ de K[X].

[1] Le lecteur notera l'analogie entre les résultats de ce numéro et du suivant et les propriétés de divisibilité dans l'anneau **Z** des entiers (I, p. 106). Ils dépendent essentiellement du fait que, dans les anneaux **Z** et K[X], tout idéal est principal, comme nous le verrons au chapitre VII, § 1.

Remarquons que, quels que soient les polynômes u et v dans K[X], les propriétés $(u) \supset (v)$ et « u divise v » sont équivalentes. L'assertion (ii) équivaut donc à « $(d) \supset (f)$ et $(d) \supset (g)$ et $d \in (f) + (g)$ », c'est-à-dire à (iii). Il est clair que (ii) entraîne (i). Supposons enfin (i) satisfaite ; on a $(d) \supset (f)$ et $(d) \supset (g)$, d'où $(d) \supset \mathfrak{a}$; par ailleurs, d'après la prop. 11 (IV, p. 11), il existe un polynôme d_1 tel que $\mathfrak{a} = (d_1)$; comme le polynôme d_1 divise à la fois f et g, il divise d par hypothèse, d'où $(d) \subset \mathfrak{a}$; finalement, on a $(d) = \mathfrak{a}$, c'est-à-dire (iii).

Les autres assertions de la prop. 12 sont des conséquences immédiates de la prop. 11 appliquée à l'idéal $\mathfrak{a} = (f) + (g)$.

DÉFINITION 1. — *Avec les notations de la prop.* 12, *on dit que d est un* plus grand commun diviseur (en abrégé *pgcd*) *de f et g. On dit que f et g sont étrangers, ou premiers entre eux, ou que f est étranger à g, ou premier à g, lorsque* 1 *est un pgcd de f et g.*

Dire que f et g sont étrangers signifie donc qu'il existe des polynômes u et v dans K[X] tels que $uf + vg = 1$.

COROLLAIRE 1. — *Soient d un pgcd de f et g,* K′ *un corps commutatif contenant* K *comme sous-corps. Alors d est un pgcd de f et g considérés comme éléments de* K′[X].

Cela résulte de la prop. 12, (iii).

COROLLAIRE 2. — *Soit d un pgcd de f et g.*

(i) *Si $u \in$* K[X], *du est un pgcd de fu et gu.*

(ii) *Si $v \in$* K[X] *est un diviseur non nul de f et g, d/v est un pgcd de f/v et g/v.*

Cela résulte de la prop. 12, (ii).

COROLLAIRE 3. — *Soit w un diviseur commun de f et g. Pour que w soit un pgcd de f et g, il faut et il suffit que f/w et g/w soient étrangers.*

Cela résulte du cor. 2.

COROLLAIRE 4. — *Soient $f, g, h \in$* K[X]. *Si f divise gh et est étranger à g, alors f divise h.*

En effet, f divise gh et fh ; donc f divise tout pgcd de gh et fh, en particulier h (cor. 2, (i)).

COROLLAIRE 5. — *Soient $f, g \in$* K[X]. *Pour que f et g soient étrangers, il faut et il suffit que l'image canonique de g dans* K[X]/(f) *soit inversible.*

En effet, cette condition signifie qu'il existe $u, v \in$ K[X] tels que $uf + vg = 1$.

COROLLAIRE 6. — *Soient $f, g_1, g_2, \ldots, g_n \in$* K[X]. *Si f est étranger à $g_1, g_2, \ldots, g_n$, alors f est étranger à $g_1 g_2 \ldots g_n$.*

* COROLLAIRE 7. — *Pour que f et g soient étrangers, il faut et il suffit qu'ils n'aient de racines communes dans aucune extension de* K.

En effet, si d est un pgcd de f et g, les racines communes à f et g dans une extension K′ de K sont les racines de d dans K′. Le corollaire résulte donc de V, p. 21, prop. 4. *

8. Polynômes irréductibles

DÉFINITION 2. — *Soit* K *un corps commutatif. On dit que* $f \in \mathrm{K}[\mathrm{X}]$ *est irréductible si* $\deg f \geqslant 1$, *et si f n'est divisible par aucun polynôme g tel que* $0 < \deg g < \deg f$.

Il revient au même de dire que $\deg f \geqslant 1$ et que les seuls diviseurs de f dans K[X] sont les scalaires $\neq 0$ et les produits de f par les scalaires $\neq 0$. Comme la relation $(f) \subset (g)$ signifie que g divise f, on voit que les polynômes irréductibles de K[X] peuvent encore être définis comme les polynômes f tels que l'idéal (f) soit *maximal* (I, p. 99).

Soient $f, g \in \mathrm{K}[\mathrm{X}]$. Si f est irréductible, il est clair que ou bien f et g sont étrangers ou bien f divise g. Si f et g sont irréductibles, ou bien f et g sont étrangers, ou bien chacun est le produit de l'autre par un scalaire $\neq 0$. En particulier, deux polynômes unitaires irréductibles distincts sont étrangers.

PROPOSITION 13. — *Soit* $\mathscr{I}$ *l'ensemble des polynômes unitaires irréductibles de* K[X]. *Soient f un élément non nul de* K[X], α *son coefficient dominant. Il existe une famille* $(v_p)_{p \in \mathscr{I}}$ *à support fini d'entiers positifs, et une seule, telle que l'on ait la décomposition*

$$f = \alpha \prod_{p \in \mathscr{I}} p^{v_p}. \tag{18}$$

Il suffit de prouver la proposition lorsque f est unitaire, c'est-à-dire lorsque $\alpha = 1$. Nous raisonnerons par récurrence sur le degré n de f, le cas $n = 0$ étant trivial. Supposons donc $n \geqslant 1$ et la proposition établie pour tous les polynômes de degré $< n$.

Soit E l'ensemble des polynômes unitaires $\neq 1$ qui divisent f ; on a $f \in \mathrm{E}$, donc E n'est pas vide, et il existe dans E un polynôme g de degré minimum. Il est clair que g est irréductible et qu'il existe un polynôme unitaire h de degré $< n$ tel que $f = gh$; d'après l'hypothèse de récurrence, h est produit d'une famille finie de polynômes unitaires irréductibles, donc f a la même propriété. Ceci prouve l'*existence* de la décomposition (18).

Prouvons maintenant l'*unicité* de la décomposition (18). Soit $(w_p)_{p \in \mathscr{I}}$ une famille à support fini d'entiers positifs, telle que $f = \prod_{p \in \mathscr{I}} p^{w_p}$. Comme f est de degré $n \geqslant 1$, il existe p dans $\mathscr{I}$ tel que $w_p > 0$; si l'on avait $v_p = 0$, alors f serait produit d'une famille finie d'éléments de $\mathscr{I}$ distincts de p, donc serait étranger à p (IV, p. 12, cor. 6) contrairement au fait que p divise f. Par l'hypothèse de récurrence, le polynôme f/p admet une unique décomposition du type (18) ; on en déduit aussitôt l'égalité $w_q = v_q$ pour tout $q \in \mathscr{I}$.

Soit f un polynôme non nul dans K[X]. On dit que f est *sans facteur multiple* si les exposants v_p de la décomposition (18) sont tous $\leqslant 1$; il revient au même de dire que f est le produit d'une suite finie de polynômes irréductibles deux à deux distincts, ou encore que f n'est pas divisible par le carré d'un polynôme non constant de K[X].

§ 2. ZÉROS DES POLYNÔMES

1. Racines d'un polynôme à une indéterminée. Multiplicité

Soit $g \in A[(X_i)_{i\in I}]$ et soit E une A-algèbre associative unifère. Soit $\mathbf{x} = (x_i)_{i\in I}$ une famille d'éléments deux à deux permutables de E. On dit que $\mathbf{x}$ est un *zéro* de g dans E^I si $g(\mathbf{x}) = 0$. Si f est un polynôme par rapport à une seule indéterminée, un zéro de f dans E s'appelle encore une *racine* de f dans E.

PROPOSITION 1. — *Soient $f \in A[X]$ et $\alpha \in A$. Le reste de la division de f par $X - \alpha$ est $f(\alpha)$. Pour que α soit racine de f, il faut et il suffit que $X - \alpha$ soit un diviseur de f dans* A[X].

En effet, soient $u, v \in A[X]$ tels que $f = (X - \alpha)u + v$, et $\deg v < 1$. Alors v est un scalaire, et $f(\alpha) = (\alpha - \alpha)u(\alpha) + v = v$. Cela prouve la première assertion. La deuxième résulte de la première.

PROPOSITION 2. — *Soient $f \in A[X]$, $\alpha \in A$, et h un entier $\geqslant 0$. Les conditions suivantes sont équivalentes* :

(i) *f est divisible par $(X - \alpha)^h$ mais non par $(X - \alpha)^{h+1}$* ;

(ii) *il existe $g \in A[X]$ tel que $f = (X - \alpha)^h g$ et $g(\alpha) \neq 0$.*

(i) ⇒ (ii) : cela résulte aussitôt de la prop. 1.

(ii) ⇒ (i) : supposons que $f = (X - \alpha)^h g$, où g n'admet pas la racine α. Alors f est divisible par $(X - \alpha)^h$. Supposons qu'il existe $g_1 \in A[X]$ tel que $f = (X - \alpha)^{h+1} g_1$, où $g_1 \in A[X]$. Comme $(X - \alpha)^h$ n'est pas diviseur de 0 dans A[X] (IV, p. 8, prop. 7), on a $g = (X - \alpha)\, g_1$, donc $g(\alpha) = 0$, ce qui est absurde.

PROPOSITION 3. — *Soient f un élément non nul de* A[X], *et $\alpha \in A$. Il existe un entier $h \geqslant 0$ et un seul qui satisfait aux conditions* (i) *et* (ii) *de la prop.* 2.

C'est évident sur la condition (i), compte tenu du fait que, si f est divisible par $(X - \alpha)^h$, on a $\deg f \geqslant h$ (IV, p. 8, prop. 7).

DÉFINITION 1. — *Avec les notations précédentes, on dit que α est d'ordre h, ou de multiplicité h, relativement à f.*

Si $h > 0$, on dit aussi que α est racine d'ordre h, ou de multiplicité h, de f. Une racine d'ordre 1 est dite racine simple, une racine d'ordre 2 est dite racine double,... Une racine d'ordre > 1 est dite multiple.

Remarques. — 1) Si $f = 0$, on convient de dire que α est d'ordre $\geqslant h$ relativement à f, quels que soient $\alpha \in A$ et l'entier $h \geqslant 0$. Quels que soient $f \in A[X]$ et $\alpha \in A$, dire que α est d'ordre $\geqslant h$ relativement à f signifie que $(X - \alpha)^h$ divise f.

2) Soit B un anneau commutatif contenant A comme sous-anneau. Soient $f \in A[X]$ non nul et $\alpha \in A$. L'ordre de α relativement à f est le même, que l'on considère f comme élément de B[X] ou comme élément de A[X]. C'est évident sur la condition (ii) de la prop. 2.

PROPOSITION 4. — *Soient f et g des éléments non nuls de* A[X]. *Soit* $\alpha \in A$, *et soient p et q les ordres de* α *relativement à f et g.*

(i) *L'ordre de* α *relativement à* $f + g$ *est* $\geqslant \inf(p, q)$. *Il est égal à* $\inf(p, q)$ *si* $p \neq q$.

(ii) *L'ordre de* α *relativement à fg est* $\geqslant p + q$. *Il est égal à* $p + q$ *si* A *est intègre.*

En effet, on a $f(X) = (X - \alpha)^p f_1(X)$, $g(X) = (X - \alpha)^q g_1(X)$ avec $f_1(\alpha) \neq 0$, $g_1(\alpha) \neq 0$. Supposons par exemple que $p \leqslant q$; on a alors

$$f(X) + g(X) = (X - \alpha)^p(f_1(X) + (X - \alpha)^{q-p} g_1(X)),$$

et, si $p < q$, α n'est pas racine de $f_1(X) + (X - \alpha)^{q-p} g_1(X)$; cela prouve (i). D'autre part, on a $f(X)\, g(X) = (X - \alpha)^{p+q} f_1(X)\, g_1(X)$, et $f_1(\alpha)\, g_1(\alpha) \neq 0$ si A est intègre ; cela prouve (ii).

PROPOSITION 5. — *Supposons* A *intègre. Soient f un élément non nul de* A[X], $\alpha_1, \ldots, \alpha_p$ *des racines de f dans* A *deux à deux distinctes, d'ordres* $k_1, \ldots, k_p$. *On a*

$$f(X) = (X - \alpha_1)^{k_1}(X - \alpha_2)^{k_2} \ldots (X - \alpha_p)^{k_p} g(X)$$

où $g \in A[X]$ *et où* $\alpha_1, \ldots, \alpha_p$ *ne sont pas racines de g.*

Procédons par récurrence sur p, la proposition étant évidente pour $p = 1$ en vertu de la déf. 1. Supposons donc qu'on ait $f(X) = g_1(X)\, g_2(X)$, où

$$g_1(X) = (X - \alpha_1)^{k_1} \ldots (X - \alpha_{p-1})^{k_{p-1}}, \quad g_2(X) \in A[X].$$

Comme A est intègre et que α_p est distinct de $\alpha_1, \ldots, \alpha_{p-1}$, alors α_p n'est pas racine de $g_1(X)$, donc α_p est racine d'ordre k_p de $g_2(X)$ (prop. 4, (ii)). Par suite, $g_2(X)$ est divisible par $(X - \alpha_p)^{k_p}$, et par conséquent

$$f(X) = (X - \alpha_1)^{k_1} \ldots (X - \alpha_p)^{k_p} g(X)$$

où $g(X) \in A[X]$. Il est clair que $\alpha_1, \ldots, \alpha_p$ ne sont pas racines de g.

THÉORÈME 1. — *Supposons* A *intègre. Soient f un élément non nul de* A[X], *n son degré. La somme des ordres de toutes les racines de f dans* A *est* $\leqslant n$.

Cela résulte aussitôt de la prop. 5.

COROLLAIRE. — *On suppose* A *intègre. Soient* $f, g \in A[X]$, *de degrés* $\leqslant n$. *S'il existe* $n + 1$ *éléments* $x_1, \ldots, x_{n+1}$ *de* A, *deux à deux distincts, tels que* $f(x_i) = g(x_i)$ *pour* $1 \leqslant i \leqslant n + 1$, *on a* $f = g$.

Il suffit d'appliquer le th. 1 à $f - g$.

PROPOSITION 6 (formule d'interpolation de Lagrange). — *Soient* K *un corps commutatif*, $\alpha_1, \alpha_2, \ldots, \alpha_n$ *des éléments distincts de* K, *et* $\beta_1, \beta_2, \ldots, \beta_n$ *des éléments de* K. *Pour* $i = 1, 2, \ldots, n$, *posons*

$$f_i(X) = \prod_{j \in U(i)} (X - \alpha_j)/(\alpha_i - \alpha_j),$$

où U(*i*) *est l'ensemble des entiers j tels que* $j \neq i$ *et* $1 \leqslant j \leqslant n$. *Alors* $\beta_1 f_1 + \cdots + \beta_n f_n$ *est l'unique élément f de* K[X] *tel que* $\deg f < n$ *et* $f(\alpha_i) = \beta_i$ *pour* $1 \leqslant i \leqslant n$.

L'unicité de f résulte du cor. du th. 1. Soit $f = \beta_1 f_1 + \cdots + \beta_n f_n$. Comme f_i est de degré $n - 1$, on a $\deg f < n$. D'autre part, $f_i(\alpha_j) = 0$ pour $j \neq i$, et $f_i(\alpha_i) = 1$. Donc $f(\alpha_i) = \beta_i$ pour $1 \leqslant i \leqslant n$.

COROLLAIRE. — *Supposons* A *intègre. Soit* $f \in A[X]$, *de degré* $< n$, *et soit* K *un sous-anneau de* A *qui est un corps. S'il existe n éléments* $\alpha_1, \ldots, \alpha_n$ *de* A, *distincts, et tels que* $\alpha_i \in K$ *et* $f(\alpha_i) \in K$ *pour* $i = 1, \ldots, n$, *alors* $f \in K[X]$.

2. Critère différentiel pour la multiplicité d'une racine

PROPOSITION 7. — *Soient* $f \in A[X]$, *et* $\alpha \in A$ *une racine de f. Pour que* α *soit racine simple de f, il faut et il suffit que* α *ne soit pas racine de la dérivée* D*f de f.*

Par hypothèse, on a $f = (X - \alpha)\, g$, où $g \in A[X]$. Pour que α soit racine simple de f, il faut et il suffit que $g(\alpha) \neq 0$. Or, on a $Df = g + (X - \alpha)\, Dg$, d'où $(Df)(\alpha) = g(\alpha)$.

Plus généralement :

PROPOSITION 8. — *Soient* $f \in A[X]$, *et* $\alpha \in A$. *Supposons que* α *soit d'ordre* $k \geqslant 1$ *relativement à f. Alors* α *est d'ordre* $\geqslant k - 1$ *relativement à* D*f. Si* $k.1$ *est simplifiable dans* A, *alors* α *est d'ordre* $k - 1$ *relativement à* D*f.*

Par hypothèse, il existe $g \in A[X]$ tel que $f = (X - \alpha)^k g$ et $g(\alpha) \neq 0$. Alors $Df = k(X - \alpha)^{k-1} g + (X - \alpha)^k Dg = (X - \alpha)^{k-1}(kg + (X - \alpha)\, Dg)$, ce qui établit la première partie de la proposition. La valeur de $kg + (X - \alpha)\, Dg$ pour $X = \alpha$ est $kg(\alpha)$, donc est non nulle si $k.1$ est simplifiable dans A ; cela prouve la deuxième partie de la proposition.

Soit k un entier > 0 tel que $k.1 = 0$ dans A. Soit $f(X) = X^k \in A[X]$. Alors 0 est racine d'ordre k de f, et racine d'ordre arbitrairement grand de Df.

COROLLAIRE. — *Soient* $f \in A[X]$, $\alpha \in A$, *et p un entier* $\geqslant 0$. *On suppose que* $p!.1$ *est simplifiable dans* A. *Alors, pour que* α *soit racine d'ordre p de f, il faut et il suffit que* α *soit racine de f,* D*f*, ..., $D^{p-1}f$, *et ne soit pas racine de* $D^p f$.

Cela résulte de la prop. 8 par récurrence sur p.

3. Fonctions polynomiales sur un anneau intègre infini

PROPOSITION 9. — *On suppose* A *intègre. Soient* I *un ensemble,* $(H_i)_{i \in I}$ *une famille de parties infinies de* A, *et* $H = \prod_{i \in I} H_i \subset A^I$. *Soit f un élément non nul de* $A[(X_i)_{i \in I}]$. *Soit* H_f *l'ensemble des* $\mathbf{x} \in H$ *tels que* $f(\mathbf{x}) \neq 0$. *Alors* H *et* H_f *sont équipotents.*

a) Supposons d'abord I fini et soit $n = \text{Card}\, I$. La proposition est évidente pour $n = 0$, et nous la démontrerons par récurrence sur n. Choisissons un élément i_0 de I, et soient $J = I - \{i_0\}$, $B = A[(X_i)_{i \in J}]$. Comme $f \neq 0$, on peut écrire

$f = \sum_{k=0}^{m} g_k X_{i_0}^k$ où $g_0, \dots, g_m \in B$, et $g_m \neq 0$. D'après l'hypothèse de récurrence, l'ensemble K des $\mathbf{x} \in \prod_{i \in J} H_i$ tels que $g_m(\mathbf{x}) \neq 0$ est équipotent à $\prod_{i \in J} H_i$. Pour $\mathbf{x} \in K$, le polynôme

$$h(X_{i_0}) = \sum_{k=0}^{m} g_k(\mathbf{x})\, X_{i_0}^k \in A[X_{i_0}]$$

est non nul. D'après le th. 1 (IV, p. 15), l'ensemble des $\alpha \in H_{i_0}$ tels que $h(\alpha) \neq 0$ est équipotent à H_{i_0}, d'où

$$\operatorname{Card} H \geqslant \operatorname{Card} H_f \geqslant (\operatorname{Card} K).(\operatorname{Card} H_{i_0}) = \operatorname{Card} H\,,$$

et par suite $\operatorname{Card} H = \operatorname{Card} H_f$.

b) Dans le cas général, il existe une partie finie I′ de I telle que $f \in A[(X_i)_{i \in I'}]$. Soit H'_f l'ensemble des $\mathbf{x} \in \prod_{i \in I'} H_i$ tels que $f(\mathbf{x}) \neq 0$. Alors $H_f = H'_f \times (\prod_{i \in I - I'} H_i)$, et il suffit d'appliquer à H'_f la première partie de la démonstration.

COROLLAIRE 1. — *On conserve les hypothèses et les notations de la prop.* 9. *Si* I *est non vide*, H_f *est infini.*

COROLLAIRE 2. — *On suppose que* A *est intègre et infini ou que* A *est une algèbre sur un corps infini. Pour tout* $f \in A[(X_i)_{i \in I}]$, *soit* $\tilde{f} : A^I \to A$ *la fonction polynomiale définie par* f (IV, p. 4). *Alors l'application* $f \mapsto \tilde{f}$ *est injective.*

Lorsque A est intègre infini, le corollaire résulte aussitôt de la prop. 9. Supposons que A soit une algèbre sur un corps infini k. Soit $f = \sum_{\nu \in \mathbf{N}^{(I)}} \alpha_\nu X^\nu$ un élément non nul de $A[(X_i)_{i \in I}]$. Il existe un $\nu_0 \in \mathbf{N}^{(I)}$ tel que $\alpha_{\nu_0} \neq 0$, et une forme k-linéaire φ sur A telle que $\varphi(\alpha_{\nu_0}) \neq 0$. Soit $g = \sum_{\nu \in \mathbf{N}^{(I)}} \varphi(\alpha_\nu)\, X^\nu \in k[(X_i)_{i \in I}]$. On a $g \neq 0$, donc il existe un $\mathbf{x} \in k^I$ tel que $g(\mathbf{x}) \neq 0$. Alors $\varphi(f(\mathbf{x})) = g(\mathbf{x}) \neq 0$, donc $f(\mathbf{x}) \neq 0$.

Lorsque A est intègre infini, ou lorsque A est une algèbre sur un corps infini, on identifie le plus souvent f à $\tilde{f}$.

Supposons A fini. Soit $f(X) = \prod_{\alpha \in A} (X - \alpha)$. Alors $f \neq 0$ mais $\tilde{f} = 0$. Pour d'autres exemples, cf. IV, p. 84, exerc. 7 et 8.

THÉORÈME 2 (principe du prolongement des identités algébriques). — *Supposons* A *intègre et infini. Soient* $g_1, \dots, g_m, f$ *des éléments de* $A[(X_i)_{i \in I}]$. *On fait les hypothèses suivantes :*

a) $g_1 \neq 0, \dots, g_m \neq 0$;

b) *pour tout* $\mathbf{x} \in A^I$ *tel que* $g_1(\mathbf{x}) \neq 0, \dots, g_m(\mathbf{x}) \neq 0$, *on a* $f(\mathbf{x}) = 0$.

Alors $f = 0$.

En effet, si $f \neq 0$, on a $f g_1 \dots g_m \neq 0$ (IV, p. 9, prop. 8), donc il existe $\mathbf{x} \in A^I$ tel que $f(\mathbf{x})\, g_1(\mathbf{x}) \dots g_m(\mathbf{x}) \neq 0$ (IV, p. 17, cor. 2), ce qui contredit l'hypothèse.

Scholie. — Soient A un anneau intègre et $f \in A[(X_i)_{i \in I}]$. Le th. 2 fournit un moyen commode pour prouver que $f = 0$. Il suffit de considérer un anneau intègre infini E contenant A comme sous-anneau ; si l'on démontre que $f((x_i)) = 0$ pour tout $(x_i) \in E^I$ (ou seulement pour les $(x_i) \in E^I$ qui n'annulent pas un nombre fini de polynômes donnés non nuls), il en résulte que $f = 0$. Si A lui-même n'est pas infini, on peut par exemple prendre pour E l'anneau A[X] ou son corps des fractions.

Une fois démontrée la relation $f = 0$, on en déduit évidemment $f((y_i)) = 0$ pour tout $(y_i) \in F^I$, où F est une A-algèbre unifère associative et commutative quelconque ; en particulier, F peut être finie ou non intègre.

En d'autres termes, la démonstration de l'identité $f((x_i)) = 0$ lorsque les x_i parcourent un anneau intègre infini contenant A comme sous-anneau (avec éventuellement la restriction que $g_k((x_i)) \neq 0$ pour $1 \leqslant k \leqslant m$, les g_k étant des polynômes non nuls) entraîne la même identité lorsque les x_i parcourent une A-algèbre unifère associative et commutative quelconque.

En particulier, soit $f \in \mathbf{Z}[(X_i)]$. Si $f((x_i)) = 0$ lorsque les x_i parcourent $\mathbf{Z}$ (avec éventuellement la restriction que $g_k((x_i)) \neq 0$ pour $1 \leqslant k \leqslant m$, les g_k étant des éléments non nuls de $\mathbf{Z}[(X_i)]$), on a la même identité lorsque les x_i parcourent un anneau commutatif quelconque.

§ 3. FRACTIONS RATIONNELLES

1. Définition des fractions rationnelles

DÉFINITION 1. — *Soient* K *un corps commutatif,* I *un ensemble. Le corps des fractions* (I, p. 110) *de l'anneau intègre* $K[(X_i)_{i \in I}]$ *se note* $K((X_i)_{i \in I})$ *ou* $K(X_i)_{i \in I}$. *Ses éléments s'appellent les fractions rationnelles à coefficients dans* K *par rapport aux indéterminées* X_i.

Pour $I = \{1, 2, \ldots, n\}$, on écrit $K(X_1, X_2, \ldots, X_n)$ au lieu de $K((X_i)_{i \in I})$.

Soient A un anneau intègre, K son corps des fractions. L'anneau $A[(X_i)_{i \in I}]$ s'identifie à un sous-anneau de $K[(X_i)_{i \in I}]$, donc de $K((X_i)_{i \in I})$. Pour tout $f \in K[(X_i)_{i \in I}]$, il existe un élément non nul α de A tel que $\alpha f \in A[(X_i)_{i \in I}]$. Donc, tout élément de $K((X_i)_{i \in I})$ peut se mettre sous la forme u/v, où $u, v \in A[(X_i)_{i \in I}]$, $v \neq 0$. Donc $K((X_i)_{i \in I})$ s'identifie au corps des fractions de $A[(X_i)_{i \in I}]$.

Soient maintenant K un corps commutatif, I un ensemble et $J \subset I$. Posons $B = K[(X_i)_{i \in J}]$. Alors $K[(X_i)_{i \in I}] = B[(X_i)_{i \in I - J}]$. D'après ce qui précède, $K((X_i)_{i \in I})$ s'identifie à $K'((X_i)_{i \in I - J})$, où $K' = K((X_i)_{i \in J})$.

2. Degrés

Soit K un corps commutatif. Pour tout élément r de $K((X_i)_{i \in I})$, il existe $u, v \in K[(X_i)_{i \in I}]$ tels que $v \neq 0$ et $r = \dfrac{u}{v}$. La relation $\dfrac{u}{v} = \dfrac{u_1}{v_1}$ où $v \neq 0$, $v_1 \neq 0$, équivaut à $uv_1 = vu_1$; si $r \neq 0$, on a $u \neq 0$ et $u_1 \neq 0$ et alors $\deg u + \deg v_1 = \deg v + \deg u_1$ (IV, p. 9), ou encore $\deg u - \deg v = \deg u_1 - \deg v_1$. L'entier rationnel $\deg u - \deg v$ ne dépend donc que de r ; on dit que c'est le *degré*, ou le *degré total* de r. On le note $\deg r$. On convient que $\deg 0 = -\infty$. Si $J \subset I$, on définit de même le degré par rapport aux X_j d'indices $j \in J$. Lorsque r est un polynôme, ces notions coïncident avec celles qu'on a définies en IV, p. 3.

PROPOSITION 1. — *Soient r, s deux fractions rationnelles.*

(i) *Si* $\deg r \neq \deg s$, *on a*

$$r + s \neq 0 \quad et \quad \deg(r + s) = \sup(\deg r, \deg s)\,.$$

Si $\deg r = \deg s$, *on a* $\deg(r + s) \leqslant \deg r$.

(ii) *On a* $\deg(rs) = \deg r + \deg s$.

On peut se limiter au cas où r et s sont non nuls.

Écrivons $r = \dfrac{u}{v}$, $s = \dfrac{w}{z}$, où u, v, w, z sont des polynômes non nuls. On a $rs = \dfrac{uw}{vz}$, donc

$$\deg(rs) = \deg(uw) - \deg(vz) = \deg u - \deg v + \deg w - \deg z = \deg r + \deg s\,.$$

D'autre part, on a $r + s = \dfrac{uz + vw}{vz}$. Supposons $\deg r \neq \deg s$; autrement dit, $\deg u + \deg z \neq \deg w + \deg v$. Alors $uz + wv \neq 0$, et

$$\begin{aligned}\deg(r + s) &= \deg(uz + wv) - \deg(vz) \\ &= \sup(\deg(uz), \deg(wv)) - \deg(vz) \\ &= \sup(\deg(uz) - \deg(vz), \deg(wv) - \deg(vz)) \\ &= \sup(\deg r, \deg s)\,.\end{aligned}$$

Supposons $\deg r = \deg s$, c'est-à-dire $\deg u + \deg z = \deg w + \deg v$. Si $r + s \neq 0$, on a

$$\begin{aligned}\deg(r + s) &= \deg(uz + wv) - \deg(vz) \\ &\leqslant \deg(uz) - \deg(vz) = \deg r\,.\end{aligned}$$

* L'application $r \mapsto -\deg r$ est donc une valuation discrète sur le corps $K((X_i)_{i \in I})$. *

3. Substitutions

Soient K un corps commutatif, E une K-algèbre associative unifère, $\mathbf{x} = (x_i)_{i \in I}$ une famille d'éléments de E deux à deux permutables. Soient $B = K[(X_i)_{i \in I}]$ et $S_{\mathbf{x}}$ l'ensemble des $v \in B$ non nuls tels que $v(\mathbf{x})$ soit inversible dans E. Soient $u \in B$, $v \in S_{\mathbf{x}}$, et $f = \frac{u}{v} \in \mathrm{K}((\mathrm{X}_i)_{i \in \mathrm{I}})$. L'élément $u(\mathbf{x})\, v(\mathbf{x})^{-1} = v(\mathbf{x})^{-1} u(\mathbf{x})$ est défini dans E ; en outre, si u_1 et v_1 sont deux polynômes tels que $f = \frac{u_1}{v_1}$ et $v_1 \in \mathrm{S}_\mathbf{x}$, on a $uv_1 = u_1 v$, donc $u(\mathbf{x})\, v_1(\mathbf{x}) = u_1(\mathbf{x})\, v(\mathbf{x})$, donc

$$u(\mathbf{x})\, v(\mathbf{x})^{-1} = u_1(\mathbf{x})\, v_1(\mathbf{x})^{-1} .$$

Soit $f \in \mathrm{K}((\mathrm{X}_i)_{i \in \mathrm{I}})$. S'il existe *au moins un couple* (u, v) tel que $f = \frac{u}{v}$ et $v \in \mathrm{S}_\mathbf{x}$, on dit que $\mathbf{x}$ est *substituable* dans f ; l'élément $u(\mathbf{x})\, v(\mathbf{x})^{-1}$, qui ne dépend que de f et $\mathbf{x}$, se note alors $f(\mathbf{x})$ ou $f((x_i))$ ou $f((x_i)_{i \in \mathrm{I}})$.

PROPOSITION 2. — *Soient* K *un corps commutatif,* E *une* K-*algèbre associative unifère,* $\mathbf{x} = (x_i)_{i \in \mathrm{I}}$ *une famille d'éléments de* E *deux à deux permutables. L'ensemble* $\mathrm{S}_\mathbf{x}^{-1}\mathrm{B}$ *des* $f \in \mathrm{K}((\mathrm{X}_i)_{i \in \mathrm{I}})$ *telles que* $\mathbf{x}$ *soit substituable dans* f *est une sous-*K*-algèbre de* $\mathrm{K}((\mathrm{X}_i)_{i \in \mathrm{I}})$. *L'application* $f \mapsto f(\mathbf{x})$ *est un homomorphisme unifère* φ *de* $\mathrm{S}_\mathbf{x}^{-1}\mathrm{B}$ *dans* E. *L'image* $\varphi(\mathrm{S}_\mathbf{x}^{-1}\mathrm{B})$ *est l'ensemble des* yz^{-1} *où* y *parcourt la sous-algèbre unifère* $\mathrm{K}[\mathbf{x}]_\mathrm{E}$ *de* E *engendrée par la famille* $\mathbf{x}$ *et où* z *parcourt l'ensemble des éléments inversibles de* $\mathrm{K}[\mathbf{x}]_\mathrm{E}$.

Soient $f_1 = \frac{u_1}{v_1}$, $f_2 = \frac{u_2}{v_2}$ deux éléments de $\mathrm{K}((\mathrm{X}_i)_{i \in \mathrm{I}})$ tels que $v_1, v_2 \in \mathrm{S}_\mathbf{x}$. On a $f_1 + f_2 = \frac{u_1 v_2 + u_2 v_1}{v_1 v_2}$, $f_1 f_2 = \frac{u_1 u_2}{v_1 v_2}$, et $v_1 v_2 \in \mathrm{S}_\mathbf{x}$. Donc $\mathrm{S}_\mathbf{x}^{-1}\mathrm{B}$ est une sous-K-algèbre de $\mathrm{K}((\mathrm{X}_i)_{i \in \mathrm{I}})$. Le reste de la proposition est évident.

COROLLAIRE. — *Soient* L *un corps commutatif,* K *un sous-corps de* L, $\mathbf{x} = (x_i)_{i \in \mathrm{I}}$ *une famille d'éléments de* L, M *l'ensemble des* x_i, U *l'ensemble des* $f \in \mathrm{K}((\mathrm{X}_i)_{i \in \mathrm{I}})$ *telles que* $\mathbf{x}$ *soit substituable dans* f, φ *l'homomorphisme* $f \mapsto f(\mathbf{x})$ *de* U *dans* L. *Alors* $\varphi(\mathrm{U})$ *est le sous-corps de* L *engendré par* $\mathrm{K} \cup \mathrm{M}$.

Soit L′ le sous-corps de L engendré par $\mathrm{K} \cup \mathrm{M}$. On a

$$\mathrm{K} \cup \mathrm{M} \subset \varphi(\mathrm{U}) \subset \mathrm{L}'$$

et $\varphi(\mathrm{U})$ est un sous-anneau de L. La prop. 2 entraîne que $\varphi(\mathrm{U})$ est un sous-corps de L, d'où $\varphi(\mathrm{U}) = \mathrm{L}'$.

Soit $f \in \mathrm{K}((\mathrm{X}_i)_{i \in \mathrm{I}})$. Soit $(g_i)_{i \in \mathrm{I}}$ une famille d'éléments de $\mathrm{K}((\mathrm{Y}_l)_{l \in \mathrm{L}})$. Si (g_i) est substituable dans f, $f((g_i))$ est un élément de $\mathrm{K}((\mathrm{Y}_l)_{l \in \mathrm{L}})$. En particulier, $(\mathrm{X}_i)_{i \in \mathrm{I}}$ est substituable dans f, et $f = f((\mathrm{X}_i)_{i \in \mathrm{I}})$.

PROPOSITION 3. — *Soit* E *une algèbre sur* K, *associative, commutative, unifère et non nulle. Soit* $f \in \mathrm{K}((\mathrm{X}_i)_{i \in \mathrm{I}})$. *Pour tout* $i \in \mathrm{I}$, *soit* $g_i \in \mathrm{K}((\mathrm{Y}_l)_{l \in \mathrm{L}})$. *Soit* $\mathbf{y} = (y_l)_{l \in \mathrm{L}}$ *une famille d'éléments de* E. *On suppose que* $\mathbf{y}$ *est substituable dans chaque* g_i, *et que* $(g_i(\mathbf{y}))_{i \in \mathrm{I}}$ *est substituable dans* f. *Alors* :

(i) $(g_i)_{i\in I}$ *est substituable dans* f ;

(ii) *si l'on note* h *l'élément* $f((g_i))$ *de* $K((Y_l)_{l\in L})$, *alors* $\mathbf{y}$ *est substituable dans* h, *et* $h(\mathbf{y}) = f((g_i(\mathbf{y})))$.

On peut supposer I fini. Par hypothèse, pour tout $i \in I$, g_i peut se mettre sous la forme p_i/q_i, où $p_i, q_i \in K[(Y_l)_{l\in L}]$ et $q_i(\mathbf{y})$ est inversible dans E. De même, f peut se mettre sous la forme u/v, où $u, v \in K[(X_i)_{i\in I}]$ et $v((g_i(\mathbf{y})))$ est inversible. Soit $m = \sup(\deg u, \deg v)$. Soient $w = \prod_{i\in I} q_i \in K[(Y_l)_{l\in L}]$, $u_1 = u((g_i))\, w^m$, $v_1 = v((g_i))\, w^m$. Le polynôme u est combinaison K-linéaire de monômes $\prod_{i\in I} X_i^{\nu_i}$ tels que $\sum_{i\in I} \nu_i \leqslant m$. On a $w^m \prod_{i\in I} g_i^{\nu_i} = w^m(\prod_{i\in I} p_i^{\nu_i})(\prod_{i\in I} q_i^{\nu_i})^{-1} \in K[(Y_l)_{l\in L}]$ d'après le choix de m. Donc $u_1 \in K[(Y_l)_{l\in L}]$ et de même $v_1 \in K[(Y_l)_{l\in L}]$. De plus, $v_1(\mathbf{y}) = (w(\mathbf{y}))^m v((g_i(\mathbf{y})))$ est inversible. Donc $v_1 \neq 0$ parce que $E \neq 0$, et par suite $v((g_i)) \neq 0$. La famille (g_i) est donc substituable dans f. En outre on a $f((g_i)) = u_1/v_1$, donc $\mathbf{y}$ est substituable dans $h = f((g_i))$, et $h(\mathbf{y}) = u_1(\mathbf{y})/v_1(\mathbf{y}) = u((g_i(\mathbf{y})))/v((g_i(\mathbf{y}))) = f((g_i(\mathbf{y})))$.

Soient K un corps commutatif, E une K-algèbre commutative, associative et unifère. Soit $f \in K((X_i)_{i\in I})$. Soit T_f l'ensemble des $\mathbf{x} = (x_i)_{i\in I} \in E^I$ qui sont substituables dans f. L'application $\mathbf{x} \mapsto f(\mathbf{x})$ de T_f dans E s'appelle la *fonction rationnelle* associée à f (et à E) ; on la note parfois $\tilde{f}$. Si $g \in K((X_i)_{i\in I})$, on a $T_f \cap T_g \subset T_{f+g}$, $T_f \cap T_g \subset T_{fg}$; la fonction rationnelle associée à $f + g$ (resp. fg) est donc définie sur $T_f \cap T_g$, et a même valeur dans cet ensemble que la fonction $\tilde{f} + \tilde{g}$ (resp. $\tilde{f}\tilde{g}$). Soit T'_f l'ensemble des $\mathbf{x} \in T_f$ tels que $f(\mathbf{x})$ soit inversible ; si $\mathbf{x} \in T'_f$, $\mathbf{x}$ est substituable dans $1/f$, et la fonction rationnelle associée à $1/f$ prend en $\mathbf{x}$ la valeur $f(\mathbf{x})^{-1}$.

Soient K un corps commutatif *infini*, $f \in K((X_i)_{i\in I})$, $g \in K((X_i)_{i\in I})$ et $\tilde{f}$, $\tilde{g}$ les fonctions rationnelles associées à f, g (et à K). Si l'on a $\tilde{f}(\mathbf{x}) = \tilde{g}(\mathbf{x})$ pour tout $\mathbf{x} \in T_f \cap T_g$, alors $f = g$. En effet, si $f = u/v$ et $g = u_1/v_1$, où u, v, u_1, v_1 sont des polynômes, on a $u(\mathbf{x})\, v_1(\mathbf{x}) = u_1(\mathbf{x})\, v(\mathbf{x})$ pour tout $\mathbf{x}$ tel que $v(\mathbf{x})\, v_1(\mathbf{x}) \neq 0$, donc $uv_1 = u_1 v$ (IV, p. 17, th. 2). Par suite, l'application $f \mapsto \tilde{f}$ est injective, et l'on identifie souvent f et $\tilde{f}$.

* En utilisant la factorialité de $K[(X_i)_{i\in I}]$ (AC, VII, § 3, nº 2 et cor. du th. 2), on montre facilement ceci : pour tout $f \in K((X_i)_{i\in I})$, il existe $u, v \in K[(X_i)_{i\in I}]$ tels que :

1) $f = u/v$;

2) pour que $\mathbf{x} \in K^I$ soit substituable dans f, il faut et il suffit que $v(\mathbf{x}) \neq 0$. *

4. Différentielles et dérivations

Soit K un corps commutatif. D'après III, p. 123, prop. 5, toute dérivation D de $K[(X_i)_{i\in I}]$ se prolonge d'une seule manière en une dérivation $\overline{D}$ de $K((X_i)_{i\in I})$. Si D, D′ sont des dérivations permutables de $K[(X_i)_{i\in I}]$, le crochet $[D, D'] = DD' - D'D$ est nul, donc $[\overline{D}, \overline{D}']$, qui est une dérivation de $K((X_i)_{i\in I})$ prolongeant $[D, D']$, est nul ; autrement dit $\overline{\overline{D}}$ et $\overline{\overline{D}}'$ sont permutables. En particulier, les dérivations D_i (IV, p. 6) se prolongent en des dérivations de $K((X_i)_{i\in I})$ qu'on note encore D_i et qui sont deux à deux permutables. Si $f \in K((X_i)_{i\in I})$, $D_i f$ se note aussi $D_{X_i} f$, ou $\frac{\partial f}{\partial X_i}$, ou f'_{X_i}. Lorsqu'il n'y a qu'une seule indéterminée X, on emploie les notations Df, $\frac{df}{dX}$, f'.

Soient $B = K[(X_i)_{i\in I}]$, $C = K((X_i)_{i\in I})$. D'après III, p. 138, prop. 23, l'application canonique

$$\Omega_K(B) \otimes_B C \to \Omega_K(C)$$

est un isomorphisme de C-espaces vectoriels. Compte tenu de III, p. 134, le C-espace vectoriel $\Omega_K(C)$ admet donc pour base la famille $(dX_i)_{i\in I}$ des différentielles des X_i. Soit ∂_i la forme coordonnée d'indice i sur $\Omega_K(C)$, relativement à cette base. Alors l'application $u \mapsto \langle \partial_i, du \rangle$ de C dans C est une dérivation de C qui transforme X_i en 1 et X_j en 0 pour $j \neq i$, donc est égale à D_i ; autrement dit, on a

$$du = \sum_{i\in I} (D_i u)\, dX_i \tag{1}$$

pour tout $u \in C$. Si I est fini, $(D_i)_{i\in I}$ est une base du C-espace vectoriel des dérivations de C.

Proposition 4. — *Soient E une K-algèbre associative, commutative et unifère,* $\mathbf{x} = (x_i)_{i\in I}$ *une famille d'éléments de E, et* $f \in K((X_i)_{i\in I})$. *On suppose que* $\mathbf{x}$ *est substituable dans f. Soit* $y = f(\mathbf{x})$.

(i) *Pour toute dérivation* Δ *de* $K((X_i)_{i\in I})$ *qui applique* $K[(X_i)_{i\in I}]$ *dans lui-même,* $\mathbf{x}$ *est substituable dans* Δf.

(ii) *Pour toute dérivation D de E dans un E-module, on a*

$$Dy = \sum_{i\in I} (D_i f)(\mathbf{x}) . Dx_i .$$

Soit $f = \frac{u}{v}$ avec $u, v \in K[(X_i)_{i\in I}]$ et $v(\mathbf{x})$ inversible dans E. Soit Δ une dérivation de $K((X_i)_{i\in I})$ qui applique $K[(X_i)_{i\in I}]$ dans lui-même. On a

$$\Delta f = \frac{(\Delta u)\, v - u(\Delta v)}{v^2}$$

et $v^2(\mathbf{x})$ est inversible, donc $\mathbf{x}$ est substituable dans Δf. D'autre part, posons $r = u(\mathbf{x})$, $s = v(\mathbf{x})$. On a $y = s^{-1}r$, donc, pour toute dérivation D de E dans un E-module, on a

$$\begin{aligned} Dy &= s^{-2}(s(Dr) - r(Ds)) \\ &= s^{-2}\Big(s \sum_{i\in I} (D_i u)(\mathbf{x}) . Dx_i - r \sum_{i\in I} (D_i v)(\mathbf{x}) . Dx_i\Big) \end{aligned}$$

d'après la prop. 4 de IV, p. 6. Ainsi, $Dy = \sum_{i \in I} w_i . Dx_i$, avec

$$w_i = v(\mathbf{x})^{-2}(v(\mathbf{x})\,(D_i u)\,(\mathbf{x}) - u(\mathbf{x})\,(D_i v)\,(\mathbf{x})) = (D_i f)\,(\mathbf{x})\,.$$

§ 4. SÉRIES FORMELLES

1. Définition des séries formelles. Ordre

Soit I un ensemble. Rappelons (III, p. 27 et 28) que l'algèbre large du monoïde $\mathbf{N}^{(I)}$ sur A s'appelle l'*algèbre des séries formelles par rapport aux indéterminées* X_i ($i \in I$) (ou en les indéterminées X_i) *à coefficients dans* A. Elle se note $A[[X_i]]_{i \in I}$ ou $A[[(X_i)_{i \in I}]]$, ou encore $A[[\mathbf{X}]]$ en notant $\mathbf{X}$ la famille $(X_i)_{i \in I}$: dans ce paragraphe, nous utiliserons surtout la notation A[[I]]. Il est parfois commode de désigner l'image canonique dans A[[I]] de l'élément i de I par un symbole différent de X_i, par exemple Y_i, Z_i, T_i, ... ; les conventions utilisées dans ce cas sont analogues à celles des polynômes (IV, p. 1). L'algèbre A[[I]] se désigne alors par $A[[Y_i]]_{i \in I}$, ou $A[[\mathbf{Y}]]$, etc.

Lorsque I est un ensemble fini à p éléments, on dit encore que A[[I]] est une algèbre de séries formelles en p indéterminées. Ces algèbres sont toutes isomorphes pour p fixé. Une algèbre de séries formelles à 1, 2, ... indéterminées peut ainsi se noter A[[X]], A[[U, V]], ..., l'ensemble d'indices I étant non spécifié.

Une série formelle u s'écrit conventionnellement $u = \sum_{\nu \in \mathbf{N}^{(I)}} \alpha_\nu X^\nu$ (*cf.* IV, p. 1). Les α_ν sont les *coefficients* de u ; une infinité d'entre eux peuvent être $\neq 0$. Les $\alpha_\nu X^\nu$ s'appellent les *termes* de u ; pour que u soit un polynôme, il faut et il suffit que u ne possède qu'un nombre fini de termes $\neq 0$. Les termes $\alpha_\nu X^\nu$ tels que $|\nu| = p$ s'appellent les termes de degré total p. La série formelle $u_p = \sum_{|\nu| = p} \alpha_\nu X^\nu$ s'appelle la *composante homogène de degré p* de u (c'est un polynôme lorsque I est fini) ; u_0 s'identifie à un élément de A dit encore *terme constant* de u. On dit que u est homogène de degré p si $u = u_p$. Si $u, v \in A[[I]]$ et $w = uv$, on a

$$w_p = \sum_{q+r=p} u_q v_r \tag{1}$$

pour tout entier $p \geqslant 0$.

Rappelons (III, p. 29) que l'*ordre* $\omega(u)$ d'une série formelle $u \neq 0$ est le plus petit des entiers p tels que $u_p \neq 0$. On convient d'adjoindre à $\mathbf{Z}$ un élément noté ∞, et de prolonger la relation d'ordre et l'addition de $\mathbf{Z}$ à $\mathbf{Z} \cup \{\infty\}$ par les conventions

$$n < \infty, \quad \infty + \infty = \infty, \quad \infty + n = n + \infty = \infty$$

pour tout $n \in \mathbf{Z}$. On pose alors $\omega(0) = \infty$. Avec ces conventions, on a les relations

$$\omega(u + v) \geqslant \inf(\omega(u), \omega(v))$$
$$\omega(u + v) = \inf(\omega(u), \omega(v)) \quad \text{si} \quad \omega(u) \neq \omega(v)$$
$$\omega(uv) \geqslant \omega(u) + \omega(v)$$

quelles que soient les séries formelles u et v dans $A[[I]]$.

Rappelons (III, p. 29) que pour toute partie J de I, on identifie $A[[I]]$ à $A[[I - J]]\,[[J]]$, ce qui permet de définir l'ordre $\omega_J(u)$ d'une série formelle par rapport aux X_j ($j \in J$), la composante homogène de u par rapport aux X_j ($j \in J$), etc.

Soit φ un homomorphisme de A dans un anneau B. On prolonge φ en un homomorphisme $\overline{\varphi}$ de $A[[I]]$ dans $B[[I]]$ en faisant correspondre à toute série formelle $u = \sum_\nu \alpha_\nu X^\nu$ la série formelle $\sum_\nu \varphi(\alpha_\nu) X^\nu$; on dit que cette dernière est obtenue en *appliquant* φ *aux coefficients de la série formelle* u. On écrit parfois ${}^\varphi u$ pour $\overline{\varphi}(u)$.

En particulier, si A est un sous-anneau de B, et si φ est l'injection canonique de A dans B, l'homomorphisme $\overline{\varphi}$ de $A[[I]]$ dans $B[[I]]$ est injectif ; nous identifierons en général $A[[I]]$ par $\overline{\varphi}$ à un sous-anneau de $B[[I]]$.

2. Topologie sur l'ensemble des séries formelles. Familles sommables

Par définition, l'ensemble $A[[I]]$ n'est autre que l'ensemble produit $A^{\mathbf{N}^{(I)}}$. Sauf mention expresse du contraire, on munira A de la topologie discrète et $A[[I]]$ de la topologie produit (TG, I, p. 24) qu'on appelle la *topologie canonique*. Muni de l'addition et de la topologie discrète, A est un groupe topologique séparé et complet ; par suite, pour l'addition, $A[[I]]$ est un groupe topologique *séparé et complet* (TG, III, p. 17 et 21 et TG, II, p. 17). De plus, l'algèbre $A[(X_i)_{i \in I}]$ des polynômes est dense dans $A[[I]]$ (TG, III, p. 17, prop. 25), et l'on peut donc considérer $A[[I]]$ comme le *complété* de $A[(X_i)_{i \in I}]$.

Pour tout $\beta \in \mathbf{N}^{(I)}$, soit S_β l'ensemble des multiindices ν tels que $\nu \leqslant \beta$, et soit $\mathfrak{a}_\beta$ l'ensemble des séries formelles $u = \sum_\nu \alpha_\nu X^\nu$ telles que $\alpha_\nu = 0$ pour $\nu \in S_\beta$. Il est clair que S_β est une partie finie de $\mathbf{N}^{(I)}$, et que toute partie finie de $\mathbf{N}^{(I)}$ est contenue dans un ensemble de la forme S_β. Par suite, la famille $(\mathfrak{a}_\beta)_{\beta \in \mathbf{N}^{(I)}}$ est un système fondamental de voisinages de 0 dans $A[[I]]$. Les ensembles $\mathfrak{a}_\beta$ sont des idéaux de $A[[I]]$, donc (TG, III, p. 49) $A[[I]]$ est un *anneau topologique*.

Lemme 1. — *Soient* L *un ensemble infini et* $(u_\lambda)_{\lambda \in L}$ *une famille d'éléments de* $A[[I]]$. *Posons* $u_\lambda = \sum_\nu \alpha_{\lambda,\nu} X^\nu$ *pour* $\lambda \in L$. *Les conditions suivantes sont équivalentes* :

(i) *La famille* $(u_\lambda)_{\lambda \in L}$ *est sommable* (TG, III, p. 37) *dans* $A[[I]]$.

(ii) *On a* $\lim u_\lambda = 0$ *selon le filtre des complémentaires des parties finies de* L.

(iii) *Pour tout* $\nu \in \mathbf{N}^{(I)}$, *on a* $\alpha_{\lambda,\nu} = 0$ *sauf pour un nombre fini d'indices* $\lambda \in L$.

Si ces conditions sont remplies, la série $u = \sum_{\lambda \in L} u_\lambda$ *est égale à* $\sum_\nu \alpha_\nu X^\nu$ *avec* $\alpha_\nu = \sum_{\lambda \in L} \alpha_{\lambda,\nu}$ *pour tout* $\nu \in \mathbf{N}^{(I)}$.

L'équivalence de (i) et (ii) résulte du cor. 2 de TG, III, p. 39.

L'équivalence de (ii) et (iii) résulte des propriétés des limites dans un espace produit (TG, I, p. 51, cor. 1).

La dernière assertion résulte de la prop. 4 de TG, III, p. 41.

Donnons quelques exemples de familles sommables.

a) Soit $u \in A[[I]]$ et soit α_ν le coefficient de X^ν dans u. La famille $(\alpha_\nu X^\nu)_{\nu \in \mathbf{N}^{(I)}}$ est alors sommable de somme u (ce qui justifie l'écriture $u = \sum_\nu \alpha_\nu X^\nu$).

b) Soit $u \in A[[I]]$; pour tout entier $p \geqslant 0$, soit u_p la composante homogène de degré p de u. Alors la famille $(u_p)_{p \in \mathbf{N}}$ est sommable et l'on a $u = \sum_{p \geqslant 0} u_p$.

c) Soit $(u_\lambda)_{\lambda \in L}$ une famille d'éléments de $A[[I]]$. On suppose que pour tout entier $n \geqslant 0$ l'ensemble des $\lambda \in L$ tels que $\omega(u_\lambda) < n$ est fini. Alors la famille $(u_\lambda)_{\lambda \in L}$ est sommable.

Remarque. — Supposons I *fini*. Pour tout entier $n \geqslant 0$, soit $\mathfrak{b}_n$ l'ensemble des séries formelles $u \in A[[I]]$ telles que $\omega(u) \geqslant n$. La suite $(\mathfrak{b}_n)_{n \geqslant 0}$ est un système fondamental de voisinages de 0 dans $A[[I]]$. Par suite, une famille d'éléments u_λ de $A[[I]]$ $(\lambda \in L)$ est sommable si et seulement si, pour tout $n \in \mathbf{N}$, l'ensemble des $\lambda \in L$ tels que $\omega(u_\lambda) < n$ est fini.

PROPOSITION 1. — *Soient* $(u_\lambda)_{\lambda \in L}$ *et* $(v_\mu)_{\mu \in M}$ *deux familles sommables d'éléments de* $A[[I]]$. *Alors la famille* $(u_\lambda v_\mu)_{(\lambda,\mu) \in L \times M}$ *est sommable et l'on a*

$$\sum_{(\lambda,\mu) \in L \times M} u_\lambda v_\mu = \Big(\sum_{\lambda \in L} u_\lambda\Big)\Big(\sum_{\mu \in M} v_\mu\Big). \tag{2}$$

Soit $(\alpha_{\lambda,\nu})_{\nu \in \mathbf{N}^{(I)}}$ (resp. $(\beta_{\mu,\nu})_{\nu \in \mathbf{N}^{(I)}}$) la famille des coefficients de u_λ (resp. v_μ). Pour tout $\nu \in \mathbf{N}^{(I)}$, il n'existe qu'un nombre fini de couples $(\nu_1, \nu_2) \in \mathbf{N}^{(I)} \times \mathbf{N}^{(I)}$ tels que $\nu_1 + \nu_2 = \nu$, donc il n'existe qu'un nombre fini de couples $(\lambda, \mu) \in L \times M$ tels que le coefficient de X^ν dans $u_\lambda v_\mu$ soit $\neq 0$. Par suite, la famille $(u_\lambda v_\mu)_{(\lambda,\mu) \in L \times M}$ est sommable. La formule (2) résulte alors de l'associativité de la somme (TG, III, p. 40, formule (2)).

Dans $A[[I]]$, le produit est une loi de composition associative et commutative. On peut donc parler de *famille multipliable* d'éléments de $A[[I]]$, et de *produit* d'une famille multipliable (TG, III, p. 37, remarque 3).

PROPOSITION 2. — *Soit* $(u_\lambda)_{\lambda \in L}$ *une famille sommable d'éléments de* $A[[I]]$.

(i) *La famille* $(1 + u_\lambda)_{\lambda \in L}$ *est multipliable.*

(ii) *Soit* $\mathfrak{F}$ *l'ensemble des parties finies de* L. *Pour* $M \in \mathfrak{F}$, *posons* $u_M = \prod_{\lambda \in M} u_\lambda$.

Alors la famille $(u_M)_{M\in\mathfrak{F}}$ *est sommable, et l'on a*

$$\sum_{M\in\mathfrak{F}} u_M = \prod_{\lambda\in L} (1 + u_\lambda) .$$

Définissons les idéaux $\mathfrak{a}_\beta$ comme au début de ce numéro. Soit $\beta \in \mathbf{N}^{(I)}$. Il existe une partie finie L_0 de L telle que l'on ait $u_\lambda \in \mathfrak{a}_\beta$ pour $\lambda \notin L_0$. Alors pour tout $M \in \mathfrak{F}$ tel que $M \not\subset L_0$, on a $u_M \in \mathfrak{a}_\beta$. On en déduit que la famille $(u_M)_{M\in\mathfrak{F}}$ est sommable. D'autre part, si M_0 est une partie finie de L, on a

$$\sum_{M\subset M_0} u_M = \prod_{\lambda\in M_0} (1 + u_\lambda) .$$

Suivant l'ensemble ordonné filtrant $\mathfrak{F}$, le membre de gauche a pour limite $\sum_{M\in\mathfrak{F}} u_M$. Donc le membre de droite a pour limite $\sum_{M\in\mathfrak{F}} u_M$, ce qui prouve à la fois (i) et (ii).

Proposition 3. — *Soient* $u = \sum_\nu \alpha_\nu X^\nu \in A[[I]]$, *et* m *un entier* > 0. *Pour tout* $n \in \mathbf{N}$, *soit* $(\alpha_{\nu,n})_{\nu\in\mathbf{N}^{(I)}}$ *la famille des coefficients de* u^n. *Supposons que* $\alpha_0^m = 0$. *On a* $\alpha_{\nu,n} = 0$ *pour* $n \geqslant |\nu| + m$.

Soient $\nu \in \mathbf{N}^{(I)}$ et $n \in \mathbf{N}$. On a

$$\alpha_{\nu,n} = \sum_{\nu(1)+\cdots+\nu(n)=\nu} \alpha_{\nu(1)} \ldots \alpha_{\nu(n)} .$$

Si $n \geqslant |\nu| + m$ et $\nu(1) + \cdots + \nu(n) = \nu$, on a $|\nu(1)| + \cdots + |\nu(n)| \leqslant n - m$. On a donc $\nu(r) = 0$ et par suite $\alpha_{\nu(r)} = \alpha_0$ pour au moins m valeurs distinctes de r ; on en déduit que $\alpha_{\nu(1)} \ldots \alpha_{\nu(n)} = 0$, d'où la proposition.

Corollaire. — *Soit* $u \in A[[I]]$. *Pour que l'on ait* $\lim_{n\to\infty} u^n = 0$, *il faut et il suffit que le terme constant de* u *soit nilpotent.*

Soit α_0 le terme constant de u. Le terme constant de u^n est α_0^n, donc la condition énoncée est nécessaire. Elle est suffisante d'après la prop. 3.

3. Substitutions

Soit E une A-algèbre. On dit qu'une topologie sur E est *linéaire* si elle est invariante par translation, et s'il existe un système fondamental de voisinages de 0 formé d'idéaux de E (TG, III, p. 5). La topologie de E est alors compatible avec sa structure de A-algèbre (A étant muni de la topologie discrète). Une A-algèbre munie d'une topologie linéaire s'appelle une A-algèbre *linéairement topologisée*.

Proposition 4. — *Soient* I *un ensemble*, E *une* A-*algèbre associative, commutative et unifère, linéairement topologisée, séparée et complète.*

(i) *Soit* φ *un homomorphisme continu de* $A[[I]]$ *dans* E *et soit* $x_i = \varphi(X_i)$. *Alors* :

a) pour tout $i \in I$, x_i^n *tend vers* 0 *quand* n *tend vers* $+\infty$;

b) si I *est infini,* x_i *tend vers* 0 *suivant le filtre des complémentaires des parties finies de* I.

(ii) *Soit* $\mathbf{x} = (x_i)_{i \in I}$ *une famille d'éléments de* E *satisfaisant aux conditions a) et b) de* (i). *Il existe alors un homomorphisme unifère continu* φ *et un seul de* A[[I]] *dans* E *tel que* $\varphi(X_i) = x_i$ *pour tout* $i \in I$.

Pour tout $i \in I$, X_i^n tend évidemment vers 0 dans A[[I]] quand n tend vers $+\infty$; d'autre part, si I est infini, X_i tend vers 0 suivant le filtre des complémentaires des parties finies de I. Cela prouve (i).

Soit $(x_i)_{i \in I}$ une famille d'éléments de E satisfaisant aux conditions *a)* et *b)* de (i). Soit ψ l'homomorphisme $u \mapsto u((x_i)_{i \in I})$ de $A[(X_i)_{i \in I}]$ dans E. soit V un voisinage de 0 dans E qui soit un idéal de E. Il existe d'après *b)* une partie finie J de I telle que $x_i \in V$ pour tout $i \in I - J$. Puis il existe d'après *a)* un entier $n \geqslant 0$ tel que l'on ait $x_i^n \in V$ pour tout $i \in J$. Soit β l'élément de $\mathbf{N}^{(I)}$ tel que $\beta_i = n - 1$ pour $i \in J$ et $\beta_i = 0$ pour $i \in I - J$. Définissons l'idéal $\mathfrak{a}_\beta$ de A[[I]] comme au début du n° 2 (IV, p. 24). Alors

$$u \in A[(X_i)_{i \in I}] \cap \mathfrak{a}_\beta \Rightarrow \psi(u) \in V .$$

Cela prouve que ψ est continu si l'on munit $A[(X_i)_{i \in I}]$ de la topologie induite par celle de A[[I]]. Comme E est séparée et complète, ψ se prolonge en un homomorphisme unifère continu φ de A[[I]] dans E. On a $\varphi(X_i) = \psi(X_i) = x_i$ pour tout $i \in I$. Enfin, soit φ' un homomorphisme unifère continu de A[[I]] dans E tel que $\varphi'(X_i) = x_i$. On a $\varphi'(u) = \varphi(u)$ pour tout $u \in A[(X_i)_{i \in I}]$, donc $\varphi' = \varphi$ puisque $A[(X_i)_{i \in I}]$ est dense dans A[[I]]. C.Q.F.D.

Conservons les notations précédentes. Si $u \in A[[I]]$, l'image de u par φ se note $u(\mathbf{x})$ ou $u((x_i)_{i \in I})$ (ou encore $u(x_1, \ldots, x_n)$ si $I = \{1, 2, \ldots, n\}$) et s'appelle *l'élément de* E *déduit par substitution des* x_i *aux* X_i *dans u*, ou *la valeur de u pour les valeurs* x_i *des* X_i, ou encore *la valeur de u pour* $X_i = x_i$. En particulier, on a $u = u((X_i)_{i \in I})$.

Soit E′ une A-algèbre associative, commutative et unifère, linéairement topologisée, séparée et complète. Soit λ un homomorphisme unifère continu de E dans E′. Soit $(x_i)_{i \in I}$ une famille d'éléments de E satisfaisant aux conditions *a)* et *b)* de la prop. 4 (IV, p. 26). La famille $(\lambda(x_i))_{i \in I}$ satisfait auxdites conditions *a)* et *b)*. On a, pour tout $u \in A[[I]]$,

$$\lambda(u((x_i)_{i \in I})) = u((\lambda(x_i))_{i \in I}) , \tag{3}$$

car l'application $u \mapsto \lambda(u((x_i)_{i \in I}))$ est un homomorphisme unifère continu de A[[I]] dans E′ qui transforme X_i en $\lambda(x_i)$ pour tout $i \in I$.

Si J et K sont deux ensembles, nous noterons $A_{J,K}$ l'ensemble des familles $(g_j)_{j \in J}$ satisfaisant aux conditions suivantes :

(i) *pour tout* $j \in J$, g_j *est un élément de* A[[K]] *dont le terme constant est nilpotent* ;

(ii) *si* J *est infini,* g_j *tend vers* 0 *selon le filtre des complémentaires des parties finies de* J.

On notera que si J est fini, toute famille $(g_j)_{j\in J}$ de séries formelles sans terme constant dans A[[K]] appartient à $A_{J,K}$.

Soit $(g_j)_{j\in J}$ dans $A_{J,K}$. D'après le cor. de la prop. 3 (IV, p. 26), on a $\lim_{n\to\infty} g_j^n = 0$ pour tout $j \in J$. Soit $f \in A[[J]]$; on peut donc substituer g_j à la variable d'indice j dans f et l'on obtient une série formelle $f((g_j)_{j\in J})$ appartenant à A[[K]]. De plus, l'application $f \mapsto f((g_j)_{j\in J})$ est *un homomorphisme continu de* A-*algèbres de* A[[J]] *dans* A[[K]].

En particulier, si $J = \{1, \ldots, p\}$ et $f \in A[[X_1, \ldots, X_p]]$, on peut substituer à chaque X_j une série formelle $g_j \in A[[K]]$ sans terme constant; le résultat de la substitution se note $f(g_1, \ldots, g_p)$.

Soit $\mathbf{x} = (x_k)_{k\in K}$ une famille d'éléments de E satisfaisant aux conditions *a*) et *b*) de la prop. 4 (IV, p. 26). Appliquons (3) en prenant pour λ l'homomorphisme $u \mapsto u(\mathbf{x})$ de A[[K]] dans E ; on obtient

$$f((g_j)_{j\in J})(\mathbf{x}) = f((g_j(\mathbf{x}))_{j\in J}) . \tag{4}$$

Soient $\mathbf{f} = (f_i)_{i\in I} \in (A[[J]])^I$ et $\mathbf{g} = (g_j)_{j\in J} \in A_{J,K}$. On note $\mathbf{f}(\mathbf{g})$ ou $\mathbf{f} \circ \mathbf{g}$ l'élément $(f_i((g_j)_{j\in J}))_{i\in I}$ de $(A[[K]])^I$. Si $\mathbf{f} \in A_{I,J}$, on a $\mathbf{f} \circ \mathbf{g} \in A_{I,K}$ puisque l'application $f \mapsto f((g_j)_{j\in J})$ de A[[J]] dans A[[K]] est continue.

Soient $\mathbf{f} \in (A[[J]])^I$, $\mathbf{g} \in A_{J,K}$, $\mathbf{h} \in A_{K,L}$. Alors $\mathbf{g} \circ \mathbf{h} \in A_{J,L}$ et, d'après (4), on a

$$(\mathbf{f} \circ \mathbf{g}) \circ \mathbf{h} = \mathbf{f} \circ (\mathbf{g} \circ \mathbf{h}) . \tag{5}$$

4. Séries formelles inversibles

PROPOSITION 5. — *Dans l'anneau* A[[T]] *des séries formelles en une indéterminée, le polynôme* $1 - T$ *est inversible, et l'on a* $(1 - T)^{-1} = \sum_{n=0}^{\infty} T^n$.

En effet,

$$(1 - T)\left(\sum_{n=0}^{\infty} T^n\right) = \sum_{n=0}^{\infty} T^n - \sum_{n=0}^{\infty} T^{n+1} = 1 .$$

PROPOSITION 6. — *Soit* $u \in A[[I]]$. *Pour que u soit inversible dans* A[[I]], *il faut et il suffit que son terme constant soit inversible dans* A.

Supposons qu'il existe $v \in A[[I]]$ tel que $uv = 1$. Soient α, β les termes constants de u et v. On a $\alpha\beta = 1$, donc α est inversible.

Réciproquement, supposons que le terme constant α de u soit inversible. Il existe donc une série formelle $t \in A[[I]]$ telle que $u = \alpha(1 - t)$ et $\omega(t) > 0$. Or, il existe un homomorphisme d'anneaux $\varphi : A[[T]] \to A[[I]]$ tel que $\varphi(T) = t$, et $1 - T$ est inversible dans A[[T]] (prop. 5). Par suite, $1 - t$ est inversible dans A[[I]] et il en est donc de même de u.

Remarque. — Soit $\mathscr{M}$ l'ensemble des séries formelles de terme constant égal à 1. D'après la prop. 6, $\mathscr{M}$ est un groupe commutatif pour la multiplication ; le groupe multiplicatif de $A[[I]]$ est produit direct de $\mathscr{M}$ et du groupe multiplicatif de A. Nous munirons $\mathscr{M}$ de la topologie induite par celle de $A[[I]]$. Pour tout $\beta \in \mathbf{N}^{(I)}$, on a défini dans IV, p. 24, l'idéal $\mathfrak{a}_\beta$ de $A[[I]]$; alors $1 + \mathfrak{a}_\beta$ est un sous-groupe de $\mathscr{M}$, et la famille $(1 + \mathfrak{a}_\beta)$ est un système fondamental de voisinages de 1 dans $\mathscr{M}$. Comme la multiplication dans $\mathscr{M}$ est continue, on voit que $\mathscr{M}$ est un groupe topologique (TG, III, p. 5) ; autrement dit, *l'application $f \mapsto f^{-1}$ est continue dans $\mathscr{M}$.*

Soient K un corps commutatif et $\mathfrak{O}$ le sous-anneau du corps des fractions rationnelles $K((X_i)_{i \in I})$ formé des fractions rationnelles dans lesquelles l'élément 0 de K^I est substituable. Soit $f \in \mathfrak{O}$. On a $f = \dfrac{u}{v}$ où u et v sont des polynômes tels que le terme constant de v soit $\neq 0$. Donc v est inversible dans $K[[I]]$. On vérifie aussitôt que l'élément uv^{-1} de $K[[I]]$ ne dépend que de f ; on dit que la série formelle uv^{-1} est le *développement à l'origine de la fraction rationnelle* $\dfrac{u}{v}$. L'application $f \mapsto uv^{-1}$ est un homomorphisme injectif de $\mathfrak{O}$ dans $K[[I]]$; on identifie souvent $\mathfrak{O}$ à son image par cette application.

5. Formule de Taylor pour les séries formelles

Soient $\mathbf{X} = (X_i)_{i \in I}$ et $\mathbf{Y} = (Y_i)_{i \in I}$ deux familles d'indéterminées relatives au même ensemble d'indices I. On note $\mathbf{X} + \mathbf{Y}$ la famille $(X_i + Y_i)_{i \in I}$ de séries formelles dans $A[[\mathbf{X}, \mathbf{Y}]]$. Il est clair qu'on peut substituer $X_i + Y_i$ à X_i dans une série formelle $u \in A[[\mathbf{X}]]$, le résultat étant noté $u(\mathbf{X} + \mathbf{Y})$. Pour tout $\nu \in \mathbf{N}^{(I)}$, on note $\Delta^\nu u$ le coefficient de $\mathbf{Y}^\nu$ dans la série formelle $u(\mathbf{X} + \mathbf{Y})$ considérée comme appartenant à $A[[\mathbf{X}]][[\mathbf{Y}]]$ (III, p. 29). Autrement dit, on a

$$u(\mathbf{X} + \mathbf{Y}) = \sum_\nu \Delta^\nu u(\mathbf{X}).\mathbf{Y}^\nu \quad (u \in A[[\mathbf{X}]]) . \tag{6}$$

En substituant $(0, \mathbf{X})$ à $(\mathbf{X}, \mathbf{Y})$, on obtient

$$u(\mathbf{X}) = \sum_\nu \Delta^\nu u(0).\mathbf{X}^\nu ; \tag{7}$$

autrement dit, le terme constant de $\Delta^\nu u$ est le coefficient de $\mathbf{X}^\nu$ dans u. L'application $u \mapsto u(\mathbf{X} + \mathbf{Y})$ de $A[[\mathbf{X}]]$ dans $A[[\mathbf{X}, \mathbf{Y}]]$ étant continue, les applications $u \mapsto \Delta^\nu u$ de $A[[\mathbf{X}]]$ dans lui-même sont continues.

Comme dans le cas des polynômes (IV, p. 7), on démontre les formules

$$\Delta^\sigma(uv) = \sum_{\nu + \rho = \sigma} \Delta^\nu(u)\, \Delta^\rho(v) , \tag{8}$$

$$\Delta^\rho\, \Delta^\sigma u = \frac{(\rho + \sigma)!}{\rho!\, \sigma!} \Delta^{\rho + \sigma} u . \tag{9}$$

La formule du binôme (I, p. 94, cor. 2) donne la valeur suivante pour $\Delta^\nu u$ lorsque $u = \sum_\lambda \alpha_\lambda X^\lambda$

$$\Delta^\nu u = \sum_\lambda \alpha_{\lambda+\nu} \frac{(\lambda+\nu)!}{\lambda!\,\nu!} X^\lambda. \tag{10}$$

Considérons en particulier le cas $\nu = \varepsilon_i$, c'est-à-dire $\nu_i = 1$, $\nu_j = 0$ pour $j \neq i$. On pose $D_i u = \Delta^{\varepsilon_i} u$; autrement dit, $D_i u$ est le coefficient de Y_i dans $u(\mathbf{X} + \mathbf{Y})$. D'après (10), on a donc

$$D_i u = \sum_\lambda (\lambda_i + 1)\, \alpha_{\lambda+\varepsilon_i} X^\lambda ; \tag{11}$$

en particulier, on a $D_i(X_i) = 1$ et $D_i(X_j) = 0$ pour $j \neq i$. La formule (8) montre que D_i est une dérivation de $A[[\mathbf{X}]]$, et de (9) on déduit la relation

$$D^\nu u = \nu!\, \Delta^\nu u \tag{12}$$

comme dans le cas des polynômes (IV, p. 8) (on a posé $D^\nu = \prod_{i \in I} D_i^{\nu_i}$ pour $\nu = (\nu_i)_{i\in I}$ dans $\mathbf{N}^{(I)}$). Lorsque A est une $\mathbf{Q}$-algèbre, les formules (6), (7) et (12) entraînent les « formules de Taylor » :

$$u(\mathbf{X} + \mathbf{Y}) = \sum_\nu \frac{1}{\nu!} D^\nu u(\mathbf{X}).\mathbf{Y}^\nu , \tag{13}$$

$$u(\mathbf{X}) = \sum_\nu \frac{1}{\nu!} D^\nu u(0).\mathbf{X}^\nu . \tag{14}$$

Remarques. — 1) On dit souvent que $D_i u$ est la *dérivée partielle de u par rapport à* X_i ; on emploie aussi les notations $D_{X_i} u$, $\dfrac{\partial u}{\partial X_i}$ et u'_{X_i}. Pour une seule indéterminée X, l'unique dérivée partielle Du $\left(\text{notée aussi } \dfrac{du}{dX} \text{ ou } u'\right)$ est appelée la *dérivée* de *u*.

2) La formule (9) montre que les endomorphismes Δ^ρ du A-module $A[[\mathbf{X}]]$ commutent deux à deux. Il en est donc de même des endomorphismes D_i.

3) Si $u \in A[(X_i)_{i\in I}]$ est un polynôme, les polynômes $\Delta^\rho u$ et $D_i u$ définis dans IV, p. 6 et 7, coïncident avec les séries formelles désignées ici par le même symbole.

6. Dérivations de l'algèbre des séries formelles

Soient I un ensemble, E une A-algèbre associative, commutative et unifère, linéairement topologisée, séparée et complète, et $\mathbf{x} = (x_i)_{i\in I}$ une famille d'éléments de E satisfaisant aux conditions *a*) et *b*) de la prop. 4 (IV, p. 26). Soit φ l'homomorphisme continu $u \mapsto u(\mathbf{x})$ de $A[[I]]$ dans E ; il munit E d'une structure de $A[[I]]$-module. D'après III, p. 118, une A-dérivation D de $A[[I]]$ dans le $A[[I]]$-module E est donc une application A-linéaire $D : A[[I]] \to E$ satisfaisant à la relation

$$D(uv) = u(\mathbf{x}).D(v) + D(u).v(\mathbf{x}) \tag{15}$$

pour u, v dans $A[[I]]$.

PROPOSITION 7. — *Soit $(y_i)_{i \in I}$ une famille d'éléments de E. Lorsque I est infini, on suppose que y_i tend vers 0 selon le filtre des complémentaires des parties finies de I. Il existe alors une unique A-dérivation continue D de $A[[I]]$ dans le $A[[I]]$-module E, telle que $D(X_i) = y_i$ pour tout $i \in I$. On a*

$$D(u) = \sum_{i \in I} (D_i u)(\mathbf{x}).y_i \quad (u \in A[[I]]) . \tag{16}$$

Comme 0 admet dans E un système fondamental de voisinages formé d'idéaux, la famille $((D_i u)(\mathbf{x}).y_i)_{i \in I}$ est sommable dans E pour tout $u \in A[[I]]$ (TG, III, p. 39, cor. 2). La formule (16) définit donc une application A-linéaire $D : A[[I]] \to E$. On laisse au lecteur le soin de vérifier que D est une dérivation continue.

Soit D_1 une A-dérivation continue de $A[[I]]$ dans E, telle que $D_1(X_i) = y_i$ pour tout $i \in I$. Le noyau de la dérivation continue $D - D_1$ est une sous-algèbre fermée B de $A[[I]]$ contenant 1 et les indéterminées X_i. Comme l'algèbre des polynômes $A[(X_i)_{i \in I}]$ est dense dans $A[[I]]$, on a $B = A[[I]]$, d'où $D_1 = D$.

COROLLAIRE 1. — *Soit Δ une dérivation continue de la A-algèbre E. Pour toute série formelle $u \in A[[I]]$, la famille $((D_i u)(\mathbf{x}).\Delta x_i)_{i \in I}$ est sommable et l'on a*

$$\Delta(u(\mathbf{x})) = \sum_{i \in I} (D_i u)(\mathbf{x}).\Delta x_i . \tag{17}$$

Cela résulte de la prop. 7 car l'application $u \mapsto \Delta(u(\mathbf{x}))$ est une dérivation continue de $A[[I]]$ dans le $A[[I]]$-module E.

COROLLAIRE 2. — *La dérivation D_i est l'unique dérivation continue de la A-algèbre $A[[I]]$ telle que*

$$D_i(X_i) = 1 , \quad D_i(X_j) = 0 \quad \textit{pour } j \neq i . \tag{18}$$

Cela résulte du corollaire 1.

COROLLAIRE 3. — *Soient $f \in A[[X_1, \ldots, X_p]]$ et $g_i \in A[[Y_1, \ldots, Y_q]]$ pour $1 \leqslant i \leqslant p$. Supposons que, pour $1 \leqslant i \leqslant p$, le terme constant de g_i soit nul. Posons $h = f(g_1, \ldots, g_p)$. Alors, pour $1 \leqslant j \leqslant q$, on a*

$$\frac{\partial h}{\partial Y_j} = \sum_{i=1}^{p} D_i f(g_1, \ldots, g_p) \cdot \frac{\partial g_i}{\partial Y_j} . \tag{19}$$

C'est le cas particulier $E = A[[Y_1, \ldots, Y_q]]$, $x_i = g_i$ et $\Delta = \partial/\partial Y_j$ du cor. 1.

PROPOSITION 8. — *Soit* $\mathbf{X} = (X_i)_{i \in I}$ *une famille* finie *d'indéterminées.*

(i) *Toute dérivation de l'anneau de séries formelles* $A[[\mathbf{X}]]$ *est continue.*

(ii) *Toute dérivation de l'anneau de polynômes* $A[\mathbf{X}]$ *dans l'anneau de séries formelles* $A[[\mathbf{X}]]$ *se prolonge de manière unique en une dérivation de l'anneau* $A[[\mathbf{X}]]$.

(iii) *La famille* $(D_i)_{i \in I}$ *est une base du* $A[[\mathbf{X}]]$*-module des* A*-dérivations de* $A[[\mathbf{X}]]$ *dans lui-même.*

Soit $\mathfrak{b}_n$ l'ensemble des séries formelles d'ordre $\geqslant n$. Il est clair que $\mathfrak{b}_n$ est un idéal de l'anneau $A[[\mathbf{X}]]$, engendré par les monômes de degré n. Par suite $\mathfrak{b}_n$ se compose des sommes finies de produits de n séries formelles sans terme constant ; si D est une dérivation de $A[[\mathbf{X}]]$, on a

$$D(f_1 \cdots f_n) = \sum_{i=1}^{n} f_1 \cdots f_{i-1} D(f_i) f_{i+1} \cdots f_n ,$$

d'où immédiatement $D\mathfrak{b}_n \subset \mathfrak{b}_{n-1}$ pour $n \geqslant 1$. Comme la suite $(\mathfrak{b}_n)_{n \geqslant 0}$ est un système fondamental de voisinages de 0 dans $A[[\mathbf{X}]]$ (IV, p. 25, remarque), D est continue, d'où (i).

Soit Δ une dérivation de $A[\mathbf{X}]$ dans $A[[\mathbf{X}]]$. Raisonnant comme précédemment, on montre que $\Delta(h)$ appartient à $\mathfrak{b}_{n-1}$ pour tout polynôme h homogène de degré $n \geqslant 1$. Soit alors $u \in A[[\mathbf{X}]]$ et soit u_n la composante homogène de degré n de u. Comme on a $\Delta(u_n) \in \mathfrak{b}_{n-1}$ pour $n \geqslant 1$, la famille $(\Delta(u_n))_{n \geqslant 0}$ est sommable dans $A[[\mathbf{X}]]$ et l'on définit une application D de $A[[\mathbf{X}]]$ dans lui-même par

$$D(u) = \sum_{n \geqslant 0} \Delta(u_n) .$$

On a $D(\mathfrak{b}_n) \subset \mathfrak{b}_{n-1}$, donc D est un endomorphisme continu du groupe additif de $A[[\mathbf{X}]]$. L'application $\Phi : (u, v) \mapsto D(uv) - uD(v) - D(u)v$ de $A[[\mathbf{X}]] \times A[[\mathbf{X}]]$ dans $A[[\mathbf{X}]]$ est continue et nulle sur $A[\mathbf{X}] \times A[\mathbf{X}]$. Comme $A[\mathbf{X}]$ est dense dans $A[[\mathbf{X}]]$, on a $\Phi = 0$; autrement dit, D est une dérivation de $A[[\mathbf{X}]]$ dans $A[[\mathbf{X}]]$, prolongeant Δ.

Enfin, $A[\mathbf{X}]$ est dense dans $A[[\mathbf{X}]]$, et toute dérivation dans $A[[\mathbf{X}]]$ est continue d'après (i) ; par suite, il existe un unique prolongement de Δ en une dérivation de $A[[\mathbf{X}]]$. Ceci prouve (ii).

Prouvons enfin (iii). La formule (18) (IV, p. 31) montre que la famille $(D_i)_{i \in I}$ est linéairement indépendante sur $A[[\mathbf{X}]]$. La formule (16) (IV, p. 31), appliquée au cas $E = A[[\mathbf{X}]]$, prouve que toute A-dérivation est une combinaison linéaire des dérivations D_i à coefficients dans $A[[\mathbf{X}]]$. C.Q.F.D.

PROPOSITION 9. — *Soient* $(u_\lambda)_{\lambda \in L}$ *une famille sommable d'éléments sans terme constant de* $A[[I]]$ *et* D *une dérivation continue de la* A*-algèbre* $A[[I]]$. *Posons* $f = \prod_{\lambda \in L} (1 + u_\lambda)$ (IV, p. 25, prop. 2). *Alors la famille* $(Du_\lambda/(1 + u_\lambda))_{\lambda \in L}$ *est sommable et l'on a*

$$D(f)/f = \sum_{\lambda \in L} D(u_\lambda)/(1 + u_\lambda) . \tag{20}$$

Si g et h sont deux éléments inversibles de A[[I]], on a

$$D(gh) = h . D(g) + g . D(h)$$

d'où, par division par gh,

$$D(gh)/gh = D(g)/g + D(h)/h. \tag{21}$$

Pour toute partie finie M de L, posons $f_M = \prod_{\lambda \in M} (1 + u_\lambda)$. On déduit de (21), par récurrence sur Card M, la relation

$$D(f_M)/f_M = \sum_{\lambda \in M} D(u_\lambda)/(1 + u_\lambda) . \tag{22}$$

La prop. 9 est donc prouvée lorsque L est fini. Supposons désormais L infini et notons $\mathfrak{F}$ l'ensemble ordonné filtrant des parties finies de L. On a $\lim_{\mathfrak{F}} f_M = f$, et par suite (IV, p. 29, remarque)

$$D(f)/f = \lim_{\mathfrak{F}} D(f_M)/f_M .$$

La prop. 9 résulte alors par passage à la limite de (22).

7. Résolution des équations dans un anneau de séries formelles

Lemme 2. — *Soit* $(g_i)_{i \in I}$ *une famille d'éléments d'ordre* $\geqslant 2$ *dans* A[[I]]. *Lorsque* I *est infini, on suppose que* g_i *tend vers* 0 *selon le filtre des complémentaires des parties finies de* I. *Il existe alors un automorphisme* T *de la* A*-algèbre topologique* A[[I]], *et un seul, tel que* $T(X_i) = X_i + g_i$ *pour tout* $i \in I$. *De plus, on a*

$$\omega(T(u) - u) \geqslant \omega(u) + 1 \tag{23}$$

pour tout $u \in$ A[[I]].

La série $f_i = X_i + g_i$ est sans terme constant, et lorsque I est infini, f_i tend vers 0 selon le filtre des complémentaires des parties finies de I. Par suite (IV, p. 26, prop. 4), il existe un endomorphisme continu T de la A-algèbre A[[I]], et un seul, tel que $T(X_i) = f_i$ pour tout $i \in I$. Pour tout $\nu \in \mathbf{N}^{(I)}$, posons

$$v_\nu = T(X^\nu) - X^\nu = \prod_{i \in I} (X_i + g_i)^{\nu(i)} - \prod_{i \in I} X_i^{\nu(i)} ;$$

les relations $\omega(g_i) \geqslant 2$ entraînent $\omega(v_\nu) \geqslant |\nu| + 1$, et la relation (23) résulte aussitôt de là.

Montrons que T est *injectif*. Soit $u \in$ A[[I]] tel que $T(u) = 0$; d'après (23), on a $\omega(u) \geqslant \omega(u) + 1$, ce qui est impossible si $u \neq 0$, car alors $\omega(u)$ serait un entier positif.

Pour toute série formelle v dans A[[I]], notons $H_n(v)$ sa composante homogène de degré n. Posons $S_0(v) = H_0(v)$ et définissons les applications continues $S_n : A[[I]] \to A[[I]]$ par l'équation de récurrence

$$S_n(v) = H_n(v - T(\sum_{k=0}^{n-1} S_k(v))) \quad \text{pour } n \geqslant 1 . \tag{24}$$

Posons $S(v) = \sum_{n \geqslant 0} S_n(v)$. Soit $\nu \in \mathbf{N}^{(I)}$ et soit $n = |\nu|$; le coefficient $S^\nu(v)$ de X^ν dans $S(v)$ est égal à celui de X^ν dans $S_n(v)$; comme S_n est une application continue, l'application $S^\nu : A[[I]] \to A$ est continue. Vu la définition de la topologie produit sur $A[[I]] = A^{\mathbf{N}^{(I)}}$, l'application $S : A[[I]] \to A[[I]]$ est continue.

Nous allons prouver la relation $T(S(v)) = v$ pour tout $v \in A[[I]]$, ce qui achèvera de prouver le lemme. Soient $v \in A[[I]]$, $u_n = S_n(v)$ et $u = S(v)$. Soit n un entier positif tel que l'on ait

$$\omega(v - T(u)) \geqslant n . \tag*{$(25)_n$}$$

On a $\omega(u - (u_0 + \cdots + u_{n-1})) \geqslant n$, d'où

$$\omega(T(u) - T(u_0 + \cdots + u_{n-1}) - u_n) \geqslant n + 1 \tag{26}$$

d'après (23). L'équation de récurrence (24) entraîne

$$u_n = H_n(v - T(u_0 + \cdots + u_{n-1})) . \tag{27}$$

D'après (26), les séries formelles $v - T(u)$ et $v - T(u_0 + \cdots + u_{n-1}) - u_n$ ont même composante homogène de degré n, et cette composante est nulle d'après (27). On a donc $\omega(v - T(u)) \geqslant n + 1$, c'est-à-dire que $(25)_n$ entraîne $(25)_{n+1}$. Comme la formule $(25)_0$ est évidente, on a donc $\omega(v - T(u)) \geqslant n$ pour tout entier $n \geqslant 0$, d'où $v = T(u) = T(S(v))$. C.Q.F.D.

Dans la suite de ce numéro, pour tout ensemble I, nous noterons $A\{I\}$ l'ensemble des familles $(f_i)_{i \in I}$ satisfaisant aux conditions suivantes :

(i) pour tout $i \in I$, f_i est un élément de $A[[I]]$ sans terme constant ;

(ii) si I est infini, f_i tend vers 0 suivant le filtre des complémentaires des parties finies de I.

L'ensemble $A\{I\}$ est un monoïde pour la loi de composition $(\mathbf{f}, \mathbf{g}) \mapsto \mathbf{f} \circ \mathbf{g}$, avec $(X_i)_{i \in I}$ pour élément unité. L'ensemble des éléments inversibles de $A\{I\}$ est donc un groupe.

D'autre part, soit E le monoïde des endomorphismes unifères continus de la A-algèbre $A[[I]]$ qui laissent stable l'idéal des séries formelles sans terme constant. Si $\mathbf{f} \in A\{I\}$ et $g \in A[[I]]$, l'élément $g(\mathbf{f})$ est défini. Pour $\mathbf{f}$ fixé, l'application $g \mapsto g(\mathbf{f})$ de $A[[I]]$ dans $A[[I]]$ est un élément $W_{\mathbf{f}}$ de E. Si $\mathbf{f}_1, \mathbf{f}_2 \in A\{I\}$ et $g \in A[[I]]$, on a, d'après la formule (5) (IV, p. 28)

$$W_{\mathbf{f}_1 \circ \mathbf{f}_2}(g) = g(\mathbf{f}_1 \circ \mathbf{f}_2) = g(\mathbf{f}_1) \circ \mathbf{f}_2 = W_{\mathbf{f}_2}(W_{\mathbf{f}_1}(g))$$

donc $\mathbf{f} \mapsto W_{\mathbf{f}}$ est un homomorphisme du monoïde opposé à $A\{I\}$ dans E. D'après la prop. 4 (IV, p. 26), cet homomorphisme est bijectif.

Soient $\mathbf{f} = (f_i)_{i\in I} \in A\{I\}$, et $\sum_{j\in I} \alpha_{ij} X_j$ la composante homogène de degré 1 de f_i. Pour tout j fixé dans I, on a $\alpha_{ij} = 0$ sauf pour un nombre fini d'indices i d'après l'hypothèse (ii) ci-dessus. Si $(\lambda_i) \in A^{(I)}$, on a donc $(\sum_{j\in I} \alpha_{ij} \lambda_j) \in A^{(I)}$. Notons $T_{\mathbf{f}}$ l'application A-linéaire [1]

$$(\lambda_i) \mapsto (\sum_{j\in I} \alpha_{ij} \lambda_j)$$

de $A^{(I)}$ dans $A^{(I)}$. Si $\mathbf{g} \in A\{I\}$, on vérifie aisément que

$$T_{\mathbf{f}\circ\mathbf{g}} = T_{\mathbf{f}} \circ T_{\mathbf{g}}. \tag{28}$$

PROPOSITION 10. — *Soit* $\mathbf{f} \in A\{I\}$. *Les conditions suivantes sont équivalentes* :

(i) $\mathbf{f}$ *est inversible dans* $A\{I\}$ *pour la loi* $\circ$:

(ii) $T_{\mathbf{f}}$ *est inversible dans l'anneau* $\operatorname{End}(A^{(I)})$.

L'implication (i) ⇒ (ii) résulte aussitôt de (28). Supposons $T_{\mathbf{f}}$ inversible dans $\operatorname{End}(A^{(I)})$. Il existe $\mathbf{g} = (g_i)_{i\in I} \in A\{I\}$ tel que chaque g_i soit homogène de degré 1 et que $T_{\mathbf{g}} \circ T_{\mathbf{f}}$ soit l'application identique de $A^{(I)}$. Posons $\mathbf{h} = \mathbf{g} \circ \mathbf{f}$; la formule (28) montre que $T_{\mathbf{h}}$ est l'application identique de $A^{(I)}$, ce qui équivaut à $\omega(h_i - X_i) \geqslant 2$. D'après le lemme 2 de IV, p. 33, $\mathbf{h}$ est donc inversible dans $A\{I\}$. Il est clair que $\mathbf{g}$ est inversible dans $A\{I\}$. Donc $\mathbf{f}$ est inversible dans $A\{I\}$.

COROLLAIRE. — *Soient* $f_i(Y_1, Y_2, \ldots, Y_q, X_1, X_2, \ldots, X_p)$ $(1 \leqslant i \leqslant q)$ *q séries formelles sans terme constant dans* $A[[Y_1, \ldots, Y_q, X_1, \ldots, X_p]]$. *Si le terme constant de la série formelle* $D = \det\left(\frac{\partial f_i}{\partial Y_j}\right)$ *est inversible dans* A, *il existe un système et un seul de q séries formelles sans terme constant* $u_1(X_1, \ldots, X_p), \ldots, u_q(X_1, \ldots, X_p)$ *telles que*

$$f_i(u_1, \ldots, u_q, X_1, \ldots, X_p) = 0 \quad (1 \leqslant i \leqslant q). \tag{29}$$

Posons $f_{q+1} = X_1, \ldots, f_{q+p} = X_p$, $\mathbf{f} = (f_1, \ldots, f_{q+p})$. Alors $\det T_{\mathbf{f}}$ est égal au terme constant de D, donc est inversible dans A ; par suite $T_{\mathbf{f}}$ est inversible. D'après la prop. 10, il existe des séries formelles sans terme constant

$$g_1, \ldots, g_{q+p} \in A[[Y_1, \ldots, Y_q, X_1, \ldots, X_p]]$$

telles que, posant

$$\mathbf{g} = (g_1, \ldots, g_{p+q}), \quad \mathbf{1}_{p+q} = (Y_1, \ldots, Y_q, X_1, \ldots, X_p)$$

on ait $\mathbf{f} \circ \mathbf{g} = \mathbf{g} \circ \mathbf{f} = \mathbf{1}_{p+q}$. La relation $\mathbf{f} \circ \mathbf{g} = \mathbf{1}_{p+q}$ donne en particulier

$$g_{q+1} = X_1, \ldots, g_{q+p} = X_p.$$

Donc

$$f_i(g_1, \ldots, g_q, X_1, \ldots, X_p) = Y_i \quad (1 \leqslant i \leqslant q). \tag{30}$$

[1] On dit parfois que $T_{\mathbf{f}}$ est l'application linéaire tangente à $\mathbf{f}$.

Posons

(31) $$u_i(X_1, \ldots, X_p) = g_i(0, \ldots, 0, X_1, \ldots, X_p) \quad (1 \leqslant i \leqslant q) ;$$

substituant 0 à chacun des Y_i dans (30), on obtient la relation cherchée (29).

Réciproquement, supposons que les séries formelles $u_1, \ldots, u_q$ dans l'anneau $A[[X_1, \ldots, X_p]]$ satisfassent à la relation (29). La relation $\mathbf{g} \circ \mathbf{f} = \mathbf{1}_{p+q}$ entraîne

(32) $$g_i(f_1, \ldots, f_q, X_1, \ldots, X_p) = Y_i \quad (1 \leqslant i \leqslant q) ;$$

substituant u_i à Y_i pour $1 \leqslant i \leqslant q$ dans (32), on obtient (31), d'où l'unicité de la solution du système (29).

8. Séries formelles sur un anneau intègre

PROPOSITION 11. — *Supposons* A *intègre.*

(i) *L'anneau* A[[I]] *est intègre.*

(ii) *Si u et v sont des éléments non nuls de* A[[I]], *on a* $\omega(uv) = \omega(u) + \omega(v)$.

Pour tout $J \subset I$, soit φ_J l'homomorphisme de A[[I]] dans A[[J]] obtenu en substituant, dans tout élément de A[[I]], X_i à X_i pour $i \in J$ et 0 à X_i pour $i \in I - J$. Soient u, v des éléments non nuls de A[[I]], $p = \omega(u)$ et $q = \omega(v)$. Il existe une partie finie J de I telle que

$$\varphi_J(u) \neq 0 , \quad \varphi_J(v) \neq 0 , \quad \omega(\varphi_J(u)) = p , \quad \omega(\varphi_J(v)) = q .$$

Soit a (resp. b) la composante homogène de degré p (resp. q) de $\varphi_J(u)$ (resp. $\varphi_J(v)$). Comme J est fini, a et b sont des polynômes. On a $a \neq 0$, $b \neq 0$, donc $ab \neq 0$ (IV, p. 9, prop. 8). Par suite, $\varphi_J(u)\,\varphi_J(v)$ est non nul et d'ordre $p + q$. Il en résulte que $uv \neq 0$ et que $\omega(uv) \leqslant p + q$. Enfin, il est clair que $\omega(uv) \geqslant p + q$.

9. Corps des fractions de l'anneau des séries formelles en une indéterminée sur un corps

Si K est un corps commutatif, on désigne par K((X)) le corps des fractions de l'anneau intègre K[[X]].

PROPOSITION 12. — *Tout élément non nul u de* K((X)) *s'écrit d'une seule manière sous la forme* $u = X^k v$, *où* $k \in \mathbf{Z}$ *et où v est une série formelle en* X *d'ordre* 0.

Soit $u = w/t$, où w, t sont des éléments non nuls de K[[X]]. On a $w = X^r w_1$, $t = X^s t_1$, où $r, s \in \mathbf{N}$ et où w_1, t_1 sont des séries formelles d'ordre 0, donc inversibles dans K[[X]] (IV, p. 28, prop. 6). Alors $u = X^{r-s} w_1 t_1^{-1}$, et $w_1 t_1^{-1}$ est une série formelle d'ordre 0.

Démontrons l'unicité. Supposons $u = X^{k_1} v_1 = X^{k_2} v_2$ où $k_1, k_2 \in \mathbf{Z}$ et où v_1, v_2 sont des séries formelles d'ordre 0. Puisque $X^{k_1 - k_2} = v_2 v_1^{-1}$ est une série formelle d'ordre 0, on a $k_1 = k_2$, d'où $v_1 = v_2$, ce qui prouve l'assertion d'unicité de la proposition.

On dit que les éléments de $K((X))$ sont les *séries formelles généralisées en* X, à coefficients dans K, ou simplement les séries formelles si aucune confusion n'en résulte (les éléments de $K[[X]]$ sont alors appelés *séries formelles à exposants positifs*); si $u \neq 0$, l'entier k défini dans la prop. 12 est encore appelé l'*ordre* de u et noté $\omega(u)$ même s'il est < 0; on pose encore $\omega(0) = \infty$. On vérifie immédiatement que les relations

$$\omega(u + v) \geqslant \inf(\omega(u), \omega(v))$$

$$\omega(u + v) = \inf(\omega(u), \omega(v)) \quad \text{si} \quad \omega(u) \neq \omega(v)$$

$$\omega(uv) = \omega(u) + \omega(v)$$

sont encore valables pour les séries formelles généralisées. En particulier, si $u \neq 0$, on a $\omega(u^{-1}) = -\omega(u)$. * Autrement dit (AC, VI, § 3, n° 6, déf. 3), ω est une *valuation discrète normée* du corps $K((X))$. *

Pour tout entier $n \in \mathbf{Z}$, soit $\mathfrak{p}_n$ l'ensemble des $u \in K((X))$ tels que $\omega(u) \geqslant n$. Alors $(\mathfrak{p}_n)_{n\in\mathbf{Z}}$ est une suite décroissante de sous-groupes du groupe additif $K((X))$, d'intersection 0; il existe donc une topologie sur $K((X))$, invariante par translation, pour laquelle $(\mathfrak{p}_n)_{n\in\mathbf{Z}}$ est un système fondamental de voisinages de 0 (TG, III, p. 5). On vérifie facilement que $K((X))$ est un corps topologique (TG, III, p. 54) et que $K[[X]]$ est un sous-espace ouvert et fermé de $K((X))$.

Soit $(\alpha_n)_{n\in\mathbf{Z}}$ une famille d'éléments de K; on suppose qu'il existe un entier N tel que $\alpha_n = 0$ pour tout $n < N$. Alors la famille $(\alpha_n X^n)_{n\in\mathbf{Z}}$ est sommable dans $K((X))$ (TG, III, p. 39, cor. 2); posons $u = \sum_{n\in\mathbf{Z}} \alpha_n X^n$. Alors $u = 0$ si et seulement si l'on a $\alpha_n = 0$ pour tout n; sinon, l'ordre de u est le plus petit entier k tel que $\alpha_k \neq 0$. Enfin, tout élément de $K((X))$ s'écrit de manière *unique* sous la forme $\sum_{n\in\mathbf{Z}} \alpha_n X^n$, la suite (α_n) vérifiant $\alpha_{-n} = 0$ pour tout n assez grand.

L'anneau $K[X]$ étant un sous-anneau de $K[[X]]$, *toute* fraction rationnelle $u/v \in K(X)$ (u et v sont des polynômes en X) peut être identifiée à la série formelle (généralisée) uv^{-1} de $K((X))$, qu'on appelle son *développement à l'origine*; le corps $K(X)$ est ainsi identifié à un sous-corps de $K((X))$.

10. Exponentielle et logarithme

On appelle série exponentielle l'élément $\sum_{n\geqslant 0} \frac{X^n}{n!}$ de $\mathbf{Q}[[X]]$. On la note exp X ou e^X.

PROPOSITION 13. — *Dans* $\mathbf{Q}[[X, Y]]$, *on a* $e^{X+Y} = e^X e^Y$.

En effet, la formule du binôme donne

$$\frac{(X + Y)^n}{n!} = \sum_{i+j=n} \frac{X^i}{i!} \frac{Y^j}{j!}.$$

Donc

$$e^{X}e^{Y} = \left(\sum_{i\geqslant 0}\frac{X^i}{i!}\right)\left(\sum_{j\geqslant 0}\frac{Y^j}{j!}\right) = \sum_{i,j\geqslant 0}\frac{X^i}{i!}\frac{Y^j}{j!} = \sum_{n\geqslant 0}\sum_{i+j=n}\frac{X^i}{i!}\frac{Y^j}{j!}$$
$$= \sum_{n\geqslant 0}\frac{(X+Y)^n}{n!} = e^{X+Y}.$$

Définissons deux éléments $e(X)$, $l(X)$ de $\mathbf{Q}[[X]]$ par

$$(33)\qquad e(X) = e^X - 1 = \sum_{n\geqslant 1}\frac{X^n}{n!}$$

$$(34)\qquad l(X) = \sum_{n\geqslant 1}(-1)^{n-1}\frac{X^n}{n}.$$

On a

$$(35)\qquad e(X+Y) = e(X) + e(Y) + e(X)\,e(Y)$$

$$(36)\qquad D(e^X) = D(e(X)) = e^X$$

$$(37)\qquad D(l(X)) = \sum_{n\geqslant 0}(-X)^n = (1+X)^{-1}.$$

PROPOSITION 14. — *On a* $l(e(X)) = e(l(X)) = X$.

Les séries l et e sont sans terme constant, et leurs termes de degré 1 sont égaux à X. D'après la prop. 10 de IV, p. 35, il suffit de prouver la formule $l(e(X)) = X$. D'après les formules (36) et (37), et le cor. 3 de IV, p. 31, on a

$$D(l(e(X))) = (1 + e(X))^{-1}D(e(X)) = (e^X)^{-1}e^X = 1$$

d'où $l(e(X)) = X$.

Soit K une **Q**-algèbre. Les éléments de K[[I]] sans terme constant forment pour l'addition un groupe commutatif $\mathscr{E}$. Les éléments de K[[I]] de terme constant 1 forment pour la multiplication un groupe commutatif $\mathscr{M}$ (IV, p. 29). On peut définir, pour tout $f \in \mathscr{E}$, les éléments $e \circ f$ et $l \circ f$ de $\mathscr{E}$. D'après la prop. 14 ci-dessus, les applications $f \mapsto l \circ f$ et $f \mapsto e \circ f$ sont des permutations réciproques de $\mathscr{E}$. Elles sont évidemment continues. Comme on a $\exp X = e(X) + 1$, on voit que l'*application exponentielle* $f \mapsto \exp f = e \circ f + 1$ est une bijection bicontinue de $\mathscr{E}$ sur $\mathscr{M}$. D'après la formule (4) de IV, p. 28, et la prop. 13, on a $\exp(f + g) = (\exp f)(\exp g)$ si $f, g \in \mathscr{E}$. Donc l'*exponentielle est un isomorphisme du groupe topologique* $\mathscr{E}$ *sur le groupe topologique* $\mathscr{M}$.

L'isomorphisme réciproque de $\mathscr{M}$ sur $\mathscr{E}$ s'appelle le *logarithme* et se note $g \mapsto \log g$. On a donc $\log g = l(g - 1)$ pour g dans $\mathscr{M}$, et, en particulier

$$(38)\qquad \log(1 + X) = l(X).$$

Comme le logarithme est un homomorphisme de $\mathscr{M}$ dans $\mathscr{E}$, la formule

$(1 + X)(1 + Y) = 1 + (X + Y + XY)$ entraîne

$$l(X) + l(Y) = l(X + Y + XY) . \tag{39}$$

Soit $(u_\lambda)_{\lambda\in L}$ une famille sommable d'éléments de $\mathscr{E}$. La famille $(\exp u_\lambda)_{\lambda\in L}$ est multipliable, et l'on a

$$\exp(\sum_{\lambda\in L} u_\lambda) = \prod_{\lambda\in L} \exp u_\lambda . \tag{40}$$

De même si $(f_\lambda)_{\lambda\in L}$ est une famille multipliable d'éléments de $\mathscr{M}$, la famille $(\log f_\lambda)_{\lambda\in L}$ est sommable, et l'on a

$$\log(\prod_{\lambda\in L} f_\lambda) = \sum_{\lambda\in L} \log f_\lambda . \tag{41}$$

Soit $g \in \mathscr{M}$, et soit D une dérivation continue de K[[I]]. On a $\log g = l(g - 1)$, donc, d'après le cor. 3 de IV, p. 31 et la formule (37), on a

$$D \log g = D(g)/g . \tag{42}$$

L'expression $D(g)/g$ est appelée la *dérivée logarithmique* de g (relativement à D).

§ 5. TENSEURS SYMÉTRIQUES ET APPLICATIONS POLYNOMIALES

1. Traces relatives

Soient H un groupe, M un A[H]-module à gauche [1]. Nous noterons M^H l'ensemble des $m \in M$ tels que $hm = m$ pour tout $h \in H$ [2] ; c'est un sous-A-module de M.

Soit G un sous-groupe de H. Alors M^G est un sous-A-module de M contenant M^H.

Soient $m \in M^G$, $h \in H$, et $x = hG$ la classe à gauche de h suivant G. On a $xm = hGm = \{hm\}$. Par abus de notation, l'élément hm de M sera noté xm. Si $h' \in H$, on a

$$h'(xm) = (h'x)\, m . \tag{1}$$

Supposons désormais que G soit d'indice fini dans H. Alors

$$\sum_{x\in H/G} xm \in M^H . \tag{2}$$

En effet, pour tout $h' \in H$, on a, compte tenu de (1),

$$h'(\sum_{x\in H/G} xm) = \sum_{x\in H/G} (h'x)\, m = \sum_{y\in H/G} ym .$$

[1] On a noté A[H] l'algèbre du groupe H (III, p. 19).

[2] On prendra garde de ne pas confondre cette notation avec celle qu'on a introduite dans l'étude des produits d'ensembles (E, II, p. 31).

DÉFINITION 1. — *Si* G *est d'indice fini dans* H, *on note* $\mathrm{Tr}_{H/G}$ *l'application de* M^G *dans* M^H *définie par* :

$$\mathrm{Tr}_{H/G}\, m = \sum_{x \in H/G} xm . \tag{3}$$

Cette application est un homomorphisme du A-module M^G dans le A-module M^H.

PROPOSITION 1. — (i) *Soient* $m \in M^G$ *et* $h \in H$. *Alors* $hm \in M^{hGh^{-1}}$ *et*

$$\mathrm{Tr}_{H/hGh^{-1}}(hm) = \mathrm{Tr}_{H/G}\, m .$$

(ii) *Soit* F *un sous-groupe de* G *d'indice fini dans* G. *Soit* $m \in M^F$. *Alors*

$$\mathrm{Tr}_{H/G}(\mathrm{Tr}_{G/F}\, m) = \mathrm{Tr}_{H/F}\, m .$$

(iii) *Si* $m \in M^H$, *on a* $\mathrm{Tr}_{H/G}\, m = (H : G)\, m$.

(i) Soit $h \in H$. Pour $h' \in H$ et $m \in M$, posons $\varphi(h') = hh'h^{-1}$ et $\psi(m) = hm$. On a $\varphi(h')\,\psi(m) = \psi(h'm)$. Par transport de structure, on en déduit que, si $m \in M^G$, on a $hm \in M^{hGh^{-1}}$ et

$$\mathrm{Tr}_{H/hGh^{-1}}(hm) = \psi(\mathrm{Tr}_{H/G}(m)) .$$

Comme $\mathrm{Tr}_{H/G}(m) \in M^H$, cela prouve (i).

(ii) Soit $m \in M^F$. Soit $(g_\alpha)_{\alpha \in A}$ un système de représentants des classes à gauche de G suivant F. Soit $(h_\beta)_{\beta \in B}$ un système de représentants des classes à gauche de H suivant G. Alors $(h_\beta g_\alpha)_{(\beta,\alpha) \in B \times A}$ est un système de représentants des classes à gauche de H suivant F, donc

$$\begin{aligned}\mathrm{Tr}_{H/G}(\mathrm{Tr}_{G/F}\, m) &= \sum_{\beta \in B} h_\beta \Big(\sum_{\alpha \in A} g_\alpha m\Big) \\ &= \sum_{(\beta,\alpha) \in B \times A} (h_\beta g_\alpha)\, m = \mathrm{Tr}_{H/F}\, m .\end{aligned}$$

(iii) L'assertion est évidente.

2. Définition des tenseurs symétriques

Soit M un A-module. Rappelons (III, p. 71) que $\mathfrak{S}_n$ opère à gauche dans le A-module $\mathbf{T}^n(M)$, de telle sorte que

$$\sigma(x_1 \otimes x_2 \otimes \dots \otimes x_n) = x_{\sigma^{-1}(1)} \otimes x_{\sigma^{-1}(2)} \otimes \dots \otimes x_{\sigma^{-1}(n)}$$

quels que soient $x_1, \dots, x_n \in M$ et $\sigma \in \mathfrak{S}_n$. Les éléments z de $\mathbf{T}^n(M)$ tels que $\sigma . z = z$ pour tout $\sigma \in \mathfrak{S}_n$ sont appelés *tenseurs symétriques d'ordre n* ; ils forment un sous-A-module de $\mathbf{T}^n(M)$ noté $\mathbf{TS}^n(M)$; on a $\mathbf{TS}^0(M) = A$, $\mathbf{TS}^1(M) = M$. On pose $\mathbf{TS}(M) = \bigoplus_{n=0}^{\infty} \mathbf{TS}^n(M)$; c'est un sous-A-module gradué de $\mathbf{T}(M)$. Pour tout $z \in \mathbf{T}^n M$, l'élément $\sum_{\sigma \in \mathfrak{S}_n} \sigma . z$ appartient à $\mathbf{TS}^n(\mathrm{M})$; on le note $s.z$, et on dit que $s.z$ est le *symétrisé* de z. L'application $s : z \mapsto s.z$ est un homomorphisme du A-module $\mathbf{T}^n(\mathrm{M})$ dans le A-module $\mathbf{TS}^n(\mathrm{M})$. Si $z \in \mathbf{TS}^n(\mathrm{M})$, on a $s.z = n!z$.

3. Produit dans les tenseurs symétriques

Soient $p, q \in \mathbf{N}$. Soit $\mathfrak{S}_{p|q}$ le sous-groupe de $\mathfrak{S}_{p+q}$ formé des permutations $\sigma \in \mathfrak{S}_{p+q}$ qui laissent stables les intervalles $(1, p)$ et $(p + 1, p + q)$ de $\mathbf{N}$. Si $\sigma \in \mathfrak{S}_p$ et $\sigma' \in \mathfrak{S}_q$, on définit un élément σ'' de $\mathfrak{S}_{p|q}$ en posant $\sigma''(n) = \sigma(n)$ pour $1 \leqslant n \leqslant p$ et $\sigma''(p + n) = p + \sigma'(n)$ pour $1 \leqslant n \leqslant q$; l'application $(\sigma, \sigma') \mapsto \sigma''$ est un isomorphisme de $\mathfrak{S}_p \times \mathfrak{S}_q$ sur $\mathfrak{S}_{p|q}$.

Soient $z \in \mathbf{TS}^p(\mathrm{M})$, $z' \in \mathbf{TS}^q(\mathrm{M})$. Alors l'élément $z \otimes z'$ de $\mathbf{T}^{p+q}(\mathrm{M})$ est invariant par $\mathfrak{S}_{p|q}$. On peut donc définir l'élément $\mathrm{Tr}_{\mathfrak{S}_{p+q}/\mathfrak{S}_{p|q}}(z \otimes z')$ de $\mathbf{TS}^{p+q}(\mathrm{M})$. Nous munirons $\mathbf{TS}(\mathrm{M})$ de la multiplication A-bilinéaire $(y, y') \mapsto yy'$ telle que, pour $p, q \in \mathbf{N}$, $z \in \mathbf{TS}^p(\mathrm{M})$, $z' \in \mathbf{TS}^q(\mathrm{M})$, on ait

$$zz' = \mathrm{Tr}_{\mathfrak{S}_{p+q}/\mathfrak{S}_{p|q}}(z \otimes z') . \tag{4}$$

Si $y \in \mathbf{TS}(\mathrm{M})$ et $y' \in \mathbf{TS}(\mathrm{M})$, on dit que yy' est le *produit symétrique* de y et y'. La famille $(\mathbf{TS}^p(\mathrm{M}))_{p \in \mathbf{N}}$ est une graduation de type $\mathbf{N}$ de l'algèbre $\mathbf{TS}(\mathrm{M})$. L'élément unité de $\mathbf{T}(\mathrm{M})$ est un élément unité de $\mathbf{TS}(\mathrm{M})$.

Soit $\mathfrak{S}_{p,q}$ l'ensemble des $\sigma \in \mathfrak{S}_{p+q}$ tels que

$$\sigma(1) < \sigma(2) < \ldots < \sigma(p)$$

$$\sigma(p + 1) < \sigma(p + 2) < \ldots < \sigma(p + q) .$$

L'application $(\sigma, \tau) \mapsto \sigma\tau$ de $\mathfrak{S}_{p,q} \times \mathfrak{S}_{p|q}$ dans $\mathfrak{S}_{p+q}$ est bijective (I, p. 57, *Exemple* 2) ; donc, si $z \in \mathbf{TS}^p(\mathrm{M})$ et $z' \in \mathbf{TS}^q(\mathrm{M})$, on a

$$zz' = \sum_{\sigma \in \mathfrak{S}_{p,q}} \sigma(z \otimes z') . \tag{5}$$

PROPOSITION 2. — (i) *La A-algèbre* $\mathbf{TS}(\mathrm{M})$ *est associative, commutative et unifère.*

(ii) *Soient* $p_1, \ldots, p_n$ *des entiers* > 0. *Soit* $\mathfrak{S}_{p_1|\ldots|p_n}$ *l'ensemble des* $\sigma \in \mathfrak{S}_{p_1+\cdots+p_n}$ *qui laissent stables les intervalles :*

$$(1, p_1), (p_1 + 1, p_1 + p_2), \ldots, (p_1 + \cdots + p_{n-1} + 1, p_1 + \cdots + p_n)$$

de $\mathbf{N}$. *Soient* $z_1 \in \mathbf{TS}^{p_1}(\mathrm{M}), \ldots, z_n \in \mathbf{TS}^{p_n}(\mathrm{M})$. *Alors*

$$z_1 z_2 \ldots z_n = \mathrm{Tr}_{\mathfrak{S}_{p_1+\cdots+p_n}/\mathfrak{S}_{p_1|\ldots|p_n}}(z_1 \otimes z_2 \otimes \ldots \otimes z_n) .$$

En particulier, si $x_1, \ldots, x_n \in \mathrm{M}$, *on a* $x_1 \ldots x_n = s(x_1 \otimes \ldots \otimes x_n)$.

L'assertion (ii) est évidente pour $n = 1$. Supposons démontrée la relation

$$z_2 \ldots z_n = \mathrm{Tr}_{\mathfrak{S}_{p_2+\cdots+p_n}/\mathfrak{S}_{p_2|\ldots|p_n}}(z_2 \otimes \ldots \otimes z_n) .$$

Identifions $\mathfrak{S}_{p_2+\cdots+p_n}$ au sous-groupe de $\mathfrak{S}_{p_1+\cdots+p_n}$ formé des permutations dont la restriction à $[1, p_1]$ est l'identité. Alors

$$\mathrm{Tr}_{\mathfrak{S}_{p_1|p_2+\cdots+p_n}/\mathfrak{S}_{p_1|p_2|\ldots|p_n}}(z_1 \otimes z_2 \otimes \ldots \otimes z_n) =$$
$$= z_1 \otimes \mathrm{Tr}_{\mathfrak{S}_{p_2+\cdots+p_n}/\mathfrak{S}_{p_2|\ldots|p_n}}(z_2 \otimes \ldots \otimes z_n) = z_1 \otimes (z_2 \ldots z_n)\,.$$

On a donc

$$\begin{aligned} z_1 z_2 \ldots z_n = z_1(z_2 \ldots z_n) &= \\ &= \mathrm{Tr}_{\mathfrak{S}_{p_1+p_2+\cdots+p_n}/\mathfrak{S}_{p_1|p_2+\cdots+p_n}}(z_1 \otimes (z_2 \ldots z_n)) \\ &= \mathrm{Tr}_{\mathfrak{S}_{p_1+\cdots+p_n}/\mathfrak{S}_{p_1|p_2+\cdots+p_n}}(\mathrm{Tr}_{\mathfrak{S}_{p_1|p_2+\cdots+p_n}/\mathfrak{S}_{p_1|p_2|\ldots|p_n}}(z_1 \otimes z_2 \otimes \ldots \otimes z_n)) \\ &= \mathrm{Tr}_{\mathfrak{S}_{p_1+\cdots+p_n}/\mathfrak{S}_{p_1|\ldots|p_n}}(z_1 \otimes z_2 \otimes \ldots \otimes z_n) \end{aligned}$$

d'après la prop. 1, (ii) de IV, p. 40. Ainsi, (ii) est démontré.

En particulier,

$$z_1(z_2 z_3) = \mathrm{Tr}_{\mathfrak{S}_{p_1+p_2+p_3}/\mathfrak{S}_{p_1|p_2|p_3}}(z_1 \otimes z_2 \otimes z_3)\,,$$

et l'on établit de même que

$$(z_1 z_2)\, z_3 = \mathrm{Tr}_{\mathfrak{S}_{p_1+p_2+p_3}/\mathfrak{S}_{p_1|p_2|p_3}}(z_1 \otimes z_2 \otimes z_3)\,.$$

Donc l'algèbre **TS**(M) est associative.

Soit σ l'élément de $\mathfrak{S}_{p_1+p_2}$ tel que

$$\sigma(1) = p_2 + 1, \sigma(2) = p_2 + 2, \ldots, \sigma(p_1) = p_2 + p_1\,,$$
$$\sigma(p_1 + 1) = 1, \sigma(p_1 + 2) = 2, \ldots, \sigma(p_1 + p_2) = p_2\,.$$

Alors

$$\begin{aligned} z_2 z_1 &= \mathrm{Tr}_{\mathfrak{S}_{p_1+p_2}/\mathfrak{S}_{p_2|p_1}}(z_2 \otimes z_1) \\ &= \mathrm{Tr}_{\mathfrak{S}_{p_1+p_2}/\sigma\mathfrak{S}_{p_1|p_2}\sigma^{-1}}\sigma(z_1 \otimes z_2) \\ &= \mathrm{Tr}_{\mathfrak{S}_{p_1+p_2}/\mathfrak{S}_{p_1|p_2}}(z_1 \otimes z_2) \quad \text{d'après la prop. 1, (i)} \\ &= z_1 z_2\,. \end{aligned}$$

Donc l'algèbre **TS**(M) est commutative.

On prendra garde que l'injection canonique de **TS**(M) dans **T**(M) n'est pas en général un homomorphisme d'algèbres. Pis encore, **TS**(M) n'est pas en général stable par la multiplication de **T**(M).

4. Puissances divisées

Soient $x \in \mathrm{M}$ et $k \in \mathbf{N}$. Il est clair que $x_1 \otimes x_2 \otimes \ldots \otimes x_k$, où

$$x_1 = x_2 = \cdots = x_k = x,$$

est un élément de $\mathbf{TS}^k(\mathrm{M})$.

DÉFINITION 2. — *Si* $x \in \mathrm{M}$, *l'élément* $x \otimes x \otimes \ldots \otimes x$ *de* $\mathbf{TS}^k(\mathrm{M})$ *se note* $\gamma_k(x)$.

PROPOSITION 3. — (i) *Si* $x \in \mathrm{M}$, *la puissance p-ième de x calculée dans* $\mathbf{TS}(\mathrm{M})$ *est égale à* $p!\,\gamma_p(x)$.

(ii) *Soient* $x_1, \ldots, x_n \in \mathrm{M}$. *On a*

$$\gamma_p(x_1 + x_2 + \cdots + x_n) = \sum_{p_1 + p_2 + \cdots + p_n = p} \gamma_{p_1}(x_1)\,\gamma_{p_2}(x_2) \ldots \gamma_{p_n}(x_n)\,.$$

(iii) *Soient* $x_1, \ldots, x_n \in \mathrm{M}$, $p_1, \ldots, p_n$ *des entiers* $\geqslant 0$, *et* $p = p_1 + \cdots + p_n$. *Soit* E *l'ensemble des applications* φ *de* $\{1, \ldots p\}$ *dans* $\{1, \ldots, n\}$ *telles que*

$$\mathrm{Card}\,\varphi^{-1}(1) = p_1, \ldots, \mathrm{Card}\,\varphi^{-1}(n) = p_n.$$

On a

$$\gamma_{p_1}(x_1)\,\gamma_{p_2}(x_2) \ldots \gamma_{p_n}(x_n) = \sum_{\varphi \in \mathrm{E}} x_{\varphi(1)} \otimes x_{\varphi(2)} \otimes \ldots \otimes x_{\varphi(p)}\,.$$

(iv) *Soient* $x \in \mathrm{M}$, *et* q, r *des entiers* $\geqslant 0$. *On a*

$$\gamma_q(x)\,\gamma_r(x) = \frac{(q+r)!}{q!\,r!}\,\gamma_{q+r}(x)\,.$$

(v) *Soient* $x_1, \ldots, x_n \in \mathrm{M}$. *Pour* $\mathrm{H} \subset \{1, \ldots, n\}$, *posons* $x_{\mathrm{H}} = \sum_{i \in \mathrm{H}} x_i$. *Alors*

$$(-1)^n x_1 x_2 \ldots x_n = \sum_{\mathrm{H} \subset \{1, \ldots, n\}} (-1)^{\mathrm{Card}\,\mathrm{H}} \gamma_n(x_{\mathrm{H}})\,.$$

L'assertion (i) résulte aussitôt de la prop. 2, (ii).

Prouvons (ii). Par récurrence sur n, on voit qu'il suffit d'envisager le cas où $n = 2$. Alors on a

$$\begin{aligned}\gamma_p(x_1 + x_2) &= (x_1 + x_2) \otimes (x_1 + x_2) \otimes \ldots \otimes (x_1 + x_2) \quad (p \text{ facteurs})\\ &= \sum_{p_1 + p_2 = p} \sum_{\sigma \in \mathfrak{S}_{p_1, p_2}} \sigma(x_1 \otimes x_1 \otimes \ldots \otimes x_1 \otimes x_2 \otimes x_2 \otimes \ldots \otimes x_2)\\ &\qquad\qquad (p_1 \text{ facteurs } x_1,\ p_2 \text{ facteurs } x_2)\\ &= \sum_{p_1 + p_2 = p} \sum_{\sigma \in \mathfrak{S}_{p_1, p_2}} \sigma(\gamma_{p_1}(x_1) \otimes \gamma_{p_2}(x_2))\\ &= \sum_{p_1 + p_2 = p} \gamma_{p_1}(x_1)\,\gamma_{p_2}(x_2)\,.\end{aligned}$$

Prouvons (iii). Soit $\mathfrak{S}_{p_1, \ldots, p_n}$ l'ensemble des permutations de $[1, p_1 + \cdots + p_n]$ dont les restrictions aux intervalles

$$[1, p_1], [p_1 + 1, p_1 + p_2], \ldots, [p_1 + \cdots + p_{n-1} + 1, p_1 + \cdots + p_n]$$

sont croissantes. D'après I, p. 57, exemple 2, et la prop. 2, (ii), on a

$$\gamma_{p_1}(x_1)\,\gamma_{p_2}(x_2) \ldots \gamma_{p_n}(x_n) =$$

$$= \sum_{\rho \in \mathfrak{S}_{p_1, p_2, \ldots, p_n}} \rho(x_1 \otimes x_1 \otimes \ldots \otimes x_1 \otimes x_2 \otimes x_2 \otimes \ldots \otimes x_2 \otimes \ldots \otimes x_n \otimes x_n \otimes \ldots \otimes x_n)$$

(avec p_i facteurs x_i) et cette somme est égale à

$$\sum_{\varphi \in \mathrm{E}} x_{\varphi(1)} \otimes x_{\varphi(2)} \otimes \ldots \otimes x_{\varphi(p)} .$$

Dans (iii), faisons $n = 2$, $x_1 = x_2 = x$, $p_1 = q$ et $p_2 = r$. On obtient (iv) (I, *loc. cit.*).

Enfin, (v) résulte de la prop. 2, (ii), et de la prop. 2 de I, p. 95, appliquée aux éléments x_i de l'anneau $\mathbf{T}(\mathrm{M})$.

Remarques. — 1) Soit $(x_i)_{i \in \mathrm{I}}$ une famille d'éléments de M. Pour tout $\nu \in \mathbf{N}^{(\mathrm{I})}$, posons

$$x_\nu = \prod_{i \in \mathrm{I}} \gamma_{\nu_i}(x_i) .$$

Si $(\lambda_i) \in \mathrm{A}^{(\mathrm{I})}$ et si $p \in \mathbf{N}$, on a, d'après la prop. 3, (ii),

$$\gamma_p\Big(\sum_{i \in \mathrm{I}} \lambda_i x_i\Big) = \sum_{\nu \in \mathbf{N}^{(\mathrm{I})}, |\nu| = p} \lambda^\nu x_\nu . \tag{6}$$

2) Soit $\mathscr{M}$ l'ensemble des applications de $[1, p]$ dans I. On définit une application $\rho \mapsto \rho^*$ de $\mathscr{M}$ dans $\mathbf{N}^{(\mathrm{I})}$ en posant

$$\rho^*(i) = \mathrm{Card}\, \rho^{-1}(i) .$$

Pour que deux éléments ρ_1, ρ_2 de $\mathscr{M}$ vérifient $\rho_1^* = \rho_2^*$, il faut et il suffit qu'il existe $\sigma \in \mathfrak{S}_p$ tel que $\rho_2 = \rho_1 \circ \sigma$ (I, p. 90). D'après la prop. 3, (iii), on a, si $|\nu| = p$,

$$x_\nu = \sum_{\rho \in \mathscr{M}, \rho^* = \nu} x_{\rho(1)} \otimes x_{\rho(2)} \otimes \ldots \otimes x_{\rho(p)} . \tag{7}$$

5. Tenseurs symétriques sur un module libre

PROPOSITION 4. — *Supposons* M *libre, et soit* $(e_i)_{i \in \mathrm{I}}$ *une base de* M.

(i) *Pour* $\nu \in \mathbf{N}^{(\mathrm{I})}$, *soit* $e_\nu = \prod_{i \in \mathrm{I}} \gamma_{\nu_i}(e_i)$. *Alors* $(e_\nu)_{\nu \in \mathbf{N}^{(\mathrm{I})}}$ *est une base du* A-*module* $\mathbf{TS}(\mathrm{M})$. *En particulier, l'algèbre* $\mathbf{TS}(\mathrm{M})$ *est engendrée par la famille des éléments* $\gamma_k(x)$ *pour* $k \in \mathbf{N}$ *et* $x \in \mathrm{M}$.

(ii) *Pour tout* $p \in \mathbf{N}$, $\mathbf{TS}^p(\mathrm{M})$ *est facteur direct dans le* A-*module* $\mathbf{T}^p(\mathrm{M})$.

Utilisons les notations de la remarque 2 ci-dessus. La famille $(e_{\rho(1)} \otimes \ldots \otimes e_{\rho(p)})_{\rho \in \mathscr{M}}$ est une base de $\mathbf{T}^p(\mathrm{M})$. Alors la prop. 4 résulte de la formule (7) et du lemme suivant, appliqué avec $\mathrm{H} = \mathfrak{S}_p$ et $\mathrm{U} = \mathbf{T}^p(\mathrm{M})$:

Lemme 1. — *Soient* H *un groupe fini,* U *un* A[H]-*module à gauche. On suppose que le* A-*module* U *possède une base* B *stable pour les opérations de* H *dans* U. *Soit* $\Omega = \mathrm{B}/\mathrm{H}$. *Pour tout* $\omega \in \Omega$, *soit* $u_\omega = \sum_{b \in \omega} b$. *Alors*

(i) $(u_\omega)_{\omega \in \Omega}$ *est une base du* A-*module* U^{H}.

(ii) *Pour tout* $\omega \in \Omega$, *soit* v_ω *un point de* ω ; *posons* $\omega' = \omega - \{v_\omega\}$ *et* $B' = \bigcup_{\omega \in \Omega} \omega'$. *Alors* B′ *est une base d'un supplémentaire de* U^H *dans* U.

La réunion de l'ensemble des u_ω (pour $\omega \in \Omega$) et de B′ est une base de U. Si $U' = \sum_{\omega \in \Omega} Au_\omega$ et $U'' = \sum_{b \in B'} Ab$, on a donc $U = U' \oplus U''$. D'autre part, on a $u_\omega \in U^H$ pour tout $\omega \in \Omega$, donc $U' \subset U^H$. Enfin, soit $(\alpha_b)_{b \in B}$ une famille d'éléments de A à support fini et soit $x = \sum_{b \in B} \alpha_b b$. Si $x \in U^H$, on a $\alpha_{hb} = \alpha_b$ pour tout $b \in B$ et tout $h \in H$, donc $x \in U'$. Par suite, $U' = U^H$.

PROPOSITION 5. — *Soient* M *un* A*-module libre, k un entier* $\geqslant 0$, P *le sous-*A*-module de* $\mathbf{TS}^k(M)$ *engendré par* $\gamma_k(M)$. *On suppose* A *intègre et infini. Pour tout* $z \in \mathbf{TS}^k(M)$, *il existe* $\alpha \in A - \{0\}$ *tel que* $\alpha z \in P$.

Soit K le corps des fractions de A. Identifions $\mathbf{TS}^k(M)$ à un sous-A-module du K-espace vectoriel $V = \mathbf{TS}^k(M) \otimes_A K$ (prop. 4, et II, p. 116). Il s'agit de montrer que $\gamma_k(M)$ engendre ce K-espace vectoriel, c'est-à-dire que toute forme K-linéaire f sur V satisfaisant à $f(\gamma_k(M)) = 0$ est nulle. Soit $(e_i)_{i \in I}$ une base de M, et définissons les e_ν comme dans la prop. 4. Quel que soit $(\alpha_i) \in A^{(I)}$, on a, compte tenu de (6),

$$0 = f(\gamma_k(\sum_{i \in I} \alpha_i e_i)) = \sum_{\nu \in \mathbf{N}^{(I)}, |\nu| = k} \alpha^\nu f(e_\nu) .$$

D'après le cor. 2 de IV, p. 17, on en déduit que $f(e_\nu) = 0$ pour tout $\nu \in \mathbf{N}^{(I)}$, d'où $f = 0$.

6. Le foncteur TS

Soient M, N des A-modules, u un homomorphisme de M dans N. Il est immédiat que $\mathbf{T}(u)(\mathbf{TS}(M)) \subset \mathbf{TS}(N)$. L'application de $\mathbf{TS}(M)$ dans $\mathbf{TS}(N)$ déduite de $\mathbf{T}(u)$ se note $\mathbf{TS}(u)$. On vérifie aussitôt que c'est un homomorphisme unifère d'algèbres graduées, et que l'on a $\mathbf{TS}(u)(\gamma_p(x)) = \gamma_p(u(x))$ pour tout $x \in M$ et tout entier $p \geqslant 0$. Si $v : N \to P$ est un homomorphisme de A-modules, on a

$$\mathbf{TS}(v \circ u) = \mathbf{TS}(v) \circ \mathbf{TS}(u) .$$

Par définition de $\mathbf{TS}(u)$, le diagramme

$$\begin{array}{ccccc} M & \longrightarrow & \mathbf{TS}(M) & \longrightarrow & \mathbf{T}(M) \\ {\scriptstyle u}\downarrow & & \downarrow{\scriptstyle \mathbf{TS}(u)} & & \downarrow{\scriptstyle \mathbf{T}(u)} \\ N & \longrightarrow & \mathbf{TS}(N) & \longrightarrow & \mathbf{T}(N) \end{array}$$

où les flèches horizontales désignent les injections canoniques, est commutatif.

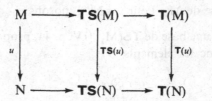

Si M est un facteur direct de N et si $i: \mathrm{M} \to \mathrm{N}$ est l'injection canonique, $\mathbf{TS}(i)$ est un homomorphisme injectif de $\mathbf{TS}(\mathrm{M})$ sur un facteur direct R de $\mathbf{TS}(\mathrm{N})$, par lequel on identifie d'ordinaire $\mathbf{TS}(\mathrm{M})$ et R. Cela se démontre comme pour l'algèbre tensorielle (III, p. 58).

Supposons que M soit somme directe d'une famille $(\mathrm{M}_\lambda)_{\lambda \in \mathrm{L}}$ de sous-modules. Les injections canoniques $\mathbf{TS}(\mathrm{M}_\lambda) \to \mathbf{TS}(\mathrm{M})$ définissent un homomorphisme unifère h d'algèbres graduées, dit canonique :

$$\bigotimes_{\lambda \in \mathrm{L}} \mathbf{TS}(\mathrm{M}_\lambda) \to \mathbf{TS}(\mathrm{M}) .$$

Soient $\lambda_1, \lambda_2, \ldots, \lambda_n$ des éléments de L deux à deux distincts, et soient $x_1 \in \mathrm{M}_{\lambda_1}, \ldots, x_n \in \mathrm{M}_{\lambda_n}$. D'après la prop. 3, (ii) de IV, p. 43, on a

$$h\Big(\sum_{p_1 + \ldots + p_n = p} \gamma_{p_1}(x_1) \otimes \ldots \otimes \gamma_{p_n}(x_n)\Big) = \gamma_p(x_1 + \cdots + x_n) . \tag{8}$$

Soit N un A-module somme directe d'une famille $(\mathrm{N}_\lambda)_{\lambda \in \mathrm{L}}$ de sous-modules. Pour tout $\lambda \in \mathrm{L}$, soit u_λ un homomorphisme de M_λ dans N_λ. Soit u l'homomorphisme de M dans N défini par les u_λ. Alors le diagramme

$$\begin{array}{ccc} \bigotimes \mathbf{TS}(\mathrm{M}_\lambda) & \xrightarrow{h} & \mathbf{TS}(\mathrm{M}) \\ {\scriptstyle \otimes \mathbf{TS}(u_\lambda)} \downarrow & & \downarrow {\scriptstyle \mathrm{TS}(u)} \\ \bigotimes \mathbf{TS}(\mathrm{N}_\lambda) & \xrightarrow{h'} & \mathbf{TS}(\mathrm{N}) \end{array}$$

où h et h' sont les homomorphismes canoniques, est commutatif. En effet, si $z \in \mathbf{TS}(\mathrm{M}_\lambda)$, et si i_λ (resp. j_λ) désigne l'injection canonique de M_λ dans M (resp. N_λ dans N), on a

$$\mathbf{TS}(u)\ (h(z)) = \mathbf{TS}(u) \circ \mathbf{TS}(i_\lambda)\ (z) = \mathbf{TS}(u \circ i_\lambda)\ (z) = \mathbf{TS}(j_\lambda \circ u_\lambda)\ (z) =$$
$$= \mathbf{TS}(j_\lambda) \circ \mathbf{TS}(u_\lambda)\ (z) = h'(\mathbf{TS}(u_\lambda)\ (z)) .$$

Proposition 6. — *Soit* M *un* A-*module somme directe d'une famille* $(\mathrm{M}_\lambda)_{\lambda \in \mathrm{L}}$ *de sous-modules. Si chaque* M_λ *est un module libre, l'homomorphisme canonique de* $\bigotimes_{\lambda \in \mathrm{L}} \mathbf{TS}(\mathrm{M}_\lambda)$ *dans* $\mathbf{TS}(\mathrm{M})$ *est un isomorphisme.*

Soit $(e_{i,\lambda})_{i \in \mathrm{I}_\lambda}$ une base de M_λ. Pour $\nu \in \mathbf{N}^{(\mathrm{I}_\lambda)}$, posons $e_{\nu,\lambda} = \prod_{i \in \mathrm{I}_\lambda} \gamma_{\nu(i)}(e_{i,\lambda})$. Les $e_{\nu,\lambda}$, pour $\nu \in \mathbf{N}^{(\mathrm{I}_\lambda)}$, forment une base de $\mathbf{TS}(\mathrm{M}_\lambda)$ (IV, p. 44, prop. 4, (i)) et $e_{0,\lambda}$ est élément unité de $\mathbf{TS}(\mathrm{M}_\lambda)$. Donc les éléments

$$\bigotimes_{\lambda \in \mathrm{L}} e_{\nu_\lambda,\lambda} \tag{9}$$

où $\nu_\lambda \in \mathbf{N}^{(\mathrm{I}_\lambda)}$, et où $\nu_\lambda = 0$ sauf pour un nombre fini d'indices, forment une base de $\bigotimes_\lambda \mathbf{TS}(M_\lambda)$. L'image de l'élément (9) par l'homomorphisme canonique de la proposition est $\prod_{\lambda\in L} e_{\nu_\lambda,\lambda}$. Si l'on désigne par $(e_i)_{i\in I}$ la réunion disjointe des familles $(e_{i,\lambda})_{i\in I_\lambda}$ les éléments ci-dessus ne sont autres que les $\prod_{i\in I} \gamma_{\nu(i)}(e_i)$ où $\nu \in \mathbf{N}^{(I)}$, et constituent donc une base de $\mathbf{TS}(M)$. Cela prouve la proposition.

Dans les conditions de la prop. 6, l'isomorphisme réciproque $\mathbf{TS}(M) \to \bigotimes_\lambda \mathbf{TS}(M_\lambda)$ est encore dit *canonique*. On identifie souvent $\mathbf{TS}(M)$ à $\bigotimes_\lambda \mathbf{TS}(M_\lambda)$ grâce à cet isomorphisme. On prendra garde que, si $z \in \mathbf{TS}(M_\lambda)$ et $z' \in \mathbf{TS}(M_\mu)$ avec $\lambda \neq \mu$, l'élément de $\mathbf{TS}(M)$ qu'on est alors amené à noter $z \otimes z'$ n'est pas le produit tensoriel de z et z' dans $\mathbf{T}(M)$ mais le produit symétrique de z et z'.

PROPOSITION 7. — *Soient* M *un* A-*module,* u *l'application* $(x, y) \mapsto x + y$ *de* $M \oplus M$ *dans* M, *et* f *l'application composée*

$$\mathbf{TS}(M) \otimes \mathbf{TS}(M) \xrightarrow{h} \mathbf{TS}(M \oplus M) \xrightarrow{\mathbf{TS}(u)} \mathbf{TS}(M)$$

où h *est l'homomorphisme canonique. Si* $z, z' \in \mathbf{TS}(M)$, *on a* $f(z \otimes z') = zz'$.

En effet, soit i l'application $x \mapsto (x, 0)$ de M dans $M \oplus M$. On a $u \circ i = \mathrm{Id}_M$, donc $\mathbf{TS}(u) \circ \mathbf{TS}(i) = \mathrm{Id}_{\mathbf{TS}(M)}$. Par suite

$$f(z \otimes 1) = \mathbf{TS}(u)\,(h(z \otimes 1)) = \mathbf{TS}(u)\,(\mathbf{TS}(i)\,(z)) = z\,.$$

De même, $f(1 \otimes z') = z'$, d'où $f(z \otimes z') = f(z \otimes 1)\, f(1 \otimes z') = zz'$.

7. Coproduit dans les tenseurs symétriques

Soit M un A-module *libre*. Soit $\Delta_M = \Delta$ l'homomorphisme diagonal $x \mapsto (x, x)$ de M dans $M \oplus M$. Soit $c_M = c$ l'homomorphisme unifère de A-algèbres graduées composé des homomorphismes :

$$\mathbf{TS}(M) \xrightarrow{\mathbf{TS}(\Delta)} \mathbf{TS}(M \oplus M) \xrightarrow{\sigma} \mathbf{TS}(M) \otimes \mathbf{TS}(M)$$

où σ est l'isomorphisme canonique. Muni de c, $\mathbf{TS}(M)$ est une A-cogèbre graduée.

Pour tout $x \in M$ et tout entier $p \geqslant 0$, on a $\mathbf{TS}(\Delta)\,(\gamma_p(x)) = \gamma_p((x, x))$, donc d'après (8),

$$c(\gamma_p(x)) = \sum_{r+s=p} \gamma_r(x) \otimes \gamma_s(x)\,. \tag{10}$$

En particulier,

$$c(x) = x \otimes 1 + 1 \otimes x\,. \tag{11}$$

Soit $(x_i)_{i \in \mathrm{I}}$ une famille d'éléments de M. Pour $\nu \in \mathbf{N}^{(\mathrm{I})}$, posons $x_\nu = \prod_{i \in \mathrm{I}} \gamma_{\nu_i}(x_i)$. Alors

$$c(x_\nu) = \sum_{\rho + \sigma = \nu} x_\rho \otimes x_\sigma \,. \tag{12}$$

Cela résulte de (10) puisque c est un homomorphisme d'algèbres.

PROPOSITION 8. — *Soit* M *un* A-*module libre. Pour ses structures d'algèbre et de cogèbre,* **TS**(M) *est une bigèbre graduée commutative et cocommutative. La coünité est l'application* A-*linéaire* $\varepsilon : \mathbf{TS}(\mathrm{M}) \rightarrow \mathbf{TS}^0(\mathrm{M}) = \mathrm{A}$ *nulle sur* $\mathbf{TS}^p(\mathrm{M})$ *pour* $p > 0$, *et telle que* $\varepsilon(1) = 1$.

On sait que la A-algèbre **TS**(M) est associative, commutative et unifère. D'autre part, le coproduit est par construction un homomorphisme d'algèbres graduées. Le fait que la cogèbre **TS**(M) est coassociative et cocommutative résulte par un calcul facile de la formule (10). L'application ε de **TS**(M) dans A est un homomorphisme d'algèbres graduées tel que $\varepsilon(1) = 1$. Enfin, pour tout $x \in \mathrm{M}$, on a $\varepsilon(\gamma_p(x)) = 0$ si $p > 0$, $\varepsilon(\gamma_0(x)) = 1$; cela montre, compte tenu de (10), que l'on a $(\varepsilon \otimes 1) \circ c = (1 \otimes \varepsilon) \circ c = \mathrm{Id}_{\mathbf{TS}(\mathrm{M})}$; ainsi, ε est la coünité de **TS**(M).

PROPOSITION 9. — *Soient* M *et* N *des* A-*modules libres, u un* A-*homomorphisme de* M *dans* N. *Alors* **TS**(u) *est un homomorphisme de bigèbres.*

En effet, on a $\Delta_{\mathrm{N}} \circ u = (u, u) \circ \Delta_{\mathrm{M}}$, donc le diagramme

$$\begin{array}{ccccc}
\mathbf{TS}(\mathrm{M}) & \xrightarrow{\mathbf{TS}(\Delta_{\mathrm{M}})} & \mathbf{TS}(\mathrm{M} \oplus \mathrm{M}) & \xrightarrow{\ \sigma\ } & \mathbf{TS}(\mathrm{M}) \otimes \mathbf{TS}(\mathrm{M}) \\
\downarrow{\scriptstyle \mathbf{TS}(u)} & & \downarrow{\scriptstyle \mathbf{TS}(u,u)} & & \downarrow{\scriptstyle \mathbf{TS}(u) \otimes \mathbf{TS}(u)} \\
\mathbf{TS}(\mathrm{N}) & \xrightarrow[\mathbf{TS}(\Delta_{\mathrm{N}})]{} & \mathbf{TS}(\mathrm{N} \oplus \mathrm{N}) & \xrightarrow[\ \tau\ ]{} & \mathbf{TS}(\mathrm{N}) \otimes \mathbf{TS}(\mathrm{N}) \,,
\end{array}$$

où σ et τ sont les isomorphismes canoniques, est commutatif (IV, p. 46). Donc $c_{\mathrm{N}} \circ \mathbf{TS}(u) = (\mathbf{TS}(u) \otimes \mathbf{TS}(u)) \circ c_{\mathrm{M}}$.

PROPOSITION 10. — *Soit* M *un* A-*module libre. Les éléments primitifs* (III, p. 164) *de la bigèbre* **TS**(M) *sont les éléments de* M.

Soit $(e_i)_{i \in \mathrm{I}}$ une base de M. Pour $\nu \in \mathbf{N}^{(\mathrm{I})}$, posons $e_\nu = \prod_{i \in \mathrm{I}} \gamma_{\nu_i}(e_i)$. Soit $z = \sum_{\nu \in \mathbf{N}^{(\mathrm{I})}} \lambda_\nu e_\nu$ un élément de **TS**(M). On a d'après (12)

$$c(z) = \sum_\nu \lambda_\nu \sum_{\rho, \sigma \in \mathbf{N}^{(\mathrm{I})}, \rho + \sigma = \nu} e_\rho \otimes e_\sigma = \sum_{\rho, \sigma} \lambda_{\rho + \sigma} e_\rho \otimes e_\sigma$$

donc

$$c(z) - 1 \otimes z - z \otimes 1 = \sum_{\rho \neq 0, \sigma \neq 0} \lambda_{\rho + \sigma} e_\rho \otimes e_\sigma - \lambda_0 e_0 \otimes e_0 \,.$$

Alors

$$\begin{aligned} z \text{ primitif} &\Leftrightarrow \lambda_{\rho+\sigma} = 0 \quad \text{lorsque} \quad \rho \neq 0 \quad \text{et} \quad \sigma \neq 0 \quad \text{et} \quad \lambda_0 = 0 \\ &\Leftrightarrow \lambda_\nu = 0 \qquad \text{lorsque} \quad |\nu| \neq 1 \\ &\Leftrightarrow z \in \mathrm{M}\,. \end{aligned}$$

8. Relations entre $\mathbf{TS}(\mathrm{M})$ et $\mathbf{S}(\mathrm{M})$

L'injection canonique de M dans $\mathbf{TS}(\mathrm{M})$ se prolonge de manière unique en un homomorphisme d'algèbres de $\mathbf{T}(\mathrm{M})$ dans $\mathbf{TS}(\mathrm{M})$ (III, p. 56, prop. 1). D'après la prop. 2, (ii), de IV, p. 41, cet homomorphisme est l'opérateur s de symétrisation. Comme l'algèbre $\mathbf{TS}(\mathrm{M})$ est commutative, il existe (III, p. 67) un *homomorphisme d'algèbres* φ_{M} et un seul, dit *canonique*, de l'algèbre $\mathbf{S}(\mathrm{M})$ dans l'algèbre $\mathbf{TS}(\mathrm{M})$ tel que le diagramme

$$\begin{array}{ccc} \mathbf{T}(\mathrm{M}) & & \\ {\scriptstyle\rho}\downarrow & \searrow{\scriptstyle s} & \\ \mathbf{S}(\mathrm{M}) & \xrightarrow{\varphi_{\mathrm{M}}} & \mathbf{TS}(\mathrm{M})\,, \end{array}$$

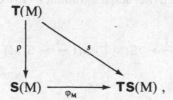

ou ρ désigne l'homomorphisme canonique de $\mathbf{T}(\mathrm{M})$ sur $\mathbf{S}(\mathrm{M})$, soit commutatif. On a $\varphi_{\mathrm{M}}(\mathbf{S}^p(\mathrm{M})) \subset \mathbf{TS}^p(\mathrm{M})$ pour tout $p \in \mathbf{N}$.

D'autre part, en composant l'injection canonique i de $\mathbf{TS}(\mathrm{M})$ dans $\mathbf{T}(\mathrm{M})$ et l'homomorphisme canonique ρ de $\mathbf{T}(\mathrm{M})$ sur $\mathbf{S}(\mathrm{M})$, on obtient un *homomorphisme* ψ_{M} *de* A-*modules gradués*, dit *canonique*. Le diagramme

$$\begin{array}{ccc} & & \mathbf{T}(\mathrm{M}) \\ & {\scriptstyle i}\nearrow & \downarrow{\scriptstyle\rho} \\ \mathbf{TS}(\mathrm{M}) & \xrightarrow{\psi_{\mathrm{M}}} & \mathbf{S}(\mathrm{M}) \end{array}$$

est commutatif.

Si $u : \mathrm{M} \to \mathrm{N}$ est un homomorphisme de A-modules, le diagramme

$$(13) \qquad \begin{array}{ccccc} \mathbf{S}(\mathrm{M}) & \xrightarrow{\varphi_{\mathrm{M}}} & \mathbf{TS}(\mathrm{M}) & \xrightarrow{\psi_{\mathrm{M}}} & \mathbf{S}(\mathrm{M}) \\ {\scriptstyle \mathbf{S}(u)}\downarrow & & \downarrow{\scriptstyle \mathbf{TS}(u)} & & \downarrow{\scriptstyle \mathbf{S}(u)} \\ \mathbf{S}(\mathrm{N}) & \xrightarrow{\varphi_{\mathrm{N}}} & \mathbf{TS}(\mathrm{N}) & \xrightarrow{\psi_{\mathrm{N}}} & \mathbf{S}(\mathrm{N}) \end{array}$$

est commutatif, comme on le vérifie aisément.

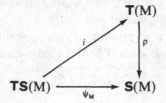

Si M est somme directe de modules M_λ, le diagramme

$$
\text{(14)} \qquad
\begin{array}{ccc}
\bigotimes \mathbf{S}(M_\lambda) & \xrightarrow{\otimes \varphi_{M_\lambda}} & \bigotimes \mathbf{TS}(M_\lambda) \\
\Big\downarrow f & & \Big\downarrow g \\
\mathbf{S}(M) & \xrightarrow[\varphi_M]{} & \mathbf{TS}(M) ,
\end{array}
$$

où f et g sont les homomorphismes canoniques, est commutatif. En effet, $g \circ \bigotimes_\lambda \varphi_{M_\lambda}$ et $\varphi_M \circ f$ sont des homomorphismes d'algèbres qui, pour tout λ, coïncident sur M_λ.

PROPOSITION 11. — *Si* M *est libre,* φ_M *est un morphisme de bigèbres graduées.*

En utilisant la commutativité des diagrammes (13) et (14), on obtient le diagramme commutatif

$$
\begin{array}{ccccc}
\mathbf{S}(M) & \xrightarrow{\mathbf{S}(\Delta)} & \mathbf{S}(M \oplus M) & \xrightarrow{h} & \mathbf{S}(M) \otimes \mathbf{S}(M) \\
\Big\downarrow \varphi_M & & \Big\downarrow \varphi_{M \oplus M} & & \Big\downarrow \varphi_M \otimes \varphi_M \\
\mathbf{TS}(M) & \xrightarrow[\mathbf{TS}(\Delta)]{} & \mathbf{TS}(M \oplus M) & \xrightarrow[k]{} & \mathbf{TS}(M) \otimes \mathbf{TS}(M) ,
\end{array}
$$

où Δ est l'homomorphisme diagonal, et où h, k sont les isomorphismes canoniques. La proposition résulte de là.

PROPOSITION 12. — (i) *Si* $u \in \mathbf{S}^n(M)$, *on a* $\psi_M(\varphi_M(u)) = n!u$.

(ii) *Si* $v \in \mathbf{TS}^n(M)$, *on a* $\varphi_M(\psi_M(v)) = n!v$.

Soient $x_1, \ldots, x_n \in M$, et u le produit $x_1 \ldots x_n$ calculé dans $\mathbf{S}(M)$. Alors $\varphi_M(u)$ est le produit $x_1 \ldots x_n$ calculé dans $\mathbf{TS}(M)$, c'est-à-dire

$$\sum_{\sigma \in \mathfrak{S}_n} x_{\sigma(1)} \otimes \ldots \otimes x_{\sigma(n)} .$$

Donc $\psi_M(\varphi_M(u))$ est égal à $\sum_{\sigma \in \mathfrak{S}_n} x_{\sigma(1)} \ldots x_{\sigma(n)}$ calculé dans $\mathbf{S}(M)$, c'est-à-dire à

$$n!x_1 \ldots x_n = n!u .$$

Soit $v = \sum_{i=1}^{p} x_1^i \otimes x_2^i \otimes \ldots \otimes x_n^i$ un élément de $\mathbf{TS}^n(M)$, où les x_j^i appartiennent à M. Alors $\psi_M(v)$ est égal à $\sum_{i=1}^{p} x_1^i x_2^i \ldots x_n^i$ calculé dans $\mathbf{S}(M)$, d'où

$$\varphi_M(\psi_M(v)) = \sum_{i=1}^{p} s(x_1^i \otimes x_2^i \otimes \ldots \otimes x_n^i) = s(v) = n!v .$$

COROLLAIRE 1. — *Si* A *est une* $\mathbf{Q}$*-algèbre, l'homomorphisme canonique de* $\mathbf{S}(M)$

dans **TS**(M) *est un isomorphisme d'algèbres. Si de plus* M *est libre, c'est un isomorphisme de bigèbres graduées.*

COROLLAIRE 2. — *Si* A *est une* **Q**-*algèbre, le module* $\mathbf{TS}^n(M)$ *est engendré par les puissances* n-ièmes *des éléments de* M *dans* **TS**(M).

Cela résulte du cor. 1 et de la propriété analogue de **S**(M) (III, p. 68).

9. Applications polynomiales homogènes

PROPOSITION 13. — *Soient* M *et* N *des* A-*modules,* q *un entier* $\geqslant 0$, f *une application de* M *dans* N. *On suppose* M *libre. Les conditions suivantes sont équivalentes :*

(i) *Il existe une application* q-*linéaire* g *de* M^q *dans* N *telle que* $f(x)=g(x, x, \ldots, x)$ *pour tout* $x \in M$.

(ii) *Il existe une application linéaire* h *de* $\mathbf{TS}^q(M)$ *dans* N *telle que* $f(x)=h(\gamma_q(x))$ *pour tout* $x \in M$.

(iii) *Il existe une base* $(e_i)_{i\in I}$ *de* M *et une famille* $(u_\nu)_{\nu\in \mathbf{N}^{(I)}, |\nu|=q}$ *d'éléments de* N *tels que*

$$f(\sum_{i\in I} \lambda_i e_i) = \sum_{\nu\in \mathbf{N}^{(I)}, |\nu|=q} \lambda^\nu u_\nu \tag{15}$$

pour tout $(\lambda_i) \in A^{(I)}$.

(iv) *Pour toute base* $(e_i)_{i\in I}$ *de* M, *il existe une famille* $(u_\nu)_{\nu\in \mathbf{N}^{(I)}, |\nu|=q}$ *d'éléments de* N *tels que*

$$f(\sum_{i\in I} \lambda_i e_i) = \sum_{\nu\in \mathbf{N}^{(I)}, |\nu|=q} \lambda^\nu u_\nu$$

pour tout $(\lambda_i) \in A^{(I)}$.

(i) ⇒ (ii) : soit g satisfaisant aux conditions de (i). Il existe une application linéaire g' de $\mathbf{T}^q(M)$ dans N telle que $g(x_1, x_2, \ldots, x_q) = g'(x_1 \otimes x_2 \otimes \ldots \otimes x_q)$ quels que soient $x_1, \ldots, x_q \in M$. Alors

$$f(x) = g(x, x, \ldots, x) = g'(x \otimes x \otimes \ldots \otimes x) = g'(\gamma_q(x)) ;$$

en posant $h = g'|\mathbf{TS}^q(M)$, on voit que la condition (ii) est vérifiée.

(ii) ⇒ (i) et (iv) : soit h satisfaisant aux conditions de (ii). D'après la proposition 4, (ii) (IV, p. 44), il existe une application linéaire g' de $\mathbf{T}^q(M)$ dans N telle que $h = g'|\mathbf{TS}^q(M)$. Soit g l'application q-linéaire de M dans N associée à g'. Alors, pour tout $x \in M$, on a

$$f(x) = h(\gamma_q(x)) = g'(x \otimes x \otimes \ldots \otimes x) = g(x, x, \ldots, x),$$

d'où (i). D'autre part, si $(e_i)_{i\in I}$ est une base de M, on a, d'après la formule (6) (IV, p. 44)

$$f(\sum_i \lambda_i e_i) = h(\gamma_q(\sum_i \lambda_i e_i)) = h(\sum_{|\nu|=q} \lambda^\nu e_\nu)$$

en posant $e_\nu = \prod_{i \in I} \gamma_{\nu_i}(e_i)$; on a donc

$$f(\sum_i \lambda_i e_i) = \sum_{|\nu| = q} \lambda^\nu h(e_\nu) .$$

(iv) ⇒ (iii) : c'est évident.

(iii) ⇒ (ii) : soient (e_i), (u_ν) vérifiant les conditions de (iii). Posons $e_\nu = \prod_{i \in I} \gamma_{\nu_i}(e_i)$; rappelons que $(e_\nu)_{|\nu| = q}$ est une base de $\mathbf{TS}^q(M)$. Soit h l'homomorphisme de $\mathbf{TS}^q(M)$ dans N défini par $h(e_\nu) = u_\nu$. Alors pour tout $x = \sum_{i \in I} \lambda_i e_i$ dans M, on a

$$f(x) = f(\sum_i \lambda_i e_i) = \sum_{|\nu| = q} \lambda^\nu u_\nu = h(\sum_{|\nu| = q} \lambda^\nu e_\nu) = h(\gamma_q(x)) .$$

DÉFINITION 3. — *Soient* M *et* N *des A-modules, q un entier* $\geqslant 0$. *On suppose* M *libre. On note* $\mathrm{Pol}^q_A(M, N)$ *ou simplement* $\mathrm{Pol}^q(M, N)$ *l'ensemble des applications de* M *dans* N *vérifiant les conditions de la prop.* 13. *Les éléments de* $\mathrm{Pol}^q(M, N)$ *s'appellent les applications polynomiales homogènes de degré q de* M *dans* N.

La prop. 13, (i), définit un homomorphisme de A-modules :

$$\mathscr{L}_q(M, \ldots, M ; N) \to \mathrm{Pol}^q(M, N) .$$

La prop. 13, (ii), définit un homomorphisme de A-modules :

$$\mathrm{Hom}_A(\mathbf{TS}^q(M), N) \to \mathrm{Pol}^q(M, N) .$$

Ces homomorphismes sont dits *canoniques*. Ils sont surjectifs.

Exemples. — 1) Les applications polynomiales homogènes de degré 1 de M dans N sont les applications A-linéaires de M dans N.

2) Soient $(N_i)_{i \in I}$ une famille de A-modules, f_i une application de M dans N_i, $i \in I$, et $f : M \to \prod_{i \in I} N_i$ l'application de composantes f_i. Pour que f soit polynomiale homogène de degré q, il faut et il suffit que chaque f_i soit polynomiale homogène de degré q.

3) Soient $(M_j)_{j \in J}$ une famille finie de A-modules libres et $u : \prod_{j \in J} M_j \to N$ une application multilinéaire. Alors u est polynomiale de degré Card(J).

4) Soient $(X_i)_{i \in I}$ une famille d'indéterminées, N un A-module, et $u \in N[(X_i)_{i \in I}]$ un polynome homogène de degré q. L'application $(x_i)_{i \in I} \mapsto u((x_i)_{i \in I})$ de $A^{(I)}$ dans N est une application polynomiale homogène de degré q : cela se voit aussitôt sur la condition (iii) de la prop. 13. Si I est fini, toute application polynomiale homogène de degré q de $A^{(I)} = A^I$ dans N est de cette forme.

5) L'application $(x_i)_{i \in \mathbf{N}} \mapsto x_0^2 + x_1^2 + \cdots + x_n^2 + \cdots$ de $A^{(\mathbf{N})}$ dans A est une application polynomiale homogène de degré 2. Si $A = \mathbf{Z}/2\mathbf{Z}$, elle coïncide avec la forme linéaire $(x_i)_{i \in \mathbf{N}} \mapsto x_1 + x_2 + \cdots + x_n + \cdots$.

6) Soit $f \in \mathrm{Pol}^q_A(M, N)$. Soient B un anneau commutatif, ρ un homomorphisme

de B dans A, M′ et N′ les B-modules déduits de M et N grâce à ρ. Supposons M′ libre. Alors $f \in \mathrm{Pol}^q_{\mathrm{B}}(\mathrm{M}', \mathrm{N}')$: cela se voit aussitôt sur la condition (i) de la prop. 13.

PROPOSITION 14. — *Soient* M, N, P *des* A-*modules*, *q et r des entiers* $\geqslant 0$. *On suppose* M *et* N *libres. Soient* $f \in \mathrm{Pol}^q(\mathrm{M}, \mathrm{N})$, $f' \in \mathrm{Pol}^r(\mathrm{N}, \mathrm{P})$. *Alors* $f' \circ f \in \mathrm{Pol}^{qr}(\mathrm{M}, \mathrm{P})$.

Il existe une application q-linéaire g de M^q dans N, et une application r-linéaire g' de N^r dans P telles que

$$f(x) = g(x, x, \dots, x) \qquad \text{pour tout } x \in \mathrm{M},$$

$$f'(y) = g'(y, y, \dots, y) \qquad \text{pour tout } y \in \mathrm{N}.$$

Alors, pour tout $x \in \mathrm{M}$, on a

$$f'(f(x)) = g'(f(x), f(x), \dots, f(x)) = g'(g(x, x, \dots, x), \dots, g(x, x, \dots, x))$$

et l'application $(x_1, \dots, x_{qr}) \mapsto g'(g(x_1, \dots, x_q), \dots, g(x_{q(r-1)+1}, \dots, x_{qr}))$ de M^{qr} dans P est qr-linéaire.

PROPOSITION 15. — *Soient* M *un* A-*module libre*, N *un* A-*module*, *q un entier* $\geqslant 0$. *On suppose que l'application* $y \mapsto q\,!\,y$ *est un automorphisme de* N. *Soit* $f \in \mathrm{Pol}^q(\mathrm{M}, \mathrm{N})$. *Il existe une application q-linéaire symétrique h et une seule de* M^q *dans* N *telle que* $f(x) = h(x, x, \dots, x)$ *pour tout* $x \in \mathrm{M}$. *Quels que soient* $x_1, \dots, x_q \in \mathrm{M}$, *on a*

$$h(x_1, x_2, \dots, x_q) = \frac{(-1)^q}{q!} \sum_{\mathrm{H} \subset \{1,2,\dots,q\}} (-1)^{\mathrm{Card}\,\mathrm{H}} f\Big(\sum_{i \in \mathrm{H}} x_i\Big). \tag{16}$$

a) Il existe une application q-linéaire g de M^q dans N telle que $f(x) = g(x, x, \dots, x)$ pour tout $x \in \mathrm{M}$. Définissons l'application q-linéaire h de M dans N par

$$h(x_1, x_2, \dots, x_q) = \frac{1}{q!} \sum_{\sigma \in \mathfrak{S}_q} g(x_{\sigma(1)}, x_{\sigma(2)}, \dots, x_{\sigma(q)}).$$

Alors h est symétrique et $f(x) = h(x, x, \dots, x)$ pour tout $x \in \mathrm{M}$.

b) Soit h une application q-linéaire symétrique de M^q dans N telle que $f(x) = h(x, x, \dots, x)$. Soit l l'application linéaire de $\mathbf{T}^q(\mathrm{M})$ dans N telle que $h(x_1, \dots, x_q) = l(x_1 \otimes \dots \otimes x_q)$ quels que soient $x_1, \dots, x_q \in \mathrm{M}$. On a

$$\begin{aligned}(-1)^q q\,!\,h(x_1, \dots, x_q) &= (-1)^q \sum_{\sigma \in \mathfrak{S}_q} h(x_{\sigma(1)}, \dots, x_{\sigma(q)}) = (-1)^q l(s(x_1 \otimes \dots \otimes x_q)) = \\ &= \sum_{\mathrm{H} \subset \{1,\dots,q\}} (-1)^{\mathrm{Card}\,\mathrm{H}} l\Big(\gamma_q\Big(\sum_{i \in \mathrm{H}} x_i\Big)\Big)\end{aligned}$$

d'après la prop. 3, (v) (IV, p. 43). Or on a

$$l\Big(\gamma_q\Big(\sum_{i \in \mathrm{H}} x_i\Big)\Big) = h\Big(\sum_{i \in \mathrm{H}} x_i, \dots, \sum_{i \in \mathrm{H}} x_i\Big) = f\Big(\sum_{i \in \mathrm{H}} x_i\Big).$$

Cela prouve la formule (16) et l'unicité de h.

PROPOSITION 16. — *Soient* M *un* A-*module libre*, N *un* A-*module*, q *un entier positif*, u *l'homomorphisme canonique de* $\mathrm{Hom}(\mathbf{TS}^q(\mathrm{M}), \mathrm{N})$ *dans* $\mathrm{Pol}^q(\mathrm{M}, \mathrm{N})$.

(i) *Si* A *est intègre et infini et* N *sans torsion*, u *est un isomorphisme.*

(ii) *Si l'application* $y \mapsto q\,!\,y$ *dans* N *est injective*, u *est un isomorphisme.*

Dans les deux cas de la proposition, il s'agit de prouver que u est injectif, c'est-à-dire que toute application linéaire f de $\mathbf{TS}^q(\mathrm{M})$ dans N, nulle sur $\gamma_q(\mathrm{M})$, est nulle.

Supposons A intègre et infini et N sans torsion. Pour tout $z \in \mathbf{TS}^q(\mathrm{M})$, il existe $\alpha \in \mathrm{A} - \{0\}$ tel que αz soit combinaison A-linéaire d'éléments de $\gamma_q(\mathrm{M})$ (IV, p. 45, prop. 5). Alors $\alpha f(z) = f(\alpha z) = 0$, donc $f(z) = 0$.

Supposons que l'application $y \mapsto q\,!\,y$ dans N soit injective. D'après IV, p. 43, prop. 3, (v), f est nulle sur $s.\mathbf{T}^q(\mathrm{M})$. Donc, si $z \in \mathbf{TS}^q(\mathrm{M})$, on a $q\,!\,f(z) = f(sz) = 0$ et par suite $f(z) = 0$.

COROLLAIRE. — *Soient* M *un* A-*module libre*, N *un* A-*module*, q *un entier positif*, $h \in \mathrm{Pol}^q(\mathrm{M}, \mathrm{N})$, $(e_i)_{i \in \mathrm{I}}$ *une base de* M. *Dans les deux cas de la prop.* 16, *il existe une unique famille* $(u_\nu)_{\nu \in \mathbf{N}^{(\mathrm{I})}, |\nu| = q}$ *d'éléments de* N *tels que* $h(\sum_{i \in \mathrm{I}} \lambda_i e_i) = \sum_{|\nu| = q} \lambda^\nu u_\nu$ *pour tout* $(\lambda_i) \in \mathrm{A}^{(\mathrm{I})}$.

10. Applications polynomiales

DÉFINITION 4. — *Soient* M *et* N *deux* A-*modules. On suppose que* M *est libre. Soit* $\mathrm{Ap}(\mathrm{M}, \mathrm{N})$ *le* A-*module des applications de* M *dans* N. *Le sous-module* $\sum_{q \geqslant 0} \mathrm{Pol}_\mathrm{A}^q(\mathrm{M}, \mathrm{N})$ *de* $\mathrm{Ap}(\mathrm{M}, \mathrm{N})$ *se note* $\mathrm{Pol}_\mathrm{A}(\mathrm{M}, \mathrm{N})$, *ou simplement* $\mathrm{Pol}(\mathrm{M}, \mathrm{N})$; *ses éléments s'appellent les applications polynomiales de* M *dans* N.

Soit $(e_i)_{i \in \mathrm{I}}$ une base de M, et supposons I fini ; d'après la prop. 13 (IV, p. 51), une application f de M dans N est polynomiale si et seulement s'il existe un polynôme F à coefficients dans N en les indéterminées X_i tel que l'on ait

$$f(\sum_{i \in \mathrm{I}} x_i e_i) = \mathrm{F}(\mathbf{x})$$

pour toute famille $\mathbf{x} = (x_i)_{i \in \mathrm{I}}$ dans $\mathrm{A}^{(\mathrm{I})}$. Cette propriété est indépendante de la base choisie de M et justifie la terminologie « application polynomiale ».

PROPOSITION 17. — *Soient* M *un* A-*module libre et* B *une* A-*algèbre associative, commutative et unifère. Alors* $\mathrm{Pol}_\mathrm{A}(\mathrm{M}, \mathrm{B})$ *est une sous*-B-*algèbre de l'algèbre* $\mathrm{Ap}(\mathrm{M}, \mathrm{B})$.

Cela résulte de la déf. 4 et de la prop. 13, (iv) (IV, p. 51).

PROPOSITION 18. — *Soient* M, N, P *des* A-*modules. On suppose* M *et* N *libres. Soient* $f \in \mathrm{Pol}(\mathrm{M}, \mathrm{N})$, $g \in \mathrm{Pol}(\mathrm{N}, \mathrm{P})$. *Alors* $g \circ f \in \mathrm{Pol}(\mathrm{M}, \mathrm{P})$.

On se ramène aussitôt au cas où il existe un entier q tel que $g \in \mathrm{Pol}^q(\mathrm{N}, \mathrm{P})$. Il existe alors une application q-linéaire h de N^q dans P telle que $g(y) = h(y, y, \ldots, y)$ pour tout $y \in \mathrm{N}$. Écrivant f comme somme d'applications polynomiales homogènes, on est ramené à prouver que l'application

$$x \mapsto h(f_1(x), f_2(x), \ldots, f_q(x))$$

de M dans P, où $f_i \in \mathrm{Pol}^{q_i}(\mathrm{M}, \mathrm{N})$, est polynomiale. Il existe, pour $i = 1, \ldots, q$, une application q_i-linéaire l_i de M^{q_i} dans N telle que $f_i(x) = l_i(x, x, \ldots, x)$ pour tout $x \in \mathrm{M}$. Alors

$$h(f_1(x), f_2(x), \ldots, f_q(x)) = h(l_1(x, \ldots, x), \ldots, l_q(x, \ldots, x)),$$

d'où notre assertion.

Lemme 2. — *Soient* N *un* A-*module, n un entier* $\geqslant 0$, *et*

$$f = m_0 + m_1\mathrm{X} + \cdots + m_n\mathrm{X}^n \in \mathrm{N}[\mathrm{X}].$$

On suppose qu'il existe $\alpha_0, \alpha_1, \ldots, \alpha_n \in \mathrm{A}$ *tels que* $f(\alpha_0) = \cdots = f(\alpha_n) = 0$, *et tels que, pour* $i \neq j$, *l'homothétie de rapport* $\alpha_i - \alpha_j$ *dans* N *soit injective. Alors* $f = 0$.

(Ce lemme généralise le cor. de IV, p. 15).

Le lemme est évident pour $n = 0$. Démontrons-le par récurrence sur n. On a

$$f(\mathrm{X}) = f(\mathrm{X}) - f(\alpha_0) = \sum_{i=1}^{n} m_i(\mathrm{X}^i - \alpha_0^i) = (\mathrm{X} - \alpha_0)\, g(\mathrm{X})$$

où g est un élément de N[X] de la forme $m'_0 + m'_1\mathrm{X} + \cdots + m'_{n-1}\mathrm{X}^{n-1}$. Les hypothèses du lemme entraînent que $g(\alpha_1) = \cdots = g(\alpha_n) = 0$, donc $g = 0$ d'après l'hypothèse de récurrence, d'où $f = 0$.

PROPOSITION 19. — *Soient* M *un* A-*module libre*, N *un* A-*module*, G *un sous-groupe additif infini de* A. *On suppose que les homothéties de* N *définies par les éléments non nuls de* G *sont injectives. Alors* Pol(M, N) *est somme directe des* $\mathrm{Pol}^q(\mathrm{M}, \mathrm{N})$.

Soient $f_0, f_1, \ldots, f_n$ tels que $f_i \in \mathrm{Pol}^i(\mathrm{M}, \mathrm{N})$. Supposons qu'on ait la relation $f_0 + \cdots + f_n = 0$. Soit $x \in \mathrm{M}$. Pour tout $\lambda \in \mathrm{G}$, on a

$$0 = \sum_{i=0}^{n} f_i(\lambda x)^i = \sum_{i=0}^{n} \lambda^i f_i(x)\,.$$

D'après le lemme 2, appliqué au polynôme $\sum_{i=0}^{n} f_i(x)\,\mathrm{X}^i$, on a

$$f_0(x) = \cdots = f_n(x) = 0.$$

COROLLAIRE. — *On suppose* A *intègre infini. Soient* M *un* A-*module libre*, N *un* A-*module sans torsion*.

(i) *On a* $\mathrm{Pol}(\mathrm{M}, \mathrm{N}) = \bigoplus_{q \geqslant 0} \mathrm{Pol}^q(\mathrm{M}, \mathrm{N})$, *et chaque* $\mathrm{Pol}^q(\mathrm{M}, \mathrm{N})$ *s'identifie canoniquement à* $\mathrm{Hom}(\mathbf{TS}^q(\mathrm{M}), \mathrm{N})$.

(ii) *Soient* $f \in \mathrm{Pol}(\mathrm{M}, \mathrm{N})$, *et* $(e_i)_{i\in \mathrm{I}}$ *une base de* M. *Il existe une famille et une seule* $(u_\nu)_{\nu \in \mathbf{N}^{(\mathrm{I})}}$ *d'éléments de* N *tels que* $f(\sum_{i \in \mathrm{I}} \lambda_i e_i) = \sum_{\nu \in \mathbf{N}^{(\mathrm{I})}} \lambda^\nu u_\nu$ *pour tout* $(\lambda_i) \in \mathrm{A}^{(\mathrm{I})}$.

L'assertion (i) résulte des prop. 16 et 19. L'assertion (ii) résulte de (i) et du cor. de la prop. 16.

11. Relations entre **S**(M*), **TS**(M)*gr et Pol(M, A)

Soit M un A-module libre. On munit le dual gradué $\mathbf{TS}(M)^{*gr}$ de la structure d'algèbre graduée [1], commutative, associative et unifère, déduite de la structure de cogèbre graduée de **TS**(M) (III, p. 143). D'après III, p. 67, il existe un unique homomorphisme de A-algèbres graduées

$$\theta : \mathbf{S}(M^*) \to \mathbf{TS}(M)^{*gr}$$

induisant en degré 1 l'application identique de M*.

Proposition 20. — *Si le* A-*module* M *est libre de type fini,* θ *est un isomorphisme d'algèbres graduées.*

Soient $(e_i)_{i \in I}$ une base de M, $(e_i^*)_{i \in I}$ la base duale de M*. Pour $\nu \in \mathbf{N}^I$, posons

$$e_\nu = \prod_{i \in I} \gamma_{\nu_i}(e_i) \in \mathbf{TS}(M) .$$

D'après la prop. 4 (IV, p. 44), la famille $(e_\nu)_{\nu \in \mathbf{N}^I}$ est une base de **TS**(M) ; soit (e_ν^*) la base de $\mathbf{TS}(M)^{*gr}$ duale de (e_ν). Vu III, p. 75, th. 1, il suffit de prouver qu'on a, pour tout $\nu \in \mathbf{N}^I$

$$e_\nu^* = \prod_{i \in I} (e_i^*)^{\nu_i} ,$$

ou encore que, pour $\rho, \sigma \in \mathbf{N}^I$, on a $e_\rho^* . e_\sigma^* = e_{\rho+\sigma}^*$; mais cette dernière assertion résulte de IV, p. 48, formule (12).

Remarque 1. — On voit de même que, si M est un A-module libre de type fini, l'algèbre graduée $\mathbf{S}(M)^{*gr}$ introduite en III, p. 150, s'identifie à **TS**(M*).

Proposition 21. — *L'homomorphisme canonique de* A-*modules* (IV, p. 52)

$$u : \mathbf{TS}(M)^{*gr} \to \mathrm{Pol}_A(M, A)$$

est un homomorphisme d'algèbres.

Soient $a \in \mathbf{TS}^q(M)^*$, $b \in \mathbf{TS}^r(M)^*$, $x \in M$; on a

$$u(ab)(x) = \langle ab, \gamma_{q+r}(x) \rangle = \langle a \otimes b, c(\gamma_{q+r}(x)) \rangle = \langle a \otimes b, \gamma_q(x) \otimes \gamma_r(x) \rangle =$$
$$= \langle a, \gamma_q(x) \rangle \langle b, \gamma_r(x) \rangle = u(a)(x) . u(b)(x) ,$$

d'où la proposition.

[1] On considère ici qu'un homomorphisme gradué de degré $-k$ de **TS**(M) dans A est un élément de degré k de $\mathbf{TS}(M)^{*gr}$ (II, p. 176).

Remarques. — 2) L'homomorphisme composé $\lambda_M = u \circ \theta : \mathbf{S}(M^*) \to \mathrm{Pol}_A(M, A)$ est l'unique homomorphisme unifère d'algèbres induisant l'inclusion de

$$M^* = \mathrm{Pol}^1(M, A)$$

dans Pol(M, A). Si M est libre de type fini et A intègre infini, alors λ_M est bijectif (prop. 20 et cor. de la prop. 19). En particulier, si A est intègre infini, l'homomorphisme canonique $f \mapsto \tilde{f}$ de $A[X_1, \ldots, X_n]$ dans $\mathrm{Pol}(A^n, A)$ (IV, p. 4) est un isomorphisme.

3) Considérons le coproduit $c_{\mathbf{S}} : \mathbf{S}(M^*) \to \mathbf{S}(M^* \times M^*)$ (III, p. 139, *Exemple* 6). Quels que soient $v \in \mathbf{S}(M^*)$, $x, y \in M$, l'application polynomiale $\lambda_{M \times M}(c_{\mathbf{S}}(v)) : M \times M \to A$ applique (x, y) sur $\lambda_M(v)(x + y)$. En effet, les deux homomorphismes d'algèbres de $\mathbf{S}(M^*)$ dans $\mathrm{Ap}(M \times M, A)$ ainsi définis coïncident sur M^*, en vertu de la relation

$$(v \otimes 1 + 1 \otimes v)(x, y) = v(x + y) \quad (v \in M^*) .$$

§ 6. FONCTIONS SYMÉTRIQUES

1. Polynômes symétriques

Soit n un entier positif. Pour toute permutation $\sigma \in \mathfrak{S}_n$, soit φ_σ l'automorphisme de la A-algèbre $A[X_1, \ldots, X_n]$ qui envoie X_i sur $X_{\sigma(i)}$ pour $1 \leqslant i \leqslant n$. Il est clair que $\sigma \mapsto \varphi_\sigma$ est un homomorphisme de $\mathfrak{S}_n$ dans le groupe des automorphismes de $A[X_1, \ldots, X_n]$. On pose $\sigma f = \varphi_\sigma(f)$ pour $\sigma \in \mathfrak{S}_n$ et $f \in A[X_1, \ldots, X_n]$. On dit que le polynôme f est *symétrique* si l'on a $\sigma f = f$ pour tout $\sigma \in \mathfrak{S}_n$; les polynômes symétriques forment une sous-algèbre unifère graduée de $A[X_1, \ldots, X_n]$; on la notera $A[X_1, \ldots, X_n]^{\mathrm{sym}}$ dans la suite de ce paragraphe.

Pour tout entier positif k, notons $\mathfrak{P}_k$ l'ensemble des parties à k éléments de l'ensemble $\{1, 2, \ldots, n\}$, et posons

$$s_k = \sum_{H \in \mathfrak{P}_k} \prod_{i \in H} X_i . \tag{1}$$

Lorsqu'il convient de préciser l'entier n, on écrit $s_{k,n}$ pour s_k. On a en particulier

$$s_0 = 1$$
$$s_1 = \sum_{1 \leqslant i \leqslant n} X_i$$
$$s_2 = \sum_{1 \leqslant i < j \leqslant n} X_i X_j$$
$$\cdots\cdots\cdots\cdots\cdots\cdots$$
$$s_n = X_1 \ldots X_n$$

et $s_k = 0$ pour $k > n$. Il est clair que s_k est un polynôme symétrique homogène de degré k ; on l'appelle le *polynôme symétrique élémentaire de degré k*.

Dans l'anneau $A[X_1, \ldots, X_n, U, V]$, on a la relation

$$(2) \qquad \prod_{i=1}^{n} (U + VX_i) = \sum_{k=0}^{n} U^{n-k}V^k s_k \,;$$

par des substitutions convenables, on en déduit les relations

$$(3) \qquad \prod_{i=1}^{n} (1 + TX_i) = \sum_{k=0}^{n} s_k T^k \,,$$

$$(4) \qquad \prod_{i=1}^{n} (X - X_i) = \sum_{k=0}^{n} (-1)^{n-k} s_{n-k} X^k \,.$$

THÉORÈME 1. — *Posons* $E = A[X_1, \ldots, X_n]$ *et* $S = A[X_1, \ldots, X_n]^{\text{sym}}$.

a) La A-*algèbre* S *des polynômes symétriques est engendrée par* $s_1, \ldots, s_n$.

b) Les éléments $s_1, \ldots, s_n$ *de* E *sont algébriquement indépendants sur* A (IV, p. 4).

c) La famille des monômes $X^\nu = X_1^{\nu(1)} \ldots X_n^{\nu(n)}$ *tels que* $0 \leqslant \nu(i) < i$ *pour* $1 \leqslant i \leqslant n$ *est une base du* S-*module* E. *En particulier*, E *est un* S-*module libre de rang* $n!$.

Nous démontrerons le théorème par récurrence sur n, le cas $n = 0$ étant trivial. Posons $B = A[X_n]$ et notons s'_k le polynôme symétrique élémentaire de degré k en $X_1, \ldots, X_{n-1}$; on a donc $B[X_1, \ldots, X_{n-1}] = A[X_1, \ldots, X_n]$. Si l'on remplace n par $n - 1$ et A par B dans l'énoncé du théorème 1, on peut formuler ainsi l'hypothèse de récurrence :

(A) *La* B-*algèbre* S' *des polynômes* $f \in A[X_1, \ldots, X_n]$ *invariants par toutes les permutations de* $X_1, \ldots, X_{n-1}$ *est engendrée par* $s'_1, \ldots, s'_{n-1}$.

(B) *Les éléments* $s'_1, \ldots, s'_{n-1}$ *de* E *sont algébriquement indépendants sur* B.

(C) *La famille des monômes* $X_1^{\nu(1)} \ldots X_{n-1}^{\nu(n-1)}$ *tels que* $0 \leqslant \nu(i) < i$ *pour* $1 \leqslant i \leqslant n - 1$ *est une base du* S'-*module* E.

On a la relation évidente

$$(5) \qquad s_k = s'_k + s'_{k-1} X_n \quad (1 \leqslant k \leqslant n - 1) \,,$$

d'où l'on déduit par récurrence sur k

$$(6) \qquad s'_k = (-1)^k X_n^k + \sum_{i=1}^{k} (-1)^{k-i} s_i X_n^{k-i} \quad (1 \leqslant k \leqslant n - 1) \,.$$

On a $S \subset S'$ donc $s_1, \ldots, s_n$ appartiennent à S' ; d'après (A) et la formule (6), la B-algèbre S' est donc engendrée par $s_1, \ldots, s_{n-1}$.

D'après (B), il existe un endomorphisme u de la B-algèbre S' tel que

$$(7) \qquad u(s'_k) = (-1)^k X_n^k + \sum_{i=1}^{k} (-1)^{k-i} s'_i X_n^{k-i} \quad (1 \leqslant k \leqslant n - 1) \,.$$

D'après (5), on a $u(s_k) = u(s'_k) + u(s'_{k-1}) X_n$, d'où $u(s_k) = s'_k$ par un calcul facile.

Soit $P \in B[Y_1, \ldots, Y_{n-1}]$; de $P(s_1, \ldots, s_{n-1}) = 0$, on déduit alors

$$0 = u(P(s_1, \ldots, s_{n-1})) = P(s'_1, \ldots, s'_{n-1}) ,$$

d'où $P = 0$ d'après (B). Par suite, la B-algèbre S' est engendrée par les éléments algébriquement indépendants $s_1, \ldots, s_{n-1}$. On peut reformuler cette propriété comme suit :

(D) *La* A-*algèbre* S' *est engendrée par les éléments algébriquement indépendants* $s_1, \ldots, s_{n-1}, X_n$.

On peut donc identifier S' à l'anneau de polynômes $C[X_n]$, où C est la sous-A-algèbre de E engendrée par $s_1, \ldots, s_{n-1}$.

Prouvons a). Soit $f \in S$ un polynôme symétrique homogène de degré m. On a $f \in S' = C[X_n]$ et il existe donc un élément $g = P(s_1, \ldots, s_{n-1})$ de C, homogène de degré m en $X_1, \ldots, X_n$, tel que $f - g$ soit divisible par X_n. Comme $f - g$ est symétrique, chacun de ses termes est aussi divisible par $X_1, \ldots, X_{n-1}$, donc $f - g$ est divisible par $s_n = X_1 \ldots X_n$. Autrement dit, il existe $h \in S$ tel que $f = g + hs_n$, d'où $\deg h < m$. Par récurrence sur m, on en déduit que f appartient à

$$C[s_n]_E = A[s_1, \ldots, s_{n-1}, s_n]_E .$$

On a ainsi prouvé que la A-algèbre S est engendrée par $s_1, \ldots, s_n$.

Prouvons b). Si l'on substitue X_n à X dans (4), on trouve

$$(-1)^{n+1}s_n = X_n^n + \sum_{k=1}^{n-1} (-1)^{n-k}s_{n-k}X_n^k ;$$

autrement dit, $(-1)^{n+1}s_n$ est un polynôme unitaire en X_n, de degré n, à coefficients dans C. D'après IV, p. 10, on a donc la propriété suivante :

(E) *L'homomorphisme* φ *de* C-*algèbres de* C[T] *dans* $C[X_n] = S'$ *qui transforme* T *en* s_n *est injectif, et* S' *est un module libre sur l'image de* φ, *de base* $(1, X_n, \ldots, X_n^{n-1})$.

Les éléments $s_1, \ldots, s_{n-1}$ de C sont algébriquement indépendants sur A d'après (D) ; l'injectivité de φ signifie donc que $s_1, \ldots, s_{n-1}, s_n$ sont algébriquement indépendants sur A, d'où *b*).

Prouvons c). L'image de φ est égale à $C[s_n]_E = S$, donc d'après (E), S' est un module libre sur S, de base $(1, X_n, \ldots, X_n^{n-1})$. L'assertion *c*) résulte alors de l'hypothèse de récurrence (C) et de la prop. 25 de II, p. 31. C.Q.F.D.

Soit f un polynôme symétrique en $X_1, \ldots, X_n$, homogène de degré m. D'après le th. 1 (IV, p. 58), il existe un polynôme $Q \in A[Y_1, \ldots, Y_n]$ tel que $f = Q(s_1, \ldots, s_n)$. La démonstration précédente fournit un *procédé de calcul explicite* pour Q, par double récurrence sur n et m. En effet, on a vu qu'il existe un polynôme $P \in A[Y_1, \ldots, Y_{n-1}]$ et un polynôme h symétrique en $X_1, \ldots, X_n$, homogène de degré $m - n$, tels que

$$f = P(s_1, \ldots, s_{n-1}) + s_n h . \tag{8}$$

Pour tout polynôme $u \in A[X_1, \ldots, X_n]$, posons

$$u'(X_1, \ldots, X_{n-1}) = u(X_1, \ldots, X_{n-1}, 0) .$$

Alors $s'_1, \ldots, s'_{n-1}$ sont les polynômes symétriques élémentaires en $X_1, \ldots, X_{n-1}$, et la formule (8) entraîne

$$f' = P(s'_1, \ldots, s'_{n-1}) .$$

La détermination de P est donc ramenée à un calcul sur les polynômes symétriques à $n - 1$ indéterminées, et h s'en déduit par (8).

Illustrons la méthode sur deux exemples.

Exemples. — 1) Soient $n = 3$ et

$$f = X_1^2(X_2 + X_3) + X_2^2(X_3 + X_1) + X_3^2(X_1 + X_2) .$$

On a

$$f' = X_1^2X_2 + X_1X_2^2 = X_1X_2(X_1 + X_2) = s'_1s'_2 .$$

Formons alors $g = f - s_1s_2$; on a

$$g = f - (X_1 + X_2 + X_3)(X_1X_2 + X_1X_3 + X_2X_3) = -3X_1X_2X_3 ,$$

d'où finalement

$$f = s_1s_2 - 3s_3 .$$

2) Soit encore $n = 3$; posons $p = X_1^3 + X_2^3 + X_3^3$. On a $p(X_1, 0, 0) = X_1^3 = s_1(X_1, 0, 0)^3$. Posant $q = p - s_1^3$, on obtient aussitôt

$$q = -3f - 6X_1X_2X_3 = -3s_1s_2 + 3s_3$$

et finalement

$$p = s_1^3 - 3s_1s_2 + 3s_3 .$$

Soient $S_1, \ldots, S_n$ des indéterminées. Nous munirons l'algèbre de polynômes $A[S_1, \ldots, S_n]$ de la graduation de type **N** pour laquelle S_k est de *poids* k pour $1 \leqslant k \leqslant n$ (IV, p. 3) ; nous munirons $A[X_1, \ldots, X_n]$ de la graduation ordinaire. Pour $1 \leqslant k \leqslant n$, le polynôme symétrique élémentaire $s_{k,n}$ en $X_1, \ldots, X_n$ est homogène de degré k. D'après le th. 1 (IV, p. 58), l'application $g \mapsto g(s_{1,n}, \ldots, s_{n,n})$ est donc un isomorphisme d'algèbres graduées

$$\varphi_n : A[S_1, \ldots, S_n] \to A[X_1, \ldots, X_n]^{\text{sym}} .$$

Soit m un entier tel que $0 \leqslant m \leqslant n$. Pour tout entier k tel que $1 \leqslant k \leqslant m$, on a

(9) $$s_{k,m}(X_1, \ldots, X_m) = s_{k,n}(X_1, \ldots, X_m, 0, \ldots, 0)$$

d'après la définition (1) (IV, p. 57), de s_k. Par suite, le diagramme suivant

(10) $$\begin{array}{ccc} A[S_1, \ldots, S_m] & \xrightarrow{\ j\ } & A[S_1, \ldots, S_n] \\ \downarrow{\scriptstyle \varphi_m} & & \downarrow{\scriptstyle \varphi_n} \\ A[X_1, \ldots, X_m]^{\text{sym}} & \xleftarrow[\ p\ ]{} & A[X_1, \ldots, X_n]^{\text{sym}} \end{array}$$

(où j désigne l'inclusion canonique, et p l'homomorphisme

$$g \mapsto g(X_1, \ldots, X_m, 0, \ldots, 0))$$

est commutatif.

PROPOSITION 1. — *Pour tout couple d'entiers positifs k, n, soit* $S_k^{(n)}$ *le* A*-module formé des polynômes symétriques en* $X_1, \ldots, X_n$*, homogènes de degré k. Si l'entier m satisfait à* $0 \leqslant k \leqslant m \leqslant n$*, l'application* $f \mapsto f(X_1, \ldots, X_m, 0, \ldots, 0)$ *est un isomorphisme de* $S_k^{(n)}$ *sur* $S_k^{(m)}$.

D'après la commutativité du diagramme (10), il suffit de prouver que tout polynôme isobare de poids k en $S_1, \ldots, S_n$ ne dépend que de $S_1, \ldots, S_m$ sous les hypothèses $0 \leqslant k \leqslant m \leqslant n$. Or le poids d'un monôme $S_1^{\alpha(1)} \ldots S_n^{\alpha(n)}$ est égal à l'entier $\alpha(1) + 2\alpha(2) + \cdots + n\alpha(n)$; comme les entiers $\alpha(1), \ldots, \alpha(n)$ sont positifs, la relation

$$\alpha(1) + 2\,\alpha(2) + \cdots + n\alpha(n) = k \leqslant n$$

entraîne $\alpha(j) = 0$ pour $k < j \leqslant n$, d'où notre assertion.

Exemple 3. — D'après l'exemple 2 de IV, p. 60, et la prop. 1 ci-dessus, on a donc

$$\sum_{i=1}^{n} X_i^3 = s_{1,n}^3 - 3s_{1,n}s_{2,n} + 3s_{3,n}$$

pour tout entier $n \geqslant 3$. La commutativité du diagramme (10) donne par ailleurs les formules

$$X_1^3 + X_2^3 = s_{1,2}^3 - 3s_{1,2}s_{2,2}\,,$$
$$X_1^3 = s_{1,1}^3\,.$$

Remarque. — Soient n et k deux entiers positifs. On note $\Delta_{k,n}$ l'ensemble des éléments de longueur k dans $\mathbf{N}^n$; de plus, on munit $\Delta_{k,n}$ de la relation d'ordre, notée $\alpha \preccurlyeq \beta$, induite par l'ordre lexicographique sur $\mathbf{N}^n$ (E, III, p. 23), et l'on définit une action du groupe $\mathfrak{S}_n$ sur $\mathbf{N}^n$ par $(\sigma\alpha)(i) = \alpha(\sigma^{-1}(i))$ pour $\sigma \in \mathfrak{S}_n$, $\alpha \in \mathbf{N}^n$ et $1 \leqslant i \leqslant n$. Par ailleurs, notons D_k l'ensemble des éléments $\alpha = (\alpha(1), \ldots, \alpha(k))$ de $\mathbf{N}^k$ tels que

$$\alpha(1) \geqslant \alpha(2) \geqslant \cdots \geqslant \alpha(k)\,, \quad \alpha(1) + \cdots + \alpha(k) = k\,.$$

Supposons qu'on ait $k \leqslant n$ et identifions $\mathbf{N}^k$ à une partie de $\mathbf{N}^n$ par l'application $(\alpha(1), \ldots, \alpha(k)) \mapsto (\alpha(1), \ldots, \alpha(k), 0, \ldots, 0)$. Alors, D_k se compose des éléments α de $\Delta_{k,n}$ tels que $\sigma\alpha \preccurlyeq \alpha$ pour tout $\sigma \in \mathfrak{S}_n$. Par suite, toute orbite du groupe $\mathfrak{S}_n$ dans $\Delta_{k,n}$ contient un unique élément de D_k. Pour tout $\alpha \in D_k$, soit $0(\alpha)$ l'orbite de α dans $\Delta_{k,n}$ pour l'opération de $\mathfrak{S}_n$; posons

(11) $$M(\alpha) = \sum_{\beta \in 0(\alpha)} X^\beta\,.$$

Il résulte du lemme 1 de IV, p. 44, que la famille $(M(\alpha))_{\alpha \in D_k}$ est une base du A-module $S_k^{(n)}$.

Pour tout $\alpha \in D_k$, posons

(12) $$S(\alpha) = \prod_{i=1}^{k} s_i^{\alpha(i) - \alpha(i+1)} \quad \text{(en convenant que } \alpha(k+1) = 0\text{)}\,;$$

comme on a $\sum_{i=1}^{k} i.(\alpha(i) - \alpha(i+1)) = \sum_{i=1}^{k} \alpha(i) = k$, le polynôme symétrique $S(\alpha)$ est homogène de degré k. Il résulte immédiatement du théorème 1 (IV, p. 58) que la famille $(S(\alpha))_{\alpha \in D_k}$ est une base du A-module $S_k^{(n)}$.

Soient α, β dans D_k. Soit $c_{\alpha\beta}$ le coefficient du monôme X^β dans le polynôme $S(\alpha)$ défini par (12) dans le cas $A = \mathbf{Z}$ et $k = n$. C'est donc un entier positif, *indépendant de l'anneau* A *et de l'entier* n. D'après la formule (9) (IV, p. 60), on a alors

$$S(\alpha) = \sum_{\beta \in D_k} c_{\alpha\beta} . M(\beta) \quad (\alpha \in D_k) . \tag{13}$$

On peut montrer (cf. IV, p. 94, exerc. 13) que la matrice $C = (c_{\alpha\beta})_{\alpha, \beta \in D_k}$ est telle que $c_{\alpha\alpha} = 1$ et $c_{\alpha\beta} = 0$ pour $\alpha \prec \beta$; généralisant la terminologie introduite dans II, p. 151, on peut dire que C appartient au groupe trigonal strict inférieur. Il en est donc de même de la matrice D inverse de C. On trouvera dans la Table (IV, p. 96-97) la valeur des matrices C et D lorsque $2 \leqslant k \leqslant 5$.

Supposons maintenant qu'on ait $n < k$ et identifions $\mathbf{N}^n$ à une partie de $\mathbf{N}^k$ par l'application $(\alpha(1), \ldots, \alpha(n)) \mapsto (\alpha(1), \ldots, \alpha(n), 0, \ldots, 0)$. Pour tout α dans $D_k \cap \mathbf{N}^n$, on note encore $0(\alpha)$ l'orbite de α dans $\Delta_{k,n}$ pour l'opération de $\mathfrak{S}_n$, et l'on définit $M(\alpha)$ par (11). On définit encore $S(\alpha)$ par la formule (12). Alors les familles $(M(\alpha))_{\alpha \in D_k \cap \mathbf{N}^n}$ et $(S(\alpha))_{\alpha \in D_k \cap \mathbf{N}^n}$ sont des bases du A-module $S_k^{(n)}$. D'après la formule (9) de IV, p. 60, on a une formule analogue à (13), où l'on remplace D_k par $D_k \cap \mathbf{N}^n$, avec les mêmes entiers $c_{\alpha\beta}$.

Exemple 4. — D'après l'exemple 3 de IV, p. 61, on a

$$M(3, 0, 0) = S(3, 0, 0) - 3S(2, 1, 0) + 3S(1, 1, 1)$$

pour tout entier $n \geqslant 3$, et donc

$$M(3, 0) = S(3, 0) - 3S(2, 1)$$

pour $n = 2$.

2. Fractions rationnelles symétriques

Soient K un corps commutatif, $X_1, X_2, \ldots, X_n$ des indéterminées. Pour tout $\sigma \in \mathfrak{S}_n$, nous avons défini au n° 1 (IV, p. 57) un automorphisme φ_σ de $K[X_1, X_2, \ldots, X_n]$. Cet automorphisme se prolonge de manière unique en un automorphisme ψ_σ du corps $K(X_1, \ldots, X_n)$, et $\sigma \mapsto \psi_\sigma$ est un homomorphisme injectif de $\mathfrak{S}_n$ dans le groupe des automorphismes de $K(X_1, \ldots, X_n)$. Pour tout $f \in K(X_1, \ldots, X_n)$, on a $(\psi_\sigma f)(X_1, \ldots, X_n) = f(X_{\sigma(1)}, \ldots, X_{\sigma(n)})$. Les fractions rationnelles f telles que $\psi_\sigma(f) = f$ pour tout $\sigma \in \mathfrak{S}_n$ sont appelées *fractions rationnelles symétriques*. L'ensemble des fractions rationnelles symétriques en $X_1, \ldots, X_n$ est un sous-corps de $K(X_1, \ldots, X_n)$.

PROPOSITION 2. — *Le corps des fractions rationnelles symétriques en* $X_1, \ldots, X_n$ *est le corps des fractions de l'anneau des polynômes symétriques en* $X_1, \ldots, X_n$.

Soit $f \in K(X_1, \ldots, X_n)$ une fraction rationnelle symétrique.

Soient u_1, v_1 deux éléments de $K[X_1, \ldots, X_n]$ tels que $f = \frac{u_1}{v_1}$. Posons $v = \prod_{\sigma \in \mathfrak{S}_n} \psi_\sigma(v_1) \in K[X_1, \ldots, X_n]$, et $u = vf \in K[X_1, \ldots, X_n]$. Alors v est symétrique, donc u est symétrique puisque f l'est, et l'on a $f = \frac{u}{v}$, d'où la proposition.

COROLLAIRE. — *Soient* $s_1, s_2, \ldots, s_n$ *les polynômes symétriques élémentaires en* $X_1, \ldots, X_n$. *Pour toute fraction rationnelle* $g \in K(S_1, S_2, \ldots, S_n)$, *la suite* $(s_1, s_2, \ldots, s_n)$ *est substituable dans* g, *et l'application* $g \mapsto g(s_1, s_2, \ldots, s_n)$ *est un isomorphisme de* $K(S_1, S_2, \ldots, S_n)$ *sur le corps des fractions rationnelles symétriques en* $X_1, \ldots, X_n$.

Cela résulte de la prop. 2 et du th. 1 de IV, p. 58.

3. Séries formelles symétriques

Soient I un ensemble, $\mathbf{X} = (X_i)_{i \in I}$ une famille d'indéterminées et $A[[\mathbf{X}]]$ l'algèbre de séries formelles en les X_i. Pour toute permutation $\sigma \in \mathfrak{S}_I$, il existe un unique automorphisme continu φ_σ de l'algèbre $A[[\mathbf{X}]]$ qui applique X_i sur $X_{\sigma(i)}$ pour tout $i \in I$ (IV, p. 26, prop. 4) ; il est clair que $\sigma \mapsto \varphi_\sigma$ est un homomorphisme de $\mathfrak{S}_I$ dans le groupe des automorphismes continus de l'algèbre $A[[\mathbf{X}]]$. Soit $f \in A[[\mathbf{X}]]$ une série formelle ; on pose $\sigma f = \varphi_\sigma(f)$, et l'on dit que la série formelle f est *symétrique* si l'on a $\sigma f = f$ pour tout $\sigma \in \mathfrak{S}_I$. Les séries formelles symétriques forment une sous-algèbre fermée de $A[[\mathbf{X}]]$, qu'on note $A[[\mathbf{X}]]^{\text{sym}}$ et qu'on munit de la topologie induite par celle de $A[[\mathbf{X}]]$.

Soit T une indéterminée. Dans l'anneau de séries formelles $A[[\mathbf{X}, T]]$, la famille $(X_i T)_{i \in I}$ est sommable, donc la famille $(1 + X_i T)_{i \in I}$ est multipliable (IV, p. 25, prop. 2) ; de plus, on a

$$\prod_{i \in I} (1 + X_i T) = 1 + \sum_{k \geqslant 1} s_k T^k, \tag{14}$$

où la série formelle $s_k \in A[[\mathbf{X}]]$ est définie par

$$s_k = \sum_{H \in \mathfrak{P}_k} \Big(\prod_{i \in H} X_i\Big) \quad (k \geqslant 1) \tag{15}$$

(on note $\mathfrak{P}_k$ l'ensemble des parties finies à k éléments de I). On a en particulier $s_1 = \sum_{i \in I} X_i$. Lorsque I est fini à n éléments, on a $s_k = 0$ pour $k > n$; plus précisément, si $I = \{1, \ldots, n\}$, la série formelle s_k n'est autre que le polynôme symétrique élémentaire de degré k en $X_1, \ldots, X_n$.

Soit $\mathbf{S} = (S_k)_{k \geqslant 1}$ une suite d'indéterminées. Comme la série formelle s_k est d'ordre $\geqslant k$, et appartient à $A[[\mathbf{X}]]^{\text{sym}}$, les conditions *a*) et *b*) de la prop. 4 de IV, p. 26, sont satisfaites avec $E = A[[\mathbf{X}]]^{\text{sym}}$; il existe donc un unique homomorphisme continu de A-algèbres

$$\varphi_I : A[[\mathbf{S}]] \to A[[\mathbf{X}]]^{\text{sym}}$$

tel que $\varphi_I(S_k) = s_k$ pour tout entier $k \geqslant 1$.

THÉORÈME 2. — *a) Si* I *est un ensemble fini à n éléments,* φ_I *induit un isomorphisme bicontinu de* $A[[S_1, \ldots, S_n]]$ *sur* $A[[X]]^{sym}$.

b) Si I *est infini,* φ_I *est un isomorphisme bicontinu de* $A[[S]]$ *sur* $A[[X]]^{sym}$.

Dans le cas *a*), on pose $B = A[[S_1, \ldots, S_n]]$ et on munit cette algèbre de la topologie induite par celle de $A[[S]]$; on note aussi ψ_I la restriction de φ_I à B. Dans le cas *b*), on pose $B = A[[S]]$ et $\psi_I = \varphi_I$. On munit l'algèbre de polynômes A[S] de la graduation de type **N** pour laquelle S_k est de poids k pour tout entier $k \geqslant 1$.

Lemme 1. — *Soient* J *une partie finie de* I, *r un entier tel que* Card J $\geqslant r$, *et f une série formelle symétrique homogène de degré r en les* X_i $(i \in I)$. *Soit* $\bar{f}$ *la série formelle obtenue en substituant* 0 *à* X_i *pour tout i dans* I — J. *Si* $\bar{f} = 0$, *on a* $f = 0$.

Posons $f = \sum_{|\alpha| = r} a_\alpha X^\alpha$ (où $|\alpha|$ est la longueur $\sum_{i \in I} \alpha_i$ du multiindice $\alpha = (\alpha_i)_{i \in I}$). Soit α un multiindice de longueur r, et soit J′ le support de α (ensemble des $i \in I$ tels que $\alpha_i \neq 0$). On a Card J′ $\leqslant r$, donc il existe une permutation $\sigma \in \mathfrak{S}_I$ telle que $\sigma(J') \subset J$. Posons $\beta_i = \alpha_{\sigma^{-1}(i)}$ pour $i \in I$. Le monôme $X^\beta = \prod_{i \in I} X_{\sigma(i)}^{\alpha_i}$ ne dépend que des indéterminées X_j $(j \in J)$, d'où $a_\beta = 0$ d'après l'hypothèse $\bar{f} = 0$. Comme f est symétrique, on a $a_\alpha = a_\beta$. Vu l'arbitraire de α, on a donc $f = 0$.

Lemme 2. — *Soit f une série formelle symétrique homogène de degré r en les* X_i $(i \in I)$. *Il existe un unique polynôme* $P \in B \cap A[S]$, *isobare de poids r, tel que* $f = \psi_I(P)$.

Le cas où I est fini résulte du th. 1 (IV, p. 58).

Supposons I infini et choisissons une partie finie J de I à r éléments. Reprenons les notations du lemme 1. Remarquons que tout polynôme isobare de poids r en les S_n $(n \geqslant 1)$ ne dépend que de $S_1, \ldots, S_r$, et que $\bar{s}_1, \ldots, \bar{s}_r$ sont les polynômes symétriques élémentaires en les r indéterminées X_j $(j \in J)$. Si P est un polynôme isobare de poids r en les S_n, et $h = f - \psi_I(P)$, on a $\bar{h} = \bar{f} - P(\bar{s}_1, \ldots, \bar{s}_r)$, et le lemme 1 montre que la relation $f = \psi_I(P)$ équivaut à $\bar{f} = P(\bar{s}_1, \ldots, \bar{s}_r)$. D'après le th. 1 (IV, p. 58), il existe un unique polynôme $P \in A[S]$ isobare de poids r tel que $\bar{f} = P(\bar{s}_1, \ldots, \bar{s}_r)$, d'où le lemme.

Lemme 3. — *Pour tout entier* $m \geqslant 0$, *soit* $\mathfrak{c}_m$ *l'idéal de l'algèbre* $A[[X]]^{sym}$ *formé des séries formelles symétriques d'ordre* $\geqslant m$. *La suite* $(\mathfrak{c}_m)_{m \geqslant 0}$ *est un système fondamental de voisinages de* 0 *dans* $A[[X]]^{sym}$.

Le lemme est immédiat si I est fini. Supposons désormais I infini. Pour toute partie finie J de I, à m éléments, on note $\tilde{J}$ l'ensemble des éléments de $\mathbf{N}^{(I)}$ de longueur $< m$ et de support contenu dans J. On note aussi $\mathfrak{a}'_J$ l'ensemble des séries formelles ne contenant aucun terme de la forme aX^α avec $\alpha \in \tilde{J}$. Comme $\tilde{J}$ est une partie finie de $\mathbf{N}^{(I)}$, et que toute partie finie de $\mathbf{N}^{(I)}$ est contenue dans un ensemble de la forme $\tilde{J}$, la famille $(\mathfrak{a}'_J)$ est une base de voisinages de 0 dans A[[X]] (IV, p. 24). Or le lemme 1 entraîne la relation $\mathfrak{a}'_J \cap A[[X]]^{sym} = \mathfrak{c}_m$ pour toute partie J à m éléments. Ceci prouve le lemme 3.

Comme il n'y a qu'un nombre fini de monômes d'un poids donné en les S_k, toute série formelle $f \in B$ s'écrit de manière unique sous la forme $f = \sum_{r \geqslant 0} P_r$, où P_r est un polynôme isobare de poids r dans $B \cap A[S]$. Pour tout entier $m \geqslant 0$, soit $\mathfrak{b}_m$ l'idéal de B formé des séries formelles du type précédent telles que $P_r = 0$ pour $0 \leqslant r < m$. La suite $(\mathfrak{b}_m)_{m \geqslant 0}$ est une base de voisinages de 0 dans B.

Avec les notations précédentes, $\psi_I(P_r)$ est une série formelle symétrique en les X_i, homogène de degré r, et c'est donc la composante homogène de degré r de $\psi_I(f)$. Le lemme 2 montre que ψ_I est un isomorphisme d'algèbres de B sur $A[[X]]^{sym}$, transformant $\mathfrak{b}_m$ en $\mathfrak{c}_m$ pour tout entier $m \geqslant 0$; le lemme 3 montre alors que ψ_I est bicontinu.

C.Q.F.D.

4. Sommes de puissances

On note encore $X = (X_i)_{i \in I}$ une famille d'indéterminées. Les séries formelles symétriques s_k sont définies comme plus haut, par

$$s_k = \sum_{H \in \mathfrak{P}_k} \prod_{i \in H} X_i \quad (k \geqslant 1), \tag{16}$$

où $\mathfrak{P}_k$ est l'ensemble des parties finies à k éléments de I. On pose aussi

$$p_k = \sum_{i \in I} X_i^k \quad (k \geqslant 1). \tag{17}$$

C'est une série formelle symétrique homogène de degré k.

Lemme 4 (« Relations de Newton »). — *Pour tout entier $d \geqslant 1$, on a*

$$p_d = \sum_{k=1}^{d-1} (-1)^{k-1} s_k p_{d-k} + (-1)^{d+1} d s_d. \tag{18}$$

Définissons une dérivation continue Δ dans $A[[X]]$ par $\Delta(u) = \sum_{n \geqslant 0} n u_n$, où, pour tout u dans $A[[X]]$, u_n est la composante homogène de degré n de u. D'après (16) et la prop. 2 de IV, p. 25, on a

$$1 + \sum_{k \geqslant 1} s_k = \prod_{i \in I} (1 + X_i). \tag{19}$$

D'après la prop. 9 de IV, p. 32, on a donc

$$\Big(\sum_{k \geqslant 1} k s_k\Big).\Big(1 + \sum_{k \geqslant 1} s_k\Big)^{-1} = \sum_{i \in I} \Delta(X_i)/(1 + X_i). \tag{20}$$

On a $\Delta(X_i) = X_i$ et $X_i/(1 + X_i) = \sum_{k \geqslant 1} (-1)^{k-1} X_i^k$. Le second membre de (20) est donc égal à $\sum_{k \geqslant 1} (-1)^{k-1} p_k$. D'après (20), on a alors

$$\sum_{k \geqslant 1} k s_k = (1 + \sum_{k \geqslant 1} s_k) . (\sum_{k \geqslant 1} (-1)^{k-1} p_k)$$

et le lemme 4 en résulte par comparaison des composantes homogènes de degré d.

Remarque. — Avec les notations de la démonstration précédente, on a

$$\Delta u = \sum_{i \in \mathrm{I}} \mathrm{X}_i . \mathrm{D}_i(u)$$

(IV, p. 31, cor. 1). Autrement dit, la *relation d'Euler* (IV, p. 8, prop. 6) s'étend aux séries formelles : si $u \in \mathrm{A}[[\mathbf{X}]]$ est homogène de degré n, on a

$$n . u = \sum_{i \in \mathrm{I}} \mathrm{X}_i . \mathrm{D}_i(u) . \tag{21}$$

Lorsque I est fini, à n éléments, on a $s_k = 0$ pour $k > n$. Les relations de Newton s'écrivent alors sous la forme

$$\begin{aligned}
p_1 &= s_1 \\
p_2 &= s_1 p_1 - 2 s_2 \\
p_3 &= s_1 p_2 - s_2 p_1 + 3 s_3 \\
&\cdots\cdots\cdots\cdots\cdots\cdots \\
p_{n-1} &= s_1 p_{n-2} - s_2 p_{n-3} + \cdots + (-1)^{n-1} s_{n-2} p_1 + (-1)^n (n-1) s_{n-1} \\
p_n &= s_1 p_{n-1} - s_2 p_{n-2} + \cdots + (-1)^n s_{n-1} p_1 + (-1)^{n+1} n s_n
\end{aligned}$$

et

$$p_k = s_1 p_{k-1} - s_2 p_{k-2} + \cdots + (-1)^{n+1} s_n p_{k-n} \quad (\text{pour } k > n) . \tag{22}$$

Les n premières relations précédentes sont valables quel que soit I ; on en déduit par exemple

$$p_1 = s_1 , \quad p_2 = s_1^2 - 2 s_2 , \quad p_3 = s_1^3 - 3 s_1 s_2 + 3 s_3 .$$

Plus généralement, soit $\mathbf{S} = (\mathrm{S}_n)_{n \geqslant 1}$ une famille d'indéterminées. Définissons par récurrence les polynômes $\mathrm{P}_d \in \mathbf{Z}[\mathrm{S}_1, \ldots, \mathrm{S}_d]$ par $\mathrm{P}_1 = \mathrm{S}_1$ et

$$\mathrm{P}_d = \sum_{k=1}^{d-1} (-1)^{k-1} \mathrm{S}_k \mathrm{P}_{d-k} + (-1)^{d+1} d \mathrm{S}_d \quad (d \geqslant 2) .$$

On a alors les « *formules universelles* » $p_d = \mathrm{P}_d(s_1, \ldots, s_d)$ valables quels que soient l'anneau A et la famille d'indéterminées **X**.

Soit $\mathbf{P} = (\mathrm{P}_k)_{k \geqslant 1}$ une suite d'indéterminées. Comme p_k est homogène de degré k dans $\mathrm{A}[[\mathbf{X}]]$, il existe un homomorphisme continu de A-algèbres (et un seul)

$$\lambda_{\mathrm{I}} : \mathrm{A}[[\mathbf{P}]] \to \mathrm{A}[[\mathbf{X}]]^{\mathrm{sym}}$$

tel que $\lambda_I(P_k) = p_k$ pour tout entier $k \geqslant 1$ (IV, p. 27). Si l'on munit P_k du poids k, λ_I transforme un polynôme isobare de poids n en les P_k en une série formelle homogène de degré n en les X_i.

PROPOSITION 3. — *a) Si* I *est un ensemble fini à n éléments et si* $n!.1$ *est inversible dans* A, λ_I *induit un isomorphisme bicontinu de* $A[[P_1, \ldots, P_n]]$ *sur* $A[[X]]^{sym}$.

b) Si I *est infini et si* A *est une* **Q**-*algèbre*, λ_I *est un isomorphisme bicontinu de* $A[[P]]$ *sur* $A[[X]]^{sym}$.

Nous traiterons seulement le cas *a*), le cas *b*) étant tout à fait analogue.

D'après le th. 2 (IV, p. 64), on peut identifier $A[[X]]^{sym}$ à l'algèbre de séries formelles $A[[S_1, \ldots, S_n]]$, S_k correspondant à s_k. D'après le lemme 4 de IV, p. 65, il existe des séries formelles $g_1, \ldots, g_n$ d'ordre $\geqslant 2$ en les indéterminées $s_1, \ldots, s_n$ telles que

$$p_k = (-1)^{k+1} k s_k + g_k(s_1, \ldots, s_n) \quad (1 \leqslant k \leqslant n).$$

Comme $k!.1$ est inversible dans A, le lemme 2 de IV, p. 33, prouve l'existence d'un automorphisme T de la A-algèbre topologique $A[[X]]^{sym}$ qui transforme s_k en p_k pour $1 \leqslant k \leqslant n$. La prop. 3, *a*) résulte aussitôt de là.

COROLLAIRE. — *Soient* $\xi_1, \ldots, \xi_n, \eta_1, \ldots, \eta_n$ *des éléments de* A. *On suppose que* A *est intègre.*

a) Si l'on a $s_k(\xi_1, \ldots, \xi_n) = s_k(\eta_1, \ldots, \eta_n)$ *pour* $1 \leqslant k \leqslant n$, *il existe une permutation* $\sigma \in \mathfrak{S}_n$ *telle que* $\eta_i = \xi_{\sigma(i)}$ *pour* $1 \leqslant i \leqslant n$.

b) Supposons que l'on ait $n!.1 \neq 0$ *dans* A *et*

$$\xi_1^k + \cdots + \xi_n^k = \eta_1^k + \cdots + \eta_n^k \tag{23}$$

pour $1 \leqslant k \leqslant n$. *Il existe une permutation* $\sigma \in \mathfrak{S}_n$ *telle que* $\eta_i = \xi_{\sigma(i)}$ *pour* $1 \leqslant i \leqslant n$.

Sous les hypothèses de *a*), on a $\prod_{i=1}^{n} (X - \xi_i) = \prod_{i=1}^{n} (X - \eta_i)$. Substituant η_n à X, on obtient $\prod_{i=1}^{n} (\eta_n - \xi_i) = 0$ et comme A est intègre, il existe un entier $\sigma(n)$ tel que $1 \leqslant \sigma(n) \leqslant n$ et $\eta_n = \xi_{\sigma(n)}$. L'assertion *a*) résulte facilement par récurrence de là, car A[X] est un anneau intègre.

Sous les hypothèses de *b*), il existe d'après la prop. 3 des polynômes $\Pi_1, \ldots, \Pi_n$ en n indéterminées à coefficients dans le corps des fractions de A tels que $s_k = \Pi_k(p_1, \ldots, p_n)$ pour $1 \leqslant k \leqslant n$. La relation (23) entraîne alors

$$s_k(\xi_1, \ldots, \xi_n) = s_k(\eta_1, \ldots, \eta_n)$$

pour $1 \leqslant k \leqslant n$, et *b*) résulte de *a*).

5. Fonctions symétriques des racines d'un polynôme

Considérons un polynôme unitaire de degré n, à coefficients dans A, soit

$$f = X^n + a_1 X^{n-1} + \cdots + a_{n-1} X + a_n.$$

Définissons la A-algèbre associative, commutative et unifère E_f par les générateurs $x_1, \ldots, x_n$ et les relations

$$\sum_{i_1 < \ldots < i_k} x_{i_1} \ldots x_{i_k} = (-1)^k a_k \quad (1 \leqslant k \leqslant n). \tag{24}$$

De manière plus précise, on a

$$E_f = A[X_1, \ldots, X_n]/\mathfrak{a}$$

où l'idéal $\mathfrak{a}$ est engendré par les polynômes $s_k + (-1)^{k+1} a_k$ pour $1 \leqslant k \leqslant n$, et x_i est la classe de X_i modulo $\mathfrak{a}$ pour $1 \leqslant i \leqslant n$. La relation (24) équivaut encore à $f(X) = \prod_{i=1}^{n} (X - x_i)$. Lorsqu'il y aura un risque d'ambiguïté, on écrira $x_{1,f}, \ldots, x_{n,f}$ pour $x_1, \ldots, x_n$ respectivement.

PROPOSITION 4. — *Soient* B *un anneau commutatif,* ρ *un homomorphisme de* A *dans* B, *et* $\xi_1, \ldots, \xi_n$ *des éléments de* B. *On suppose que l'on a la relation* ${}^{\rho}f(X) = \prod_{i=1}^{n} (X - \xi_i)$ *dans* B[X]. *Il existe alors un homomorphisme d'anneaux* $u : E_f \to B$ *et un seul tel que* $\rho(a) = u(a.1)$ *pour tout* $a \in A$ *et* $u(x_i) = \xi_i$ *pour* $1 \leqslant i \leqslant n$.

Considérons B comme une A-algèbre associative, commutative et unifère au moyen de ρ. La relation ${}^{\rho}f(X) = \prod_{i=1}^{n} (X - \xi_i)$ s'écrit aussi sous la forme

$$\sum_{i_1 < \ldots < i_k} \xi_{i_1} \ldots \xi_{i_k} = (-1)^k a_k . 1 \quad (1 \leqslant k \leqslant n)$$

dans B. Comme les relations (24) définissent une présentation de E_f, la prop. 4 s'ensuit.

La prop. 4 justifie le nom d'« *algèbre de décomposition universelle de* f » pour E_f. La relation $f(X) = \prod_{i=1}^{n} (X - x_{i,f})$ s'appelle la « *décomposition universelle de* f ». Soit $\sigma \in \mathfrak{S}_n$ une permutation ; comme on a $f(X) = \prod_{i=1}^{n} (X - x_{\sigma(i),f})$, il existe un automorphisme t_σ de la A-algèbre E_f, caractérisé par $t_\sigma(x_{i,f}) = x_{\sigma(i),f}$ pour $1 \leqslant i \leqslant n$. On a $t_{\sigma\tau} = t_\sigma \circ t_\tau$ pour σ, τ dans $\mathfrak{S}_n$, d'où une action du groupe $\mathfrak{S}_n$ sur la A-algèbre E_f.

PROPOSITION 5. — *Dans l'algèbre de décomposition universelle* E_f, *la famille des monômes* $x_1^{\nu(1)} \ldots x_n^{\nu(n)}$, *tels que* $0 \leqslant \nu(i) < i$ *pour* $1 \leqslant i \leqslant n$, *est une base du* A-*module* E_f. *En particulier,* E_f *est un* A-*module libre de rang* $n!$.

Posons $B = A[X_1, \ldots, X_n]$ et $C = A[X_1, \ldots, X_n]^{\mathrm{sym}}$. D'après le th. 1 (IV, p. 58), on a $C = A[s_1, \ldots, s_n]$ et $s_1, \ldots, s_n$ sont algébriquement indépendants sur A. Les polynômes sans terme constant en $s_1, \ldots, s_n$ forment un idéal C^+ de C, supplémentaire de A, et engendré par $s_1, \ldots, s_n$. Soit $\mathfrak{c}$ l'idéal de C engendré par $s_1 + a_1$, $s_2 - a_2, \ldots, s_n + (-1)^{n+1} a_n$. Il existe un automorphisme de la A-algèbre C qui applique s_k sur $s_k + (-1)^{k+1} a_k$ pour $1 \leqslant k \leqslant n$, donc C^+ sur $\mathfrak{c}$; par suite, on a $C = A \oplus \mathfrak{c}$. Par ailleurs, le th. 1, *c*) de IV, p. 58, montre que l'on a

$$B = \bigoplus_{\nu \in S} CX^{\nu}$$

où S est l'ensemble des $\nu \in \mathbf{N}^n$ tels que $0 \leqslant \nu(i) < i$ pour $1 \leqslant i \leqslant n$. L'idéal $\mathfrak{a}$ de B est engendré par $\mathfrak{c}$, d'où $\mathfrak{a} = B\mathfrak{c} = \bigoplus_{\nu \in S} \mathfrak{c} . X^{\nu}$. Comme on a $C = A \oplus \mathfrak{c}$, on en déduit

$$B = \mathfrak{a} \oplus \bigoplus_{\nu \in S} AX^{\nu},$$

d'où la prop. 5 puisque $E_f = B/\mathfrak{a}$.

COROLLAIRE. — *L'homomorphisme canonique de* A *dans l'algèbre de décomposition universelle du polynôme unitaire* $f \in A[X]$ *est* injectif.

En effet, l'élément unité de E_f appartient à une base du A-module E_f.

PROPOSITION 6. — *Soit* $f \in A[X]$ *un polynôme unitaire de degré n. Soit* P *un polynôme symétrique en* $X_1, \ldots, X_n$ *à coefficients dans* A. *Il existe un élément a de* A, *et un seul, possédant la propriété suivante* :

(FS) *Quels que soient l'homomorphisme d'anneaux* $\rho : A \to B$ *et la décomposition* ${}^{\rho}f(X) = \prod_{i=1}^{n} (X - \xi_i)$ *dans* B[X], *on a* $\rho(a) = P(\xi_1, \ldots, \xi_n)$.

Posons $f = X^n + \sum_{k=1}^{n} a_k X^{n-k}$. D'après le th. 1 de IV, p. 58, il existe un polynôme Π en n indéterminées à coefficients dans A tel que $P = \Pi(s_1, \ldots, s_n)$. Posons $a = \Pi(-a_1, a_2, \ldots, (-1)^n a_n)$. Sous les hypothèses de (FS), on a

$$s_k(\xi_1, \ldots, \xi_n) = (-1)^k \rho(a_k)$$

d'où

$$\begin{aligned} \rho(a) &= \Pi(-\rho(a_1), \rho(a_2), \ldots, (-1)^n \rho(a_n)) \\ &= \Pi(s_1(\xi_1, \ldots, \xi_n), \ldots, s_n(\xi_1, \ldots, \xi_n)) \\ &= P(\xi_1, \ldots, \xi_n) . \end{aligned}$$

Ceci prouve l'existence d'un élément a satisfaisant à (FS). L'unicité de a résulte du cor. de la prop. 5, car on a $a . 1 = P(x_{1,f}, \ldots, x_{n,f})$ dans l'algèbre de décomposition universelle E_f.

Avec les notations de la prop. 6, on posera parfois $a = P^{\#}(f)$. Voici quelques exemples.

Exemples. — 1) Si $P = s_k$, on a $P^{\#}(f) = (-1)^k a_k$.

* 2) Soit g un polynôme dans A[X] ; posons

$$P(X_1, \ldots, X_n) = g(X_1) \ldots g(X_n).$$

Alors $P^{\#}(f)$ n'est autre que le résultant res(f, g) d'après le cor. 1 de IV, p. 75.

3) Posons $\Delta(X_1, \ldots, X_n) = \prod_{i<j} (X_i - X_j)^2$. Alors $\Delta^{\#}(f)$ n'est autre que le discriminant du polynôme unitaire f (IV, p. 77, formule (46)). *

4) Posons $P(X_1, \ldots, X_n) = X_1^k + \cdots + X_n^k$; introduisons par ailleurs l'algèbre $E = A[X]/(f)$ et notons x l'image de X dans E. Rappelons que le A-module E est libre, de base $(1, x, \ldots, x^{n-1})$ (IV, p. 10, corollaire). Montrons que l'on a

$$\mathrm{Tr}_{E/A}(x^k) = P^{\#}(f). \tag{25}$$

Posons $\pi_k = \mathrm{Tr}_{E/A}(x^k)$ pour tout entier $k \geqslant 1$. Compte tenu des relations de Newton (IV, p. 65), il suffit d'établir les relations

$$\pi_k + a_1\pi_{k-1} + \cdots + a_{k-1}\pi_1 + ka_k = 0 \quad \text{pour} \quad 1 \leqslant k \leqslant n \tag{26}$$

$$\pi_k + a_1\pi_{k-1} + \cdots + a_{n-1}\pi_{k-n+1} + a_n\pi_{k-n} = 0 \quad \text{pour} \quad k > n \tag{27}$$

(que nous appellerons aussi « relations de Newton »). La relation (27) est immédiate, car le premier membre est la trace de

$$x^{k-n}(x^n + a_1x^{n-1} + \cdots + a_{n-1}x + a_n) = 0.$$

Supposons qu'on ait $1 \leqslant k \leqslant n$ et posons

$$y = x^k + a_1x^{k-1} + \cdots + a_{k-1}x + a_k.1 ;$$

soit $M = (m_{ij})$ la matrice de l'application linéaire $u \mapsto yu$ dans E, par rapport à la base $(x^i)_{0 \leqslant i < n}$. On prouve facilement les relations

$$m_{ii} = a_k \quad \text{pour} \quad 0 \leqslant i < n - k$$

$$m_{ii} = 0 \quad \text{pour} \quad n - k \leqslant i < n,$$

d'où

$$\mathrm{Tr}_{E/A}(y) = \sum_{i=0}^{n-1} m_{ii} = (n-k)\,a_k.$$

On a par ailleurs

$$\mathrm{Tr}_{E/A}(y) = \pi_k + a_1\pi_{k-1} + \cdots + a_{k-1}\pi_1 + na_k,$$

d'où la formule (26).

6. Résultant

Dans ce numéro, on se donne deux entiers positifs p, q et deux polynômes f, g dans A[X], de la forme

$$f = t_p X^p + t_{p-1} X^{p-1} + \cdots + t_0$$
$$g = u_q X^q + u_{q-1} X^{q-1} + \cdots + u_0$$

tels que $\deg f \leqslant p$, $\deg g \leqslant q$. Pour tout entier $n \geqslant 0$, on note S_n le sous-A-module de A[X] formé des polynômes de degré $< n$; il a pour base la famille $(X^i)_{0 \leqslant i < n}$, donc est de rang n.

On munit $S_q \times S_p$ de la base

$$B_1 = ((X^{q-1}, 0), \ldots, (X, 0), (1, 0), (0, X^{p-1}), \ldots, (0, X), (0, 1))$$

et S_{p+q} de la base

$$B_2 = (X^{p+q-1}, \ldots, X, 1) .$$

On définit une application linéaire $\varphi : S_q \times S_p \to S_{p+q}$ par

$$\varphi(u, v) = uf + vg$$

et l'on note $M(f, g, p, q)$ la matrice de φ par rapport aux bases B_1 et B_2. C'est une matrice carrée d'ordre $p + q$, indexée par l'ensemble $\{0, 1, \ldots, p + q - 1\}$. Ses éléments a_{ij} sont donnés par les règles :

a) on a $a_{ij} = t_{p-i+j}$ pour $0 \leqslant j \leqslant q - 1$,
b) on a $a_{ij} = u_{j-i}$ pour $q \leqslant j \leqslant p + q - 1$,

où l'on convient que t_k est nul si $k \notin [\![0, p]\!]$ et que u_k est nul si $k \notin [\![0, q]\!]$.

Par exemple, pour $p = 2$ et $q = 3$, on a la matrice

$$\begin{pmatrix} t_2 & 0 & 0 & u_3 & 0 \\ t_1 & t_2 & 0 & u_2 & u_3 \\ t_0 & t_1 & t_2 & u_1 & u_2 \\ 0 & t_0 & t_1 & u_0 & u_1 \\ 0 & 0 & t_0 & 0 & u_0 \end{pmatrix} .$$

DÉFINITION 1. — *Avec les notations ci-dessus, le déterminant de la matrice $M(f, g, p, q)$ s'appelle le résultant du couple (f, g) pour les degrés p et q, ou simplement le résultant de f et g si $p = \deg f$ et $q = \deg g$.*

Ce résultant se note $\operatorname{res}_{p,q}(f, g)$ ou simplement $\operatorname{res}(f, g)$ lorsque $p = \deg f$, $q = \deg g$.

Exemples. — 1) Soient λ, μ dans A. On a les formules

$$\operatorname{res}_{p,0}(f, \lambda) = \lambda^p, \quad \operatorname{res}_{0,q}(\mu, g) = \mu^q$$
$$\operatorname{res}_{p,1}(f, \lambda) = \lambda^p t_p, \quad \operatorname{res}_{1,q}(\mu, g) = (-1)^q \mu^q u_q,$$

de démonstration immédiate.

2) Lorsque $p = q = 1$, on a

$$\operatorname{res}_{1,1}(t_1 X + t_0, u_1 X + u_0) = t_1 u_0 - t_0 u_1 .$$

Remarques. — 1) La matrice $M(g, f, q, p)$ se déduit de $M(f, g, p, q)$ par pq transpositions de colonnes, d'où

$$\operatorname{res}_{q,p}(g, f) = (-1)^{pq} \operatorname{res}_{p,q}(f, g) .$$

2) Soit $\rho : A \to B$ un homomorphisme d'anneaux. La définition 1 entraîne aussitôt la formule

$$\operatorname{res}_{p,q}({}^\rho f, {}^\rho g) = \rho(\operatorname{res}_{p,q}(f, g)) .$$

3) Soient λ, μ dans A. On a

(28) $$\operatorname{res}_{p,q}(\lambda f, \mu g) = \lambda^q \mu^p \operatorname{res}_{p,q}(f, g) .$$

4) Supposons qu'on ait $p + q \geqslant 1$. D'après III, p. 99, formule (28), l'image de φ contient le polynôme constant $\operatorname{res}_{p,q}(f, g)$. Il existe donc un couple de polynômes (u, v), avec $u \in S_q$, $v \in S_p$, tel que

$$\operatorname{res}_{p,q}(f, g) = uf + vg ,$$

d'où

$$\operatorname{res}_{p,q}(f, g) \in A \cap (f, g) .$$

Ce couple (u, v) est unique lorsque $\operatorname{res}_{p,q}(f, g)$ est simplifiable dans A : en effet, φ est alors injective (III, p. 91, prop. 3).

5) Supposons $p \geqslant q$. Soit $h \in A[X]$ un polynôme de degré $\leqslant p - q$. Montrons que l'on a

(29) $$\operatorname{res}_{p,q}(f, g) = \operatorname{res}_{p,q}(f + gh, g) .$$

En effet, posons $\omega(u, v) = (u, uh + v)$ pour $(u, v) \in S_q \times S_p$. Alors ω est un automorphisme du A-module $S_q \times S_p$ et l'on a

$$\omega^{-1}(u, v) = (u, -uh + v) .$$

La matrice de ω par rapport à la base B_1 est triangulaire inférieure, et ses éléments diagonaux sont égaux à 1. D'autre part, $\varphi \circ \omega$ applique (u, v) sur $u(f + gh) + vg$. La formule (29) signifie que les matrices représentant φ et $\varphi \circ \omega$ ont même déterminant, et ceci résulte de la relation $\det \omega = 1$.

Supposons f unitaire de degré p; posons $E = A[X]/(f)$ et notons x l'image canonique de X dans E. On sait (IV, p. 10) que E est un A-module libre, de base $(1, x, \ldots, x^{p-1})$. On peut donc définir la norme $N_{E/A}(u)$ de tout élément u de E (III, p. 110, déf. 2).

PROPOSITION 7. — *Supposons f unitaire de degré p. Avec les notations précédentes, on a* [1]

$$\text{res}_{p,q}(f, g) = N_{E/A}(g(x)). \tag{30}$$

Définissons une application A-linéaire θ de $S_q \times S_p$ dans S_{p+q} par $\theta(u, v) = uf + v$. Alors θ transforme la base B_1 de $S_q \times S_p$ en la suite

$$(fX^{q-1}, \ldots, fX, f, X^{p-1}, \ldots, X, 1)$$

d'éléments de S_{p+q}; la matrice M_θ de θ par rapport aux bases B_1 et B_2 est donc triangulaire inférieure et ses éléments diagonaux sont égaux à 1, d'où $\det M_\theta = 1$.

Par suite, θ est bijectif, et $\text{res}_{p,q}(f, g)$ est égal au déterminant de l'endomorphisme $\varphi' = \varphi \circ \theta^{-1}$ de S_{p+q}. De manière explicite, on a

$$\varphi'(uf + v) = uf + vg \tag{31}$$

pour tout couple (u, v) dans $S_q \times S_p$. Or, on a $A[X] = S_{p+q} + (f)$ et $fS_q = S_{p+q} \cap (f)$, donc l'injection canonique de S_{p+q} dans A[X] définit par passage aux quotients un isomorphisme γ de S_{p+q}/fS_q sur E. Soit ψ la multiplication par $g(x)$ dans E. La formule (31) montre que φ' induit l'identité sur fS_q et $\gamma^{-1}\psi\gamma$ sur S_{p+q}/fS_q. On a donc $\det \varphi' = \det \psi$, d'où la formule (30) puisque $\det \varphi' = \text{res}_{p,q}(f, g)$ et $\det \psi = N_{E/A}(g(x))$ par définition.

COROLLAIRE 1. — *Soit $f \in A[X]$ un polynôme unitaire. Pour tout polynôme $g \in A[X]$, les conditions suivantes sont équivalentes :*

(i) $\text{res}(f, g)$ *est inversible dans* A;

(ii) *il existe des polynômes u, v de* A[X] *tels que $uf + vg = 1$*;

(iii) $g(x)$ *est inversible dans l'algèbre* $A[X]/(f)$.

L'équivalence de (i) et (iii) résulte de la prop. 3 de III, p. 111, et de la prop. 7; celle de (ii) et (iii) est triviale.

COROLLAIRE 2. — *Supposons que* A *soit un corps. Soient f, g dans* A[X]. *Les conditions suivantes sont équivalentes lorsque f et g sont non nuls :*

(i) *on a* $\text{res}(f, g) \neq 0$;

(ii) *les polynômes f et g sont étrangers dans* A[X];

* (iii) *quelle que soit l'extension* L *de* A, *les polynômes f et g n'ont pas de racine commune dans* L. *

[1] Le résultant $\text{res}_{p,q}(f, g)$ est donc indépendant de q lorsque f est unitaire de degré p. On le note alors simplement $\text{res}(f, g)$.

On se ramène aussitôt au cas où f est unitaire (IV, p. 72, remarque 3).

L'équivalence de (i) et (ii) n'est qu'une traduction du cor. 1 d'après la déf. 1 de IV, p. 12 ; l'équivalence de (ii) et (iii) n'est autre que le cor. 7 de IV, p. 12.

COROLLAIRE 3. — *Pour tout* $\lambda \in A$, *on a*

$$\text{res}_{p,1}(f, \lambda - X) = f(\lambda), \quad \text{res}_{1,q}(X - \lambda, g) = g(\lambda). \tag{32}$$

Lorsque $f(X) = X - \lambda$, l'algèbre E est égale à A, et l'on a $x = \lambda$; la deuxième formule (32) résulte donc de la prop. 7 (IV, p. 73). D'après les remarques 1 et 3 (IV, p. 72), on en déduit

$$\text{res}_{p,1}(f, \lambda - X) = (-1)^p \text{res}_{1,p}(\lambda - X, f) = (-1)^{p+p} \text{res}_{1,p}(X - \lambda, f) = f(\lambda).$$

Supposons maintenant f et g unitaires. On note F la A-algèbre $A[X, Y]/(f(X), g(Y))$ et x (resp. y) l'image canonique de X (resp. Y) dans F.

PROPOSITION 8. — *Supposons f et g unitaires de degrés respectifs p et q. Avec les notations précédentes, le* A-*module* F *est libre de base* $(x^i y^j)_{0 \leq i < p, 0 \leq j < q}$, *et l'on a*

$$\text{res}(f, g) = N_{F/A}(x - y). \tag{33}$$

Posons $E = A[X]/(f)$ et $E' = A[Y]/(g)$. D'après II, p. 60, cor. 1, l'homomorphisme σ de $E \otimes E'$ dans F déduit de l'homomorphisme canonique $A[X] \otimes A[Y] \to A[X, Y]$ est bijectif. Ceci prouve l'assertion sur la base de F. On identifiera E à son image dans F par σ. Alors, l'homomorphisme de E-algèbres de $E[Y]/(g(Y))$ dans F qui applique Y sur y est un isomorphisme.

D'après la transitivité de la norme (III, p. 114), on a

$$N_{F/A}(x - y) = N_{E/A}(N_{F/E}(x - y)). \tag{34}$$

D'après la prop. 7 (IV, p. 73), $N_{F/E}(x - y)$ est le résultant des polynômes $g(Y)$ et $x - Y$ de E[Y], donc est égal à $g(x)$ (IV, p. 74, cor. 3). D'après la formule (34) et la prop. 7 (IV, p. 73), on a donc

$$N_{F/A}(x - y) = N_{E/A}(g(x)) = \text{res}(f, g).$$

PROPOSITION 9. — *Soient p_1 et q_1 des entiers positifs et f_1, g_1 des polynômes dans* A[X] *tels que* $\deg f_1 \leq p_1$, $\deg g_1 \leq q_1$. *On a*

$$\text{res}_{p,q+q_1}(f, g g_1) = \text{res}_{p,q}(f, g) . \text{res}_{p,q_1}(f, g_1) \tag{35}$$

$$\text{res}_{p+p_1,q}(f f_1, g) = \text{res}_{p,q}(f, g) . \text{res}_{p_1,q}(f_1, g). \tag{36}$$

On a $\text{res}_{p,q}(f, g) = (-1)^{pq} \text{res}_{q,p}(g, f)$ (IV, p. 72) ; il suffit donc de prouver la formule (35). De même, la remarque 3 (*loc. cit.*) montre que si la formule (35) est établie pour un polynôme f, elle l'est pour tous les polynômes de la forme λf avec $\lambda \in A$. Enfin, lorsque f est unitaire de degré p, la formule (35) résulte de la prop. 7 (IV, p. 73), en vertu de la formule $N_{E/A}(ab) = N_{E/A}(a).N_{E/A}(b)$. De tout ceci, on conclut que la formule (35) est vraie lorsque le coefficient t_p de X^p dans f est *inversible*.

Lemme 5. — *Soit t un élément de* A. *Il existe un anneau commutatif* C *contenant* A *comme sous-anneau, un sous-anneau* B *de* C *contenant* A, *un élément* τ *de* B, *inversible dans* C, *et un homomorphisme d'anneaux* $\rho : B \to A$ *tel que* $\rho(\tau) = t$ *et que la restriction de* ρ *à* A *soit égale à* Id_A.

Il suffit de prendre pour B l'algèbre $A^{(\mathbf{N})}$ du monoïde **N**, c'est-à-dire l'algèbre de polynômes $A[\tau]$ en une indéterminée τ, pour C l'algèbre $A^{(\mathbf{Z})}$ du groupe **Z** et pour ρ l'homomorphisme $P \mapsto P(t)$ de $A[\tau]$ dans A.

Avec les notations du lemme 5, où l'on fait $t = t_p$, posons

$$F = \tau X^p + t_{p-1}X^{p-1} + \cdots + t_1 X + t_0 \tag{37}$$

dans B[X]. Le coefficient de X^p dans F est *inversible dans* C ; si l'on considère F, g, g_1 comme des polynômes de C[X], on a donc

$$\mathrm{res}_{p,q+q_1}(F, gg_1) = \mathrm{res}_{p,q}(F, g).\mathrm{res}_{p,q_1}(F, g_1) \tag{38}$$

d'après ce qui précède. On ne change pas les résultants si l'on considère F, g et g_1 comme des polynômes de B[X]. Comme on a ${}^{\rho}F = f, {}^{\rho}g = g, {}^{\rho}g_1 = g_1$, la formule (35) résulte de (38) et de la remarque 2 (IV, p. 72).

COROLLAIRE 1. — (i) *Soient* $\lambda, \alpha_1, \ldots, \alpha_p$ *des éléments de* A *et supposons que l'on ait* $f(X) = \lambda(X - \alpha_1)\ldots(X - \alpha_p)$. *On a*

$$\mathrm{res}_{p,q}(f, g) = \lambda^q g(\alpha_1)\ldots g(\alpha_p)\,. \tag{39}$$

(ii) *Soient* $\mu, \beta_1, \ldots, \beta_q$ *des éléments de* A *et supposons que l'on ait de plus* $g(X) = \mu(X - \beta_1)\ldots(X - \beta_q)$. *On a alors*

$$\mathrm{res}_{p,q}(f, g) = \lambda^q \mu^p \prod_{\substack{1 \leqslant i \leqslant p \\ 1 \leqslant j \leqslant q}} (\alpha_i - \beta_j)\,. \tag{40}$$

L'assertion (i) résulte aussitôt des formules (28), (32) et (36). L'assertion (ii) résulte aussitôt de (i).

COROLLAIRE 2. — *Pour tout entier* $r \geqslant 0$, *on a*

$$\mathrm{res}_{p,q+r}(f, g) = t_p^r.\mathrm{res}_{p,q}(f, g)\,. \tag{41}$$

Compte tenu de l'exemple 1 (IV, p. 72), il suffit de faire $q_1 = r$, $g_1 = 1$ dans la formule (35).

Supposons f unitaire. Soient $\rho : A \to B$ un homomorphisme d'anneaux et $\xi_1, \ldots, \xi_p$ des éléments de B tels que l'on ait la décomposition

$$^{\rho}f(X) = (X - \xi_1) \ldots (X - \xi_p) .$$

D'après la remarque 2 (IV, p. 72) et le cor. 1 ci-dessus, on a

$$\rho(\operatorname{res}(f, g)) = g(\xi_1) \ldots g(\xi_p) .$$

Cette remarque s'applique en particulier à la décomposition universelle de f (IV, p. 68), et comme ρ est alors injectif, cela fournit un moyen de calcul de $\operatorname{res}(f, g)$.

Exemple 3. — Prouvons la formule

$$(42) \quad \operatorname{res}_{2,2}(aX^2+bX+c, a'X^2+b'X+c') = (ac'-ca')^2+(bc'-cb')(ba'-ab') .$$

En raisonnant comme dans la prop. 9 (IV, p. 74), on voit qu'il suffit de prouver cette formule lorsque a est *inversible*. Il existe alors une décomposition de la forme

$$(43) \qquad aX^2 + bX + c = a(X - x)(X - y)$$

dans B[X], où B est un anneau commutatif convenable contenant A comme sous-anneau. D'après le cor. 1 ci-dessus, le résultant cherché est égal à

$$(44) \qquad R = a^2(a'x^2 + b'x + c')(a'y^2 + b'y + c') .$$

Or on a

$$ax + ay = -b , \quad axy = c$$

d'après (43), d'où $(ax)^2 + (ay)^2 = b^2 - 2ac$.

D'après (44), on a

$$\begin{aligned} R &= a'^2(axy)^2 + ab'^2(axy) + a^2c'^2 + a'b'(axy)(ax + ay) + a'c'((ax)^2 + (ay)^2) + \\ &\qquad + ab'c'(ax + ay) \\ &= a'^2c^2 + ab'^2c + a^2c'^2 - a'b'cb + a'c'(b^2 - 2ac) - ab'c'b \\ &= (ac' - ca')^2 + (ab' - a'b)(b'c - c'b) , \end{aligned}$$

d'où le résultat annoncé.

7. Discriminant

Définition 2. — *Soient f un polynôme unitaire de* A[X] *et m son degré. Notons* E *la* A-*algèbre* A[X]/(f) *et x l'image canonique de* X *dans* E. *On appelle discriminant de f,* *et l'on note* dis(f), *le discriminant* $D_{E/A}(1, x, \ldots, x^{m-1})$ *de la base* $(1, x, \ldots, x^{m-1})$ *de la* A-*algèbre* E.

Pour tout entier positif k, posons $p_k = \mathrm{Tr}_{E/A}(x^k)$. D'après III, p. 115, la définition 2 se traduit par la formule

(45) $$\mathrm{dis}(f) = \det(p_{i+j})_{0 \leqslant i, j < m}.$$

Exemples. — 1) Si f est un polynôme unitaire de degré 0 ou 1, on a dis(f) = 1 d'après (45).

2) Soit $f(X) = X^2 + \alpha X + \beta$ un polynôme unitaire de degré 2. Les relations de Newton s'écrivent sous la forme (IV, p. 70)

$$p_0 = 2$$
$$p_1 + \alpha = 0$$
$$p_2 + \alpha p_1 + 2\beta = 0,$$

d'où $p_1 = -\alpha$, $p_2 = \alpha^2 - 2\beta$. Par suite, on a

$$\mathrm{dis}(f) = \det\begin{pmatrix} 2 & -\alpha \\ -\alpha & \alpha^2 - 2\beta \end{pmatrix} = \alpha^2 - 4\beta.$$

Soient B un anneau commutatif, ρ un homomorphisme de A dans B et $\xi_1, \ldots, \xi_m$ des éléments de B tels que

$${}^{\rho}f(X) = (X - \xi_1) \ldots (X - \xi_m).$$

Notons M la matrice $(\rho(p_{i+j}))_{0 \leqslant i, j < m}$ et D la matrice de van der Monde $(\xi_{i+1}^j)_{0 \leqslant i, j < m}$. D'après l'exemple 4 de IV, p. 70, on a

$$\rho(p_k) = \xi_1^k + \cdots + \xi_m^k,$$

d'où $M = {}^tD . D$; on a $\det D = \prod_{i > j} (\xi_i - \xi_j)$ d'après III, p. 99, et $\det M = (\det D)^2$, c'est-à-dire

(46) $$\rho(\mathrm{dis}(f)) = \prod_{i < j} (\xi_i - \xi_j)^2.$$

De plus, on a $\left(\text{en notant D la dérivation } \dfrac{d}{dX}\right)$

$$D({}^{\rho}f)(\xi_i) = (\xi_i - \xi_1) \ldots (\xi_i - \xi_{i-1})(\xi_i - \xi_{i+1}) \ldots (\xi_i - \xi_m)$$

pour $1 \leqslant i \leqslant m$, d'où

$$\rho(\mathrm{dis}(f)) = (-1)^{m(m-1)/2} \prod_{i \neq j} (\xi_i - \xi_j) = (-1)^{m(m-1)/2} \prod_{i=1}^{m} D({}^{\rho}f)(\xi_i).$$

D'après le cor. 1 de IV, p. 75, appliqué à la décomposition universelle de f, on a finalement

(47) $$\operatorname{res}(f, \mathrm{D}f) = \operatorname{res}(\mathrm{D}f, f) = (-1)^{m(m-1)/2}\operatorname{dis}(f)\,.$$

PROPOSITION 10. — *Soit $m \geqslant 1$. Il existe un unique polynôme $\Delta \in \mathbf{Z}[\mathrm{A}_1, \ldots, \mathrm{A}_m]$ avec la propriété suivante : quels que soient l'anneau commutatif* A *et le polynôme unitaire $f = \mathrm{X}^m + \sum_{i=1}^{m} a_i \mathrm{X}^{m-i}$ dans* A[X], *on a*

(48) $$\operatorname{dis}(f) = \Delta(a_1, \ldots, a_m)\,.$$

De plus, Δ est de degré $\leqslant 2m - 2$; si l'on munit A_i du poids i, alors Δ est isobare de poids $m(m-1)$.

a) Unicité de Δ : si Δ satisfait à (48), on a en particulier $\Delta = \operatorname{dis}(\mathrm{F})$, où F est le polynôme $\mathrm{X}^m + \sum_{i=1}^{m} \mathrm{A}_i \mathrm{X}^{m-i}$ à coefficients dans $\mathbf{Z}[\mathrm{A}_1, \ldots, \mathrm{A}_m]$.

b) Existence de Δ : soient $s_1, \ldots, s_m$ les polynômes symétriques élémentaires en les indéterminées $\mathrm{X}_1, \ldots, \mathrm{X}_m$. Il existe un polynôme $\Delta \in \mathbf{Z}[\mathrm{A}_1, \ldots, \mathrm{A}_m]$ isobare de poids $m(m-1)$ tel que

(49) $$\Delta(-s_1, s_2, \ldots, (-1)^m s_m) = \prod_{i<j} (\mathrm{X}_i - \mathrm{X}_j)^2\,;$$

en effet, le second membre de cette relation est un polynôme P symétrique, homogène de degré $m(m-1)$, dans $\mathbf{Z}[\mathrm{X}_1, \ldots, \mathrm{X}_m]$ (IV, p. 58, th. 1). Or la formule (46) signifie que l'on a $\operatorname{dis}(f) = \mathrm{P}^{\#}(f)$ avec les notations de IV, p. 69 ; la formule (48) résulte aussitôt de là.

c) Degré de Δ : la relation (47) et la définition du résultant (IV, p. 71) entraînent la formule

(50) $$(-1)^{m(m-1)/2}\Delta = \det(a_{ij})_{0 \leqslant i,j \leqslant 2m-2}$$

avec les valeurs suivantes des a_{ij}

$$a_{00} = 1\,, \quad a_{0,m-1} = m\,, \qquad a_{0j} = 0 \quad \text{si} \quad j \neq 0\,, \quad j \neq m-1$$

$$a_{ij} = \mathrm{A}_{i-j} \qquad \text{pour} \quad 1 \leqslant i \leqslant 2m-2\,, \quad 0 \leqslant j \leqslant m-2$$

$$a_{ij} = (j - i + 1)\,\mathrm{A}_{m+i-j-1} \quad \text{pour} \quad 1 \leqslant i \leqslant 2m-2\,, \quad m-1 \leqslant j \leqslant 2m-2\,.$$

Dans ces formules, on convient que $\mathrm{A}_0 = 1$ et $\mathrm{A}_i = 0$ pour $i < 0$ ou $i > m$. La formule (50) montre aussitôt que Δ est de degré $\leqslant 2m - 2$. C.Q.F.D.

La prop. 10 permet d'étendre la définition du discriminant aux polynômes non unitaires. Soit $m \geqslant 1$ un entier. Il existe un unique polynôme homogène de degré $2m - 2$, soit $\tilde{\Delta}$, dans $\mathbf{Z}[\mathrm{A}_0, \mathrm{A}_1, \ldots, \mathrm{A}_m]$, tel que

(51) $$\Delta(\mathrm{A}_1, \ldots, \mathrm{A}_m) = \tilde{\Delta}(1, \mathrm{A}_1, \ldots, \mathrm{A}_m)\,;$$

en effet, comme Δ est de degré $\leqslant 2m-2$, la fraction rationnelle

$$A_0^{2m-2}\Delta(A_1/A_0, \ldots, A_m/A_0)$$

appartient au sous-anneau $\mathbf{Z}[A_0, A_1, \ldots, A_m]$ de $\mathbf{Q}(A_0, A_1, \ldots, A_m)$. Si A_i est de poids i pour $0 \leqslant i \leqslant m$, alors $\tilde{\Delta}$ est isobare de poids $m(m-1)$. Si f est un polynôme de degré $\leqslant m$, soit

$$f = a_0X^m + a_1X^{m-1} + \cdots + a_{m-1}X + a_m\,,$$

on posera

$$\operatorname{dis}_m(f) = \tilde{\Delta}(a_0, a_1, \ldots, a_m)\,. \tag{52}$$

Lorsque $m = \deg f$, on écrit simplement $\operatorname{dis}(f)$ pour $\operatorname{dis}_m(f)$; si f est unitaire, $\operatorname{dis}(f)$ coïncide avec le discriminant défini dans la déf. 2, d'après les formules (48), (51) et (52).

PROPOSITION 11. — *Soit f dans* A[X] *de degré $\leqslant m$.*

(i) *Si $\rho : A \to B$ est un homomorphisme d'anneaux, on a* $\operatorname{dis}_m({}^\rho f) = \rho(\operatorname{dis}_m(f))$.

(ii) *Soient $\lambda, \alpha_1, \ldots, \alpha_m$ des éléments de* A. *Si $f = \lambda(X-\alpha_1)\ldots(X-\alpha_m)$, on a*

$$\operatorname{dis}_m(f) = \lambda^{2m-2}\prod_{i<j}(\alpha_i - \alpha_j)^2\,. \tag{53}$$

(iii) *Soit a_0 le coefficient de X^m dans f. On a*

$$\operatorname{res}_{m,m-1}(f, Df) = \operatorname{res}_{m-1,m}(Df, f) = (-1)^{m(m-1)/2}a_0\operatorname{dis}_m(f)\,. \tag{54}$$

L'assertion (i) est évidente.

Comme $\tilde{\Delta}$ est homogène de degré $2m-2$, on a

$$\operatorname{dis}_m(\lambda f) = \lambda^{2m-2}\operatorname{dis}_m(f) \tag{55}$$

pour tout polynôme $f \in A[X]$ de degré $\leqslant m$. L'assertion (ii) résulte des formules (46) et (55).

Lorsque f est unitaire de degré m, on a $a_0 = 1$ et l'assertion (iii) se réduit à la formule (47). Compte tenu de (55) et de la relation

$$\operatorname{res}_{m,n}(\lambda f, \mu g) = \lambda^n\mu^m\operatorname{res}_{m,n}(f, g)\,, \tag{56}$$

(IV, p. 72), on passe de là au cas où a_0 est inversible dans A. Le cas général résulte alors de la prop. 11, (i) et du lemme 5 (IV, p. 75).

COROLLAIRE 1. — *Soit $g \in A[X]$ et soit n un entier positif tel que* $\deg g \leqslant n$. *On a*

$$\operatorname{dis}_{m+n}(fg) = \operatorname{dis}_m(f)\,.\operatorname{dis}_n(g)\,.\operatorname{res}_{m,n}(f, g)^2\,. \tag{57}$$

En raisonnant comme ci-dessus, on se ramène au cas où f et g sont unitaires de degrés respectifs m et n. Posons $B = E_f \otimes E_g$, où E_f (resp. E_g) est l'algèbre de décomposition universelle de f (resp. g) (IV, p. 68). Alors A est un sous-anneau de B, et dans B[X], on a des décompositions

$$f = \prod_{i=1}^{m} (X - \alpha_i)\,, \quad g = \prod_{j=1}^{n} (X - \beta_j)\,.$$

On a par suite

$$fg = \prod_{k=1}^{m+n} (X - \gamma_k)\,,$$

avec $\gamma_i = \alpha_i$ pour $1 \leqslant i \leqslant m$, et $\gamma_{m+j} = \beta_j$ pour $1 \leqslant j \leqslant n$. On a l'identité évidente

$$\prod_{k<k'} (\gamma_k - \gamma_{k'}) = \prod_{i<i'} (\alpha_i - \alpha_{i'}).\prod_{j<j'} (\beta_j - \beta_{j'}).\prod_{i,j} (\alpha_i - \beta_j)\,.$$

En élevant cette relation au carré, on obtient (57) d'après (40) et (46).

Corollaire 2. — *Si a_0 est le coefficient de X^m dans f, on a*

(58) $$\mathrm{dis}_{m+1}(f) = a_0^2 \mathrm{dis}_m(f)\,.$$

Cela résulte du cor. 1, où l'on fait $n = 1, g = 1$, d'après la formule $\mathrm{res}_{m,1}(f, 1) = a_0$ (IV, p. 72, exemple 1).

Corollaire 3. — *Supposons que* A *soit un corps. Soit f un polynôme non constant de* A[X]. *Pour que f et* Df *soient étrangers, il faut et il suffit que l'on ait* $\mathrm{dis}(f) \neq 0$.

Cela résulte de la prop. 11, (iii) et du cor. 2 de IV, p. 73.

Remarque. — Une double application du cor. 2 ci-dessus montre que l'on a $\mathrm{dis}_m(f) = 0$ pour tout polynôme f de degré $\leqslant m - 2$.

Exemples. — 3) Soit $m = 2$. D'après l'exemple 2 (IV, p. 77), on a $\Delta(A_1, A_2) = A_1^2 - 4A_2$, d'où $\tilde{\Delta}(A_0, A_1, A_2) = A_1^2 - 4A_0A_2$. Autrement dit, on a

$$\mathrm{dis}_2(a_0X^2 + a_1X + a_2) = a_1^2 - 4a_0a_2\,.$$

4) Considérons le polynôme

$$F = A_0X^3 + 3A_1X^2 + 3A_2X + A_3$$

à coefficients dans $\mathbf{Q}[A_0, A_1, A_2, A_3]$. On a

$$DF = 3(A_0X^2 + 2A_1X + A_2)\,,$$

d'où $$F - \tfrac{1}{3}X.DF = A_1X^2 + 2A_2X + A_3\,.$$

D'après les formules (54) (IV, p. 79) et (29) (IV, p. 72), on a

$$A_0 . \mathrm{dis}_3(F) = - \mathrm{res}_{2,3}(DF, F) = - \mathrm{res}_{2,3}(DF, F - \tfrac{1}{3}X . DF) .$$

Appliquant le cor. 2 de IV, p. 75, on trouve finalement

$$\mathrm{dis}_3(F) = - 27\mathrm{res}_{2,2}(A_0X^2 + 2A_1X + A_2, A_1X^2 + 2A_2X + A_3) .$$

D'après l'exemple 3 de IV, p. 76, on a donc

$$\tilde{\Delta}(A_0, 3A_1, 3A_2, A_3) = - 27(A_0A_3 - A_1A_2)^2 - 108(A_1A_3 - A_2^2)(A_1^2 - A_0A_2) .$$

Après quelques calculs, on trouve que si $f = a_0X^3 + a_1X^2 + a_2X + a_3$, on a

$$\mathrm{dis}_3(f) = a_1^2a_2^2 + 18a_0a_1a_2a_3 - 4a_1^3a_3 - 4a_0a_2^3 - 27a_0^2a_3^2 .$$

En particulier, on a

$$\mathrm{dis}(X^3 + pX + q) = - (4p^3 + 27q^2) .$$

Exercices

§ 1

¶1) * Lorsque M est un sous-groupe du groupe additif **R** des nombres réels, généraliser à l'algèbre du groupe M la division euclidienne des polynômes à une indéterminée. *

2) Soit f un polynôme $\neq 0$ de A[X], de degré n, de coefficient dominant α_0. Soit M le sous-module de A[X] (considéré comme A-module) formé des polynômes dont le coefficient du terme de degré m (m quelconque dans **N**) est divisible par α_0^μ, où $\mu = \mathrm{Max}(m - n + 1, 0)$; montrer que, pour tout polynôme $g \in$ M, il existe deux polynômes u, v de A[X] tels que $\deg v < n$ et $g = uf + v$.

¶3) *a*) Dans l'algèbre A[X] des polynômes en une indéterminée sur A, l'application $(u, v) \mapsto u(v)$ est une loi de composition interne ; montrer que cette loi est associative et distributive à gauche par rapport à l'addition et à la multiplication dans A[X].
b) Si A est intègre, montrer que la relation $u(v) = 0$ entraîne que $u = 0$ ou que v est constant, et que si $u \neq 0$ et $\deg v > 0$, le degré de $u(v)$ est égal au produit des degrés de u et de v.
c) On suppose désormais que A est un *corps*. Soient u et v deux polynômes de degré > 0 dans A[X], f un polynôme de degré > 0 ; montrer que si q est le quotient et r le reste de la division euclidienne de u par v, $q(f)$ et $r(f)$ sont le quotient et le reste de la division euclidienne de $u(f)$ par $v(f)$.
d) Pour tout polynôme f de A[X], on désigne par $\mathrm{I}(f)$ l'ensemble des polynômes de la forme $u(f)$, où u parcourt A[X] ; c'est un sous-anneau de A[X]. Pour que $\mathrm{I}(f) = \mathrm{I}(g)$, il faut et il suffit que $g = \lambda f + \mu$, où $\lambda \neq 0$ et μ sont dans A.
e) Soient f et g deux polynômes de degré > 0 dans A[X] ; montrer que $\mathrm{I}(f) \cap \mathrm{I}(g)$ est identique à A, ou est de la forme $\mathrm{I}(h)$, où h est un polynôme de degré > 0 (écartant la première éventualité, considérer dans $\mathrm{I}(f) \cap \mathrm{I}(g)$ un polynôme h de plus petit degré > 0 possible).

¶4) *a*) On suppose que, pour tout $n \in \mathbf{Z}$ non nul, la relation $n\xi = 0$ entraîne $\xi = 0$ dans A. Montrer que l'application $f \mapsto f(\mathrm{D}_1, \ldots, \mathrm{D}_n)$ est un homomorphisme injectif de l'algèbre de polynômes $A[X_1, \ldots, X_n] = E$ dans l'algèbre (sur A) des endomorphismes du A-module E (raisonner par récurrence sur n).

b) Soit m un entier $\geqslant 1$ tel que $m.1 = 0$ dans A. Montrer que l'on a $D_i^m = 0$ pour toute dérivation partielle D_i ($1 \leqslant i \leqslant n$) dans $A[X_1, \ldots, X_n]$.

5) Soient $u \in A[(X_i)_{i \in I}]$ et r un entier $\geqslant 0$. On suppose que, dans A, pour tout $n > 0$, la relation $n\xi = 0$ entraîne $\xi = 0$. Si on a la relation

$$\sum_{i \in I} (D_i u)(\mathbf{X})\, X_i = ru(\mathbf{X}),$$

alors u est homogène de degré r.

¶ 6) Soient K un corps commutatif, I un ensemble, et L l'algèbre associative libre de l'ensemble I sur l'anneau K (III, p. 21, déf. 2), munie de la graduation définie en III, p. 31. On définit le degré d'un élément de L, et la notion d'élément homogène, comme en IV, p. 2.

a) Montrer que $\deg(uv) = \deg(u) + \deg(v)$ et $\deg(u + v) \leqslant \sup(\deg(u), \deg(v))$ pour $u, v \in L$.

b) Soient $u, v, q, q' \in L$, tels que $\deg(u) \geqslant \deg(v)$ et $\deg(qu - q'v) < \deg(qu)$; montrer qu'il existe $q'' \in L$ tel que $\deg(u - q''v) < \deg(u)$.

c) Soient $u, v, q, q' \in L$ avec $\deg(u) \geqslant \deg(v) > \deg(qu - q'v)$; montrer qu'il existe $q'' \in L$ tel que $\deg(u - q''v) < \deg(v)$.

d) Soient $u, v, u', v' \in L$, homogènes, et tels que $uv = u'v'$ et $\deg(v) \geqslant \deg(v') \geqslant 0$; il existe $t \in L$ tel que $u' = ut$, $v = tv'$.

e) Soient $u, v \in L$, homogènes, tels que $uv = vu$. Il existe $w \in L$, $a, b \in K$, et $m, n \in \mathbf{N}$, tels que $u = aw^m$, $v = bw^n$.

f) Soient $u, v \in L$ tels qu'il existe $a, b \in L$, non nuls, avec $au = bv$; il existe $m, d \in L$ tels que les multiples à gauche (resp. diviseurs à droite) communs à u et v soient les multiples à gauche (resp. diviseurs à droite) de m (resp. d).

§ 2

1) On suppose A intègre ; soit f un polynôme de l'anneau $A[X_1, X_2, \ldots, X_n]$, de degré $\leqslant k_i$ par rapport à X_i (pour $1 \leqslant i \leqslant n$). Pour chaque valeur de l'indice i ($1 \leqslant i \leqslant n$), soit H_i un ensemble de $k_i + 1$ éléments de A. Montrer que si on a $f(x_1, x_2, \ldots, x_n) = 0$ pour tout élément $(x_i) \in \prod_{i=1}^{n} H_i$, on a $f = 0$.

2) On suppose A intègre infini : soit Φ un ensemble de polynômes $\neq 0$ de l'anneau $A[X_1, X_2, \ldots, X_n]$. Montrer que, si la puissance de Φ est *strictement inférieure* à celle de A, il existe une partie H de A^n, équipotente à A, telle que, pour tout $x = (x_i) \in H$ et pour tout $f \in \Phi$, on ait $f(x) \neq 0$.

3) On suppose A intègre ; soit B une partie infinie de A. Montrer que si le polynôme $f \in A[X]$ a un degré > 0, l'image de B par la fonction polynomiale $x \mapsto f(x)$ est équipotente à B.

4) On suppose qu'il existe un sous-groupe infini G du groupe additif A, dont les éléments $\neq 0$ ne sont pas diviseurs de 0 dans A. Montrer que l'application $f \mapsto \tilde{f}$ de $A[X_1, \ldots, X_p]$ dans l'algèbre des applications de A^p dans A, est injective (remarquer qu'un polynôme de degré n par rapport à une indéterminée ne peut avoir plus de n racines distinctes appartenant à G). Il en est ainsi en particulier quand il existe dans A un élément x_0 non diviseur de 0 et d'ordre infini dans le groupe additif A.

5) Soit K un corps contenant une infinité d'éléments, et soit Q l'algèbre des quaternions sur K, de type $(-1, 0, -1)$ (III, p. 18). Montrer que le polynôme $X^2 + 1$ a une infinité de zéros dans Q.

¶ 6) Soit K un corps fini ayant q éléments.

a) Dans l'anneau $K[X_1, X_2, \ldots, X_n]$, soit $\mathfrak{a}$ l'idéal engendré par les n polynômes $X_i^q - X_i$

($1 \leqslant i \leqslant n$). Montrer que si $f \in \mathfrak{a}$, on a $f(x_1, x_2, \ldots, x_n) = 0$ pour tout $(x_i) \in K^n$ (remarquer que le groupe multiplicatif K^* est d'ordre $q - 1$).

b) Si f est un polynôme quelconque de $K[X_1, X_2, \ldots, X_n]$, montrer qu'il existe un polynôme $\bar{f}$ et un seul tel que $\deg_i \bar{f} \leqslant q - 1$ pour $1 \leqslant i \leqslant n$, et tel que $f \equiv \bar{f}$ (mod. $\mathfrak{a}$). On a donc $\deg \bar{f} \leqslant \deg f$; si f est tel que $f(x_1, x_2, \ldots, x_n) = 0$ pour tout $(x_i) \in K^n$, f appartient à l'idéal $\mathfrak{a}$, qui est donc l'image réciproque de 0 par l'homomorphisme $f \mapsto \bar{f}$ (utiliser l'exerc. 1).

c) Soient $f_1, f_2, \ldots, f_m$ des polynômes $\neq 0$ de $K[X_1, X_2, \ldots, X_n]$, tels que $f_i(0, 0, \ldots, 0) = 0$ ($1 \leqslant i \leqslant m$), et que la somme des degrés totaux des f_i soit $< n$. Montrer qu'il existe un élément $(x_1, x_2, \ldots, x_n) \in K^n$, distinct de $(0, 0, \ldots, 0)$, et tel que

$$f_i(x_1, x_2, \ldots, x_n) = 0 \quad \text{pour} \quad 1 \leqslant i \leqslant m .$$

(Remarquer que, s'il n'en était pas ainsi, le polynôme $\prod_{i=1}^{m} (1 - f_i^{q-1})$ serait congru modulo $\mathfrak{a}$ au polynôme $\prod_{i=1}^{n} (1 - X_i^{q-1})$, et utiliser *b*).)

7) Soient K un corps fini ayant q éléments, B l'anneau produit K^I, où I est un ensemble infini. Donner un exemple de polynôme f non nul de B[X], tel que $f(x) = 0$ pour tout $x \in B$.

8) Soit B le groupe additif $\mathbf{Z} \oplus (\mathbf{Z}/2\mathbf{Z})$. On le munit d'une structure d'anneau commutatif en posant $(a, b).(a', b') = (aa', ab' + ba')$ pour $(a, b) \in B$ et $(a', b') \in B$. Soit $\varepsilon = (0, 1) \in B$. Soit $f(X) = \varepsilon X(X - 1) \in B[X]$. Alors $f(\alpha) = 0$ pour tout $\alpha \in B$.

9) Soit k un entier > 0 tel que $k.1 = 0$ dans A. Soit h un entier > 0 et soit f le polynôme $(X - \alpha)^{k+h} + (X - \alpha)^k$. Alors α est racine d'ordre k de f, et racine d'ordre $\geqslant k + h - 1$ de Df.

* 10) Soit f un élément non nul de $\mathbf{Z}[X_1, \ldots, X_n]$. Soit $N(q)$ le nombre de zéros de f dans le pavé $|x_1| \leqslant q, \ldots, |x_n| \leqslant q$. Alors $N(q)/q^n$ tend vers 0 quand $q \to +\infty$.

11) Soient P l'ensemble des nombres premiers, P' une partie infinie de P, $f \in \mathbf{Z}[(X_i)]$. Pour tout $p \in P'$, soit f_p l'élément de $(\mathbf{Z}/p\mathbf{Z})\,[(X_i)]$ obtenu en appliquant aux coefficients de f l'homomorphisme canonique de $\mathbf{Z}$ sur $\mathbf{Z}/p\mathbf{Z}$. On suppose que, pour tout $p \in P'$ et tout $x \in (\mathbf{Z}/p\mathbf{Z})^I$, on a $f_p(x) = 0$. Alors $f = 0$.

12) Soit M un A-module. Soient $\alpha_0, \ldots, \alpha_n \in A$ tels que, pour $i \neq j$, l'homothétie de rapport $\alpha_i - \alpha_j$ dans M soit bijective. Quels que soient $m_0, \ldots, m_n \in M$, il existe un $f \in M[X]$ et un seul tel que $f(\alpha_i) = m_i$ pour $0 \leqslant i \leqslant n$ et $\deg f \leqslant n$.

13) Soient α_i ($1 \leqslant i \leqslant n$) n éléments distincts d'un corps commutatif K, β_i ($1 \leqslant i \leqslant n$) et γ_i ($1 \leqslant i \leqslant n$) $2n$ éléments quelconques de K. Montrer qu'il existe un polynôme et un seul $f \in K[X]$, de degré $\leqslant 2n - 1$, tel que $f(\alpha_i) = \beta_i$ et $f'(\alpha_i) = \gamma_i$ pour $1 \leqslant i \leqslant n$ (formule d'interpolation d'Hermite) (commencer par considérer le cas où $2n - 1$ des $2n$ éléments β_i, γ_i sont nuls).

§ 3

1) Soit E une algèbre associative commutative unifère sur un corps commutatif K ; soit $\mathbf{x} = (x_i)_{i \in I}$ une famille d'éléments deux à deux permutables de E. Soit U le sous-anneau de $K(X_i)_{i \in I}$ formé des $f \in K(X_i)_{i \in I}$ telles que $\mathbf{x}$ soit substituable dans f. Montrer que si, dans E, l'ensemble des éléments non inversibles est un idéal, il en est de même dans U. Montrer qu'alors l'idéal des éléments non inversibles dans U est maximal.

2) *a*) Soient K un corps commutatif et $u = a_m X^m + a_{m+1} X^{m+1} + \cdots + a_n X^n$ un polynôme de K[X] tel que $a_m \neq 0$ et $a_n \neq 0$ ($0 \leqslant m \leqslant n$). Montrer que si g est une fraction rationnelle de degré $d \neq 0$ dans K(X), $u(g)$ n'est pas nulle et est de degré nd si $d > 0$, de degré md si $d < 0$.

b) En déduire qu'une fraction rationnelle non constante g de $K(X)$ est substituable dans toute fraction rationnelle de $K(X)$ (remarquer que si g est de degré 0, il existe $\alpha \in K$ tel que $g - \alpha$ soit de degré < 0).

3) On dit qu'une fraction rationnelle $f \in K(X_1, X_2, \ldots, X_n)$ est *homogène* si elle est égale au quotient de deux polynômes homogènes (le dénominateur étant $\neq 0$). Montrer que, pour que f soit homogène, il faut et il suffit que

$$f(ZX_1, ZX_2, \ldots, ZX_n) = Z^d f(X_1, \ldots, X_n)$$

où d est le degré de f.

4) Montrer que la formule d'interpolation de Lagrange (IV, p. 15, prop. 6) peut s'écrire

$$f(X) = \omega(X) \sum_{i=1}^{n} \frac{\beta_i}{\omega'(\alpha_i)(X - \alpha_i)}$$

où $\omega(X) = (X - \alpha_1)(X - \alpha_2) \ldots (X - \alpha_n)$. En déduire que, si g est un polynôme de $K[X]$ de degré $\leqslant n - 2$, on a

$$\sum_{i=1}^{n} \frac{g(\alpha_i)}{\omega'(\alpha_i)} = 0$$

(considérer le polynôme $f(X) = Xg(X)$).

* 5) Soit K un corps commutatif de caractéristique 0. Montrer que si une fraction rationnelle $u \in K(X)$ est telle que $Du = 0$, u est une constante.

6) Généraliser l'identité d'Euler aux fractions rationnelles homogènes (exercice 3) sur un corps de caractéristique 0 (considérer la fraction rationnelle $\frac{1}{Z^m} f(ZX_1, ZX_2, \ldots, ZX_n)$ par rapport à Z, et utiliser l'exerc. 5). *

7) Soit K un corps commutatif. Montrer que

$$[K(T) : K] = \operatorname{Sup}(\operatorname{Card}(K), \operatorname{Card}(\mathbf{N})) .$$

(Utiliser l'indépendance linéaire des $1/(T - a)$, $a \in K$, pour prouver que

$$[K(T) : K] \geqslant \operatorname{Card}(K).)$$

§ 4

1) Soit $u(X) = \sum_{n=0}^{\infty} \alpha_n X^n$ une série formelle sur un corps commutatif K.

a) Pour que u soit une fraction rationnelle de $K(X)$, il faut et il suffit qu'il existe une suite finie $(\lambda_i)_{1 \leqslant i \leqslant q}$ d'éléments de K non tous nuls, et un entier $d \geqslant 0$ tels que, pour tout $n \geqslant d$, on ait

$$\lambda_1 \alpha_n + \lambda_2 \alpha_{n+1} + \cdots + \lambda_q \alpha_{n+q-1} = 0 .$$

b) On pose

$$H_n^{(k)} = \begin{vmatrix} \alpha_n & \alpha_{n+1} & \cdots & \alpha_{n+k-1} \\ \alpha_{n+1} & \alpha_{n+2} & \cdots & \alpha_{n+k} \\ \alpha_{n+2} & \alpha_{n+3} & \cdots & \alpha_{n+k+1} \\ \cdots & \cdots & \cdots & \cdots \\ \alpha_{n+k-1} & \alpha_{n+k} & \cdots & \alpha_{n+2k-2} \end{vmatrix}$$

(« déterminants de Hankel »). Montrer que si $H_{d+j}^{(q+1)} = 0$ et $H_{d+j}^{(q)} \neq 0$ pour tout entier $j \geqslant 0$, $u(X)$ est une fraction rationnelle (utiliser *a*)).
c) Montrer qu'on a l'identité

$$H_n^{(k)}H_{n+2}^{(k)} - H_n^{(k+1)}H_{n+2}^{(k-1)} = (H_{n+1}^{(k)})^2$$

(*cf.* III, p. 193, exerc. 10). En déduire que si on a $H_{m+j}^{(k+1)} = 0$ pour $0 \leqslant j \leqslant r-1$, les r déterminants $H_{m+j}^{(k)}$, où $1 \leqslant j \leqslant r$, sont ou tous nuls, ou tous $\neq 0$.
d) Déduire de *b*) et *c*) que, pour que $u(X)$ soit une fraction rationnelle, il faut et il suffit qu'il existe deux entiers d et q tels que $H_{d+j}^{(q+1)} = 0$ pour tout entier $j \geqslant 0$.
e) Soit k un sous-corps de K. Identifions $K(X)$, $k(X)$ et $k[[X]]$ à des sous-anneaux de $K((X))$. Prouver que $k[[X]] \cap K(X) = k[[X]] \cap k(X)$.

2) Soient $a_1, a_2, \ldots, a_p$ des entiers > 0 ; on désigne par α_n le nombre des suites finies $(x_i)_{1 \leqslant i \leqslant p}$ d'entiers $\geqslant 0$ satisfaisant à l'équation

$$a_1x_1 + a_2x_2 + \cdots + a_px_p = n\,.$$

Montrer que la série formelle $\sum_{n=0}^{\infty} \alpha_n X^n$ (sur le corps **Q**) est le développement de la fraction rationnelle

$$\frac{1}{(1-X^{a_1})(1-X^{a_2})\ldots(1-X^{a_p})}\,.$$

3) Soit F un ensemble fini d'entiers > 0, et soit β_n le nombre des suites finies (x_i) de n termes au plus, dont tous les termes appartiennent à F, et qui sont telles que $\sum_i x_i = n$. Montrer que la série formelle $\sum_{n=0}^{\infty} \beta_n X^n$ sur **Q** est le développement de la fraction rationnelle

$$\frac{1}{1 - \sum_{a \in F} X^a}\,.$$

4) Soit E un espace vectoriel ayant une base infinie sur un corps K de caractéristique 2 ; soit B l'algèbre extérieure $\bigwedge E$ de cet espace, qui est un anneau commutatif. Donner un exemple de série formelle $u \in B[[X]]$ telle que $u^2 = 0$, mais telle qu'il n'existe aucun élément $\gamma \neq 0$ de B tel que $\gamma u = 0$.

5) Soient $E = A[X_1, \ldots, X_p]$, $F = A[[X_1, \ldots, X_p]]$.
a) Si D est une **Z**-dérivation de E dans F, on a $\omega(Du) \geqslant \omega(u) - 1$ pour tout u non nul de E.
b) Si D′ est une **Z**-dérivation de F, on a $\omega(D'v) \geqslant \omega(v) - 1$ pour tout v non nul de F.
c) Munissons E de la topologie induite par celle de F. Alors D et D′ sont continues.
d) Toute **Z**-dérivation de E dans F se prolonge d'une manière et d'une seule en une **Z**-dérivation de F.
e) Soit $\mathscr{D}$ le F-module des A-dérivations de F. Si $D \in \mathscr{D}$ et si $DX_i = u_i$, on a $D = \sum_{i=1}^{p} u_i D_i$.
f) $(D_1, \ldots, D_p)$ est une base du F-module $\mathscr{D}$.

6) Soit $(u_\lambda)_{\lambda \in L}$ une famille d'éléments de $A[[X_i]]_{i \in I}$. Si la famille $(1 + u_\lambda)_{\lambda \in L}$ est multipliable, la famille $(u_\lambda)_{\lambda \in L}$ est sommable.

* 7) Si A est réduit, $A[[(X_i)_{i \in I}]]$ est réduit. *

8) On note $(1 + X)^T$ l'élément $\exp(T \log(1 + X))$ de $\mathbf{Q}[[X, T]]$.
a) Montrer que $(1+X)^T = \sum_{n \geqslant 0} \frac{T(T-1)\ldots(T-n+1)}{n!} X^n$. (Le coefficient de X^n est un polynôme en T, dont on connaît la valeur pour $T = n \in \mathbf{N}$.)

b) Montrer que $(1 + X)^T (1 + X)^{T'} = (1 + X)^{T+T'}$. Expliciter l'identité obtenue entre coefficients binomiaux. Montrer que $(1 + X + Y + XY)^T = (1 + X)^T (1 + Y)^T$.

§ 5

1) (Algèbre des suites de type exponentiel) Étant donnés deux entiers $p, q \in \mathbf{N}$, on note $((p, q))$ le coefficient binômial $\dfrac{(p+q)!}{p!q!}$. Soient k un anneau commutatif et B une k-algèbre associative commutative unifère. On appelle *suite de type exponentiel* d'éléments de B une suite $a = (a_p)_{p \in \mathbf{N}}$ telle que $a_0 = 1_B$ et $a_p a_q = ((p, q))\, a_{p+q}$ quels que soient $p, q \in \mathbf{N}$. L'ensemble des suites de type exponentiel d'éléments de B est noté $\mathscr{E}(B)$.

a) Vérifier qu'il existe sur $\mathscr{E}(B)$ une structure de k-algèbre et une seule telle que

$$(a + b)_p = \sum_{r+s=p} a_r b_s ,$$
$$(ab)_p = p!\, a_p b_p ,$$
$$(\lambda a)_p = \lambda^p a_p ,$$

quelles que soient les suites $a, b \in \mathscr{E}(B)$ et quels que soient $p \in \mathbf{N}$ et $\lambda \in k$. L'application $a \mapsto a_1$ est un homomorphisme de l'algèbre $\mathscr{E}(B)$ dans B.

b) On suppose que k contient un sous-anneau isomorphe à $\mathbf{Q}$. Montrer que pour tout $x \in B$, la suite $f(x)$ définie par $f(x)_p = \dfrac{1}{p!} x^p$ est une suite de type exponentiel. Montrer que f est un isomorphisme de B sur $\mathscr{E}(B)$.

c) Soit B′ une k-algèbre associative commutative unifère et soit h un homomorphisme de B dans B′. Pour tout $a \in \mathscr{E}(B)$, la suite a' définie par $a'_p = h(a_p)$ quel que soit $p \in \mathbf{N}$ appartient à $\mathscr{E}(B')$. Montrer que l'application $\mathscr{E}(h) : a \mapsto a'$ est un homomorphisme de $\mathscr{E}(B)$ dans $\mathscr{E}(B')$. Vérifier que $\mathscr{E}(g \circ h) = \mathscr{E}(g) \circ \mathscr{E}(h)$ lorsque g et h sont des homomorphismes composables de k-algèbres.

d) Soit E un k-module et soit $\mathbf{TS}(E)$ l'algèbre des tenseurs symétriques sur E. Montrer que pour tout $x \in E$, $(\gamma_p(x))$ est une suite de type exponentiel dans l'algèbre $\mathbf{TS}(E)$ (IV, p. 43).

2) (Foncteur Γ) On désigne par k un anneau commutatif et par E un k-module. On appelle *algèbre gamma* de E l'algèbre associative unifère commutative définie par le système de générateurs $\mathbf{N} \times E$ et par les relateurs (*cf.* III, p. 23)

$$(0, x) - 1 ,$$
$$(p, \lambda x) - \lambda^p (p, x) ,$$
$$(p, x + y) - \sum_{r+s=p} (r, x)(s, y) ,$$
$$(p, x)(q, x) - ((p, q))(p + q, x) ,$$

où p, q parcourent $\mathbf{N}$, x, y parcourent E et λ parcourt k. Cette algèbre est notée $\Gamma(E)$. Pour tout $p \in \mathbf{N}$, on note γ_p l'application de E dans $\Gamma(E)$ composée de l'injection $x \mapsto (p, x)$ et de l'homomorphisme canonique de l'algèbre commutative libre sur $\mathbf{N} \times E$ dans $\Gamma(E)$.

a) Vérifier que pour tout $x \in E$, la suite $\gamma_p(x)$ est une suite de type exponentiel d'éléments de $\Gamma(E)$ (exerc. 1) et que l'application $\gamma : x \mapsto (\gamma_p(x))_{p \in \mathbf{N}}$ est un homomorphisme du k-module E dans la k-algèbre $\mathscr{E}(\Gamma(E))$.

b) (Propriété universelle de $\Gamma(E)$) Soient B une k-algèbre associative commutative unifère et φ un homomorphisme du k-module E dans $\mathscr{E}(B)$. Montrer qu'il existe un homomorphisme d'algèbres et un seul $h : \Gamma(E) \to B$ tel que $\varphi = \mathscr{E}(h) \circ \gamma$.

c) Montrer qu'il existe un homomorphisme unifère d'algèbres $\varepsilon : \Gamma(E) \to k$ et un seul tel que $\varepsilon(\gamma_p(x)) = 0$ pour tout $p > 0$ et tout $x \in E$.

d) Pour tout $p \in \mathbf{N}$, soit $\Gamma_p(E)$ le sous-module de $\Gamma(E)$ engendré par les éléments

$$\gamma_{\nu_1}(x_1) \ldots \gamma_{\nu_s}(x_s)$$

où $s \in \mathbf{N}$, $\nu \in \mathbf{N}^s$ et où $|\nu| = \sum_i \nu_i = p$. Vérifier que les sous-modules $\Gamma_p(\mathrm{E})$ forment une graduation de l'algèbre $\Gamma(\mathrm{E})$. Montrer que γ_1 est un isomorphisme de E sur $\Gamma_1(\mathrm{E})$ (pour vérifier que γ_1 est injectif, considérer l'algèbre $\mathrm{B} = k \times \mathrm{E}$ dont le produit est défini par la formule $(\lambda, x)(\mu, y) = (\lambda\mu, \lambda y + \mu x)$ et montrer qu'il existe un homomorphisme de $\Gamma(\mathrm{E})$ dans B qui applique $\gamma_1(x)$ sur $(0, x)$ quel que soit $x \in \mathrm{E}$).

e) Soient E et F deux k-modules et h un homomorphisme de E dans F. Montrer qu'il existe un homomorphisme d'algèbres graduées $\Gamma(h) : \Gamma(\mathrm{E}) \to \Gamma(\mathrm{F})$ et un seul tel que $\gamma_p \circ h = \Gamma(h) \circ \gamma_p$ pour tout $p \in \mathbf{N}$. Vérifier que si g et h sont des homomorphismes de k-modules tels que $g \circ h$ soit défini, alors $\Gamma(g \circ h) = \Gamma(g) \circ \Gamma(h)$.

f) Soit $h : \mathrm{E} \to \mathrm{F}$ un homomorphisme surjectif de k-modules. Montrer que $\Gamma(h)$ est surjectif et que son noyau est l'idéal de $\Gamma(\mathrm{E})$ engendré par les éléments $\gamma_p(x)$ avec $p > 0$ et $x \in \mathrm{Ker}(h)$.

g) Soient E et F deux k-modules. Montrer qu'il existe un homomorphisme φ de l'algèbre $\Gamma(\mathrm{E} \times \mathrm{F})$ dans l'algèbre $\Gamma(\mathrm{E}) \otimes_k \Gamma(\mathrm{F})$ et un seul tel que

$$(\varphi \circ \gamma_p)(x, y) = \sum_{r+s=p} \gamma_r(x) \otimes \gamma_s(y)$$

quels que soient $p \in \mathbf{N}$, $x \in \mathrm{E}$ et $y \in \mathrm{F}$. Montrer que cet homomorphisme est un isomorphisme compatible avec les graduations.

3) Soient k un anneau commutatif et E un k-module. Montrer qu'il existe un homomorphisme Δ de l'algèbre $\Gamma(\mathrm{E})$ (exerc. 2) dans l'algèbre $\Gamma(\mathrm{E}) \otimes_k \Gamma(\mathrm{E})$ et un seul tel que

$$(\Delta \circ \gamma_p)(x) = \sum_{r+s=p} \gamma_r(x) \otimes \gamma_s(x)$$

pour tout $x \in \mathrm{E}$ et tout $p \in \mathbf{N}$. Montrer que le coproduit Δ est coassociatif, cocommutatif (III, p. 144-145) et qu'il définit sur $\Gamma(\mathrm{E})$ une structure de bigèbre graduée (III, p. 148). Montrer que l'homomorphisme ε défini dans l'exerc. 2, *c*) est une coünité.

4) Soient E_1 et E_2 deux modules sur l'anneau commutatif k et soit h un homomorphisme de E_1 dans E_2. Vérifier que $\Gamma(h)$ (exerc. 2, *e*)) est un homomorphisme de bigèbres graduées (*cf.* exerc. 3).

5) Soit $\Gamma(\mathbf{Z})$ l'algèbre gamma du $\mathbf{Z}$-module $\mathbf{Z}$ (exerc. 2). Pour tout $p \in \mathbf{N}$, on pose $\mathrm{T}^{(p)} = \gamma_p(1)$.

a) Montrer que $(\mathrm{T}^{(p)})_{p \in \mathbf{N}}$ est une base du $\mathbf{Z}$-module $\Gamma(\mathbf{Z})$. Montrer qu'il existe un homomorphisme θ de l'algèbre $\Gamma(\mathbf{Z})$ dans l'algèbre $\Gamma(\mathbf{Z}) \otimes \Gamma(\mathbf{Z})$ et un seul tel que

$$\theta(\mathrm{T}^{(p)}) = p!\, \mathrm{T}^{(p)} \otimes \mathrm{T}^{(p)}$$

quel que soit $p \in \mathbf{N}$.

b) Soit B un anneau commutatif et soit H l'ensemble des homomorphismes de l'anneau $\Gamma(\mathbf{Z})$ dans l'anneau B. Montrer que pour tout $f \in \mathrm{H}$, la suite $f(\mathrm{T}^{(p)})$, $p \in \mathbf{N}$, est une suite de type exponentiel d'éléments de B. Montrer que l'application $\varphi : f \mapsto (f(\mathrm{T}^{(p)}))_{p \in \mathbf{N}}$ est une bijection de H sur $\mathscr{E}(\mathrm{B})$ (exerc. 1).

c) Pour $f, g \in \mathrm{H}$, on note $f * g$ l'homomorphisme de $\Gamma(\mathbf{Z}) \otimes \Gamma(\mathbf{Z})$ dans B défini par $(f * g)(u \otimes v) = f(u)\, g(v)$ quels que soient $u, v \in \Gamma(\mathbf{Z})$. Vérifier que quels que soient $f, g \in \mathrm{H}$, on a

$$\varphi(f) + \varphi(g) = \varphi((f * g) \circ \Delta),$$

$$\varphi(f)\, \varphi(g) = \varphi((f * g) \circ \theta).$$

6) Soit n un entier > 0 et soit $\Gamma(\mathbf{Z}/n\mathbf{Z})$ l'algèbre gamma du $\mathbf{Z}$-module $\mathbf{Z}/n\mathbf{Z}$ (exerc. 2). Montrer que pour tout $p > 0$, $\Gamma_p(\mathbf{Z}/n\mathbf{Z})$ est isomorphe au quotient de $\mathbf{Z}$ par le sous-groupe engendré par les entiers $n^k((k, p - k))$, où $1 \leqslant k \leqslant p$. Montrer que si p et n sont premiers et distincts, $\Gamma_p(\mathbf{Z}/n\mathbf{Z})$ est cyclique d'ordre n. Montrer que si n est pair, $\Gamma_2(\mathbf{Z}/n\mathbf{Z})$ est cyclique d'ordre $2n$.

7) (Extension des scalaires) Soient k un anneau commutatif, L une k-algèbre associative commutative unifère et E un k-module.

a) Soit $\Gamma(L \otimes_k E)$ l'algèbre gamma du L-module $L \otimes_k E$ (exerc. 2). Montrer qu'il existe un homomorphisme θ et un seul de $L \otimes_k \Gamma(E)$ dans $\Gamma(L \otimes_k E)$ qui est compatible avec les structures d'algèbres sur L et tel que

$$\theta(1 \otimes \gamma_p(x)) = \gamma_p(1 \otimes x)$$

pour tout $x \in E$ et tout $p \in \mathbf{N}$.
b) Montrer que θ est un isomorphisme de bigèbres graduées sur L.

8) Soient k un anneau commutatif et E un k-module.
a) Montrer qu'il existe un homomorphisme g de l'algèbre $\Gamma(E)$ (exerc. 2) dans l'algèbre $\mathbf{TS}(E)$ des tenseurs symétriques sur E (IV, p. 41) et un seul tel que

$$(g \circ \gamma_p)(x) = x \otimes x \otimes \ldots \otimes x \quad (p \text{ facteurs } x),$$

quels que soient $x \in E$ et $p \in \mathbf{N}$. Montrer que si E est un k-module libre ayant pour base $(e_i)_{i \in I}$, alors g est un isomorphisme de bigèbres graduées (cf. exerc. 3 et IV, p. 48) et les éléments $\gamma_\alpha = \prod_i \gamma_{\alpha(i)}(e_i)$, où $\alpha \in \mathbf{N}^{(I)}$, forment une base de $\Gamma(E)$.

b) Soit ξ une application de $[1, n]$ dans $\mathbf{N}$ et soit $p = \sum_{i=1}^{n} \xi(i)$. Montrer que pour toute suite $x_1, x_2, \ldots, x_n$ d'éléments de E, l'image de $\gamma_{\xi(1)}(x_1) \ldots \gamma_{\xi(n)}(x_n)$ par g est $\sum_{\varphi} x_{\varphi(1)} \otimes \ldots \otimes x_{\varphi(p)}$ où φ parcourt l'ensemble des applications de $[1, p]$ dans $[1, n]$ telles que $\operatorname{Card} \varphi^{-1}(i) = \xi(i)$ pour tout $i \in [1, n]$ (cf. IV, p. 43, prop. 3).
c) Soit f l'application de $\otimes^p E$ dans $\Gamma_p(E)$ définie par $f(x_1 \otimes \ldots \otimes x_p) = \gamma_1(x_1) \ldots \gamma_1(x_p)$ quels que soient $x_1, \ldots, x_p \in E$. Montrer que pour tout tenseur $\mathbf{t} \in \otimes^p E$, alors $(g \circ f)(\mathbf{t})$ est le symétrisé de $\mathbf{t}$. Montrer que pour tout $u \in \Gamma_p(E)$, on a $(f \circ g)(u) = p!\,u$.

¶ 9) (*Lois polynômes*) On désigne par E et F deux modules sur l'anneau commutatif k. On appelle *loi polynôme de* E *dans* F la donnée, pour toute k-algèbre (associative, commutative et unifère) L d'une application $\boldsymbol{\varphi}_L$ de $L \otimes_k E$ dans $L \otimes_k F$, ces applications vérifiant la condition :

Si L et R sont deux k-algèbres et si f est un homomorphisme unifère de L dans R, alors

$$(f \otimes 1) \circ \boldsymbol{\varphi}_L = \boldsymbol{\varphi}_R \circ (f \otimes 1).$$

a) Soit $\boldsymbol{\varphi}$ une loi polynôme de E dans F. Soit $L = k[(T_i)_{i \in I}]$ l'algèbre des polynômes par rapport à la famille d'indéterminées T_i à coefficients dans k et soit $(x_i)_{i \in I}$ une famille à support fini d'éléments de E. Montrer qu'il existe une famille à support fini $(y_\xi)_{\xi \in \mathbf{N}^{(I)}}$ d'éléments de F et une seule telle que

$$\boldsymbol{\varphi}_L\Big(\sum_i T_i \otimes x_i\Big) = \sum_{\xi \in \mathbf{N}^{(I)}} T^\xi \otimes y_\xi .$$

Montrer que si R est une algèbre sur k, pour toute famille $(a_i)_{i \in I}$ d'éléments de R, on a

$$\boldsymbol{\varphi}_R\Big(\sum_i a_i \otimes x_i\Big) = \sum_{\xi \in \mathbf{N}^{(I)}} a^\xi \otimes y_\xi . \tag{1}$$

b) Une famille $(\boldsymbol{\varphi}^j)_{j \in J}$ de lois polynômes de E dans F est dite sommable si pour toute algèbre L sur k et tout $u \in L \otimes E$, la famille $\boldsymbol{\varphi}^j_L(u)$ a un support fini. Montrer que si $(\boldsymbol{\varphi}^j)_{j \in J}$ est une famille sommable de lois polynômes de E dans F, il existe une loi polynôme $\boldsymbol{\varphi}$ de E dans F et une seule telle que, pour toute k-algèbre L et tout $u \in L \otimes E$, on ait $\sum_j \boldsymbol{\varphi}^j_L(u) = \boldsymbol{\varphi}_L(u)$.

Cette loi polynôme est appelée la somme des lois $\boldsymbol{\varphi}^j$ et se note $\sum_j \boldsymbol{\varphi}^j$.

c) Soient E, F, G trois k-modules, $\boldsymbol{\varphi}$ une loi polynôme de E dans F et $\boldsymbol{\psi}$ une loi polynôme de F dans G. Montrer qu'il existe une loi polynôme $\boldsymbol{\eta}$ de E dans G et une seule telle que, pour toute k-algèbre L, on ait $\boldsymbol{\eta}_L = \boldsymbol{\psi}_L \circ \boldsymbol{\varphi}_L$. Cette loi $\boldsymbol{\eta}$ est appelée la loi composée de $\boldsymbol{\varphi}$ et $\boldsymbol{\psi}$; elle se note $\boldsymbol{\psi} \circ \boldsymbol{\varphi}$.

d) Soit p un entier $\geqslant 0$. Une loi polynôme $\boldsymbol{\varphi}$ de E dans F est dite *homogène de degré p* si, pour toute algèbre L sur k, on a $\boldsymbol{\varphi}_{\mathrm{L}}(au) = a^p \boldsymbol{\varphi}_{\mathrm{L}}(u)$ quels que soient $a \in \mathrm{L}$ et $u \in \mathrm{L} \otimes \mathrm{E}$. Montrer que si $\boldsymbol{\varphi}$ est homogène de degré p, alors dans la formule (1), on a $y_\xi = 0$ pour $|\xi| = \sum_i \xi(i) \neq p$. Déterminer les lois polynômes homogènes de degrés 0 et 1.

e) Les notations étant celles de *c*), montrer que si $\boldsymbol{\varphi}$ et $\boldsymbol{\psi}$ sont des lois homogènes de degrés respectifs p et q, alors $\boldsymbol{\psi} \circ \boldsymbol{\varphi}$ est une loi homogène de degré pq.

f) Soit p un entier $\geqslant 0$. Pour toute k-algèbre commutative L, on note $\boldsymbol{\varepsilon}_{\mathrm{L}}$ l'injection $a \mapsto a\mathrm{T}$ de L dans l'algèbre de polynômes L[T] et $\boldsymbol{\beta}^p_{\mathrm{L}}$ l'homomorphisme du L-module L[T] dans L qui associe à tout élément $\sum_k a_k \mathrm{T}^k \in \mathrm{L}[\mathrm{T}]$ le coefficient a_p. Soit $\boldsymbol{\varphi}$ une loi polynôme de E dans F. Montrer que les applications $\boldsymbol{\varphi}^p_{\mathrm{L}} = (\boldsymbol{\beta}^p_{\mathrm{L}} \otimes \mathrm{Id}_{\mathrm{F}}) \circ \boldsymbol{\varphi}_{\mathrm{L[T]}} \circ (\boldsymbol{\varepsilon}_{\mathrm{L}} \otimes \mathrm{Id}_{\mathrm{E}})$ forment une loi polynôme de E dans F, homogène de degré p. Cette loi polynôme est appelée la *composante homogène de degré p* de la loi $\boldsymbol{\varphi}$. Montrer que les composantes homogènes de $\boldsymbol{\varphi}$ forment une famille sommable ayant pour somme $\boldsymbol{\varphi}$.

10) On désigne par k un anneau commutatif et par E un k-module. Pour tout entier $p \geqslant 0$ et toute k-algèbre L, on note $\gamma_{p,\mathrm{L}}$ l'application de $\mathrm{L} \otimes \mathrm{E}$ dans $\mathrm{L} \otimes \Gamma_p(\mathrm{E})$ composée de $\gamma_p : \mathrm{L} \otimes \mathrm{E} \to \Gamma_p(\mathrm{L} \otimes \mathrm{E})$ et de l'isomorphisme canonique de $\Gamma_p(\mathrm{L} \otimes \mathrm{E})$ sur $\mathrm{L} \otimes \Gamma_p(\mathrm{E})$ (*cf.* exerc. 2 et exerc. 7).

a) Vérifier que les applications $\gamma_{p,\mathrm{L}}$ sont une loi polynôme (exerc. 9) de E dans $\Gamma_p(\mathrm{E})$, homogène de degré p. Cette loi sera dans la suite notée $\boldsymbol{\gamma}_p$. Montrer que pour tout k-module F et tout $\sigma \in \mathrm{Hom}(\Gamma_p(\mathrm{E}), \mathrm{F})$, les applications $\boldsymbol{\varphi}_{\mathrm{L}} = (\mathrm{Id}_{\mathrm{L}} \otimes \sigma) \circ \gamma_{p,\mathrm{L}}$ sont une loi polynôme de E dans F, homogène de degré p. Cette loi est appelée la *loi associée à* σ.

Soit $(x_i)_{i\in\mathrm{I}}$ une famille d'éléments de E et $(a_i)_{i\in\mathrm{I}}$ une famille à support fini d'éléments de L. Montrer que

$$\boldsymbol{\varphi}_{\mathrm{L}}\Big(\sum_i a_i \otimes x_i\Big) = \sum_{\xi \in \mathbf{N}^{(\mathrm{I})}, |\xi| = p} a^\xi \otimes \sigma(\gamma_\xi(x))$$

où $|\xi| = \sum_i \xi(i)$, $a^\xi = \prod_i a_i^{\xi(i)}$ et $\gamma_\xi(x) = \prod_i \gamma_{\xi(i)}(x_i)$.

b) Soit $\boldsymbol{\varphi}$ une loi polynôme de E dans un k-module F, homogène de degré p. Montrer qu'il existe une application linéaire σ de $\Gamma_p(\mathrm{E})$ dans F et une seule telle que $\boldsymbol{\varphi}$ soit la loi associée à σ. (Supposer d'abord que E est libre de base $(x_i)_{i\in\mathrm{I}}$; en s'appuyant sur l'exerc. 9, montrer que dans ce cas il existe une application $\sigma \in \mathrm{Hom}(\Gamma_p(\mathrm{E}), \mathrm{F})$ et une seule telle que la relation (1) de l'exerc. 9 soit vérifiée pour toute algèbre L et toute famille à support fini $(a_i)_{i\in\mathrm{I}}$ d'éléments de L. Traiter le cas général en introduisant un k-module libre E′ et un homomorphisme surjectif $h : \mathrm{E}' \to \mathrm{E}$. La loi polynôme $\boldsymbol{\varphi}$, composée avec la loi définie par h est une loi polynôme de E′ dans F qui est associée à une application linéaire $\sigma' : \Gamma_p(\mathrm{E}') \to \mathrm{F}$; montrer que σ' est composée de $\Gamma_p(h)$ et d'une application $\sigma : \Gamma_p(\mathrm{E}) \to \mathrm{F}$ telle que $\boldsymbol{\varphi}$ soit associée à σ (*cf.* exerc. 2, *f*)).)

11) Les notations sont celles de l'exerc. 10. On appelle *série sur* E *à valeurs dans* F une application linéaire de $\Gamma(\mathrm{E})$ dans F. Les séries sur E à valeurs dans F forment un k-module noté S(E, F). Pour $n \in \mathbf{N}$, on dit que la série $\sigma \in \mathrm{S}(\mathrm{E}, \mathrm{F})$ est d'ordre $\geqslant n$ si $\mathrm{Ker}(\sigma) \supset \Gamma_p(\mathrm{E})$ pour tout $p < n$. On munit dans la suite S(E, F) de la structure de groupe topologique ayant pour base de voisinages de 0 les k-modules formés par les séries d'ordre $\geqslant n$ ($n \in \mathbf{N}$).

Soit $\boldsymbol{\varphi}$ une loi polynôme de E dans F. Montrer qu'il existe une série $\sigma \in \mathrm{S}(\mathrm{E}, \mathrm{F})$ et une seule telle que :

(i) pour toute k-algèbre L et tout $u \in \mathrm{L} \otimes \mathrm{E}$, la famille $(\mathrm{Id}_{\mathrm{L}} \otimes \sigma)\, \gamma_{p,\mathrm{L}}(u)$ ($p \in \mathbf{N}$) a un support fini ;

(ii) $\boldsymbol{\varphi}_{\mathrm{L}}(u) = \sum_p (\mathrm{Id}_{\mathrm{L}} \otimes \sigma) \circ \gamma_{p,\mathrm{L}}(u)$.

(Appliquer le résultat de l'exerc. 10, *b*).)

Cette série σ est dite *associée* à la loi $\boldsymbol{\varphi}$.

12) Soient k un anneau commutatif, E un k-module et B une k-algèbre (non nécessairement associative). Soit Δ le coproduit de $\Gamma(\mathrm{E})$ (*cf.* exerc. 3). Quelles que soient les séries

$\sigma, \sigma' \in S(E, B)$, on note $\sigma . \sigma'$ la série $m \circ (\sigma \otimes \sigma') \circ \Delta$, où m désigne l'application linéaire de $B \otimes_k B$ dans B définie par le produit de B.

a) Montrer que l'application $(\sigma, \sigma') \mapsto \sigma . \sigma'$ définit sur S(E, B) une structure de k-algèbre (*cf.* exerc. 11). Montrer que si B est associative (resp. commutative, resp. unifère) alors S(E, B) est associative (resp. commutative, resp. unifère) (*cf.* III, p. 141 à 147).

b) On suppose que B est associative et unifère. Montrer que les éléments inversibles de S(E, B) sont les séries σ telles que $\sigma(1)$ soit inversible dans B.

c) On suppose que E est un k-module libre et que $(e_i)_{i \in I}$ est une base de E. Pour tout $\alpha \in \mathbf{N}^{(I)}$, on pose $e^{(\alpha)} = \Pi \gamma_{\alpha(i)}(e_i)$ et on note f^α la série sur E à valeurs dans k définie par $f^\alpha(e^{(\beta)}) = \delta_{\alpha, \beta}$ (indice de Kronecker) pour tout $\beta \in \mathbf{N}^{(I)}$ (*cf.* exerc. 8). Montrer que $f^\alpha f^\beta = f^{\alpha + \beta}$ quels que soient $\alpha, \beta \in \mathbf{N}^{(I)}$. En déduire que, si I est fini, l'algèbre S(E, k) est isomorphe à l'algèbre des séries formelles $k[[(X_i)_{i \in I}]]$.

13) (Puissances divisées d'une série.) Les notations sont celles des exerc. 10 et 11. Soient E et F deux k-modules et σ une série sur E à valeurs dans F. On note $\boldsymbol{\sigma}$ la loi polynôme homogène de degré 1 de $\Gamma(E)$ dans F définie par σ. Quels que soient les entiers $p, m \in \mathbf{N}$, on note $\sigma_m^{(p)}$ la série associée à la loi polynôme $\gamma_p \circ \boldsymbol{\sigma} \circ (\gamma_0 + \gamma_1 + \cdots + \gamma_m)$ (*cf.* exerc. 10).

a) Montrer que lorsque m tend vers l'infini, la suite $\sigma_m^{(p)}$ converge dans $S(E, \Gamma_p(F))$ vers une série $\sigma^{(p)}$. Cette série $\sigma^{(p)}$ est appelée *la puissance divisée p-ième de la série* σ.

b) Montrer que si $(x_i)_{i \in I}$ est une famille d'éléments de E et si $\eta \in \mathbf{N}^{(I)}$, on a

$$\sigma^{(p)}(\gamma_\eta(x)) = \sum_{\xi \in \mathscr{L}} \prod_{\alpha \in \mathbf{N}^{(I)}} \gamma_{\xi(\alpha)}(\sigma(\gamma_\alpha(x))),$$

où $\mathscr{L}$ est l'ensemble des applications à support fini de $\mathbf{N}^{(I)}$ dans $\mathbf{N}$ vérifiant les conditions $\sum_\alpha \xi(\alpha) = p$ et $\sum_\alpha \xi(\alpha)\,\alpha = \eta$ (appliquer l'exerc. 10, *a*)).

c) Montrer que si $\sigma, \tau \in S(E, F)$, alors pour tout $p \in \mathbf{N}$, on a

$$(\sigma + \tau)^{(p)} = \sum_{r+s=p} \sigma^{(r)} \sigma^{(s)}$$

(produit calculé dans l'algèbre $S(E, \Gamma(F))$, *cf.* exerc. 12).

d) Montrer que pour tout entier $p \in \mathbf{N}$, on a $\sigma^p = p!\, \sigma^{(p)}$ où σ^p est la puissance p-ième de σ dans l'algèbre $S(E, \Gamma(F))$.

e) Soient Δ_E et Δ_F respectivement les coproduits de $\Gamma(E)$ et $\Gamma(F)$. Montrer que pour tout $p \in \mathbf{N}$, on a

$$\Delta_F \circ \sigma^{(p)} = \sum_{r+s=p} (\sigma^{(r)} \otimes \sigma^{(s)}) \circ \Delta_E.$$

14) Les notations sont celles de l'exerc. 13. On suppose que $\sigma \in S(E, F)$ est d'ordre $\geqslant 1$.

a) Montrer que pour tout $p \in \mathbf{N}$, $\sigma^{(p)}$ est d'ordre $\geqslant p$. En déduire que la famille $(\sigma^{(p)})_{p \in \mathbf{N}}$ est sommable. On pose $A(\sigma) = \sum_p \sigma^{(p)}$. Vérifier que pour tout $n \in \mathbf{N}$, on a

$$A(\sigma)\,(\Gamma_n(E)) \subset \Gamma_0(F) + \cdots + \Gamma_n(F).$$

b) Montrer que si $\operatorname{Ker}(\sigma) \supset \Gamma_m(E)$ pour tout $m \neq 1$, on a $A(\sigma) = \Gamma(\sigma \circ \gamma_1)$.

c) Montrer que $A(\sigma)$ est un homomorphisme de la cogèbre $\Gamma(E)$ dans la cogèbre $\Gamma(F)$ compatible avec les coünités (*cf.* exerc. 13, *e*)).

d) Montrer que si $\sigma, \tau \in S(E, F)$ sont deux séries d'ordre $\geqslant 1$, on a $A(\sigma + \tau) = A(\sigma)\,A(\tau)$, le produit $A(\sigma)\,A(\tau)$ étant défini par le produit dans $\Gamma(E)$ (*cf.* exerc. 13, *c*)).

15) Les notations sont celles de l'exerc. 14. Soient E, F, G trois k-modules, $\sigma \in S(E, F)$, $\tau \in S(F, G)$. On suppose que σ est d'ordre $\geqslant 1$. La série $\tau \circ A(\sigma) \in S(E, G)$ est appelée la série *composée* de σ et τ; elle se note $\tau \circ \sigma$.

a) Soient $\boldsymbol{\varphi}$ une loi polynôme de E dans F (exerc. 9) et $\boldsymbol{\psi}$ une loi polynôme de F dans G. On note respectivement $\sigma_{\boldsymbol{\varphi}}$ et $\sigma_{\boldsymbol{\psi}}$ les séries associées à $\boldsymbol{\varphi}$ et $\boldsymbol{\psi}$. Montrer que si la composante homogène de degré 0 de $\boldsymbol{\varphi}$ est nulle, alors $\sigma_{\boldsymbol{\varphi}}$ est d'ordre $\geqslant 1$ et $\sigma_{\boldsymbol{\psi}} \circ \sigma_{\boldsymbol{\varphi}}$ est la série associée à la loi polynôme $\boldsymbol{\psi} \circ \boldsymbol{\varphi}$.

b) Montrer que si σ est d'ordre $\geqslant p$ et si τ est d'ordre $\geqslant q$, alors $\tau \circ \sigma$ est d'ordre $\geqslant pq$.
c) Montrer que pour tout entier p, $(\tau \circ \sigma)^{(p)} = \tau^{(p)} \circ A(\sigma)$. En déduire que si τ est d'ordre $\geqslant 1$ et si H est un k-module, pour tout $\rho \in S(G, H)$, on a $(\rho \circ \tau) \circ \sigma = \rho \circ (\tau \circ \sigma)$.
d) On suppose que G est une k-algèbre. Montrer que l'application $\tau \mapsto \tau \circ A(\sigma)$ est un homomorphisme de l'algèbre S(F, G) dans l'algèbre S(E, G).

16) Soient E et F deux modules sur l'anneau commutatif k et soit p un entier $\geqslant 0$.
a) Montrer que si $p \leqslant 2$, l'application λ_p de $\mathrm{Hom}(\Gamma_p(E), F)$ dans F^E qui associe à σ l'application $\sigma \circ \gamma_p$ est une application injective.
b) Montrer que λ_1 a pour image $\mathrm{Hom}_k(E, F)$. Montrer que λ_2 a pour image l'ensemble des applications g de E dans F telles que :
(i) $g(ax) = a^2 g(x)$ quels que soient $a \in k$ et $x \in E$;
(ii) l'application $(x, y) \mapsto g(x + y) - g(x) - g(y)$ est une application bilinéaire de $E \times E$ dans F.
c) Montrer que si E est un k-module libre, l'image de λ_p est le module $\mathrm{Pol}_k^p(E, F)$ des applications polynomiales homogènes de degré p de E dans F.

§ 6

1) Soit r_k le polynome à coefficients entiers tel que

$$p_k = r_k(s_1, \ldots, s_k).$$

a) Montrer que $r_k(Y_1, \ldots, Y_k)$ admet les termes Y_1^k et $(-1)^{k-1} k Y_k$.
b) Montrer que

$$r_k(Y_1, \ldots, Y_k) = \sum_{p=0}^{k-1} (-1)^p \begin{vmatrix} Y_{p+1} & Y_{p+2} & Y_{p+3} & \ldots & Y_{k-1} & Y_k \\ 1 & Y_1 & Y_2 & \ldots & Y_{k-p-2} & Y_{k-p-1} \\ 0 & 1 & Y_1 & \ldots & Y_{k-p-3} & Y_{k-p-2} \\ \cdots & \cdots & \cdots & \cdots & \cdots & \cdots \\ 0 & 0 & 0 & \ldots & Y_1 & Y_2 \\ 0 & 0 & 0 & \ldots & 1 & Y_1 \end{vmatrix}$$

2) Montrer que $n!\,s_n \equiv s_1^n$ modulo l'idéal de $A[X_1, \ldots, X_n]$ engendré par $X_1^2, X_2^2, \ldots, X_n^2$.

3) Soient f un polynôme symétrique de $K[X_1, \ldots, X_n]$, φ l'unique polynôme de $K[Y_1, \ldots, Y_n]$ tel que $f(X_1, \ldots, X_n) = \varphi(s_1, \ldots, s_n)$. Montrer que le degré total de φ est égal au degré de f par rapport à l'un quelconque des X_i.

* 4) Soit K un corps de caractéristique 0. Montrer que, si n éléments α_i $(1 \leqslant i \leqslant n)$ de K sont tels que $\alpha_1^k + \alpha_2^k + \cdots + \alpha_n^k = 0$ pour n valeurs consécutives $h, h+1, \ldots, h+n-1$ de k, on a $\alpha_1 = \alpha_2 = \cdots = \alpha_n = 0$. Montrer par un exemple que la propriété est inexacte si les n valeurs de k ne sont pas consécutives, ou si K n'est pas de caractéristique 0.

¶ 5) Soient K un corps commutatif et $f \in K[X_1, \ldots, X_n, Y_1, \ldots, Y_n]$; pour toute permutation $\sigma \in \mathfrak{S}_n$, on désigne par σf la fraction rationnelle

$$\sigma f(X_1, \ldots, X_n, Y_1, \ldots, Y_n) = f(X_{\sigma(1)}, \ldots, X_{\sigma(n)}, Y_{\sigma(1)}, \ldots, Y_{\sigma(n)}).$$

On dit que f est symétrique par rapport aux couples (X_i, Y_i) si $\sigma f = f$ pour tout $\sigma \in \mathfrak{S}_n$.
a) Pour tout élément $\nu = (\lambda_1, \ldots, \lambda_n, \mu_1, \ldots, \mu_n)$ de $\mathbf{N}^{2n}$, et toute permutation $\sigma \in \mathfrak{S}_n$, on pose

$$\sigma^{-1}(\nu) = (\lambda_{\sigma(1)}, \ldots, \lambda_{\sigma(n)}, \mu_{\sigma(1)}, \ldots, \mu_{\sigma(n)}),$$

le groupe $\mathfrak{S}_n$ étant ainsi considéré comme groupe d'opérateurs sur $\mathbf{N}^{2n}$. Soit γ une quelconque des orbites de $\mathfrak{S}_n$ dans $\mathbf{N}^{2n}$; on désigne par u_γ le polynôme symétrique

$$\sum X_1^{\lambda_1} X_2^{\lambda_2} \ldots X_n^{\lambda_n} Y_1^{\mu_1} \ldots Y_n^{\mu_n}$$

où $(\lambda_1, \ldots, \lambda_n, \mu_1, \ldots, \mu_n)$ parcourt l'ensemble γ. Montrer que les polynômes u_γ forment une base sur K de l'espace vectoriel des polynômes symétriques par rapport aux (X_i, Y_i).
* *b*) On suppose que K est de caractéristique 0. Montrer que tout polynôme u_γ est égal à un polynôme à coefficients rationnels par rapport aux fonctions symétriques

$$v_{\lambda\mu} = \sum_{i=1}^{n} X_i^\lambda Y_i^\mu$$

(raisonner par récurrence sur le nombre de couples (λ_i, μ_i) qui ne sont pas égaux à (0, 0) dans $\nu = (\lambda_1, \ldots, \lambda_n, \mu_1, \ldots, \mu_n)$, en considérant les produits $u_\gamma v_{\lambda\mu}$).
c) On appelle fonctions symétriques *élémentaires* des (X_i, Y_i) les $n(n+3)/2$ polynômes $w_{hk} = u_\gamma$ correspondant aux orbites γ des éléments $(\lambda_1, \ldots, \lambda_n, \mu_1, \ldots, \mu_n)$ autres que $(0, \ldots, 0)$ et tels que h des couples (λ_i, μ_i) soient égaux à (1, 0), k autres à (0, 1) et les $n - h - k$ derniers à (0, 0). Montrer que si K est de caractéristique 0, tout polynôme symétrique par rapport aux (X_i, Y_i) est égal à un polynôme, à coefficients dans K, par rapport aux fonctions symétriques élémentaires (considérer les sommes $\sum_{i=1}^{n} (UX_i + VY_i)^k$, où U et V sont deux indéterminées, et utiliser *b*)).

d) Si K est un corps de caractéristique 3, et si $n \geqslant 4$, montrer que $\sum_{i=1}^{n} X_i^2 Y_i^2$ n'est égal à aucun polynôme par rapport aux fonctions symétriques w_{hk}, à coefficients dans K. *

6) Soit n un entier $\geqslant 1$. Soient $X_1, \ldots, X_n$ des indéterminées. Pour $1 \leqslant j \leqslant n$, soit s_j le polynôme symétrique élémentaire de degré j en les X_i et $u_j = (-1)^{j+1} s_j$. Posons $S(T) = \prod_{i=1}^{n} (1 - X_i T) = 1 - \sum_{j=1}^{n} u_j T^j$ et, pour tout $k \geqslant 1$, $p_k = \sum_{i=1}^{n} X_i^k$; montrer que l'on a

$$p_k = \sum a_{\lambda_1 \lambda_2 \ldots \lambda_n} u_1^{\lambda_1} u_2^{\lambda_2} \ldots u_n^{\lambda_n}$$

la sommation étant étendue à tous les systèmes $(\lambda_1, \ldots, \lambda_n)$ d'entiers $\geqslant 0$ tels que $\lambda_1 + 2\lambda_2 + \cdots + n\lambda_n = k$, et le coefficient $a_{\lambda_1 \lambda_2 \ldots \lambda_n}$ étant égal à

$$\frac{k(\lambda_1 + \lambda_2 + \cdots + \lambda_n - 1)!}{\lambda_1! \, \lambda_2! \ldots \lambda_n!}$$

(développer $S'(T)/S(T)$ en série formelle de puissances de T).

7) Avec les notations de l'exerc. 6, montrer que l'on a

$$\sum a_{\lambda_1 \lambda_2 \ldots \lambda_n} = -1 + k \sum_{j=0}^{k/(n+1)} \frac{(-1)^j}{k - jn} \binom{k - jn}{j} 2^{k - j(n+1)}.$$

8) On pose

$$s_k = \sum A_{m_1 \ldots m_n} p_1^{m_1} \ldots p_n^{m_n},$$

où les $A_{m_1 \ldots m_n}$ sont des nombres rationnels, et où la somme est étendue aux familles $(m_1, \ldots, m_n)$ telles que $\sum i . m_i = k$. Montrer que l'on a $\sum A_{m_1 \ldots m_n} = 0$ pour $k > 1$, et $\sum |A_{m_1 \ldots m_n}| = 1$ pour $k \geqslant 1$. En déduire que, si l'on pose $q_j = -p_j$, on a

$$(-1)^k s_k = \sum |A_{m_1 \ldots m_n}| \, q_1^{m_1} \ldots q_n^{m_n}.$$

9) *a*) Soient K un corps, $X_1, \ldots, X_n$ des indéterminées. Montrer que pour des exposants $\nu_1 < \nu_2 < \ldots < \nu_n$, le déterminant $\det(X_i^{\nu_j})$ n'est pas nul dans $K(X_1, \ldots, X_n)$.

b) Soient s_k ($1 \leqslant k \leqslant n$) les polynômes symétriques élémentaires par rapport aux X_j, et soient $r_1, \ldots, r_n$ n éléments du corps $K(X_1, \ldots, X_n)$. On pose (pour une nouvelle indéterminée T)

$$R(T) = \frac{1 + r_1 T + \cdots + r_n T^n}{1 + s_1 T + \cdots + s_n T^n} = 1 + u_1 T + \cdots + u_k T^k + \cdots.$$

Montrer que si n des coefficients u_k sont nuls, tous les u_k sont nuls. (Décomposer R(T) en fractions simples.)

* *c*) On suppose K de caractéristique 0. Soit $\{\nu_1, \nu_2, \ldots, \nu_n\}$ une partie de n éléments $\geqslant 1$ de **N**, et soit M le complémentaire de cette partie de **N** ; on suppose que M est *stable* pour l'addition. Montrer que si $y_1, \ldots, y_n$ sont n éléments de $K(X_1, \ldots, X_n)$ tels que

$$p_{\nu_j}(y_1, \ldots, y_n) = p_{\nu_j}(X_1, \ldots, X_n)$$

pour $1 \leqslant j \leqslant n$, on a $y_j = X_j$ pour $1 \leqslant j \leqslant n$ à une permutation près. (Considérer le développement de $\log R(T) = v_1 T + v_2 T^2 + \cdots + v_k T^k + \cdots$, remarquer que $v_{\nu_j} = 0$ pour $1 \leqslant j \leqslant n$, et examiner les relations entre les v_k et les u_k.) *

10) Soit $a \in A$. Pour tout polynôme $h \in A[X]$, on pose $h_a(X) = h(X + a)$; démontrer que $\operatorname{res}(f_a, g_a) = \operatorname{res}(f, g)$, $\operatorname{dis}(f_a) = \operatorname{dis}(f)$.

11) Dans cet exercice, on suppose que A est un corps, que $f(0) \neq 0$ et que $\deg(g) < \deg(f) = p$. Soit $\sum \alpha_n X^n$ le développement en série formelle de la fraction rationnelle $g(X)/f(X)$; pour tout entier $k \geqslant 0$, soit $H_0^{(k)}$ le déterminant de Hankel défini dans l'exerc. 1 de IV, p. 85.

a) Montrer que $H_0^{(k)} = 0$ pour $k > p$, et calculer $H_0^{(p)}$ en fonction de $\operatorname{res}(f, g)$.

b) A quelle condition a-t-on $H_0^{(p)} = H_0^{(p-1)} = \cdots = H_0^{(p-r+1)} = 0$?

12) Il existe un unique polynôme $P_{p,q}(T_0, \ldots, T_p, U_0, \ldots, U_q)$ à coefficients entiers tel que, pour tout anneau A et tous polynômes $f = t_p X^p + \cdots + t_0$, $g = u_q X^q + \cdots + u_0$ de A[X], on ait

$$\operatorname{res}_{p,q}(f, g) = P_{p,q}(t_0, \ldots, t_p, u_0, \ldots, u_q).$$

Si l'on munit T_i et U_i du poids i, $P_{p,q}$ est isobare de poids pq.

13) Soit $n \geqslant 1$ un entier. Ordonnons lexicographiquement les éléments de $\mathbf{N}^n$ (notation $\alpha \preccurlyeq \beta$). Pour tout $\alpha \in \mathbf{N}^n$, soit T_α l'ensemble des éléments de $\mathbf{Z}[X_1, \ldots, X_n]$ de la forme $X^\alpha + \sum\limits_{\beta \prec \alpha} u_{\alpha\beta} X^\beta$ (avec $u_{\alpha\beta} \in \mathbf{Z}$).

a) Montrer que le produit d'un élément de T_α et d'un élément de T_β appartient à $T_{\alpha+\beta}$.

b) Soit ε_k l'élément $(\underbrace{1, 1, \ldots, 1}_{k}, \underbrace{0, \ldots, 0}_{n-k})$ de $\mathbf{N}^n$. Montrer qu'on a $s_k \in T_{\varepsilon_k}$. En déduire que

$S(\alpha) = \prod\limits_{k=1}^{n} s_k^{\alpha_k - \alpha_{k+1}}$ appartient à T_α pour $\alpha \in \mathbf{N}^n$ tel que $\alpha_1 \geqslant \alpha_2 \geqslant \ldots \geqslant \alpha_n$. (On pose $\alpha_{n+1} = 0$.)

c) Avec les notations de IV, p. 62, en déduire qu'on a $c_{\alpha\alpha} = d_{\alpha\alpha} = 1$ pour $\alpha \in D_k$ et $c_{\alpha\beta} = d_{\alpha\beta} = 0$ si $\alpha \prec \beta$.

14) Soit L un ensemble ordonné fini et soit A un anneau commutatif. Dans l'anneau M des matrices carrées sur A, ayant L comme ensemble d'indices, l'ensemble des matrices $m = (m_{uv})$ telles que $m_{uv} = 0$ sauf si $u \leqslant v$, est un sous-anneau B.

a) Un élément $m = (m_{uv})$ de B est inversible dans B si et seulement si m_{uu} est inversible dans A pour tout $u \in L$.

b) Supposons désormais que A soit égal à **Z**. Soit ζ l'élément de B défini par $\zeta(u, v) = 1$ si $u \leqslant v$ et $\zeta(u, v) = 0$ sinon. Montrer que ζ a un inverse μ (noté aussi μ_L) dans B (appelé la *fonction de Möbius* de L). Soient f et g deux applications de L dans **Z**. Montrer que les relations « $f(x) = \sum\limits_{y \geqslant x} g(y)$ pour tout $x \in L$ » et « $g(x) = \sum\limits_{y \geqslant x} \mu(x, y) f(y)$ pour tout $x \in L$ » sont équivalentes.

c) Supposons que L soit le produit d'une famille finie d'ensembles ordonnés $L_1, \ldots, L_n$.

Montrer qu'on a $\mu_L(x, y) = \prod_{i=1}^{n} \mu_{L_i}(x_i, y_i)$ pour $x = (x_1, \dots, x_n)$ et $y = (y_1, \dots, y_n)$ tels que $x \leqslant y$.

d) Soit $m \geqslant 1$ un entier et soit D l'ensemble des diviseurs de m, muni de la relation d'ordre « x divise y ». Montrer que l'on a $\mu_D(x, y) = (-1)^s$ où s est le cardinal de l'ensemble des nombres premiers p divisant y/x, lorsque y/x n'est pas divisible par le carré d'un entier, et $\mu_D(x, y) = 0$ sinon. (On pourra se ramener au cas où m est une puissance d'un nombre premier, par application de *c*).)

e) Supposons que l'ensemble ordonné L soit réticulé. Soient a, b, c des éléments distincts de L tels que $a \leqslant b \leqslant c$. Soient Φ l'ensemble des $x \in L$ tels que $a \leqslant x$ et $\sup(x, b) = c$ et Ψ l'ensemble analogue défini par $y \leqslant c$ et $\inf(y, b) = a$. Montrer que l'on a la relation $\sum_{x\in\Phi} \mu(a, x) = \sum_{y\in\Psi} \mu(y, c) = 0$.

f) Soit T un ensemble fini et soit $\mathscr{R}(T)$ l'ensemble des relations d'équivalence dans T, ordonné par la relation « R est plus fine que S », notée $R \leqslant S$. Montrer que $\mathscr{R}(T)$ est réticulé. Soient R et S dans $\mathscr{R}$ tels que $R \leqslant S$; soient $U_1, \dots, U_k$ les classes d'équivalence suivant S, et pour $1 \leqslant i \leqslant k$, soit α_i le nombre de classes d'équivalence suivant R contenues dans U_i. Montrer que l'on a $\mu_{\mathscr{R}(T)}(R, S) = \prod_{i=1}^{k} (-1)^{\alpha_i - 1}(\alpha_i - 1)\,!$ (si A_i est l'ensemble des classes d'équivalence suivant R contenues dans U_i, remarquer que l'intervalle $[R, S]$ de $\mathscr{R}(T)$ est isomorphe à $\mathscr{R}(A_1) \times \cdots \times \mathscr{R}(A_k)$, appliquer *c*) et se ramener au cas où R est le plus petit élément de $\mathscr{R}(T)$ et S le plus grand ; traiter ce dernier cas au moyen de *e*)).

15) Soit T un ensemble fini à k éléments. On note D_k l'ensemble des éléments $(\alpha_1, \dots, \alpha_k)$ de $\mathbf{N}^k$ tels que $\alpha_1 + \cdots + \alpha_k = k$ et $\alpha_1 \geqslant \alpha_2 \geqslant \cdots \geqslant \alpha_k$. A toute relation d'équivalence R dans T, on associe un élément $\lambda(R)$ de D_k comme suit : si $U_1, \dots, U_l$ sont les classes d'équivalence selon R, numérotées de sorte que $\mathrm{Card}(U_1) \geqslant \cdots \geqslant \mathrm{Card}(U_l)$, on pose $\lambda(R) = (\alpha_1, \dots, \alpha_k)$ avec $\alpha_i = \mathrm{Card}(U_i)$ si $1 \leqslant i \leqslant l$ et $\alpha_i = 0$ si $l < i \leqslant k$. Soient X_n ($n \in \mathbf{N}$) des indéterminées. Pour tout $R \in \mathscr{R}(T)$, on pose $r(R) = \sum_f \prod_{t\in T} X_{f(t)}$, où la sommation est étendue à l'ensemble des applications $f : T \to \mathbf{N}$ telles que R soit la relation d'équivalence associée à f. On pose $s(R) = \sum_{S\geqslant R} r(S)$.

a) Prouver que l'on a $r(R) = \prod_{i=1}^{k} r_i\,.\,M(\lambda(R))$ si r_i des classes d'équivalence suivant R sont de cardinal i pour $1 \leqslant i \leqslant k$.

b) Prouver la relation $s(R) = \prod_{i=1}^{k} p_i^{r_i}$, où les r_i sont comme dans *a*) et $p_m = \sum_{n\in\mathbf{N}} X_n^m$ pour tout entier $m \geqslant 1$.

c) Montrer que l'on a $r(R) = \sum_{S\geqslant R} \mu(R, S)\, s(S)$, où $\mu(R, S)$ est défini comme dans l'exerc. 14.

d) En déduire une expression de s_k comme polynôme à coefficients rationnels en $p_1, \dots, p_k$, où $s_k = \sum_{i_1 < \dots < i_k} X_{i_1} \dots X_{i_k}$.

e) Pour $\alpha \in D_k$, posons $S'(\alpha) = \prod_{i=1}^{k} s_{\alpha_i}$. Montrer que l'on a $S'(\alpha) = \sum_{\beta\in D_k} c'_{\alpha\beta} . M(\beta)$, où l'entier $c'_{\alpha\beta}$ se définit ainsi : supposons que r_i (resp. s_i) des composantes de α (resp. β) soient égales à i (pour $1 \leqslant i \leqslant k$). Alors $c'_{\alpha\beta}$ est le produit $N r_1 ! \dots r_k ! s_1 ! \dots s_k !/k\,!$ où N est le nombre de paires de relations d'équivalence R, S dans T telles que $\lambda(R) = \alpha$, $\lambda(S) = \beta$ et que l'intersection d'une classe d'équivalence suivant R avec une classe d'équivalence suivant S ait au plus un élément. En déduire la relation de symétrie $c'_{\alpha\beta} = c'_{\beta\alpha}$.

f) Montrer qu'il existe une involution $\alpha \mapsto \tilde{\alpha}$ dans D_k caractérisée par le fait que les relations $i \leqslant \alpha_j$ et $j \leqslant \tilde{\alpha}_i$ soient équivalentes pour i, j compris entre 1 et k. Montrer qu'on a $S'(\alpha) = S(\tilde{\alpha})$ et $c'_{\alpha\beta} = c_{\tilde{\alpha}\beta}$. En déduire la relation $c_{\alpha\beta} = c_{\tilde{\beta}\tilde{\alpha}}$ (avec les notations de IV, p. 62).

TABLE

Conventions (*cf.* page IV.62).

Un symbole tel que $p^\alpha \cdot q^\beta \ldots$, où $p, q, \alpha, \beta, \ldots$ sont des entiers $\geqslant 1$, désigne l'élément de D_k où $k = p\alpha + q\beta + \cdots$ ayant α composantes égales à p, β composantes égales à q, etc. Ainsi 3.1^2 désigne l'élément de D_5 égal à $(3, 1, 1, 0, 0)$, tandis que 1^4 désigne l'élément $(1, 1, 1, 1)$ de D_4.

A droite de la ligne d'indice α de la matrice C, on a donné l'expression de $S(\alpha)$ comme monôme en $s_1, \ldots, s_k$. Par exemple, pour $k = 3$ et $\alpha = 2.1$, on a

$$S(2.1) = s_1 s_2 = M(2.1) + 3M(1^3).$$

On a utilisé une convention analogue pour les colonnes de la matrice D. Par exemple pour $k = 4$ et $\alpha = 2^2$, on a

$$M(2^2) = 2s_4 - 2s_1 s_3 + s_2^2.$$

Rappelons que $M(2^2)$ est la somme de tous les monômes de la forme $X_i^2 X_j^2$ pour $1 \leqslant i < j \leqslant n$ dans l'anneau $\mathbf{Z}[X_1, \ldots, X_n]$.

Une case vide désigne un élément nul des matrices C et D.

$k = 2$

	2	1^2	
2	1	2	S_1^2
1^2		1	S_2

	2	1^2	
2	1	-2	
1^2		1	
	S_1^2	S_2	

$k = 3$

	3	2.1	1^3	
3	1	3	6	S_1^3
2.1		1	3	$S_1 S_2$
1^3			1	S_3

	3	2.1	1^3	
3	1	-3	3	
2.1		1	-3	
1^3			1	
	S_1^3	$S_1 S_2$	S_3	

$k = 4$

	4	3.1	2^2	2.1^2	1^4	
4	1	4	6	12	24	S_1^4
3.1		1	2	5	12	$S_1^2 S_2$
2^2			1	2	6	S_2^2
2.1^2				1	4	$S_1 S_3$
1^4					1	S_4

	4	3.1	2^2	2.1^2	1^4
4	1	-4	2	4	-4
3.1		1	-2	-1	4
2^2			1	-2	2
2.1^2				1	-4
1^4					1
	S_1^4	$S_1^2 S_2$	S_2^2	$S_1 S_3$	S_4

Matrices C   Matrices D

$k = 5$

	5	4.1	3.2	3.1^2	$2^2.1$	2.1^3	1^5	
5	1	5	10	20	30	60	120	S_1^5
4.1		1	3	7	12	27	60	$S_1^3S_2$
3.2			1	2	5	12	30	$S_1S_2^2$
3.1^2				1	2	7	20	$S_1^2S_3$
$2^2.1$					1	3	10	S_2S_3
2.1^3						1	5	S_1S_4
1^5							1	S_5

Matrice C

	5	4.1	3.2	3.1^2	$2^2.1$	2.1^3	1^5
5	1	−5	5	5	−5	−5	5
4.1		1	−3	−1	5	1	−5
3.2			1	−2	−1	5	−5
3.1^2				1	−2	−1	5
$2^2.1$					1	−3	5
2.1^3						1	−5
1^5							1
	S_1^5	$S_1^3S_2$	$S_1S_2^2$	$S_1^2S_3$	S_2S_3	S_1S_4	S_5

Matrice D

CHAPITRE V

Corps commutatifs

Sauf mention expresse du contraire, tous les corps considérés dans ce chapitre sont commutatifs ; toutes les algèbres sont associatives et unifères et les homomorphismes d'algèbres sont unifères ; toute sous-algèbre d'une algèbre contient l'élément unité de cette algèbre. Chaque fois que, sans préciser, on dira qu'un corps K *est contenu dans un anneau* L *(en particulier dans un corps), il sera sous-entendu que* K *est un sous-anneau de* L ; *nous dirons aussi que* K *est un sous-corps de* L, *ou encore (si* L *est un corps) que* L *est un surcorps de* K.

§ 1. CORPS PREMIERS. CARACTÉRISTIQUE

1. Corps premiers

Le corps des fractions de l'anneau **Z** des entiers rationnels s'appelle le corps des nombres rationnels et se note **Q** (I, p. 111). Pour tout nombre premier p, l'anneau quotient $\mathbf{Z}/(p)$ est un corps fini [1] à p éléments, noté $\mathbf{F}_p$ dans la suite. Le corps **Q** est infini car il contient **Z**, et n'est donc isomorphe à aucun des corps $\mathbf{F}_p$. Si p et p' sont deux nombres premiers distincts, les corps $\mathbf{F}_p$ et $\mathbf{F}_{p'}$ ont des cardinaux distincts, et ne sont donc pas isomorphes.

DÉFINITION 1. — *On dit qu'un corps est premier s'il est isomorphe, soit à* **Q**, *soit à l'un des corps* $\mathbf{F}_p$.

Tout sous-corps de **Q** contient l'anneau **Z**, donc le corps des fractions **Q** de **Z** ; tout sous-anneau de $\mathbf{F}_p$ est nécessairement égal à $\mathbf{F}_p$. Par suite, tout sous-corps d'un corps premier lui est nécessairement égal (cf. cor. 2 du th. 1 ci-dessous). Soient P un corps premier et A un anneau ; si f et f' sont deux homomorphismes de P

[1] On dit par abus de langage qu'un anneau ou un corps est *fini* si l'ensemble sous-jacent est fini.

dans A, l'ensemble des $x \in P$ tels que $f(x) = f'(x)$ est un sous-corps de P ; on a donc $f = f'$ d'après ce qui précède. En particulier, le seul endomorphisme d'un corps premier est l'application identique.

THÉORÈME 1. — *Soit* A *un anneau* ; *on suppose qu'il existe un sous-corps de* A. *Alors* A *possède un unique sous-corps* P *qui soit un corps premier. De plus,* P *est contenu dans le centre de* A *et dans tout sous-corps de* A.

Soient K un sous-corps de A, C le centre de A. Posons $K' = K \cap C$; alors K' est un sous-corps de A. Soient f l'unique homomorphisme de $\mathbf{Z}$ dans A et $\mathfrak{p}$ son noyau. Tout sous-anneau de A, et en particulier K', contient $f(\mathbf{Z})$; par suite, l'idéal $\mathfrak{p}$ est premier (I, p. 111). Si $\mathfrak{p} = (0)$, l'homomorphisme f de $\mathbf{Z}$ dans K' est injectif ; il se prolonge donc (I, p. 110) en un isomorphisme $\bar{f}$ de $\mathbf{Q}$ sur un sous-corps P de K'. Si $\mathfrak{p} \neq (0)$, il existe un entier strictement positif p tel que $\mathfrak{p} = (p)$ (I, p. 106) ; si l'on avait $p = ab$ avec $a > 1$ et $b > 1$, on aurait $a \notin \mathfrak{p}$, $b \notin \mathfrak{p}$ et $ab \in \mathfrak{p}$ contrairement au fait que $\mathfrak{p}$ est premier. Le nombre p est donc premier et f définit par passage au quotient un isomorphisme $\bar{f}$ du corps $\mathbf{F}_p = \mathbf{Z}/\mathfrak{p}$ sur un sous-corps P de K'. Dans les deux cas, P est un sous-corps de A contenu dans le centre C de A, et c'est un corps premier. Soit L un sous-corps de A ; alors $P \cap L$ est un sous-corps de P, et comme P est premier, on a $P \cap L = P$, d'où $P \subset L$. Si P' est un sous-corps de A et un corps premier, on a $P \subset P'$ par ce qui précède, d'où $P = P'$ car P' est premier.

COROLLAIRE 1. — *Soit* K *un corps. Il existe un unique sous-corps de* K *qui soit un corps premier. C'est le plus petit des sous-corps de* K.

COROLLAIRE 2. — *Pour qu'un corps soit premier, il faut et il suffit qu'il ne contienne aucun sous-corps distinct de lui-même.*

2. Caractéristique d'un anneau et d'un corps

Nous ne définirons la caractéristique d'un anneau A que lorsque A possède un sous-corps. S'il en est ainsi, soit f l'unique homomorphisme d'anneaux de $\mathbf{Z}$ dans A, et soit n l'unique entier positif engendrant l'idéal de $\mathbf{Z}$ noyau de f (I, p. 106) ; l'entier n s'appelle alors la *caractéristique de* A.

Soit A un anneau dont la caractéristique est définie. Alors A n'est pas réduit à 0. D'après le théorème 1, il existe un unique sous-corps P de A qui soit un corps premier ; on l'appelle le *sous-corps premier de* A. D'après la démonstration du théorème 1, on a les deux possibilités suivantes :

a) la caractéristique de A est 0, et P est isomorphe à $\mathbf{Q}$;

b) la caractéristique de A est un nombre premier p, et P est isomorphe à $\mathbf{F}_p$.

Si la caractéristique de A est égale à 0, il existe un unique homomorphisme d'anneaux de $\mathbf{Q}$ dans A ; son image est le sous-corps premier de A, contenu dans le centre de A. Il existe par conséquent une unique structure de $\mathbf{Q}$-algèbre sur A compatible avec sa structure d'anneau. Lorsque la caractéristique de A est un nombre premier p, on a des propriétés analogues où l'on remplace le corps $\mathbf{Q}$ par le corps $\mathbf{F}_p$.

PROPOSITION 1. — *Soit* A *un anneau non réduit à* 0.

a) Pour que A *soit de caractéristique* 0, *il faut et il suffit que l'application* $x \mapsto n.x$ *de* A *dans* A *soit bijective pour tout entier* $n \neq 0$.

b) Soit p un nombre premier. Pour que A *soit de caractéristique p, il faut et il suffit que l'on ait* $p.x = 0$ *pour tout* $x \in$ A.

Soit f l'unique homomorphisme de $\mathbf{Z}$ dans A ; on a $n.x = f(n)\,x$ pour tout entier n et tout x dans A. Pour que A soit de caractéristique 0, il faut et il suffit que f se prolonge en un homomorphisme de $\mathbf{Q}$ dans A, c'est-à-dire que $f(n)$ soit inversible dans A pour tout $n \neq 0$ (I, p. 108) ; ceci prouve *a*). De même, pour que A soit de caractéristique p, il faut et il suffit que f annule $p\mathbf{Z}$, c'est-à-dire qu'on ait $f(p) = 0$, ou encore $p.x = 0$ pour tout $x \in$ A ; ceci prouve *b*).

Prenons pour A un corps *non nécessairement commutatif*. Le centre de A est un corps (commutatif). Par suite, la caractéristique et le sous-corps premier de A sont définis.

Remarques. — 1) Soient A et A′ deux anneaux non réduits à 0. On suppose que la caractéristique de A est définie, et qu'il existe un homomorphisme u de A dans A′. L'image par u du sous-corps premier P de A est un sous-corps P′ de A′, isomorphe à P, donc premier. Par suite, la caractéristique de A′ est définie, et elle est égale à celle de A. Si A et A′ sont de caractéristique 0 (resp. $p \neq 0$), l'application u est un homomorphisme d'algèbres sur le corps $\mathbf{Q}$ (resp. $\mathbf{F}_p$).

2) La remarque 1 montre que si A est un anneau de caractéristique 0 (resp. $p \neq 0$), il en est de même de tout anneau A′ contenant A comme sous-anneau, ou du quotient de A par un idéal bilatère $\mathfrak{a} \neq$ A. En particulier, si K est un corps, tout sous-corps de K et tout surcorps de K ont la même caractéristique que K.

3) Soit A une algèbre non réduite à 0 sur un corps K. Comme l'application $\lambda \mapsto \lambda.1$ de K dans A est un homomorphisme d'anneaux, la remarque 1 montre que la caractéristique de A est définie et qu'elle est égale à celle de K.

4) Le corps $\mathbf{Q}$ étant infini, tout anneau de caractéristique 0 est infini ; par suite tout corps fini a une caractéristique non nulle.

5) Soit A un anneau non réduit à 0, dont le groupe additif soit un $\mathbf{Z}$-module sans torsion, et posons $\mathrm{B} = \mathbf{Q} \otimes_{\mathbf{Z}} \mathrm{A}$. L'application $x \mapsto 1 \otimes x$ de A dans B est injective (II, p. 116), donc A est isomorphe à un sous-anneau d'un anneau de caractéristique 0.

3. Anneaux commutatifs de caractéristique *p*

Dans ce numéro et le suivant, on note p un nombre premier.

THÉORÈME 2. — *Soit* A *un anneau commutatif de caractéristique p. L'application* $a \mapsto a^p$ *est un endomorphisme de l'anneau* A, *c'est-à-dire qu'on a les relations*

$$(a + b)^p = a^p + b^p \tag{1}$$

$$(ab)^p = a^p b^p \tag{2}$$

pour a, b dans A.

La formule (2) résulte de la commutativité de A. Pour prouver (1), nous utiliserons la formule du binôme $(a + b)^p = a^p + b^p + \sum_{i=1}^{p-1} \binom{p}{i} . a^i b^{p-i}$; comme on a $p . x = 0$ pour tout $x \in A$, il suffit d'établir le lemme suivant :

Lemme 1. — Soient p un nombre premier et i un entier compris entre 1 *et* $p - 1$. *Le coefficient binômial* $\binom{p}{i}$ *est un entier divisible par p.*

Raisonnons par récurrence sur i, le cas $i = 1$ résultant de la formule $\binom{p}{1} = p$. Supposons qu'on ait $2 \leqslant i \leqslant p - 1$ et que $\binom{p}{i-1}$ soit divisible par p. Alors, l'entier $i\binom{p}{i} = (p - i + 1)\binom{p}{i-1}$ appartient à l'idéal premier $p\mathbf{Z}$ de $\mathbf{Z}$; comme on a $i \notin p\mathbf{Z}$, on a $\binom{p}{i} \in p\mathbf{Z}$, d'où le lemme.

Soient A un anneau commutatif de caractéristique p, et f un entier $\geqslant 0$. On déduit du théorème 2, par récurrence sur f, que l'application $a \mapsto a^{p^f}$ est un endomorphisme de l'anneau A. En particulier, on a la relation

$$(a_1 + \cdots + a_n)^{p^f} = a_1^{p^f} + \cdots + a_n^{p^f} \tag{3}$$

quels que soient $a_1, \ldots, a_n$ dans A. L'application $a \mapsto a^p$ s'appelle parfois l'*endomorphisme de Frobenius* de A. Prenant $A = \mathbf{F}_p$ et $a_i = 1$, on tire de (3) la relation :

$$n^{p^f} \equiv n \mod. p \qquad (n \in \mathbf{Z},\ f \in \mathbf{N}) . \tag{4}$$

Pour toute partie S de A, on note S^{p^f} l'ensemble des éléments de A de la forme x^{p^f} avec $x \in S$ [1]. En particulier, si K est un sous-anneau de A, l'ensemble K^{p^f} est un sous-anneau de A. Si K est un sous-anneau de A et S une partie de A, on note K[S] le sous-anneau de A engendré par $K \cup S$; lorsque A est un corps, on note K(S) le corps des fractions de K[S], c'est-à-dire le sous-corps de A engendré par $K \cup S$.

PROPOSITION 2. — *Soient* A *un anneau commutatif de caractéristique p,* K *un sous-anneau de* A, S *une partie de* A, *et f un entier positif.*

a) On a $K[S]^{p^f} = K^{p^f}[S^{p^f}]$, *et si* A *est un corps, on a* $K(S)^{p^f} = K^{p^f}(S^{p^f})$.

b) Si le K*-module* K[S] *est engendré par une famille* $(a_i)_{i \in I}$ *d'éléments de* A, *alors le* K*-module* $K[S^{p^f}]$ *est engendré par la famille* $(a_i^{p^f})_{i \in I}$.

Comme K[S] est le sous-anneau de A engendré par $K \cup S$, son image $K[S]^{p^f}$ par l'endomorphisme $\pi : a \mapsto a^{p^f}$ de l'anneau A est le sous-anneau de A engendré

[1] Bien entendu, on ne confondra l'ensemble S^{p^f} ni avec l'ensemble produit de p^f ensembles égaux à S, ni avec l'ensemble des produits de p^f éléments appartenant à S.

par l'image $K^{p^f} \cup S^{p^f}$ de $K \cup S$ par π, d'où $K[S]^{p^f} = K^{p^f}[S^{p^f}]$. Le cas des corps se traite de manière analogue. Ceci prouve *a*).

Il est clair que la famille $(a_i^{p^f})_{i \in I}$ engendre le K^{p^f}-module $K[S]^{p^f}$. Le K-module $K[S^{p^f}]$ est engendré par les produits de la forme $x_1^{p^f} \ldots x_n^{p^f} = (x_1 \ldots x_n)^{p^f}$ avec $x_1, \ldots, x_n$ arbitraires dans S, donc aussi par l'ensemble $K[S]^{p^f}$. L'assertion *b*) résulte immédiatement de là.

4. Anneaux parfaits de caractéristique *p*

DÉFINITION 2. — *On dit qu'un anneau* A *de caractéristique* $p \neq 0$ *est parfait s'il est commutatif et si l'application* $a \mapsto a^p$ *est bijective.*

Si l'anneau A est parfait de caractéristique p, l'application $a \mapsto a^{p^f}$ est un automorphisme de l'anneau A pour tout entier $f \geqslant 0$; l'automorphisme réciproque se note $a \mapsto a^{1/p^f}$ ou $a \mapsto a^{p^{-f}}$ et l'image d'une partie S de A par cet automorphisme se note S^{1/p^f} ou $S^{p^{-f}}$. Il est clair que l'on a $(a^{p^e})^{p^f} = a^{p^{e+f}}$ pour tout $a \in A$, quels que soient les entiers e et f (de signe quelconque).

Soit A un anneau commutatif de caractéristique p. Pour tout entier $f \geqslant 0$, notons $\mathfrak{n}_f$ le noyau de l'endomorphisme $a \mapsto a^{p^f}$ de l'anneau A. Alors $(\mathfrak{n}_f)_{f \geqslant 0}$ est une suite croissante d'idéaux de A ; comme tout entier positif est majoré par une puissance de p, l'idéal $\mathfrak{n} = \bigcup_{f \geqslant 0} \mathfrak{n}_f$ se compose des éléments nilpotents de A. En particulier, si A est parfait, tout élément nilpotent de A est nul.

DÉFINITION 3. — *Soit* A *un anneau commutatif de caractéristique* $p \neq 0$. *On appelle clôture parfaite de* A *un couple* $(\hat{A}, u)$ *où* $\hat{A}$ *est un anneau parfait de caractéristique* p *et* u *un homomorphisme de* A *dans* $\hat{A}$ *satisfaisant à la propriété universelle suivante* :

(CP) *Si* B *est un anneau parfait de caractéristique* p *et* v *un homomorphisme de* A *dans* B, *il existe un homomorphisme* h *de* $\hat{A}$ *dans* B, *et un seul, tel que* $v = h \circ u$.

La propriété universelle (CP) entraîne aussitôt l'*unicité* de la clôture parfaite au sens suivant : si $(\hat{A}, u)$ et $(\hat{A}', u')$ sont deux clôtures parfaites de A, il existe un isomorphisme h de $\hat{A}$ sur $\hat{A}'$, et un seul, tel que $u' = h \circ u$ (cf. E, IV, p. 23). Nous démontrons maintenant l'*existence* d'une clôture parfaite :

THÉORÈME 3. — *Soit* A *un anneau commutatif de caractéristique* $p \neq 0$. *Il existe une clôture parfaite* $(\hat{A}, u)$ *de* A. *De plus, le noyau de* u *est l'ensemble des éléments nilpotents de* A, *et pour tout* $x \in \hat{A}$, *il existe un entier* $n \geqslant 0$ *tel que* $x^{p^n} \in u(A)$.

Pour tout entier $n \geqslant 0$, posons $A_n = A$; lorsque $m \geqslant n$, on définit un homomorphisme $\pi_{m,n}$ de A_n dans A_m par $\pi_{m,n}(a) = a^{p^{m-n}}$. On définit ainsi un système inductif d'anneaux $(A_n, \pi_{m,n})$ (I, p. 116) ; soient $\hat{A}$ la limite inductive de ce système et u_n l'homomorphisme canonique de $A_n = A$ dans $\hat{A}$; on pose aussi $u = u_0$. Par construction de la limite inductive, le noyau $\mathfrak{n}$ de u est la réunion des noyaux des homomorphismes $\pi_{n,0} : a \mapsto a^{p^n}$ de A dans A, donc se compose des éléments nilpotents de A. L'anneau $\hat{A}$ est commutatif de caractéristique p d'après la remarque 1 de V, p. 3.

L'anneau $\hat{A}$ est réunion de la suite croissante $(u_n(A))_{n \geqslant 0}$ de sous-anneaux. On a $u_n(A)^{p^n} = u(A)$; par suite, pour tout $x \in \hat{A}$, il existe un entier $n \geqslant 0$ tel que $x^{p^n} \in u(A)$. On a aussi $u_n(A) = u_{n+1}(A)^p$, d'où $\hat{A}^p = \hat{A}$. Soit $x \in \hat{A}$ tel que $x^p = 0$; choisissons un entier $n \geqslant 1$ et un élément a de A tels que $x = u_n(a)$. On a alors $u_{n-1}(a) = u_n(a)^p = 0$; par définition de la limite inductive, il existe un entier $m \geqslant n$ tel que $\pi_{m-1,n-1}(a) = 0$, c'est-à-dire $a^{p^{m-n}} = 0$. On a alors $\pi_{m,n}(a) = 0$, d'où $u_n(a) = 0$, c'est-à-dire $x = 0$. Par suite, l'anneau $\hat{A}$ est parfait de caractéristique p.

Soit v un homomorphisme de A dans un anneau parfait B de caractéristique p. Pour tout entier $n \geqslant 0$, l'application $b \mapsto b^{p^n}$ est un automorphisme de B, et il existe donc un homomorphisme v_n de $A_n = A$ dans B caractérisé par $v(a) = v_n(a)^{p^n}$. On a alors $v_m \circ \pi_{m,n} = v_n$ pour $m \geqslant n \geqslant 0$; par définition de la limite inductive, il existe un homomorphisme h de $\hat{A}$ dans B tel que $v_n = h \circ u_n$ pour tout $n \geqslant 0$; en particulier, on a $v = v_0 = h \circ u_0 = h \circ u$. Soit enfin h' un homomorphisme de $\hat{A}$ dans B tel que $h' \circ u = v$. Soit $x \in \hat{A}$; on a vu qu'il existe un entier $n \geqslant 0$ et un élément $a \in A$ tels que $x^{p^n} = u(a)$. On a alors

$$h(x)^{p^n} = h(u(a)) = v(a) = h'(u(a)) = h'(x)^{p^n},$$

et comme B est parfait, on a $h(x) = h'(x)$. On a donc $h' = h$, et ceci achève de prouver que $(\hat{A}, u)$ est une clôture parfaite de A.

PROPOSITION 3. — *Soient* B *un anneau parfait de caractéristique* p *et* A *un sous-anneau de* B. *Posons* $A^{p^{-\infty}} = \bigcup_{f \geqslant 0} A^{p^{-f}}$ *et notons* j *l'injection canonique de* A *dans* $A^{p^{-\infty}}$. *Alors* $A^{p^{-\infty}}$ *est le plus petit sous-anneau parfait de* B *contenant* A, *et* $(A^{p^{-\infty}}, j)$ *est une clôture parfaite de* A.

Pour tout entier $f \in \mathbf{Z}$, on note π_f l'automorphisme $b \mapsto b^{p^f}$ de B. La suite des sous-anneaux $\pi_{-f}(A)$ de B (pour $f \geqslant 0$) est croissante, et sa réunion $A^{p^{-\infty}}$ est donc un sous-anneau de B. On a $\pi_1(A^{p^{-\infty}}) = \bigcup_{f \geqslant 0} \pi_{-(f-1)}(A) = A^{p^{-\infty}}$, donc $A^{p^{-\infty}}$ est un sous-anneau parfait de B. Enfin, soit B_0 un sous-anneau parfait de B contenant A ; pour tout entier $f \geqslant 0$, on a $\pi_{-f}(A) \subset \pi_{-f}(B_0) = B_0$, d'où $A^{p^{-\infty}} \subset B_0$.

Soit v un homomorphisme de A dans un anneau parfait B' de caractéristique p. Pour tout entier $f \geqslant 0$, on définit un homomorphisme h_f de $\pi_{-f}(A)$ dans B' par $h_f(\pi_{-f}(a)) = v(a)^{p^{-f}}$ pour tout $a \in A$. On voit immédiatement que h_{f+1} coïncide avec h_f sur $\pi_{-f}(A)$; il existe donc un homomorphisme h de $A^{p^{-\infty}}$ dans B' qui induit h_f sur $\pi_{-f}(A)$ pour tout $f \geqslant 0$, et en particulier, h prolonge $h_0 = v$. Si h' est un autre prolongement de v en un homomorphisme de $A^{p^{-\infty}}$ dans B, on prouve l'égalité $h' = h$ comme dans la démonstration du théorème 3.

5. Exposant caractéristique d'un corps. Corps parfaits

Soit K un corps. On appelle *exposant caractéristique* de K l'entier égal à 1 si K est de caractéristique 0, et à la caractéristique de K si celle-ci est non nulle.

PROPOSITION 4. — *Soit* K *un corps d'exposant caractéristique* q. *Pour tout entier*

$f \geqslant 0$, *l'application* $x \mapsto x^{q^f}$ *est un isomorphisme de* K *sur un de ses sous-corps* (*noté* K^{q^f}).

Cela résulte du th. 2 lorsque $q \neq 1$ et c'est trivial lorsque $q = 1$.

On étend de même la prop. 2 au cas où A est un corps d'exposant caractéristique q, le cas $q = 1$ étant trivial.

DÉFINITION 4. — *On dit qu'un corps* K *d'exposant caractéristique q est parfait si l'on a* $K^q = K$. *On dit que* K *est imparfait si l'on a* $K^q \neq K$.

D'après cette définition, un corps est parfait s'il est de caractéristique 0, ou si c'est un anneau parfait de caractéristique $p \neq 0$ au sens de la définition 2. Soit K un corps de caractéristique $p \neq 0$, et soit $(\hat{K}, u)$ une clôture parfaite de K. Alors $\hat{K}$ est un corps, d'après la proposition 3 (V, p. 6), et u est un isomorphisme de K sur un sous-corps de $\hat{K}$. On identifie le plus souvent K à son image par u dans $\hat{K}$, de sorte qu'on a $\hat{K} = K^{p^{-\infty}}$ (prop. 3).

Soit K un corps de caractéristique 0 ; l'exposant caractéristique q de K est égal à 1. Par convention, les notations $x^{q^{-f}}$ et $S^{q^{-f}}$ désignent respectivement x et S (pour un élément x de K et une partie S de K). En particulier, on pose $K^{q^{-\infty}} = K$, et l'on convient que la clôture parfaite de K est K.

PROPOSITION 5. — *Si* K *est un corps de caractéristique* 0, *ou fini*, * *ou algébriquement clos* $_*$, *il est parfait. En particulier, tout corps premier est parfait.*

Supposons K de caractéristique $p \neq 0$. Si K est fini, le sous-corps K^p de K a même cardinal que K, d'où $K^p = K$. * Si K est algébriquement clos, le polynôme $X^p - a$ a une racine x dans K pour tout $a \in K$ (V, p. 19, déf. 1) d'où $x^p = a$ et finalement $K^p = K$. $_*$ Enfin, un corps premier est de caractéristique 0, ou fini.

Soient K_0 un corps de caractéristique $p \neq 0$ et $K = K_0(X)$ le corps des fractions rationnelles à une indéterminée X sur K_0. Alors K est *imparfait* : en effet, il n'existe aucun élément $u(X)/v(X)$ de K (u et v polynômes de $K_0[X]$) tel que $(u(X)/v(X))^p = X$; cela se voit en écrivant cette relation sous la forme $u(X)^p = X.v(X)^p$ et en comparant les degrés des deux membres.

6. Caractérisation des polynômes à différentielle nulle

PROPOSITION 6. — *Soient* K *un anneau commutatif*, A *l'algèbre de polynômes* $K[X_i]_{i \in I}$ *et* S *l'ensemble des éléments* F *de* A *tels que* $dF = 0$.

a) *Si* K *est un anneau de caractéristique* 0, *on a* $S = K$.

b) *Si* K *est un anneau de caractéristique* $p \neq 0$, *on a* $S = K[X_i^p]_{i \in I}$; *si de plus* K *est parfait, on a* $S = A^p$.

L'application $F \mapsto dF$ de A dans le module $\Omega_K(A)$ des K-différentielles de A est K-linéaire et satisfait à la relation

$$d(FF') = F.dF' + F'.dF$$

(III, p. 134). Par suite, S est une sous-algèbre de A.

Lorsque K est de caractéristique $p \neq 0$, posons $T = K[X_i^p]_{i \in I}$; on a donc $T = A^p$ si K est parfait (V, p. 4, prop. 2) ; de plus, on a $d(X_i^p) = pX_i^{p-1}.dX_i = 0$ pour tout $i \in I$, donc la sous-algèbre S de A contient T. Si K est de caractéristique 0, posons $T = K$, d'où encore $T \subset S$. Il nous reste à prouver que S est contenu dans T.

Pour toute partie finie J de I, soit A_J la sous-algèbre de A engendrée par la famille $(X_j)_{j \in J}$. On a $A_\varnothing = K$ et $A = \bigcup_{J \subset I} A_J$; il suffit donc de prouver la relation $S \cap A_J \subset T$, ce que nous ferons par récurrence sur le cardinal de J. Soient donc J une partie finie de I telle que $S \cap A_J \subset T$, i un élément de $I - J$ et $J' = J \cup \{i\}$. Tout élément F de $A_{J'}$ s'écrit de manière unique sous la forme

$$F = \sum_{n=0}^{\infty} F_n . X_i^n, \tag{5}$$

avec $F_n \in A_J$ pour tout $n \geqslant 0$, et l'on a alors

$$dF = \sum_{n=0}^{\infty} X_i^n . dF_n + \sum_{n=0}^{\infty} nX_i^{n-1} F_n . dX_i . \tag{6}$$

Supposons que F appartienne à S ; la famille $(dX_r)_{r \in I}$ est une base du A-module $\Omega_K(A)$ (III, p. 134) et dF_n est combinaison linéaire des différentielles dX_j pour $j \in J$ puisque l'on a $F_n \in A_J = K[X_j]_{j \in J}$. D'après (6), on a alors $dF_n = 0$ et $nF_n = 0$ pour tout entier $n \geqslant 0$. D'après l'hypothèse de récurrence on a $F_n \in T$ pour tout $n \geqslant 0$ puisque $dF_n = 0$.

a) Si K est de caractéristique 0, on a $nF_n = 0$ pour tout $n \geqslant 1$ d'où $F_n = 0$ d'après la prop. 1 (V, p. 3) ; on a alors $F = F_0$, d'où $F \in T$.

b) Si K est de caractéristique $p \neq 0$, alors A est une algèbre sur le corps $\mathbf{F}_p$, et la relation $nF_n = 0$ entraîne $F_n = 0$ pour tout entier n non divisible par p. On a donc $F = \sum_{m=0}^{\infty} F_{mp} X_i^{mp}$, d'où $F \in T$.

Remarque. — On a encore S = K si le groupe additif de K est sans torsion ; cela résulte de la démonstration donnée ci-dessus ou de la remarque 5 de V, p. 3.

COROLLAIRE. — *Soient* K *un corps et* F(X) *un polynôme à coefficients dans* K, *dont la dérivée* F′(X) *soit nulle.*

a) *Si* K *est de caractéristique* 0, *on a* $F \in K$.

b) *Si* K *est de caractéristique* $p \neq 0$, *il existe un polynôme* G(X) *tel que l'on ait* $F(X) = G(X^p)$.

En effet, on a $dF = F'.dX = 0$.

§ 2. EXTENSIONS

1. La structure d'extension

DÉFINITION 1. — *Soit* K *un corps. On appelle extension de* K *une* K-*algèbre dont l'anneau sous-jacent est un corps. On appelle sous-extension* (ou sous-K-extension) *de l'extension* E *une sous-*K-*algèbre de* E *qui est un corps.*

Soit E une extension de K. L'application $u : \lambda \mapsto \lambda.1$ de K dans E est un homomorphisme d'anneaux ; d'après I, p. 110, u induit un isomorphisme de K sur le sous-corps u(K) de E.

Réciproquement, soient K, E des corps et u un homomorphisme de K dans E. La donnée de u définit sur E une structure d'extension de K (III, p. 6). Par abus de langage, on dit parfois que (E, u) *est une extension de* K.

On dit que l'extension est *triviale* si $u(K) = E$, c'est-à-dire si E est un espace vectoriel de dimension 1 sur K.

Soit L un surcorps de K. Quand nous considérerons L comme extension de K, nous entendrons par là l'extension (L, j) de K où j est l'injection canonique de K dans L, ou encore L muni de la structure de K-algèbre correspondante. Les sous-extensions de L sont alors les corps *intermédiaires* entre K et L, c'est-à-dire les sous-corps de L contenant K. Si L' est un autre surcorps de K, un K-homomorphisme de L dans L' est donc un homomorphisme f de L dans L' tel que $f(x) = x$ pour tout $x \in K$. On notera que si f est un endomorphisme quelconque du corps L, l'ensemble des éléments de L invariants par f est un sous-corps K' de L, et que f est donc un K'-endomorphisme de L.

En particulier, soit P le sous-corps premier d'un corps L. On peut considérer L comme extension de P, et tout endomorphisme de L est alors un P-endomorphisme.

Soit (E, u) une extension de K ; comme u définit un isomorphisme de K sur un sous-corps K_1 de E, il n'y a en général aucun inconvénient à identifier K à K_1 par u. Un cas où il faudrait proscrire une telle identification est celui où K = E et où u est donc un endomorphisme de K ; le plus souvent u sera un automorphisme de K, ou bien l'application $x \mapsto x^p$, lorsque le corps K est de caractéristique $p \neq 0$.

Il est clair que toute extension de K est isomorphe à une extension (L, j) où L est un surcorps de K et j l'injection canonique de K dans L.

2. Degré d'une extension

Soit A une algèbre sur un corps K. C'est en particulier un espace vectoriel sur K ; la dimension de cet espace vectoriel s'appelle le *degré de* A sur K et se note [A : K] (II, p. 97). Par définition, [A : K] est donc le cardinal de toute base de A sur K. Cette définition s'applique en particulier au cas des extensions de K.

Une extension de degré 1 est triviale. Une extension de degré 2 (resp. 3, *etc.*) est dite *quadratique* (resp. *cubique*, *etc.*). Une extension de degré fini sera parfois appelée par abus de langage *extension finie*.

THÉORÈME 1. — *Soient* E *une extension de* K *et* A *une algèbre sur* E. *On a alors* $[A : K] = [A : E].[E : K]$. *En particulier, si* F *est une extension de* E, *on a*

$$[F : K] = [F : E].[E : K]. \tag{1}$$

Le théorème n'est qu'un cas particulier de II, p. 31, prop. 25 ; de manière plus précise, si $(a_\lambda)_{\lambda \in L}$ est une base de A sur E et $(b_\mu)_{\mu \in M}$ une base de E sur K, alors la famille $(a_\lambda b_\mu)_{(\lambda, \mu) \in L \times M}$ est une base de A sur K.

Corollaire 1. — *Soient* K, E, F *trois corps tels que* $K \subset E \subset F$ *et que* [F : K] *soit fini. Les degrés* [E : K] *et* [F : E] *sont des diviseurs de* [F : K].

Si le degré [F : K] est premier, il n'existe donc aucune sous-extension de F autre que K et F. Mais on notera que, lorsque [F : K] n'est pas premier, il n'existe pas nécessairement de sous-extension de F autre que K et F (cf. V, p. 140, exerc. 1).

Corollaire 2. — *Soient* K, E *et* F *trois corps avec* $K \subset E \subset F$. *On suppose que* [F : K] *est fini. Alors, la relation* [E : K] = [F : K] *est équivalente à* E = F *et la relation* [F : E] = [F : K] *est équivalente à* E = K.

En effet, si L est un surcorps de L′, la relation [L : L′] = 1 équivaut à L′ = L.

Proposition 1. — *Soit* A *une algèbre de degré fini sur un corps* K. *Si un élément* $a \in A$ *n'est pas diviseur de* 0 *à gauche* (resp. *à droite*) *dans* A, *il est inversible dans* A.

En effet, par hypothèse l'espace vectoriel A sur K est de dimension finie, et l'application linéaire $x \mapsto ax$ (resp. $x \mapsto xa$) de A dans A est injective ; elle est donc bijective (II, p. 101, cor.), et par suite (I, p. 16, remarque) a est inversible dans A.

Corollaire — *Soit* A *une algèbre commutative de degré fini sur un corps* K. *Si l'anneau* A *est intègre, c'est un corps.*

3. Adjonction

Soit E une extension d'un corps K. Étant donnée une famille $\mathbf{x} = (x_i)_{i \in I}$ d'éléments de E, on désigne par $K(x_i)_{i \in I}$ (ou $K(\mathbf{x})$, ou encore $K(x_1, \ldots, x_n)$ lorsque I est l'intervalle $[\![1, n]\!]$ de N) la plus petite sous-extension de E contenant les éléments de la famille (x_i) ; nous dirons que $K(x_i)_{i \in I}$ est obtenue par *adjonction* à K des éléments de la famille $(x_i)_{i \in I}$, et que la famille $(x_i)_{i \in I}$ (ou l'ensemble de ses éléments) est une *famille génératrice de* $K(x_i)_{i \in I}$ *par rapport à* K (ou *sur* K). Le corps $K(x_i)_{i \in I}$ ne dépend que de l'ensemble A des éléments de la famille $(x_i)_{i \in I}$; on le désigne encore par K(A). On a en particulier K(E) = E et $K(\varnothing) = K.1$. Tout ce qui précède s'applique en particulier lorsque E est un surcorps de K.

On prendra garde que A n'est pas un ensemble générateur de l'*algèbre* K(A), autrement dit que l'on a $K(A) \neq K[A]$, en général. * Toutefois on verra que K(A) = K[A] si K(A) est une extension algébrique de K (V, p. 18, cor. 1). *

Proposition 2. — *Si* M *et* N *sont deux parties quelconques d'une extension d'un corps* K, *on a* $K(M \cup N) = K(M)(N) = K(N)(M)$.

En effet, $K(M \cup N)$ contient K(M) et N, donc K(M) (N) ; comme K(M) (N) est un corps contenant $K \cup M \cup N$, il contient $K(M \cup N)$, d'où la proposition.

On écrit parfois K(M, N) au lieu de $K(M \cup N)$.

Remarque. — Soit P le sous-corps premier d'un corps E (V, p. 2) ; pour toute partie A de E, P(A) est le plus petit sous-corps de E contenant A. En particulier, si K est un sous-corps de E, on a $P(K \cup A) = K(A)$. Si K et K′ sont deux sous-corps de E, on a donc $P(K \cup K') = K(K') = K'(K)$; ce corps est le plus petit sous-corps de E contenant K et K′, ou encore la *borne supérieure* de K et K′ dans l'ensemble des sous-corps de E, ordonné par inclusion ; on dit parfois que ce corps est le corps *engendré* par K et K′ dans E.

PROPOSITION 3. — *Soit* $\mathscr{F}$ *un ensemble de sous-corps d'un corps* E, *filtrant pour la relation* $\subset$. *La réunion* L *des corps de* $\mathscr{F}$ *est un corps.*

En effet, si x et y sont deux éléments de L, il existe deux corps R, S de $\mathscr{F}$ tels que $x \in R$, $y \in S$; soit T un corps de $\mathscr{F}$ contenant R et S ; alors $x \in T$, $y \in T$, donc $x + y$, xy et x^{-1} (si $x \neq 0$) appartiennent à T, donc à L.

COROLLAIRE. — *Soient* E *une extension d'un corps* K, *et* $A \subset E$. *Le corps* K(A) *est la réunion des corps* K(F), *où* F *parcourt l'ensemble des parties finies de* A.

En effet, l'ensemble des corps K(F) est filtrant pour la relation $\subset$, car $F \subset F'$ entraîne $K(F) \subset K(F')$. La réunion L de ces corps est donc un corps contenant $K \cup A$ et contenu dans K(A), et par suite identique à K(A).

DÉFINITION 2. — *On dit qu'une extension* E *d'un corps* K *est de type fini si elle possède une famille génératrice finie. Elle est dite monogène s'il existe x dans* E *tel que* $E = K(x)$.

Le cor. de la prop. 3 montre que *toute* extension E d'un corps K est réunion filtrante des extensions de type fini contenues dans E. Il est clair que toute extension E de K de *degré fini* est aussi de *type fini*, puisqu'une base de E (considéré comme espace vectoriel sur K) est aussi une famille génératrice de E sur K ; nous verrons plus loin que la réciproque est inexacte.

4. Extensions composées

Soient E et F deux extensions d'un corps K. On appelle *extension composée* de E et F tout triplet (L, u, v) où L est une extension de K, où u est un K-homomorphisme de E dans L et v un K-homomorphisme de F dans L, et où le corps L est engendré par $u(E) \cup v(F)$ (*cf.* fig. 1).

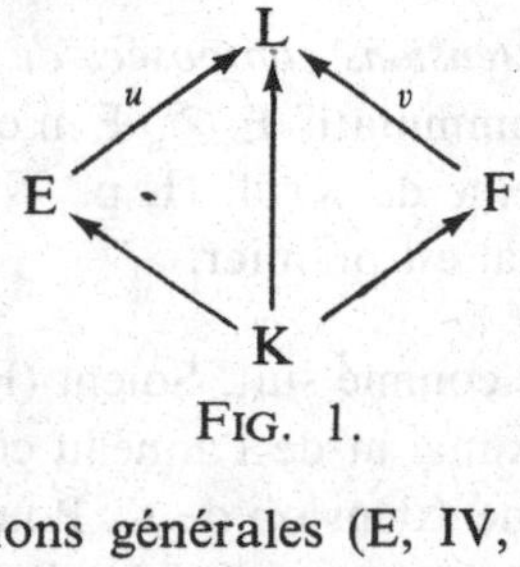

FIG. 1.

Conformément aux définitions générales (E, IV, p. 6), un *isomorphisme* d'une extension composée (L, u, v) de E et F sur une extension composée (L′, u', v') de E et F est un K-isomorphisme φ de L sur L′ tel que $u' = \varphi \circ u$ et $v' = \varphi \circ v$.

Soit (L, u, v) une extension composée de E et F. L'application K-linéaire w de $E \otimes_K F$ dans L qui transforme $x \otimes y$ en $u(x)\, v(y)$ est un homomorphisme de K-algèbres ; dans ce numéro, nous la désignerons par $u * v$. Son image est le sous-anneau de L engendré par $u(E) \cup v(F)$.

Proposition 4. — *Soient* E, F *deux extensions de* K.

a) Soit (L, u, v) *une extension composée de* E *et* F. *Alors le noyau* $\mathfrak{p}$ *de l'homomorphisme* $u * v$ *de* $E \otimes_K F$ *dans* L *est un idéal premier.*

b) Soit $\mathfrak{p}$ *un idéal premier de* $E \otimes_K F$. *Il existe une extension composée* (L, u, v) *de* E *et* F *telle que* $\mathfrak{p}$ *soit le noyau de* $u * v$, *et deux telles extensions composées sont isomorphes.*

L'assertion *a*) résulte du fait que le noyau d'un homomorphisme d'un anneau dans un corps est un idéal premier (I, p. 111).

Soient $\mathfrak{p}$ un idéal premier de $E \otimes_K F$, A l'anneau quotient $(E \otimes_K F)/\mathfrak{p}$ et L le corps des fractions de A. Pour $x \in E$ (resp. $y \in F$), on note $u(x)$ (resp. $v(y)$) la classe modulo $\mathfrak{p}$ de $x \otimes 1$ (resp. $1 \otimes y$). Alors u (resp. v) est un K-homomorphisme de E (resp. F) dans L, et $u(E) \cup v(F)$ engendre A comme anneau, donc L comme corps. Par suite (L, u, v) est une extension composée de E et F ; on voit immédiatement que $u * v$ est l'homomorphisme canonique de $E \otimes_K F$ dans L, et son noyau est donc égal à $\mathfrak{p}$.

Soit (L′, u', v') une extension composée de E et F telle que le noyau de $u' * v'$ soit égal à $\mathfrak{p}$. Comme $u * v$ et $u' * v'$ ont même noyau, il existe un isomorphisme ψ de A sur l'image A′ de $u' * v'$ caractérisé par $u' * v' = \psi \circ (u * v)$. Mais A′ est le sous-anneau de L′ engendré par $u'(E) \cup v'(F)$, donc L′ est le corps des fractions de A′. Par suite, ψ se prolonge en un isomorphisme φ de L sur L′, et il est immédiat que φ est un isomorphisme de (L, u, v) sur (L′, u', v').

Remarque. — Si $\mathfrak{p}$ et $\mathfrak{p}'$ sont deux idéaux premiers distincts de $E \otimes_K F$, les *extensions composées* de E et F correspondantes (construites par le procédé de la démonstration précédente) ne sont pas isomorphes. Elles peuvent cependant être isomorphes en tant qu'*extensions* de K (V, p. 140, exerc. 2).

Corollaire. — *Il existe des extensions composées de* E *et* F.

En effet, comme l'anneau commutatif $E \otimes_K F$ n'est pas réduit à 0, il possède des idéaux premiers : le théorème de Krull (I, p. 99) prouve l'existence d'idéaux maximaux, et tout idéal maximal est premier.

On peut préciser ce corollaire comme suit. Soient (E, u) et (F, v) deux extensions de K. Choisissons un idéal maximal $\mathfrak{m}$ de l'anneau commutatif $E \otimes_K F$ et posons $L = (E \otimes_K F)/\mathfrak{m}$; alors L est une extension de K. Pour $x \in E$, notons $u'(x)$ la classe de $x \otimes 1$ modulo $\mathfrak{m}$, et de même notons $v'(y)$ la classe de $1 \otimes y$ modulo $\mathfrak{m}$ pour tout $y \in F$. On a alors un diagramme commutatif d'homomorphismes de corps

$$\begin{array}{ccc} F & \xrightarrow{v'} & L \\ {\scriptstyle v}\uparrow & & \uparrow{\scriptstyle u'} \\ K & \xrightarrow{u} & E\,. \end{array}$$

Quitte à remplacer (L, u') par une extension isomorphe de E, on peut supposer que L est un surcorps de E et u' l'injection canonique de E dans L. Changeant de notations, on obtient ainsi le scholie suivant :

SCHOLIE. — *Soient* K *et* E *deux corps et u un homomorphisme de* K *dans* E. *Si* K′ *est un surcorps de* K, *il existe un surcorps* E′ *de* E *et un homomorphisme* u' *de* K′ *dans* E′ *qui prolonge u.*

5. Extensions linéairement disjointes

Dans ce numéro, on note Ω *une extension d'un corps* K.

Soient A et B deux sous-K-algèbres de Ω. Il existe un homomorphisme d'algèbres $\varphi : A \otimes_K B \to \Omega$ qui applique $x \otimes y$ sur xy. L'image de φ est le sous-anneau C de Ω engendré par $A \cup B$. En outre, d'après II, p. 62, si (b_μ) est une base de B sur K et (a_λ) une base de A sur K, C est identique à l'ensemble des combinaisons linéaires $\sum\limits_{\mu} \alpha_\mu b_\mu$, où $\alpha_\mu \in A$, à l'ensemble des $\sum\limits_{\lambda} \beta_\lambda a_\lambda$, où $\beta_\lambda \in B$, et à l'ensemble des $\sum\limits_{\lambda,\mu} \gamma_{\lambda\mu} a_\lambda b_\mu$, où $\gamma_{\lambda\mu} \in K$.

On dit que A et B sont *linéairement disjointes sur* K si φ est un *isomorphisme* de $A \otimes_K B$ sur C. On a alors $A \cap B = K$; toute partie libre de B (resp. A) par rapport à K est alors libre par rapport à A (resp. B) ; inversement, pour que A et B soient linéairement disjointes sur K, il suffit qu'il existe *une* base de B sur K (par exemple), qui soit libre par rapport à A (II, p. 62 et III, p. 41).

Considérons plus particulièrement le cas où A et B sont des *sous-extensions* de Ω.

PROPOSITION 5. — *Soient* E *et* F *deux extensions de* K *contenues dans* Ω.

a) Si F *est de degré fini sur* K, *le sous-anneau de* Ω *engendré par* $E \cup F$ *est un corps, identique à* E(F), *et le degré de* E(F) *sur* E *est fini ; on a* $[E(F) : E] \leqslant [F : K]$, *avec égalité si et seulement si* E *et* F *sont linéairement disjointes sur* K. *Dans ce cas* E(F) *est* E-*isomorphe à* $E \otimes_K F$.

b) Si en outre E *est de degré fini sur* K, *alors* $E(F) = K(E \cup F)$ *est de degré fini sur* K. *On a* $[K(E \cup F) : K] \leqslant [E : K]\,[F : K]$, *avec égalité si et seulement si* E *et* F *sont linéairement disjointes sur* K.

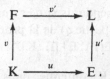

En effet, soit C le sous-anneau de Ω engendré par $E \cup F$; si $(b_j)_{1 \leqslant j \leqslant n}$ est une base de F sur K, C est le sous-E-espace vectoriel de Ω engendré par les b_j, donc C est une algèbre de rang *fini* $\leqslant n$ sur E ; comme l'anneau C est contenu dans un corps, il est intègre et par suite est un *corps* d'après le cor. de la prop. 1 (V, p. 10), d'où $C = E(F)$ et $[E(F) : E] \leqslant [F : K]$. La relation $[E(F) : E] = [F : K]$ signifie que les b_j sont linéairement indépendants sur E, donc que E et F sont linéairement disjoints sur K ; ceci démontre la partie *a*) de la proposition. La partie *b*) s'en déduit aussitôt, puisque $[E(F):K] = [E(F):E][E:K]$.

Soient E et F des extensions de K contenues dans Ω ; si E et F sont de degré infini sur K, le sous-anneau $C = K[E \cup F]$ n'est pas nécessairement un corps [1] ; toutefois, le *corps des fractions* de C est alors identique à $K(E \cup F)$. Plus généralement, soient A un sous-anneau de E tel que E soit le corps des fractions de A, et B un sous-anneau de F tel que F soit le corps des fractions de B ; alors, si C est le sous-anneau de Ω engendré par $A \cup B$, $K(E \cup F)$ est identique au *corps des fractions* de C, puisque ce dernier corps est le plus petit sous-corps de Ω contenant C, et qu'il contient E et F. En outre :

PROPOSITION 6. — *Soient* E *et* F *deux extensions de* K *contenues dans* Ω, A *et* B *deux sous-algèbres de* Ω *sur* K, *telles que* E *soit le corps des fractions de* A *et* F *le corps des fractions de* B. *Pour que* E *et* F *soient linéairement disjointes sur* K, *il faut et il suffit que* A *et* B *soient linéairement disjointes sur* K.

La condition est évidemment nécessaire. Réciproquement, si A et B sont linéairement disjointes sur K, A et F le sont aussi, car si une famille d'éléments de Ω est libre par rapport à B, elle est libre par rapport au corps des fractions F de B (II, p. 117, cor. 1 et p. 118, cor. 3) ; le même raisonnement prouve ensuite que E et F sont linéairement disjointes sur K.

PROPOSITION 7. — *Soient* E *et* F *deux extensions de* K, *contenues dans* Ω. *Si* E *et* F *sont linéairement disjointes sur* K, *toute sous-extension de* E *et toute sous-extension de* F *sont linéairement disjointes sur* K. *Inversement, si, pour tout couple de sous-extensions de type fini* E', F' *de* E *et* F *respectivement,* E' *et* F' *sont linéairement disjointes sur* K, *alors* E *et* F *sont linéairement disjointes sur* K.

En effet, la condition pour que E et F soient linéairement disjointes sur K s'exprime de la façon suivante : si (a_α) est une famille libre de E et (b_β) une famille libre de F, la relation $\sum_{\alpha,\beta} \lambda_{\alpha\beta} a_\alpha b_\beta = 0$, où $\lambda_{\alpha\beta} \in K$, doit entraîner $\lambda_{\alpha\beta} = 0$ pour tout couple d'indices. Or, cette condition est vérifiée pour tout couple de familles libres si elle l'est pour tout couple de familles libres *finies*.

On peut donc dire, d'une façon imagée, que la disjonction linéaire est une propriété « de caractère fini ».

PROPOSITION 8. — *Soient* E, F, G *trois extensions d'un corps* K, *contenues dans* Ω, *et telles que* $F \subset G$. *Pour que* E *et* G *soient linéairement disjointes sur* K, *il faut et il suffit que* E *et* F *soient linéairement disjointes sur* K, *et que* E(F) *et* G *soient linéairement disjointes sur* F.

[1] Il suffit de considérer par exemple le cas où Ω est le corps K(X, Y) des fractions rationnelles en deux indéterminées X et Y, et où l'on a $E = K(X)$, $F = K(Y)$.

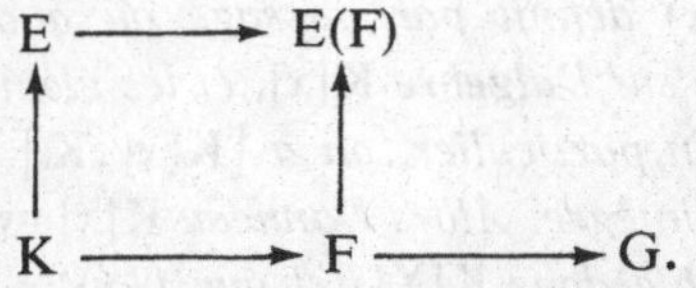

FIG. 2.

La condition est *nécessaire* : supposons que E et G soient linéairement disjointes sur K. Il en est alors de même de E et F (prop. 7) ; d'autre part, si B est une base de E sur K, c'est aussi une base de l'algèbre F[E] sur F ; comme par hypothèse B est libre par rapport à G, F[E] et G sont linéairement disjointes sur F, et il en est donc de même de E(F) = F(E) et G d'après la prop. 6.

La condition est *suffisante* : avec les mêmes notations, elle entraîne que B est libre sur F, donc est une base de F[E] sur F ; comme F[E] et G sont par hypothèse linéairement disjointes sur F, B est libre sur G, ce qui montre que E et G sont linéairement disjointes sur K.

§ 3. EXTENSIONS ALGÉBRIQUES

1. Éléments algébriques d'une algèbre

Soient A une algèbre sur un corps K et x un élément de A. Deux cas sont possibles :

a) La famille des monômes $(x^n)_{n \in \mathbf{N}}$ *est libre sur* K. On dit alors que x est *transcendant* sur K. Il existe un isomorphisme de l'algèbre de polynômes K[X] sur la sous-algèbre K[x] de A engendrée par x, et cette dernière est de degré infini sur K.

b) Il existe un entier $n \geqslant 1$ *tel que les monômes* $1, x, \ldots, x^{n-1}, x^n$ *soient linéairement dépendants* ; il revient au même de dire qu'il existe un polynôme $f \neq 0$ dans K[X] tel que $f(x) = 0$. On dit alors que x est *algébrique* sur K. Le plus petit entier $n \geqslant 1$ satisfaisant à la propriété précédente s'appelle le *degré* de x sur K. Si n est le degré de x sur K, les monômes $1, x, \ldots, x^{n-1}$ sont linéairement indépendants sur K et il existe des éléments $a_0, a_1, \ldots, a_{n-1}$ de K tels que

$$x^n = a_0 + a_1 x + \cdots + a_{n-1} x^{n-1} .$$

Le polynôme $f(X) = X^n - \sum_{k=0}^{n-1} a_k X^k$ est l'unique polynôme unitaire de degré n dans K[X] tel que $f(x) = 0$; on l'appelle le *polynôme minimal* de x sur K.

THÉORÈME 1. — *Soient* A *une algèbre sur un corps* K, x *un élément de* A *algébrique sur* K, n *le degré et* f *le polynôme minimal de* x *sur* K.

a) Pour qu'un polynôme $g \in$ K[X] *soit tel que* $g(x) = 0$, *il faut et il suffit que* g *soit multiple de* f.

b) L'application $g \mapsto g(x)$ *définit par passage au quotient un isomorphisme de l'algèbre quotient* $K[X]/(f)$ *sur l'algèbre* $K[x]$, *et les éléments* $1, x, \ldots, x^{n-1}$ *forment une base de* $K[x]$ *sur* K. *En particulier, on a* $[K[x]:K] = n$.

c) Supposons que A *soit intègre. Alors l'anneau* $K[x]$ *est un corps, et f est l'unique polynôme unitaire irréductible dans* $K[X]$ *tel que* $f(x) = 0$.

d) Pour que x soit inversible dans A, *il faut et il suffit qu'on ait* $f(0) \neq 0$. *On a alors* $x^{-1} \in K[x]$.

Il existe un unique homomorphisme d'algèbres $\varphi : K[X] \to A$ tel que $\varphi(X) = x$; on a $\varphi(P) = P(x)$ pour tout $P \in K[X]$ et l'image de φ est égale à $K[x]$. Soit $\mathfrak{a}$ le noyau de φ ; par construction, le polynôme minimal f de x sur K appartient à $\mathfrak{a}$ et c'est le polynôme unitaire de plus petit degré dans $\mathfrak{a}$. Par suite (IV, p. 11, prop. 11), on a $\mathfrak{a} = (f)$, d'où *a*). L'assertion *b*) résulte aussitôt de *a*) et du cor. de la prop. 10 de IV, p. 10.

Supposons que A soit intègre. L'algèbre $K[x]$ est intègre et de degré fini sur K, donc c'est un corps (V, p. 10, cor.). L'idéal (f) de $K[x]$ est donc maximal, c'est-à-dire que f est irréductible dans $K[X]$ (IV, p. 13). Enfin, soit g un polynôme unitaire irréductible dans $K[X]$ tel que $g(x) = 0$; d'après *a*), c'est un multiple de f, d'où $g = f$. Ceci prouve *c*).

Il reste à prouver *d*). Il existe un polynôme $g \in K[X]$ de degré $n - 1$ et un élément a de K tels que $f(X) = Xg(X) + a$, d'où $f(0) = a$. Si $a = 0$, on a $xg(x) = f(x) = 0$ et $g(x) \neq 0$, donc x n'est pas inversible dans A. Si au contraire on a $a \neq 0$, on a $x.[-a^{-1}g(x)] = 1$, donc x est inversible dans A et $x^{-1} = -a^{-1}g(x)$.

COROLLAIRE 1. — *Soit* A *une algèbre sur un corps* K. *Pour qu'un élément x de* A *soit algébrique sur* K, *il faut et il suffit que la sous-algèbre* $K[x]$ *de* A *engendrée par x soit de degré fini sur* K. *En particulier, si* A *est de degré fini sur* K, *tout élément de* A *est algébrique sur* K.

COROLLAIRE 2. — *Soient* E *une extension de* K, A *une algèbre sur* E *et x un élément de* A *algébrique sur* K. *Alors x est algébrique sur* E, *le polynôme minimal de x sur* E *divise le polynôme minimal de x sur* K, *et le degré de x sur* E *est au plus égal au degré de x sur* K.

En effet, soit f le polynôme minimal de x sur K ; on a $f(x) = 0$ et $f \in E[X]$, donc x est algébrique sur E, et f est un multiple du polynôme minimal de x sur E (th. 1, *a*)).

Remarque. — Soient E une extension d'un corps K et x un élément de E racine d'un polynôme unitaire *irréductible* $f \in K[X]$. Le th. 1, *c*) montre que f est le polynôme minimal de x sur K.

Exemples. — * 1) Dans le corps des nombres complexes **C**, le nombre i est algébrique et de degré 2 sur le corps premier **Q** ; en effet, si $f(X) = X^2 + 1$, on a $f(i) = 0$, et $x^2 + 1 \neq 0$ pour tout $x \in \mathbf{Q}$, donc $i \notin \mathbf{Q}$. Le corps $\mathbf{Q}(i)$ est donc une extension de degré 2 de **Q** ; il est formé des nombres $a + bi$, où a et b sont rationnels. De même, i est algébrique et de degré 2 sur le corps **R** des nombres réels et **C** est une extension de degré 2 de **R**. *

2) Soient K un corps, F le corps K(X) des fractions rationnelles en une indéterminée sur K. Soit E le sous-corps $K(X^3)$ de F ; on a F = E(X), et X est algébrique sur E, puisqu'il est racine du polynôme $Y^3 - X^3$ de l'anneau E[Y] ; ce polynôme est irréductible dans E[Y], car dans le cas contraire, il aurait au moins un facteur du premier degré, et il existerait donc deux polynômes non nuls u, v de K[X] tels que l'on ait $(u(X^3))^3 = X^3(v(X^3))^3$, ceci est absurde, car si m et n sont les degrés de u et de v, cela implique $9m = 9n + 3$ ou $3m = 3n + 1$. Le corps F est donc de degré 3 sur E, et tout élément de F peut s'écrire d'une seule manière comme combinaison linéaire $f(X^3) + Xg(X^3) + X^2h(X^3)$, où f, g, h sont trois fractions rationnelles de K(X).

* 3) Dans le corps **R** des nombres réels, on peut montrer [1] que le nombre π est transcendant sur le corps premier **Q**. *

2. Extensions algébriques

DÉFINITION 1. — *On dit qu'une extension* E *d'un corps* K *est algébrique* (*sur* K) *si tout élément de* E *est algébrique sur* K. *Une extension* E *de* K *qui n'est pas algébrique est dite transcendante* (*sur* K).

PROPOSITION 1. — *Pour qu'une extension* E *de* K *soit algébrique, il faut et il suffit que toute sous-*K*-algèbre* A *de* E *soit un corps.*

La condition est *nécessaire* : si E est algébrique sur K, et $x \neq 0$ un élément d'une sous-K-algèbre A de E, on a $x^{-1} \in K[x] \subset A$ d'après V, p. 15, théorème 1, *c*). Par suite, A est un corps.

La condition est *suffisante* : si elle est remplie, et si x est un élément $\neq 0$ dans E, l'anneau $K[x]$ est un corps, donc $x^{-1} \in K[x]$; autrement dit, il existe un polynôme $g \in K[X]$ tel que $x^{-1} = g(x)$, ou encore $xg(x) - 1 = 0$; ceci prouve que x est algébrique sur K, donc que E est une extension algébrique de K.

PROPOSITION 2. — *Si une extension* E *d'un corps* K *est de degré fini n, elle est algébrique, et le degré sur* K *de tout élément de* E *divise n.*

En effet, pour tout $x \in E$, $[K(x):K]$ est fini et divise n (V, p. 10, cor. 1) et par suite x est algébrique sur K (V, p. 16, cor. 1).

* Il existe des extensions algébriques de degré infini. C'est le cas par exemple de la clôture algébrique d'un corps fini (V, p. 23, remarque 4). *

THÉORÈME 2. — *Soit* E *une extension de type fini de* K, *engendrée par des éléments* $a_1, \ldots, a_m$ *algébriques sur* K ; *alors* E *est une extension de degré fini de* K. *Si* n_i *est le degré de* a_i *sur* $K(a_1, a_2, \ldots, a_{i-1})$ (*pour* $1 \leqslant i \leqslant m$), *le degré de* E *sur* K *est* $n_1 n_2 \ldots n_m$, *et les éléments* $a_1^{\nu_1} a_2^{\nu_2} \ldots a_m^{\nu_m}$ $(0 \leqslant \nu_i \leqslant n_i - 1)$ *forment une base de* E *sur* K.

Les éléments $a_i^{\nu_i}$ $(0 \leqslant \nu_i \leqslant n_i - 1)$ forment une base de $K(a_1, a_2, \ldots, a_i)$ sur $K(a_1, a_2, \ldots, a_{i-1})$ d'après le th. 1, *b*) de V, p. 16 ; le théorème résulte alors, par récurrence sur m, de la prop. 25 de II, p. 31.

[1] *Cf.* par exemple D. Hilbert, *Gesammelte Abhandlungen*, t. I, p. 1 (Berlin (Springer), 1932).

Corollaire 1. — *Soient* E *une extension de* K *et* A *une partie de* E *formée d'éléments algébriques sur* K. *Alors* K(A) *est algébrique sur* K, *et l'on a* K[A] = K(A).

En effet, tout $x \in$ K(A) appartient à un corps K(F), où F est une partie finie de A (V, p. 11, cor.) ; or, K(F) est algébrique sur K et égal à K[F] d'après le th. 2, donc x est algébrique sur K et K(A) = K[A].

Corollaire 2. — *Soient* L *une extension de* K, E *et* F *deux sous-extensions de* L. *Si* F *est algébrique sur* K, *le sous-anneau* K[E, F] *de* L *engendré par* E ∪ F *est un corps, identique à* E(F), *et algébrique sur* E.

En effet, tout élément de F, étant algébrique sur K, est algébrique sur E (V, p. 16, cor. 2), donc E(F) est une extension algébrique de E, et l'on a E(F) = E[F] d'après le cor. 1.

Remarques. — 1) Avec les notations du th. 2, E = K$[a_1, a_2, \ldots, a_m]$, et par suite E est isomorphe à un quotient K$[X_1, X_2, \ldots, X_m]/\mathfrak{a}$; comme E est un corps, $\mathfrak{a}$ est un idéal maximal dans K$[X_1, \ldots, X_m]$.

2) Soit E une extension algébrique de K, de degré infini. D'après le th. 2, il existe une suite infinie $(a_n)_{n \geqslant 1}$ d'éléments de E telle que $a_n \notin$ K$(a_1, a_2, \ldots, a_{n-1})$; le th. 2 montre en outre que le degré de K$(a_1, a_2, \ldots, a_n)$ sur K prend des valeurs arbitrairement grandes. En d'autres termes, si E est une extension algébrique de K telle que les degrés [F : K] des sous-extensions F de E de degré fini sur K soient *bornés*, E est une extension de degré *fini* de K.

3. Transitivité des extensions algébriques. Corps algébriquement fermé dans un surcorps

Proposition 3. — *Soient* E *et* F *deux surcorps d'un corps* K *tels que* K ⊂ E ⊂ F. *Pour que* F *soit algébrique sur* K, *il faut et il suffit que* E *soit algébrique sur* K *et* F *algébrique sur* E.

La condition est nécessaire, d'après V, p. 16, cor. 2. Montrons qu'elle est suffisante ; soit x un élément quelconque de F ; il est algébrique sur E ; soit $g \in$ E[X] son polynôme minimal sur E. Si A est l'ensemble (fini) des coefficients de g, on a $g \in$ K(A) [X], donc x est algébrique sur K(A) et K(A ∪ $\{x\}$) = K(A) (x) est de degré fini sur K(A) ; on a A ⊂ E et E est algébrique sur K, donc K(A) est de degré fini sur K d'après le th. 2. Par suite (V, p. 9, th. 1), K(A ∪ $\{x\}$) est de degré fini sur K, ce qui montre que x est algébrique sur K (V, p. 17, prop. 2).

Définition 2. — *On dit qu'un sous-corps* K *d'un corps* E *est algébriquement fermé dans* E *si tout élément de* E, *algébrique sur* K, *appartient à* K.

Il revient au même de dire que K est la seule extension algébrique de K contenue dans E. Tout corps K est algébriquement fermé dans lui-même. Nous étudierons au § 4 les corps qui sont algébriquement fermés dans tout surcorps.

PROPOSITION 4. — *Soit* E *une extension d'un corps* K ; *l'ensemble* L *des éléments de* E *qui sont algébriques sur* K *est une sous-extension de* E, *algébriquement fermée dans* E.

En effet (cor. 1 du th. 2), le corps K(L) est algébrique sur K, donc $K(L) \subset L$; par suite, on a $K(L) = L$, et L est un corps. D'autre part, si $x \in E$ est algébrique sur L, il l'est aussi sur K (prop. 3), donc appartient à L.

On dit que l'extension L de K formée des éléments de E algébriques sur K est la *fermeture algébrique de* K *dans* E ; c'est *la plus grande extension algébrique de* K contenue dans E.

§ 4. EXTENSIONS ALGÉBRIQUEMENT CLOSES

1. Corps algébriquement clos

PROPOSITION 1. — *Soit* K *un corps. Les propriétés suivantes sont équivalentes* :
(AC) *Tout polynôme non constant de* K[X] *se décompose dans* K[X] *en un produit de polynômes de degré* 1 (distincts ou non).
(AC′) *Tout polynôme non constant de* K[X] *a au moins une racine dans* K.
(AC″) *Tout polynôme irréductible dans* K[X] *est de degré* 1.
(AC‴) *Toute extension algébrique de* K *est de degré* 1 (autrement dit, K *est algébriquement fermé dans tout surcorps de* K).

Montrons d'abord que les propriétés (AC), (AC′) et (AC″) sont équivalentes. Il est clair que (AC) entraîne (AC″). Comme tout polynôme non constant de K[X] est divisible par un polynôme irréductible (IV, p. 13, prop. 13) et que tout polynôme de degré 1 dans K[X] admet évidemment une racine dans K, on voit que (AC″) entraîne (AC′). La condition (AC′) entraîne par récurrence sur n que tout polynôme de degré n dans K[X] est produit de n polynômes de degré 1 (IV, p. 14, prop. 1), donc (AC′) entraîne (AC).

Il reste à voir que les propriétés (AC″) et (AC‴) sont équivalentes. Si (AC″) est vérifiée, tout élément d'un surcorps L de K algébrique sur K est de degré 1 (V, p. 15, th. 1), donc appartient à K, ce qui établit (AC‴). Réciproquement, soit f un polynôme irréductible de degré $n \geqslant 1$ dans K[X] ; l'algèbre quotient $K[X]/(f)$ est de degré n sur K, et c'est un corps, donc une extension algébrique de degré n de K (V, p. 17, prop. 2). Il est alors clair que (AC‴) entraîne (AC″).

DÉFINITION 1. — *On dit qu'un corps* K *est algébriquement clos s'il possède les quatre propriétés* (*équivalentes*) (AC), (AC′), (AC″) *et* (AC‴).

* *Exemple* 1. — Le corps **C** des nombres complexes est algébriquement clos (TG, VIII, p. 1). *

Un corps K *algébriquement fermé dans un surcorps* E *de* K n'est pas nécessairement algébriquement clos (tout corps est en effet algébriquement fermé dans lui-même et il existe des corps non algébriquement clos, par exemple $\mathbf{Q}$ ou $\mathbf{F}_p$ * ou $\mathbf{R}$ *) ; cependant :

PROPOSITION 2. — *Soient* Ω *un corps algébriquement clos et* K *un sous-corps de* Ω. *La fermeture algébrique* $\overline{K}$ *de* K *dans* Ω *est un corps algébriquement clos.*

Soit f un polynôme non constant dans $\overline{K}[X] \subset \Omega[X]$. Comme Ω est algébriquement clos, le polynôme f a au moins une racine *dans* Ω, et comme cette racine est algébrique sur $\overline{K}$, elle appartient à $\overline{K}$ (V, p. 19, prop. 4). Par suite, $\overline{K}$ satisfait à (AC′).

* *Exemple* 2. — D'après la prop. 2, l'ensemble des nombres complexes algébriques sur $\mathbf{Q}$ (appelés souvent en abrégé *nombres algébriques*) est un corps algébriquement clos. *

PROPOSITION 3. — *Tout corps algébriquement clos est infini.*

Soit K un corps fini ; posons $f(X) = 1 + \prod_{a \in K} (X - a)$. Le polynôme $f \in K[X]$ est non constant et l'on a $f(a) = 1$ pour tout $a \in K$. Le corps K ne satisfait pas à (AC′), donc n'est pas algébriquement clos.

THÉORÈME 1 (Steinitz). — *Soient* K *un corps,* E *une extension algébrique de* K *et* Ω *une extension algébriquement close de* K. *Il existe un* K*-homomorphisme de* E *dans* Ω.

D'après V, p. 13, scholie, il existe un surcorps Ω' de Ω et un K-homomorphisme u de E dans Ω'. Soit $x \in E$; comme x est algébrique sur K, $u(x)$ est algébrique sur $u(K)$ et *a fortiori* sur Ω (V, p. 16, cor. 2) ; comme Ω est algébriquement clos, on a donc $u(x) \in \Omega$. Par suite, u applique E dans Ω.

2. Extensions de décomposition

DÉFINITION 2. — *Soient* K *un corps et* $(f_i)_{i \in I}$ *une famille de polynômes non constants dans* K[X]. *On appelle extension de décomposition de* $(f_i)_{i \in I}$ *toute extension* E *de* K *qui possède les propriétés suivantes* :

a) *Pour tout* $i \in I$, *le polynôme* f_i *se décompose dans* E[X] *en produit de polynômes de degré* 1.

b) *Pour tout* $i \in I$, *soit* R_i *l'ensemble des racines de* f_i *dans* E. *On a* $E = K(\bigcup_{i \in I} R_i)$.

On dit parfois « *corps de décomposition* » au lieu de « extension de décomposition ».

Remarques. — 1) Pour tout $i \in I$, soit c_i un élément non nul de K et soit $f_i' = c_i f_i$. Il est clair que toute extension de décomposition pour la famille $(f_i)_{i \in I}$ est une extension de décomposition pour la famille $(f_i')_{i \in I}$ et réciproquement. En particulier, dans l'étude des extensions de décomposition, on peut se limiter au cas des polynômes unitaires.

2) Supposons I fini et posons $f = \prod_{i \in I} f_i$. En utilisant l'unicité de la décomposition

d'un polynôme en facteurs irréductibles dans E[X] (IV, p. 13, prop. 13), on montre facilement qu'une extension de décomposition pour le polynôme f est une extension de décomposition pour la famille $(f_i)_{i\in I}$, et réciproquement. Autrement dit, le cas d'une famille finie se ramène au cas d'un seul polynôme.

3) Soit $f \in K[X]$ un polynôme de degré $n \geqslant 1$, et soit E une extension de décomposition de f. Si $x_1, \ldots, x_n$ sont les racines de f dans E, on a donc $E = K(x_1, \ldots, x_n)$ et $[E:K]$ est fini (V, p. 17, th. 2) ; mais il se peut que E soit distinct des sous-corps $K(x_1), \ldots, K(x_n)$ engendrés par une seule racine ; ceci peut se produire même lorsque f est irréductible [1]. Remarquons cependant que, lorsque f est irréductible, les corps $K(x_i)$ sont tous de degré n sur K, et dès que E est égal à l'un d'eux, on a $[E:K] = n$ donc $E = K(x_1) = \ldots = K(x_n)$.

PROPOSITION 4. — *Soient* K *un corps et* $(f_i)_{i\in I}$ *une famille de polynômes non constants dans* K[X]. *Il existe une extension de décomposition pour la famille* $(f_i)_{i\in I}$.

On peut supposer les polynômes f_i unitaires (remarque 1). Soit $i \in I$ et soit d_i le degré de f_i. D'après IV, p. 68, prop. 5, il existe une algèbre commutative A_i sur K, non réduite à 0, et des éléments $\xi_{i,1}, \ldots, \xi_{i,d_i}$ de A_i tels que :

a) l'algèbre A_i est engendrée par $(\xi_{i,1}, \ldots, \xi_{i,d_i})$;

b) on a $f_i(X) = \prod_{k=1}^{d_i} (X - \xi_{i,k})$ dans $A_i[X]$.

Soit A le produit tensoriel de la famille d'algèbres $(A_i)_{i\in I}$, et soit φ_i l'homomorphisme canonique de A_i dans A (III, p. 42). L'algèbre A est commutative et non réduite à 0 ; d'après le théorème de Krull (I, p. 99), il existe donc un idéal maximal $\mathfrak{a}$ de A et $E = A/\mathfrak{a}$ est une extension du corps K.

Notons ψ l'homomorphisme canonique de A dans E et posons $x_{i,k} = \psi(\varphi_i(\xi_{i,k}))$ pour $i \in I$ et $1 \leqslant k \leqslant d_i$. Comme l'algèbre A est engendrée par $\bigcup_{i\in I} \varphi_i(A_i)$, l'extension E est engendrée par la famille $(x_{i,k})$. De plus, on a $f_i(X) = \prod_{k=1}^{d_i} (X - x_{i,k})$ dans E[X]. Par suite, E est une extension de décomposition de la famille $(f_i)_{i\in I}$.

PROPOSITION 5. — *Soient* K *un corps*, $(f_i)_{i\in I}$ *une famille de polynômes non constants dans* K[X], E *une extension de* K, F *et* F′ *des sous-extensions de* E *qui sont chacune extension de décomposition de* $(f_i)_{i\in I}$. *Alors* F = F′.

Soit R_i l'ensemble des racines de f_i *dans* E et soit $R = \bigcup_{i\in I} R_i$. Comme f_i est produit de polynômes du premier degré appartenant à F[X], on a $R_i \subset F$. D'après la déf. 2, on a $F = K(R)$. On prouve de même que l'on a $F' = K(R)$.

COROLLAIRE. — *Soient* K *un corps*, $(f_i)_{i\in I}$ *une famille de polynômes non constants dans* K[X], *et* F, F′ *des extensions de décomposition de* $(f_i)_{i\in I}$. *Il existe un* K-*isomorphisme de* F *sur* F′.

Cela résulte de la prop. 5 et de V, p. 12, cor. de la prop. 4.

[1] Prendre par exemple $K = \mathbf{Q}$ et $f = X^3 - 2$.

3. Clôture algébrique d'un corps

DÉFINITION 3. — *Soit* K *un corps. On appelle clôture algébrique de* K *toute extension de* K *qui est algébrique et algébriquement close.*

Exemples. — * 1) Le corps **C** des nombres complexes est une clôture algébrique du corps **R** des nombres réels (TG, VIII, p. 1). *

2) Soient K un corps et Ω une extension algébriquement close de K. Soit $\overline{K}$ la fermeture algébrique de K dans Ω. D'après V, p. 20, prop. 2, $\overline{K}$ est une clôture algébrique de K. * En particulier, le corps des nombres algébriques (V, p. 20, exemple 2) est une clôture algébrique du corps **Q** des nombres rationnels. *

PROPOSITION 6. — *Soit* Ω *une extension d'un corps* K. *Pour que* Ω *soit une clôture algébrique de* K, *il faut et il suffit qu'elle soit algébrique et que tout polynôme non constant dans* K[X] *se décompose dans* Ω[X] *en produit de facteurs de degré* 1.

La condition est nécessaire d'après (AC). Réciproquement, supposons que Ω soit algébrique sur K et que tout polynôme non constant dans K[X] soit produit dans Ω[X] de polynômes de degré 1. Soit Ω' une extension algébrique de Ω et soit $x \in \Omega'$. Comme x est algébrique sur Ω et que Ω est algébrique sur K, x est algébrique sur K (V, p. 18, prop. 3). Soit f le polynôme minimal de x sur K. Par hypothèse, le polynôme $f \in K[X]$ se décompose dans Ω[X] en produit de polynômes de degré 1, d'où $x \in \Omega$. On a donc $\Omega' = \Omega$ et le corps Ω est algébriquement clos, car il satisfait à (AC‴).

Remarque 1. — Si Ω est algébrique sur K et si tout polynôme non constant de K[X] possède une racine dans Ω, alors Ω est une clôture algébrique de K (V, p. 151, exerc. 20).

PROPOSITION 7. — *Soit* Ω *une extension algébrique d'un corps* K.

a) *Si* Ω *est algébriquement close, toute extension algébrique de* K *est isomorphe à une sous-extension de* Ω.

b) *Réciproquement, supposons que toute extension algébrique de degré fini de* K *soit isomorphe à une sous-extension de* Ω. *Alors* Ω *est algébriquement close.*

L'assertion *a*) résulte du th. 1 (V, p. 20). Plaçons-nous sous les hypothèses de *b*) et considérons un polynôme non constant $f \in K[X]$. Soit E un corps de décomposition de f (V, p. 21, prop. 4) ; comme E est algébrique de degré fini sur K (V, p. 17, th. 2), on peut supposer que E est une sous-extension de Ω. Le polynôme f est alors produit de polynômes de degré 1 dans Ω[X] et la prop. 6 montre que Ω est algébriquement close.

Nous pouvons maintenant prouver l'existence et l'unicité (à un isomorphisme près) de la clôture algébrique d'un corps.

THÉORÈME 2 (Steinitz). — *Soit* K *un corps. Il existe une clôture algébrique de* K ; *si* Ω *et* Ω' *sont deux clôtures algébriques de* K, *il existe un* K*-isomorphisme de* Ω *sur* Ω'.

D'après la prop. 6, une clôture algébrique de K n'est autre qu'une extension de décomposition de l'ensemble des polynômes non constants dans K[X]. Le th. 2 résulte alors de V, p. 21, prop. 4, et de V, p. 21, cor.

COROLLAIRE. — *Soient* K *et* K′ *deux corps,* Ω *une clôture algébrique de* K *et* Ω′ *une clôture algébrique de* K′. *Pour tout isomorphisme* u *de* K *sur* K′, *il existe un isomorphisme* v *de* Ω *sur* Ω′ *prolongeant* u.

Il suffit d'appliquer le th. 2 aux clôtures algébriques Ω et (Ω′, u) de K.

Remarques. — 2) Avec les notations du corollaire précédent, il existe en général des K-automorphismes de Ω distincts de l'identité. Il n'y a donc pas en général unicité de l'isomorphisme v de Ω sur Ω′ prolongeant l'isomorphisme u de K sur K′. Pour des raisons analogues, il y a en général plus d'un isomorphisme d'une extension de décomposition E sur une extension de décomposition E′ pour la même famille $(f_i)_{i \in I}$ de polynômes. Rappelons par contre que, pour la clôture parfaite, on a un résultat d'unicité (V, p. 5).

3) Soient K un corps et Ω une clôture algébrique de K. On peut donner la construction suivante d'une extension de décomposition pour une famille $(f_i)_{i \in I}$ de polynômes non constants dans K[X] : soit R_i l'ensemble des racines de f_i dans Ω, et soit $R = \bigcup_{i \in I} R_i$. Alors K(R) est l'unique sous-extension de Ω qui soit une extension de décomposition pour $(f_i)_{i \in I}$ (V, p. 21, prop. 5).

4) Soient K un corps fini et Ω une clôture algébrique de K. Alors Ω est infini (V, p. 20, prop. 3) ; comme toute extension de degré fini de K est un corps fini, Ω est une extension algébrique de degré *infini* de K.

§ 5. EXTENSIONS RADICIELLES

Dans tout ce paragraphe, la lettre p *désigne un entier qui est, soit égal à* 1, *soit premier. Tous les corps considérés sont d'exposant caractéristique* p. *Tous les résultats énoncés dans ce paragraphe sont triviaux lorsque* $p = 1$.

1. Éléments radiciels

DÉFINITION 1. — *Soient* K *un corps et* E *une extension de* K. *On dit qu'un élément* x *de* E *est radiciel sur* K *s'il existe un entier* $m \geqslant 0$ *tel que* $x^{p^m} \in K$; *le plus petit de ces entiers s'appelle la hauteur de* x (*sur* K).

PROPOSITION 1. — *Soient* E *une extension d'un corps* K *et* x *un élément radiciel de hauteur* e *sur* K ; *posons* $a = x^{p^e}$. *On a alors* $a \in K$, *et le polynôme minimal de* x *sur* K *est* $X^{p^e} - a$. *De plus, on a* $[K(x):K] = p^e$.

Il suffit évidemment de prouver que le polynôme $X^{p^e} - a$ est irréductible dans K[X]. D'après la définition de la hauteur de x, on a $a \notin K^p$, de sorte que la proposition résulte du lemme suivant :

Lemme 1. — *Soient* K *un corps et a un élément de* K *tel que* $a \notin K^p$. *Pour tout entier* $e \geqslant 0$, *le polynôme* $f(X) = X^{p^e} - a$ *est irréductible dans* K[X].

Soient Ω une clôture algébrique de K, et b l'élément $a^{p^{-e}}$ de Ω ; on note g le polynôme minimal de b sur K. On a $f(X) = (X - b)^{p^e}$ et par suite tout polynôme irréductible dans K[X] qui divise f admet b pour racine, donc est égal à g. Il existe donc (IV, p. 13, prop. 13) un entier $q \geqslant 1$ tel que $f = g^q$; comme q divise le degré p^e de f, il existe un entier e' tel que $0 \leqslant e' \leqslant e$ et $q = p^{e'}$. Si c est le terme constant de g, on a $-a = c^q$; comme on a supposé que a n'appartient pas à K^p, on a donc $q = 1$, c'est-à-dire $f = g$. D'où le lemme.

2. Extensions radicielles

Définition 2. — *Soit* E *une extension d'un corps* K. *On dit que* E *est radicielle* (*sur* K) *si tout élément de* E *est radiciel sur* K. *S'il en est ainsi, on dit que* E *est de hauteur finie si l'ensemble des hauteurs des éléments de* E *est majoré, et on appelle hauteur de* E *le maximum des hauteurs de ses éléments.*

On notera que toute extension radicielle d'un corps parfait (en particulier d'un corps de caractéristique 0) est triviale.

Soit K un corps. Les extensions radicielles de hauteur 0 de K sont les extensions triviales. Toute extension radicielle de K est algébrique. Si E est une extension radicielle de K et F une extension radicielle de E, alors F est une extension radicielle de K : en effet, pour tout $x \in F$, il existe un entier $m \geqslant 0$ tel que $x^{p^m} \in E$, puis un entier $n \geqslant 0$ tel que $(x^{p^m})^{p^n} \in K$, c'est-à-dire $x^{p^{m+n}} \in K$.

Proposition 2. — *Soit* E *une extension d'un corps* K. *Pour tout entier* $n \geqslant 0$, *soit* E_n *l'ensemble des éléments de* E *qui sont radiciels de hauteur* $\leqslant n$ *sur* K, *et soit* E_∞ *l'ensemble des éléments de* E *radiciels sur* K. *Alors* $(E_n)_{n \geqslant 0}$ *est une suite croissante de sous-extensions de* E, *de réunion* E_∞, *et* E_∞ *est la plus grande extension radicielle de* K *contenue dans* E.

Pour tout entier $n \geqslant 0$, l'ensemble E_n se compose des éléments x de E tels que $x^{p^n} \in K$; comme l'application $x \mapsto x^{p^n}$ est un endomorphisme du corps E, on en conclut que E_n est une sous-extension de E. La suite $(E_n)_{n \geqslant 0}$ est croissante, de réunion E_∞, et par suite E_∞ est une sous-extension de E (V, p. 11, prop. 3). Il est clair que E_∞ est une extension radicielle de K, et que E_∞ contient toute sous-extension de E qui est radicielle sur K.

Corollaire. — *Si une extension* E *d'un corps* K *est engendrée par un ensemble d'éléments radiciels sur* K, *elle est radicielle sur* K.

En effet, E_∞ est une sous-extension de E, et l'on a par hypothèse $E = K(E_\infty)$ d'où $E = E_\infty$; par suite, E est une extension radicielle de K.

Sous les conditions de la proposition 2, on dit que E_∞ est la *fermeture radicielle* de K dans E.

Nous appliquerons surtout la prop. 2 au cas où E est une extension algébriquement close de K ; alors E est parfait et l'on a $E_n = K^{p^{-n}}$ pour tout $n \geqslant 0$. On note dans ce cas $K^{p^{-\infty}}$ l'ensemble des éléments de E radiciels sur K ; c'est le sous-corps de E réunion de la suite croissante $(K^{p^{-n}})_{n \geqslant 0}$ de sous-corps de E. D'après la prop. 2, $K^{p^{-\infty}}$ est la plus grande des sous-extensions de E qui sont radicielles sur K ; d'après la prop. 3 de V, p. 6, $K^{p^{-\infty}}$ est une clôture parfaite de K, et c'est aussi le plus petit sous-corps parfait de E contenant K. Lorsque K est parfait, on a évidemment $K = K^{p^{-n}} = K^{p^{-\infty}}$ pour tout n. Si K est imparfait, on a $K \neq K^p$, d'où

$$K^{p^{-n}} \neq (K^p)^{p^{-n}} = K^{p^{-(n-1)}}$$

pour $n \geqslant 1$; les sous-corps $K^{p^{-n}}$ de E sont donc deux à deux distincts, et $K^{p^{-\infty}}$ est une extension algébrique de degré *infini* de K.

PROPOSITION 3. — *Soient* K *un corps,* E *un surcorps de* K *radiciel sur* K *et* u *un homomorphisme de* K *dans un corps parfait* F. *Il existe un homomorphisme* v *de* E *dans* F *prolongeant* u, *et un seul.*

Soit E_n l'ensemble des éléments de E qui sont radiciels de hauteur $\leqslant n$ sur K. D'après la prop. 2, le corps E est réunion de la suite croissante $(E_n)_{n \geqslant 0}$ de sous-corps. Soit v un homomorphisme de E dans F prolongeant u ; pour tout $x \in E_n$, on a $x^{p^n} \in K$, d'où $v(x)^{p^n} = v(x^{p^n}) = u(x^{p^n})$; on a donc $v(x) = u(x^{p^n})^{p^{-n}}$ pour tout $n \geqslant 0$ et tout $x \in E_n$, d'où l'unicité d'un prolongement de u à E.

Soit n un entier positif ; pour tout $x \in E_n$, on a $x^{p^n} \in K$, et comme F est parfait, on définit un élément $v_n(x)$ de F par $v_n(x) = u(x^{p^n})^{p^{-n}}$. Il est immédiat que v_n est un homomorphisme de E_n dans F, qu'on a $v_0 = u$ et que v_{n+1} induit v_n sur E_n. Il existe donc un homomorphisme v de E dans F induisant v_n sur E_n pour tout $n \geqslant 0$ et en particulier, coïncidant avec $v_0 = u$ sur $E_0 = K$.

COROLLAIRE. — *Pour qu'une extension* E *d'un corps* K *soit une clôture parfaite de* K, *il faut et il suffit que ce soit une extension radicielle de* K *et que le corps* E *soit parfait.*

Le corollaire est trivial lorsque $p = 1$; supposons donc $p \neq 1$. Les conditions énoncées sont nécessaires d'après V, p. 5, th. 3 ; elles sont suffisantes d'après la prop. 3.

PROPOSITION 4. — *Soit* E *une extension radicielle de degré fini d'un corps* K. *Alors* [E : K] *est une puissance de l'exposant caractéristique* p *de* K.

Comme E est une extension radicielle de degré fini de K, il existe des éléments $a_1, \ldots, a_m$ de E, radiciels sur K et tels que $E = K(a_1, \ldots, a_m)$. Soit i compris entre 1 et m ; comme a_i est *a fortiori* radiciel sur $K(a_1, \ldots, a_{i-1})$, le degré

$$n_i = [K(a_1, \ldots, a_i) : K(a_1, \ldots, a_{i-1})]$$

est une puissance de p (V, p. 23, prop. 1). On a $[E : K] = n_1 \ldots n_m$ d'après V, p. 17, th. 2, d'où la proposition.

§ 6. ALGÈBRES ÉTALES

Dans tout ce paragraphe, on note K *un corps.*

1. Indépendance linéaire des homomorphismes

Soient L une extension de K et V un espace vectoriel sur K. Dans ce paragraphe, on note $\mathrm{Hom}_K(V, L)$ l'ensemble des *applications* K-*linéaires de* V *dans* L muni de la structure d'espace vectoriel sur L telle que :

$$(f+g)(x) = f(x) + g(x)\,, \quad (\alpha f)(x) = \alpha f(x) \tag{1}$$

pour $x \in V$, $\alpha \in L$ et f, g dans $\mathrm{Hom}_K(V, L)$. Soient $V_{(L)} = L \otimes_K V$ l'espace vectoriel sur L déduit de V par extension des scalaires et $(V_{(L)})^*$ son dual. D'après II, p. 82, on a un isomorphisme canonique $u \mapsto \tilde{u}$ de L-espaces vectoriels de $(V_{(L)})^*$ sur $\mathrm{Hom}_K(V, L)$ tel que $\tilde{u}(x) = u(1 \otimes x)$ pour $x \in V$ et u dans $(V_{(L)})^*$. Si V est de dimension *finie n* sur K, l'espace vectoriel $V_{(L)}$ sur L est de dimension n, ainsi que son dual $(V_{(L)})^* = V^*_{(L)}$, d'où la formule

$$[\mathrm{Hom}_K(V, L) : L] = [V : K]\,. \tag{2}$$

THÉORÈME 1. — *Soient* L *une extension d'un corps* K *et* A *une algèbre sur* K ; *soit* $\mathscr{H}$ *l'ensemble des homomorphismes de* K-*algèbres de* A *dans* L. *Alors* $\mathscr{H}$ *est une partie libre de l'espace vectoriel* $\mathrm{Hom}_K(A, L)$ *sur* L.

Montrons, par récurrence sur l'entier $n \geqslant 0$, que toute suite $(u_1, \ldots, u_n)$ d'éléments distincts de $\mathscr{H}$ est libre. Le cas $n = 0$ étant trivial, supposons désormais $n \geqslant 1$; soient $\alpha_1, \ldots, \alpha_n$ des éléments de L tels que l'on ait $\sum_{i=1}^{n} \alpha_i u_i = 0$. Pour x, y dans A, on a

$$\sum_{i=1}^{n-1} \alpha_i[u_i(x) - u_n(x)].u_i(y) = \sum_{i=1}^{n} \alpha_i u_i(xy) - u_n(x) \sum_{i=1}^{n} \alpha_i u_i(y) = 0\,,$$

d'où $\sum_{i=1}^{n-1} \alpha_i[u_i(x) - u_n(x)].u_i = 0$. D'après l'hypothèse de récurrence, les éléments $u_1, \ldots, u_{n-1}$ de $\mathscr{H}$ sont linéairement indépendants, d'où $\alpha_i[u_i(x) - u_n(x)] = 0$ pour $1 \leqslant i \leqslant n-1$ et pour tout x dans A. Les u_i étant distincts, cela implique $\alpha_i = 0$ pour $i \neq n$, donc $\alpha_n u_n = 0$, d'où $\alpha_n = \alpha_n u_n(1) = 0$ (en notant 1 l'élément unité de A). On a donc prouvé que $\alpha_1, \ldots, \alpha_{n-1}, \alpha_n$ sont nuls, d'où le théorème.

COROLLAIRE 1. — *Soient* Γ *un monoïde,* L *un corps et* X *l'ensemble des homomorphismes de* Γ *dans le monoïde multiplicatif de* L. *Alors* X *est une partie libre du* L-*espace vectoriel* L^Γ *des applications de* Γ *dans* L.

Soient A l'algèbre du monoïde Γ à coefficients dans L et $(e_\gamma)_{\gamma \in \Gamma}$ la base canonique de A sur L (III, p. 19). Pour toute application L-linéaire u de A dans L, posons $\tilde{u}(\gamma) = u(e_\gamma)$ (pour $\gamma \in \Gamma$) ; alors, l'application $u \mapsto \tilde{u}$ est un isomorphisme de L-espaces vectoriels de $\mathrm{Hom}_{\mathrm{L}}(\mathrm{A}\,;\,\mathrm{L})$ sur L^Γ, qui applique sur X l'ensemble des homomorphismes de L-algèbres de A dans L. Il suffit alors d'appliquer le th. 1 avec K = L.

COROLLAIRE 2 (Théorème de Dedekind). — *Soient* E *et* L *deux extensions de* K. *L'ensemble des* K-*homomorphismes de* E *dans* L *est libre sur* L. *Si* E *est de degré fini sur* K, *le nombre des* K-*homomorphismes de* E *dans* L *est au plus égal à* [E : K].

La dernière assertion se déduit de la première en tenant compte de la formule (2).

2. Indépendance algébrique des homomorphismes

THÉORÈME 2. — *Soient* K *un corps* infini, L *une extension de* K *et* A *une algèbre sur* K. *Soient* $u_1, \ldots, u_n$ *des* K-*homomorphismes d'algèbres distincts de* A *dans* L *et* f *un polynôme de* $\mathrm{L}[\mathrm{X}_1, \ldots, \mathrm{X}_n]$. *Si l'on a* $f(u_1(x), \ldots, u_n(x)) = 0$ *pour tout* $x \in \mathrm{A}$, *on a* $f = 0$.

Soit B l'ensemble des éléments de L^n de la forme $(u_1(x), \ldots, u_n(x))$ avec $x \in \mathrm{A}$. D'après le théorème 1, il n'existe pas de suite $(\alpha_1, \ldots, \alpha_n)$ d'éléments non tous nuls de L telle que $\sum_{i=1}^{n} \alpha_i u_i(x) = 0$ pour tout $x \in \mathrm{A}$; par suite (II, p. 104, th. 7), B engendre l'espace vectoriel L^n sur L. Il existe donc des éléments $a_1, \ldots, a_n$ de A tels que la matrice $(u_i(a_j))_{1 \leqslant i,j \leqslant n}$ soit inversible.

Définissons le polynôme $g \in \mathrm{L}[\mathrm{Y}_1, \ldots, \mathrm{Y}_n]$ par

$$(3) \qquad g(\mathrm{Y}_1, \ldots, \mathrm{Y}_n) = f\Big(\sum_{j=1}^{n} u_1(a_j)\,\mathrm{Y}_j, \ldots, \sum_{j=1}^{n} u_n(a_j)\,\mathrm{Y}_j\Big).$$

Soient $y_1, \ldots, y_n$ dans K ; si l'on pose $x = \sum_{i=1}^{n} y_i a_i$, on a

$$g(y_1, \ldots, y_n) = f(u_1(x), \ldots, u_n(x)), \text{ d'où } g(y_1, \ldots, y_n) = 0$$

d'après l'hypothèse faite sur f. Comme le corps K est infini, on a $g = 0$ (IV, p. 17, corollaire 2) ; or, la matrice $(u_i(a_j))$ a une inverse (b_{ij}), et l'on a

$$(4) \qquad f(\mathrm{X}_1, \ldots, \mathrm{X}_n) = g\Big(\sum_{j=1}^{n} b_{1j}\mathrm{X}_j, \ldots, \sum_{j=1}^{n} b_{nj}\mathrm{X}_j\Big),$$

d'où $f = 0$.

Le théorème 2 n'a pas d'analogue pour les corps finis. Soient en effet K un corps fini à q éléments, A = L = K et $f(\mathrm{X}) = \mathrm{X}^q - \mathrm{X}$. On a $x^q = x$ pour tout $x \in \mathrm{K}$ (V, p. 89, prop. 2) ; par suite, si u est l'automorphisme identique de K, on a $f(u(x)) = 0$ pour tout $x \in \mathrm{K}$ bien que f ne soit pas nul.

3. Algèbres diagonalisables et algèbres étales

DÉFINITION 1. — *Soit* A *une algèbre sur* K. *On dit que* A *est* diagonalisable *s'il existe un entier* $n \geqslant 0$ *tel que* A *soit isomorphe à l'algèbre produit* K^n. *On dit que* A *est* diagonalisée *par une extension* L *de* K *si l'algèbre* $A_{(L)}$ *sur* L *déduite de* A *par extension des scalaires est diagonalisable. On dit que* A *est* étale *s'il existe une extension de* K *qui diagonalise* A.

Rappelons que l'algèbre produit K^n est l'espace vectoriel K^n muni du produit défini par

$$(x_1, \dots, x_n).(y_1, \dots, y_n) = (x_1 y_1, \dots, x_n y_n). \tag{5}$$

Si $\varepsilon_1, \dots, \varepsilon_n$ est la base canonique de K^n, on a

$$\varepsilon_i^2 = \varepsilon_i, \quad \varepsilon_i \varepsilon_j = 0 \quad \text{si} \quad i \neq j \tag{6}$$

et $1 = \varepsilon_1 + \cdots + \varepsilon_n$.

Toute algèbre étale sur K est *commutative* et de *degré fini* sur K.

PROPOSITION 1. — *Soit* A *une algèbre de degré fini* n *sur le corps* K. *Les conditions suivantes sont équivalentes* :

a) *L'algèbre* A *est diagonalisable.*

b) *Il existe une base* $(e_1, \dots, e_n)$ *de* A *telle que* $e_i^2 = e_i$ *et* $e_i e_j = 0$ *pour* $i \neq j$.

c) *Les homomorphismes de* K*-algèbres de* A *dans* K *engendrent le dual du* K*-espace vectoriel* A.

d) *Tout* A*-module est somme directe de sous-modules qui sont de dimension* 1 *sur* K.

L'équivalence de *a*) et *b*) résulte de la formule (6) ; d'autre part, les n projections $K^n \to K$ sont des homomorphismes d'algèbres, donc *a*) implique *c*). Si *c*) est satisfait, les homomorphismes d'algèbres de A dans K forment une base du dual de A (V, p. 26, th. 1) ; notons-les $u_1, \dots, u_n$; alors $a \mapsto (u_i(a))$ est un isomorphisme de A sur l'algèbre K^n, d'où *a*). On a donc démontré l'équivalence des conditions *a*), *b*) et *c*).

Supposons *b*) vérifiée, et soit M un A-module ; alors les homothéties $(e_i)_M$ de rapport e_i sont des projecteurs de M, et M est somme directe des $e_i M$, qui en sont des sous-A-modules. On peut donc supposer qu'il existe un indice i tel que $(e_j)_M = 0$ pour $j \neq i$. Alors tout sous-espace vectoriel de M en est un sous-A-module, d'où *d*).

Inversement, supposons *d*) vérifiée et considérons le A-module A_s. Il existe alors une base (f_i) du K-espace vectoriel A tel que $Af_i = Kf_i$ pour $i = 1, \dots, n$. Quitte à remplacer chaque f_i par un multiple scalaire convenable, on peut supposer que $1 = f_1 + \cdots + f_n$. Si $i \neq j$, $f_i f_j$ appartient à $Af_i \cap Af_j = Kf_i \cap Kf_j$, donc est nul. Alors $f_i = f_i f_1 + \cdots + f_i f_n = f_i^2$, d'où *b*).

COROLLAIRE. — *Soient* L *une extension de* K *et* $\mathscr{H}$ *l'ensemble des homomorphismes d'algèbres de* A *dans* L. *On a* Card $\mathscr{H} \leqslant [A:K]$, *avec égalité si et seulement si* A *est diagonalisée par* L. *Si* A *est diagonalisée par* L, *alors* $\mathscr{H}$ *est une base du* L-*espace vectoriel* $\mathrm{Hom}_K(A, L)$.

L'espace vectoriel $\mathrm{Hom}_K(A, L)$ sur L est de dimension $[A:K]$ d'après la formule (2) et $\mathscr{H}$ est une partie libre de $\mathrm{Hom}_K(A, L)$ d'après le th. 1 (V, p. 26). On a donc Card $\mathscr{H} \leqslant [A:K]$ avec égalité si et seulement si $\mathscr{H}$ est une base de $\mathrm{Hom}_K(A, L)$. Il existe un isomorphisme de L-espaces vectoriels, soit $\pi : \mathrm{Hom}_K(A, L) \to A^*_{(L)}$, caractérisé par $u(x) = (\pi u)(1 \otimes x)$ pour $x \in A$, et π applique $\mathscr{H}$ sur l'ensemble $\mathscr{H}_L$ des homomorphismes de L-algèbres de $A_{(L)}$ dans L. Enfin, l'équivalence de *a*) et *c*) dans la prop. 1 montre que l'algèbre $A_{(L)}$ sur L est diagonalisable si et seulement si $\mathscr{H}_L$ engendre l'espace vectoriel $A^*_{(L)}$ sur L. Ceci prouve le corollaire.

PROPOSITION 2. — *Soient* A *une algèbre sur* K *et* Ω *une extension algébriquement close de* K. *Les assertions suivantes sont équivalentes :*

a) *L'algèbre* A *est étale.*

b) *Il existe une extension de degré fini de* K *qui diagonalise* A.

c) *L'extension* Ω *de* K *diagonalise* A.

Supposons que A soit étale. Soit n le degré de A sur K, soit L une extension de K qui diagonalise A, et soit $\mathscr{H}$ l'ensemble des homomorphismes d'algèbres de A dans L. On a Card $\mathscr{H} = n$ d'après le cor. de la prop. 1. D'autre part, pour tout $u \in \mathscr{H}$, on a $[u(A):K] \leqslant n$. D'après V, p. 17, th. 2, la sous-extension L′ de L engendrée par les images des éléments de $\mathscr{H}$ est de degré fini sur K. Comme il existe n homomorphismes distincts de A dans L′, l'extension L′ diagonalise A d'après le cor. de la prop. 1. Ceci montre que *a*) entraîne *b*).

Comme toute extension de degré fini de K est isomorphe à une sous-extension de Ω (V, p. 20, th. 1), *b*) entraîne *c*). Enfin, *c*) entraîne évidemment *a*).

4. Sous-algèbres d'une algèbre étale

PROPOSITION 3. — *Soit* A *une algèbre étale sur* K. *Il n'existe qu'un nombre fini de sous-algèbres et d'idéaux de* A. *De plus, toute extension de* K *qui diagonalise* A *diagonalise toute sous-algèbre et toute algèbre quotient de* A, *et en particulier ces algèbres sont étales.*

Il suffit de montrer qu'une algèbre K^n n'a qu'un nombre fini de sous-algèbres et d'idéaux, et que les sous-algèbres et les algèbres quotients de K^n sont diagonalisables. On notera $(\varepsilon_1, \ldots, \varepsilon_n)$ la base canonique de K^n.

Soit A une sous-algèbre de K^n, et soient $v_1, \ldots, v_n$ les restrictions à A des n projections $K^n \to K$. Comme l'intersection des noyaux des v_i est évidemment réduite à 0, les v_i engendrent le K-espace vectoriel dual de A (II, p. 104, cor. 1) ; la K-algèbre A est donc diagonalisable (V, p. 28, prop. 1).

Pour toute partie I de $\{1, 2, \ldots, n\}$, posons $\varepsilon_{\mathrm{I}} = \sum_{i \in \mathrm{I}} \varepsilon_i$. Il est immédiat que les éléments ε_{I} sont les idempotents de K^n ; on a $\varepsilon_{\mathrm{I}} = 0$ si et seulement si I est vide et $\varepsilon_{\mathrm{I}}\varepsilon_{\mathrm{J}} = \varepsilon_{\mathrm{I} \cap \mathrm{J}}$. D'après ce qui précède, toute sous-algèbre A de K^n est diagonalisable ; d'après la condition *b*) de la prop. 1, toute sous-algèbre A de K^n admet donc une base $(\varepsilon_{\mathrm{I}_1}, \ldots, \varepsilon_{\mathrm{I}_p})$ où $(\mathrm{I}_1, \ldots, \mathrm{I}_p)$ est une partition de $\{1, 2, \ldots, n\}$, et il n'y a finalement qu'un nombre fini de telles sous-algèbres.

Pour toute partie I de $\{1, 2, \ldots, n\}$, soit $\mathfrak{a}_{\mathrm{I}}$ le sous-espace vectoriel de K^n ayant pour base les idempotents ε_i pour $i \in \mathrm{I}$. Il est immédiat que $\mathfrak{a}_{\mathrm{I}}$ est un idéal de K^n ; de plus, si $\mathrm{J} = \{1, 2, \ldots, n\} - \mathrm{I}$, les classes $\bar{\varepsilon}_j$ de ε_j modulo $\mathfrak{a}_{\mathrm{I}}$ pour $j \in \mathrm{J}$ forment une base de $\mathrm{K}^n/\mathfrak{a}_{\mathrm{I}}$. On a $\bar{\varepsilon}_j^2 = \bar{\varepsilon}_j$ et $\bar{\varepsilon}_j\bar{\varepsilon}_k = 0$ si $j \neq k$, donc l'algèbre $\mathrm{K}^n/\mathfrak{a}_{\mathrm{I}}$ est diagonalisable d'après la prop. 1 de V, p. 28.

Il reste à prouver que tout idéal $\mathfrak{a}$ de K^n est de la forme $\mathfrak{a}_{\mathrm{I}}$. Soit I l'ensemble des entiers i tels que $1 \leqslant i \leqslant n$ et $\varepsilon_i \in \mathfrak{a}$; on a $\mathfrak{a}_{\mathrm{I}} \subset \mathfrak{a}$. Soit $x = x_1\varepsilon_1 + \cdots + x_n\varepsilon_n$ un élément de $\mathfrak{a}$ (avec $x_1, \ldots, x_n$ dans K) et soit i dans $\{1, 2, \ldots, n\} - \mathrm{I}$. On a $x_i\varepsilon_i = x\varepsilon_i \in \mathfrak{a}$ et $\varepsilon_i \notin \mathfrak{a}$, d'où $x_i = 0$. On a donc $x = \sum_{i \in \mathrm{I}} x_i\varepsilon_i$, d'où $x \in \mathfrak{a}_{\mathrm{I}}$. On a prouvé l'inclusion $\mathfrak{a} \subset \mathfrak{a}_{\mathrm{I}}$, d'où finalement $\mathfrak{a} = \mathfrak{a}_{\mathrm{I}}$.

COROLLAIRE. — *Soient* $\mathrm{A}_1, \ldots, \mathrm{A}_m$ *des algèbres sur* K, *et* $\mathrm{A} = \mathrm{A}_1 \times \cdots \times \mathrm{A}_m$. *Pour que* A *soit étale, il faut et il suffit que* $\mathrm{A}_1, \ldots, \mathrm{A}_m$ *soient étales.*

Supposons A étale ; chacune des algèbres $\mathrm{A}_1, \ldots, \mathrm{A}_m$ est isomorphe à un quotient de A, donc est étale d'après la prop. 3. Réciproquement, toute extension de K qui diagonalise $\mathrm{A}_1, \ldots, \mathrm{A}_m$ diagonalise évidemment A.

5. Degré séparable d'une algèbre commutative

Soit A une algèbre commutative de degré fini n sur K. Pour toute extension L de K, le nombre $h(\mathrm{L})$ des homomorphismes d'algèbres de A dans L est fini et majoré par n (V, p. 29, cor.).

Lemme 1. — *Soit* Ω *une clôture algébrique de* K. *On a* $h(\mathrm{L}) \leqslant h(\Omega)$ *pour toute extension* L *de* K, *avec égalité si* L *est algébriquement clos.*

Soit L′ la fermeture algébrique de K dans L. Pour tout homomorphisme u de A dans L, on a $[u(\mathrm{A}):\mathrm{K}] \leqslant n$, donc $u(\mathrm{A}) \subset \mathrm{L}'$ d'après V, p. 17, prop. 2 ; on a donc $h(\mathrm{L}') = h(\mathrm{L})$. Comme l'extension L′ de K est isomorphe à une sous-extension de Ω (V, p. 20, th. 1), on a $h(\mathrm{L}') \leqslant h(\Omega)$. Si L est algébriquement clos, alors L′ est une clôture algébrique de K ; les extensions L′ et Ω de K sont alors isomorphes (V, p. 22, th. 2) et par suite $h(\mathrm{L}') = h(\Omega)$. Le lemme résulte aussitôt de là.

D'après le lemme 1, le nombre $h(\mathrm{L})$ a la même valeur pour toutes les extensions algébriquement closes L de K ; ce nombre sera noté $[\mathrm{A}:\mathrm{K}]_s$ et appelé le *degré séparable* de A.

Soient A et B deux algèbres commutatives de degré fini sur K. Nous allons établir la formule

$$(7) \qquad [A \otimes_K B : K]_s = [A:K]_s . [B:K]_s .$$

Soit L une extension algébriquement close de K ; notons $\mathscr{H}(A)$ l'ensemble des homomorphismes d'algèbres de A dans L, et définissons de manière analogue $\mathscr{H}(B)$ et $\mathscr{H}(A \otimes_K B)$. Par définition, on a Card $\mathscr{H}(A) = [A:K]_s$ et des formules analogues pour $[B:K]_s$ et $[A \otimes_K B:K]_s$. De plus (III, p. 38, formule (6)), la formule $(u * v)(a \otimes b) = u(a)\,v(b)$ définit une bijection $(u, v) \mapsto u * v$ de $\mathscr{H}(A) \times \mathscr{H}(B)$ sur $\mathscr{H}(A \otimes_K B)$, d'où la formule (7).

Soit K′ une extension de K ; prouvons la formule

$$(8) \qquad [A_{(K')} : K']_s = [A:K]_s .$$

En effet, prenons pour L une clôture algébrique de K′. La formule $\tilde{u}(x) = u(1 \otimes x)$ (pour $x \in A$) définit une bijection $u \mapsto \tilde{u}$ de l'ensemble des K′-homomorphismes de $A_{(K')}$ dans L sur l'ensemble des K-homomorphismes de A dans L, d'où (8).

Enfin, supposons que K′ soit une extension de degré fini de K ; si A′ est une K′-algèbre commutative de degré fini, c'est aussi une K-algèbre commutative de degré fini et l'on a $[A':K] = [A':K'].[K':K]$ (V, p. 9, th. 1). Nous allons prouver la formule

$$(9) \qquad [A':K]_s = [A':K']_s . [K':K]_s .$$

En effet, soit S (resp. T) l'ensemble des K-homomorphismes de K′ (resp. A′) dans une clôture algébrique L de K ; pour tout $\sigma \in S$, notons T_σ l'ensemble des éléments f de T tels que $f(\alpha.1) = \sigma(\alpha)$ pour tout $\alpha \in K'$. Alors la famille $(T_\sigma)_{\sigma \in S}$ est une partition de T, et l'on a Card $S = [K':K]_s$; or, pour tout $\sigma \in S$, l'ensemble T_σ se compose des K′-homomorphismes de A′ dans l'extension algébriquement close (L, σ) de K′, d'où Card $T_\sigma = [A':K']_s$. On a ainsi prouvé (9).

PROPOSITION 4. — *Soit* A *une algèbre commutative de degré fini sur* K. *On a* $[A:K]_s \leqslant [A:K]$, *avec égalité si et seulement si* A *est étale.*

Soient Ω une clôture algébrique de K et $\mathscr{H}$ l'ensemble des homomorphismes d'algèbres de A dans Ω. On a Card $\mathscr{H} = [A:K]_s$, et A est étale si et seulement si A est diagonalisée par l'extension Ω de K (V, p. 29, prop. 2). La prop. 4 résulte alors du cor. de V, p. 29.

COROLLAIRE 1. — *Soient* A *et* B *deux algèbres commutatives sur* K, *de degrés finis non nuls. Pour que l'algèbre* $C = A \otimes_K B$ *soit étale, il faut et il suffit que* A *et* B *soient étales.*

On a $[C:K] = [A:K].[B:K]$ et la formule analogue (7) pour les degrés séparables. De plus, on a $[A:K]_s \leqslant [A:K]$ et des formules analogues pour B et C. Il en résulte qu'on a $[C:K] = [C:K]_s$ si et seulement si l'on a à la fois $[A:K] = [A:K]_s$ et $[B:K] = [B:K]_s$; il suffit alors d'appliquer la prop. 4.

COROLLAIRE 2. — *Soit* K' *une extension de* K.

a) Pour qu'une K*-algèbre* A *soit étale, il faut et il suffit que la* K'*-algèbre* $A_{(K')}$ *soit étale.*

b) Soit A' *une algèbre sur* K', *non réduite à* 0. *Pour que* A' *soit étale sur* K, *il faut et il suffit que* A' *soit étale sur* K' *et que* K' *soit étale sur* K.

On raisonne comme dans le cor. 1, en appliquant cette fois les formules (8) pour *a*) et (9) pour *b*).

6. Caractérisation différentielle des algèbres étales

THÉORÈME 3. — *Soit* A *une algèbre commutative de degré fini sur* K. *Pour que* A *soit étale, il faut et il suffit que le module* $\Omega_K(A)$ *des* K*-différentielles de* A *soit réduit à* 0.

A) Soit L une clôture algébrique de K (V, p. 22, th. 2). Pour que A soit étale, il faut et il suffit que l'algèbre $A_{(L)}$ sur L soit diagonalisable (V, p. 29, prop. 2). De plus, le A-module $\Omega_L(A_{(L)})$ est isomorphe à $\Omega_K(A) \otimes_A A_{(L)}$ (III, p. 136, prop. 20), donc à $\Omega_K(A) \otimes_K L$ d'après l'associativité du produit tensoriel ; par suite, $\Omega_K(A) = 0$ équivaut à $\Omega_L(A_{(L)}) = 0$. Pour prouver le th. 3, il suffit donc de considérer le cas où K est algébriquement clos et de montrer que l'algèbre A est diagonalisable si et seulement si l'on a $\Omega_K(A) = 0$.

B) Supposons A diagonalisable ; alors (V, p. 28, prop. 1), l'espace vectoriel A est engendré par les idempotents de A. L'assertion $\Omega_K(A) = 0$ résulte alors du lemme suivant :

Lemme 2. — *Soient* A *une algèbre commutative sur* K *et* e *un idempotent de* A. *On a* $de = 0$ *dans* $\Omega_K(A)$.

De la relation $e = e^2$, on déduit $de = 2e.de$; par multiplication par e, on en déduit $e.de = 2e^2.de = 2e.de$, d'où $e.de = 0$. Finalement, on a $de = 2e.de = 0$.

C) Nous démontrerons d'abord deux lemmes :

Lemme 3. — *Soit* A *une algèbre commutative de degré fini sur le corps algébriquement clos* K, *telle que* $\Omega_K(A) = 0$. *On a* $\mathfrak{m} = \mathfrak{m}^2$ *pour tout idéal maximal* $\mathfrak{m}$ *de* A.

L'algèbre $A/\mathfrak{m}$ est une extension de degré fini du corps algébriquement clos K, d'où $[A/\mathfrak{m}:K] = 1$. Pour tout $a \in A$, il existe donc un unique scalaire λ tel que $a - \lambda.1$ appartienne à $\mathfrak{m}$; notons $D(a)$ la classe de $a - \lambda.1$ modulo $\mathfrak{m}^2$. Il est immédiat que D est une K-dérivation de A dans le A-module $\mathfrak{m}/\mathfrak{m}^2$. La propriété universelle de $\Omega_K(A)$ (III, p. 134) et l'hypothèse $\Omega_K(A) = 0$ entraînent $D = 0$, d'où $\mathfrak{m}/\mathfrak{m}^2 = 0$ et finalement $\mathfrak{m} = \mathfrak{m}^2$.

Lemme 4. — *Soit* A *un anneau commutatif et soit* $\mathfrak{a}$ *un idéal de type fini de* A *tel que* $\mathfrak{a} = \mathfrak{a}^2$. *Il existe un idempotent* e *de* A *tel que* $\mathfrak{a} = Ae$.

Soit $(a_1, \ldots, a_r)$ un système générateur de l'idéal $\mathfrak{a}$; comme on a $\mathfrak{a} = \mathfrak{a}^2$, il existe des éléments x_{ij} de $\mathfrak{a}$ tels que $a_i = \sum_{j=1}^{r} x_{ij} a_j$ pour $1 \leqslant i \leqslant r$. Notons M la matrice carrée d'ordre r dont les éléments sont $\delta_{ij} - x_{ij}$ et soit D son déterminant. Il existe (III, p. 99, formule (26)) une matrice carrée N d'ordre r à éléments dans A telle que $\mathrm{N}.\mathrm{M} = \mathrm{D}.\mathrm{I}_r$, d'où immédiatement $\mathrm{D}a_j = 0$ pour $1 \leqslant j \leqslant r$ et finalement $\mathrm{D}\mathfrak{a} = 0$. Or la matrice M est congrue à I_r modulo $\mathfrak{a}$, d'où $\mathrm{D} \equiv 1$ mod. $\mathfrak{a}$. Posons $e = 1 - \mathrm{D}$; on a $e \in \mathfrak{a}$ et $ex = x$ pour tout $x \in \mathfrak{a}$. On en déduit que e est un idempotent et que $\mathfrak{a}$ est égal à $\mathrm{A}e$.

Ces lemmes étant prouvés, montrons par récurrence sur le degré de A que A est diagonalisable si K est algébriquement clos et si $\Omega_{\mathrm{K}}(\mathrm{A}) = 0$. Soit $\mathfrak{m}$ un idéal maximal de A (I, p. 99). D'après les lemmes 3 et 4, il existe un idempotent e tel que $\mathfrak{m} = \mathrm{A}e$; on a vu que $\mathrm{A}/\mathfrak{m}$ est de degré 1 sur K. Alors A est somme directe des idéaux $\mathfrak{a} = (1 - e)\mathrm{A}$ et $\mathfrak{m}$, et l'on a $[\mathfrak{a} : \mathrm{K}] = 1$, donc A est isomorphe à $\mathrm{K} \times \mathrm{A}/\mathfrak{a}$. Comme $\Omega_{\mathrm{K}}(\mathrm{A}/\mathfrak{a})$ est isomorphe à un quotient de $\Omega_{\mathrm{K}}(\mathrm{A})$ (III, p. 137, prop. 22), il est nul et l'hypothèse de récurrence montre que $\mathrm{A}/\mathfrak{a}$ est diagonalisable. Ceci prouve que A est diagonalisable.

7. Algèbres réduites et algèbres étales

DÉFINITION 2. — *Soit* A *un anneau commutatif. On dit que* A *est réduit si tout élément nilpotent* (I, p. 93) *de* A *est nul.*

Si A est un corps, ou un anneau intègre, ou un produit d'anneaux réduits, c'est un anneau réduit. Pour qu'un anneau commutatif A soit réduit, il faut et il suffit que l'on ait $a^2 \neq 0$ pour tout $a \neq 0$ dans A : en effet, on déduit de là, par récurrence sur n, $a^{2^n} \neq 0$ d'où $a^n \neq 0$ pour tout $a \neq 0$ dans A.

On dit qu'une algèbre commutative est *réduite* si l'anneau sous-jacent est réduit.

PROPOSITION 5. — *Soit* A *une algèbre commutative de degré fini sur* K. *Pour que* A *soit réduite, il faut et il suffit qu'il existe des extensions* $\mathrm{L}_1, \ldots, \mathrm{L}_n$ *de degré fini de* K *telles que* A *soit* K-*isomorphe à* $\mathrm{L}_1 \times \cdots \times \mathrm{L}_n$.

La condition énoncée est évidemment suffisante.

Réciproquement, supposons A réduite ; en raisonnant par récurrence sur le degré de A, on voit qu'il suffit de prouver que, si A n'est pas un corps, il existe deux algèbres A_1 et A_2 non nulles telles que A soit isomorphe à $\mathrm{A}_1 \times \mathrm{A}_2$, ou encore qu'il existe dans A un idempotent différent de 0 et 1.

Supposons désormais que A soit réduite et ne soit pas un corps. Parmi les idéaux de A différents de 0 et de A, soit $\mathfrak{a}$ un idéal dont la dimension comme K-espace vectoriel soit minimale. Pour tout $x \neq 0$ dans $\mathfrak{a}$, on a $x^2 \neq 0$, car A est réduite, d'où $\mathfrak{a}^2 \neq \{0\}$. On a $\mathfrak{a}^2 \subset \mathfrak{a}$ et le caractère minimal de $\mathfrak{a}$ entraîne $\mathfrak{a}^2 = \mathfrak{a}$. D'après le lemme 4, il existe un idempotent e tel que $\mathfrak{a} = \mathrm{A}e$, et l'on a $e \neq 0$, $e \neq 1$ car $\mathfrak{a}$ est distinct de 0 et A.

THÉORÈME 4. — *Soit* A *une algèbre commutative de degré fini* A *sur* K. *Les assertions suivantes sont équivalentes :*

a) *L'algèbre* A *est étale.*

b) *Pour toute extension* L *de* K, *l'anneau* $L \otimes_K A$ *est réduit.*

c) *Il existe un surcorps parfait* P *de* K *tel que l'anneau* $P \otimes_K A$ *soit réduit.*

* *d*) *Il existe des extensions algébriques séparables* $L_1, \ldots, L_n$ *de* K *telles que* A *soit isomorphe à* $L_1 \times \cdots \times L_n$. *

En particulier, toute algèbre étale est réduite.

A) Démontrons d'abord l'équivalence de *a*), *b*) et *c*).

Supposons A étale et soit L une extension de K. Soit Ω un surcorps algébriquement clos de L (V, p. 22, th. 2). Alors, $L \otimes_K A$ est isomorphe à un sous-anneau de $\Omega \otimes_K A$ et ce dernier est isomorphe à un anneau Ω^n d'après la prop. 2 (V, p. 29). Par suite, l'anneau $L \otimes_K A$ est réduit.

On a donc prouvé que *a*) entraîne *b*), et *c*) est un cas particulier de *b*). Plaçons-nous dans les hypothèses de *c*). Pour que la K-algèbre A soit étale, il faut et il suffit que la P-algèbre $A_{(P)}$ soit étale (V, p. 32, cor. 2). L'algèbre A est donc étale d'après le lemme suivant :

Lemme 5. — *Soit* B *une algèbre réduite, de degré fini sur le corps parfait* P. *Alors* B *est étale.*

D'après la prop. 5, il existe des extensions $L_1, \ldots, L_n$ de P telles que B soit isomorphe à l'algèbre $L_1 \times \cdots \times L_n$. Comme un produit fini d'algèbres étales est étale (V, p. 30, cor.), il suffit d'examiner le cas où B est une *extension* de P. D'après le th. 3 (V, p. 32), il suffit de prouver que l'on a $dx = 0$ dans $\Omega_P(B)$ pour tout $x \in B$.

Soit $x \in B$; comme B est de degré fini sur K, x est algébrique sur K (V, p. 17, prop. 2). Soit f le polynôme minimal de x et soit f' la dérivée de f. Le polynôme f est non constant. Supposons qu'on ait $f' = 0$; d'après V, p. 8, cor., le corps P est de caractéristique $p \neq 0$, et l'on a $f \in P[X^p]$; comme P est parfait, on a $P[X^p] = P[X]^p$, mais le polynôme irréductible f ne peut appartenir à $P[X]^p$.

On a donc $f' \neq 0$ et comme le degré de f' est strictement plus petit que celui de f, on a $f'(x) \neq 0$. Or, de $f(x) = 0$, on déduit $f'(x).dx = 0$ dans $\Omega_P(B)$, d'où $dx = 0$, ce qu'il fallait démontrer.

* *B*) Supposons que A soit étale ; d'après l'équivalence de *a*) et *b*), l'algèbre A est réduite, et il existe donc des extensions $L_1, \ldots, L_n$ de K telles que A soit isomorphe à l'algèbre $L_1 \times \cdots \times L_n$ (prop. 5). Comme A est étale, chacune des extensions L_i est une algèbre étale (V, p. 30, cor.), donc est par définition une extension algébrique séparable de K.

L'implication *d*) ⇒ *a*) résulte de V, p. 30, cor. *

COROLLAIRE. — *Supposons* K *de caractéristique* $p \neq 0$. *Pour que* A *soit étale, il faut et il suffit que l'on ait* $A = K[A^p]$. *Pour toute base* $(a_i)_{i \in I}$ *de* A *sur* K, *la famille* $(a_i^p)_{i \in I}$ *est alors une base de* A *sur* K.

Choisissons une clôture algébrique Ω de K. Soient u et v deux K-homomorphismes de A dans Ω ; si u et v ont même restriction à $K[A^p]$, on a

$$u(x)^p = u(x^p) = v(x^p) = v(x)^p, \text{ d'où } u(x) = v(x)$$

pour tout $x \in A$. On a donc l'inégalité $[A:K]_s \leqslant [K[A^p]:K]_s$; si A est étale, on a alors

$$[A:K] = [A:K]_s \leqslant [K[A^p]:K]_s \leqslant [K[A^p]:K],$$

d'où $A = K[A^p]$.

Réciproquement, supposons que l'on ait $A = K[A^p]$; soit $(a_i)_{i \in I}$ une base de A sur K. D'après V, p. 4, prop. 2, *b*), la famille $(a_i^p)_{i \in I}$ engendre le K-espace vectoriel $K[A^p]$, et comme $A = K[A^p]$ est de dimension finie égale au cardinal de I, la famille $(a_i^p)_{i \in I}$ est une base de A sur K. Soit u un élément de $\Omega \otimes_K A$ tel que $u^2 = 0$, d'où $u^p = 0$; comme $(a_i)_{i \in I}$ est une base de A sur K, il existe une famille $(\lambda_i)_{i \in I}$ d'éléments de Ω telle que $u = \sum_{i \in I} \lambda_i \otimes a_i$, d'où $u^p = \sum_{i \in I} \lambda_i^p \otimes a_i^p$; comme $(a_i^p)_{i \in I}$ est une base de A sur K et $u^p = 0$, on a donc $\lambda_i^p = 0$, d'où $\lambda_i = 0$ pour tout $i \in I$, et finalement $u = 0$. On a montré que l'anneau $\Omega \otimes_K A$ est réduit ; comme le corps Ω est parfait, l'algèbre A sur K est étale d'après le th. 4.

Pour une autre caractérisation des algèbres étales, voir V, p. 47, prop. 1.

§ 7. EXTENSIONS ALGÉBRIQUES SÉPARABLES

Dans tout ce paragraphe, on note K *un corps.*

1. Extensions algébriques séparables

DÉFINITION 1. — *Soit* E *une extension algébrique de* K. *On dit que* E *est séparable* (*sur* K) *si toute sous-extension* F *de* E, *de degré fini sur* K, *est une algèbre étale sur* K (V, p. 28, déf. 1).

Soit E une extension de degré fini de K. Comme toute sous-algèbre d'une algèbre étale est étale (V, p. 29, prop. 3), il revient au même de supposer que E est une extension séparable de K, ou que E est une algèbre étale sur K.

PROPOSITION 1. — *Soit* E *une extension algébrique de* K. *Si* E *est séparable, toute sous-extension* E' *de* E *est séparable. Réciproquement, si toute sous-extension de degré fini de* E *est séparable,* E *est séparable.*

Cela résulte immédiatement de la définition 1.

PROPOSITION 2. — *Pour que le corps* K *soit parfait, il faut et il suffit que toute extension algébrique de* K *soit séparable.*

Supposons d'abord K parfait. Comme un corps est un anneau réduit, il résulte du lemme 5 (V, p. 34) que toute extension de degré fini de K est une algèbre étale sur K ; par suite, toute extension algébrique de K est séparable.

Supposons maintenant que K soit un corps imparfait de caractéristique $p \neq 0$. Soit Ω une clôture algébrique de K. Comme K est imparfait, il existe $b \in \mathrm{K}$ n'appartenant pas à K^p ; posons $a = b^{1/p}$. Alors l'extension $\mathrm{K}(a)$ de K est radicielle de degré fini. D'après V, p. 25, prop. 3, il existe un seul K-homomorphisme de $\mathrm{K}(a)$ dans Ω, et comme on a $[\mathrm{K}(a):\mathrm{K}] > 1$, l'algèbre $\mathrm{K}(a)$ n'est pas étale sur K (V, p. 31, prop. 4). Autrement dit, l'extension $\mathrm{K}(a)$ de degré fini de K n'est pas séparable.

COROLLAIRE. — *Toute extension algébrique d'un corps de caractéristique* 0, *ou d'un corps fini, est séparable.*

Cela résulte de V, p. 7, prop. 5.

2. Polynômes séparables

PROPOSITION 3. — *Soient f un polynôme non nul dans* K[X] *et Ω une extension algébriquement close de* K. *Les conditions suivantes sont équivalentes* :

a) Le polynôme f est étranger à sa dérivée f' dans K[X].

b) On a, soit $\deg(f) = 0$, *soit* $\deg(f) > 0$ *et* $\mathrm{dis}(f) \neq 0$ (IV, p. 79).

c) Il existe une extension L *de* K *telle que f se décompose dans* L[X] *en produit de polynômes distincts de degré* $\leqslant 1$.

d) Les racines de f dans Ω sont simples.

e) La K*-algèbre* $\mathrm{K[X]}/(f)$ *est étale* (V, p. 28, déf. 1).

a) ⇒ *d)* : Sous les hypothèses de *a)*, il existe deux polynômes g et h dans K[X] tels que $fg + f'h = 1$ (IV, p. 12). Soit a une racine de f dans Ω ; on a

$$f'(a)\,h(a) = f(a)\,g(a) + f'(a)\,h(a) = 1\,,$$

d'où $f'(a) \neq 0$; par suite, a est racine simple de f dans Ω (IV, p. 16, prop. 7).

d) ⇒ *c)* : Si *d)* est satisfaite, f se décompose dans Ω[X] en produit de polynômes distincts de degré $\leqslant 1$.

c) ⇒ *b)* : Sous les hypothèses de *c)*, il existe un élément $\lambda \neq 0$ dans L et des éléments *distincts* $\alpha_1, \ldots, \alpha_n$ de L tels que $f(\mathrm{X}) = \lambda(\mathrm{X} - \alpha_1)\ldots(\mathrm{X} - \alpha_n)$. Si $\deg(f) > 0$, on a (IV, p. 79, prop. 11)

$$\mathrm{dis}(f) = \lambda^{2n-2} \prod_{i<j} (\alpha_i - \alpha_j)^2 \neq 0\,.$$

b) ⇒ *a)* : Soient c le coefficient dominant et D le discriminant de f ; le résultant de f' et f est égal à $\pm\, c\mathrm{D}$ (IV, p. 79, formule (54)), donc n'est pas nul ; par suite (IV, p. 73, cor. 2), les polynômes f et f' sont étrangers dans K[X].

a) ⇔ *e)* : Soient A la K-algèbre $\mathrm{K[X]}/(f)$ et x l'image de X dans A ; d'après III, p. 137, prop. 22, le A-module $\Omega_{\mathrm{K}}(\mathrm{A})$ est engendré par l'élément dx, soumis à la seule relation $f'(x)\,dx = 0$. D'après V, p. 32, th. 3, la K-algèbre A est donc étale si et seulement si $f'(x)$ est un élément inversible de A, ce qui signifie que f et f' sont étrangers dans K[X].

DÉFINITION 2. — *On dit qu'un polynôme* $f \in K[X]$ *est séparable s'il est non nul et satisfait aux conditions équivalentes a), b), c), d) et e) de la prop.* 3.

Remarques. — 1) Soient L une extension de K et f un polynôme non constant de K[X]. D'après la condition *e*) de la prop. 3 et V, p. 32, cor. 2, il revient au même de supposer que f est séparable qu'on le considère comme élément de K[X] ou de L[X]. Par contre, il se peut fort bien que f soit irréductible dans K[X], mais non dans L[X].

2) Soit $f \in K[X]$; on sait (IV, p. 13, prop. 13) qu'il existe des polynômes irréductibles $f_1, \ldots, f_m$ dans K[X] tels que $f = f_1 \ldots f_m$. Soit Ω une clôture algébrique de K ; comme un polynôme irréductible $g \in K[X]$ est polynôme minimal sur K de chacune de ses racines dans Ω, deux polynômes irréductibles distincts dans K[X] n'ont aucune racine commune dans Ω. La condition *d*) de la prop. 3 montre alors que f est séparable si et seulement si les polynômes $f_1, \ldots, f_m$ sont séparables et deux à deux distincts.

PROPOSITION 4. — *Soit f un polynôme* irréductible *dans* K[X]. *Les conditions suivantes sont équivalentes* :

a) *f est séparable.*

b) *Il existe une extension* L *de* K *dans laquelle f a une racine simple.*

c) *La dérivée f' de f n'est pas nulle.*

d) *Le corps* K *est de caractéristique* 0, *ou bien il est de caractéristique* $p \neq 0$ *et l'on a* $f \notin K[X^p]$.

Notons d'abord qu'un polynôme irréductible dans K[X] n'est pas constant. Il est clair que *a*) entraîne *b*) (prendre pour L une clôture algébrique de K). Si x est une racine simple de f dans une extension L de K, on a $f'(x) \neq 0$ (IV, p. 16, prop. 7), donc *b*) entraîne *c*). L'équivalence de *c*) et *d*) résulte de V, p. 8, cor.

Supposons enfin qu'on ait $f' \neq 0$; soit x une racine de f dans une extension algébriquement close Ω de K. Comme f est le polynôme minimal de x sur K et qu'on a $\deg f' < \deg f$, on a $f'(x) \neq 0$ et x est donc racine simple de f (IV, p. 16, prop. 7). Par suite f est séparable, et l'on a prouvé que *c*) entraîne *a*).

COROLLAIRE 1. — *Pour que le corps* K *soit parfait, il faut et il suffit que tout polynôme irréductible de* K[X] *soit séparable.*

Si le corps K est de caractéristique 0, K est parfait et tout polynôme irréductible de K[X] est séparable d'après l'assertion *d*) ci-dessus. Supposons donc que K soit de caractéristique $p \neq 0$.

Supposons d'abord K parfait. On a $K[X^p] = K[X]^p$, donc il n'existe aucun polynôme irréductible de K[X] appartenant à $K[X^p]$. D'après la prop. 4, tout polynôme irréductible de K[X] est séparable.

Supposons maintenant K imparfait, d'où $K \neq K^p$. Soit a un élément de K n'appartenant pas à K^p ; le polynôme $X^p - a$ est irréductible dans K[X] (V, p. 24, lemme 1), et il appartient à $K[X^p]$, donc n'est pas séparable.

COROLLAIRE 2. — *Soit* $f \in K[X]$ *un polynôme non nul. Pour que f soit séparable, il faut et il suffit qu'il existe une extension* L *de* K, *qui soit un corps parfait et telle que f soit sans facteur multiple dans* L[X].

Soit Ω une clôture algébrique de K ; si f est séparable, f est sans facteur multiple dans $\Omega[X]$ (prop. 3, *d*)). Inversement, si L est une extension parfaite de K telle que f soit sans facteur multiple dans L[X], alors f est séparable dans L[X] (cor. 1 et remarque 2), donc dans K[X] (remarque 1).

3. Éléments algébriques séparables

DÉFINITION 3. — *Soit* E *une extension de* K. *On dit qu'un élément* x *de* E, *algébrique sur* K, *est séparable sur* K *si l'extension algébrique* $K(x)$ *de* K *est séparable.*

PROPOSITION 5. — *Soient* E *une extension de* K, x *un élément de* E *algébrique sur* K, *et* f *le polynôme minimal de* x *sur* K. *Les conditions suivantes sont équivalentes* :

a) x *est séparable sur* K ;

b) *le polynôme* f *est séparable* ;

c) x *est racine simple de* f.

L'équivalence de *a*) et *b*) résulte de la proposition 3, celle de *b*) et *c*) des propositions 3 et 4 (*cf.* V, p. 36 et 37).

COROLLAIRE 1. — *Si un élément* x *de* E *est racine simple d'un polynôme* g *de* K[X], *il est séparable sur* K.

En effet, le polynôme minimal f de x sur K divise g dans K[X] (V, p. 15, th. 1), donc x est racine simple de f.

COROLLAIRE 2. — *Si un élément* x *de* E *est algébrique et séparable sur* K, *il est algébrique et séparable sur toute extension* K′ *de* K *contenue dans* E.

Soit f le polynôme minimal de x sur K. Alors x est racine simple de f d'après la prop. 5, et comme f appartient à K′[X], l'élément x de E est séparable sur K′ d'après le cor. 1.

COROLLAIRE 3. — *Supposons* K *de caractéristique* $p \neq 0$. *Pour qu'un élément* x *de* E *appartienne à* K, *il faut et il suffit qu'il soit à la fois algébrique séparable et radiciel sur* K.

La condition énoncée est évidemment nécessaire. Réciproquement, supposons que x soit algébrique séparable sur K, et radiciel de hauteur e sur K. Comme x est séparable sur K, le polynôme minimal f de x sur K n'appartient pas à $K[X^p]$ (prop. 4 et 5) ; comme x est radiciel de hauteur e sur K, on a $f(X) = X^{p^e} - x^{p^e}$ (V, p. 23, prop. 1) ; on en conclut $e = 0$, d'où $x \in K$.

PROPOSITION 6. — *Soit* E *une extension de* K.

a) *Si* E *est algébrique et séparable sur* K, *tout élément de* E *est algébrique et séparable sur* K.

b) *Réciproquement, soit* A *un ensemble d'éléments de* E *algébriques et séparables sur* K *tel que* $E = K(A)$; *alors* E *est algébrique et séparable sur* K.

Si E est algébrique et séparable sur K, il en est de même de l'extension $K(x)$ de K pour tout $x \in E$, d'où *a*).

. Sous les hypothèses de *b*), l'extension E est algébrique sur K (V, p. 18, cor. 1). Soit F une sous-extension de E, de degré fini sur K. D'après V, p. 11, cor., il existe des éléments $x_1, \ldots, x_m$ de A tels que $F \subset K(x_1, \ldots, x_m)$, et l'on a

$$K(x_1, \ldots, x_m) = K[x_1, \ldots, x_m] \qquad (\text{V, p. 18, cor. 1}).$$

D'après l'hypothèse faite sur A, les algèbres $K[x_1], \ldots, K[x_m]$ sont étales sur K ; il en est donc de même de l'algèbre $K[x_1] \otimes \ldots \otimes K[x_m]$ (V, p. 31, cor. 1). Or F est isomorphe à une sous-algèbre d'une algèbre quotient de $K[x_1] \otimes \ldots \otimes K[x_m]$, donc est étale (V, p. 29, prop. 3).

COROLLAIRE. — *Pour qu'une extension algébrique* E *soit séparable sur* K, *il faut et il suffit que tout élément de* E *soit racine simple de son polynôme minimal sur* K.

Il suffit d'appliquer les prop. 5 et 6.

4. Théorème de l'élément primitif

Soit E une extension de K ; on dit qu'un élément x de E est *primitif* si $E = K[x]$. Pour que l'extension E possède un élément primitif, il est nécessaire que $[E:K]$ soit fini.

THÉORÈME 1. — *Soit* E *une extension de* K. *Les conditions suivantes sont équivalentes* :

a) E *possède un élément primitif* ;

b) *il n'existe qu'un nombre fini de sous-extensions de* E.

Ces conditions sont satisfaites lorsque E *est une extension séparable de degré fini.*

Supposons d'abord que E possède un élément primitif x, et soit f le polynôme minimal de x sur K. Pour chaque polynôme unitaire $g \in E[X]$ divisant f dans $E[X]$, notons E_g la sous-extension de E engendrée par les coefficients de g. Comme les polynômes g possibles sont en nombre fini (si f se décompose dans $E[X]$ en produit de r polynômes unitaires irréductibles, ce nombre est majoré par 2^r), les sous-extensions E_g sont en nombre fini. Il suffit donc, pour démontrer *b*), de prouver que toute sous-extension L de E est l'une des E_g. Or, si L est une sous-extension de E, on a $L[x] = E$; si g est le polynôme minimal de x sur L, on a $[E:L] = \deg(g)$. Par ailleurs, g est un diviseur de f dans $L[X]$, donc dans $E[X]$; on a $E_g \subset L$, et $E = E_g[x]$. Comme $g(x) = 0$, on a $[E:E_g] \leqslant \deg(g)$, donc $[E:E_g] \leqslant [E:L]$, donc $L = E_g$, ce qu'on voulait démontrer.

Notons maintenant que la condition *b*) implique que l'extension E est de degré fini : d'après la remarque 2 de V, p. 18, il suffit de prouver qu'elle est algébrique ; or, si z est un élément de E transcendant sur K, les sous-extensions $K(z^n)$, $n \in \mathbf{N}$, sont deux à deux distinctes.

Pour démontrer l'implication *b*) ⇒ *a*) distinguons alors deux cas :

A) Si le corps K est *fini*, le corps E, qui est un espace vectoriel de dimension finie sur K, est un ensemble fini. Par suite [1] (V, p. 75, lemme 1), il existe un élément x de E engendrant le groupe multiplicatif de E, et on a $E = K[x]$.

[1] Le lecteur vérifiera que le théorème 1 n'est utilisé nulle part avant la démonstration du lemme 1 de V, p. 75.

B) Supposons maintenant le corps K *infini*. Si *b*) est vérifiée, l'extension E est de degré fini, donc *b*) signifie aussi que E ne possède qu'un nombre fini de sous-algèbres. Cela étant, l'implication *b*) $\Rightarrow$ *a*) résulte de la proposition plus générale suivante (pour laquelle l'hypothèse que le corps K est infini est indispensable, cf. V, p. 146, exerc. 5 du § 7) :

PROPOSITION 7. — *Supposons* K *infini* ; *soit* A *une* K-*algèbre commutative ne possédant qu'un nombre fini de sous-algèbres* (*par exemple une* K-*algèbre étale*, V, p. 29, prop. 3), *et soit* V *un sous-espace vectoriel de* A *qui engendre* A. *Il existe* $x \in V$ *tel que* $A = K[x]$.

Soient $A_1, \ldots, A_n$ les sous-algèbres de A distinctes de A. Si $x \notin A_1 \cup \ldots \cup A_n$, la sous-algèbre K[$x$] ne peut être égale à aucune des A_i, donc coïncide avec A. Par ailleurs, puisque V engendre A, il n'est contenu dans aucun des sous-espaces A_i. La proposition 7 résulte donc du lemme suivant :

Lemme 1. — *Soient* A *un* K-*espace vectoriel*, V, $A_1, \ldots, A_n$ *des sous-espaces de* A. *Si* Card(K) $\geqslant n$, *et si* V *n'est contenu dans aucun des* A_i, V *n'est pas contenu dans* $A_1 \cup \ldots \cup A_n$.

Raisonnant par récurrence sur n, il suffit de prouver que si $V \not\subset A_n$ et si $V \subset A_1 \cup \ldots \cup A_n$, alors $V \subset A_1 \cup \ldots \cup A_{n-1}$. Soit $x \in V$, $x \notin A_n$, et soit y quelconque dans V. Si y appartient à Kx, on a $y \in A_1 \cup \ldots \cup A_{n-1}$. Sinon, les éléments x et $y + \lambda x$, $\lambda \in K$, sont en nombre strictement supérieur à n et appartiennent à $A_1 \cup \ldots \cup A_n$; deux d'entre eux appartiennent donc au même A_i. Il existe donc i, $1 \leqslant i \leqslant n$, avec, soit $x \in A_i$ et $y + \lambda x \in A_i$ pour un $\lambda \in K$, soit $y + \lambda x \in A_i$ et $y + \mu x \in A_i$ pour deux scalaires distincts λ, $\mu \in K$. Dans les deux cas, on en conclut que $x \in A_i$ et $y \in A_i$; mais cela implique $i \neq n$, donc $y \in A_1 \cup \ldots \cup A_{n-1}$, ce qu'on voulait démontrer.

Cela achève la démonstration de l'équivalence de *a*) et *b*) dans le théorème 1. Enfin, si l'extension E est séparable et de degré fini, la condition *b*) est satisfaite, d'après V, p. 29, prop. 3.

5. Propriétés de stabilité des extensions algébriques séparables

PROPOSITION 8. — *Soient* E *une extension de* K *et* $(E_i)_{i \in I}$ *une famille de sous-extensions de* E *telles que* $E = K(\bigcup_{i \in I} E_i)$. *Si chacune des extensions* E_i *est algébrique et séparable sur* K, *il en est de même de* E.

Ceci résulte aussitôt de la prop. 6 (V, p. 38).

PROPOSITION 9. — *Soient* F *une extension algébrique de* K, *et* E *une sous-extension de* F. *Pour que* F *soit séparable sur* K, *il faut et il suffit que* F *soit séparable sur* E *et* E *séparable sur* K.

Supposons d'abord que F soit séparable sur K. Alors E est séparable sur K d'après la prop. 1 (V, p. 35). De plus, tout élément de F est séparable sur K (V,

p. 38, prop. 6), donc sur E (V, p. 38, cor. 2), et par suite F est séparable sur E (V, p. 38, prop. 6).

Réciproquement, supposons que F soit séparable sur E et E séparable sur K. Notons x un élément de F et $f \in E[X]$ le polynôme minimal de x sur E. Comme E est algébrique sur K, le th. 2 (V, p. 17) montre qu'il existe une sous-extension E′ de E de degré fini sur K, et telle que $f \in E'[X]$; alors, f est à la fois le polynôme minimal de x sur E et sur E′, et comme x est séparable sur E (V, p. 38, prop. 6), il l'est aussi sur E′ (V, p. 38, prop. 5). Posons $F' = E'(x)$; alors F′ est séparable et de degré fini sur E′, et comme E est séparable sur K, E′ est séparable et de degré fini sur K (V, p. 35, prop. 1). Alors F′ est séparable et de degré fini sur K d'après V, p. 32, cor. 2. Par suite (V, p. 38, prop. 6), x est séparable sur K. On a prouvé que tout élément de F est séparable sur K, donc F est séparable sur K (V, p. 38, prop. 6).

PROPOSITION 10. — *Soient* E *et* K′ *deux sous-extensions d'une même extension de* K *et* $E' = K'(E)$. *On suppose* E *algébrique sur* K, *donc* E′ *algébrique sur* K′ (V, p. 18, cor. 2).

a) Si E *est séparable sur* K, *alors* E′ *est séparable sur* K′.

b) Réciproquement, si E′ *est séparable sur* K′ *et si* E *et* K′ *sont linéairement disjointes sur* K, *alors* E *est séparable sur* K.

L'assertion *a*) résulte aussitôt de la prop. 6 (V, p. 38).

Sous les hypothèses de *b*), soit F une sous-extension de E, de degré fini sur K. Alors F et K′ sont linéairement disjointes sur K, donc la K′-algèbre $F_{(K')} = K' \otimes_K F$ est isomorphe à K′(F). Comme K′(F) est une sous-extension de E′, de degré fini sur K′, et que E′ est algébrique et séparable sur K′, la K′-algèbre K′(F) est étale. Autrement dit, la K′-algèbre $F_{(K')}$ est étale, et le cor. 2 de la prop. 4 (V, p. 32) montre que F est étale sur K. On a prouvé que E est séparable sur K.

6. Un critère de séparabilité

PROPOSITION 11. — *Supposons que* K *soit d'exposant caractéristique* p *et soit* E *une extension algébrique de* K, *engendrée par un ensemble* S. *Si* E *est séparable sur* K, *on a* $E = K(S^{p^n})$ *pour tout entier* $n \geqslant 0$; *réciproquement, si* E *est de degré fini sur* K *et si* $E = K(S^p)$, *alors* E *est séparable sur* K.

Le cas $p = 1$ est trivial d'après le cor. de V, p. 36. Supposons désormais $p \neq 1$.

Par hypothèse, E est algébrique sur K et l'on a $E = K(S)$; on a donc

$$K(S^p) = K(E^p) = K[E^p] \quad \text{d'après V, p. 18, cor. 1}.$$

Si E est de degré fini sur K, c'est une extension séparable de K si et seulement si c'est une algèbre étale sur K ; le cor. de V, p. 34, montre que ceci se produit si et seulement si l'on a $E = K[E^p]$.

Supposons maintenant E séparable et de degré infini sur K. Alors $K[E^p]$ est réunion des sous-anneaux $K[E'^p]$ où E′ parcourt l'ensemble des sous-extensions de E, de degré fini sur K ; mais une telle extension E′ est séparable sur K (V, p. 35, prop. 1), d'où

$E' = K[E'^p] \subset K[E^p]$ par ce qui précède ; finalement, on a $E = K[E^p]$. Par récurrence sur $n \geqslant 0$, la relation $E = K[E^p]$ entraîne $E = K[E^{p^n}]$.

COROLLAIRE 1. — *Toute extension algébrique d'un corps parfait est un corps parfait.*

Soient K un corps parfait d'exposant caractéristique p, et E une extension algébrique de K. Alors E est séparable sur K (V, p. 35, prop. 2), d'où $E = K(E^p)$ d'après la prop. 11 ; mais on a $K = K^p \subset E^p$, d'où $E = K(E^p) = E^p$, et par suite, E est parfait.

COROLLAIRE 2 (MacLane). — *Soient* $\overline{K}$ *une clôture algébrique de* K *et* $K^{p^{-\infty}}$ *la clôture parfaite de* K *dans* $\overline{K}$. *Pour qu'une sous-extension* E *de* $\overline{K}$ *soit séparable sur* K, *il faut et il suffit qu'elle soit linéairement disjointe de* $K^{p^{-\infty}}$ *sur* K.

On se ramène immédiatement au cas où $[E:K]$ est fini. Soit $(x_i)_{i\in I}$ une base de E sur K. Pour que E soit linéairement disjointe de $K^{p^{-\infty}}$, il faut et il suffit qu'elle le soit de $K^{p^{-n}}$ pour tout $n \geqslant 0$. Ceci signifie aussi que la relation $\sum_{i\in I} x_i a_i^{p^{-n}} = 0$ entraîne $a_i = 0$ pour tout $i \in I$, quelle que soit la famille $(a_i)_{i\in I}$ d'éléments de K. Ceci signifie encore que la famille $(x_i^{p^n})_{i\in I}$ est libre sur K, ou encore que c'est une base de l'espace vectoriel E sur K. Autrement dit, E est linéairement disjointe de $K^{p^{-n}}$ si et seulement si l'on a $E = K(E^{p^n})$. Il suffit alors d'appliquer la prop. 11.

Remarques. — 1) Lorsque E est algébrique et de degré infini sur K, la condition $E = K(E^p)$ n'assure pas nécessairement que E soit séparable sur K. Par exemple, si K est imparfait et si E est une clôture parfaite de K, on a $E = K(E^p)$, mais E n'est pas extension séparable de K (V, p. 38, cor. 3).

2) Soit E une extension algébrique séparable d'un corps K d'exposant caractéristique p. On a alors $E^p \cap K = K^p$ (cor. 2) ; par suite, si E est parfait, il en est de même de K.

7. Fermeture algébrique séparable

PROPOSITION 12. — *Soient* E *une extension de* K *et* E_s *l'ensemble des éléments de* E *qui sont algébriques et séparables sur* K. *Alors* E_s *est la plus grande sous-extension de* E *qui soit algébrique et séparable sur* K.

D'après la prop. 6, *a*) (V, p. 38), toute sous-extension de E qui est algébrique et séparable sur K est contenue dans E_s. D'après la prop. 6, *b*) (*loc. cit.*), l'extension $K(E_s)$ de K est algébrique et séparable, d'où $K(E_s) \subset E_s$ et finalement $K(E_s) = E_s$.

Avec les notations de la proposition précédente, on dit que E_s est la *fermeture* (algébrique) *séparable de* K *dans* E. Lorsque K est parfait, E_s est la fermeture algébrique de K dans E (V, p. 35, prop. 2).

PROPOSITION 13. — *Soit* E *une extension algébrique de* K, *et soit* E_s *la fermeture algébrique séparable de* K *dans* E.

a) E *est extension radicielle de* E_s.

b) *Si* F *est une sous-extension de* E, *telle que* E *soit radiciel sur* F, *on a* $F \supset E_s$.

c) E_s *est l'unique sous-extension de* E *qui soit séparable sur* K *et sur laquelle* E *soit radicielle.*

Il suffit de prouver *a*) dans le cas où K est de caractéristique $p \neq 0$. Soit x un élément de E, et soit f son polynôme minimal sur K. Il existe un entier $m \geqslant 0$ tel que f appartienne à $K[X^{p^m}]$, mais non à $K[X^{p^{m+1}}]$; autrement dit, on a $f(X) = g(X^{p^m})$ avec $g \in K[X]$, $g \notin K[X^p]$. Comme f est irréductible, il en est de même de g, donc g est le polynôme minimal de x^{p^m} sur K. D'après V, p. 37, prop. 4 et p. 38, prop. 5, on a donc $x^{p^m} \in E_s$, donc E est radiciel sur E_s.

Plaçons-nous sous les hypothèses de *b*), et soit $x \in E_s$. Comme x est séparable sur K, il l'est aussi sur F (V, p. 38, cor. 2) ; mais comme E est radiciel sur F, x est aussi radiciel sur F, d'où $x \in F$ (V, p. 38, cor. 3).

Enfin, *c*) résulte de *a*) et *b*) et de la prop. 12.

COROLLAIRE 1. — *Soient* E *et* K' *deux extensions de* K, *contenues dans une même extension de* K. *On suppose que* E *est algébrique sur* K *et l'on note* E_s *la fermeture algébrique séparable de* K *dans* E. *Alors* $K'(E_s)$ *est la fermeture algébrique séparable de* K' *dans* K'(E).

En effet, $K'(E_s)$ est une extension algébrique séparable de K' d'après la prop. 10 (V, p. 41) ; comme E est radicielle sur E_s, l'extension K'(E) de $K'(E_s)$ est radicielle (V, p. 24, cor.). Il suffit alors d'appliquer la prop. 13.

COROLLAIRE 2. — *Si* E *est de degré fini sur* K, *on a* $E_s = \bigcap_{n \geqslant 0} K(E^{p^n})$.

Pour tout entier $n \geqslant 0$, notons F_n la sous-extension $K(E^{p^n})$ de E. La suite $(F_n)_{n \geqslant 0}$ de sous-espaces vectoriels de E est décroissante et E est de dimension finie sur K. Il existe donc un entier $m \geqslant 0$ tel que $F_m = F_n$ pour tout $n \geqslant m$. On a alors $K(F_m^p) = F_{m+1} = F_m$, donc F_m est extension séparable de K (V, p. 41, prop. 11) ; il est clair que E est radiciel sur F_m et la prop. 13 entraîne alors $E_s = F_m = \bigcap_{n \geqslant 0} F_n$.

Remarque. — Soient E une extension algébrique de K, et E_r la fermeture radicielle de E dans K (V, p. 24). Alors E_r est la plus grande sous-extension de E qui soit radicielle sur K (V, p. 24, prop. 2). Cependant E n'est pas en général séparable sur E_r (V, p. 145, exerc. 2) ; pour le cas des extensions quasi-galoisiennes, voir V, p. 73.

8. Clôture séparable d'un corps

DÉFINITION 4. — *On dit qu'un corps* K *est séparablement clos si toute extension algébrique séparable de* K *est triviale.*

Un corps algébriquement clos est séparablement clos. Réciproquement, si un corps *parfait* K est séparablement clos, il est algébriquement clos, car toute extension algébrique de K est séparable (V, p. 35, prop. 2).

DÉFINITION 5. — *Soit* K *un corps. On appelle clôture algébrique séparable, ou par abus de langage clôture séparable, de* K *toute extension* E *de* K *qui est algébrique et séparable sur* K, *et telle que le corps* E *soit séparablement clos.*

Lorsque K est parfait, il y a identité entre les notions de clôture séparable et de clôture algébrique de K (V, p. 35, prop. 2 et p. 42, cor. 1).

PROPOSITION 14. — *Soit* Ω *une extension algébriquement close de* K.

a) La fermeture algébrique séparable Ω_s *de* K *dans* Ω *est une clôture séparable de* K.

b) Si E *et* E′ *sont deux clôtures séparables de* K, *il existe un* K*-isomorphisme de* E *sur* E′.

Soit F une extension algébrique séparable de Ω_s ; comme Ω est algébriquement clos, il existe un Ω_s-homomorphisme u de F dans Ω (V, p. 20, th. 1). D'après la prop. 9 (V, p. 40), $u(\mathrm{F})$ est séparable sur K, donc $u(\mathrm{F}) = \Omega_s$. Par suite, F est une extension triviale de Ω_s, et Ω_s est séparablement clos, d'où *a*).

Soit E une clôture séparable de K. Comme E est une extension algébrique de K, il existe un K-homomorphisme v de E dans Ω (V, p. 20, th. 1). Alors, $v(\mathrm{E})$ est algébrique séparable sur K, d'où $v(\mathrm{E}) \subset \Omega_s$. D'après V, p. 40, prop. 9, Ω_s est séparable sur $v(\mathrm{E})$ et comme le corps $v(\mathrm{E})$ est séparablement clos, on a $v(\mathrm{E}) = \Omega_s$. Par suite, v est un K-isomorphisme de E sur Ω_s. L'assertion *b*) résulte immédiatement de là.

COROLLAIRE. — *Soient* E *une extension séparablement close de* K *et* F *une extension algébrique séparable de* K. *Il existe un* K*-homomorphisme de* F *dans* E.

Soit Ω une clôture algébrique de E ; on a $\Omega_s \subset \mathrm{E}$, et il suffit de traiter le cas où $\mathrm{E} = \Omega_s$. Comme F est une extension algébrique de K, il existe un K-homomorphisme u de F dans Ω (V, p. 20, th. 1). Comme le corps $u(\mathrm{F})$ est séparable sur K, on a $u(\mathrm{F}) \subset \Omega_s$, et u définit un K-homomorphisme de F dans $\Omega_s = \mathrm{E}$.

Remarques. — 1) Soient E et E′ deux clôtures séparables de K. Si K n'est pas séparablement clos, il existe plusieurs K-isomorphismes de E sur E′. * En effet, E est alors une extension galoisienne non triviale de K, et il existe donc des K-automorphismes de E distincts de l'identité (V, p. 54, th. 1). *

* 2) Soit E une extension algébrique et séparable de K. Si toute extension algébrique et séparable de K est isomorphe à une sous-extension de E, alors E est une clôture séparable de K. En effet, si E′ est une clôture séparable de K, chacune des extensions E et E′ est isomorphe à une sous-extension de l'autre ; par suite, E et E′ sont des extensions isomorphes de K (V, p. 50, prop. 1, *a*)). *

9. Degrés séparable et inséparable d'une extension de degré fini

Soient E une extension de degré fini de K et Ω une clôture algébrique de K. Rappelons (V, p. 30) que l'on appelle *degré séparable* de E sur K, et que l'on note $[\mathrm{E} : \mathrm{K}]_s$, le nombre des K-homomorphismes de E dans Ω.

PROPOSITION 15. — *Soit* E_s *la fermeture séparable de* K *dans* E. *On a* $[\mathrm{E} : \mathrm{K}]_s = [\mathrm{E}_s : \mathrm{K}]$.

Le corps Ω est parfait, et E est radiciel sur E_s d'après V, p. 42, prop. 13 ; par suite, la proposition 3 (V, p. 25) montre que tout K-homomorphisme de E_s dans Ω se prolonge de manière unique en un K-homomorphisme de E dans Ω ; on a donc $[\mathrm{E} : \mathrm{K}]_s = [\mathrm{E}_s : \mathrm{K}]_s$. Comme E_s est une extension séparable de degré fini de K, c'est une algèbre étale sur K, et l'on a donc $[E_s : K]_s = [E_s : K]$ d'après V, p. 31, prop. 4. D'où la proposition.

Avec les notations précédentes, on appelle *degré inséparable* de E sur K, et l'on note $[E : K]_i$, le degré de E sur E_s. On a donc

$$[E : K] = [E : K]_s . [E : K]_i \tag{1}$$

d'après la proposition 15.

Lorsque K est de caractéristique 0, on a $E = E_s$, d'où $[E : K]_s = [E : K]$ et $[E : K]_i = 1$. Si K est de caractéristique $p \neq 0$, le nombre $[E : K]_i$ est une puissance de p car E est radiciel sur E_s (V, p. 42, prop. 13 et p. 25, prop. 4). On prendra garde que $[E : K]_i$ n'est pas nécessairement égal à la plus grande puissance de p qui divise $[E : K]$, ni au degré $[E_r : K]$ de la fermeture radicielle de E dans K (V, p. 145, exerc. 3 et 2).

PROPOSITION 16. — *Soient* Ω *une extension de* K *et* E, F *deux sous-extensions de* Ω, *de degré fini sur* K.

a) Si l'on a $E \subset F$, *on a* $[F : K]_s = [F : E]_s . [E : K]_s$ *et* $[F : K]_i = [F : E]_i . [E : K]_i$.

b) Soit K′ *une sous-extension de* Ω. *On a*

$$[K'(E) : K']_s \leqslant [E : K]_s \quad et \quad [K'(E) : K']_i \leqslant [E : K]_i ,$$

et il y a égalité si K′ *est linéairement disjointe de* E *sur* K.

c) On a $[K(E \cup F) : K]_s \leqslant [E : K]_s . [F : K]_s$ *et* $[K(E \cup F) : K]_i \leqslant [E : K]_i . [F : K]_i$, *et il y a égalité si* E *et* F *sont linéairement disjointes sur* K.

L'assertion sur les degrés séparables dans *a*) résulte de la formule (9) (V, p. 31). Comme on a $[F : K] = [F : E] . [E : K]$, l'assertion sur les degrés inséparables résulte de là et de la formule (1).

D'après le cor. 1 de la prop. 13 (V, p. 43) et la prop. 15, on a

$$[K'(E) : K']_s = [K'(E_s) : K'] , \quad [K'(E) : K']_i = [K'(E) : K'(E_s)] ; \tag{2}$$

lorsque K′ est linéairement disjointe de E sur K, alors E_s est linéairement disjointe de K′ sur K et E est linéairement disjointe de $K'(E_s)$ sur E_s (V, p. 14, prop. 8). L'assertion *b*) résulte alors de la prop. 5 (V, p. 13).

D'après *a*), on a $[K(E \cup F) : K]_s = [F(E) : F]_s . [F : K]_s$; d'après *b*), on a $[F(E) : F]_s \leqslant [E : K]_s$, avec égalité si E et F sont linéairement disjointes sur K. On en déduit l'inégalité $[K(E \cup F) : K]_s \leqslant [E : K]_s . [F : K]_s$, avec égalité si E et F sont linéairement disjointes sur K. L'assertion de *c*) sur les degrés inséparables se démontre de manière analogue.

§ 8. NORMES ET TRACES

Dans tout ce paragraphe, on note K *un corps.*

1. Rappels

Soit A une algèbre de degré fini n sur K. Pour tout $x \in A$, notons L_x l'application linéaire $a \mapsto xa$ de A dans A. Rappelons (III, p. 110) que la trace de L_x s'appelle la *trace* de x relativement à A et se note $\mathrm{Tr}_{A/K}(x)$; de même, le déterminant de L_x s'appelle la *norme* de x relativement à A et se note $N_{A/K}(x)$. Le *discriminant* d'une suite $(x_1, \ldots, x_n)$ de n éléments de A est par définition le déterminant $D_{A/K}(x_1, \ldots, x_n)$ de la matrice $(\mathrm{Tr}_{A/K}(x_i x_j))_{1 \leqslant i, j \leqslant n}$ (III, p. 115).

Soit K′ une extension du corps K et soit $A' = A_{(K')}$ la K′-algèbre déduite de A par extension des scalaires. On a les formules

(1) $$\mathrm{Tr}_{A'/K'}(1 \otimes x) = \mathrm{Tr}_{A/K}(x).1\,, \quad N_{A'/K'}(1 \otimes x) = N_{A/K}(x).1$$

pour tout $x \in A$ (III, p. 110). Pour toute suite $(x_1, \ldots, x_n)$ d'éléments de A, on a

(2) $$D_{A'/K'}(1 \otimes x_1, \ldots, 1 \otimes x_n) = D_{A/K}(x_1, \ldots, x_n).1\,,$$

comme il résulte de la première formule (1).

2. Normes et traces dans les algèbres étales

Soit A une algèbre étale de degré (fini) n sur K. Par définition, il existe donc une extension L de K et des homomorphismes distincts $u_1, \ldots, u_n$ de A dans L avec les propriétés suivantes :

a) tout homomorphisme de A dans L est égal à l'un des u_i (V, p. 29, cor.);

b) il existe un isomorphisme de L-algèbres $u : A_{(L)} \to L^n$ tel que

$$u(1 \otimes x) = (u_1(x), \ldots, u_n(x)) \text{ pour tout } x \in A.$$

De plus, toute extension algébriquement close L de K a les propriétés précédentes (V, p. 29, prop. 2).

On fixe L, $u_1, \ldots, u_n$ dans la suite. Soit $x \in A$. On va prouver les formules

(3) $$\mathrm{Tr}_{A/K}(x).1 = \sum_{i=1}^{n} u_i(x)\,, \quad N_{A/K}(x).1 = \prod_{i=1}^{n} u_i(x)\,.$$

Soit v la multiplication par $1 \otimes x$ dans $A_{(L)}$; par rapport à la base de $A_{(L)}$ image par u^{-1} de la base canonique de L^n, la matrice de l'application linéaire v est diagonale, d'éléments diagonaux $u_1(x), \ldots, u_n(x)$. On en déduit

$$\mathrm{Tr}_{A_{(L)}/L}(1 \otimes x).1 = \sum_{i=1}^{n} u_i(x), \text{ d'où } \mathrm{Tr}_{A/K}(x).1 = \sum_{i=1}^{n} u_i(x) \text{ d'après (1)};$$

le cas des normes se traite de manière analogue.

Soit de plus $(x_1, \ldots, x_n)$ une suite d'éléments de A ; soit U la matrice

$$(u_i(x_j))_{1 \leqslant i, j \leqslant n}$$

et soit $(t_{ij}) = {}^t U . U$. D'après la première formule (3), on a

$$\mathrm{Tr}_{A/K}(x_i x_j).1 = \sum_{k=1}^{n} u_k(x_i x_j) = \sum_{k=1}^{n} u_k(x_i)\, u_k(x_j) = t_{ij}\,;$$

passant aux déterminants, on obtient

(4) $$D_{A/K}(x_1, \ldots, x_n).1 = [\det u_i(x_j)]^2\,.$$

PROPOSITION 1. — *Soit* A *une algèbre commutative de degré fini sur* K. *Les conditions suivantes sont équivalentes* :

a) L'algèbre A *est étale.*

b) Il existe une base de A *dont le discriminant est non nul.*

c) Pour tout $x \neq 0$ *dans* A, *il existe* y *dans* A *tel que* $\mathrm{Tr}_{A/K}(xy) \neq 0$.

De plus, lorsque ces conditions sont remplies, le discriminant d'une base quelconque de A *est non nul.*

Nous allons montrer que, A étant supposée étale, le discriminant de A par rapport à une base quelconque $(x_1, \ldots, x_n)$ de A sur K est non nul ; ceci établira en particulier l'implication *a)* ⇒ *b)*. D'après (4) et avec les notations précédentes, il suffit de montrer que la matrice U est inversible, ou encore que le système d'équations linéaires

$$(5) \qquad \sum_{i=1}^{n} \lambda_i u_i(x_j) = 0 \quad (\text{pour } 1 \leqslant j \leqslant n)$$

n'admet que la solution $\lambda_1 = \cdots = \lambda_n = 0$ dans L. Or la relation (5) entraîne $\sum_{i=1}^{n} \lambda_i u_i(x) = 0$ pour tout $x \in A$, d'où $\lambda_i = 0$ pour $1 \leqslant i \leqslant n$ d'après le théorème d'indépendance linéaire des homomorphismes (V, p. 26, th. 1).

L'équivalence de *b)* et *c)* résulte du lemme général suivant :

Lemme 1. — *Soient* V *un espace vectoriel de dimension finie sur* K, *et* B *une forme bilinéaire sur* V × V. *Soient* $(v_1, \ldots, v_n)$ *une base de* V *sur* K *et* $\Delta = \det \mathrm{B}(v_i, v_j)$. *On a* $\Delta \neq 0$ *si et seulement si, pour tout* $x \neq 0$ *dans* V, *il existe* y *dans* V *avec* $\mathrm{B}(x, y) \neq 0$.

On a $\Delta \neq 0$ si et seulement si le système d'équations linéaires

$$\sum_{i=1}^{n} \lambda_i \mathrm{B}(v_i, v_j) = 0 \quad (1 \leqslant j \leqslant n)$$

n'admet que la solution $\lambda_1 = \cdots = \lambda_n = 0$ dans K. Si l'on pose $x = \sum_{i=1}^{n} \lambda_i v_i$, le système précédent équivaut à $\mathrm{B}(x, v_j) = 0$ pour $1 \leqslant j \leqslant n$, ou encore, comme $(v_1, \ldots, v_n)$ est une base de V sur K, à $\mathrm{B}(x, y) = 0$ pour tout $y \in V$, d'où le lemme.

Montrons que la condition *c)* entraîne que A est réduite. Soit x un élément nilpotent de A ; pour tout $y \in A$, l'élément xy de A est nilpotent, et par suite l'endomorphisme L_{xy} de l'espace vectoriel A est nilpotent. Le lemme suivant entraîne alors $\mathrm{Tr}(xy) = 0$ pour tout $y \in A$, d'où $x = 0$ sous l'hypothèse *c)*.

Lemme 2. — *Soient* V *un espace vectoriel de dimension finie sur* K *et* u *un endomorphisme nilpotent de* V. *On a* $\mathrm{Tr}(u) = 0$.

Pour tout entier $n \geqslant 0$, soit V_n l'image de u^n. Comme u est nilpotent, il existe un entier $r \geqslant 0$ tel que $V_0 = V$, $V_r = 0$ et $V_i \neq V_{i+1}$ pour $0 \leqslant i \leqslant r-1$. Soit

d_i la dimension de V_{i-1} (pour $1 \leqslant i \leqslant r$). Il existe une base $(x_1, \dots, x_d)$ de V telle que les vecteurs x_j avec $d - d_i < j \leqslant d$ forment une base de V_{i-1} (pour $1 \leqslant i \leqslant r$). On a $u(V_{i-1}) \subset V_i$ et par suite les éléments diagonaux de la matrice de u dans la base $(x_1, \dots, x_d)$ sont nuls. On a alors $\mathrm{Tr}(u) = 0$, d'où le lemme.

Montrons enfin que *b*) entraîne *a*). Soit $(x_1, \dots, x_n)$ une base de A sur K telle que $D_{A/K}(x_1, \dots, x_n) \neq 0$. Soient K′ une extension de K, A′ la K′-algèbre déduite de A par extension des scalaires et $x'_i = 1 \otimes x_i$ pour $1 \leqslant i \leqslant n$. D'après la formule (2) (V, p. 46), on a $D_{A'/K'}(x'_1, \dots, x'_n) \neq 0$. En appliquant le résultat précédent à A′, on voit que A′ est réduite. L'algèbre A est donc étale (V, p. 34, th. 4).

COROLLAIRE. — *Soit* E *une extension de degré fini de* K. *Pour que* E *soit séparable, il faut et il suffit qu'il existe a dans* E *tel que* $\mathrm{Tr}_{E/K}(a) \neq 0$.

La condition est nécessaire d'après la prop. 1. Inversement, supposons qu'il existe $a \in E$ tel que $\mathrm{Tr}_{E/K}(a) \neq 0$. Soit $x \neq 0$ dans E ; si l'on pose $y = ax^{-1}$, on a $\mathrm{Tr}_{E/K}(xy) \neq 0$. La prop. 1 montre alors que E est une algèbre étale sur K, donc une extension séparable de K.

3. Normes et traces dans les extensions de degré fini

Les formules de transitivité des normes et traces dans les algèbres (III, p. 114) entraînent la proposition suivante dans le cas des extensions de degré fini.

PROPOSITION 2. — *Soient* F *une extension de degré fini de* K *et* E *une sous-extension de* F. *Pour tout* $x \in F$, *on a*

$$\mathrm{Tr}_{F/K}(x) = \mathrm{Tr}_{E/K}(\mathrm{Tr}_{F/E}(x)) \tag{6}$$

$$N_{F/K}(x) = N_{E/K}(N_{F/E}(x))\,. \tag{7}$$

COROLLAIRE. — *Posons* $m = [F:E]$. *Pour tout* $x \in E$, *on a*

$$\mathrm{Tr}_{F/K}(x) = m\,.\,\mathrm{Tr}_{E/K}(x) \tag{8}$$

$$N_{F/K}(x) = N_{E/K}(x)^m\,. \tag{9}$$

PROPOSITION 3. — *Soient* E *une extension de degré fini n de* K *et x un élément de* E, *de degré d sur* K. *Notons* $f(X) = X^d + \sum_{i=1}^{d} a_i X^{d-i}$ *le polynôme minimal de x sur* K. *On a*

$$\mathrm{Tr}_{E/K}(x) = -\frac{n}{d}a_1 \tag{10}$$

$$N_{E/K}(x) = ((-1)^d a_d)^{n/d} = (-1)^n a_d^{n/d}\,. \tag{11}$$

La prop. 3 résulte aussitôt du cor. de la prop. 2 et du lemme suivant :

Lemme 3. — *Soient* R *un anneau commutatif,* $f(X) = X^d + \sum_{i=1}^{d} a_i X^{d-i}$ *un polynôme unitaire de* R[X], A *la* R*-algèbre* R[X]/(f), *et* x *la classe de* X *dans* A. *On a alors* $\mathrm{Tr}_{A/R}(x) = -a_1$ *et* $\mathrm{N}_{A/R}(x) = (-1)^d a_d$.

D'après le cor. (IV, p. 10), la suite $(1, x, \ldots, x^{d-1})$ est une base de A ; on a par ailleurs

$$x.1 = x\,,\quad x.x = x^2, \ldots, x.x^{d-2} = x^{d-1}\,,\quad x.x^{d-1} = -a_d.1 - a_{d-1}.x - \cdots - a_1.x^{d-1}\,.$$

La matrice qui exprime la multiplication par x par rapport à la base $(1, x, \ldots, x^{d-1})$ de A est donc de la forme suivante (on a fait $d = 5$ pour fixer les idées) :

$$\begin{pmatrix} 0 & 0 & 0 & 0 & -a_5 \\ 1 & 0 & 0 & 0 & -a_4 \\ 0 & 1 & 0 & 0 & -a_3 \\ 0 & 0 & 1 & 0 & -a_2 \\ 0 & 0 & 0 & 1 & -a_1 \end{pmatrix}.$$

La trace de cette matrice est visiblement égale à $-a_1$; le déterminant se calcule en développant par rapport à la première ligne, et l'on trouve

$$(-1)^{d-1}(-a_d) = (-1)^d a_d.$$

Dans la suite de ce numéro, on note E une extension de degré fini de K et x un élément de E. Nous allons indiquer comment calculer la norme et la trace de x dans divers cas.

a) *Cas d'une extension séparable* : supposons E séparable de degré n sur K, notons Ω une clôture algébrique de K et $\sigma_1, \ldots, \sigma_n$ les n K-homomorphismes distincts de E dans Ω. D'après la formule (3) (V, p. 46), on a dans Ω

$$\mathrm{Tr}_{E/K}(x) = \sum_{i=1}^{n} \sigma_i(x)\,,\quad \mathrm{N}_{E/K}(x) = \prod_{i=1}^{n} \sigma_i(x)\,. \tag{12}$$

b) *Cas d'une extension radicielle* : supposons K de caractéristique $p > 0$ et l'extension E radicielle ; il existe un entier $e \geqslant 0$ tel que $[E:K] = p^e$ (V, p. 25, prop. 4). Si f est la hauteur de x sur K, le polynôme minimal de x sur K est $X^{p^f} - x^{p^f}$ (V, p. 23, prop. 1). D'après la prop. 3, on a $\mathrm{N}_{E/K}(x) = (x^{p^f})^{p^e/p^f}$; d'où

$$\mathrm{N}_{E/K}(x) = x^{p^e} = x^{[E:K]}\,. \tag{13}$$

Pour la trace, on trouve $\mathrm{Tr}_{E/K}(x) = -p^{e-f}a$, où a est le coefficient de X^{p^f-1} dans le polynôme $X^{p^f} - x^{p^f}$; autrement dit, on a

$$\mathrm{Tr}_{E/K}(x) = p^e.x = [E:K]\,x = \begin{cases} x & \text{si } [E:K] = 1 \\ 0 & \text{si } [E:K] > 1\,. \end{cases} \tag{14}$$

c) *Cas général* : on peut résumer le calcul de la norme et de la trace dans la proposition suivante :

PROPOSITION 4. — *Soient p l'exposant caractéristique de* K *et* E *une extension de degré fini de* K. *Soient $\sigma_1, \dots, \sigma_n$ les* K*-homomorphismes distincts de* E *dans une clôture algébrique* Ω *de* K, *et soit $p^e = [\mathrm{E}:\mathrm{K}]_i$. Pour tout $x \in \mathrm{E}$, on a dans* Ω

$$\mathrm{Tr}_{\mathrm{E}/\mathrm{K}}(x) = p^e . \sum_{i=1}^{n} \sigma_i(x) , \quad \mathrm{N}_{\mathrm{E}/\mathrm{K}}(x) = \Big(\prod_{i=1}^{n} \sigma_i(x)\Big)^{p^e} . \tag{15}$$

Soit E_s la fermeture séparable de K dans E ; alors E_s est une extension séparable de degré n de K, et $\sigma_1, \dots, \sigma_n$ induisent des K-homomorphismes distincts de E_s dans Ω ; de plus, E est une extension radicielle de E_s, de degré p^e (V, p. 42, prop. 13 et p. 45). La prop. 4 résulte alors des formules (6), (7), (13), (14) et (12).

§ 9. ÉLÉMENTS CONJUGUÉS ET EXTENSIONS QUASI-GALOISIENNES

Dans tout ce paragraphe, on note K *un corps et* Ω *une clôture algébrique de* K.

1. Prolongement d'isomorphismes

PROPOSITION 1. — *Soient* E *une extension de* K *contenue dans* Ω *et u un* K*-homomorphisme de* E *dans* Ω.

a) *Si u applique* E *dans* E, *u induit un* K*-automorphisme de* E.

b) *Il existe un* K*-automorphisme v de* Ω *prolongeant u.*

Supposons qu'on ait $u(\mathrm{E}) \subset \mathrm{E}$; pour prouver *a*), il suffit de montrer que l'on a $u(\mathrm{E}) = \mathrm{E}$. Soient x un élément de E, f le polynôme minimal de x sur K et Φ l'ensemble des racines de f *dans* E. L'ensemble Φ est fini, l'application u de E dans E est injective, et l'on a $u(\Phi) \subset \Phi$. On a par suite $u(\Phi) = \Phi$, d'où $x \in u(\Phi) \subset u(\mathrm{E})$; on a donc $\mathrm{E} = u(\mathrm{E})$.

Il est clair que Ω est une clôture algébrique de E *et* de $u(\mathrm{E})$; par suite (V, p. 23, cor.), l'isomorphisme u de E sur $u(\mathrm{E})$ se prolonge en un isomorphisme v de Ω sur Ω.

2. Extensions conjuguées. Éléments conjugués

DÉFINITION 1. — *Soient* E *et* F *deux extensions de* K *contenues dans* Ω. *On dit que* E *et* F *sont conjuguées (dans* Ω*) s'il existe un* K*-automorphisme u de* Ω *tel que* $u(\mathrm{E}) = \mathrm{F}$. *On dit que deux éléments x et y de* Ω *sont conjugués sur* K *s'il existe un* K*-automorphisme u de* Ω *tel que $u(x) = y$.*

Soient E et F deux extensions de K contenues dans Ω. D'après la prop. 1, E et F sont conjuguées sur K si et seulement si ce sont des extensions isomorphes de K. Il en est ainsi en particulier s'il existe deux parties A et B de Ω telles que $\mathrm{E} = \mathrm{K}(\mathrm{A})$ et $\mathrm{F} = \mathrm{K}(\mathrm{B})$ et un K-automorphisme u de Ω tel que $u(\mathrm{A}) = \mathrm{B}$.

La relation « x et y sont conjugués sur K » est une relation d'équivalence dans Ω ; les classes suivant cette relation s'appellent les *classes de conjugaison* dans Ω ; ce sont les orbites dans Ω du groupe des K-automorphismes de Ω.

PROPOSITION 2. — *Soient x et y deux éléments de Ω. Les conditions suivantes sont équivalentes :*

a) x et y sont conjugués sur K.

b) Il existe un K*-isomorphisme v de* K(x) *sur* K(y) *tel que $v(x) = y$.*

c) x et y ont le même polynôme minimal sur K.

Supposons d'abord que x et y soient conjugués sur K ; soit u un K-automorphisme de Ω tel que $u(x) = y$ et soit f le polynôme minimal de x sur K. On a

$$f(y) = f(u(x)) = u(f(x)) = 0,$$

et f est un polynôme unitaire irréductible dans K[X] ; par suite (V, p. 16, th. 1, *c*)), f est le polynôme minimal de y sur K. Donc *a*) entraîne *c*).

Supposons maintenant que x et y aient même polynôme minimal f sur K. Il existe un K-isomorphisme du corps K[X]/(f) sur K(x) (resp. sur K(y)) transformant la classe de X modulo (f) en x (resp. y) (V, p. 16, th. 1, *b*)) ; il existe donc un K-isomorphisme v de K(x) sur K(y) tel que $v(x) = y$. Par suite, *c*) entraîne *b*).

Enfin, sous les hypothèses de *b*), la prop. 1 entraîne l'existence d'un K-automorphisme u de Ω prolongeant v ; on a alors $u(x) = y$, donc x et y sont conjugués sur K. Par suite, *b*) entraîne *a*).

COROLLAIRE 1. — *Soit x un élément de Ω, de degré n sur* K, *et soit f le polynôme minimal de x sur* K. *Les conjugués de x sur* K *sont les racines de f dans Ω, et leur nombre est au plus égal à n.*

COROLLAIRE 2. — *Soit x un élément de Ω, de degré n sur* K. *Pour que x soit séparable sur* K, *il faut et il suffit qu'il ait n conjugués dans Ω ; s'il en est ainsi, tous les conjugués de x sur* K *sont séparables sur* K.

Soit f le polynôme minimal de x sur K ; ses racines sont les conjugués de x sur K, et chacune de ces racines admet f pour polynôme minimal sur K. Or x est séparable sur K si et seulement si le polynôme f est séparable (V, p. 38, prop. 5), c'est-à-dire si f a n racines distinctes dans Ω. Le cor. 2 résulte de là.

COROLLAIRE 3. — *Soit* G *le groupe des* K*-automorphismes de Ω. L'ensemble des invariants de* G *dans Ω est la fermeture radicielle de* K *dans Ω* (V, p. 24).

En d'autres termes, un élément x de Ω est radiciel sur K si et seulement s'il ne possède aucun conjugué distinct de lui-même.

Soit p l'exposant caractéristique, et soit $x \in \Omega$. D'après V, p. 42, prop. 13, il existe un entier $m \geqslant 0$ tel que $y = x^{p^m}$ soit algébrique et séparable sur K. Or x est invariant par G si et seulement si y est invariant par G ; d'après le cor. 2, ceci a lieu si et seulement si y est de degré 1 sur K, ce qui équivaut à $y \in$ K. Le corollaire résulte aussitôt de là.

3. Extensions quasi-galoisiennes

Définition 2. — *Soit* E *une extension de* K. *On dit que* E *est quasi-galoisienne, ou normale* (sur K), *si elle est algébrique et si tout polynôme irréductible de* K[X], *ayant au moins une racine dans* E, *se décompose en produit de polynômes de degré* 1 (distincts ou non) *dans* E[X].

Si E est une clôture algébrique de K, c'est une extension quasi-galoisienne de L ; en effet, la condition (AC) de la prop. 1 (V, p. 19) affirme que tout polynôme non constant dans E[X] est produit de polynômes de degré 1.

Proposition 3. — *Soit* E *une extension de* K *contenue dans* Ω. *Les conditions suivantes sont équivalentes* :

a) E *est une extension quasi-galoisienne de* K.

b) *Pour tout* $x \in$ E, *les conjugués de* x *sur* K *dans* Ω *appartiennent à* E.

c) *Tout* K-*automorphisme de* Ω *applique le corps* E *dans lui-même.*

d) *Tout* K-*homomorphisme de* E *dans* Ω *applique le corps* E *dans lui-même.*

e) E *est l'extension de décomposition dans* Ω *d'une famille* $(f_i)_{i \in I}$ *de polynômes non constants dans* K[X] (V, p. 23, remarque 3).

L'équivalence de *c*) et *d*) provient de ce que tout K-homomorphisme de E dans Ω est induit par un K-automorphisme de Ω (V, p. 50, prop. 1).

Par définition, une extension quasi-galoisienne est le corps de décomposition de la famille des polynômes minimaux (sur K) de ses éléments, donc *a*) entraîne *e*). Sous les hypothèses de *e*), soit u un automorphisme de Ω ; pour tout $i \in$ I, u permute l'ensemble R_i des racines de f_i, et comme on a $E = K(\bigcup_{i \in I} R_i)$, on a $u(E) = E$; donc *e*) entraîne *c*). La définition des éléments conjugués montre que *c*) entraîne *b*). Supposons enfin *b*) vérifiée ; soit f un polynôme unitaire irréductible dans K[X] admettant au moins une racine x dans E ; comme Ω est algébriquement clos, il existe des éléments a_k de Ω ($1 \leqslant k \leqslant n$) tels que $f(x) = \prod_{k=1}^{n} (X - a_k)$, et comme les a_k sont conjugués de x sur K (V, p. 51, cor. 1), ils appartiennent à E par hypothèse. On a prouvé que *b*) entraîne *a*).

Corollaire 1. — *Pour qu'une extension* E *de* K *contenue dans* Ω *soit quasi-galoisienne, il faut et il suffit qu'elle soit identique à toutes ses conjuguées sur* K.

Cela résulte de la prop. 1, *a*) (V, p. 50) et de l'équivalence des conditions *a*) et *c*) de la prop. 3.

Corollaire 2. — *Soient* E *et* F *deux extensions algébriques de* K *telles que* $E \subset F$. *Si* F *est quasi-galoisienne sur* K, *elle est quasi-galoisienne sur* E.

On peut supposer que $F \subset \Omega$. Soit u un E-automorphisme de Ω. Comme u est un K-automorphisme de Ω et que F est quasi-galoisienne sur K, on a $u(F) = F$. Par suite, F est quasi-galoisienne sur E.

COROLLAIRE 3. — *Soient* N *une extension quasi-galoisienne de* K *contenue dans* Ω, *et* E *une sous-extension de* N. *Soit* u *un* K*-homomorphisme de* E *dans* Ω ; *on a* $u(E) \subset N$ *et il existe un* K*-automorphisme* v *de* N *qui induit* u *sur* E.

Soit w un K-automorphisme de Ω prolongeant u (V, p. 50, prop. 1) ; comme N est quasi-galoisienne sur K, on a $w(N) = N$ d'où $u(E) \subset N$, et w induit un K-automorphisme v de N.

COROLLAIRE 4. — *Soient* E' *une extension de* K, *et* E, K' *deux sous-extensions de* E'. *On suppose que* E *est quasi-galoisienne sur* K *et que* $E' = K'(E)$. *Alors* E' *est quasi-galoisienne sur* K'.

Soit $(f_i)_{i \in I}$ une famille de polynômes non constants dans K[X] dont E soit le corps de décomposition sur K. Il est immédiat que E' est le corps de décomposition de la famille $(f_i)_{i \in I}$ sur K', donc est quasi-galoisienne sur K'.

Remarques. — 1) Soient F une extension de K et E une sous-extension de F ; on suppose que E est quasi-galoisienne sur K. Montrons que tout K-automorphisme u de F laisse invariant E. En effet, soient $x \in E$ et f le polynôme minimal de x sur K. Comme E est quasi-galoisienne sur K, il existe $a_1, \ldots, a_n \in E$ tels que $f(X) = \prod(X - a_i)$; on a $f(u(x)) = u(f(x)) = 0$, donc $u(x)$ est l'un des a_i, donc appartient à E. On a prouvé l'inclusion $u(E) \subset E$, d'où $u(E) = E$ par V, p. 50, prop. 1.

2) Supposons que E soit une extension quasi-galoisienne de K et F une extension quasi-galoisienne de E ; il n'est pas toujours vrai que F soit quasi-galoisienne sur K (V, p. 146, exerc. 1). La raison en est la suivante : soit u un K-automorphisme de Ω ; on a $u(E) = E$, mais, si f est le polynôme minimal sur E d'un élément x de F, il n'est pas nécessairement invariant par u ; par suite, $u(x)$ n'est pas nécessairement conjugué de x sur E et n'appartient donc pas nécessairement à F. Dans ce cas, F et $u(F)$ sont deux extensions quasi-galoisiennes *distinctes* de E, qui sont K-*isomorphes*, mais non E-*isomorphes*.

3) Soient E une extension algébrique de K et x, y deux éléments de E. S'il existe un K-automorphisme de E transformant x en y, alors x et y ont même polynôme minimal sur K et sont donc conjugués sur K d'après la prop. 2 (V, p. 51). La réciproque est vraie si E est quasi-galoisienne, car tout K-automorphisme de Ω induit un K-automorphisme de E. L'hypothèse que E est quasi-galoisienne n'est pas superflue, comme le montre l'exemple suivant : * soient $K = \mathbf{Q}$ et Ω le corps des nombres algébriques ; posons $E = \Omega \cap \mathbf{R}$. On peut montrer (V, p. 146, exerc. 2) que tout automorphisme de E est l'application identique, et que $\sqrt{2}$ et $-\sqrt{2}$ sont des éléments de E conjugués sur $\mathbf{Q}$. *

4. Extension quasi-galoisienne engendrée par un ensemble

PROPOSITION 4. — *Soit* $(N_i)_{i \in I}$ *une famille d'extensions quasi-galoisiennes de* K *contenues dans* Ω. *Soient* $N = \bigcap_{i \in I} N_i$ *et* $M = K(\bigcup_{i \in I} N_i)$; *les extensions* N *et* M *de* K *sont quasi-galoisiennes.*

Soit u un K-automorphisme de Ω. On a $u(N_i) = N_i$ pour tout $i \in I$ et l'on déduit évidemment de là les égalités $u(N) = N$ et $u(M) = M$; la proposition résulte alors du cor. 1 (V, p. 52).

Soit A un ensemble d'éléments de Ω. Soit B l'ensemble des éléments de Ω qui sont conjugués d'un élément de A ; autrement dit, si G est le groupe des K-automorphismes de Ω, on a $B = \bigcup_{u \in G} u(A)$. Pour tout $u \in G$, on a $u(B) = B$, d'où $u(K(B)) = K(B)$. Par suite, K(B) est une extension quasi-galoisienne de K contenant A, et il est immédiat que toute extension quasi-galoisienne N de K contenant A contient B, donc K(B). On dira que K(B) est l'*extension quasi-galoisienne engendrée par* A. Cette définition s'applique en particulier lorsque A est une extension de K.

La proposition suivante résulte immédiatement de ce qui précède.

PROPOSITION 5. — *Soient* E *une extension de* K *contenue dans* Ω *et* N *l'extension quasi-galoisienne engendrée par* E. *Si* A *est une partie de* Ω *telle que* $E = K(A)$, *on a* $N = K(B)$, *où* B *est l'ensemble des éléments de* Ω *qui sont conjugués à un élément de* A.

COROLLAIRE 1. — *Si* E *est une extension de degré fini de* K, *l'extension quasi-galoisienne* N *de* K *engendrée par* E *est de degré fini sur* K.

On a en effet $E = K(A)$ où A est fini, donc l'ensemble B des conjugués des éléments de A est fini, d'où le corollaire par le th. 2 (V, p. 17).

COROLLAIRE 2. — *Toute extension quasi-galoisienne* N *de* K *est réunion des sous-extensions quasi-galoisiennes de* N, *de degré fini sur* K.

Soit $x \in N$ et soit N_x l'extension quasi-galoisienne de K engendrée par $\{x\}$. Comme K(x) est de degré fini sur K, il en est de même de N_x (cor. 1), et l'on a $x \in N_x$.

§ 10. EXTENSIONS GALOISIENNES

Dans tout ce paragraphe, on note K *un corps.*

1. Définition des extensions galoisiennes

THÉORÈME 1. — *Soient* N *une extension* algébrique *de* K *et* Γ *le groupe des* K*-automorphismes de* N. *Les assertions suivantes sont équivalentes* :

a) Tout élément de N *invariant par* Γ *appartient à l'image de* K *dans* N.

b) N *est une extension quasi-galoisienne et séparable de* K.

c) Pour tout $x \in N$, *le polynôme minimal de* x *sur* K *se décompose dans* N[X] *en produit de polynômes distincts de degré* 1.

L'équivalence de *b*) et *c*) résulte du cor. de la prop. 6 (V, p. 39) et de la définition des extensions quasi-galoisiennes (V, p. 52, déf. 2). Identifions K à son image canonique dans N.

a) ⇒ *c*) : supposons que K soit le corps des invariants de Γ. Soit $x \in N$, de polynôme minimal f sur K et soit A l'ensemble des racines de f dans N. Posons

$$g(X) = \prod_{y \in A} (X - y).$$

Tout automorphisme $\sigma \in \Gamma$ induit une permutation de A, donc laisse invariants les coefficients du polynôme $g \in N[X]$. On a donc $g \in K[X]$ et comme $g(x) = 0$, le polynôme g est multiple de f dans K[X] (V, p. 15, th. 1). Par ailleurs, f et g sont unitaires et g divise f (IV, p. 15, prop. 5) ; on a donc $f = g$, c'est-à-dire que le polynôme minimal f de x sur K est produit dans N[X] de polynômes distincts de degré 1.

c) ⇒ *a*) : soit x un élément de N n'appartenant pas à K. Notons Ω une clôture algébrique de K contenant N comme sous-extension (V, p. 22, th. 2). Soit f le polynôme minimal de x sur K, qui est de degré $\geqslant 2$ par hypothèse et soit A l'ensemble des racines de $f(X)$ *dans* N. Si la condition *c*) est satisfaite, on a $f(X) = \prod_{y \in A} (X - y)$ et par suite (V, p. 51, cor. 1), A est l'ensemble des conjugués de x dans Ω. Comme f est de degré $\geqslant 2$, il existe dans A un élément $y \neq x$, donc un K-automorphisme u de Ω tel que $u(x) = y$. Or, sous les hypothèses de *c*), l'extension N de K est quasi-galoisienne, d'où $u(N) = N$ (V, p. 52, cor. 1) ; par suite, u induit un K-automorphisme σ de N tel que $\sigma(x) = y \neq x$, et K est le corps des invariants de Γ.

DÉFINITION 1. — *On dit qu'une extension* N *du corps* K *est galoisienne si elle est algébrique et si elle satisfait aux conditions équivalentes a*), *b*) *et c*) *du théorème* 1.

Soient N un corps, Γ un groupe d'automorphismes de N et N_0 le corps des invariants de Γ. Lorsque N est *algébrique* sur N_0, c'est une extension galoisienne de N_0. Il n'en est pas toujours ainsi : par exemple, supposons K infini et prenons pour N le corps des fractions rationnelles K(X) ; pour tout $a \in K$, soit σ_a l'automorphisme de K(X) qui transforme $f(X)$ en $f(X + a)$. L'ensemble des σ_a est un groupe d'automorphismes de K(X) dont on montre facilement que K est le corps des invariants ; pourtant, K(X) n'est pas algébrique sur K.

Soit Ω une clôture algébrique de K. Notons A un ensemble d'éléments de Ω séparables sur K et B l'ensemble des conjugués sur K des éléments de A. Alors, B se compose d'éléments algébriques et séparables sur K. Par suite (V, p. 38, prop. 6, et p. 54, prop. 5), le corps K(B) est une extension séparable et quasi-galoisienne de K ; autrement dit, l'extension quasi-galoisienne engendrée par A (V, p. 54) est une extension galoisienne de K ; on dit aussi que c'est *l'extension galoisienne de* K *engendrée par la partie* A *de* Ω.

En particulier, le corps de décomposition dans Ω d'une famille de polynômes séparables sur K, une clôture séparable de K, sont des extensions galoisiennes de K.

PROPOSITION 1. — *Soient* N *une extension de* K, *et* $(N_i)_{i \in I}$ *une famille non vide de sous-extensions de* N. *On pose* $E = \bigcap_{i \in I} N_i$ *et* $F = K(\bigcup_{i \in I} N_i)$. *Si les extensions* N_i *sont galoisiennes sur* K *il en est de même de* E *et* F.

Tout d'abord E est algébrique et séparable sur K (V, p. 35, prop. 1) et il en est de même de F (V, p. 40, prop. 8). De plus, E et F sont quasi-galoisiennes sur K d'après la prop. 4 (V, p. 53).

PROPOSITION 2. — *Soient* N *une extension galoisienne de* K *et* E *une sous-extension de* N, *de degré fini sur* K. *Il existe une sous-extension* F *de* N, *contenant* E, *galoisienne et de degré fini sur* K.

Comme N est quasi-galoisienne sur K, le cor. 1 de V, p. 54, prouve l'existence d'une sous-extension quasi-galoisienne F de N contenant E et de degré fini sur K. Comme N est séparable sur K, il en est de même de F (V, p. 35, prop. 1), donc F est galoisienne sur K.

La prop. 2 entraîne le résultat suivant : soient Ω une clôture algébrique de K, et $E_1, \ldots, E_n$ des extensions algébriques séparables de degré fini sur K, contenues dans Ω. Il existe une extension galoisienne N de K, de degré fini, contenue dans Ω et contenant $E_1, \ldots, E_n$.

2. Groupe de Galois

DÉFINITION 2. — *Soit* N *une extension galoisienne du corps* K. *On appelle groupe de Galois de* N *sur* K, *et l'on note* Gal(N/K), *le groupe des* K-*automorphismes de* N.

Soit N une extension *finie* et galoisienne de K. Alors N est une extension finie séparable et quasi-galoisienne de K. Par suite (V, p. 31, prop. 4, et V, p. 52, prop. 3), l'ordre de Gal(N/K) est égal à [N : K]. On démontrera plus loin que si N est une extension galoisienne de K telle que Gal(N/K) soit fini, alors N est de degré fini sur K (V, p. 64, th. 3).

Soient Ω une extension algébriquement close de K, et A l'ensemble des racines dans Ω d'un polynôme séparable $f \in K[X]$. Le corps $N = K(A)$ est une extension galoisienne de K. Il est clair que tout K-automorphisme de N laisse stable A, et comme A engendre N sur K, l'application $\sigma \mapsto \sigma|A$ est un isomorphisme de Gal(N/K) sur un sous-groupe Γ du groupe symétrique $\mathfrak{S}_A$ de l'ensemble A qu'on appelle *groupe de Galois* du polynôme f. Il résulte de la remarque 3 (V, p. 53) que si x et y appartiennent à A, les propriétés suivantes sont équivalentes :

a) x et y sont conjugués sur K,

b) x et y appartiennent à la même orbite de Γ,

c) x et y sont racines du même facteur irréductible de f.

En particulier f est irréductible si et seulement si A est non vide et Γ opère transitivement sur A.

Exemples. — 1) Supposons la caractéristique de K différente de 2, et soit N une extension quadratique de K. Si $x \in N - K$, on a $N = K(x)$, et le polynôme minimal de x sur K est de la forme $f(X) = X^2 - aX + b$, avec $a, b \in K$. On a alors $f(X) = (X - x)(X - y)$ où $y = a - x$; donc y est conjugué de x ; comme $f(X)$ est séparable, l'extension N est galoisienne. Le groupe Gal(N/K) possède deux éléments qui induisent les deux permutations de l'ensemble $\{x, y\}$.

* 2) Soit $f = X^3 + X^2 - 2X - 1 \in \mathbf{Q}[X]$. Le polynôme f est irréductible, car sinon il posséderait une racine $x \in \mathbf{Q}$; écrivant $x = a/b$, avec $a, b \in \mathbf{Z}$, a et b étrangers, on aurait $a(a^2 + ab - 2b^2) = b^3$ et $a^3 = b(b^2 + 2ab - a^2)$; mais cela implique que a divise b et b divise a, donc $x = \pm 1$, ce qui est impossible. Soit $\xi = e^{2\pi i/7} \in \mathbf{C}$. Le polynôme f admet les racines $\alpha = \xi + \xi^{-1}$, $\beta = \xi^2 + \xi^{-2}$, $\gamma = \xi^3 + \xi^{-3}$. On a $\beta = \alpha^2 - 2$ et $\gamma = \alpha^3 - 3\alpha$, donc l'extension $\mathbf{Q}(\alpha)$ est galoisienne sur $\mathbf{Q}$. Le groupe de Galois de $\mathbf{Q}(\alpha)$ sur $\mathbf{Q}$ est cyclique d'ordre 3 et il est engendré par un élément σ tel que $\sigma(\alpha) = \beta$, $\sigma(\beta) = \gamma$, $\sigma(\gamma) = \alpha$. *

3) Supposons que $K = \mathbf{Q}$ et prenons $f = X^3 - 2$. Utilisant la décomposition des entiers en produit de facteurs premiers (I, p. 49), on voit facilement que 2 n'est pas le cube d'un élément de $\mathbf{Q}$. Le polynôme f est donc irréductible car sinon il possèderait une racine dans $\mathbf{Q}$. Soient $A = \{x_1, x_2, x_3\}$ l'ensemble des racines de f dans Ω et Γ le groupe de Galois de f. Il opère transitivement sur A. Son ordre est donc divisible par trois. D'autre part le quotient $j = \dfrac{x_2}{x_1}$ est différent de 1 et l'on a $j^3 = 1$. Donc j vérifie la relation $j^2 + j + 1 = 0$; or le polynôme $T^2 + T + 1 = (T + \frac{1}{2})^2 + \frac{3}{4}$ n'a pas de racines dans $\mathbf{Q}$, ce qui montre (*cf.* exemple 1) que $[\mathbf{Q}(j) : \mathbf{Q}] = 2$. Donc $[N : \mathbf{Q}]$ est divisible par 2 et par suite l'ordre de Γ est divisible par 6. Comme Γ est contenu dans le groupe $\mathfrak{S}_A$ d'ordre 6, on a $\Gamma = \mathfrak{S}_A$.

4) Supposons K de caractéristique $p \neq 0$ et soient K(T) le corps des fractions rationnelles et $U = T^p - T$. On pose $E = K(U)$ et $F = K(T)$. Le polynôme $f(X) = X^p - X - U$ de E[X] a les racines T, T + 1, ..., T + p − 1 dans F. Soit σ le K-automorphisme de F tel que $\sigma(T) = T + 1$. On a $\sigma^i(T) = T + i$ et $\sigma(U) = U$. Le groupe $G = \{1, \sigma, \ldots, \sigma^{p-1}\}$ est cyclique d'ordre p, et son corps des invariants contient E ; comme $[F : E] \leqslant p$, le théorème de Dedekind (V, p. 27, cor. 2) implique que E est le corps des invariants de G et que $[F : E] = p$. Le polynôme f est donc irréductible dans E[X] ; l'extension F de E est galoisienne, son groupe de Galois G est cyclique d'ordre p, et le groupe Γ est le groupe des permutations circulaires de T, T + 1, ..., T + p − 1.

Pour une généralisation de cet exemple, voir V, p. 89, Exemple 2.

5) Soit $F = K(X_1, \ldots, X_n)$ le corps des fractions rationnelles en n indéterminées $X_1, \ldots, X_n$ à coefficients dans K. Posons

$$s_k = \sum_{1 \leqslant i_1 < \ldots < i_k \leqslant n} X_{i_1} \ldots X_{i_k}$$

pour $1 \leqslant k \leqslant n$ et $E = K(s_1, \ldots, s_n)$; on note $f(T)$ le polynôme

$$T^n - s_1 T^{n-1} + \cdots + (-1)^n s_n .$$

On a $f(T) = \prod_{i=1}^{n} (T - X_i)$ de sorte que F est un corps de décomposition du polynôme séparable $f(T) \in E[T]$. De plus, pour toute permutation $\sigma \in \mathfrak{S}_n$, il existe un K-automorphisme h_σ de F et un seul tel que $h_\sigma(X_i) = X_{\sigma(i)}$ pour $1 \leqslant i \leqslant n$; on a $h_\sigma(s_k) = s_k$ pour $1 \leqslant k \leqslant n$, donc h_σ est un E-automorphisme de F. Autrement dit, F est une extension galoisienne de E, et par restriction à l'ensemble $\{X_1, \ldots, X_n\}$ des racines de $f(T)$, on définit un isomorphisme de Gal(F/E) sur le groupe $\mathfrak{S}_n$. En particulier, E se compose des fractions rationnelles f telles que

$$f(X_{\sigma(1)}, \ldots, X_{\sigma(n)}) = f(X_1, \ldots, X_n)$$

pour tout $\sigma \in \mathfrak{S}_n$ (cf. IV, p. 63, cor.).

6) Supposons f unitaire de degré > 0 et K de caractéristique $\neq 2$. Munissons A d'un ordre total noté $\leqslant$. Posons $\delta(f) = \prod_{\alpha < \beta} (\beta - \alpha)$, $(\alpha, \beta) \in A \times A$, et pour tout

$\sigma \in \mathfrak{S}_A$ posons $\delta_\sigma(f) = \prod_{\alpha<\beta} (\sigma(\beta) - \sigma(\alpha))$. On a $\delta_\sigma(f) = \varepsilon(\sigma)\,\delta(f)$ où $\varepsilon(\sigma)$ est la signature de σ (I, p. 61), et $\delta(f) \neq 0$. Pour tout $\tau \in \mathrm{Gal}(N/K)$, on a $\tau(\delta(f)) = \delta_{\tau|A}(f)$. Donc Γ est contenu dans le groupe alterné $\mathfrak{A}_A$ si et seulement si $\delta(f) \in K$. Par ailleurs $\delta(f)^2 = \prod_{\alpha<\beta} (\beta - \alpha)^2 = d(f)$ est le discriminant du polynôme f (IV, p. 76). Donc $\Gamma \subset \mathfrak{A}_A$ si et seulement si $d(f)$ est le carré d'un élément de K. Ainsi dans l'exemple 2, on a $d(f) = 49 = 7^2$ et dans l'exemple 3, $d(f) = -108$ (IV, p. 81).

Soit N une extension galoisienne de K, et soit L une sous-extension de N galoisienne sur K. Tout K-automorphisme σ de N induit un K-automorphisme σ_L de L (V, p. 53, remarque 1). Par suite, l'application $\sigma \mapsto \sigma_L$ est un homomorphisme de Gal(N/K) dans Gal(L/K), appelé *homomorphisme de restriction.*

PROPOSITION 3. — *L'homomorphisme de restriction de* Gal(N/K) *dans* Gal(L/K) *est surjectif.*

Plus généralement, considérons deux sous-extensions L et L′ de N, et un K-isomorphisme u de L sur L′. Choisissons une clôture algébrique Ω de K, contenant N comme sous-extension (V, p. 22, th. 2). Il existe un K-automorphisme v de Ω qui coïncide avec u sur L (V, p. 50, prop. 1), et comme N est une extension quasi-galoisienne de K, v induit un K-automorphisme σ de N (V, p. 53, remarque 1). Autrement dit, l'élément σ de Gal(N/K) coïncide avec u sur L.

3. Topologie du groupe de Galois

Soient N une extension galoisienne de K et Γ le groupe de Galois de N sur K. On munit N de la topologie discrète, l'ensemble N^N des applications de N dans N de la topologie produit des topologies discrètes des facteurs (« topologie de la convergence simple dans N ») et le groupe Γ de la topologie induite par celle de N^N.

Soit Λ l'ensemble des sous-extensions de N de degré fini sur K. Pour $\sigma \in \Gamma$ et $E \in \Lambda$, notons $U_E(\sigma)$ l'ensemble des éléments τ de Γ qui ont même restriction que σ à E. Si $E = K(x_1, \ldots, x_n)$, l'ensemble $U_E(\sigma)$ se compose des éléments τ de Γ tels que $\tau(x_1) = \sigma(x_1), \ldots, \tau(x_n) = \sigma(x_n)$. Il en résulte que la famille $(U_E(\sigma))_{E\in\Lambda}$ est une base du filtre des voisinages de σ dans Γ.

Lorsque N est de degré fini sur K, on a $N \in \Lambda$ et $U_N(\sigma) = \{\sigma\}$, donc la topologie de Gal(N/K) est discrète ; rappelons (V, p. 53, remarque) que le groupe Gal(N/K) est fini dans ce cas.

Cette description de la topologie de Gal(N/K) montre que l'*homomorphisme de restriction de* Gal(N/K) *sur* Gal(L/K) *est continu* pour toute sous-extension L de N, galoisienne sur K.

Soit A une partie de Γ. Dire que A est *ouverte* signifie que, pour tout $\sigma \in A$, il existe E dans Λ tel que l'ensemble $U_E(\sigma)$ soit contenu dans A. L'*adhérence* $\overline{A}$ de A se compose des $\sigma \in \Gamma$ tels que pour tout $E \in \Lambda$, il existe $\tau \in A$ ayant même restriction à E que σ ; le corps des invariants de $\overline{A}$ est le même que celui de A.

Soit ε l'élément neutre de Γ, et soit Λ' l'ensemble des sous-extensions de N qui sont galoisiennes et de degré fini sur K. D'après la prop. 2 (V, p. 55), l'ensemble Λ' est cofinal dans Λ et la famille $(U_E(\varepsilon))_{E\in\Lambda'}$ est donc une base du filtre des voisinages de ε dans Γ. De plus, pour $E \in \Lambda'$, l'ensemble $U_E(\varepsilon)$ est le noyau de l'homomorphisme de restriction de $\mathrm{Gal}(N/K) = \Gamma$ dans $\mathrm{Gal}(E/K)$. Comme le groupe $\mathrm{Gal}(E/K)$ est fini, il en résulte que $U_E(\varepsilon)$ est un sous-groupe ouvert et fermé, distingué et d'indice fini dans Γ.

On a évidemment $U_E(\sigma) = \sigma U_E(\varepsilon) = U_E(\varepsilon)\,\sigma$ pour $\sigma \in \Gamma$ et $E \in \Lambda'$. Comme $U_E(\varepsilon)$ est un sous-groupe distingué de Γ pour tout $E \in \Lambda'$, et que la famille $(U_E(\varepsilon))_{E\in\Lambda'}$ est une base de voisinages de ε, la topologie de Γ est compatible avec sa structure de groupe (TG, III, p. 5). Autrement dit, l'application $(\sigma, \tau) \mapsto \sigma\tau^{-1}$ de $\Gamma \times \Gamma$ dans Γ est continue.

PROPOSITION 4. — *Soit* N *une extension galoisienne de* K. *Le groupe de Galois* $\Gamma = \mathrm{Gal}(N/K)$ *est compact et totalement discontinu.*

Tout élément σ de Γ a une base de voisinages formée des ensembles ouverts et fermés $U_E(\sigma)$, donc Γ est totalement discontinu (TG, I, p. 83). On a $\{\sigma\} = \bigcap_{E\in\Lambda} U_E(\sigma)$, donc Γ est séparé. Pour tout $x \in N$, l'ensemble des conjugués $\sigma(x)$ de x, où σ parcourt Γ, est *fini* puisque x est algébrique sur K (V, p. 51, cor. 1) ; toutes les projections de Γ sur les espaces facteurs de N^N sont donc des ensembles finis, ce qui prouve que Γ est relativement compact dans N^N (TG, I, p. 64). Il reste à prouver que Γ est *fermé* dans N^N. Or, si u est adhérent à Γ dans N^N, pour tout couple (x, y) de points de N, il existe $\sigma \in \Gamma$ avec $u(x) = \sigma(x)$, $u(y) = \sigma(y)$, $u(x + y) = \sigma(x + y)$, $u(xy) = \sigma(xy)$, d'où $u(x + y) = u(x) + u(y)$ et $u(xy) = u(x)\,u(y)$. Par le même raisonnement, on a $u(x) = x$ pour $x \in K$, donc u est un K-homomorphisme de N dans N ; comme N est algébrique sur K, u est un K-automorphisme de N (V, p. 50, prop. 1), donc $u \in \Gamma$.

Soient N une extension galoisienne de K et $(N_i)_{i\in I}$ une famille filtrante croissante de sous-extensions de N. On suppose que N_i est galoisienne sur K pour tout $i \in I$ et que $N = \bigcup_{i\in I} N_i$. Pour tout $i \in I$, notons Γ_i le groupe de Galois de N_i sur K ; pour $i \leqslant j$ dans I, on a $N_i \subset N_j$ et l'homomorphisme de restriction φ_{ij} de Γ_j dans Γ_i est défini. Il est continu et la famille (Γ_i, φ_{ij}) est donc un système projectif de groupes topologiques. Par ailleurs, pour tout $i \in I$, notons λ_i l'homomorphisme de restriction de $\mathrm{Gal}(N/K)$ dans $\mathrm{Gal}(N_i/K) = \Gamma_i$; il est continu et l'on a $\lambda_i = \varphi_{ij} \circ \lambda_j$ pour $i \leqslant j$, donc la famille $(\lambda_i)_{i\in I}$ définit un homomorphisme continu λ de $\mathrm{Gal}(N/K)$ dans $\varprojlim \Gamma_i$.

PROPOSITION 5. — *L'homomorphisme* λ *de* $\mathrm{Gal}(N/K)$ *dans* $\varprojlim \mathrm{Gal}(N_i/K)$ *est un isomorphisme de groupes topologiques.*

Comme $\mathrm{Gal}(N/K)$ est compact, que λ est continu et que le groupe $\varprojlim \mathrm{Gal}(N_i/K)$ est séparé, il suffit de prouver que λ est bijectif (TG, I, p. 63, cor. 2). Soit $u = (u_i)_{i\in I}$ un élément de $\varprojlim \mathrm{Gal}(N_i/K)$; pour tout $i \in I$, u_i est un K-automorphisme de N_i, et u_i

est la restriction de u_j à N_i pour $i \leqslant j$. Comme on a $N = \bigcup_{i \in I} N_i$, il existe un unique élément σ de $\mathrm{Gal}(N/K)$ qui coïncide avec u_i sur N_i pour tout $i \in I$. Alors σ est l'unique élément de $\mathrm{Gal}(N/K)$ tel que $\lambda(\sigma) = u$, donc λ est bijectif.

Cela s'applique notamment lorsqu'on prend pour famille (N_i) la famille de toutes les sous-extensions galoisiennes finies de N ; alors chaque groupe $\mathrm{Gal}(N_i/K)$ est discret et fini. Le groupe topologique $\mathrm{Gal}(N/K)$ est donc isomorphe à une limite projective filtrante de groupes finis, munis de la topologie discrète ; on dit parfois que c'est un groupe topologique *profini*.

4. Descente galoisienne

Dans tout ce numéro, on note N *un corps,* Γ *un groupe d'automorphismes de* N, ε *l'élément neutre de* Γ, *et* K *le corps des invariants de* Γ.

Soit V un espace vectoriel sur N. Rappelons (II, p. 119) qu'une K-*structure* sur V est un sous-K-espace vectoriel V_0 de V tel que l'application K-linéaire $\varphi : N \otimes_K V_0 \to V$ qui transforme $\lambda \otimes x$ en λx soit bijective. Soit V_0 une telle K-structure ; pour tout $\sigma \in \Gamma$, on pose $u_\sigma = \varphi \circ (\sigma \otimes \mathrm{Id}_{V_0}) \circ \varphi^{-1}$. On a alors $u_\sigma(\sum_{i \in I} \lambda_i e_i) = \sum_{i \in I} \sigma(\lambda_i)\, e_i$ pour toute famille d'éléments λ_i de N et e_i de V_0, d'où les relations

(1) $$u_\sigma(x + y) = u_\sigma(x) + u_\sigma(y)$$

(2) $$u_\sigma(\lambda x) = \sigma(\lambda)\, u_\sigma(x)$$

(3) $$u_\sigma \circ u_\tau = u_{\sigma\tau}$$

(4) $$u_\varepsilon = \mathrm{Id}_V$$

pour σ, τ dans Γ, x, y dans V et λ dans N.

PROPOSITION 6. — *a) Soit* V *un espace vectoriel sur* N *muni d'une* K-*structure. Pour qu'un vecteur* $x \in V$ *soit rationnel sur* K, *il faut et il suffit qu'on ait* $u_\sigma(x) = x$ *pour tout* $\sigma \in \Gamma$. *Pour qu'un sous-*N*-espace vectoriel* W *de* V *soit rationnel sur* K, *il faut et il suffit qu'on ait* $u_\sigma(W) \subset W$ *pour tout* $\sigma \in \Gamma$.

b) Soient V_1 *et* V_2 *deux espaces vectoriels sur* N, *munis chacun d'une* K-*structure. Pour qu'une application linéaire* f *de* V_1 *dans* V_2 *soit rationnelle sur* K, *il faut et il suffit qu'on ait* $f(u_\sigma(x)) = u_\sigma(f(x))$ *pour tout* $\sigma \in \Gamma$ *et tout* $x \in V_1$.

Il est clair que K est l'ensemble des $x \in N$ tels que $\sigma(xy) = x\sigma(y)$ pour tout $\sigma \in \Gamma$ et tout $y \in N$. La proposition résulte alors du th. 1 (II, p. 125).

COROLLAIRE. — *Soit* V_0 *un espace vectoriel sur* K *et soit* W *un sous-*N*-espace vectoriel de* $N \otimes_K V_0$. *On suppose que* W *est stable par les applications* $\sigma \otimes \mathrm{Id}_{V_0}$ *pour tout* $\sigma \in \Gamma$. *Soit* W_0 *l'ensemble des* $x \in V_0$ *tels que* $1 \otimes x \in W$. *Alors* W_0 *est l'unique sous-*K*-espace vectoriel de* V_0 *tel que* $W = N \otimes_K W_0$.

Il suffit de noter que l'ensemble des éléments de la forme $1 \otimes x$ $(x \in V_0)$ est une K-structure sur $N \otimes_K V_0$ pour laquelle on a $u_\sigma = \sigma \otimes \mathrm{Id}_{V_0}$ pour $\sigma \in \Gamma$.

PROPOSITION 7. — *Soient* V *un espace vectoriel sur* N, $(u_\sigma)_{\sigma\in\Gamma}$ *une famille d'applications de* V *dans* V *satisfaisant aux relations* (1) *à* (4) *et* V_0 *l'ensemble des* $x \in V$ *tels que* $u_\sigma(x) = x$ *pour tout* $\sigma \in \Gamma$.

a) V_0 *est un sous-K-espace vectoriel de* V *et l'application* K*-linéaire* φ *de* $N \otimes_K V_0$ *dans* V *qui transforme* $\lambda \otimes x$ *en* λx *est injective.*

b) *Si* Γ *est fini, alors* φ *est bijective et* V_0 *est une* K*-structure sur* V.

Il est clair que V_0 est un sous-K-espace vectoriel de V.

La formule $u_\sigma \circ \varphi = \varphi \circ (\sigma \otimes \mathrm{Id}_{V_0})$ montre que le noyau W de φ est stable par les applications $\sigma \otimes \mathrm{Id}_{V_0}$; d'après le corollaire de la prop. 6, il existe donc un sous-espace W_0 de V_0 tel que $W = N \otimes_K W_0$. Si x appartient à W_0, on a donc $x = \varphi(1 \otimes x) = 0$, d'où $W_0 = 0$ et donc $W = 0$. Ceci prouve *a*).

Supposons Γ fini ; il s'agit de prouver que φ est surjective, ou encore que V_0 engendre le N-espace vectoriel V. Soit donc f une forme N-linéaire sur V, dont la restriction à V_0 soit nulle. Soit $x \in V$; pour tout $\lambda \in N$, l'élément $y_\lambda = \sum_{\sigma\in\Gamma} u_\sigma(\lambda . x)$ de V appartient évidemment à V_0, d'où $f(y_\lambda) = 0$, c'est-à-dire $\sum_{\sigma\in\Gamma} f(u_\sigma(x))\, \sigma(\lambda) = 0$. D'après le théorème de Dedekind (V, p. 27, cor. 2), on a donc $f(u_\sigma(x)) = 0$ pour tout $\sigma \in \Gamma$; faisant en particulier $\sigma = \varepsilon$, on trouve $f(x) = 0$, c'est-à-dire $f = 0$. Ceci prouve *b*).

Soit M un espace vectoriel sur N ; pour tout $\sigma \in \Gamma$, soit M^σ l'espace vectoriel sur N ayant même groupe additif sous-jacent que M, avec la loi externe $(\lambda, x) \mapsto \sigma(\lambda)x$. Posons $V = \prod_{\sigma\in\Gamma} M^\sigma$; le groupe additif sous-jacent de V est celui des applications de Γ dans M, avec la loi externe définie par

$$(\lambda . h)(\sigma) = \sigma(\lambda)\, h(\sigma) \quad (\lambda \in N, h \in V, \sigma \in \Gamma). \tag{5}$$

(Le produit $\sigma(\lambda)\, h(\sigma)$ est calculé dans l'espace vectoriel M.) Par ailleurs on définit sur $N \otimes_K M$ une structure d'espace vectoriel sur N par la formule

$$\lambda\big(\sum_i \mu_i \otimes x_i\big) = \sum_i \lambda\mu_i \otimes x_i.$$

Enfin, on note ψ l'application K-linéaire de $N \otimes_K M$ dans V caractérisée par la relation

$$\psi(\lambda \otimes x)(\sigma) = \sigma(\lambda) . x \tag{6}$$

pour $\lambda \in N$, $x \in M$ et $\sigma \in \Gamma$. Il est immédiat que ψ est N-linéaire.

PROPOSITION 8. — *L'application* N*-linéaire* ψ *de* $N \otimes_K M$ *dans* $V = \prod_{\sigma\in\Gamma} M^\sigma$ *est injective, et elle est bijective si* Γ *est fini.*

Pour tout $\sigma \in \Gamma$, on définit une application u_σ de V dans V par

$$(u_\sigma h)(\tau) = h(\tau\sigma) \tag{7}$$

pour $h \in V$ et $\tau \in \Gamma$. La vérification des formules (1) à (4) est immédiate. Notons V_0 l'ensemble des $h \in V$ tels que $u_\sigma(h) = h$ pour tout $\sigma \in \Gamma$. Pour tout $x \in M$, soit $\theta(x)$

l'application constante de Γ dans M de valeur x ; alors θ est un K-isomorphisme de M sur V_0. Définissons l'homomorphisme $\varphi : N \otimes_K V_0 \to V$ comme plus haut ; on a $\psi = \varphi \circ (\mathrm{Id}_N \otimes \theta)$, et la prop. 8 résulte alors de la prop. 7.

COROLLAIRE. — *Soit* ψ *l'application* K-*linéaire de* $N \otimes_K N$ *dans l'espace vectoriel produit* N^Γ *telle que* $\psi(x \otimes y)(\sigma) = \sigma(x)\, y$ *pour* x, y *dans* N *et* $\sigma \in \Gamma$. *Alors* ψ *est injective et elle est bijective si* Γ *est fini.*

C'est le cas particulier M = N de la proposition 8.

Remarques. — 1) Soient F une extension de K et N une sous-extension de F. Soit Γ un groupe *fini* d'automorphismes de N, dont K soit le corps des invariants. La prop. 8 entraîne l'existence d'un isomorphisme de K-algèbres $\theta : N \otimes_K F \to F^\Gamma$ caractérisé par $\theta(x \otimes y)(\sigma) = \sigma(x)\, y$ pour $x \in N$, $y \in F$ et $\sigma \in \Gamma$.

2) Les notations K, N et Γ ont la signification précédente. Pour tout entier $n \geqslant 1$, soit A_n le produit tensoriel de n K-algèbres identiques à N ; soit B_n l'ensemble des applications de Γ^{n-1} dans N. Par récurrence sur n, on déduit du corollaire de la prop. 8 l'existence d'un isomorphisme $\varphi_n : A_n \to B_n$ transformant $x_1 \otimes \ldots \otimes x_n$ en la fonction $(\sigma_1, \ldots, \sigma_{n-1}) \mapsto \sigma_1(x_1) \ldots \sigma_{n-1}(x_{n-1})\, x_n$.

5. Cohomologie galoisienne

Soient N un corps, Γ un groupe *fini* d'automorphismes de N et K le corps des invariants de Γ. Pour tout entier $n \geqslant 1$, on note $\mathbf{GL}(n, N)$ le groupe des matrices carrées d'ordre n, à coefficients dans N et de déterminant non nul (II, p. 149). On fait opérer le groupe Γ sur le groupe $\mathbf{GL}(n, N)$ par la règle $\sigma(A) = (\sigma(a_{ij}))$ pour $A = (a_{ij})$.

PROPOSITION 9. — *Soit* $(U_\sigma)_{\sigma \in \Gamma}$ *une famille d'éléments de* $\mathbf{GL}(n, N)$. *Pour qu'il existe* A *dans* $\mathbf{GL}(n, N)$ *avec* $U_\sigma = A^{-1} . \sigma(A)$ *pour tout* $\sigma \in \Gamma$, *il faut et il suffit que l'on ait* $U_{\sigma\tau} = U_\sigma . \sigma(U_\tau)$ *pour* σ, τ *dans* Γ.

La condition est *nécessaire* : si l'on a $U_\sigma = A^{-1} . \sigma(A)$, on a

$$U_\sigma . \sigma(U_\tau) = A^{-1} . \sigma(A)\, \sigma(A^{-1} . \tau(A)) = A^{-1} \sigma\tau(A) = U_{\sigma\tau} .$$

La condition est *suffisante* : on identifie les éléments de N^n aux matrices à n lignes et une colonne à coefficients dans N. On fait agir le groupe Γ sur N^n par

$$\sigma(x) = (\sigma(x_i))_{1 \leqslant i \leqslant n} \text{ pour } x = (x_i)_{1 \leqslant i \leqslant n}.$$

Pour tout $\sigma \in \Gamma$, on note u_σ l'application $x \mapsto U_\sigma . \sigma(x)$ de N^n dans lui-même. La vérification des formules (1) à (3) de V, p. 60, est immédiate. De plus, on a $u_\varepsilon \circ u_\varepsilon = u_\varepsilon$ et comme u_ε est bijective, on a $u_\varepsilon = \mathrm{Id}_{N^n}$. Soit V_0 l'ensemble des vecteurs $x \in N^n$ tels que $u_\sigma(x) = x$ pour tout $\sigma \in \Gamma$. D'après la prop. 7 (V, p. 61), V_0 est une K-structure sur N^n ; en particulier, il existe dans V_0 des vecteurs $b_1, \ldots, b_n$ formant une base de N^n sur N. La matrice B ayant pour colonnes $b_1, \ldots, b_n$ est donc inversible, et la relation $u_\sigma(b_i) = b_i$ pour $1 \leqslant i \leqslant n$ équivaut à $U_\sigma . \sigma(B) = B$. Posant $A = B^{-1}$, on obtient $U_\sigma = A^{-1} \sigma(A)$ pour tout $\sigma \in \Gamma$.

COROLLAIRE 1. — *Soit* $(c_\sigma)_{\sigma\in\Gamma}$ *une famille d'éléments non nuls de* N. *Pour qu'il existe* $a \neq 0$ *dans* N *tel que* $c_\sigma = \sigma(a).a^{-1}$ *pour tout* $\sigma \in \Gamma$, *il faut et il suffit qu'on ait* $c_{\sigma\tau} = c_\sigma.\sigma(c_\tau)$ *pour* σ, τ *dans* Γ.

COROLLAIRE 2. — *Soit* $(a_\sigma)_{\sigma\in\Gamma}$ *une famille d'éléments de* N. *Pour qu'il existe b dans* N *avec* $a_\sigma = \sigma(b) - b$ *pour tout* $\sigma \in \Gamma$, *il faut et il suffit que l'on ait* $a_{\sigma\tau} = a_\sigma + \sigma(a_\tau)$ *pour* σ, τ *dans* Γ.

On a $\sigma\tau(b) - b = [\sigma(b) - b] + \sigma[\tau(b) - b]$ pour tout b dans N, et σ, τ dans Γ, d'où la nécessité.

Réciproquement, supposons qu'on ait $a_{\sigma\tau} = a_\sigma + \sigma(a_\tau)$ quels que soient σ et τ dans Γ. Posons $U_\sigma = \begin{pmatrix} 1 & a_\sigma \\ 0 & 1 \end{pmatrix}$ pour $\sigma \in \Gamma$. On a alors $U_{\sigma\tau} = U_\sigma.\sigma(U_\tau)$ pour σ, τ dans Γ ; d'après la prop. 9, il existe donc une matrice $A = \begin{pmatrix} x & y \\ z & t \end{pmatrix}$ de déterminant non nul, telle que $\sigma(A) = AU_\sigma$ pour tout $\sigma \in \Gamma$; en explicitant la relation $\sigma(A) = AU_\sigma$, on trouve

$$\begin{pmatrix} \sigma(x) & \sigma(y) \\ \sigma(z) & \sigma(t) \end{pmatrix} = \begin{pmatrix} x & xa_\sigma + y \\ z & za_\sigma + t \end{pmatrix} \quad (\sigma \in \Gamma).$$

En particulier, x et z appartiennent à K et l'on a

$$\sigma(y) = xa_\sigma + y, \quad \sigma(t) = za_\sigma + t \quad (\sigma \in \Gamma).$$

Si $x \neq 0$, on a $a_\sigma = \sigma(b) - b$ avec $b = x^{-1}y$; si $z \neq 0$, on a la même relation avec $b = z^{-1}t$. Or x et z ne sont pas tous deux nuls puisque l'on a

$$xt - yz = \det A \neq 0 .$$

6. Le théorème d'Artin

THÉORÈME 2 (Artin). — *Soient* N *un corps,* Γ *un groupe d'automorphismes de* N *et* K *le corps des invariants de* Γ. *Soit* V *un sous-*K*-espace vectoriel de* N, *de dimension finie sur* K. *Alors toute application* K*-linéaire u de* V *dans* N *est combinaison linéaire à coefficients dans* N *de restrictions à* V *d'éléments de* Γ.

Soit u une application K-linéaire de V dans N et soit $V_{(N)} = N \otimes_K V$ le N-espace vectoriel déduit de V par extension des scalaires ; notons $\tilde{u}$ la forme N-linéaire sur $V_{(N)}$ telle que $\tilde{u}(x \otimes y) = x.u(y)$ pour $x \in N$ et $y \in V$. Pour tout $\sigma \in \Gamma$, il existe une forme N-linéaire h_σ sur $V_{(N)}$ telle que $h_\sigma(x \otimes y) = x\sigma(y)$ pour $x \in N$ et $y \in V$. L'application canonique de $V_{(N)} = N \otimes_K V$ dans $N \otimes_K N$ est injective. Le cor. de la prop. 8 (V, p. 62) montre alors que l'intersection des noyaux des formes linéaires h_σ sur $V_{(N)}$ est réduite à 0. Par suite (II, p. 104, cor. 1), il existe $\sigma_1, \ldots, \sigma_n$ dans Γ et $a_1, \ldots, a_n$ dans N tels que $\tilde{u} = \sum_{i=1}^{n} a_i h_{\sigma_i}$, d'où $u(x) = \sum_{i=1}^{n} a_i\sigma_i(x)$ pour tout $x \in V$.

Munissons l'ensemble N^N de toutes les applications de N dans N de la topologie produit des topologies discrètes des facteurs. Le th. 2 signifie que l'ensemble des combinaisons linéaires à coefficients dans N des éléments de Γ est dense dans l'ensemble des applications K-linéaires de N dans N.

THÉORÈME 3. — *Soient* N *un corps,* Γ *un groupe* fini *d'automorphismes de* N *et* K *le corps des invariants de* Γ. *Soit* n *le cardinal de* Γ.

a) *On a* $[N:K] = n$ *et* N *est une extension galoisienne de* K, *de groupe de Galois* Γ.

b) *Soient* $\sigma_1, \ldots, \sigma_n$ *les éléments de* Γ *et* $(x_1, \ldots, x_n)$ *une base de* N *sur* K. *Alors on a* $\det(\sigma_i(x_j)) \neq 0$.

c) *Soit* u *une application* K-*linéaire de* N *dans* N. *Il existe une unique famille* $(a_\sigma)_{\sigma \in \Gamma}$ *d'éléments de* N *telle que* $u(x) = \sum_{\sigma \in \Gamma} a_\sigma \sigma(x)$ *pour tout* $x \in N$.

On munit l'anneau $N \otimes_K N$ de la structure de N-algèbre dont la loi externe est caractérisée par $\lambda(x \otimes y) = x \otimes \lambda y$ pour λ, x, y dans N. Alors la dimension du N-espace vectoriel $N \otimes_K N$ est égale à $[N:K]$. La dimension du N-espace vectoriel produit N^Γ est égale à n. L'application ψ définie dans le cor. de la prop. 8 (V, p. 62) est un N-isomorphisme de $N \otimes_K N$ sur N^Γ, d'où $[N:K] = n$. Soit Δ le groupe des K-automorphismes de N. On a $\Gamma \subset \Delta$, donc K est le corps des invariants de Δ, et N est extension galoisienne de K. De plus, l'ordre de Δ est au plus égal à $[N:K]$ d'après le théorème de Dedekind (V, p. 27, cor. 2) et comme l'ordre de Γ est égal à $[N:K]$, on a $\Gamma = \Delta$. Donc Γ est le groupe de Galois de N sur K. Ceci prouve *a*).

Avec les notations de *b*), posons $f_i = \psi(x_i \otimes 1)$; on a $f_i(\sigma) = \sigma(x_i)$ pour $1 \leqslant i \leqslant n$ et $\sigma \in \Gamma$. Comme ψ est un isomorphisme de N-espaces vectoriels, la suite $(f_1, \ldots, f_n)$ est une base de N^Γ sur N, d'où $\det(f_j(\sigma_i)) \neq 0$, c'est-à-dire

$$\det(\sigma_i(x_j)) \neq 0.$$

Ceci prouve *b*).

Enfin, l'assertion *c*) résulte du th. 2 (V, p. 63) qui prouve l'*existence* d'une famille $(a_\sigma)_{\sigma \in \Gamma}$ telle que $u(x) = \sum_{\sigma \in \Gamma} a_\sigma \sigma(x)$ (pour tout $x \in N$), et du théorème de Dedekind (V, p. 27, cor. 2) qui prouve l'*unicité* de $(a_\sigma)_{\sigma \in \Gamma}$.

7. Le théorème fondamental de la théorie de Galois

THÉORÈME 4. — *Soient* N *une extension galoisienne de* K *et* Γ *son groupe de Galois. Soit* $\mathscr{K}$ *l'ensemble des sous-extensions de* N *et soit* $\mathscr{G}$ *l'ensemble des sous-groupes fermés de* Γ. *Pour tout sous-groupe* $\Delta \in \mathscr{G}$, *on note* $k(\Delta)$ *le corps des invariants de* Δ *et pour tout sous-corps* $E \in \mathscr{K}$, *on note* $g(E)$ *le groupe des* E-*automorphismes de* N. *Alors* $\Delta \mapsto k(\Delta)$ *est une bijection de* $\mathscr{G}$ *sur* $\mathscr{K}$, *et* $E \mapsto g(E)$ *est la bijection réciproque.*

A) La relation $E = k(g(E))$ (pour $E \in \mathscr{K}$) résulte du lemme plus précis suivant :

Lemme 1. — *Soit* E *une sous-extension de* N. *Alors* N *est extension galoisienne de* E, *et* Gal(N/E) *est un sous-groupe fermé de* Gal(N/K), *avec la topologie induite.*

Soit $x \in N$; le polynôme minimal f de x sur E divise dans E[X] le polynôme minimal g de x sur K (V, p. 16, cor. 2). Comme N est galoisienne sur K, le polynôme g est produit dans N[X] de facteurs distincts de degré 1 ; il en est donc de même de f, donc N est galoisienne sur E.

Soient Γ le groupe de Galois de N sur K et Δ celui de N sur E. Par définition, Δ est le sous-groupe de Γ formé des σ tels que $\sigma(x) = x$ pour tout $x \in E$. Or, pour tout $x \in E$, l'application $\sigma \mapsto \sigma(x)$ de Γ dans l'espace discret N est continue, donc Δ est fermé dans Γ. Soit $\sigma \in \Gamma$. Pour $x_1, \ldots, x_n$ dans N, soit $U(x_1, \ldots, x_n)$ l'ensemble des $\tau \in \Gamma$ tels que $\tau(x_i) = \sigma(x_i)$ pour $1 \leqslant i \leqslant n$; posons

$$V(x_1, \ldots, x_n) = U(x_1, \ldots, x_n) \cap \Delta.$$

Alors la famille des ensembles $U(x_1, \ldots, x_n)$ (resp. $V(x_1, \ldots, x_n)$) est une base de voisinages de σ dans Γ (resp. Δ). Donc la topologie de Δ est induite par celle de Γ.

B) La relation $\Delta = g(k(\Delta))$ (pour $\Delta \in \mathscr{G}$) résulte du lemme plus précis suivant :

Lemme 2. — *Soit Δ un sous-groupe de Γ. Soit* E *le corps des invariants de Δ. Alors le groupe de Galois de* N *sur* E *est l'adhérence de Δ dans Γ.*

Le groupe de Galois de N sur E est fermé dans Γ (lemme 1) et contient Δ, donc il contient l'adhérence $\overline{\Delta}$ de Δ. Soit σ un E-automorphisme de N et soient $x_1, \ldots, x_n$ dans N. Comme N est galoisien sur E (lemme 1), il existe (V, p. 55, prop. 2) une sous-extension N_0 de N, galoisienne et de degré fini sur E, contenant $x_1, \ldots, x_n$. Soit Δ_0 l'image du sous-groupe Δ de Gal(N/E) par l'homomorphisme de restriction de Gal(N/E) dans $\mathrm{Gal}(N_0/E)$. Comme $[N_0 : E]$ est fini, le théorème de Dedekind (V, p. 27, cor. 2) montre que $\mathrm{Gal}(N_0/E)$ est fini. Donc Δ_0 est fini, et comme E est le corps des invariants de Δ_0, on a $\Delta_0 = \mathrm{Gal}(N_0/E)$ (V, p. 64, th. 3). En particulier, Δ_0 contient la restriction de σ à N_0. Il existe donc $\tau \in \Delta$ tel que σ et τ aient même restriction à N_0, d'où $\sigma(x_1) = \tau(x_1), \ldots, \sigma(x_n) = \tau(x_n)$. Par suite, σ est adhérent à Δ dans Γ, donc $\mathrm{Gal}(N/E) \subset \overline{\Delta}$.

COROLLAIRE 1. — *Soient* E *et* E′ *deux sous-corps de* N *contenant* K ; *on a* $E \subset E'$ *si et seulement si l'on a* $g(E) \supset g(E')$. *Si Δ et Δ' sont deux sous-groupes fermés de Γ, on a $\Delta \subset \Delta'$ si et seulement si $k(\Delta) \supset k(\Delta')$.*

En effet les deux bijections réciproques $E \mapsto g(E)$ et $\Delta \mapsto k(\Delta)$ sont décroissantes.

COROLLAIRE 2. — *Soit* $(E_i)_{i \in I}$ *une famille de sous-corps de* N *contenant* K ; *posons* $L = \bigcap_{i \in I} E_i$ *et* $M = K(\bigcup_{i \in I} E_i)$. *Alors* $g(L)$ *est le plus petit sous-groupe fermé de* Γ *contenant* $\bigcup_{i \in I} g(E_i)$ *et l'on a* $g(M) = \bigcap_{i \in I} g(E_i)$.

La première assertion résulte du cor. 1 et la deuxième est immédiate.

COROLLAIRE 3. — *Pour* $i = 1, 2$, *soit* E_i *un sous-corps de* N *contenant* K *et soit* $\Delta_i = g(E_i)$. *Pour tout* $\sigma \in \Gamma$, *les relations* $\sigma(E_1) = E_2$ *et* $\sigma\Delta_1\sigma^{-1} = \Delta_2$ *sont équivalentes.*

En effet, on a $\tau \in g(\sigma(E_1))$ si et seulement si l'on a $\tau\sigma(x) = \sigma(x)$, c'est-à-dire $\sigma^{-1}\tau\sigma(x) = x$, pour tout $x \in E_1$; ceci équivaut encore à $\sigma^{-1}\tau\sigma \in \Delta_1$, d'où $g(\sigma(E_1)) = \sigma\Delta_1\sigma^{-1}$.

Corollaire 4. — *Soit* E *un sous-corps de* N *contenant* K *et soit* $\Delta = g(\mathrm{E})$. *Pour que* E *soit galoisien sur* K, *il faut et il suffit que* Δ *soit un sous-groupe distingué de* Γ. *S'il en est ainsi, l'homomorphisme de restriction de* Γ *dans* Gal(E/K) *définit par passage au quotient un isomorphisme de groupes topologiques de* Γ/Δ *sur* Gal(E/K).

Comme N est séparable sur K, il en est de même de E (V, p. 35, prop. 1). Par suite, E est galoisien sur K si et seulement s'il est quasi-galoisien sur K ; ceci signifie aussi qu'on a $\sigma(\mathrm{E}) = \mathrm{E}$ pour tout K-automorphisme σ de N (V, p. 50, prop. 1 et p. 52, prop. 3). D'après le cor. 3, ceci équivaut à $\sigma\Delta\sigma^{-1} = \Delta$ pour tout $\sigma \in \Gamma$.

L'homomorphisme de restriction $\varphi : \mathrm{Gal(N/K)} \to \mathrm{Gal(E/K)}$ est continu et surjectif (V, p. 58, prop. 3), et son noyau est évidemment égal à $\Delta = \mathrm{Gal(N/E)}$. Comme Γ est compact, l'homomorphisme de Γ/Δ sur Gal(E/K) déduit de φ par passage au quotient est un isomorphisme de groupes topologiques (TG, I, p. 63, cor. 2).

Corollaire 5. — *Soit* E *un sous-corps de* N *contenant* K. *Pour que* E *soit de degré fini sur* K, *il faut et il suffit que* $g(\mathrm{E})$ *soit ouvert dans* Γ. *S'il en est ainsi, l'indice* $(\Gamma : g(\mathrm{E}))$ *est fini et égal à* $[\mathrm{E} : \mathrm{K}]$.

Pour que $g(\mathrm{E})$ soit ouvert, il faut et il suffit qu'il existe une sous-extension F de N, de degré fini sur K, telle que, avec les notations de V, p. 58, $g(\mathrm{E})$ contienne $\mathrm{U_F}(\mathrm{Id_N}) = g(\mathrm{F})$. La relation $g(\mathrm{E}) \supset g(\mathrm{F})$ équivaut à $\mathrm{E} \subset \mathrm{F}$ d'après le cor. 1 (V, p. 65), d'où la première assertion du cor. 5.

Supposons $[\mathrm{E} : \mathrm{K}]$ fini. Soit Ω une clôture algébrique de K contenant N comme sous-extension (V, p. 22, th. 2) et soit $\mathscr{H}$ l'ensemble des K-homomorphismes de E dans Ω. Tout élément de $\mathscr{H}$ est induit par un K-automorphisme de Ω (V, p. 50, prop. 1), et comme N est quasi-galoisienne sur K, l'application $\sigma \mapsto \sigma|\mathrm{E}$ de Γ dans $\mathscr{H}$ est surjective. Pour que $\sigma \in \Gamma$ et $\sigma' \in \Gamma$ aient même restriction à E, il faut et il suffit qu'on ait $\sigma^{-1}\sigma' \in g(\mathrm{E})$, d'où Card $\mathscr{H} = (\Gamma : g(\mathrm{E}))$. Enfin, comme E est une algèbre étale sur K, on a Card $\mathscr{H} = [\mathrm{E} : \mathrm{K}]$ (V, p. 31, prop. 4). En conclusion, on a $(\Gamma : g(\mathrm{E})) = [\mathrm{E} : \mathrm{K}]$.

Corollaire 6. — *Pour* $i = 1, 2$, *soient* E_i *une sous-extension de* N *et* Γ_i *le groupe de Galois de* N *sur* E_i. *Les conditions suivantes sont équivalentes* :

a) *Le groupe* Γ *est produit direct des sous-groupes* Γ_1 *et* Γ_2.

b) *Les extensions* E_1 *et* E_2 *sont galoisiennes sur* K, *on a* $\mathrm{E}_1 \cap \mathrm{E}_2 = \mathrm{K}$ *et*

$$\mathrm{K}(\mathrm{E}_1 \cup \mathrm{E}_2) = \mathrm{N}.$$

Pour que Γ soit produit direct des sous-groupes Γ_1 et Γ_2, il faut et il suffit que les conditions suivantes soient remplies (A, I, p. 46, prop. 15) :

(i) les sous-groupes Γ_1 et Γ_2 sont distingués dans Γ ;

(ii) on a $\Gamma_1 \cap \Gamma_2 = \{\varepsilon\}$, où ε est l'élément neutre de Γ ;

(iii) on a $\Gamma = \Gamma_1 . \Gamma_2$.

Or (i) signifie que E_1 et E_2 sont galoisiennes sur K (cor. 4). D'après le cor. 2, la condition (ii) équivaut à $\mathrm{N} = \mathrm{K}(\mathrm{E}_1 \cup \mathrm{E}_2)$. Enfin si (i) et (ii) sont vérifiées, $\Gamma_1\Gamma_2$ est le plus petit sous-groupe de Γ contenant $\Gamma_1 \cup \Gamma_2$; il est fermé car Γ_1 et Γ_2 sont compacts et l'application $(\sigma, \tau) \mapsto \sigma\tau$ de $\Gamma_1 \times \Gamma_2$ dans Γ est continue (TG, I, p. 63, cor. 1). Le cor. 2 montre alors que (iii) équivaut à $E_1 \cap E_2 = K$. Ceci prouve l'équivalence de *a*) et *b*).

Remarque. — Avec les notations du cor. 6, supposons les conditions *a*) et *b*) remplies. Les homomorphismes de restriction $\varphi_i : \Gamma \to \mathrm{Gal}(E_i/K)$ pour $i = 1, 2$ induisent des isomorphismes de groupes topologiques

$$\Psi_1 : \Gamma_2 \to \mathrm{Gal}(E_1/K)\,, \quad \Psi_2 : \Gamma_1 \to \mathrm{Gal}(E_2/K)\,.$$

D'après *a*), on voit que l'application $\sigma \mapsto (\varphi_1(\sigma), \varphi_2(\sigma))$ est un isomorphisme de groupes topologiques de $\mathrm{Gal}(N/K)$ sur $\mathrm{Gal}(E_1/K) \times \mathrm{Gal}(E_2/K)$.

8. Changement du corps de base

Soient N une extension galoisienne de K et Γ le groupe de Galois de N sur K ; soit aussi N′ une extension galoisienne d'un corps K′, de groupe de Galois Γ'. On identifie K (resp. K′) à son image dans N (resp. N′). Soient u un homomorphisme

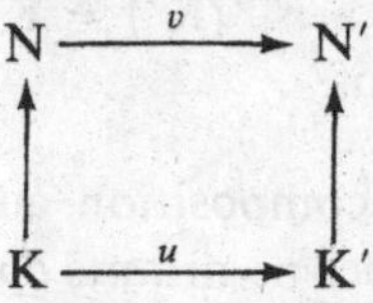

FIG. 1.

de K dans K′ et v un homomorphisme de N dans N′, dont la restriction à K soit égale à u (*cf.* fig. 1). Soit $\sigma \in \Gamma'$; comme on a $u(K) \subset K'$, σ est un $u(K)$-automorphisme de N′ ; de plus, $v(N)$ est extension galoisienne de $u(K)$, donc σ induit un $u(K)$-automorphisme de $v(N)$ (V, p. 53, remarque 1). Autrement dit, pour tout $\sigma \in \Gamma'$, il existe un unique élément $v^*(\sigma)$ de Γ tel que

$$v \circ v^*(\sigma) = \sigma \circ v\,. \tag{8}$$

L'application v^* *est un homomorphisme de* $\mathrm{Gal}(N'/K')$ *dans* $\mathrm{Gal}(N/K)$. Pour tout $x \in N$, l'application $\sigma \mapsto v^*(\sigma)(x) = v^{-1}(\sigma(v(x)))$ de Γ' dans l'espace discret N est continue, donc v^* est *continue*.

Trois cas particuliers sont importants :

a) Si F est une extension galoisienne de K et E une sous-extension de F, on sait (V, p. 64, lemme 1) que F est extension galoisienne de E. Appliquons ce qui précède au cas où $N = F$, $K' = E$, $N' = F$ et $v = \mathrm{Id}_F$. Alors v^* n'est autre que l'injection canonique

$$j : \mathrm{Gal}(F/E) \to \mathrm{Gal}(F/K)\,.$$

On l'appelle parfois l'*homomorphisme d'inflation.*

b) Supposons de plus que E soit galoisienne sur K. Appliquons ce qui précède au cas où $N = E$, $K' = K$, $N' = F$ et où v est l'injection canonique de E dans F. Alors v^* n'est autre que l'*homomorphisme de restriction*

$$\pi : \mathrm{Gal}(F/K) \to \mathrm{Gal}(E/K)\,.$$

On sait (V, p. 58, prop. 3) que π est surjectif, de noyau Gal(F/E), et définit par passage au quotient un isomorphisme de groupes topologiques de Gal(F/K)/Gal(F/E) sur Gal(E/K) (V, p. 66, cor. 4).

c) Supposons que l'on ait $v^{-1}(K') = K$ et $N' = K'(v(N))$. Montrons que l'homomorphisme

$$v^* : \mathrm{Gal}(N'/K') \to \mathrm{Gal}(N/K)\,,$$

est un isomorphisme de groupes topologiques, appelé parfois la *translation*. En effet, le groupe Gal(N′/K′) est compact, le groupe Gal(N/K) est séparé et v^* est continu ; il suffit donc (TG, I, p. 63, cor. 2) de prouver que v^* est bijectif. Or tout élément σ du noyau de v^* est un automorphisme de N′ qui induit l'identité sur K′ et sur $v(N)$, donc $\sigma = \varepsilon$ puisque $N' = K'(v(N))$; par suite, v^* est injectif. Par ailleurs, l'image de v^* est un sous-groupe fermé Δ de Gal(N/K) (TG, I, p. 63, *ibid.*) et le corps des invariants de Δ est égal à $v^{-1}(K') = K$; par suite, on a $\Delta = \mathrm{Gal}(N/K)$ (V, p. 64, th. 4), donc v^* est surjectif.

Le cas général se ramène par composition aux précédents. Remarquons tout d'abord que $K'(v(N))$ est le corps des invariants dans N′ du noyau Δ de v^* ; comme Δ est un sous-groupe distingué de Gal(N′/K′), l'extension $K'(v(N))$ de K′ est galoisienne (V, p. 66, cor. 4). Alors v^* est composé des homomorphismes

$$\mathrm{Gal}(N'/K') \xrightarrow{\pi} \mathrm{Gal}(K'(v(N))/K') \xrightarrow{\psi} \mathrm{Gal}(N/v^{-1}(K')) \xrightarrow{j} \mathrm{Gal}(N/K)\ ;$$

dans cette suite, π est l'homomorphisme de restriction associé au triplet $K' \subset K'(v(N)) \subset N'$, ψ est l'isomorphisme de translation associé au carré central du diagramme (fig. 2) et j est l'homomorphisme d'inflation associé au triplet $K \subset v^{-1}(K') \subset N$.

$$\begin{array}{ccccc} \mathbf{N} & \to & \mathbf{K'(v(N))} & \to & \mathbf{N'} \\ & & \uparrow & & \uparrow \\ \mathbf{K} & \to & \mathbf{v^{-1}(K')} & \to & \mathbf{K'} \end{array}$$

FIG. 2.

Le théorème suivant précise la structure des isomorphismes de translation.

THÉORÈME 5. — *Soient* N′ *une extension de* K, *engendrée par deux sous-extensions* K′ *et* N. *On suppose que* N *est galoisienne sur* K, *de groupe de Galois* Γ *et que* $K' \cap N = K$. *Alors l'extension* N′ *de* K′ *est galoisienne et l'homomorphisme canonique* φ *de* $K' \otimes_K N$ *dans* N′ *est un isomorphisme. Soit* $\sigma \in \mathrm{Gal}(N/K)$ *et soit* σ' *l'élément de* Gal(N′/K′) *qui lui correspond par l'isomorphisme de translation* ; *on a* $\sigma' \circ \varphi = \varphi \circ (\mathrm{Id}_{K'} \otimes \sigma)$.

On a $N' = K'(N)$ et N est algébrique et séparable sur K ; donc (V, p. 41, prop. 10), l'extension N′ de K′ est algébrique et séparable. D'après le cor. 4 de V, p. 53, l'extension N′ de K′ est quasi-galoisienne. Par suite, l'extension N′ de K′ est galoisienne. D'après *c*) ci-dessus, l'application $\sigma \mapsto \sigma|N$ est un isomorphisme λ de Gal(N′/K′) sur Gal(N/K).

On a $N' = K'[N]$ puisque N est algébrique sur K (V, p. 18, cor. 1), donc φ est surjectif. Si σ appartient à Gal(N/K), on a

$$\lambda^{-1}(\sigma) \circ \varphi = \varphi \circ (\mathrm{Id}_{K'} \otimes \sigma) . \tag{9}$$

Par suite, le noyau de φ est stable par les applications $\mathrm{Id}_{K'} \otimes \sigma$, donc de la forme $K' \otimes_K N_0$ avec $N_0 \subset N$ (V, p. 60, cor.). Pour x dans N_0, on a $x = \varphi(1 \otimes x) = 0$, d'où $N_0 = 0$ et donc φ est injectif.

COROLLAIRE 1. — *Soit* E′ *un sous-corps de* N′ *contenant* K′. *Il existe un unique sous-corps* E *de* N, *contenant* K *et tel que* $E' = K'(E)$. *On a* $E = E' \cap N$.

Posons $E = E' \cap N$, d'où $E' \supset K'(E)$. Posons $\Gamma = \mathrm{Gal}(N/K)$ et $\Delta = \mathrm{Gal}(N/E)$, et définissons de manière analogue Γ' et Δ'. L'application $\lambda : \sigma \mapsto \sigma|N$ est un isomorphisme de Γ' sur Γ, et aussi de Δ' sur Δ ; autrement dit, Δ' se compose des $\sigma \in \Gamma'$ tels que $\lambda(\sigma)$ appartienne à Δ. Si $\sigma \in \Gamma'$ laisse fixes les éléments de K′(E), on a $\lambda(\sigma) \in \Delta$, d'où $\sigma \in \Delta'$ et σ laisse fixes les éléments de E′ ; d'après le cor. 1 de V, p. 65, on a donc $K'(E) \supset E'$.

On a prouvé l'égalité $E' = K'(E)$, d'où $\varphi^{-1}(E') = K' \otimes_K E$. Si F est un sous-corps de N contenant K et tel que $E' = K'(F)$, on a de même $\varphi^{-1}(E') = K' \otimes_K F$, d'où $F = E$.

COROLLAIRE 2. — *Soit* N *une extension galoisienne de* K. *On suppose que le groupe de Galois* Γ *de* N *sur* K *est produit direct de deux sous-groupes fermés* Γ_1 *et* Γ_2, *et l'on note* E_i *le corps des invariants de* Γ_i *pour* $i = 1, 2$. *L'homomorphisme canonique de* $E_1 \otimes_K E_2$ *dans* N *est un isomorphisme.*

On a $E_1 \cap E_2 = K$ et $N = K(E_1 \cup E_2)$ d'après le cor. 6 (V, p. 66), et il suffit alors d'appliquer le théorème 5.

Remarque. — Soient K et K′ deux corps et u un homomorphisme de K dans K′. Soit K_s (resp. K'_s) une clôture séparable (V, p. 44, prop. 14) de K (resp. K′) et Π (resp. Π') le groupe de Galois de K_s sur K (resp. K'_s sur K′). Comme K_s est une extension algébrique et séparable de K, et que l'extension (K'_s, u) de K est séparablement close, il existe (V, p. 44, cor.) un homomorphisme v de K_s dans K'_s prolongeant u. On déduit de v un homomorphisme continu v^* de Π' dans Π. Soit v_1 un autre prolongement de u. Comme K_s est une extension quasi-galoisienne de K, il existe un élément σ_0 de Π tel que $v_1 = v \circ \sigma_0$. On en déduit $v_1^*(\tau) = \sigma_0^{-1} v^*(\tau)\, \sigma_0$ pour tout $\tau \in \Pi$.

9. Théorème de la base normale

Soit N une extension galoisienne de K, de groupe de Galois Γ. Identifions Γ à la base canonique de l'algèbre de groupe $K^{(\Gamma)}$ (III, p. 19) ; on peut considérer N comme un $K^{(\Gamma)}$-module à gauche (III, p. 20, exemple), de sorte qu'on a

$$u . x = \sum_{\sigma \in \Gamma} a_\sigma \sigma(x) \text{ pour } x \in N \text{ et } u = \sum_{\sigma \in \Gamma} a_\sigma \sigma \text{ dans } K^{(\Gamma)}.$$

Si N est de degré fini sur K, le groupe Γ est fini d'après le théorème de Dedekind (V, p. 27, cor. 2), et l'on peut définir l'élément $t = \sum_{\sigma \in \Gamma} \sigma$ de $K^{(\Gamma)}$; on a alors

$$\mathrm{Tr}_{N/K}(x) = \sum_{\sigma \in \Gamma} \sigma(x) ,$$

c'est-à-dire $\mathrm{Tr}_{N/K}(x) = t.x$ pour tout $x \in N$.

Définissons une action à droite de Γ sur N par $x^\sigma = \sigma^{-1}(x)$. De manière analogue, on peut considérer le groupe multiplicatif N^* comme un $\mathbf{Z}^{(\Gamma)}$-module à droite, la loi externe étant notée $(x, u) \mapsto x^u$. Par exemple, la notation $x^{2\sigma+3\tau+\pi}$, où σ, τ, π sont des éléments de Γ, désigne le produit $(x^\sigma)^2.(x^\tau)^3.x^\pi$. Si N est de degré fini sur K, et si $t = \sum_{\sigma \in \Gamma} \sigma$ comme plus haut, on a $N_{N/K}(x) = \prod_{\sigma \in \Gamma} x^\sigma$, c'est-à-dire $N_{N/K}(x) = x^t$ pour tout $x \in N^*$.

Supposons désormais N de degré fini sur K. Soit $x \in N$; pour que $\{x\}$ soit une base du $K^{(\Gamma)}$-module N, il faut et il suffit que la famille $(\sigma(x))_{\sigma \in \Gamma}$ soit une base de N sur K. On dit qu'une telle base est une *base normale de* N *sur* K.

THÉORÈME 6. — *Soit* N *une extension galoisienne de degré fini sur* K *et soit* Γ *le groupe de Galois de* N *sur* K. *Il existe une base normale de* N *sur* K. *Autrement dit, le* $K^{(\Gamma)}$-*module* N *est libre de rang* 1.

Nous donnerons deux démonstrations de cet énoncé. La première utilise le lemme suivant qui sera démontré au chapitre VIII (§ 2, n° 5).
* *Lemme* 3. — *Soient* A *une* K-*algèbre,* M_1 *et* M_2 *deux* A-*modules de rang fini sur* K. *On suppose qu'il existe une extension* L *de* K *telle que les modules* $L \otimes_K M_1$ *et* $L \otimes_K M_2$ *sur l'anneau* $L \otimes_K A$ *soient isomorphes. Alors les* A-*modules* M_1 *et* M_2 *sont isomorphes.*

On appliquera le lemme 3 au cas où $A = K^{(\Gamma)}$, $M_1 = N$, $M_2 = A_s$ et $L = N$ D'après le cor. de V, p. 62, il existe un K-isomorphisme φ de $N \otimes_K N$ sur $N \otimes_K K^{(\Gamma)}$ qui transforme $x \otimes y$ en $\sum_{\sigma \in \Gamma} x\sigma^{-1}(y) \otimes \sigma$. Il est immédiat que φ est un isomorphisme de $N \otimes_K K^{(\Gamma)}$-modules, et le théorème résulte alors du lemme 3. *

Pour la deuxième démonstration, nous utiliserons la proposition suivante :

PROPOSITION 10. — *Soit* $x \in N$. *Pour que* $\{x\}$ *soit une base du* $K^{(\Gamma)}$-*module* N, *il faut et il suffit que* $\det(\sigma\tau(x))_{\sigma,\tau \in \Gamma}$ *soit non nul.*

Comme $K^{(\Gamma)}$ et N ont même dimension sur K, dire que $\{x\}$ est une base de N sur $K^{(\Gamma)}$ signifie que l'application $a \mapsto ax$ de $K^{(\Gamma)}$ dans N est injective. Cela signifie aussi que l'application $b \mapsto b(1 \otimes x)$ de $N \otimes_K K^{(\Gamma)}$ dans $N \otimes_K N$ est injective (II, p. 108, prop. 14). Or, il existe un isomorphisme de $N \otimes_K K^{(\Gamma)}$-modules de $N \otimes_K N$ sur $N \otimes_K K^{(\Gamma)}$ qui transforme $1 \otimes x$ en $\sum_\sigma \sigma^{-1}(x) \otimes \sigma$. Il s'ensuit que $\{x\}$ est une base de N sur $K^{(\Gamma)}$ si et seulement si, pour toute famille non nulle $(n_\tau)_{\tau \in \Gamma}$ d'éléments de N, on a $(\sum n_\tau \otimes \tau)(\sum \sigma^{-1}(x) \otimes \sigma) \neq 0$. Mais cette dernière relation signifie qu'il existe $\tau \in \Gamma$ tel que $\sum_\tau n_\tau \sigma^{-1}\tau(x) \neq 0$, d'où la proposition.

A) *Supposons* K *infini* ; l'application $x \mapsto \det(\sigma\tau(x))$ de N dans N est polynômiale sur K (IV, p. 51). Par extension des scalaires de K à N elle donne l'application analogue pour le N-espace vectoriel $N \otimes_K N$, et on vient de voir que cette dernière n'est pas identiquement nulle (puisque $N \otimes_K N$ est bien libre de rang 1 sur $N \otimes_K K^{(\Gamma)}$). Il existe donc $x \in N$ tel que $\det(\sigma\tau(x)) \neq 0$ (IV, p. 17, th. 2) ; plus généralement, d'après la même référence on a :

PROPOSITION 11. — *Supposons* K *infini, et soit* $P : N \to K$ *une application polynômiale sur* K *non nulle. Il existe* $x \in N$ *tel que* $P(x) \neq 0$ *et que* $\{x\}$ *soit une base de* N *sur* $K^{(\Gamma)}$.

B) *Supposons* K *fini*. D'après la prop. 4 (V, p. 91)[1] toute extension de degré fini de K a un groupe de Galois cyclique. Nous allons donc considérer plus généralement le cas où le groupe Γ est cyclique d'ordre *n* ; on note γ un générateur de Γ.

Le lemme suivant est un cas particulier de résultats plus généraux démontrés au chapitre VII. L'anneau A est, soit l'anneau **Z** des entiers rationnels, soit l'anneau de polynômes K[X] sur le corps K.

Lemme 4. — *Soit* M *un* A-*module de torsion engendré par un nombre fini d'éléments* $x_1, \ldots, x_h$. *Il existe alors un élément x de* M *dont l'annulateur* (II, p. 28) *est égal à l'annulateur de* M.

Dans les deux cas, A est un anneau intègre et tout idéal de A est principal. Lorsque $A = \mathbf{Z}$ (resp. $A = K[X]$), on note $\mathscr{P}$ l'ensemble des nombres premiers (resp. l'ensemble des polynômes unitaires irréductibles de K[X]). Pour tout élément $a \neq 0$ de A, il existe alors un élément inversible *u* de A et une famille $(v_p(a))_{p \in \mathscr{P}}$ à support fini d'entiers positifs tels que $a = u \prod_{p \in \mathscr{P}} p^{v_p(a)}$, et *u* et les entiers $v_p(a)$ sont déterminés de manière unique (I, p. 49 et IV, p. 13, prop. 13).

Soient $\mathfrak{a}_i$ l'annulateur de x_i (pour $1 \leqslant i \leqslant h$) et $\mathfrak{a}$ l'annulateur de M. Soient $a_1, \ldots, a_h, a$ des éléments non nuls de A tels que $\mathfrak{a}_i = Aa_i$ et $\mathfrak{a} = Aa$; comme on a $\mathfrak{a} = \mathfrak{a}_1 \cap \ldots \cap \mathfrak{a}_h$, il résulte de ce qui précède qu'on a

$$(10) \qquad v_p(a) = \sup_{1 \leqslant i \leqslant h} v_p(a_i) \quad \text{pour tout } p \in \mathscr{P}.$$

Écrivons *a* sous la forme $up_1^{n(1)} \ldots p_r^{n(r)}$ avec $p_1, \ldots, p_r$ distincts dans $\mathscr{P}$, des entiers $n(1) > 0, \ldots, n(r) > 0$ et un élément inversible *u* de A. Soit $j = 1, \ldots, r$; d'après la formule (10), il existe un entier $c(j)$ tel que $1 \leqslant c(j) \leqslant h$ et $v_{p_j}(a_{c(j)}) = n(j)$; il existe b_j dans A avec $a_{c(j)} = p_j^{n(j)} b_j$, et l'élément $y_j = b_j x_{c(j)}$ a pour annulateur l'idéal $Ap_j^{n(j)}$.

Montrons que l'annulateur $\mathfrak{b}$ de $y = y_1 + \cdots + y_r$ est égal à l'annulateur $\mathfrak{a}$ de M. On a en tout cas $\mathfrak{a} \subset \mathfrak{b}$, donc $\mathfrak{b}$ est de la forme $Ap_1^{m(1)} \ldots p_r^{m(r)}$ avec $0 \leqslant m(j) \leqslant n(j)$

[1] Le lecteur vérifiera aisément que le théorème de la base normale n'est utilisé nulle part avant la démonstration de cette proposition.

pour $1 \leqslant j \leqslant r$. Si l'on avait $\mathfrak{a} \neq \mathfrak{b}$, il existerait un entier j tel que $1 \leqslant j \leqslant r$ et $m(j) < n(j)$ et par suite $d_j = a/p_j$ annulerait y. Or on a $d_j y_k = 0$ pour $k \neq j$, d'où l'on déduirait $d_j y_j = 0$; mais l'annulateur de y_j est $\mathrm{A}p_j^{m(j)}$ et d_j n'est pas multiple de $p_j^{m(j)}$. L'hypothèse $\mathfrak{a} \neq \mathfrak{b}$ est donc absurde.

Nous appliquerons le lemme 4 au cas où A est l'anneau de polynômes K[X], et où M est le groupe commutatif N muni de la loi externe définie par $a.x = \sum_{k=0}^{\infty} c_k\gamma^k(x)$ pour $a = \sum_{k=0}^{\infty} c_k\mathrm{X}^k$ dans K[X] et $x \in \mathrm{N}$. Soit $\mathfrak{a}$ l'annulateur de M. On a $\gamma^n = 1$, donc le polynôme $\mathrm{X}^n - 1$ appartient à $\mathfrak{a}$. Soit $\mathrm{F} \in \mathfrak{a}$; d'après IV, p. 10, cor., il existe des éléments $c_0, c_1, \ldots, c_{n-1}$ de K et $\mathrm{G} \in \mathrm{K}[\mathrm{X}]$ tels que

$$\mathrm{F}(\mathrm{X}) = c_0 + c_1\mathrm{X} + \cdots + c_{n-1}\mathrm{X}^{n-1} + (\mathrm{X}^n - 1)\,\mathrm{G}(\mathrm{X})\,. \tag{11}$$

On a alors $c_0 + c_1\gamma + \cdots + c_{n-1}\gamma^{n-1} = 0$ dans $\mathrm{Hom}_{\mathrm{K}}(\mathrm{N}, \mathrm{N})$, et comme les automorphismes $1, \gamma, \gamma^2, \ldots, \gamma^{n-1}$ de N sont distincts, le théorème de Dedekind (V, p. 27, cor. 2) entraîne $c_0 = c_1 = \cdots = c_{n-1} = 0$. Finalement, on a

$$\mathrm{F}(\mathrm{X}) = (\mathrm{X}^n - 1)\,\mathrm{G}(\mathrm{X}), \text{ c'est-à-dire } \mathfrak{a} = (\mathrm{X}^n - 1)\,\mathrm{K}[\mathrm{X}].$$

D'après le lemme 4, il existe un élément x de N dont l'annulateur dans K[X] est égal à $(\mathrm{X}^n - 1)\,\mathrm{K}[\mathrm{X}]$. Comme les monômes $1, \mathrm{X}, \ldots, \mathrm{X}^{n-1}$ forment la base d'un sous-espace vectoriel de K[X] supplémentaire de $(\mathrm{X}^n - 1)\,\mathrm{K}[\mathrm{X}]$ (IV, p. 10, cor.) les éléments $x, \gamma(x), \ldots, \gamma^{n-1}(x)$ de N sont linéairement indépendants sur K. Comme on a $[\mathrm{N}:\mathrm{K}] = n$ (V, p. 64, th. 3), la suite $(x, \gamma(x), \ldots, \gamma^{n-1}(x))$ est donc une base (normale) de N sur K.

10. Γ-ensembles finis et algèbres étales

Soient K_s une clôture séparable de K (V, p. 44, prop. 14) et Γ le groupe de Galois de K_s sur K. On appelle *Γ-ensemble* un ensemble X muni d'une action $(\sigma, x) \mapsto \sigma x$ du groupe Γ, telle que le stabilisateur de tout point de X soit un sous-groupe *ouvert* de Γ. Il revient au même de dire que l'application $(\sigma, x) \mapsto \sigma x$ de $\Gamma \times \mathrm{X}$ dans X est *continue* lorsqu'on munit X de la topologie discrète.

Soit X un Γ-ensemble *fini*. On définit une action du groupe Γ sur la K-algèbre $\mathrm{K}_s^{\mathrm{X}}$ des applications de X dans K_s par la formule

$$u_\sigma f(x) = \sigma(f(\sigma^{-1}x)) \tag{12}$$

pour $\sigma \in \Gamma$, $f \in \mathrm{K}_s^{\mathrm{X}}$ et $x \in \mathrm{X}$. Soit $\Theta(\mathrm{X})$ l'ensemble des invariants de Γ dans $\mathrm{K}_s^{\mathrm{X}}$; c'est la sous-K-algèbre de $\mathrm{K}_s^{\mathrm{X}}$ formée des applications $f: \mathrm{X} \to \mathrm{K}_s$ telles que $f(\sigma x) = \sigma(f(x))$ pour $\sigma \in \Gamma$ et $x \in \mathrm{X}$.

Lemme 5. — Soit X *un Γ-ensemble fini et soient* $x_1, \ldots, x_n$ *des points de* X *tels que les orbites* $\Gamma x_1, \ldots, \Gamma x_n$ *forment une partition de* X. *Pour* $1 \leqslant i \leqslant n$, *soit* Δ_i *le stabilisateur de* x_i *dans* Γ, *et soit* L_i *le corps des invariants de* Δ_i. *Alors* $\mathrm{L}_1, \ldots, \mathrm{L}_n$ *sont des extensions séparables de degré fini de* K, *et l'application* $f \mapsto (f(x_1), \ldots, f(x_n))$ *est un isomorphisme de* K-*algèbres de* $\Theta(\mathrm{X})$ *sur* $\mathrm{L}_1 \times \cdots \times \mathrm{L}_n$.

Par hypothèse, les sous-groupes $\Delta_1, \ldots, \Delta_n$ de Γ sont ouverts et le cor. 5 de V, p. 66, montre que les sous-extensions $\mathrm{L}_1, \ldots, \mathrm{L}_n$ de K_s sont de degré fini sur K. Elles sont évidemment séparables. La dernière assertion du lemme 5 est immédiate.

Du lemme 5 et du th. 4 (V, p. 34), on déduit immédiatement le résultat suivant.

PROPOSITION 12. — *Pour tout Γ-ensemble fini* X, *l'algèbre* Θ(X) *est étale sur* K, *de degré égal au cardinal de* X. *De plus, toute algèbre étale sur* K *est isomorphe à une algèbre de la forme* Θ(X).

Remarques. — 1) On montre facilement que pour tout homomorphisme de K-algèbres φ de Θ(X) dans K_s, il existe un unique élément x de X tel que $\varphi(f) = f(x)$ pour tout $f \in \Theta(X)$.

2) Soient X et Y deux Γ-ensembles finis. Soit $\mathfrak{F}_\Gamma(X, Y)$ l'ensemble des applications u de X dans Y telles que $u(\sigma x) = \sigma u(x)$ pour tout $\sigma \in \Gamma$ et tout $x \in X$. Pour $u \in \mathfrak{F}_\Gamma(X, Y)$, on définit un homomorphisme de K-algèbres $u^* : \Theta(Y) \to \Theta(X)$ par $u^*(f) = f \circ u$. Pour tout homomorphisme Ψ de Θ(Y) dans Θ(X), il existe un unique élément u de $\mathfrak{F}_\Gamma(X, Y)$ tel que $\Psi = u^*$.

11. Structure des extensions quasi-galoisiennes

PROPOSITION 13. — *Soit* N *une extension quasi-galoisienne de* K. *On note* N_r *le corps des invariants du groupe des* K*-automorphismes de* N *et* N_s *la fermeture algébrique séparable de* K *dans* N (V, p. 42). *Alors* :

a) N_r *est la fermeture radicielle de* K *dans* N (V, p. 24).

b) N_s *est une extension galoisienne de* K *et tout* K*-automorphisme de* N_s *se prolonge de manière unique en un* N_r*-automorphisme de* N.

c) Les corps N_r *et* N_s *sont linéairement disjoints sur* K *et l'on a* $N = K[N_r \cup N_s]$; *autrement dit, l'homomorphisme canonique de* $N_r \otimes_K N_s$ *dans* N *est un isomorphisme.*

Soit Ω une clôture algébrique de K, contenant N comme sous-extension (V, p. 22, th. 2). Tout K-automorphisme de Ω induit un automorphisme de N puisque N est quasi-galoisienne. Par suite, tout élément de N_r est invariant par le groupe des K-automorphismes de Ω, donc est radiciel sur K (V, p. 51, cor. 3). Réciproquement, tout élément de N radiciel sur K est évidemment invariant par tout K-automorphisme de N, donc appartient à N_r. Ceci prouve *a*).

Tout K-automorphisme de Ω applique N dans N, donc N_s dans N_s, et N_s est donc une extension quasi-galoisienne de K (V, p. 52, prop. 3). Par suite, N_s est une extension galoisienne de K. Tout élément de $N_r \cap N_s$ est algébrique séparable et radiciel sur K, donc appartient à K (V, p. 38, cor. 3) ; on a donc $N_r \cap N_s = K$. Or N est radiciel sur N_s (V, p. 42, prop. 13) et algébrique séparable sur N_r (V, p. 54, th. 1), donc à la fois radiciel et séparable sur $K(N_r \cup N_s)$. On a donc $N = K(N_r \cup N_s)$ (V, p. 38, cor. 3) et les assertions *b*) et *c*) résultent du th. 5 (V, p. 68).

COROLLAIRE. — *Soient* p *l'exposant caractéristique de* K, $\overline{K}$ *une clôture algébrique de* K, K_s *la fermeture séparable de* K *dans* $\overline{K}$ *et* $K^{p^{-\infty}}$ *la clôture parfaite de* K. *Alors l'homomorphisme canonique de* $K^{p^{-\infty}} \otimes K_s$ *dans* $\overline{K}$ *est un isomorphisme.*

Remarque. — Soit R (resp. S) une extension radicielle (resp. algébrique séparable) de K. Alors l'algèbre $R \otimes_K S$ est un corps : en effet, R (resp. S) est isomorphe à une sous-extension de $K^{p^{-\infty}}$ (resp. K_s) et il suffit d'appliquer le cor. ci-dessus et la prop. 1 de V, p. 17.

§ 11. EXTENSIONS ABÉLIENNES

Dans tout ce paragraphe, on note K *un corps.*

1. Extensions abéliennes et clôture abélienne

DÉFINITION 1. — *On dit qu'une extension* E *de* K *est abélienne si elle est galoisienne et si son groupe de Galois est commutatif.*

Comme tout sous-groupe d'un groupe commutatif est distingué, le cor. 4 de V, p. 66, montre que toute sous-extension d'une extension abélienne est abélienne.

PROPOSITION 1. — *Soient* E *une extension galoisienne de* K, *et* Γ *son groupe de Galois. Soit* Δ *le groupe dérivé de* Γ (I, p. 67, déf. 4) *et soit* F *le corps des invariants de* Δ. *Pour qu'une sous-extension* L *de* E *soit abélienne sur* K, *il faut et il suffit qu'elle soit contenue dans* F.

Notons d'abord que F est aussi le corps des invariants de l'adhérence $\overline{\Delta}$ de Δ dans Γ, et que $\overline{\Delta}$ est un sous-groupe distingué fermé de Γ. D'après V, p. 66, cor. 4, F est donc une extension galoisienne de K. De plus, le groupe de Galois de F sur K est isomorphe à $\Gamma/\overline{\Delta}$, donc est commutatif. Toute sous-extension de F est donc abélienne. Réciproquement, soit L une extension abélienne de K contenue dans E, et soit Π le groupe de Galois de E sur L. Comme L est galoisienne, Π est un sous-groupe distingué de Γ et le groupe de Galois de L sur K est isomorphe à Γ/Π (V, p. 66, cor. 4). Par suite, Γ/Π est commutatif et Π contient Δ ; d'où $L \subset F$.

COROLLAIRE. *Soit* E *une extension de* K, *et soit* $(E_i)_{i\in I}$ *une famille de sous-extensions de* E, *telle que* $E = K(\bigcup_{i\in I} E_i)$. *On suppose que chacune des extensions* E_i *est abélienne* ; *il en est alors de même de* E.

Tout d'abord, E est extension galoisienne de K (V, p. 55, prop. 1). Si le corps F est défini comme dans la prop. 1, on a $E_i \subset F$ pour tout $i \in I$, d'où $F = E$.

On dit qu'une extension E de K est une *clôture abélienne* de K si c'est une extension abélienne de K, et si toute extension abélienne de K est isomorphe à une sous-extension de E. La prop. 1 entraîne l'*existence* d'une clôture abélienne de K : en effet, soit K_s une clôture séparable de K, de groupe de Galois Γ et soit $\overline{(\Gamma, \Gamma)}$ l'adhérence du groupe dérivé de Γ ; notons K_{ab} le corps des invariants de $\overline{(\Gamma, \Gamma)}$; comme toute extension algébrique séparable de K est isomorphe à une sous-extension de K_s (V, p. 44, cor.), la prop. 1 montre que K_{ab} est une clôture abélienne de K. Le groupe de Galois de K_{ab} sur K est canoniquement isomorphe à $\Gamma/\overline{(\Gamma, \Gamma)}$. Démontrons maintenant l'*unicité* des clôtures abéliennes : soient E et E′ deux clôtures abéliennes de K ; il existe par définition des K-homomorphismes $u : E \to E'$ et $v : E' \to E$, et la prop. 1 (V, p. 50) entraîne $v(u(E)) = E$ et $u(v(E')) = E'$, donc u est un K-isomorphisme de E sur E′. Tout autre K-isomorphisme de E sur E′ est de la forme $u_1 = \sigma_0 \circ u$ avec $\sigma_0 \in \mathrm{Gal}(E'/K)$; comme Gal(E′/K) est commutatif, l'isomorphisme $\sigma \mapsto u \circ \sigma \circ u^{-1}$ de Gal(E/K) sur Gal(E′/K) est indépendant de u ; on l'appelle l'*isomorphisme canonique de* Gal(E/K) *sur* Gal(E′/K).

2. Racines de l'unité

DÉFINITION 2. — *On dit qu'un élément* ζ *de* K *est une racine de l'unité s'il existe un entier* $n > 0$ *tel que* $\zeta^n = 1$; *pour tout entier* $n > 0$ *tel que* $\zeta^n = 1$, *on dit que* ζ *est racine n-ième de l'unité.*

Il revient au même de dire que les racines de l'unité sont les éléments d'*ordre fini* du groupe multiplicatif K* des éléments $\neq 0$ de K (I, p. 49). Les racines de l'unité forment un sous-groupe $\mu_\infty(K)$ de K*, et les racines *n*-ièmes un sous-groupe $\mu_n(K)$ de $\mu_\infty(K)$. On a $\mu_\infty(K) = \bigcup_{n \geqslant 1} \mu_n(K)$ et $\mu_n(K) \subset \mu_m(K)$ si *n* divise *m*. Pour toute racine de l'unité ζ, il existe un plus petit entier $n \geqslant 1$ tel que ζ appartienne à $\mu_n(K)$, à savoir l'ordre de ζ dans le groupe K*.

Le groupe $\mu_n(K)$ étant l'ensemble des racines du polynôme $X^n - 1$ est d'ordre fini $\leqslant n$. Soit *p* la caractéristique de K. Lorsque l'on a $p = 0$, ou bien que l'on a $p \neq 0$ et *n* non divisible par *p*, la dérivée nX^{n-1} de $X^n - 1$ est étrangère à $X^n - 1$, et le polynôme $X^n - 1$ est donc *séparable* ; si, de plus, K est algébriquement clos, $\mu_n(K)$ est donc un groupe à *n* éléments.

Supposons que K soit de caractéristique non nulle *p* et soit $r \geqslant 0$ un entier ; comme l'application $x \mapsto x^{p^r}$ de K dans K est injective, on a $\mu_{np^r}(K) = \mu_n(K)$ pour tout entier $n \geqslant 1$.

On notera qu'un corps peut ne contenir aucune racine *n*-ième de l'unité autre que 1 : c'est le cas par exemple des corps premiers **Q** et $\mathbf{F}_2$ pour tout entier *n* impair.

THÉORÈME 1. — *Soit p l'exposant caractéristique de* K *et soit* $n > 0$ *un entier. Le groupe* $\mu_n(K)$ *des racines n-ièmes de l'unité dans* K *est cyclique et son ordre divise n. Lorsque* K *est algébriquement clos et que n est premier à p, le groupe* $\mu_n(K)$ *est cyclique d'ordre n.*

Il suffit de prouver la première assertion du théorème, qui résulte du lemme plus précis suivant :

Lemme 1. — *Soit* G *un sous-groupe fini de* K*, *d'ordre m. Alors* G *est cyclique et l'on a* $G = \mu_m(K)$.

Considérons G comme un **Z**-module ; on a $mx = 0$ pour tout $x \in G$, donc l'annulateur de G est un idéal de la forme $r\mathbf{Z}$ où l'entier $r \geqslant 1$ divise *m*. On a donc $G \subset \mu_r(K)$. D'après le lemme 4 (V, p. 71) appliqué à $A = \mathbf{Z}$ et $M = G$, il existe un élément *x* de G d'ordre *r* ; soit G′ le sous-groupe cyclique de G engendré par *x*. On a $G' \subset \mu_r(K)$, Card $G' = r$ et Card $\mu_r(K) \leqslant r$; on a, par suite, $G' = \mu_r(K) \supset G$ et G est cyclique d'ordre *r*, égal à $\mu_r(K)$. Comme G est d'ordre *m*, on a $m = r$, d'où le lemme 1.

PROPOSITION 2. — *Supposons que* K *soit algébriquement clos, et soit p son exposant caractéristique. Il existe un isomorphisme de* $\mu_\infty(K)$ *sur le groupe* $\mathbf{Q}/\mathbf{Z}[1/p]$.

On a noté $\mathbf{Z}[1/p]$ le sous-anneau de **Q** engendré par $1/p$, c'est-à-dire l'ensemble des nombres rationnels de la forme a/p^n avec $a \in \mathbf{Z}$ et $n \geqslant 1$; on a donc $\mathbf{Z}[1/p] = \mathbf{Z}$ si K est de caractéristique 0.

Soit $(\nu_n)_{n \geqslant 1}$ la suite strictement croissante formée de tous les entiers qui ne sont pas divisibles par *p* si $p \neq 1$; posons $\lambda_n = \nu_1 \nu_2 \ldots \nu_n$, et désignons par H_n le groupe des racines λ_n-ièmes de l'unité ; on a $H_{n+1} \supset H_n$ et $\mu_\infty(K) = \bigcup_n H_n$. Comme H_n est cyclique d'ordre λ_n (th. 1), il existe une suite $(\alpha_n)_{n \geqslant 1}$ de racines de l'unité telle que α_n engendre H_n et que $\alpha_n = \alpha_{n+1}^{\nu_{n+1}}$.

Par ailleurs, soit β_n la classe modulo $\mathbf{Z}[1/p]$ de $1/\lambda_n$, et soit H'_n le sous-groupe cyclique de $\mathbf{Q}/\mathbf{Z}[1/p]$ engendré par β_n. Il est immédiat qu'on a $\beta_n = \nu_{n+1}\beta_{n+1}$ et H'_n est d'ordre λ_n, car λ_n n'est pas divisible par p si $p \neq 1$. Il existe donc pour tout $n \geqslant 1$ un isomorphisme $\varphi_n : H_n \to H'_n$ tel que $\varphi_n(\alpha_n) = \beta_n$ et les relations $\alpha_n = \alpha_{n+1}^{\nu_{n+1}}$, $\beta_n = \nu_{n+1}\beta_{n+1}$ montrent que φ_{n+1} prolonge φ_n. Finalement, il existe un unique isomorphisme φ de $\mu_\infty(K)$ sur $\mathbf{Q}/\mathbf{Z}[1/p]$ prolongeant les isomorphismes φ_n, c'est-à-dire tel que $\varphi(\alpha_n) = \beta_n$ pour tout $n \geqslant 1$.

Remarques. — 1) Lorsque K est un corps algébriquement clos de caractéristique 0, le groupe $\mu_\infty(K)$ est donc isomorphe (non canoniquement) à $\mathbf{Q}/\mathbf{Z}$. * Lorsque K est le corps $\mathbf{C}$ des nombres complexes, on peut expliciter un tel isomorphisme ; en effet, l'application $x \mapsto e^{2\pi i x}$ est un homomorphisme de $\mathbf{Q}$ dans $\mathbf{C}^*$ de noyau $\mathbf{Z}$ et d'image $\mu_\infty(\mathbf{C})$; elle définit donc par passage au quotient un isomorphisme de $\mathbf{Q}/\mathbf{Z}$ sur $\mu_\infty(\mathbf{C})$. *

2) On peut prouver (cf. V, p. 156, exerc. 21) le résultat suivant : soient G et H deux groupes commutatifs dont tout élément est d'ordre fini. On suppose que, pour tout entier $n \geqslant 1$, l'équation $nx = 0$ a le même nombre de solutions, supposé *fini*, dans G que dans H. Les groupes G et H sont alors isomorphes. Ceci fournit une nouvelle démonstration de la prop. 2.

3) Pour tout nombre premier l, posons $\mu_{l^\infty}(K) = \bigcup_{n \geqslant 0} \mu_{l^n}(K)$. Lorsque l est la caractéristique p de K, on a $\mu_{p^\infty}(K) = \{1\}$. On déduit de I, p. 76, théorème 4, que $\mu_\infty(K)$ est somme directe des sous-groupes $\mu_{l^\infty}(K)$ où l parcourt l'ensemble des nombres premiers distincts de p. Pour un nombre premier l donné, deux cas seulement sont possibles : ou bien $\mu_{l^\infty}(K)$ est fini et alors $\mu_{l^\infty}(K)$ est isomorphe à $\mathbf{Z}/l^n\mathbf{Z}$ pour un n convenable (th. 1), ou bien $\mu_{l^\infty}(K)$ est infini et alors $\mu_{l^\infty}(K)$ est isomorphe à $\mathbf{Z}[l^{-1}]/\mathbf{Z}$ (cf. remarque 2).

3. Racines primitives de l'unité

Soit $n \geqslant 1$ un entier. On appelle *indicateur d'Euler* de n, et l'on note $\varphi(n)$, le nombre des éléments inversibles de l'anneau $\mathbf{Z}/n\mathbf{Z}$ des entiers modulo n. D'après la proposition suivante, $\varphi(n)$ est aussi le nombre des entiers k premiers à n et tels que $0 \leqslant k < n$.

PROPOSITION 3. — *Soient k et $n \geqslant 1$ deux entiers. Les assertions suivantes sont équivalentes :*

a) la classe de k modulo n est inversible dans l'anneau $\mathbf{Z}/n\mathbf{Z}$;

b) la classe de k modulo n engendre le groupe cyclique $\mathbf{Z}/n\mathbf{Z}$;

c) les entiers k et n sont premiers entre eux (I, p. 106).

Chacune des conditions *a)* et *b)* signifie qu'il existe un entier x tel que $kx \equiv 1 \bmod. n$, c'est-à-dire qu'il existe deux entiers x et y tels que $kx + ny = 1$. Cette dernière condition signifie que k et n sont premiers entre eux.

COROLLAIRE 1. — *Soit* G *un groupe cyclique d'ordre n et soit d un diviseur de n. Le nombre des éléments d'ordre d de* G *est égal à* $\varphi(d)$. *En particulier,* $\varphi(n)$ *est le nombre des générateurs de* G.

Comme le groupe G est isomorphe à $\mathbf{Z}/n\mathbf{Z}$, le nombre des générateurs de G est égal à $\varphi(n)$ d'après la prop. 3. Soit g un générateur de G ; alors les éléments h de G tels que $h^d = 1$ constituent le sous-groupe H de G engendré par $g^{n/d}$; ce groupe est cyclique d'ordre d, et les éléments d'ordre d de G sont les générateurs de H, donc leur nombre est égal à $\varphi(d)$.

Corollaire 2. — *Pour tout entier $n \geqslant 1$, on a*

$$\sum_{d|n} \varphi(d) = n\,, \tag{1}$$

l'entier d parcourant l'ensemble des diviseurs > 0 de n [1].

Avec les notations du cor. 1, tout élément de G a un ordre fini qui est un diviseur d de n, et il y a $\varphi(d)$ tels éléments pour d fixé.

Le calcul de $\varphi(n)$ repose sur les deux formules :

(2) $\varphi(mn) = \varphi(m)\,\varphi(n)$ si m et n sont premiers entre eux,

(3) $\varphi(p^a) = p^{a-1}(p-1)$ (p premier, $a \geqslant 1$) .

La première résulte immédiatement de ce que les anneaux $\mathbf{Z}/mn\mathbf{Z}$ et $(\mathbf{Z}/m\mathbf{Z}) \times (\mathbf{Z}/n\mathbf{Z})$ sont isomorphes (I, p. 107), et que l'on a $(A \times B)^* = A^* \times B^*$ pour deux anneaux A et B. Pour prouver (3), remarquons que les diviseurs positifs de p^a sont $1, p, p^2, \ldots, p^a$; par conséquent, l'entier k n'a pas d'autre diviseur commun avec p^a que 1 si et seulement s'il n'est pas divisible par p ; comme il y a p^{a-1} multiples de p compris entre 0 et $p^a - 1$, on a bien (3).

Les formules (2) et (3) entraînent aussitôt

$$\varphi(n) = n \prod_p (1 - 1/p)\,, \tag{4}$$

où p parcourt l'ensemble des diviseurs premiers de n.

On dit qu'une racine n-ième de l'unité est *primitive* si elle est d'ordre n ; s'il existe une telle racine ζ, le groupe $\mu_n(K)$ est d'ordre n et il est engendré par ζ. * Par exemple, les racines primitives n-ièmes de l'unité dans **C** sont les nombres $e^{2\pi ik/n}$ avec $0 \leqslant k < n$ et k premier à n. * Le cor. 1 de la prop. 3 entraîne le résultat suivant.

Proposition 4. — *Soit $n \geqslant 1$ un entier ; on suppose qu'il existe n racines n-ièmes de l'unité dans* K (ce qui a lieu par exemple si K est séparablement clos et $n.1_K \neq 0$). *Le nombre des racines primitives n-ièmes de l'unité dans* K *est égal à* $\varphi(n)$.

4. Extensions cyclotomiques

Soit p l'exposant caractéristique de K, et soit $n \geqslant 1$ un entier premier à p ; on appelle *extension cyclotomique de niveau n* sur K toute extension de décomposition E du polynôme $X^n - 1$ sur K (V, p. 20). Comme ce polynôme est séparable, E

[1] La relation $d|n$ entre entiers > 0 signifie « d divise n » (cf. VI, p. 5).

est une extension *galoisienne* de K, de degré fini (V, p. 55). Il existe une racine primitive n-ième de l'unité dans E ; si ζ est une telle racine, toute racine n-ième de l'unité est une puissance de ζ, donc $E = K(\zeta)$.

Dans la suite de ce numéro, on choisit une clôture séparable K_s de K. Pour tout entier $n \geqslant 1$ premier à p, le groupe $\mu_n(K_s)$ est cyclique d'ordre n, et le corps

$$R_n(K) = K(\mu_n(K_s))$$

est une extension cyclotomique de niveau n de K. On peut considérer $\mu_n(K_s)$ comme un module libre de rang 1 sur l'anneau $\mathbf{Z}/n\mathbf{Z}$, et tout élément σ de $\mathrm{Gal}(K_s/K)$ induit un automorphisme de $\mu_n(K_s)$; il existe par suite un homomorphisme $\chi_n : \mathrm{Gal}(K_s/K) \to (\mathbf{Z}/n\mathbf{Z})^*$ caractérisé par la formule $u(\zeta) = \zeta^j$ pour toute racine n-ième de l'unité ζ dans K_s, tout u dans $\mathrm{Gal}(K_s/K)$ et tout entier j dans la classe $\chi_n(u)$ modulo n. Comme on a $R_n(K) = K(\mu_n(K_s))$, le noyau de χ_n est le sous-groupe $\mathrm{Gal}(K_s/R_n(K))$ de $\mathrm{Gal}(K_s/K)$; par suite, on a $\chi_n = \varphi_n \circ \psi_n$ où ψ_n est l'homomorphisme de restriction de $\mathrm{Gal}(K_s/K)$ sur $\mathrm{Gal}(R_n(K)/K)$ et φ_n un homomorphisme *injectif* de $\mathrm{Gal}(R_n(K)/K)$ dans $(\mathbf{Z}/n\mathbf{Z})^*$. En particulier, on a le résultat suivant :

PROPOSITION 5. — *Pour tout entier* $n \geqslant 1$ *premier à* p, *l'extension* $R_n(K)$ *de* K *est abélienne de degré fini, son groupe de Galois est isomorphe à un sous-groupe de* $(\mathbf{Z}/n\mathbf{Z})^*$ *et son degré divise l'ordre* $\varphi(n)$ *de* $(\mathbf{Z}/n\mathbf{Z})^*$.

Soit $\overline{\mathbf{Q}}$ une clôture algébrique du corps $\mathbf{Q}$ des nombres rationnels. Soit $n \geqslant 1$ un entier. On définit le *polynôme cyclotomique* Φ_n *de niveau* n par

$$\Phi_n(X) = \prod_{\zeta \in S_n} (X - \zeta), \tag{5}$$

où S_n est l'ensemble des racines primitives n-ièmes de l'unité dans $\overline{\mathbf{Q}}$. Le polynôme Φ_n est de degré $\varphi(n)$ (prop. 4). Il est clair que $\Phi_n(X)$ est invariant par tout automorphisme de $\overline{\mathbf{Q}}$, donc appartient à $\mathbf{Q}[X]$. Comme tout élément ζ de S_n est racine du polynôme $X^n - 1$, le polynôme $\Phi_n(X)$ divise $X^n - 1$, et le lemme suivant montre que $\Phi_n(X)$ est un polynôme unitaire à coefficients *entiers*.

Lemme 2. — *Soient* f, g *et* h *des polynômes unitaires de* $\mathbf{Q}[X]$ *tels que* $f = gh$. *Si* f *est à coefficients entiers, il en est de même de* g *et* h.

Soit a (resp. b) le plus petit des entiers $\alpha \geqslant 1$ (resp. $\beta \geqslant 1$) tels que αg (resp. βh) ait tous ses coefficients entiers ; posons $g' = ag$ et $h' = bh$ et montrons par l'absurde que l'on a $a = b = 1$. Sinon, il existerait un diviseur premier p de ab. Si $u \in \mathbf{Z}[X]$, notons $\bar{u}$ le polynôme à coefficients dans le corps $\mathbf{F}_p$ obtenu par réduction modulo p des coefficients de u. On a $g'h' = abf$, d'où $\overline{g'}\,\overline{h'} = 0$; comme l'anneau $\mathbf{F}_p[X]$ est intègre (IV, p. 9, prop. 8), on a donc $\overline{g'} = 0$ ou $\overline{h'} = 0$. Autrement dit, p divise tous les coefficients de g' ou tous ceux de h' et ceci contredit les hypothèses faites.

On a la relation

$$X^n - 1 = \prod_{d|n} \Phi_d(X). \tag{6}$$

En effet, on a $X^n - 1 = \prod_{\zeta \in \mu_n(\mathbf{Q})} (X - \zeta)$ et les ensembles S_d pour d divisant n forment une partition de $\mu_n(\mathbf{Q})$.

La formule (6) détermine $\Phi_n(X)$ lorsqu'on connaît les $\Phi_d(X)$ pour tous les diviseurs $d < n$ de n ; comme $\Phi_1(X) = X - 1$, on a ainsi un procédé de récurrence pour calculer Φ_n. Par exemple pour p premier, on a

$$X^p - 1 = (X - 1)\,\Phi_p(X)\,,$$

d'où

$$\Phi_p(X) = X^{p-1} + X^{p-2} + \cdots + X + 1\,, \tag{7}$$

et

$$\Phi_{p^{r+1}}(X) = \Phi_p(X^{p^r}) \quad \text{pour} \quad r \geqslant 0\,.$$

Donnons les valeurs des polynômes $\Phi_n(X)$ pour $1 \leqslant n \leqslant 12$:

$$\begin{aligned}
\Phi_1(X) &= X - 1\\
\Phi_2(X) &= X + 1\\
\Phi_3(X) &= X^2 + X + 1\\
\Phi_4(X) &= X^2 + 1\\
\Phi_5(X) &= X^4 + X^3 + X^2 + X + 1\\
\Phi_6(X) &= X^2 - X + 1\\
\Phi_7(X) &= X^6 + X^5 + X^4 + X^3 + X^2 + X + 1\\
\Phi_8(X) &= X^4 + 1\\
\Phi_9(X) &= X^6 + X^3 + 1\\
\Phi_{10}(X) &= X^4 - X^3 + X^2 - X + 1\\
\Phi_{11}(X) &= X^{10} + X^9 + X^8 + X^7 + X^6 + X^5 + X^4 + X^3 + X^2 + X + 1\\
\Phi_{12}(X) &= X^4 - X^2 + 1
\end{aligned}$$

Les valeurs de $\Phi_1, \Phi_2, \Phi_3, \Phi_4, \Phi_5, \Phi_7, \Phi_8, \Phi_9$ et Φ_{11} résultent directement des formules (7) ; on a $\Phi_1\Phi_2\Phi_3\Phi_6 = X^6 - 1$ et $\Phi_1\Phi_2\Phi_3\Phi_4\Phi_6\Phi_{12} = X^{12} - 1$, d'où $\Phi_4\Phi_{12} = \dfrac{X^{12} - 1}{X^6 - 1} = X^6 + 1$ et finalement $\Phi_{12} = \dfrac{X^6 + 1}{X^2 + 1} = X^4 - X^2 + 1$. Les cas $n = 6$ et $n = 10$ se traitent de manière analogue.

Remarque. — * Pour tout entier $n > 0$, on définit $\mu(n)$ de la façon suivante : si n est divisible par le carré d'un nombre premier, on a $\mu(n) = 0$; sinon, on a $\mu(n) = (-1)^h$ si n est le produit de h nombres premiers distincts (« fonction de Möbius »). On peut montrer qu'on a

$$\Phi_n(X) = \prod_{d|n} (X^{n/d} - 1)^{\mu(d)}\,, \tag{8}$$

c'est-à-dire plus explicitement

$$(9) \qquad \Phi_n(X) = \prod_{p_1 < \ldots < p_h} (X^{n/p_1 \ldots p_h} - 1)^{(-1)^h}$$

où $(p_1, \ldots, p_h)$ parcourt l'ensemble des suites strictement croissantes de diviseurs premiers de n (*cf.* LIE, II, p. 94, exerc. 1). $_*$

5. Irréductibilité des polynômes cyclotomiques

Soit p l'exposant caractéristique de K et soit $n \geqslant 1$ un entier premier à p. Notons $\Phi_n \in K[X]$ l'image du polynôme à coefficients entiers Φ_n par l'unique homomorphisme de $\mathbf{Z}[X]$ dans K[X] qui applique X sur X.

Lemme 3. — *Les racines de* Φ_n *dans* K_s *sont les racines primitives n-ièmes de l'unité.*

Notons S_n l'ensemble des racines de Φ_n dans K_s. D'après la formule (6), l'ensemble $\mu_n(K_s)$ est réunion des S_d pour d divisant n. Toute racine primitive n-ième de l'unité appartient donc à S_n, et le lemme résulte de la prop. 4 (V, p. 77).

PROPOSITION 6. — *Soit p l'exposant caractéristique de* K *et soit* $n \geqslant 1$ *un entier premier à p. Pour que le polynôme* $\Phi_n(X)$ *soit irréductible dans* K[X], *il faut et il suffit que l'homomorphisme* $\chi_n : \mathrm{Gal}(K_s/K) \to (\mathbf{Z}/n\mathbf{Z})^*$ *soit surjectif.*

D'après le lemme 3, on a $R_n(K) = K(\zeta)$ pour toute racine ζ de $\Phi_n(X)$ et par suite $\Phi_n(X)$ est irréductible dans K[X] si et seulement si le degré $\varphi(n)$ de $\Phi_n(X)$ est égal à $[R_n(K) : K]$. Par ailleurs, le groupe de Galois de $R_n(K)$ sur K est d'ordre $[R_n(K) : K]$ et il est isomorphe au sous-groupe de $(\mathbf{Z}/n\mathbf{Z})^*$ image de χ_n. La prop. 6 résulte alors de ce que $(\mathbf{Z}/n\mathbf{Z})^*$ est d'ordre $\varphi(n)$.

THÉORÈME 2 (Gauss). — *Soient* $\overline{\mathbf{Q}}$ *une clôture algébrique de* $\mathbf{Q}$ *et* $n \geqslant 1$ *un entier.*

a) Le polynôme cyclotomique $\Phi_n(X)$ *est irréductible dans* $\mathbf{Q}[X]$.

b) Le degré de $R_n(\mathbf{Q})$ *sur* $\mathbf{Q}$ *est égal à* $\varphi(n)$.

c) L'homomorphisme χ_n *de* $\mathrm{Gal}(\overline{\mathbf{Q}}/\mathbf{Q})$ *dans* $(\mathbf{Z}/n\mathbf{Z})^*$ *est surjectif, et définit par passage au quotient un isomorphisme de* $\mathrm{Gal}(R_n(\mathbf{Q})/\mathbf{Q})$ *sur* $(\mathbf{Z}/n\mathbf{Z})^*$.

Compte tenu de la prop. 6, il suffit de prouver l'assertion *c*). Tout entier r premier à n est le produit de nombres premiers $p_1, \ldots, p_s$ ne divisant pas n ; il suffit donc de prouver que pour tout nombre premier p ne divisant pas n, l'application $x \mapsto x^p$ de $\mu_n(\mathbf{Q})$ dans lui-même se prolonge en un automorphisme de $R_n(\mathbf{Q})$. Il suffira de prouver que, si ζ est une racine primitive n-ième de l'unité, le polynôme minimal f de ζ sur $\mathbf{Q}$ est égal au polynôme minimal g de ζ^p sur $\mathbf{Q}$.

Raisonnons par l'absurde en supposant $f \neq g$. Les polynômes f et g sont unitaires et irréductibles dans $\mathbf{Q}[X]$ et divisent $X^n - 1$, et il existe donc $u \in \mathbf{Q}[X]$ tel que $X^n - 1 = fgu$ (IV, p. 13, prop. 13). Le lemme 2 (V, p. 78) montre que f, g et u sont à coefficients entiers. Notons $\bar{v}$ le polynôme à coefficients dans $\mathbf{F}_p$ déduit d'un polynôme $v \in \mathbf{Z}[X]$ par réduction modulo p. On a donc $X^n - 1 = \bar{f}\bar{g}\bar{u}$ dans $\mathbf{F}_p[X]$.

Par ailleurs, on a $g(\zeta^p) = 0$ et $g(X^p)$ est donc multiple de $f(X)$ dans $\mathbf{Q}[X]$. D'après le lemme 2, il existe $h \in \mathbf{Z}[X]$ tel que $g(X^p) = f(X).h(X)$. Or on a $v(X^p) = v(X)^p$ pour tout polynôme $v \in \mathbf{F}_p[X]$. Par réduction modulo p, on obtient donc $\bar{g}^p = \bar{f}\bar{h}$. Si v est un polynôme unitaire irréductible dans $\mathbf{F}_p[X]$ divisant $\bar{f}$, il divise donc $\bar{g}$. Comme $\bar{f}\bar{g}$ divise $X^n - 1$, on voit que v^2 divise $X^n - 1$ dans $\mathbf{F}_p[X]$. Ceci est absurde car le polynôme $X^n - 1$ est séparable dans $\mathbf{F}_p[X]$.

On peut montrer que, pour toute extension abélienne E de degré fini sur $\mathbf{Q}$, il existe un entier $n \geqslant 1$ tel que E soit isomorphe à une sous-extension de $R_n(\mathbf{Q})$. * Autrement dit, le corps $\mathbf{Q}(\mu_\infty(\mathbf{C}))$ est une clôture abélienne de $\mathbf{Q}$. * (« Théorème de Kronecker-Weber ».)

6. Extensions cycliques

DÉFINITION 3. — *On dit qu'une extension* E *de* K *est cyclique, si elle est galoisienne et si son groupe de Galois est cyclique.*

Exemples. — 1) Toute extension galoisienne de degré premier est cyclique, car tout groupe fini G d'ordre premier p est cyclique (en effet, tout élément $x \neq 1$ de G est d'ordre p, donc engendre G).

2) Soit $F(X) = X^2 + aX + b$ un polynôme irréductible dans K[X]. Le seul cas où F(X) n'est pas séparable est celui où K est de caractéristique 2 et $a = 0$. On écarte désormais ce cas ; soit E une extension de K engendrée par une racine x de F(X). On a $[E:K] = 2$, et $F(X) = (X - x)(X + a + x)$, donc E est une extension galoisienne de K. Le groupe de Galois de E par rapport à K est d'ordre 2, donc cyclique.

3) Soient F un corps et σ un automorphisme d'ordre fini n. Le corps E des invariants de σ est aussi le corps des invariants du groupe cyclique d'ordre n engendré par σ, et par suite (V, p. 64, th. 3), F est une extension cyclique de degré n de E.

On sait (I, p. 48) que tout *sous-groupe* et tout *groupe quotient* d'un groupe cyclique est cyclique. Par suite (V, p. 66, cor. 4), si E est une extension cyclique d'un corps K, de degré n, toute sous-extension F de E est *cyclique sur* K, et E est *cyclique sur* F. Pour tout diviseur d de n, il existe un unique sous-corps F de degré d sur K contenu dans E : en effet, dans un groupe cyclique d'ordre n, il existe un unique sous-groupe d'indice d.

THÉORÈME 3 (Hilbert). — *Soit* E *une extension cyclique de* K, *et soit* σ *un générateur du groupe de Galois* Γ *de* E *sur* K.

a) Pour qu'un élément $x \in E$ *soit tel que* $N_{E/K}(x) = 1$, *il faut et il suffit qu'il existe* $y \in E^*$ *tel que* $x = y/\sigma(y)$; *tout* $y_1 \in E^*$ *tel que* $x = y_1/\sigma(y_1)$ *est alors de la forme* λy, *avec* $\lambda \in K^*$.

b) Pour qu'un élément $x \in E$ *soit tel que* $\mathrm{Tr}_{E/K}(x) = 0$, *il faut et il suffit qu'il existe* $z \in E$ *tel que* $x = z - \sigma(z)$; *tout* $z_1 \in E$ *tel que* $x = z_1 - \sigma(z_1)$ *est alors de la forme* $z + \mu$, *avec* $\mu \in K$.

Prouvons d'abord un lemme.

Lemme 4. — *Soient* Γ *un groupe cyclique d'ordre* n, σ *un générateur de* Γ *et* M *un groupe commutatif sur lequel opère* Γ *de façon que* $\gamma.(m + m') = \gamma.m + \gamma.m'$ *pour tous* $\gamma \in \Gamma$, $m, m' \in$ M. *Soit* Z *l'ensemble des applications* f *de* Γ *dans* M *satisfaisant à la relation*

(10) $$f(\tau\tau') = f(\tau) + \tau.f(\tau') \quad \textit{pour } \tau, \tau' \textit{ dans } \Gamma .$$

Posons $u(f) = f(\sigma)$ *pour* $f \in$ Z *et* $t(m) = \sum_{\tau \in \Gamma} \tau.m$ *pour* $m \in$ M. *Alors la suite*

$$0 \to \mathrm{Z} \xrightarrow{u} \mathrm{M} \xrightarrow{t} \mathrm{M}$$

est exacte.

Soit $f \in$ Z ; faisant $\tau = \tau' = 1$ dans (10), on obtient $f(1) = 0$. De plus, on déduit par récurrence sur $m \geqslant 0$ la relation

(11) $$f(\sigma^m) = f(\sigma) + \sigma.f(\sigma) + \cdots + \sigma^{m-2}.f(\sigma) + \sigma^{m-1}.f(\sigma) .$$

On a $\sigma^n = 1$, d'où $f(\sigma^n) = 0$; la relation précédente avec $m = n$ équivaut à l'égalité $t(u(f)) = 0$, d'où Im $u \subset$ Ker t. En outre, il résulte de (11) que Ker $u = 0$.

Soit $m \in$ M tel que $t(m) = 0$, c'est-à-dire $m + \sigma.m + \cdots + \sigma^{n-1}.m = 0$. Définissons l'application f de Γ dans M par

(12) $$f(\sigma^j) = m + \sigma.m + \cdots + \sigma^{j-2}.m + \sigma^{j-1}.m$$

pour $0 \leqslant j \leqslant n - 1$. On laisse au lecteur le soin d'établir la relation (10). On a évidemment $m = f(\sigma)$, d'où Im $u \supset$ Ker t.

Le lemme étant prouvé, soient $y \in$ E* et $x = y/\sigma(y)$; on a $\mathrm{N}_{\mathrm{E/K}}(\sigma(y)) = \mathrm{N}_{\mathrm{E/K}}(y)$, d'où $\mathrm{N}_{\mathrm{E/K}}(x) = 1$. Réciproquement, soit x dans E* tel que $\mathrm{N}_{\mathrm{E/K}}(x) = 1$; d'après le lemme 4 appliqué à M = E*, il existe une famille d'éléments $(c_\tau)_{\tau \in \Gamma}$ de E* satisfaisant à la relation $c_{\tau\tau'} = c_\tau.\tau(c_{\tau'})$ pour τ, τ' dans Γ, et $c_\sigma = x$. D'après le cor. 1 de la prop. 9 (V, p. 63), il existe $y \in$ E* avec $c_\tau = y/\tau(y)$ pour tout $\tau \in \Gamma$, d'où en particulier $x = c_\sigma = y/\sigma(y)$. Si $y_1 \in$ E* vérifie la relation $x = y_1/\sigma(y_1)$, on a

$$\sigma(y_1 y^{-1}) = y_1 y^{-1} ,$$

donc $y_1 y^{-1}$ appartient à K* puisque σ engendre le groupe de Galois de E sur K. Ceci prouve *a*).

L'assertion *b*) se déduit de manière analogue du cor. 2 de la prop. 9 (V, p. 63).

7. Dualité des Z/nZ-modules

Dans ce numéro, on note n un entier > 0 et T un groupe cyclique d'ordre n. On dit qu'un groupe G est *annulé par n* si $g^n = 1$ pour tout $g \in$ G ; si de plus G est commutatif, la structure de groupe de G est sous-jacente à une unique structure de $\mathbf{Z}/n\mathbf{Z}$-module.

Pour tout groupe G, notons Hom(G, T) le groupe des homomorphismes de G dans T ; c'est un groupe commutatif annulé par n.

PROPOSITION 7. — *Soient* G *un groupe commutatif annulé par n et* H *un sous-groupe de* G. *L'homomorphisme de restriction* Hom(G, T) → Hom(H, T) *est surjectif.*

Soit en effet $f: \mathrm{H} \to \mathrm{T}$ un homomorphisme et prouvons qu'il existe un homomorphisme de G dans T prolongeant f. Supposons d'abord G cyclique, engendré par un élément g d'ordre r divisant n ; notons t un générateur de T. Il existe un diviseur s de r tel que H soit engendré par g^s (I, p. 48, prop. 19), et l'on a, pour tout $x \in \mathbf{Z}, f(g^{sx}) = t^{ax}$, où a est un entier tel que n divise ar/s. Alors $a/s = (ar/ns)(n/r)$ est entier et l'homomorphisme $g^x \mapsto t^{(a/s)x}$, $x \in \mathbf{Z}$, de G dans T prolonge f. Dans le cas général, considérons l'ensemble des couples (H', f'), où H' est un sous-groupe de G contenant H et f' un homomorphisme de H' dans T prolongeant f, et ordonnons-le par la relation $(\mathrm{H}', f') \leqslant (\mathrm{H}'', f'')$ si $\mathrm{H}' \subset \mathrm{H}''$ et si la restriction de f'' à H' est f'. D'après E, III, p. 20, déf. 3 et th. 2, cet ensemble possède un élément maximal (H_1, f_1), et il suffit de prouver que $\mathrm{H}_1 = \mathrm{G}$; dans le cas contraire, il existe $g \in \mathrm{G}$, $g \notin \mathrm{H}_1$, et il suffit de prouver que f_1 peut se prolonger en un homomorphisme dans T du sous-groupe de G engendré par H_1 et g. Or, si C désigne le groupe cyclique engendré par g, la restriction de f_1 à $\mathrm{C} \cap \mathrm{H}_1$ se prolonge en un homomorphisme f_2 de C dans T et l'homomorphisme $xy \mapsto f_1(x) f_2(y)$, $x \in \mathrm{H}_1$, $y \in \mathrm{C}$, de $\mathrm{H}_1\mathrm{C}$ dans T répond à la question.

COROLLAIRE 1. — *Si* G *est un groupe commutatif annulé par n, et si* $\mathrm{G} \neq \{1\}$, *alors* $\mathrm{Hom}(\mathrm{G}, \mathrm{T}) \neq \{1\}$.

En effet, il suffit de remarquer que si H est un sous-groupe cyclique de G distinct de $\{1\}$, on a $\mathrm{Hom}(\mathrm{H}, \mathrm{T}) \neq \{1\}$, et d'appliquer la prop. 7.

COROLLAIRE 2. — *Si* G *est un groupe commutatif fini annulé par n, les groupes* G *et* Hom(G, T) *ont même ordre.*

Si G est cyclique d'ordre r, de générateur g, l'application $f \mapsto f(g)$ est une bijection de Hom(G, T) sur l'ensemble des éléments t de T tels que $t^r = 1$, d'où l'assertion dans ce cas. D'autre part, si H est un sous-groupe cyclique de G, on a Card(G) = Card(H).Card(G/H) ; par ailleurs, on a une suite exacte

$$\{1\} \to \mathrm{Hom}(\mathrm{G}/\mathrm{H}, \mathrm{T}) \to \mathrm{Hom}(\mathrm{G}, \mathrm{T}) \to \mathrm{Hom}(\mathrm{H}, \mathrm{T}) \to \{1\}$$

(II, p. 36, th. 1 et prop. 7 ci-dessus), donc

$$\mathrm{Card}(\mathrm{Hom}(\mathrm{G}, \mathrm{T})) = \mathrm{Card}(\mathrm{Hom}(\mathrm{H}, \mathrm{T})).\mathrm{Card}(\mathrm{Hom}(\mathrm{G}/\mathrm{H}, \mathrm{T})).$$

Comme on a Card(Hom(H, T)) = Card(H), il est équivalent de démontrer le corollaire pour G ou pour G/H. On conclut alors par récurrence sur Card(G).

Soient maintenant G et H deux groupes et $f: \mathrm{G} \times \mathrm{H} \to \mathrm{T}$ une application *bimultiplicative*, c'est-à-dire telle que pour tous $g, g' \in \mathrm{G}$, $h, h' \in \mathrm{H}$, on ait

$$f(gg', h) = f(g, h) f(g', h), \quad f(g, hh') = f(g, h) f(g, h').$$

On définit des homomorphismes de groupes

$$s_f : \mathrm{G} \to \mathrm{Hom}(\mathrm{H}, \mathrm{T}), \quad d_f : \mathrm{H} \to \mathrm{Hom}(\mathrm{G}, \mathrm{T}),$$

par $s_f(g)(h) = d_f(h)(g) = f(g, h)$ (*cf.* II, p. 74, cor. à la prop. 1, lorsque G et H sont commutatifs).

PROPOSITION 8. — *Supposons* G *et* H *commutatifs et annulés par n. Si s_f est bijectif et* H *fini, alors d_f est bijectif et l'on a* Card(G) = Card(H).

Si s_f est bijectif et H fini, on a d'après le corollaire 2 à la prop. 7, la relation Card(G) = Card(Hom(H, T)) = Card(H), donc Card(G) est fini et par une nouvelle application du corollaire Card(Hom(G, T)) = Card(H). Il suffit donc de prouver que d_f est injectif. Or, si $h \in \mathrm{Ker}(d_f)$, on a $f(g, h) = 1$ pour tout $g \in \mathrm{G}$, donc puisque s_f est bijectif, $\varphi(h) = 1$ pour tout $\varphi \in \mathrm{Hom}(\mathrm{H}, \mathrm{T})$; d'après la prop. 7, cela implique $\mathrm{Hom}(\mathrm{Ker}(d_f), \mathrm{T}) = \{1\}$, donc $\mathrm{Ker}(d_f) = \{1\}$ d'après le cor. 1 à la prop. 7.

8. Théorie de Kummer

Dans ce numéro, on note n un entier > 0, et on suppose que $\mu_n(\mathrm{K})$ a n éléments ; d'après V, p. 75, cela signifie aussi que n est premier à l'exposant caractéristique de K et que toutes les racines n-ièmes de l'unité dans une clôture algébrique Ω de K appartiennent à K.

On dit qu'une extension L de K est *abélienne d'exposant divisant n* si elle est abélienne (V, p. 73, déf. 1) et si son groupe de Galois Gal(L/K) est annulé par n (V, p. 82).

Soit A une partie de K* ; on note $\mathrm{K}(\mathrm{A}^{1/n})$ la sous-extension de Ω engendrée par les $\theta \in \Omega$ tels que $\theta^n \in \mathrm{A}$.

Lemme 5. — $\mathrm{K}(\mathrm{A}^{1/n})$ *est une extension abélienne de* K *d'exposant divisant n.*

Comme les polynômes $\mathrm{X}^n - a$, $a \in \mathrm{A}$, sont séparables sur K, $\mathrm{L} = \mathrm{K}(\mathrm{A}^{1/n})$ est une extension séparable, donc galoisienne, de K. Soit $\sigma \in \mathrm{Gal}(\mathrm{L}/\mathrm{K})$ et soit $\theta \in \Omega$ tel que $\theta^n \in \mathrm{A}$. On a $\sigma(\theta)^n = \theta^n$; il existe donc $\zeta \in \mu_n(\Omega) = \mu_n(\mathrm{K})$ tel que $\sigma(\theta) = \zeta\theta$; cela implique $\sigma^n(\theta) = \zeta^n\theta = \theta$, d'où $\sigma^n = 1$. Si σ' est un autre élément de Gal(L/K), il existe $\zeta' \in \mu_n(\mathrm{K})$ tel que $\sigma'(\theta) = \zeta'\theta$, d'où $\sigma'\sigma(\theta) = \zeta\zeta'\theta = \sigma\sigma'(\theta)$, et $\sigma'\sigma = \sigma\sigma'$.

Lemme 6. — *Soit* L *une extension galoisienne de* K. *Il existe une unique application* $(\sigma, a) \mapsto \langle \sigma, a \rangle$ *de* $\mathrm{Gal}(\mathrm{L}/\mathrm{K}) \times ((\mathrm{L}^n \cap \mathrm{K}^*)/\mathrm{K}^{*n})$ *dans* $\mu_n(\mathrm{K})$ *telle que pour tout* $\sigma \in \mathrm{Gal}(\mathrm{L}/\mathrm{K})$ *et tout élément* $\theta \in \mathrm{L}^*$ *tel que* $\theta^n \in \mathrm{K}$, *on ait, notant* $\overline{\theta}^n$ *la classe de* θ^n mod. K^{*n} :

$$\langle \sigma, \overline{\theta}^n \rangle = \sigma(\theta)/\theta \,. \tag{13}$$

Cette application est bimultiplicative.

En effet, le membre de droite de (13) est une racine n-ième de l'unité qui ne dépend que de la classe mod. K^{*n} de θ^n ; cela démontre la première assertion. La seconde se vérifie sans difficultés.

Pour toute extension galoisienne L de K, notons

$$k_{\mathrm{L}} : (\mathrm{L}^n \cap \mathrm{K}^*)/\mathrm{K}^{*n} \to \mathrm{Hom}(\mathrm{Gal}(\mathrm{L}/\mathrm{K}), \mu_n(\mathrm{K})),$$

$$k'_{\mathrm{L}} : \mathrm{Gal}(\mathrm{L}/\mathrm{K}) \to \mathrm{Hom}((\mathrm{L}^n \cap \mathrm{K}^*)/\mathrm{K}^{*n}, \mu_n(\mathrm{K})),$$

les homomorphismes déduits de l'application bimultiplicative précédente (V, p. 83).

PROPOSITION 9. — *Pour toute extension galoisienne de degré fini* L *de* K, *l'homomorphisme* k_{L} *est bijectif.*

Soit $\theta \in \mathrm{L}^*$ tel que $\theta^n \in \mathrm{K}$ et que la classe de θ^n mod. K^{*n} appartienne au noyau de k_{L}. Pour tout $\sigma \in \mathrm{Gal}(\mathrm{L}/\mathrm{K})$, on a par définition $\sigma(\theta) = \theta$; donc $\theta \in \mathrm{K}^*$ et $\theta^n \in \mathrm{K}^{*n}$. Cela démontre l'injectivité de k_{L}. Soit maintenant $f : \mathrm{Gal}(\mathrm{L}/\mathrm{K}) \to \mu_n(\mathrm{K})$ un homomorphisme ; pour tous $\sigma, \tau \in \mathrm{Gal}(\mathrm{L}/\mathrm{K})$, on a

$$f(\sigma\tau) = f(\sigma)f(\tau) = f(\sigma).\sigma f(\tau), \quad f(\sigma)^n = 1.$$

D'après V, p. 63, cor. 1, il existe $\theta \in \mathrm{L}^*$ tel que $f(\sigma) = \sigma(\theta)/\theta$ pour tout $\sigma \in \mathrm{Gal}(\mathrm{L}/\mathrm{K})$; comme $f(\sigma)^n = 1$, on a $\sigma(\theta^n) = \theta^n$ pour tout $\sigma \in \mathrm{Gal}(\mathrm{L}/\mathrm{K})$, donc $\theta^n \in \mathrm{K}^*$; si a est la classe de θ^n mod. K^{*n}, on a par définition $f(\sigma) = \langle \sigma, a \rangle$ pour $\sigma \in \mathrm{Gal}(\mathrm{L}/\mathrm{K})$, donc $f = k_{\mathrm{L}}(a)$.

COROLLAIRE. — *Si* L *est une extension galoisienne de* K, *l'homomorphisme* k_{L} *est injectif et son image est le groupe* $\mathrm{Hom}_c(\mathrm{Gal}(\mathrm{L}/\mathrm{K}), \mu_n(\mathrm{K}))$ *des homomorphismes continus du groupe topologique* $\mathrm{Gal}(\mathrm{L}/\mathrm{K})$ *dans le groupe discret* $\mu_n(\mathrm{K})$.

Cela résulte aussitôt de ce qui précède, du fait que L est réunion filtrante croissante de sous-extensions galoisiennes L_i de degré fini, et de ce qu'un homomorphisme de $\mathrm{Gal}(\mathrm{L}/\mathrm{K})$ dans $\mu_n(\mathrm{K})$ est continu si et seulement s'il se factorise par un des quotients $\mathrm{Gal}(\mathrm{L}_i/\mathrm{K})$ de $\mathrm{Gal}(\mathrm{L}/\mathrm{K})$.

THÉORÈME 4. — *a) L'application* $\mathrm{H} \mapsto \mathrm{K}(\mathrm{H}^{1/n})$ *est une bijection croissante de l'ensemble des sous-groupes de* K^* *contenant* K^{*n} *sur l'ensemble des sous-extensions abéliennes d'exposant divisant n de* Ω. *L'application réciproque est* $\mathrm{L} \mapsto \mathrm{L}^n \cap \mathrm{K}^*$.

b) Pour tout sous-groupe H *de* K^* *contenant* K^{*n}, *l'homomorphisme*

$$k' : \mathrm{Gal}(\mathrm{K}(\mathrm{H}^{1/n})/\mathrm{K}) \to \mathrm{Hom}(\mathrm{H}/\mathrm{K}^{*n}, \mu_n(\mathrm{K}))$$

est bijectif. Lorsqu'on munit le groupe $\mathrm{Hom}(\mathrm{H}/\mathrm{K}^{*n}, \mu_n(\mathrm{K}))$ *de la topologie de la convergence simple, c'est un homéomorphisme.*

c) Soit H *un sous-groupe de* K^* *contenant* K^{*n}. *Pour chaque* $a \in \mathrm{H}/\mathrm{K}^{*n}$, *soit* θ_a *un élément de* Ω *tel que* θ_a^n *soit un représentant de a dans* H. *Alors les* θ_a, $a \in \mathrm{H}/\mathrm{K}^{*n}$ *forment une base du* K*-espace vectoriel* $\mathrm{K}(\mathrm{H}^{1/n})$. *En particulier*

$$[\mathrm{K}(\mathrm{H}^{1/n}) : \mathrm{K}] = (\mathrm{H} : \mathrm{K}^{*n}).$$

A) Pour toute extension abélienne L de K d'exposant divisant n, posons $\mathrm{H}_{\mathrm{L}} = \mathrm{L}^n \cap \mathrm{K}^*$. Si $[\mathrm{L} : \mathrm{K}]$ est fini, l'homomorphisme k'_{L} de $\mathrm{Gal}(\mathrm{L}/\mathrm{K})$ dans $\mathrm{Hom}(\mathrm{H}_{\mathrm{L}}, \mu_n(\mathrm{K}))$ est bijectif d'après la prop. 9 et V, p. 84, prop. 8.

Comme toute extension abélienne de K d'exposant divisant n est réunion filtrante croissante de sous-extensions abéliennes de degré fini d'exposant divisant n, on en déduit par passage à la limite projective que k'_L est un homéomorphisme de groupes topologiques pour toute extension abélienne L de K d'exposant divisant n.

B) Soit L une extension abélienne de degré fini, d'exposant divisant n, de K, et soit $L' = K(H_L^{1/n})$; c'est une sous-extension de L ; de plus, $H_{L'}$ contient H_L donc lui est égal. Puisque les homomorphismes k'_L et $k'_{L'}$ sont bijectifs d'après *A*), et que $H_L = H_{L'}$, les groupes Gal(L/K) et Gal(L'/K) ont même ordre, donc sont égaux. Cela prouve que $L' = L$, donc que $L = K(H_L^{1/n})$. Si L est une extension abélienne d'exposant divisant n de K, on a $K(H_L^{1/n}) = L$, puisque $K(H_L^{1/n})$ est une sous-extension de L qui contient toute sous-extension de degré fini de L.

C) Soit H un sous-groupe de K^* contenant K^{*n} ; posons $L = K(H^{1/n})$, c'est une extension abélienne de K d'exposant divisant n (V, p. 84, lemme 5). On a $H \subset H_L$, d'où une suite exacte de groupes commutatifs annulés par n

$$\{1\} \to H/K^{*n} \to H_L/K^{*n} \to H_L/H \to \{1\}\,.$$

On en déduit une suite exacte

$$\{1\} \to \mathrm{Hom}(H_L/H, \mu_n(K)) \to \mathrm{Hom}(H_L/K^{*n}, \mu_n(K)) \xrightarrow{u} \mathrm{Hom}(H/K^{*n}, \mu_n(K))\,,$$

où u est l'homomorphisme de restriction.

Si l'on identifie $\mathrm{Hom}(H_L/K^{*n}, \mu_n(K))$ à Gal(L/K) grâce à l'isomorphisme k'_L, le noyau de u s'identifie à l'ensemble des $\sigma \in \mathrm{Gal}(L/K)$ tels que $\sigma(\theta) = \theta$ pour tout $\theta \in H^{1/n}$. Il s'ensuit que u est injectif, donc que $\mathrm{Hom}(H_L/H, \mu_n(K))$ est réduit à $\{1\}$; d'après le cor. 1 de V, p. 83, on a donc $H = H_L$. Cela achève de démontrer *a*) et *b*).

D) Démontrons *c*). Si $a, b \in H$, on a $\theta_a\theta_b/\theta_{ab} \in K$. Il en résulte que le sous-espace vectoriel de $K(H^{1/n})$ engendré par les θ_a est stable par multiplication, donc coïncide avec $K(H^{1/n})$. Il nous reste donc à démontrer que les θ_a sont linéairement indépendants ; pour ce faire, on peut évidemment supposer que H/K^{*n} est fini ; alors $[K(H^{1/n}):K] = (\mathrm{Gal}(K(H^{1/n})/K):\{1\}) = (H:K^{*n})$ d'après *b*) et le cor. 2 de V, p. 83 ; comme les θ_a sont au nombre de $(H:K^{*n})$ et engendrent le K-espace vectoriel $K(H^{1/n})$, ils sont linéairement indépendants.

Exemples. — 1) Il existe une plus grande extension abélienne d'exposant divisant n de K contenue dans Ω ; elle s'obtient en adjoignant à K les racines n-ièmes de tous ses éléments ; son groupe de Galois s'identifie à $\mathrm{Hom}(K^*/K^{*n}, \mu_n(K))$, donc aussi à $\mathrm{Hom}(K^*, \mu_n(K))$.

* 2) Prenons $K = \mathbf{Q}$ et $n = 2$. Alors $\mathbf{Q}^*/\mathbf{Q}^{*2}$ est un $\mathbf{F}_2$-espace vectoriel admettant pour base la réunion de $\{-1\}$ et de l'ensemble des nombres premiers. La plus grande extension abélienne d'exposant 2 de $\mathbf{Q}$ contenue dans $\mathbf{C}$ est donc le sous-corps $\mathbf{Q}(i, \sqrt{2}, \sqrt{3}, \sqrt{5}, \ldots)$ de $\mathbf{C}$. Son groupe de Galois est formé de tous les automorphismes obtenus en multipliant de façon indépendante chacun des éléments $i, \sqrt{2}, \sqrt{3}, \sqrt{5}$, etc., par ± 1. *

3) Soit L une extension cyclique de K de degré n ; alors le groupe $(L^n \cap K^*)/K^{*n}$ est cyclique d'ordre n. Si $a \in K^*$ est tel que la classe de a mod. K^{*n} est un générateur

de ce groupe, alors L est K-isomorphe à $K[X]/(X^n - a)$, et le groupe Gal(L/K) est formé des n automorphismes transformant X en les ζX, $\zeta \in \mu_n(K)$.

4) Inversement, soit $a \in K^*$, et soit r le plus petit entier > 0 tel que $a^r \in K^{*n}$; alors le sous-corps L de Ω engendré par les racines du polynôme $X^n - a$ est une extension cyclique de K de degré r. En particulier, $X^n - a$ est irréductible si et seulement si $r = n$.

Remarque. — Soit $a \in K^*$ et soit r le plus petit entier > 0 tel que $a^r \in K^n$. Soit B l'ensemble des racines dans K du polynôme $X^{n/r} - a$; alors on a

$$X^n - a = \prod_{b \in B} (X^r - b)\,, \tag{14}$$

par substitution de X^r à T dans la relation $T^{n/r} - a = \prod(T - b)$. D'après l'exemple 4, chacun des polynômes $X^r - b$ est irréductible, de sorte que (14) est la décomposition de $X^n - a$ en polynômes irréductibles dans K[X].

9. Théorie d'Artin-Schreier

Dans ce numéro, on note p un nombre premier et on suppose que K est de caractéristique p. On note Ω une clôture algébrique de K et $\wp$ l'endomorphisme du groupe additif de Ω défini par

$$\wp(x) = x^p - x\,.$$

D'après V, p. 89, le noyau de $\wp$ est le sous-corps premier $\mathbf{F}_p$ de K. Pour toute partie A de K, notons $K(\wp^{-1}(A))$ la sous-extension de Ω engendrée par les $x \in \Omega$ tels que $\wp(x) \in A$.

Lemme 7. — $K(\wp^{-1}(A))$ *est une extension abélienne de* K *d'exposant divisant p.*

Comme les polynômes $\wp - a = X^p - X - a$, $a \in A$, sont séparables sur K, l'extension $L = K(\wp^{-1}(A))$ est galoisienne. Soit $\sigma \in \mathrm{Gal}(L/K)$ et soit $x \in \wp^{-1}(A)$; on a $\wp(\sigma(x)) = \wp(x)$, donc $\sigma(x) - x \in \mathbf{F}_p$, c'est-à-dire $\sigma(x) = x + i$, $i \in \mathbf{F}_p$. Cela implique $\sigma^p(x) = x + pi = x$, donc $\sigma^p = 1$; de même, si $\sigma' \in \mathrm{Gal}(L/K)$ et si $\sigma'(x) = x + j$, on a $\sigma \circ \sigma'(x) = x + i + j = \sigma' \circ \sigma(x)$, donc $\sigma \circ \sigma' = \sigma' \circ \sigma$.

Lemme 8. — *Soit* L *une extension galoisienne de* K. *Il existe une unique application* $(\sigma, a) \mapsto [\sigma, a\rangle$ *de* $\mathrm{Gal}(L/K) \times ((\wp(L) \cap K)/\wp(K))$ *dans* $\mathbf{F}_p$ *telle que, pour tout* $\sigma \in \mathrm{Gal}(L/K)$ *et tout élément x de* L *tel que* $\wp(x) \in K$, *on ait, notant* $\overline{\wp(x)}$ *la classe de* $\wp(x)$ mod. $\wp(K)$

$$[\sigma, \overline{\wp(x)}\rangle = \sigma(x) - x\,. \tag{15}$$

Cette application est **Z**-*bilinéaire* (*pour* $\sigma, \tau \in \mathrm{Gal}(L/K)$, a, $b \in (\wp(L) \cap K)/\wp(K)$, *on a* $[\sigma\tau, a\rangle = [\sigma, a\rangle + [\tau, a\rangle$, $[\sigma, a + b\rangle = [\sigma, a\rangle + [\sigma, b\rangle$).

En effet, le second membre de (15) est un élément de $\mathbf{F}_p$ qui ne dépend que de la classe de $\wp(x)$ mod. $\wp(\mathrm{K})$; cela démontre la première assertion. La seconde se vérifie sans difficultés.

Pour toute extension galoisienne L de K, notons

$$a_{\mathrm{L}} : (\wp(\mathrm{L}) \cap \mathrm{K})/\wp(\mathrm{K}) \to \mathrm{Hom}(\mathrm{Gal}(\mathrm{L}/\mathrm{K}), \mathbf{F}_p)$$
$$a'_{\mathrm{L}} : \mathrm{Gal}(\mathrm{L}/\mathrm{K}) \to \mathrm{Hom}((\wp(\mathrm{L}) \cap \mathrm{K})/\wp(\mathrm{K}), \mathbf{F}_p)$$

les homomorphismes déduits de l'application **Z**-bilinéaire précédente (V, p. 83).

PROPOSITION 10. — *Pour toute extension galoisienne de degré fini* L *de* K, *l'homomorphisme* a_{L} *est bijectif.*

Soit $x \in \mathrm{L}$ tel que $\wp(x) \in \mathrm{K}$ et que la classe de $\wp(x)$ mod. $\wp(\mathrm{K})$ appartienne au noyau de a_{L}. Pour tout $\sigma \in \mathrm{Gal}(\mathrm{L}/\mathrm{K})$, on a par définition $\sigma(x) = x$; donc $x \in \mathrm{K}$ et $\wp(x) \in \wp(\mathrm{K})$. Cela démontre l'injectivité de a_{L}. Soit maintenant $f : \mathrm{Gal}(\mathrm{L}/\mathrm{K}) \to \mathbf{F}_p$ un homomorphisme ; pour tous $\sigma, \tau \in \mathrm{Gal}(\mathrm{L}/\mathrm{K})$, on a

$$f(\sigma\tau) = f(\sigma) + \sigma(f(\tau)), \quad f(\sigma) \in \mathbf{F}_p .$$

D'après V, p. 63, cor. 2, il existe $x \in \mathrm{L}$ tel que $f(\sigma) = \sigma(x) - x$ pour tout $\sigma \in \mathrm{Gal}(\mathrm{L}/\mathrm{K})$. Comme $f(\sigma) \in \mathbf{F}_p$, on a $\wp(\sigma(x)) = \wp(x)$, donc $\sigma(\wp(x)) = \wp(x)$ pour tout $\sigma \in \mathrm{Gal}(\mathrm{L}/\mathrm{K})$ et $\wp(x) \in \mathrm{K}$. Si a est la classe de $\wp(x)$ mod. $\wp(\mathrm{K})$, on a $f(\sigma) = [\sigma, a\rangle$, donc $f = a_{\mathrm{L}}(a)$.

COROLLAIRE. — *Si* L *est une extension galoisienne de* K, *l'homomorphisme* a_{L} *est injectif et son image est le groupe* $\mathrm{Hom}_c(\mathrm{Gal}(\mathrm{L}/\mathrm{K}), \mathbf{F}_p)$ *des homomorphismes continus du groupe topologique* $\mathrm{Gal}(\mathrm{L}/\mathrm{K})$ *dans le groupe discret* $\mathbf{F}_p$.

Cela se démontre comme le cor. de la prop. 9 de V, p. 85.

THÉORÈME 5. — *a) L'application* $\mathrm{A} \mapsto \mathrm{K}(\wp^{-1}(\mathrm{A}))$ *est une bijection de l'ensemble des sous-groupes de* K *contenant* $\wp(\mathrm{K})$ *sur l'ensemble des sous-extensions abéliennes d'exposant divisant p de* Ω. *L'application réciproque est* $\mathrm{L} \mapsto \wp(\mathrm{L}) \cap \mathrm{K}$.

b) Pour tout sous-groupe A *de* K *contenant* $\wp(\mathrm{K})$, *l'homomorphisme*

$$a' : \mathrm{Gal}(\mathrm{K}(\wp^{-1}(\mathrm{A}))/\mathrm{K}) \to \mathrm{Hom}(\mathrm{A}/\wp(\mathrm{K}), \mathbf{F}_p)$$

est bijectif. Lorsqu'on munit $\mathrm{Hom}(\mathrm{A}/\wp(\mathrm{K}), \mathbf{F}_p)$ *de la topologie de la convergence simple, c'est un homéomorphisme.*

c) Soit A *un sous-groupe de* K *contenant* $\wp(\mathrm{K})$ *et soit* B *une base du* $\mathbf{F}_p$*-espace vectoriel* $\mathrm{A}/\wp(\mathrm{K})$. *Pour chaque* $a \in \mathrm{B}$ *soit* x_a *un élément de* Ω *tel que* $\wp(x_a)$ *soit un représentant de a dans* A. *Alors les monômes* $x^\alpha = \prod_{a \in \mathrm{B}} x_a^{\alpha(a)}$ *avec* $\alpha = (\alpha(a))$ *dans* $\mathbf{N}^{(\mathrm{B})}$ *tel que* $0 \leqslant \alpha(a) < p$ *pour tout* $a \in \mathrm{B}$ *forment une base du* K*-espace vectoriel* $\mathrm{K}(\wp^{-1}(\mathrm{A}))$. *En particulier, on a* $[\mathrm{K}(\wp^{-1}(\mathrm{A})) : \mathrm{K}] = (\mathrm{A} : \wp(\mathrm{K}))$.

Le th. 5 se démontre comme le th. 4 (V, p. 85), *mutatis mutandis.*

Exemples. — 1) Il existe une plus grande extension abélienne de K d'exposant divisant p contenue dans Ω ; c'est $\mathrm{K}(\wp^{-1}(\mathrm{K}))$; son groupe de Galois s'identifie à $\mathrm{Hom}(\mathrm{K}/\wp(\mathrm{K}), \mathbf{F}_p)$.

2) Soit L une extension cyclique de K de degré p ; alors le groupe $(\wp(\mathrm{L}) \cap \mathrm{K})/\wp(\mathrm{K})$ est cyclique d'ordre p. Si $a \in \mathrm{K}$ est tel que la classe de a mod. $\wp(\mathrm{K})$ est un générateur de ce groupe, alors L est K-isomorphe à $\mathrm{K}[\mathrm{X}]/(\mathrm{X}^p - \mathrm{X} - a)$, et le groupe de Galois Gal(L/K) est formé des p automorphismes transformant X en $\mathrm{X} + i$, $i \in \mathbf{F}_p$.

3) Inversement, si $a \in \mathrm{K} - \wp(\mathrm{K})$, alors le polynôme $\mathrm{X}^p - \mathrm{X} - a$ est irréductible et le sous-corps L de Ω engendré par ses racines est une extension cyclique de K de degré p. Si $a \in \wp(\mathrm{K})$, alors $\mathrm{X}^p - \mathrm{X} - a = \prod_{\alpha \in \wp^{-1}(a)} (\mathrm{X} - \alpha)$.

§ 12. CORPS FINIS [1]

1. Structure des corps finis

PROPOSITION 1. — *Soit* K *un corps fini à* q *éléments.*

a) La caractéristique de K *est un nombre premier* p, *et il existe un entier* $f \geqslant 1$ *tel que* $q = p^f$.

b) Le groupe additif de K *est somme directe de* f *groupes cycliques d'ordre* p.

c) Le groupe multiplicatif de K *est cyclique d'ordre* $q - 1$.

Comme $\mathbf{Z}$ est infini et K fini, l'unique homomorphisme d'anneaux $\varphi : \mathbf{Z} \to \mathrm{K}$ n'est pas injectif, et son noyau est un idéal premier de $\mathbf{Z}$, non réduit à 0. Par suite, la caractéristique de K est un nombre premier, et K est une algèbre sur le corps $\mathbf{F}_p$ à p éléments (V, p. 3). Soit f le degré de K sur $\mathbf{F}_p$. Si f était infini, K contiendrait pour tout entier $n \geqslant 0$ un sous-espace de dimension n sur $\mathbf{F}_p$, d'où $q \geqslant p^n$, ce qui est absurde. Par suite f est fini. Le groupe additif de K est donc isomorphe à $(\mathbf{F}_p)^f$, d'où les assertions *a*) et *b*).

L'assertion *c*) résulte du lemme 1 (V, p. 75).

PROPOSITION 2. — *Soit* K *un corps fini à* q *éléments. Le corps* K *est un corps de décomposition du polynôme* $\mathrm{X}^q - \mathrm{X}$ *de* $\mathbf{F}_p[\mathrm{X}]$ *et est l'ensemble des racines de ce polynôme.*

Pour tout $x \neq 0$ dans K, on a $x^{q-1} = 1$ puisque K* est un groupe fini d'ordre $q - 1$ (I, p. 49). On en déduit $x^q = x$ pour tout x dans K. Le polynôme $\mathrm{X}^q - \mathrm{X}$ de $\mathbf{F}_p[\mathrm{X}]$ est de degré q et il a q racines dans K, d'où

$$\mathrm{X}^q - \mathrm{X} = \prod_{\xi \in \mathrm{K}} (\mathrm{X} - \xi). \tag{1}$$

La prop. 2 résulte aussitôt de là.

COROLLAIRE. — *Deux corps finis de même cardinal sont isomorphes.*

Soit K′ un corps fini à q éléments ; sa caractéristique est un nombre premier p'

[1] Conformément aux conventions de ce chapitre, on ne s'intéresse ici qu'aux corps finis *commutatifs*. En fait, tout corps fini est commutatif comme nous le verrons au chapitre VIII (*cf.* V, p. 160, exercice 14).

divisant $q = p^f$, d'où $p' = p$. Par suite, K' est un corps de décomposition du polynôme $X^q - X$ de $\mathbf{F}_p[X]$ (prop. 2) ; K et K' sont donc isomorphes (V, p. 21, cor.).

Lorsque $K = \mathbf{F}_p$, la formule (1) se réduit à la relation

$$X^p - X \equiv \prod_{i=0}^{p-1} (X - i) \quad \text{mod. } p\mathbf{Z}[X] \tag{2}$$

dans l'anneau de polynômes $\mathbf{Z}[X]$.

La formule (2) peut aussi s'écrire

$$X^{p-1} - 1 \equiv \prod_{i=1}^{p-1} (X - i) \quad \text{mod. } p\mathbf{Z}[X]\,. \tag{3}$$

En particulier, pour $X = 0$, on obtient (« formule de Wilson »)

$$(p - 1)! \equiv -1 \quad \text{mod. } p\,. \tag{4}$$

2. Extensions algébriques d'un corps fini

PROPOSITION 3. — *Soient* K *un corps fini à q éléments,* Ω *une extension algébriquement close de* K, *et m un entier* $\geqslant 1$.

a) Il existe une unique sous-extension K_m *de* Ω *qui soit de degré m sur* K.

b) Le corps K_m *a* q^m *éléments et c'est l'ensemble des points fixes de l'automorphisme* $x \mapsto x^{q^m}$ *de* Ω.

c) On a $K_m = K(\zeta)$ *pour tout générateur* ζ *du groupe cyclique* K_m^*.

Soient p la caractéristique de K et f le degré de K sur $\mathbf{F}_p$. On a $q^m = p^{fm}$, et l'application $x \mapsto x^{q^m}$ est donc un automorphisme du corps parfait Ω (V, p. 6, prop. 4). Par suite, l'ensemble K_m des racines du polynôme $X^{q^m} - X$ de K[X] est un sous-corps de Ω. Comme la dérivée de $X^{q^m} - X$ est égale à -1, toutes les racines de ce polynôme sont simples (IV, p. 16, prop. 7), et K_m a donc q^m éléments. On en déduit $[K_m : K] = m$.

Soit maintenant L une sous-extension de Ω, de degré m sur K. Comme espace vectoriel sur K, L est isomorphe à K^m, donc a q^m éléments. On a donc $x^{q^m} = x$ pour tout $x \in L$ (prop. 2), d'où $L \subset K_m$. Comme on a $[L : K] = [K_m : K] = m$, on a finalement $L = K_m$.

On a donc prouvé les assertions *a*) et *b*), et l'assertion *c*) est triviale.

COROLLAIRE. — *Soient* K *un corps fini et* Ω *une extension algébriquement close de* K. *La fermeture algébrique* $\overline{K}$ *de* K *dans* Ω *se compose de* 0 *et des racines de l'unité et c'est une clôture algébrique de* K.

On sait que $\overline{K}$ est une clôture algébrique de K (V, p. 22, exemple 2), et il est clair que toute racine de l'unité dans Ω appartient à $\overline{K}$. Par ailleurs, soit $x \neq 0$ dans $\overline{K}$, de degré m sur K. Si le corps K a q éléments, le corps $K(x)$ en a q^m, d'où $x^{q^m - 1} = 1$, et x est une racine de l'unité dans Ω.

Soit p un nombre premier, et soit $\mathbf{F}_p = \mathbf{Z}/p\mathbf{Z}$ le corps à p éléments. Choisissons une clôture algébrique Ω de $\mathbf{F}_p$, dont l'existence résulte du théorème de Steinitz (V, p. 22, th. 2). Soient f un entier positif et $q = q^f$. D'après la prop. 3, il existe un unique sous-corps de Ω, qui soit de degré f sur $\mathbf{F}_p$; on le notera $\mathbf{F}_q(\Omega)$, ou par abus de notations $\mathbf{F}_q$. C'est l'unique sous-extension de Ω, qui soit de degré f sur $\mathbf{F}_p$. C'est l'unique sous-corps de Ω de cardinal q, et tout corps de cardinal q est isomorphe (non canoniquement) à $\mathbf{F}_q$ (cor. de la prop. 2). On notera que $\mathbf{F}_q$ se compose des x dans Ω tels que $x^q = x$, et que l'on a $\mathbf{F}_q \subset \mathbf{F}_{q'}$ si et seulement si q' est une puissance de q.

PROPOSITION 4. — *Soient* K *un corps fini à q éléments et* K_m *une extension de degré fini m de* K.

a) Le corps K_m *est une extension galoisienne de* K, *dont le groupe de Galois est le groupe cyclique d'ordre m engendré par l'automorphisme* $\sigma_q : x \mapsto x^q$.

b) Pour tout $x \in \mathrm{K}_m$, *la norme de x par rapport à* K *est égale à* $x^{(q^m-1)/(q-1)}$.

c) Tout élément de K *est la trace* (resp. *la norme*) *d'un élément de* K_m.

Soit Γ le groupe cyclique d'automorphismes de K_m engendré par σ_q. Le corps des invariants de Γ se compose des éléments x de K_m tels que $x^q = x$, donc est égal à K. Par suite, K_m est une extension galoisienne de K, de groupe de Galois Γ, et ce dernier est d'ordre égal à $[\mathrm{K}_m : \mathrm{K}] = m$ (V, p. 64, th. 3). D'où *a*).

On a $\Gamma = \{1, \sigma_q, \sigma_q^2, \ldots, \sigma_q^{m-1}\}$; la norme d'un élément x de K_m par rapport à K est donc $\mathrm{N}(x) = \prod_{i=0}^{m-1} \sigma_q^i(x) = x^{1+q+\cdots+q^{m-1}}$ et l'on a $1 + q + \cdots + q^{m-1} = \dfrac{q^m - 1}{q - 1}$. Ceci prouve *b*). Soit ζ un générateur du groupe cyclique K_m^* ; l'image de la norme $\mathrm{N} : \mathrm{K}_m^* \to \mathrm{K}^*$ est le sous-groupe cyclique de K^* engendré par l'élément $\xi = \mathrm{N}(\zeta) = \zeta^{(q^m-1)/(q-1)}$; comme ζ est d'ordre $q^m - 1$, ξ est d'ordre $q - 1$, donc engendre K^*. Ceci prouve que tout élément non nul de K est norme d'un élément non nul de K_m ; de plus, on a $0 = \mathrm{N}(0)$.

Enfin, comme K_m est une extension algébrique et séparable de K, la trace est une forme linéaire non nulle sur l'espace vectoriel K_m sur K (V, p. 48, cor.) ; tout élément de K est donc trace d'un élément de K_m.

3. Groupe de Galois de la clôture algébrique d'un corps fini

Soit $\mathrm{S} \neq \{1\}$ un ensemble d'entiers $\geqslant 1$, stable par multiplication ; ordonnons-le par la relation « m divise n ». Lorsque m divise n, on a $m\mathbf{Z} \supset n\mathbf{Z}$, d'où un homomorphisme canonique $\pi_{m,n}$ de l'anneau $\mathbf{Z}/n\mathbf{Z}$ sur l'anneau $\mathbf{Z}/m\mathbf{Z}$. Notons A(S) la limite projective du système projectif d'anneaux $(\mathbf{Z}/m\mathbf{Z}, \pi_{m,n})$ indexé par S. On munit chaque ensemble fini $\mathbf{Z}/m\mathbf{Z}$ de la topologie discrète, et A(S) de la topologie induite par celle du produit $\prod_{n \in \mathrm{S}} (\mathbf{Z}/n\mathbf{Z})$. Alors A(S) est un anneau topologique compact (TG, I, p. 64, prop. 8). On voit immédiatement que l'unique homomorphisme d'anneaux φ de $\mathbf{Z}$ dans A(S) est injectif et d'image dense ; *on identifiera* $\mathbf{Z}$ *à son image par* φ *dans* A(S).

Pour la topologie induite sur $\mathbf{Z}$ par celle de A(S), *les ensembles* $m\mathbf{Z}$ (pour $m \in S$) *forment une base de voisinages de* 0.

Lorsque $S = \mathbf{N}^*$, A(S) est noté $\hat{\mathbf{Z}}$. Lorsque S est formé des puissances d'un nombre premier l, A(S) est noté $\mathbf{Z}_l$ et appelé « *anneau des entiers l-adiques* ». On a donc

$$\hat{\mathbf{Z}} = \varprojlim_{m \geqslant 1} \mathbf{Z}/m\mathbf{Z}\,, \quad \mathbf{Z}_l = \varprojlim_{n \geqslant 0} \mathbf{Z}/l^n\mathbf{Z}\,.$$

Lorsque S et T sont deux ensembles d'entiers stables par multiplication, tels que $S \supset T$, on a une projection naturelle $A(S) \to A(T)$ qui est un homomorphisme continu d'anneaux topologiques. En particulier, on a pour chaque nombre premier l un homomorphisme continu $\hat{\mathbf{Z}} \to \mathbf{Z}_l$. On en déduit un homomorphisme continu

$$\hat{\mathbf{Z}} \to \prod_l \mathbf{Z}_l$$

(produit étendu à tous les nombres premiers) ; c'est un *isomorphisme d'anneaux topologiques*, comme il résulte par passage à la limite projective de I, p. 107, prop. 11.

Soit K un corps fini à q éléments, et soit $\overline{K}$ une clôture algébrique de K. Pour tout entier $m \geqslant 1$, on note K_m l'unique sous-corps de $\overline{K}$ qui est de degré m sur K (prop. 3). On a $\overline{K} = \bigcup_{m \geqslant 1} K_m$. On note par ailleurs σ_q l'automorphisme $x \mapsto x^q$ du corps parfait $\overline{K}$; on l'appelle l'*automorphisme de Frobenius de* $\overline{K}$ (relativement à K).

PROPOSITION 5. — *Il existe un unique isomorphisme de groupes topologiques* $\pi_K : \hat{\mathbf{Z}} \to \mathrm{Gal}(\overline{K}/K)$ *tel que* $\pi_K(1) = \sigma_q$.

Soit Γ le sous-groupe de $\mathrm{Gal}(\overline{K}/K)$ engendré par σ_q. Pour tout entier $m > 0$, on a $\sigma_q^m(x) = x^{q^m}$ pour tout $x \in \overline{K}$, et par suite l'ensemble des points fixes de σ_q^m est égal à K_m. Comme on a $K_m \neq \overline{K}$, on a $\sigma_q^m \neq 1$. Il existe par suite un isomorphisme π_0 de $\mathbf{Z}$ sur Γ qui applique 1 sur σ_q.

Le corps des invariants de Γ se compose des $x \in \overline{K}$ tels que $x^q = x$, donc est égal à K. Par suite (V, p. 65, lemme 2), le groupe Γ est *dense dans* $\mathrm{Gal}(\overline{K}/K)$. Comme toute sous-extension de $\overline{K}$ de degré fini sur K est l'un des corps K_m, un système fondamental de voisinages de 1 dans $\mathrm{Gal}(\overline{K}/K)$ est formé des sous-groupes $\mathrm{Gal}(\overline{K}/K_m)$. Il est clair que $\Gamma \cap \mathrm{Gal}(\overline{K}/K_m)$ est le groupe cyclique engendré par σ_q^m, donc est égal à $\pi_0(m\mathbf{Z})$.

D'après les remarques faites sur la topologie de $\hat{\mathbf{Z}}$, l'isomorphisme $\pi_0 : \mathbf{Z} \to \Gamma$ se prolonge de manière unique en un isomorphisme de groupes topologiques $\pi_K : \hat{\mathbf{Z}} \to \mathrm{Gal}(\overline{K}/K)$.

Soit $m \geqslant 1$ un entier ; il est immédiat que l'automorphisme de Frobenius de $\overline{K}$ relativement à K_m est σ_q^m. On en déduit la relation

$$\pi_{K_m}(a) = \pi_K(ma) \quad \text{pour} \quad a \in \hat{\mathbf{Z}}\,. \tag{5}$$

4. Polynômes cyclotomiques sur un corps fini

Soient K un corps fini à q éléments, $n \geqslant 1$ un entier non divisible par la caractéristique p de K et R_n une extension cyclotomique de niveau n de K (V, p. 77). On sait que le groupe $\mu_n(R_n) = \mu_n$ des racines n-ièmes de l'unité dans R_n est cyclique d'ordre n, qu'on a $R_n = K(\mu_n)$ et qu'il existe un homomorphisme *injectif*

$$\varphi_n : \mathrm{Gal}(R_n/K) \to (\mathbf{Z}/n\mathbf{Z})^*$$

tel que $\sigma(\zeta) = \zeta^j$ pour $\sigma \in \mathrm{Gal}(R_n/K)$, $\zeta \in \mu_n$ et $j \in \varphi_n(\sigma)$.

Par ailleurs, si f est le degré de R_n sur K, le groupe de Galois de R_n sur K est cyclique d'ordre f, engendré par l'automorphisme $\sigma_q : x \mapsto x^q$ (V, p. 91, prop. 4). On a aussitôt :

PROPOSITION 6. — *L'image par φ_n de l'automorphisme de Frobenius σ_q est la classe de q* mod. *n.*

Par conséquent, compte tenu de la prop. 6 de V, p. 80 :

COROLLAIRE. — *Le degré de* R_n *sur* K *est le plus petit entier $f \geqslant 1$ tel que $q^f \equiv 1$* mod. *n. Pour que le polynôme cyclotomique Φ_n soit irréductible sur* K, *il faut et il suffit que le groupe* $(\mathbf{Z}/n\mathbf{Z})^*$ *soit engendré par la classe de q modulo n.*

Exemples. — 1) Le polynôme $\Phi_3(X) = X^2 + X + 1$ est irréductible dans $\mathbf{F}_q[X]$ si et seulement si l'on a $q \equiv 2$ mod. 3. De même, $\Phi_4(X) = X^2 + 1$ est irréductible dans $\mathbf{F}_q[X]$ si et seulement si $q \equiv 3$ mod. 4, et pour $\Phi_5(X) = X^4 + X^3 + X^2 + X + 1$, la condition d'irréductibilité s'écrit $q \equiv 2, 3$ mod. 5.

2) On a $5^2 \equiv 1$ mod. 12, donc la classe de 5 modulo 12 n'engendre pas $(\mathbf{Z}/12\mathbf{Z})^*$. Le polynôme $\Phi_{12}(X) = X^4 - X^2 + 1$ n'est donc pas irréductible dans $\mathbf{F}_5[X]$; on a en fait

$$\Phi_5(X) = (X^2 + 2X - 1)(X^2 - 2X - 1)$$

dans $\mathbf{F}_5[X]$.

§ 13. EXTENSIONS RADICIELLES DE HAUTEUR $\leqslant 1$

Dans tout ce paragraphe, on note p un nombre premier. Tous les corps considérés sont de caractéristique p.

1. Parties p-libres et p-bases

DÉFINITION 1. — *Soient* K *un corps et* L *une extension radicielle de hauteur $\leqslant 1$ de* K. *On dit qu'une famille $(x_i)_{i\in I}$ d'éléments de* L *est p-libre sur* K (resp. *est une p-base de* L *sur* K) *si l'on a $x_i \notin K$ pour tout $i \in I$ et si l'homomorphisme de $\bigotimes_{i\in I} K(x_i)$ dans* L, *déduit des injections canoniques $u_i : K(x_i) \to L$, est injectif* (resp. *bijectif*).

Si a est un élément de L − K, il est radiciel de hauteur 1, et son polynôme minimal sur K est donc $X^p - a^p$ (V, p. 23, prop. 1) ; par suite $\{1, a, \ldots, a^{p-1}\}$ est une base de K(a) sur K. Soient $(x_i)_{i \in I}$ une famille d'éléments de L − K et Λ la partie de $\mathbf{N}^{(I)}$ formée des familles à support fini $\alpha = (\alpha_i)_{i \in I}$ telles que $\alpha_i < p$ pour tout $i \in I$; la prop. 9 (III, p. 43) montre que les éléments $\bigotimes_{i \in I} x_i^{\alpha_i}$ pour α parcourant Λ forment une base de l'espace vectoriel $\bigotimes_{i \in I} K(x_i)$ sur K. De plus, l'homomorphisme canonique de $\bigotimes_{i \in I} K(x_i)$ dans L a pour image $K(x_i)_{i \in I}$ (V, p. 18, cor. 1). On a donc la proposition suivante :

PROPOSITION 1. — *Soient* K *un corps,* L *une extension radicielle de hauteur* ⩽ 1 *de* K *et* $\mathbf{x} = (x_i)_{i \in I}$ *une famille d'éléments de* L. *Alors l'espace vectoriel* $K(x_i)_{i \in I}$ *sur* K *est engendré par les produits* $\mathbf{x}^\alpha = \prod_{i \in I} x_i^{\alpha_i}$ *pour* α *dans* Λ. *Pour que* $(x_i)_{i \in I}$ *soit p-libre* (resp. *une p-base*), *il faut et il suffit que la famille* $(\mathbf{x}^\alpha)_{\alpha \in \Lambda}$ *soit libre sur* K (resp. *soit une base de* L *sur* K).

COROLLAIRE. — *Soit* L′ *une extension d'un corps* K *engendrée par deux sous-extensions linéairement disjointes* K′ *et* L. *Supposons* L *radicielle de hauteur* ⩽ 1 *sur* K ; *alors* L′ *est radicielle de hauteur* ⩽ 1 *sur* K′. *De plus, pour qu'une famille d'éléments de* L *soit p-libre sur* K (resp. *soit une p-base de* L *sur* K), *il faut et il suffit qu'elle soit p-libre sur* K′ (resp. *soit une p-base de* L′ *sur* K′).

On a $L^p \subset K \subset K'$ et $L' = K'(L)$, d'où $L'^p = K'^p(L^p) \subset K'$. Autrement dit, L′ est une extension radicielle de hauteur ⩽ 1 de K′. Les autres assertions du corollaire résultent aussitôt de la prop. 1 et de V, p. 13, prop. 5.

Remarque. — Soient K un corps, L une extension radicielle de hauteur ⩽ 1 de K et $(x_i)_{i \in I}$ une famille d'éléments de L. Soient A l'algèbre de polynômes $K[(X_i)_{i \in I}]$, $\mathfrak{a}$ l'idéal de A engendré par les polynômes $X_i^p - x_i^p$ et $\varphi : A \to L$ l'homomorphisme de K-algèbres tel que $\varphi(X_i) = x_i$ pour tout $i \in I$. La famille $(x_i)_{i \in I}$ est p-libre si et seulement si le noyau de φ est égal à $\mathfrak{a}$. En effet, $K[(X_i)]/\mathfrak{a}$ s'identifie à l'algèbre $\bigotimes_{i \in I} K[X_i]/(X_i^p - x_i^p)$.

Soit L une extension radicielle de hauteur ⩽ 1 d'un corps K. On dit qu'une partie S de L est p-libre (resp. une p-base) si la famille définie par l'application identique de S sur elle-même est p-libre (resp. une p-base). Pour qu'une famille $(x_i)_{i \in I}$ d'éléments de L soit p-libre (resp. une p-base), il faut et il suffit que l'application $i \mapsto x_i$ soit une bijection de I sur une partie p-libre (resp. une p-base) de L. D'après la prop. 1, toute partie d'une partie p-libre est p-libre ; réciproquement si S est une partie de L telle que toute partie finie de S soit p-libre, alors S est p-libre. Enfin, une p-base de L sur K est une partie p-libre B telle que $L = K(B)$.

PROPOSITION 2. — *Soient* K *un corps,* L *une extension radicielle de hauteur* $\leqslant 1$ *de* K *et* S *une partie de* L. *Pour que* S *soit p-libre, il faut et il suffit que l'on ait* $K(T) \neq K(S)$ *pour toute partie* $T \neq S$ *de* S.

Supposons d'abord que S soit p-libre et soit $T \neq S$ une partie de S. Notons Λ l'ensemble des familles à support fini $\alpha = (\alpha_s)_{s \in S}$ d'entiers compris entre 0 et $p-1$; soit Λ' la partie de Λ formée des familles $\alpha = (\alpha_s)_{s \in S}$ telles que $\alpha_s = 0$ pour tout s dans $T - S$. Posons aussi $u_\alpha = \prod_{s \in S} s^{\alpha_s}$ pour $\alpha \in \Lambda$. Alors (V, p. 94, prop. 1), la famille $(u_\alpha)_{\alpha \in \Lambda}$ est une base de K(S) sur K, et la sous-famille $(u_\alpha)_{\alpha \in \Lambda'}$ est une base de K(T) sur K. Comme on a $\Lambda' \neq \Lambda$, on a $K(T) \neq K(S)$.

Supposons maintenant que S ne soit pas p-libre. Il existe alors un entier $n \geqslant 1$ et une suite d'éléments $x_1, \ldots, x_n$ de S telle que $(x_1, \ldots, x_{n-1})$ soit p-libre, mais non $(x_1, \ldots, x_n)$. On a $[K(x_1, \ldots, x_{n-1}):K] = p^{n-1}$ et $[K(x_1, \ldots, x_n):K] < p^n$. Comme $[K(x_1, \ldots, x_n):K]$ est un multiple de $[K(x_1, \ldots, x_{n-1}):K]$, on a donc

$$[K(x_1, \ldots, x_n):K] = [K(x_1, \ldots, x_{n-1}):K],$$

d'où $x_n \in K(x_1, \ldots, x_{n-1})$. Ceci entraîne $K(S - \{x_n\}) = K(S)$.

PROPOSITION 3. — *Soient* K *un corps,* L *une extension radicielle de hauteur* $\leqslant 1$ *de* K, *et* S, T *deux parties de* L. *Les conditions suivantes sont équivalentes* :

a) *La partie* S *est p-libre sur* K, *et* T *est p-libre sur* K(S).

b) *On a* $S \cap T = \varnothing$ *et* $S \cup T$ *est p-libre sur* K.

Si T est p-libre sur K(S), on a $T \cap K(S) = \varnothing$ et *a fortiori* $S \cap T = \varnothing$. Nous pouvons donc supposer S et T disjointes. Soit Λ la partie de $\mathbf{N}^{(S \cup T)}$ formée des familles $\alpha = (\alpha_x)_{x \in S \cup T}$ avec $\alpha_x < p$ pour tout x dans $S \cup T$. Définissons de manière analogue les parties Λ' de $\mathbf{N}^{(S)}$ et Λ'' de $\mathbf{N}^{(T)}$. On peut identifier de manière naturelle $\mathbf{N}^{(S \cup T)}$ à $\mathbf{N}^{(S)} \times \mathbf{N}^{(T)}$, et Λ s'identifie à $\Lambda' \times \Lambda''$. Pour $\alpha \in \Lambda$, posons $u_\alpha = \prod_{x \in S \cup T} x^{\alpha_x}$; définissons de même u'_β et u''_γ pour $\beta \in \Lambda'$ et $\gamma \in \Lambda''$. On a $u_\alpha = u'_\beta u''_\gamma$ pour $\alpha = (\beta, \gamma)$ dans $\Lambda = \Lambda' \times \Lambda''$. De plus, $(u'_\beta)_{\beta \in \Lambda'}$ engendre le K-espace vectoriel K(S) (V, p. 94, prop. 1). Pour que $S \cup T$ soit p-libre sur K, il faut et il suffit que la famille $(u'_\beta u''_\gamma)_{\beta \in \Lambda', \gamma \in \Lambda''}$ soit libre sur K (V, p. 94, prop. 1) ; il revient au même (II, p. 31) de supposer que la famille $(u'_\beta)_{\beta \in \Lambda'}$ est libre sur K et la famille $(u''_\gamma)_{\gamma \in \Lambda''}$ libre sur K(S). L'équivalence de *a*) et *b*) résulte alors de la prop. 1 (V, p. 94).

COROLLAIRE. — *Soient* L *une extension radicielle de hauteur* $\leqslant 1$ *de* K *et* M *une sous-extension de* L. *Alors* L *est radicielle de hauteur* $\leqslant 1$ *sur* M *et* M *est radicielle de hauteur* $\leqslant 1$ *sur* K. *De plus, si* B *est une p-base de* M *sur* K *et* C *une p-base de* L *sur* M, *on a* $B \cap C = \varnothing$ *et* $B \cup C$ *est une p-base de* L *sur* K.

Soit K un corps. On dit qu'une famille $(x_i)_{i \in I}$ est une *p-base* (absolue) de K si c'est une p-base de K sur K^p. Pour tout entier $n \geqslant 1$, notons $\Lambda(n)$ la partie de $\mathbf{N}^{(I)}$ formée des $\alpha = (\alpha_i)_{i \in I}$ tels que $\alpha_i < p^n$ pour tout $i \in I$.

PROPOSITION 4. — *Soit* $\mathbf{x} = (x_i)_{i \in I}$ *une p-base de* K. *Pour tout entier* $n \geqslant 1$, *la famille* $(\mathbf{x}^\alpha)_{\alpha \in \Lambda(n)}$ *est une base de* K *sur* K^{p^n}.

Pour $n = 1$, l'assertion se réduit à la prop. 1 (V, p. 94). L'ensemble $\Lambda(n)$ se compose des éléments de $\mathbf{N}^{(I)}$ de la forme $\alpha = \beta + p^{n-1}\gamma$ avec $\beta \in \Lambda(n-1)$ et $\gamma \in \Lambda(1)$. Une telle décomposition est unique, et l'on a $\mathbf{x}^\alpha = \mathbf{x}^\beta(\mathbf{x}^\gamma)^{p^{n-1}}$. De plus, la famille $(x_i^{p^{n-1}})_{i \in I}$ est évidemment une p-base de $K^{p^{n-1}}$ sur K^{p^n}, donc la famille $(\mathbf{x}^\gamma)^{p^{n-1}}$ est une base de $K^{p^{n-1}}$ sur K^{p^n}. On conclut alors par récurrence, grâce à II, p. 31, prop. 25.

2. Différentielles et p-bases

Soient K un corps (de caractéristique p) et V un espace vectoriel sur K. Rappelons (III, p. 119) qu'une dérivation de K dans V est une application D de K dans V satisfaisant aux relations

$$\text{(1)} \qquad D(x + y) = D(x) + D(y)$$

$$\text{(2)} \qquad D(xy) = xD(y) + yD(x)$$

pour $x, y \in K$. On en déduit $D(1) = 0$ et $D(x^n) = nx^{n-1}D(x)$ pour tout $x \neq 0$ et tout entier $n \in \mathbf{Z}$ (III, p. 123 et 124). Comme K est de caractéristique p, on a donc pour tout x dans K

$$\text{(3)} \qquad D(x^p) = 0\,.$$

Par ailleurs (III, p. 123), on a pour $x, y \in K$, $y \neq 0$,

$$\text{(4)} \qquad D(x/y) = (yD(x) - xD(y))/y^2\,.$$

D'après les formules précédentes, le noyau de D est donc un sous-corps E de K contenant K^p. Soit M un sous-corps de K ; on dit que D est une M-dérivation si elle est M-linéaire ; d'après (2), il revient au même de supposer que la restriction de D à M est nulle.

On a défini (III, p. 134) le module $\Omega_M(K)$ des M-différentielles de K et la M-dérivation canonique $d = d_{K/M}$ de K dans $\Omega_M(K)$. L'image de $d_{K/M}$ engendre le K-espace vectoriel $\Omega_M(K)$. Pour qu'une application D de K dans V soit une M-dérivation, il faut et il suffit qu'il existe une application K-linéaire $u : \Omega_M(K) \to V$ telle que $D = u \circ d_{K/M}$; cette application u est déterminée de manière unique.

PROPOSITION 5. — *Soient* K *un corps et* L *une extension de* K *engendrée par un élément* x *tel que* $x \notin K$, $x^p \in K$. *Soient* V *un espace vectoriel sur* L *et* Δ *une dérivation de* K *dans* V, *telle que* $\Delta(x^p) = 0$. *Il existe alors une unique dérivation* D *de* L *dans* V *prolongeant* Δ *et telle que* $D(x) = 0$.

D'après V, p. 23, prop. 1, $\{1, x, \ldots, x^{p-1}\}$ est une base de L sur K. Pour tout élément $u = a_0 + a_1x + \cdots + a_{p-1}x^{p-1}$ de L (avec $a_0, \ldots, a_{p-1}$ dans K), on posera $D(u) = \Delta(a_0) + x\Delta(a_1) + \cdots + x^{p-1}\Delta(a_{p-1})$. Il est clair que D prolonge Δ, et satisfait à (1) ; il suffit donc d'établir la relation

$$D(uv) = u.D(v) + v.D(u)$$

lorsque u est de la forme ax^i et v de la forme bx^j avec a, b dans K, $0 \leqslant i < p$ et $0 \leqslant j < p$.

Lorsque $i + j < p$, on a $uv = x^{i+j}.ab$, d'où $D(uv) = x^{i+j}\Delta(ab)$. Dans le cas contraire, on a $0 \leqslant i + j - p < p$ et donc $uv = x^{i+j-p}(abx^p)$ avec $abx^p \in K$, mais comme $\Delta(x^p) = 0$, on a $\Delta(abx^p) = x^p\Delta(ab)$, d'où encore $D(uv) = x^{i+j}\Delta(ab)$. On a donc dans tous les cas

$$\begin{aligned} D(uv) &= x^{i+j}\Delta(ab) = x^i x^j (a.\Delta(b) + b.\Delta(a)) \\ &= (ax^i)\, x^j.\Delta(b) + (bx^j).x^i.\Delta(a) = u.D(v) + v.D(u) . \end{aligned}$$

COROLLAIRE 1. — *Soient* K *un corps,* L *une extension radicielle de hauteur* $\leqslant 1$ *de* K *et* V *un espace vectoriel sur* L. *Toute dérivation* Δ *de* K *dans* V *nulle sur* L^p *se prolonge en une dérivation de* L *dans* V.

D'après le th. de Zorn (E, III, p. 20), il existe un prolongement maximal de Δ en une dérivation $D_0 : L_0 \to V$, où L_0 est un sous-corps de L contenant K. Soit $x \in L$; on a $x^p \in L_0$ et $\Delta(x^p) = 0$, d'où $D_0(x^p) = 0$. D'après la prop. 5, D_0 se prolonge en une dérivation définie dans $L_0(x)$; d'après le caractère maximal de D_0, on a donc $L_0(x) = L_0$, d'où $x \in L_0$. Vu l'arbitraire de x, on a $L_0 = L$.

COROLLAIRE 2. — *Soient* L *une extension radicielle de hauteur* $\leqslant 1$ *d'un corps* K *et* E *une sous-extension de* L. *Soit* U *le sous-espace de* $\Omega_K(L)$ *engendré par les différentielles des éléments de* E. *Alors* E *se compose des éléments de* L *dont la différentielle appartient à* U. *En particulier, on a* $d_{L/K}x \neq 0$ *pour tout* $x \in L - K$.

Soit x un élément de L n'appartenant pas à E. Alors $\{1, x, \ldots, x^{p-1}\}$ est une base de E(x) sur E. Soit Δ l'application E-linéaire de E(x) dans L telle que $\Delta(x^i) = ix^i$ pour $0 \leqslant i < p$. On vérifie aussitôt que Δ est une E-dérivation de E(x) dans L, et en particulier une K-dérivation. D'après le corollaire 1 à la prop. 5, il existe une K-dérivation D de L dans L prolongeant Δ. D'après la propriété universelle de $\Omega_K(L)$, il existe une forme linéaire u sur ce L-espace vectoriel telle que $D = u \circ d_{L/K}$. On a $D(x) = x$ et $D|E = 0$; par suite, on a $u(d_{L/K}x) \neq 0$ et $u|U = 0$, d'où $d_{L/K}x \notin U$.

La dernière assertion est le cas particulier $E = K$; on a alors $U = 0$.

THÉORÈME 1. — *Soient* L *une extension radicielle de hauteur* $\leqslant 1$ *d'un corps* K *et* $(x_i)_{i \in I}$ *une famille d'éléments de* L.

a) Pour que $(x_i)_{i \in I}$ *soit p-libre sur* K, *il faut et il suffit que la famille* $(dx_i)_{i \in I}$ *soit libre dans le* L-*espace vectoriel* $\Omega_K(L)$.

b) Pour que $(x_i)_{i \in I}$ *engendre* L *sur* K, *il faut et il suffit que la famille* $(dx_i)_{i \in I}$ *engendre le* L-*espace vectoriel* $\Omega_K(L)$.

c) Pour que $(x_i)_{i \in I}$ *soit une p-base de* L *sur* K, *il faut et il suffit que la famille* $(dx_i)_{i \in I}$ *soit une base du* L-*espace vectoriel* $\Omega_K(L)$.

Remarquons d'abord que la différentielle dx d'un élément du corps $K((x_i)_{i\in I})$ est une combinaison linéaire à coefficients dans L des différentielles dx_i, $i \in I$. Pour que la famille $(x_i)_{i\in I}$ soit p-libre, il faut et il suffit que l'on ait $x_i \notin K(x_j)_{j\in I-\{i\}}$ pour tout $i \in I$ (V, p. 95, prop. 2). D'après le cor. 2 de la prop. 5, ceci signifie que dx_i n'est pas combinaison linéaire des dx_j pour $j \neq i$ dans I. L'assertion *a*) résulte de là. L'assertion *b*) résulte aussitôt du cor. 2 de la prop. 5, et *c*) résulte de *a*) et *b*).

Le corollaire suivant précise le cor. 1 de la prop. 5 :

COROLLAIRE. — *Soit $(x_i)_{i\in I}$ une p-base de* L *sur* K. *Soient* V *un espace vectoriel sur* L, Δ *une dérivation de* K *dans* V *nulle sur* L^p *et* $(u_i)_{i\in I}$ *une famille d'éléments de* V. *Il existe une dérivation* D *de* L *dans* V, *et une seule, qui prolonge* Δ *et applique* x_i *sur* u_i *pour tout* $i \in I$.

D'après le cor. 1 de la prop. 5, il existe une dérivation D_0 de L dans V prolongeant Δ. Les dérivations de L dans V prolongeant Δ sont exactement les applications de la forme $D = D_0 + u \circ d_{L/K}$, où u est une application L-linéaire de $\Omega_K(L)$ dans V. On a $D(x_i) = u_i$ si et seulement si l'application linéaire u satisfait aux conditions $u(dx_i) = u_i - D_0(x_i)$. Puisque la famille (dx_i) est unc base de $\Omega_K(L)$, cela détermine u de manière unique, d'où le corollaire.

Soient L une extension radicielle de hauteur $\leqslant 1$ de K et $(x_i)_{i\in I}$ une p-base de L sur K. D'après le cor. du th. 1, il existe pour tout $i \in I$ une K-dérivation D_i de L dans L caractérisée par $D_i(x_j) = \delta_{ij}$ (symbole de Kronecker) ; on dira parfois que D_i est la *dérivation partielle par rapport à* x_i. Lorsque I est *fini*, la famille $(D_i)_{i\in I}$ est une base de l'espace vectoriel sur L formé des K-dérivations de L dans L.

Le th. 1 permet de ramener l'étude des p-bases à celle des bases d'un espace vectoriel. On a par exemple les résultats suivants :

THÉORÈME 2. — *Soit* L *une extension radicielle de hauteur* $\leqslant 1$ *d'un corps* K.

a) *Il existe des p-bases de* L *sur* K. *Plus précisément, si* S *est une partie p-libre de* L *sur* K *et* T *une partie de* L *telle que* $S \subset T$ *et* $L = K(T)$, *il existe une p-base* B *de* L *sur* K *telle que* $S \subset B \subset T$.

b) *Deux p-bases de* L *sur* K *ont même cardinal.*

c) *Pour que* [L : K] *soit fini, il faut et il suffit que l'espace vectoriel* $\Omega_K(L)$ *sur* L *soit de dimension finie sur* L *et l'on a alors*

$$[L:K] = p^{[\Omega_K(L):L]}. \tag{5}$$

Les assertions *a*) et *b*) sont immédiates (II, p. 95 et 96). Si [L : K] est fini, il existe d'après *a*) une p-base finie $(x_1, \ldots, x_n)$ de L sur K ; alors les monômes $x_1^{\alpha_1} \ldots x_n^{\alpha_n}$ avec $0 \leqslant \alpha_i < p$ pour $1 \leqslant i \leqslant n$ forment une base de L sur K et les différentielles $dx_1, \ldots, dx_n$ forment une base de $\Omega_K(L)$ sur L. On a donc $[L:K] = p^n$ et $[\Omega_K(L):L] = n$. Réciproquement, si $\Omega_K(L)$ est de dimension finie sur L, il existe une p-base finie de L sur K (V, p. 97, th. 1) et [L : K] est fini.

COROLLAIRE. — *Pour tout* $x \in \mathrm{L} - \mathrm{K}$, *il existe une p-base de* L *sur* K *contenant* x.

En effet, $\{x\}$ est une partie p-libre de L sur K, et il suffit d'appliquer le th. 2, *a*).

Soient K un corps et L une extension de K. Si D est une K-dérivation de L à valeurs dans un L-espace vectoriel, on a $\mathrm{D}(x^p) = 0$ pour tout $x \in \mathrm{L}$, et par suite D est une $\mathrm{K}(\mathrm{L}^p)$-dérivation. On en déduit $\Omega_{\mathrm{K}}(\mathrm{L}) = \Omega_{\mathrm{K}(\mathrm{L}^p)}(\mathrm{L})$. Comme L est une extension radicielle de hauteur $\leqslant 1$ de $\mathrm{K}(\mathrm{L}^p)$, on peut appliquer les résultats précédents. Par exemple, du th. 1, *c*) on déduit ceci : soit $(x_i)_{i \in \mathrm{I}}$ une famille d'éléments de L ; pour que $(dx_i)_{i \in \mathrm{I}}$ soit une base du L-espace vectoriel $\Omega_{\mathrm{K}}(\mathrm{L})$, il faut et il suffit que $(x_i)_{i \in \mathrm{I}}$ soit une p-base de L sur $\mathrm{K}(\mathrm{L}^p)$. De manière analogue, le cor. 2 de la prop. 5 entraîne :

PROPOSITION 6. — *Soient* K *un corps (de caractéristique p) et* L *une extension de* K.

a) *Soit* $x \in \mathrm{L}$. *La différentielle* $d_{\mathrm{L/K}}x$ *est nulle si et seulement si x appartient à* $\mathrm{K}(\mathrm{L}^p)$.

b) *On a* $\Omega_{\mathrm{K}}(\mathrm{L}) = 0$ *si et seulement si* $\mathrm{L} = \mathrm{K}(\mathrm{L}^p)$.

c) *Supposons* L *radicielle de hauteur finie sur* K. *On a alors* $\Omega_{\mathrm{K}}(\mathrm{L}) = 0$ *si et seulement si* $\mathrm{L} = \mathrm{K}$.

3. Correspondance entre sous-corps et algèbres de Lie de dérivations

On note E un corps et $\mathfrak{g}$ l'ensemble des dérivations de E dans E. Rappelons que $\mathfrak{g}$ est un espace vectoriel sur E, dont les opérations sont définies par

$$(\mathrm{D} + \mathrm{D}')(x) = \mathrm{D}(x) + \mathrm{D}'(x), \quad (a\mathrm{D})(x) = a.\mathrm{D}(x) \tag{6}$$

pour D, D′ dans $\mathfrak{g}$ et a, x dans E. De plus, si D et D′ sont deux dérivations de E dans E, il en est de même de $[\mathrm{D}, \mathrm{D}'] = \mathrm{DD}' - \mathrm{D}'\mathrm{D}$ (III, p. 120). Enfin la formule de Leibniz (III, p. 122) donne

$$\mathrm{D}^p(xy) = x.\mathrm{D}^p(y) + \sum_{j=1}^{p-1} \binom{p}{j} \mathrm{D}^j(x)\,\mathrm{D}^{p-j}(y) + \mathrm{D}^p(x).y$$

(x, y dans E) ; comme les coefficients binomiaux $\binom{p}{j}$ pour $1 \leqslant j \leqslant p-1$ sont divisibles par p (V, p. 4, lemme 1), on voit que D^p est une dérivation de E dans E. On établit immédiatement la relation (pour $a, a' \in \mathrm{E}$)

$$[a\mathrm{D}, a'\mathrm{D}'] = aa'.[\mathrm{D}, \mathrm{D}'] + (a\mathrm{D}(a')).\mathrm{D}' - (a'\mathrm{D}'(a)).\mathrm{D}\,. \tag{7}$$

En particulier, l'application $(\mathrm{D}, \mathrm{D}') \mapsto [\mathrm{D}, \mathrm{D}']$ de $\mathfrak{g} \times \mathfrak{g}$ dans $\mathfrak{g}$ est E^p-linéaire.

On note $\mathscr{C}$ l'ensemble des sous-corps K de E tels que $\mathrm{E}^p \subset \mathrm{K}$ et que $[\mathrm{E} : \mathrm{K}]$ soit fini ; pour tout $\mathrm{K} \in \mathscr{C}$, on note $\mathfrak{g}(\mathrm{K})$ l'ensemble des K-dérivations de E. Par ailleurs, on note $\mathscr{L}$ l'ensemble des sous-espaces vectoriels $\mathfrak{h}$ de $\mathfrak{g}$, de dimension finie sur E, et tels que l'on ait $[\mathrm{D}, \mathrm{D}'] \in \mathfrak{h}$ et $\mathrm{D}^p \in \mathfrak{h}$ quels que soient D et D′ dans $\mathfrak{h}$; pour tout $\mathfrak{h} \in \mathscr{L}$, on note $\mathrm{I}(\mathfrak{h})$ l'ensemble des $x \in \mathrm{E}$ tels que $\mathrm{D}(x) = 0$ pour tout $\mathrm{D} \in \mathfrak{h}$.

THÉORÈME 3 (Jacobson). — *Les applications* $K \mapsto \mathfrak{g}(K)$ *et* $\mathfrak{h} \mapsto I(\mathfrak{h})$ *sont des bijections de* $\mathscr{C}$ *sur* $\mathscr{L}$ *et* $\mathscr{L}$ *sur* $\mathscr{C}$ *respectivement, réciproques l'une de l'autre. Si* $K \in \mathscr{C}$ *et* $\mathfrak{h} \in \mathscr{L}$ *se correspondent, on a* $[E:K] = p^{[\mathfrak{h}:E]}$.

La démonstration utilise plusieurs lemmes préliminaires.

Lemme 1. — *Soient* L *un corps,* V *un espace vectoriel sur* L *et* u *un endomorphisme de* V *tel que* $u^p = u$. *Pour tout* $i \in \mathbf{F}_p$, *soit* V_i *le noyau de* $u - i$. *On a alors*

$$V = \bigoplus_{i \in \mathbf{F}_p} V_i.$$

Pour tout $i \in \mathbf{F}_p$, notons $P_i(X)$ le polynôme $-\prod_{j \neq i} (X - j)$. On a

$$(X - i)\, P_i(X) = X - X^p \tag{8}$$

d'après la formule (2) (V, p. 90). Dérivant la formule (2) citée, on trouve

$$\sum_{i \in \mathbf{F}_p} P_i(X) = 1. \tag{9}$$

Les formules (8) et (9) montrent que l'endomorphisme $P_i(u)$ de V applique V dans V_i et qu'on a $\sum_{i \in \mathbf{F}_p} P_i(u) = 1$, d'où $V = \sum_{i \in \mathbf{F}_p} V_i$. Il reste à démontrer que la somme est directe. Pour tout $i \in \mathbf{F}_p$, soit $v_i \in V_i$; il est immédiat que $P_i(u)$ annule v_j pour tout $j \neq i$ et l'on a $P_i(u)\, v_i = a v_i$ avec $a = -\prod_{n \in \mathbf{F}_p^*} n \neq 0$. La relation $\sum_{i \in \mathbf{F}_p} v_i = 0$ entraîne donc $v_i = 0$ pour tout $i \in \mathbf{F}_p$ et la somme est directe.

Lemme 2. — *Soit* D *une dérivation de* E *telle que* $D^p = D$ *et soit* K *le noyau de* D. *On suppose qu'il existe* x *non nul dans* E *tel que* $D(x) = x$. *Alors* K *est un sous-corps de* E *contenant* E^p *et l'on a* $[E:K] = p$.

Il est clair que K est un sous-corps de E contenant E^p. Notons K_i le noyau de $D - i$ pour $i \in \mathbf{F}_p$. On a $K_0 = K$ et le lemme 1 entraîne $E = \bigoplus_{i \in \mathbf{F}_p} K_i$. Soit $i \in \mathbf{F}_p$ et soit u dans K_i ; on a

$$D(xu) = D(x).u + x.D(u) = xu + x(iu) = (i + 1)\, xu$$

d'où $xu \in K_{i+1}$. Comme x est non nul, la multiplication par x est un automorphisme du K-espace vectoriel E, qui envoie K_i sur K_{i+1} pour tout $i \in \mathbf{F}_p$. Comme on a $[K_0 : K] = 1$, on a $[K_i : K] = 1$ pour tout $i \in \mathbf{F}_p$, d'où $[E:K] = p$.

Lemme 3. — *Soit* $\mathfrak{h} \in \mathscr{L}$, *de dimension* s *sur* E. *Alors* $I(\mathfrak{h})$ *appartient à* $\mathscr{C}$ *et l'on a* $[E : I(\mathfrak{h})] = p^s$.

Il est clair que $I(\mathfrak{h})$ est un sous-corps de E contenant E^p. Pour tout $x \in E$, soit f_x la forme E-linéaire $D \mapsto D(x)$ sur $\mathfrak{h}$. Comme l'intersection des noyaux de ces formes linéaires est réduite à 0, elles engendrent l'espace vectoriel dual de $\mathfrak{h}$ (II, p. 104, th. 7) ; par suite, il existe $x_1, \ldots, x_s$ dans E tels que les formes linéaires $f_{x_1}, \ldots, f_{x_s}$ forment une base de ce dual. Soit $(\Delta_1, \ldots, \Delta_s)$ la base de $\mathfrak{h}$ caractérisée par

$\Delta_i(x_j) = f_{x_j}(\Delta_i) = \delta_{ij}$. Posons $D_i = x_i\Delta_i$. Alors $(D_1, \ldots, D_s)$ est une base de $\mathfrak{h}$ sur E, et l'on a $D_i(x_j) = x_i\delta_{ij}$. Les dérivations $D_i^p - D_i$ et $[D_i, D_j]$ pour $i, j = 1, \ldots, s$ appartiennent à $\mathfrak{h}$ et annulent $x_1, \ldots, x_s$; on a donc

$$D_i^p = D_i, \quad [D_i, D_j] = 0. \tag{10}$$

Pour i compris entre 0 et s, notons K_i l'intersection des noyaux des dérivations D_j pour $1 \leqslant j \leqslant i$. Alors K_i est un sous-corps de E et l'on a

$$E = K_0 \supset K_1 \supset \ldots \supset K_{s-1} \supset K_s = I(\mathfrak{h}).$$

Soit i compris entre 0 et $s - 1$; alors K_i est stable par D_{i+1} car D_{i+1} commute à $D_1, \ldots, D_i$. De plus, on a $D_{i+1}^p = D_{i+1}$, $D_{i+1}(x_{i+1}) = x_{i+1} \neq 0$ et $x_{i+1} \in K_i$. Le lemme 2 entraîne alors $[K_i : K_{i+1}] = p$, d'où finalement $[E : K] = [K_0 : K_s] = p^s$.

Passons à la démonstration du théorème. Soit $\mathfrak{h} \in \mathscr{L}$, de dimension s sur E ; posons $K = I(\mathfrak{h})$; alors $[E : K] = p^s$ d'après le lemme 3, d'où $[\Omega_K(E) : E] = s$ d'après le th. 2, *c*) (V, p. 98). D'après la propriété universelle du module des différentielles, l'application $u \mapsto u \circ d_{E/K}$ est un isomorphisme du dual de $\Omega_K(E)$ sur $\mathfrak{g}(K)$, donc $[\mathfrak{g}(K) : E] = s$. Or on a $[\mathfrak{h} : E] = s$ et $\mathfrak{h} \subset \mathfrak{g}(K)$, d'où $\mathfrak{h} = \mathfrak{g}(K)$, c'est-à-dire $\mathfrak{h} = \mathfrak{g}(I(\mathfrak{h}))$.

Inversement, pour tout corps $K \in \mathscr{C}$, il est immédiat que $\mathfrak{g}(K)$ appartient à $\mathscr{L}$ (V, p. 98, th. 2, *c*)). Si x appartient à $I(\mathfrak{g}(K))$, on a $u(d_{E/K}x) = 0$ pour toute forme linéaire u sur $\Omega_K(E)$, d'où $d_{E/K}x = 0$ et finalement $x \in K$ par le cor. 2 de la prop. 5 (V, p. 97). On a donc $K = I(\mathfrak{g}(K))$.

Remarques. — 1) Les bijections réciproques $K \mapsto \mathfrak{g}(K)$ et $\mathfrak{h} \mapsto I(\mathfrak{h})$ sont décroissantes ; par suite, $\mathfrak{h} \mapsto I(\mathfrak{h})$ est un isomorphisme de l'ensemble ordonné $\mathscr{L}$ sur l'ensemble ordonné opposé à $\mathscr{C}$. On en déduit la relation $I(\mathfrak{h} \cap \mathfrak{h}') = E^p(I(\mathfrak{h}), I(\mathfrak{h}'))$ pour $\mathfrak{h}$, $\mathfrak{h}'$ dans $\mathscr{L}$, car $\mathfrak{h} \cap \mathfrak{h}'$ est le plus grand élément de $\mathscr{L}$ contenu à la fois dans $\mathfrak{h}$ et $\mathfrak{h}'$.

2) On peut montrer que tout sous-espace de dimension finie de $\mathfrak{g}$, qui est stable par $D \mapsto D^p$, est aussi stable par le crochet.

§ 14. EXTENSIONS TRANSCENDANTES

1. Familles algébriquement libres. Extensions pures

Rappelons (IV, p. 4) la définition suivante :

DÉFINITION 1. — *Soit* E *une extension d'un corps* K ; *on dit qu'une famille* $\mathbf{x} = (x_i)_{i \in I}$ *d'éléments de* E *est algébriquement libre sur* K *si les monômes* $x^\alpha = \prod_{i \in I} x_i^{\alpha_i}$ *par rapport aux* x_i (*pour* $\alpha = (\alpha_i)_{i \in I}$ *dans* $\mathbf{N}^{(I)}$) *sont linéairement indépendants sur* K. *On dit qu'elle est algébriquement liée sur* K *dans le cas contraire.*

La définition 1 peut encore s'exprimer comme suit :

PROPOSITION 1. — *Pour qu'une famille* $(x_i)_{i \in I}$ *d'éléments d'une extension* E *d'un corps* K *soit algébriquement libre sur* K, *il faut et il suffit que la relation* $f((x_i)) = 0$, *où* f *est un polynôme de* $K[X_i]_{i \in I}$, *entraîne* $f = 0$.

DÉFINITION 2. — *Soit* E *une extension d'un corps* K. *Une famille* $(x_i)_{i \in I}$ *d'éléments de* E *est appelée une* base pure *de* E (sur K) *si elle est algébriquement libre et si l'on a* $E = K(x_i)_{i \in I}$. *On dit que* E *est une extension* pure *de* K *si* E *possède une base pure.*

La famille vide est algébriquement libre, donc K est une extension pure de lui-même. Avec les notations de la déf. 2, chaque élément x_i est *transcendant* sur K ; si I n'est pas vide, E est donc une extension *transcendante* de K.

PROPOSITION 2. — *Soient* E *et* E' *deux corps et* u *un isomorphisme d'un sous-corps* K *de* E *sur un sous-corps* K' *de* E'. *Soit* $\mathbf{x} = (x_i)_{i \in I}$ (resp. $\mathbf{x}' = (x'_i)_{i \in I}$) *une famille d'éléments de* E (resp. E') *algébriquement libre sur* K (resp. K'). *Il existe un isomorphisme* v *de* $L = K(x_i)_{i \in I}$ *sur* $L' = K'(x'_i)_{i \in I}$ *et un seul qui induise* u *sur* K *et applique* x_i *sur* x'_i *pour tout* $i \in I$.

L'unicité de v est claire. Posons $A = K[x_i]_{i \in I}$ et $A' = K'[x'_i]_{i \in I}$. Par hypothèse, les monômes $\mathbf{x}^\alpha = \prod_{i \in I} x_i^{\alpha_i}$ (pour $\alpha = (\alpha_i)_{i \in I}$ dans $\mathbf{N}^{(I)}$) forment une base du K-espace vectoriel A, et l'on a une propriété analogue pour A'. Il existe donc un isomorphisme d'anneaux $w : A \to A'$ transformant tout élément $\sum_{\alpha \in \mathbf{N}^{(I)}} c_\alpha x^\alpha$ en $\sum_{\alpha \in \mathbf{N}^{(I)}} u(c_\alpha)\, x'^\alpha$. Comme L est le corps des fractions de A et L' celui de A', l'isomorphisme w se prolonge en un isomorphisme v du corps L sur le corps L'.

COROLLAIRE. — *Pour qu'une extension* E *d'un corps* K *soit pure, il faut et il suffit que* E *soit* K*-isomorphe à un corps de fractions rationnelles sur* K. *De manière précise, si la famille* $(x_i)_{i \in I}$ *est une base pure de* E, *il existe un unique* K*-isomorphisme de* $K(X_i)_{i \in I}$ *sur* E *qui applique* X_i *sur* x_i *pour tout* $i \in I$.

Remarque. — Il est clair que, dans une extension E de K, une famille algébriquement libre sur K est formée d'éléments *linéairement indépendants* sur K (donc deux à deux distincts) ; autrement dit, c'est une famille libre pour la structure d'*espace vectoriel* de E (par rapport à K). Mais la réciproque est inexacte, car si E est une extension algébrique de K, une famille non vide quelconque d'éléments de E (et *a fortiori* une famille non vide d'éléments linéairement indépendants sur K) n'est jamais algébriquement libre sur K. Lorsqu'il y a risque de confusion, nous dirons qu'une partie d'une extension E de K, qui est libre pour la structure d'espace vectoriel de E par rapport à K est *linéairement libre* sur K.

Soit E une extension d'un corps K. On dit qu'une partie S de E est *algébriquement libre* (sur K) si la famille définie par l'application identique de S sur elle-même est algébriquement libre. On dit aussi que les éléments d'une partie algébriquement libre de E sont *algébriquement indépendants*. Si une partie de E n'est pas algébriquement libre, on dit qu'elle est *algébriquement liée* et que ses éléments sont *algébriquement dépendants*. Pour qu'une famille $(x_i)_{i \in I}$ d'éléments de E soit algébriquement libre, il faut et il suffit que $i \mapsto x_i$ soit une bijection de I sur une partie de E algébriquement libre sur K.

Toute partie d'une partie algébriquement libre est algébriquement libre. En outre :

PROPOSITION 3. — *Pour qu'une famille* $(x_i)_{i \in I}$ *d'éléments d'une extension* E *d'un corps* K *soit algébriquement libre sur* K, *il faut et il suffit que toute sous-famille finie de* $(x_i)_{i \in I}$ *soit algébriquement libre sur* K.

La proposition résulte immédiatement de la déf. 1.

2. Bases de transcendance

PROPOSITION 4. — *Soient* E *une extension d'un corps* K, S *et* T *deux parties de* E. *Les propriétés suivantes sont équivalentes* :

a) $S \cup T$ *est algébriquement libre sur* K *et* $S \cap T = \emptyset$.

b) S *est algébriquement libre sur* K, *et* T *est algébriquement libre sur* K(S).

c) T *est algébriquement libre sur* K, *et* S *est algébriquement libre sur* K(T).

Il suffit évidemment de prouver que *a)* et *b)* sont équivalentes.

a) ⇒ *b)* : supposons *a)* vérifiée. Comme S est contenue dans $S \cup T$, elle est algébriquement libre sur K. Si T n'est pas algébriquement libre sur K(S), il existe (prop. 3) une famille finie $(y_j)_{1 \leqslant j \leqslant n}$ d'éléments distincts de T, algébriquement liée sur K(S). Par suite, il existe un polynôme non nul f de l'anneau $K(S)[Y_1, \ldots, Y_n]$ tel que $f(y_1, \ldots, y_n) = 0$; quitte à multiplier f par un élément non nul de K[S], on peut supposer que tous les coefficients de f appartiennent à K[S]. Les coefficients de f sont des polynômes par rapport à un nombre fini d'éléments distincts x_i $(1 \leqslant i \leqslant m)$ de S, à coefficients dans K. Les éléments $x_1, \ldots, x_m, y_1, \ldots, y_n$ sont deux à deux distincts car $S \cap T = \emptyset$. La relation $f(y_1, \ldots, y_n) = 0$ s'écrit alors

$$g(x_1, \ldots, x_m ; y_1, \ldots, y_n) = 0,$$

où g est un polynôme non nul de $K[X_1, \ldots, X_m, Y_1, \ldots, Y_n]$, et une telle relation contredit l'hypothèse que $S \cup T$ est algébriquement libre.

b) ⇒ *a)* : supposons *b)* vérifiée. Il est clair d'abord que $T \cap K(S) = \emptyset$, et *a fortiori* $S \cap T = \emptyset$. Il suffit de montrer que si x_i $(1 \leqslant i \leqslant m)$ sont des éléments distincts de S en nombre fini, y_j $(1 \leqslant j \leqslant n)$ des éléments distincts de T en nombre fini, l'ensemble des x_i et des y_j est algébriquement libre sur K (prop. 3). Considérons un polynôme $f \in K[X_1, \ldots, X_m, Y_1, \ldots, Y_n]$ tel que $f(x_1, \ldots, x_m, y_1, \ldots, y_n) = 0$ et posons $f = \sum_{\alpha_1, \ldots, \alpha_n} \varphi_\alpha Y_1^{\alpha_1} \ldots Y_n^{\alpha_n}$ avec $\varphi_\alpha \in K[X_1, \ldots, X_m]$ pour tout $\alpha = (\alpha_1, \ldots, \alpha_n) \in \mathbf{N}^n$. Soit $g = f(x_1, \ldots, x_m, Y_1, \ldots, Y_n)$; alors g est un polynôme de l'anneau $K[S][Y_1, \ldots, Y_n]$, et la relation $f(x_1, \ldots, x_m, y_1, \ldots, y_n) = 0$ s'écrit $g(y_1, \ldots, y_n) = 0$. Comme T est algébriquement libre sur K(S), chacun des coefficients $\varphi_\alpha(x_1, \ldots, x_m)$ de g est nul ; puisque S est algébriquement libre sur K, on a $\varphi_\alpha = 0$ pour tout $\alpha \in \mathbf{N}^n$, d'où $f = 0$.

COROLLAIRE. — *Soient* E *une extension d'un corps* K *et* S *une partie de* E *algébrique-*

ment libre sur K. *Si* $x \in$ E *est transcendant sur* K(S), *alors* S $\cup$ $\{x\}$ *est algébriquement libre sur* K.

PROPOSITION 5. — *Soit* E *une extension d'un corps* K. *Pour qu'une partie* S *de* E *soit algébriquement libre sur* K, *il faut et il suffit que, pour tout* $x \in$ S, *l'élément* x *soit transcendant sur le corps* K(S $-$ $\{x\}$).

La condition est nécessaire d'après la prop. 4.

Pour prouver la suffisance, il suffit (prop. 3) de montrer que toute suite finie $(x_1, \ldots, x_n)$ d'éléments distincts de S est algébriquement libre. Or, par hypothèse, x_i est transcendant sur $K(x_1, \ldots, x_{i-1})$ pour $1 \leqslant i \leqslant n$, et notre assertion résulte donc par récurrence sur n du cor. de la prop. 4.

PROPOSITION 6. — *Soient* E *une extension d'un corps* K *et* X *une partie de* E *algébriquement libre sur* K. *Si* K′ $\subset$ E *est une extension algébrique de* K, *alors* X *est algébriquement libre sur* K′.

Raisonnons par l'absurde et supposons que X soit algébriquement liée sur K′. D'après la prop. 5, il existe un élément $x \in$ X algébrique sur le corps K′(M), où M = X $-$ $\{x\}$. Comme on a K′(M) = K(M) (K′) et que K′ est algébrique sur K, le cor. 2 de V, p. 18, montre que K′(M) est algébrique sur K(M) ; comme x est algébrique sur K′(M), il est donc algébrique sur K(M) = K(X $-$ $\{x\}$) d'après la prop. 3 de V, p. 18. La prop. 5 montre alors que X est algébriquement liée sur K, d'où une contradiction.

DÉFINITION 3. — *On dit qu'une partie* B *d'une extension* E *d'un corps* K *est une base de transcendance de* E (*sur* K) *si* B *est algébriquement libre sur* K, *et si* E *est algébrique sur* K(B).

Exemple. — Une base pure est une base de transcendance. En revanche, si E est une extension pure de K, une base de transcendance de E sur K n'est pas toujours une base pure de E. Par exemple, dans K(X), $\{X^2\}$ est une base de transcendance mais n'engendre pas K(X).

PROPOSITION 7. — *Soit* E *une extension d'un corps* K. *Toute base de transcendance de* E *est un élément maximal de l'ensemble* (*ordonné par inclusion*) *des parties de* E *algébriquement libres sur* K. *Inversement, si* S *est une partie de* E *telle que* E *soit algébrique sur* K(S), *toute partie algébriquement libre maximale de* S *est une base de transcendance de* E.

Soient B une base de transcendance de E sur K, et $x \in$ E $-$ B. Alors x est algébrique sur K(B) ; d'après V, p. 103, prop. 4, la partie B $\cup$ $\{x\}$ de E n'est pas algébriquement libre sur K, d'où la première partie de la proposition. D'autre part, si E est algébrique sur K(S), et B est une partie algébriquement libre maximale de S, il résulte du cor. de la prop. 4 que tout $x \in$ S est algébrique sur K(B) ; donc (V, p. 18, cor. 1), K(S) est algébrique sur K(B), et par suite (V, p. 18, prop. 3), E est algébrique sur K(B).

THÉORÈME 1 (Steinitz). — *Toute extension* E *d'un corps* K *admet une base de transcendance sur* K. *En d'autres termes, toute extension d'un corps* K *est une extension algébrique d'une extension pure de* K.

Par contre, une extension n'est pas toujours extension pure d'une extension algébrique (V, p. 161, exerc. 2).

Ce théorème est une conséquence du théorème plus précis suivant :

THÉORÈME 2. — *Soient* E *une extension d'un corps* K, S *une partie de* E *telle que* E *soit algébrique sur* K(S), *et* T *une partie de* S, *algébriquement libre sur* K ; *il existe alors une base de transcendance* B *de* E *sur* K *telle que* $T \subset B \subset S$.

En effet, l'ensemble des parties algébriquement libres de S, ordonné par inclusion, est un ensemble de caractère fini (E, III, p. 34) d'après la prop. 3. D'après le th. 1 de E, III, p. 35, il admet un élément maximal B contenant T, et B est une base de transcendance de E sur K, en vertu de la prop. 7.

COROLLAIRE (« théorème d'échange »). — *Soient* E *une extension de* K, S *une partie de* E *telle que* E *soit algébrique sur* K(S), T *une partie de* E *algébriquement libre sur* K ; *il existe une partie* S′ *de* S *telle que* $T \cup S'$ *soit une base de transcendance de* E *sur* K *et que* $T \cap S' = \varnothing$.

En effet, E est algébrique sur $K(T \cup S)$ et l'on a $T \subset T \cup S$.

3. Degré de transcendance d'une extension

THÉORÈME 3. — *Soit* E *une extension d'un corps* K. *Toutes les bases de transcendance de* E *sur* K *ont même cardinal.*

Il suffit de prouver l'inégalité $\mathrm{Card}(B) \geqslant \mathrm{Card}(B')$ lorsque B et B′ sont deux bases de transcendance de E sur K. On peut supposer B′ non vide. Supposons d'abord B fini et raisonnons par récurrence sur son cardinal n ; pour $n = 0$, E est algébrique sur K et B′ est vide. Supposons donc $n \geqslant 1$. Étant donné $x \in B'$, le théorème d'échange fournit une partie C de B telle que $x \notin C$ et que $\{x\} \cup C$ soit une base de transcendance de E sur K ; on a $C \neq B$ d'après la prop. 7, d'où $\mathrm{Card}(C) < n$. Posons $K_1 = K(x)$ et $C' = B' - \{x\}$; alors C et C′ sont algébriquement libres sur le corps K_1 (V, p. 103, prop. 4) et E est algébrique à la fois sur $K_1(C) = K(C \cup \{x\})$ et $K_1(C') = K(B')$. Autrement dit, C et C′ sont deux bases de transcendance de E sur K_1 ; comme on a $\mathrm{Card}(C) < n$, l'hypothèse de récurrence entraîne l'inégalité $\mathrm{Card}(C') \leqslant \mathrm{Card}(C) \leqslant n - 1$, d'où $\mathrm{Card}(B') \leqslant n = \mathrm{Card}(B)$.

Supposons maintenant B infini. Tout $x \in B$ est algébrique sur K(B′) et il existe donc une partie *finie* S(x) de B′ telle que x soit algébrique sur K(S(x)). Posons $S = \bigcup_{x \in B} S(x)$ d'où $S \subset B'$; comme B est infini, on a $\mathrm{Card}(S) \leqslant \mathrm{Card}(B)$ (E, III, p. 49, cor. 3). Mais tout élément de B étant algébrique sur K(S), et E étant algébrique sur K(B), on conclut que E est algébrique sur K(S) (V, p. 18, prop. 3). La prop. 7 entraîne alors $S = B'$, d'où l'inégalité cherchée $\mathrm{Card}(B') \leqslant \mathrm{Card}(B)$.

DÉFINITION 4. — *Soit* E *une extension d'un corps* K. *Le cardinal de toute base de transcendance de* E *sur* K *est appelé le degré de transcendance de* E *sur* K, *et noté* $\deg.\mathrm{tr}_K E$.

Les th. 2 et 3 et la déf. 4 entraînent les corollaires suivants, où l'on désigne par E une extension d'un corps K, de degré de transcendance *fini n*.

COROLLAIRE 1. — *Soit* S *une partie de* E *telle que* E *soit algébrique sur* K(S). *On a* $\mathrm{Card}(S) \geqslant n$; *si le cardinal de* S *est égal à n, alors* S *est algébriquement libre sur* K (*donc est une base de transcendance de* E *sur* K).

COROLLAIRE 2. — *Supposons que l'on ait* $E = K(x_1, \ldots, x_m)$. *Alors, on a* $m \geqslant n$; *si de plus on a* $m = n$, *alors* $(x_1, \ldots, x_m)$ *est une base pure de* E *sur* K, *et* E *est alors une extension pure de* K.

COROLLAIRE 3. — *Toute partie de* E *algébriquement libre sur* K *a au plus n éléments, et si elle a exactement n éléments, c'est une base de transcendance de* E *sur* K.

THÉORÈME 4. — *Soient* K, E *et* F *trois corps tels que* $K \subset E \subset F$. *Si* S *est une base de transcendance de* E *sur* K *et* T *une base de transcendance de* F *sur* E, *alors* $S \cap T$ *est vide et* $S \cup T$ *est une base de transcendance de* F *sur* K.

En effet, F est algébrique sur E(T) ; de plus E(T) est algébrique sur le corps $K(S \cup T) = K(S)(T)$, puisque E est algébrique sur K(S) (V, p. 18, cor. 2) ; par suite (V, p. 18, prop. 3), F est algébrique sur $K(S \cup T)$. D'autre part, T étant algébriquement libre sur E, l'est *a fortiori* sur K(S), donc (V, p. 103, prop. 4) $S \cup T$ est algébriquement libre sur K et $S \cap T = \varnothing$.

COROLLAIRE. — *Soient* K, E *et* F *trois corps tels que* $K \subset E \subset F$. *On a*

$$(1) \qquad \deg.\mathrm{tr}_K F = \deg.\mathrm{tr}_K E + \deg.\mathrm{tr}_E F.$$

4. Prolongement d'isomorphismes

PROPOSITION 8. — *Soient* Ω *une extension algébriquement close d'un corps* K, E *et* F *deux sous-extensions de* Ω, *et u un* K*-isomorphisme de* E *sur* F. *Pour qu'il existe un* K*-automorphisme v de* Ω *prolongeant u, il faut et il suffit que* Ω *ait même degré de transcendance sur* E *et* F.

La condition est évidemment nécessaire.

Supposons donc que Ω ait même degré de transcendance par rapport à E et à F, et choisissons une base de transcendance B de Ω sur E et une base de transcendance C de Ω sur F. Comme B et C sont équipotentes, la prop. 2 (V, p. 102) montre que u se prolonge en un K-isomorphisme u' de E(B) sur F(C). Comme Ω est une clôture algébrique de E(B) et de F(C), le cor. de V, p. 23, montre que u' se prolonge en un automorphisme v de Ω.

Corollaire 1. — *Soient* Ω *une extension algébriquement close d'un corps* K *et* E *une sous-extension de* Ω. *Tout* K*-automorphisme de* E *se prolonge en un* K*-automorphisme de* Ω.

Corollaire 2. — *Soient* Ω *une extension algébriquement close d'un corps* K, E *et* F *deux sous-extensions de* Ω *et* u *un* K*-isomorphisme de* E *sur* F. *Si le degré de transcendance de* E *sur* K *est fini* (en particulier, si E est algébrique sur K), *il existe un* K*-automorphisme de* Ω *prolongeant* u.

Notons respectivement n, d(E) et d(F) le degré de transcendance de E sur K, de Ω sur E et de Ω sur F. L'existence du K-isomorphisme u montre que le degré de transcendance de F sur K est égal à n. D'après le cor. du th. 4, le degré de transcendance de Ω sur K est égal à $d(\mathrm{E}) + n$ et aussi à $d(\mathrm{F}) + n$. Par suite (E, III, p. 28, prop. 8), on a $d(\mathrm{E}) = d(\mathrm{F})$, et l'on peut appliquer la prop. 8.

Proposition 9. — *Soient* K *un corps et* Ω *une extension algébriquement close de* K. *On suppose que* Ω *n'est pas algébrique sur* K. *Alors, l'ensemble des éléments de* Ω *transcendants sur* K *est infini. De plus, si* x *et* y *sont deux éléments de* Ω *transcendants sur* K, *il existe un automorphisme* u *de* Ω *sur* K *tel que* $u(x) = y$.

Comme Ω n'est pas algébrique sur K, il existe un élément x de Ω transcendant sur K ; alors les éléments x^n (pour $n \in \mathrm{N}$) sont distincts et transcendants sur K. Supposons que x et y soient transcendants sur K ; d'après la prop. 2 (V, p. 102), il existe un K-isomorphisme $\tilde{u}$ de K(x) sur K(y) tel que $\tilde{u}(x) = y$; comme K(x) est de degré de transcendance 1 sur K, le cor. 2 de la prop. 8 montre que $\tilde{u}$ se prolonge en un K-automorphisme u de Ω.

Proposition 10. — *Soient* K *un corps,* Ω *une extension algébriquement close de* K *et* G *le groupe des* K*-automorphismes de* Ω. *Soit* $x \in \Omega$.

a) Pour que x *soit algébrique sur* K, *il faut et il suffit que l'ensemble des éléments* $u(x)$ *pour* u *parcourant* G *soit fini.*

b) Pour que x *soit radiciel sur* K, *il faut et il suffit que l'on ait* $u(x) = x$ *pour tout* $u \in \mathrm{G}$.

En particulier, si K *est parfait, l'ensemble des invariants du groupe* G *est égal à* K.

Supposons d'abord que x soit transcendant. D'après la prop. 9, l'ensemble T des éléments de Ω transcendants sur K est infini, et pour tout $y \in \mathrm{T}$, il existe $u \in \mathrm{G}$ avec $u(x) = y$. Donc l'ensemble des éléments $u(x)$ pour u parcourant G est infini.

Supposons maintenant que x soit algébrique sur K, et notons f son polynôme minimal sur K ; l'ensemble des racines de f dans Ω est fini, et pour tout $u \in \mathrm{G}$, on a $f(u(x)) = u(f(x)) = 0$. Donc l'ensemble des éléments $u(x)$ pour u parcourant G est fini. Ceci prouve *a*).

Soit L l'ensemble des éléments y de Ω tels que $u(y) = y$ pour tout $u \in \mathrm{G}$, et soit $\overline{\mathrm{K}}$ la fermeture algébrique de K dans Ω. D'après ce qui précède, L est une sous-extension de $\overline{\mathrm{K}}$ sur K. De plus (cor. 1 de la prop. 8), tout K-automorphisme de $\overline{\mathrm{K}}$ est la restriction à $\overline{\mathrm{K}}$ d'un élément de G. L'assertion *b*) de la prop. 10 résulte alors du cor. 3 de V, p. 51.

5. Extensions algébriquement disjointes

Définition 5. — *Soient* L *une extension d'un corps* K, E *et* F *deux sous-extensions de* L. *On dit que* E *et* F *sont algébriquement disjointes* (*sur* K) *ou que* E *est algébriquement disjointe de* F *sur* K *si, pour toute partie* A (resp. B) *de* E (resp. F) *algébriquement libre sur* K, A *et* B *sont disjointes et* A ∪ B *est algébriquement libre sur* K.

Remarques. — 1) Si E est une sous-extension de L algébrique sur K, elle est algébriquement disjointe de toute sous-extension F de L. Pour qu'une extension de K soit algébrique, il faut et il suffit qu'elle soit algébriquement disjointe d'elle-même.

2) Il se peut que E soit algébriquement disjointe de F sur K, mais non sur un sous-corps K_0 de K. * Par exemple, **C** est algébriquement disjointe d'elle-même sur **R** mais non sur **Q**. *

3) Il est clair que si E est algébriquement disjointe de F sur K, quand on considère E et F comme des sous-extensions de L, il en est de même si on les considère comme des sous-extensions de K(E ∪ F), et réciproquement.

Proposition 11. — *Si* E *et* F *sont algébriquement disjointes sur* K, *alors* E ∩ F *est algébrique sur* K.

Cela résulte de la déf. 5.

Proposition 12. — *Soient* L *une extension d'un corps* K, E *et* F *des sous-extensions de* L. *Les conditions suivantes sont équivalentes* :

a) E *et* F *sont algébriquement disjointes* ;

b) *il existe une base de transcendance de* E *sur* K *qui est algébriquement libre sur* F ;

c) *toute partie de* E *algébriquement libre sur* K *est algébriquement libre sur* F.

Introduisons les conditions suivantes :

b') il existe une base de transcendance de F sur K qui est algébriquement libre sur E ;

c') toute partie de F algébriquement libre sur K est algébriquement libre sur E.

a) ⇒ *b'*) : Supposons E et F algébriquement disjointes. Soit B (resp. C) une base de transcendance de E (resp. F) sur K. Alors B ∩ C = ∅ et B ∪ C est algébriquement libre sur K, donc C est algébriquement libre sur K(B) (V, p. 103, prop. 4) ; comme E est algébrique sur K(B), la prop. 6 de V, p. 104, montre que C est algébriquement libre sur E.

b') ⇒ *c*) : Supposons qu'il existe une base de transcendance C de F sur K qui soit algébriquement libre sur E. Soit A une partie de E algébriquement libre sur K. Alors C est algébriquement libre sur K(A), donc A est algébriquement libre sur K(C) (V, p. 103, prop. 4) et par suite sur F (V, p. 104, prop. 6) puisque F est algébrique sur K(C).

c) ⇒ *a*) : cela résulte aussitôt de la prop. 4 (V, p. 103).

On démontre de même les implications *a*) ⇒ *b*) ⇒ *c'*) ⇒ *a*).

COROLLAIRE.— *Supposons que* E *et* F *soient algébriquement disjointes sur* K. *Soient* E′ *la fermeture algébrique de* E *dans* L *et* F′ *celle de* F (V, p. 19). *Alors* E′ *et* F′ *sont algébriquement disjointes sur* K.

Soit B une base de transcendance de E sur K ; c'est aussi une base de transcendance de E′ sur K. Comme E est algébriquement disjointe de F sur K, B est algébriquement libre sur F, donc sur F′ (V, p. 104, prop. 6) ; on applique alors la prop. 12.

PROPOSITION 13. — *Soient* L *une extension d'un corps* K, *et* E, F *deux sous-extensions de* L.

a) On a $\mathrm{deg.tr}_F F(E) \leqslant \mathrm{deg.tr}_K E$. *Lorsque* E *et* F *sont algébriquement disjointes sur* K, *toute base de transcendance de* E *sur* K *est une base de transcendance de* F(E) *sur* F, *et l'on a* $\mathrm{deg.tr}_F F(E) = \mathrm{deg.tr}_K E$. *Réciproquement, cette égalité entraîne que* E *et* F *sont algébriquement disjointes sur* K *lorsque* $\mathrm{deg.tr}_K E$ *est fini.*

b) On a $\mathrm{deg.tr}_K K(E \cup F) \leqslant \mathrm{deg.tr}_K E + \mathrm{deg.tr}_K F$. *Lorsque* E *et* F *sont algébriquement disjointes sur* K, *on a* $\mathrm{deg.tr}_K K(E \cup F) = \mathrm{deg.tr}_K E + \mathrm{deg.tr}_K F$. *Réciproquement, cette égalité entraîne que* E *et* F *sont algébriquement disjointes sur* K *lorsque* E *et* F *sont de degrés de transcendance finis sur* K.

a) Soit B une base de transcendance de E sur K ; alors E est algébrique sur K(B), et le cor. 2 de V, p. 18, montre que F(E) est algébrique sur F(K(B)) = F(B). D'après le th. 2 (V, p. 105), B contient une base de transcendance de F(E) sur F ; lorsque E est algébriquement disjointe de F sur K, B est algébriquement libre sur F (prop. 12) et c'est donc une base de transcendance de F(E) sur F. Les trois premières assertions de *a*) résultent de là. Supposons maintenant E de degré de transcendance fini sur K, égal à celui de F(E) sur F ; comme F(E) est algébrique sur F(B) et que Card B = $\mathrm{deg.tr}_F F(E)$, le cor. 1 de V, p. 106, montre que B est algébriquement libre sur F et E est donc algébriquement disjointe de F sur K (prop. 12).

b) On a K(E ∪ F) = F(E) et le cor. de V, p. 106, entraîne donc l'égalité :

$$\mathrm{deg.tr}_K K(E \cup F) = \mathrm{deg.tr}_F F(E) + \mathrm{deg.tr}_K F \; .$$

L'assertion *b*) résulte immédiatement de *a*) et de cette égalité.

PROPOSITION 14. — *Soient* L *une extension d'un corps* K, E *et* F *deux sous-extensions de* L *et* B *une base de transcendance de* E *sur* K. *Pour que* E *et* F *soient algébriquement disjointes sur* K, *il faut et il suffit que les extensions* K(B) *et* F *soient linéairement disjointes sur* K.

Pour que E et F soient algébriquement disjointes sur K, il faut et il suffit que B soit une partie algébriquement libre sur F (prop. 12), c'est-à-dire que les monômes par rapport aux éléments de B soient linéairement indépendants sur F. Comme ces monômes forment une base du K-espace vectoriel K[B], il revient au même de dire que K[B] et F sont linéairement disjointes sur K. Enfin, comme K(B) est le corps des fractions de K[B], la prop. 6 de V, p. 14, montre que K[B] et F sont linéairement disjointes si et seulement s'il en est ainsi de K(B) et F.

COROLLAIRE 1. — *Si* E *et* F *sont linéairement disjointes, alors* E *est algébriquement disjointe de* F *sur* K. *Réciproquement, si* E *est une extension pure de* K *et si elle est algébriquement disjointe de* F *sur* K, *alors* E *et* F *sont linéairement disjointes sur* K.

COROLLAIRE 2. — *Toute extension pure de* K *est linéairement disjointe de toute extension algébrique de* K ; *en particulier,* K *est algébriquement fermé dans toute extension pure de* K.

6. Familles algébriquement libres d'extensions

DÉFINITION 6. — *Soient* L *une extension d'un corps* K, *et* $(E_i)_{i \in I}$ *une famille de sous-extensions de* L. *On dit que la famille* $(E_i)_{i \in I}$ *est algébriquement libre si la condition suivante est vérifiée* :

(AL) *Soit pour tout* $i \in I$ *une partie* A_i *de* E_i *algébriquement libre sur* K. *On a alors* $A_i \cap A_j = \varnothing$ *pour* $i \neq j$, *et* $\bigcup_{i \in I} A_i$ *est algébriquement libre sur* K.

Remarque. — D'après la prop. 3 (V, p. 103), il suffit de vérifier la condition (AL) pour des parties A_i finies. On en déduit le résultat suivant : si $(E_i)_{i \in I}$ est une famille algébriquement libre, il en est de même de $(E'_i)_{i \in I}$ si E'_i est une sous-extension de E_i pour tout $i \in I$; réciproquement, si toute famille $(E'_i)_{i \in I}$, où E'_i est une sous-extension de *type fini* de E_i pour tout $i \in I$, est algébriquement libre, alors $(E_i)_{i \in I}$ est algébriquement libre. D'autre part, pour que $(E_i)_{i \in I}$ soit algébriquement libre, il faut et il suffit que, pour toute partie finie J de I, $(E_i)_{i \in J}$ soit algébriquement libre. D'une manière imagée, on peut dire que l'indépendance algébrique des extensions est une propriété « de caractère fini ».

PROPOSITION 15. — *Soit* $(E_i)_{i \in I}$ *une famille de sous-extensions d'une même extension* L *d'un corps* K. *Les conditions suivantes sont équivalentes* :

a) *La famille* $(E_i)_{i \in I}$ *est algébriquement libre.*

b) *Pour tout* $i \in I$, *l'extension* E_i *est algébriquement disjointe sur* K *de l'extension* F_i *engendrée par les* E_j *pour* $j \neq i$.

c) *Il existe une famille* $(B_i)_{i \in I}$ *de parties disjointes de* L, *telle que* B_i *soit une base de transcendance de* E_i *sur* K *pour tout* $i \in I$, *et que* $B = \bigcup_{i \in I} B_i$ *soit algébriquement libre sur* K.

Il est clair que *a*) entraîne *c*).

Plaçons-nous dans les hypothèses de *c*) et choisissons *i* dans I ; posons $C_i = \bigcup_{j \neq i} B_j$. Pour tout $j \neq i$, tout élément de E_j est algébrique sur $K(B_j)$ et *a fortiori* sur $K(C_i)$. D'après le cor. 1 de V, p. 18, le corps F_i est donc algébrique sur $K(C_i)$. Par ailleurs, on a $B_i \cap C_i = \varnothing$ et $B = B_i \cup C_i$ est algébriquement libre sur K ; par suite, B_i est algébriquement libre sur $K(C_i)$ (V, p. 103, prop. 4), donc aussi sur F_i (qui est algébrique sur $K(C_i)$) d'après la prop. 6 de V, p. 104. On a prouvé que E_i est algébriquement disjointe de F_i sur K (V, p. 108, prop. 12), donc *c*) entraîne *b*).

Plaçons-nous dans les hypothèses de *b*) et prouvons *a*). Il suffit de montrer que si $i_1, \ldots, i_n$ sont des éléments distincts de I, la famille d'extensions $(E_{i_1}, \ldots, E_{i_n})$ est algébriquement libre ; nous raisonnerons par récurrence sur *n*, le cas $n = 1$ étant trivial. Supposons donc $n > 1$ et que la famille $(E_{i_1}, \ldots, E_{i_{n-1}})$ soit algébriquement libre ; pour $1 \leqslant k \leqslant n$, choisissons une partie A_k de E_{i_k} algébriquement libre sur K, et posons $B = A_1 \cup \ldots \cup A_{n-1}$. Par l'hypothèse de récurrence, les parties $A_1, \ldots, A_{n-1}$ sont deux à deux disjointes et B est algébriquement libre sur K ; d'après l'hypothèse *b*), E_{i_n} est algébriquement disjointe de F_{i_n}, et comme B est contenue dans F_{i_n}, on a $B \cap A_n = \varnothing$ et $B \cup A_n = A_1 \cup \ldots \cup A_n$ est algébriquement libre sur K. On a donc prouvé que la famille $(E_{i_1}, \ldots, E_{i_n})$ est algébriquement libre.

La proposition suivante généralise la partie *b*) de la prop. 13 (V, p. 109).

PROPOSITION 16. — *Soit* $(E_i)_{i \in I}$ *une famille de sous-extensions d'une extension d'un corps* K. *Soit* E *le corps engendré par* $\bigcup_{i \in I} E_i$.

a) *On a* $\operatorname{deg.tr}_K E \leqslant \sum_{i \in I} \operatorname{deg.tr}_K E_i$, *et il y a égalité si la famille* $(E_i)_{i \in I}$ *est algébriquement libre sur* K.

b) *Réciproquement, supposons que l'on ait* $\operatorname{deg.tr}_K E = \sum_{i \in I} \operatorname{deg.tr}_K E_i$ *et que* $\operatorname{deg.tr}_K E$ *soit fini. Alors la famille* $(E_i)_{i \in I}$ *est algébriquement libre sur* K.

Pour tout $i \in I$, soit B_i une base de transcendance de E_i sur K ; on pose $B = \bigcup_{i \in I} B_i$. Pour tout $i \in I$, tout élément de E_i est algébrique sur $K(B_i)$, donc sur K(B) ; le cor. 1 de V, p. 18, montre alors que E est algébrique sur K(B) ; d'après V, p. 105, th. 2, B contient donc une base de transcendance de E sur K ; si de plus, la famille $(E_i)_{i \in I}$ est algébriquement libre sur K, alors les B_i sont disjoints et l'ensemble B est algébriquement libre sur K. Cela établit *a*) (E, III, p. 26, cor. de la prop. 4).

Sous les hypothèses de *b*), E est algébrique sur K(B) et de degré de transcendance fini sur K, et l'on a $\operatorname{Card}(B) \leqslant \operatorname{deg.tr}_K E$. D'après le cor. 1 de V, p. 106, B est algébriquement libre sur K et les B_i sont disjoints. La prop. 15 montre alors que la famille $(E_i)_{i \in I}$ est algébriquement libre sur K.

Avant d'énoncer le théorème suivant, remarquons qu'il existe des extensions algébriquement closes de K de degré de transcendance arbitraire, par exemple une clôture algébrique d'un corps de fractions rationnelles convenable.

THÉORÈME 5. — *Soient* $(E_i)_{i \in I}$ *une famille d'extensions d'un corps* K *et* Ω *une extension algébriquement close de* K. *On suppose vérifiée l'inégalité*

$$\operatorname{deg.tr}_K \Omega \geqslant \sum_{i \in I} \operatorname{deg.tr}_K E_i . \tag{2}$$

Il existe alors une famille $(F_i)_{i \in I}$ *algébriquement libre de sous-extensions de* Ω *telle que* F_i *soit* K*-isomorphe à* E_i *pour tout* $i \in I$.

Pour tout $i \in I$, soit B_i une base de transcendance de E_i sur K. Soit B une base de transcendance de Ω sur K. D'après (2), on a $\operatorname{Card} B \geqslant \sum_{i \in I} \operatorname{Card} B_i$; il existe donc une famille $(B'_i)_{i \in I}$ de parties de B, deux à deux disjointes, et des bijections $u_i : B_i \rightarrow B'_i$ (pour $i \in I$). D'après la prop. 2 de V, p. 102, u_i se prolonge en un K-isomorphisme v_i de $K(B_i)$ sur $K(B'_i)$; comme Ω est algébriquement close et E_i algébrique sur $K(B_i)$, le cor. (V, p. 23) montre que v_i se prolonge en un K-isomorphisme de E_i sur une sous-extension F_i de Ω. Par construction, B'_i est une base de transcendance de F_i sur K, et la prop. 15 (V, p. 110) montre que la famille $(F_i)_{i \in I}$ de sous-extensions de Ω est algébriquement libre sur K.

Corollaire 1. — *Soient* E *et* Ω *deux extensions d'un corps* K. *On suppose que* Ω *est algébriquement close, de degré de transcendance au moins égal à celui de* E. *Alors* E *est* K*-isomorphe à une sous-extension de* Ω.

Corollaire 2. — *Soit* Ω *un corps algébriquement clos de degré de transcendance infini sur son sous-corps premier. Tout corps de même caractéristique que* Ω *est réunion filtrante croissante de corps isomorphes à des sous-corps de* Ω.

En effet, tout corps est réunion filtrante croissante de ses sous-corps de type fini sur le corps premier, et il suffit d'appliquer le cor. 1.

* *Exemple.* — Cela s'applique notamment en caractéristique 0 en prenant $\Omega = \mathbf{C}$ (« principe de Lefschetz »). *

7. Extensions de type fini

Proposition 17. — *Soient* E *une extension d'un corps* K *et* B *une base de transcendance de* E *sur* K. *Pour que* E *soit de type fini* (V, p. 11, déf. 2) *sur* K, *il faut et il suffit que* B *soit finie et que le degré* $[E : K(B)]$ *soit fini.*

Supposons E de type fini sur K et soit S une partie finie de E telle que $E = K(S)$. D'après le th. 2 (V, p. 105), S contient une base de transcendance B' de E sur K, et celle-ci a même cardinal que B (V, p. 105, th. 3). Par suite, B est finie. Posons $K' = K(B)$; alors E est algébrique sur K' et l'on a $E = K'(S)$; comme S est finie, le th. 2 de V, p. 17, montre que $[E : K']$ est fini.

Réciproquement, supposons B finie et $[E : K(B)]$ fini. Si C est une base (finie) de l'espace vectoriel E sur le corps K(B), on a $E = K(B)(C) = K(B \cup C)$ et E est une extension de type fini de K.

Corollaire 1. — *Supposons que* E *soit une extension de type fini de* K, *et notons* K' *la fermeture algébrique de* K *dans* E (V, p. 19). *Alors* K' *est de degré fini sur* K.

Soit B une base de transcendance de E sur K. D'après le cor. 2 de V, p. 110, K' est linéairement disjointe de K(B) sur K, d'où $[K' : K] = [K'(B) : K(B)] \leqslant [E : K(B)]$, et la finitude de $[K' : K]$ résulte de celle de $[E : K(B)]$.

Corollaire 2. — *Un corps de type fini sur son sous-corps premier ne contient qu'un nombre fini de racines de l'unité.*

D'après le cor. 1, on est ramené à démontrer qu'un corps L qui est une extension de degré fini de son sous-corps premier ne possède qu'un nombre fini de racines de l'unité. C'est clair si L est de caractéristique $\neq 0$, puisqu'il est alors fini. Si L est de caractéristique 0, et contient une infinité de racines de l'unité, il contient des racines primitives de l'unité d'ordre arbitrairement grand ; d'après V, p. 80, th. 2, il existe donc une infinité d'entiers $n > 0$ tels que $\varphi(n) \leqslant [L:Q]$, ce qui est absurde (V, p. 77, formules (2) et (3)).

Corollaire 3. — *Si* E *est une extension de type fini d'un corps* K, *toute sous-extension* E′ *de* E *est de type fini.*

Soit B′ une base de transcendance de E′ sur K. D'après V, p. 105, th. 2, B′ est contenue dans une base de transcendance B de E sur K, donc est finie par la prop. 17. Comme E′ est algébrique sur K(B′) et que E est une extension de type fini de K(B′), le cor. 1 montre que [E′ : K(B′)] est fini. La prop. 17 montre alors que E′ est de type fini sur K.

On peut paraphraser la prop. 17 en disant qu'une extension de type fini de K est une extension algébrique de degré fini d'une extension transcendante pure $K(x_1, \ldots, x_n)$.

§ 15. EXTENSIONS SÉPARABLES

1. Caractérisation des éléments nilpotents d'un anneau

Proposition 1. — *Soient* A *un anneau commutatif et* x *un élément de* A. *Pour que* x *soit nilpotent, il faut et il suffit que le polynôme* $1 - x\mathrm{T}$ *soit inversible dans l'anneau* A[T].

Notons que A[T] est un sous-anneau de l'anneau de séries formelles A[[T]], et que $1 - x\mathrm{T}$ admet dans A[[T]] l'inverse $\sum_{n=0}^{\infty} x^n\mathrm{T}^n$ (IV, p. 28, prop. 5). Pour que $1 - x\mathrm{T}$ soit inversible dans A[T], il faut et il suffit que $\sum_{n=0}^{\infty} x^n\mathrm{T}^n$ soit un polynôme, c'est-à-dire que x soit nilpotent.

Proposition 2. — *Soit* A *un anneau commutatif. L'ensemble des éléments nilpotents de* A *est un idéal de* A *égal à l'intersection de l'ensemble des idéaux premiers de* A.

Soient x un élément nilpotent de A et $\mathfrak{p}$ un idéal premier de A. La classe de x modulo $\mathfrak{p}$ est un élément nilpotent de l'anneau intègre $A/\mathfrak{p}$, donc est nulle ; on a donc $x \in \mathfrak{p}$.

Soit x un élément non nilpotent de A. D'après la prop. 1, l'idéal principal $(1 - x\mathrm{T})$ de A[T] est distinct de A[T]. D'après le th. de Krull (I, p. 99), il existe un idéal maximal $\mathfrak{m}$ de A[T] contenant $1 - x\mathrm{T}$. Alors $\mathfrak{m}$ est un idéal premier de A[T], donc $\mathfrak{p} = A \cap \mathfrak{m}$ est un idéal premier de A. On a $1 \notin \mathfrak{m}$ et $1 - x\mathrm{T} \in \mathfrak{m}$, d'où $x\mathrm{T} \notin \mathfrak{m}$ et *a fortiori* $x \notin \mathfrak{p}$.

On a donc prouvé que l'ensemble $\mathfrak{n}$ des éléments nilpotents de A est l'intersection de l'ensemble des idéaux premiers de A ; comme toute intersection d'idéaux est un idéal, $\mathfrak{n}$ est un idéal.

COROLLAIRE. — *Pour qu'un anneau commutatif soit réduit* (V, p. 33, déf. 2), *il faut et il suffit qu'il soit isomorphe à un sous-anneau d'un produit de corps.*

La condition est évidemment suffisante.

Soit A un anneau réduit. D'après la prop. 2, l'intersection $\mathfrak{n}$ de l'ensemble des idéaux premiers de A est réduite à 0. Pour tout idéal premier $\mathfrak{p}$ de A, soient $k(\mathfrak{p})$ le corps des fractions de $A/\mathfrak{p}$ et $\varphi_{\mathfrak{p}}$ l'homomorphisme canonique de A dans $k(\mathfrak{p})$. Soit φ l'homomorphisme de A dans $\prod_{\mathfrak{p}} k(\mathfrak{p})$ dont la composante d'indice $\mathfrak{p}$ est $\varphi_{\mathfrak{p}}$. Le noyau de $\varphi_{\mathfrak{p}}$ est $\mathfrak{p}$, donc celui de φ est $\mathfrak{n} = 0$; par suite φ est un isomorphisme de A sur un sous-anneau de $\prod_{\mathfrak{p}} k(\mathfrak{p})$.

2. Algèbres séparables

DÉFINITION 1. — *Soit* A *une algèbre commutative sur un corps* K. *On dit que* A *est séparable sur* K, *ou que c'est une* K*-algèbre séparable, si l'anneau* $L \otimes_K A$ *est réduit pour toute extension* L *de* K.

Toute algèbre séparable est évidemment réduite. Pour une réciproque partielle, cf. th. 3 (V, p. 119).

Exemples. — 1) Soit A une algèbre de polynômes $K[X_i]_{i \in I}$. Pour toute extension L de K, l'anneau $L \otimes_K A$ est isomorphe à $L[X_i]_{i \in I}$ (III, p. 22, remarque 2), donc est intègre (IV, p. 9, prop. 8). Autrement dit, toute algèbre de polynômes sur un corps K est une K-algèbre séparable.

2) Soit A une algèbre commutative de degré fini sur un corps K. Pour que A soit séparable, il faut et il suffit qu'elle soit étale (V, p. 34, th. 4).

3) Soit E une extension algébrique d'un corps K. Si L est une extension de K, l'anneau $L \otimes_K E$ est réunion des sous-anneaux $L \otimes_K F$ où F parcourt l'ensemble des sous-extensions de degré fini de E ; par suite, l'anneau $L \otimes_K E$ est réduit si et seulement s'il en est ainsi de $L \otimes_K F$ pour toute sous-extension F de E, de degré fini sur K. Compte tenu de l'exemple 2, on voit que E est une algèbre séparable au sens de la déf. 1 ci-dessus, si et seulement si c'est une extension algébrique séparable au sens de la déf. 1 de V, p. 35.

PROPOSITION 3. — *Soit* K *un corps.*

a) Toute sous-algèbre d'une K*-algèbre séparable est séparable.*

b) Toute limite inductive de K*-algèbres séparables est séparable.*

c) Tout produit de K*-algèbres séparables est séparable.*

d) Soit A *une* K*-algèbre et soit* K' *une extension de* K. *Pour que* A *soit séparable, il faut et il suffit que la* K'*-algèbre* $A_{(K')}$ *déduite de* A *par extension des scalaires soit séparable.*

Soit L une extension de K. Soient A une algèbre séparable sur K et B une sous-algèbre de A ; alors l'anneau $L \otimes_K A$ est réduit, et $L \otimes_K B$ est isomorphe à un sous-anneau de $L \otimes_K A$, donc est réduit. Donc B est séparable. Ceci prouve *a*). On démontre de même *b*) en utilisant l'isomorphisme canonique de $L \otimes_K \varinjlim A_i$ avec $\varinjlim L \otimes_K A_i$ (II, p. 93, prop. 7), et l'on prouve *c*) en remarquant que $L \otimes_K (\prod_{i \in I} A_i)$ est isomorphe à un sous-anneau de $\prod_{i \in I} (L \otimes_K A_i)$ (II, p. 109, prop. 15).

Utilisons les notations de *d*). Pour toute extension L' de K', les anneaux $L' \otimes_{K'} A_{(K')}$ et $L' \otimes_K A$ sont isomorphes (II, p. 83, prop. 2). On en déduit que, si A est une K-algèbre séparable, alors $A_{(K')}$ est une K'-algèbre séparable. Réciproquement, supposons que $A_{(K')}$ soit une K'-algèbre séparable. La remarque précédente montre que l'anneau $L' \otimes_K A$ est réduit pour toute extension L' de K contenant K' comme sous-extension. Soit L une extension de K ; d'après le scholie (V, p. 13), il existe une extension L' de K contenant K' comme sous-extension et un K-homomorphisme de L dans L' ; l'anneau $L \otimes_K A$ est alors isomorphe à un sous-anneau de $L' \otimes_K A$, donc est réduit. Ceci prouve que A est une K-algèbre séparable.

PROPOSITION 4. — *Soit* A *une algèbre séparable sur un corps* K *et soit* B *l'anneau total des fractions de* A. *Alors la* K-*algèbre* B *est séparable.*

Soit S l'ensemble des éléments simplifiables de A. On a identifié (I, p. 108) A à un sous-anneau de B ; de plus, tout élément de S est inversible dans B et tout élément de B est de la forme as^{-1} avec $a \in A$ et $s \in S$. Soient L une extension de K et x un élément nilpotent de $L \otimes_K B$. On peut écrire x sous la forme $x = \sum_{i=1}^{n} y_i \otimes a_i s_i^{-1}$ avec $y_i \in L$, $a_i \in A$, $s_i \in S$ pour $1 \leqslant i \leqslant n$. Si l'on pose $s = s_1 \dots s_n$ alors $x(1 \otimes s)$ appartient au sous-anneau $L \otimes_K A$ de $L \otimes_K B$; comme $x(1 \otimes s)$ est nilpotent et A séparable sur K, on a $x(1 \otimes s) = 0$ et comme s est inversible dans B, on a finalement $x = 0$. Ceci prouve que l'anneau $L \otimes_K B$ est réduit, d'où la proposition.

PROPOSITION 5. — *Soient* K *un corps,* A *et* B *deux* K-*algèbres commutatives. Si* A *est réduite et* B *séparable, alors* $A \otimes_K B$ *est réduite,*

D'après le cor. de la prop. 2 (V, p. 114), A est isomorphe à une sous-algèbre d'un produit $\prod_{i \in I} L_i$, où L_i est une extension de K pour tout $i \in I$. Par suite, $A \otimes_K B$ est isomorphe à un sous-anneau de $(\prod_{i \in I} L_i) \otimes_K B$, et ce dernier anneau est isomorphe à un sous-anneau de $\prod_{i \in I} (L_i \otimes_K B)$ (II, p. 109, prop. 15). Comme B est séparable, chacun des anneaux $L_i \otimes_K B$ est réduit, et il en est donc de même de $\prod_{i \in I} (L_i \otimes_K B)$ et *a fortiori* de $A \otimes_K B$.

COROLLAIRE 1. — *Soient* K *un corps,* L *une extension séparable de* K *et* f *un polynôme de* K[X]. *Si* f *est sans facteur multiple dans* K[X], *il est aussi sans facteur multiple dans* L[X].

Si f est sans facteur multiple dans K[X], l'anneau quotient $K[X]/(f)$ est réduit ;

en effet, f est produit de polynômes irréductibles f_i deux à deux étrangers, donc $K[X]/(f)$ est isomorphe d'après I, p. 104, prop. 9, au produit des corps $K[X]/(f_i)$. D'après la prop. 5, l'anneau $L[X]/(f)$ est réduit, puisqu'isomorphe à $L \otimes_K K[X]/(f)$; si g est un polynôme non constant de L[X] tel que g^2 divise f, alors la classe de fg^{-1} dans $L[X]/(f)$ en est un élément nilpotent non nul ; donc f est sans facteur multiple dans L[X].

COROLLAIRE 2. — *Soient* A *et* B *deux* K-*algèbres commutatives. Si* A *et* B *sont séparables, il en est de même de* $A \otimes_K B$.

Soit L une extension de K. L'anneau $L \otimes_K A$ est réduit car A est séparable ; la prop. 5 montre alors que $(L \otimes_K A) \otimes_K B$ (isomorphe à $L \otimes_K (A \otimes_K B)$) est un anneau réduit, d'où le corollaire.

3. Extensions séparables

Soit K un corps. Comme une extension de K est une K-algèbre, la notion de séparabilité introduite dans la déf. 1 (V, p. 114) s'applique en particulier au cas des extensions de K. D'après l'exemple 3 (V, p. 114), cette définition de séparabilité coïncide dans le cas des extensions algébriques avec celle du § 7 (V, p. 35, déf. 1).

PROPOSITION 6. — *Toute extension pure d'un corps* K *est séparable.*

Cela résulte aussitôt de l'exemple 1 (V, p. 114) et de la prop. 4 (V, p. 115).

PROPOSITION 7. — *Soient* E *un corps,* G *un groupe d'automorphismes de* E *et* K *le sous-corps de* E *formé des invariants de* G. *Alors* E *est une extension séparable de* K.

Soit L une extension de K ; il existe une extension algébriquement close Ω de L dont le degré de transcendance sur K soit au moins égal à celui de E sur K. D'après le cor. 1 (V, p. 112), il existe un K-homomorphisme u de E dans Ω. Notons v l'homomorphisme de Ω-algèbres de $A = \Omega \otimes_K E$ dans Ω qui transforme $\lambda \otimes x$ en $\lambda . u(x)$ pour $\lambda \in \Omega$ et $x \in E$; notons aussi $\mathfrak{a}$ le noyau de v.

Pour tout $s \in G$, soit h_s l'automorphisme $\mathrm{Id}_\Omega \otimes s$ de la Ω-algèbre A ; le noyau de l'homomorphisme $v \circ h_s$ de A dans Ω est l'idéal premier $\mathfrak{a}_s = h_s^{-1}(\mathfrak{a})$ de A. Il est clair que l'idéal $\mathfrak{b} = \bigcap_{s \in G} \mathfrak{a}_s$ de A est stable par les automorphismes h_s. Par suite (V, p. 60, cor.), l'idéal $\mathfrak{b}$ de A est de la forme $\mathfrak{c} \otimes_K E$, où $\mathfrak{c}$ est un idéal de Ω. Or on a $\mathfrak{b} \subset \mathfrak{a} \neq A$, d'où $\mathfrak{c} \neq \Omega$, et comme Ω est un corps, on a donc $\mathfrak{c} = 0$, d'où $\mathfrak{b} = 0$.

La famille $(\mathfrak{a}_s)_{s \in G}$ d'idéaux premiers de A a donc une intersection nulle. D'après la prop. 2 (V, p. 113), l'anneau A est donc réduit, et il en est *a fortiori* de même du sous-anneau $L \otimes_K E$ de A. Vu l'arbitraire de l'extension L de K, ceci prouve que E est séparable sur K.

PROPOSITION 8. — *Soit* L *une extension d'un corps* K. *Si* L *est séparable sur* K, *toute sous-extension de* L *est séparable sur* K. *Réciproquement, si toute sous-extension de type fini de* L *est séparable sur* K, *alors* L *est séparable sur* K.

Cela résulte aussitôt de la prop. 3, *a*) et *b*) (V, p. 114).

On peut donc dire que la séparabilité est une propriété « de caractère fini ».

PROPOSITION 9. — *Soient* L *une extension d'un corps* K *et* M *une* L*-algèbre commutative* (par exemple, une extension de L). *Si* M *est séparable sur* L, *et* L *séparable sur* K, *alors* M *est séparable sur* K.

Soit K′ une extension de K. Comme L est extension séparable de K, l'anneau $K' \otimes_K L$ est réduit ; comme M est une L-algèbre séparable, la prop. 5 (V, p. 115) montre que l'anneau $(K' \otimes_K L) \otimes_L M$ est réduit. Or l'anneau $K' \otimes_K M$ est isomorphe à $(K' \otimes_K L) \otimes_L M$ (II, p. 83, prop. 2), donc est réduit. Ceci prouve que M est séparable sur K.

Si l'extension M est séparable sur K, elle n'est pas nécessairement séparable sur L (*cf.* cependant V, p. 119, cor. 3). Par exemple, si p est un nombre premier, le corps $\mathbf{F}_p(X)$ des fractions rationnelles en une indéterminée X sur $\mathbf{F}_p$ est séparable sur $\mathbf{F}_p$ (V, p. 116, prop. 6), mais c'est une extension algébrique radicielle de $\mathbf{F}_p(X^p)$; en particulier $\mathbf{F}_p(X)$ n'est pas séparable sur $\mathbf{F}_p(X^p)$.

Nous étudierons plus loin (V, p. 131, prop. 5) la séparabilité des extensions composées.

4. Critère de séparabilité de MacLane

THÉORÈME 1. — *Soit* K *un corps de caractéristique* 0. *Toute* K*-algèbre réduite, et en particulier toute extension de* K, *est séparable sur* K.

Montrons d'abord que toute extension L de K est séparable. Soit B une base de transcendance de L sur K (V, p. 105, th. 1) et soit $L_1 = K(B)$. Alors L_1 est séparable sur K (V, p. 116, prop. 6). De plus, L est une extension algébrique de L_1 et le corps L_1 est de caractéristique 0 ; par suite, L est séparable sur L_1 (V, p. 36, cor.). D'après la prop. 9, L est donc séparable sur K.

Soit alors A une algèbre réduite sur le corps K. D'après le cor. de la prop. 2 (V, p. 114), il existe une famille $(L_i)_{i\in I}$ d'extensions de K telle que A soit isomorphe à une sous-algèbre de $\prod_{i\in I} L_i$. Chacune des algèbres L_i est séparable sur K par ce qui précède, et A a donc la même propriété d'après la prop. 3, *a*) et *c*) (V, p. 114).

THÉORÈME 2. — *Soient* K *un corps de caractéristique* $p \neq 0$, $K^{p^{-\infty}}$ *une clôture parfaite de* K *et* A *une* K*-algèbre commutative. Les propriétés suivantes sont équivalentes :*

a) A *est séparable.*

b) *Il existe une extension* K′ *de* K *telle que le corps* K′ *soit parfait et l'anneau* $K' \otimes_K A$ *réduit.*

c) *L'anneau* $K^{p^{-\infty}} \otimes_K A$ *est réduit.*

d) *L'anneau* $K' \otimes_K A$ *est réduit pour toute extension* K′ *de* K, *de degré fini et radicielle de hauteur* $\leqslant 1$.

e) *Pour toute famille* $(a_i)_{i\in I}$ *d'éléments de* A *linéairement libre sur* K, *la famille* $(a_i^p)_{i\in I}$ *est linéairement libre sur* K.

f) *Il existe une base* $(a_i)_{i\in I}$ *du* K*-espace vectoriel* A *telle que la famille* $(a_i^p)_{i\in I}$ *soit linéairement libre sur* K.

Si une extension K′ de K est un corps parfait, elle contient une sous-extension K-isomorphe à $K^{p^{-\infty}}$ (V, p. 6, prop. 3) ; de plus, toute extension radicielle de K est isomorphe à une sous-extension de $K^{p^{-\infty}}$ (V, p. 25, prop. 3). Ces remarques démontrent les implications *a*) ⇒ *b*) ⇒ *c*) ⇒ *d*).

Montrons que *d*) entraîne *e*). Soit $(a_i)_{i \in I}$ une famille linéairement libre dans A et soit $(\lambda_i)_{i \in I}$ une famille à support fini dans K telle que $\sum_{i \in I} \lambda_i a_i^p = 0$. Soit K′ la sous-extension de $K^{p^{-\infty}}$ engendrée par les éléments $\lambda_i^{p^{-1}}$; elle est de degré fini et de hauteur $\leqslant 1$. Posons $x = \sum_{i \in I} \lambda_i^{p^{-1}} \otimes a_i$ dans $K' \otimes_K A$; on a

$$x^p = \sum_{i \in I} \lambda_i \otimes a_i^p = 1 \otimes \sum_{i \in I} \lambda_i a_i^p = 0 .$$

Sous l'hypothèse *d*), on a $x = 0$, d'où $\lambda_i = 0$ pour tout $i \in I$.

Il est clair que *e*) entraîne *f*) et il reste à prouver que *f*) entraîne *a*). Soit donc $(a_i)_{i \in I}$ une base de A sur K, telle que la famille $(a_i^p)_{i \in I}$ soit linéairement libre sur K. Soit L une extension de K et soit x un élément de $L \otimes_K A$ tel que $x^p = 0$. Posons $x = \sum_{i \in I} \lambda_i \otimes a_i$ avec $\lambda_i \in L$ pour tout $i \in I$. On a $x^p = \sum_{i \in I} \lambda_i^p \otimes a_i^p = 0$ et comme la famille $(a_i^p)_{i \in I}$ est linéairement libre sur K, on a $\lambda_i^p = 0$, d'où $\lambda_i = 0$ pour tout $i \in I$; finalement, on a $x = 0$. On a prouvé que la relation $x^p = 0$ entraîne $x = 0$ dans $L \otimes_K A$, d'où il résulte immédiatement que $L \otimes_K A$ est réduit.

Corollaire 1 (MacLane). — *Soient* K *un corps d'exposant caractéristique* p, Ω *une extension parfaite de* K *et* L *une sous-extension de* Ω. *Les conditions suivantes sont équivalentes* :

a) L *est séparable sur* K.

b) L *est linéairement disjointe de* $K^{p^{-\infty}}$ *sur* K.

c) L *est linéairement disjointe sur* K *de toute extension radicielle de* K *contenue dans* Ω, *de degré fini et de hauteur* $\leqslant 1$.

Le cas où K est de caractéristique 0 est trivial puisque L est alors séparable sur K (th. 1), et $K^{p^{-\infty}} = K$ par convention. Supposons donc $p \neq 1$. Montrons d'abord que *a*) entraîne *b*). Supposons L séparable sur K et soit $(a_i)_{i \in I}$ une base de L sur K. Soit $(\lambda_i)_{i \in I}$ une famille à support fini d'éléments de $K^{p^{-\infty}}$ telle que $\sum_{i \in I} \lambda_i a_i = 0$; il existe un entier $f \geqslant 0$ et des éléments μ_i de K tels que $\lambda_i = \mu_i^{p^{-f}}$. On a

$$\sum_{i \in I} \mu_i a_i^{p^f} = \Big(\sum_{i \in I} \lambda_i a_i\Big)^{p^f} = 0$$

et le th. 2 entraîne par récurrence sur f que la famille $(a_i^{p^f})_{i \in I}$ est linéairement libre sur K. On a donc $\mu_i = 0$, d'où $\lambda_i = 0$ pour tout $i \in I$. Finalement L est linéairement disjointe de $K^{p^{-\infty}}$ sur K.

Il est clair que *b*) entraîne *c*). Enfin, supposons *c*) vérifiée et soit K′ une extension de K, de degré fini et radicielle de hauteur $\leqslant 1$. L'anneau $K' \otimes_K L$ est isomorphe à un sous-anneau de Ω, donc est réduit. On en déduit par le th. 2 que L est séparable sur K.

Corollaire 2. — *Soient* K *un corps d'exposant caractéristique* p, $K^{p^{-\infty}}$ *une clôture parfaite de* K *et* L *une extension séparable de* K. *Alors l'anneau* $L \otimes_K K^{p^{-\infty}}$ *est un corps. Si* L *est de plus algébrique sur* K, *alors* $L \otimes_K K^{p^{-\infty}}$ *est une clôture parfaite de* L.

Le cas $p = 1$ est trivial ; supposons donc $p \neq 1$. Soit Ω une clôture parfaite de L. D'après le cor. 1, il existe un isomorphisme de K-algèbres de $L \otimes_K K^{p^{-\infty}}$ sur $L[K^{p^{-\infty}}]$ qui transforme $x \otimes y$ en xy pour $x \in L$ et $y \in K^{p^{-\infty}}$. Comme $K^{p^{-\infty}}$ est algébrique sur K, l'anneau $L[K^{p^{-\infty}}]$ est un sous-corps de Ω (V, p. 18, cor. 1). Supposons de plus L algébrique sur K. Alors $L[K^{p^{-\infty}}]$ est une extension algébrique du corps parfait $K^{p^{-\infty}}$, donc c'est un corps parfait (V, p. 42, cor. 1) ; enfin, comme le corps $L[K^{p^{-\infty}}]$ est une extension radicielle de L (V, p. 24, cor.), c'est une clôture parfaite de L.

COROLLAIRE 3. — *Soient* L *une extension* algébrique *de* K *et* M *une* L*-algèbre commutative* (par exemple une extension de L). *Si* M *est séparable sur* K, *elle est séparable sur* L.

L'algèbre L est K-isomorphe à une sous-algèbre de M, donc L est extension séparable de K. Par suite (cor. 2), il existe un L-isomorphisme de $L^{p^{-\infty}}$ sur $K^{p^{-\infty}} \otimes_K L$. L'anneau $L^{p^{-\infty}} \otimes_L M$ est donc isomorphe à $(K^{p^{-\infty}} \otimes_K L) \otimes_L M$, donc à $K^{p^{-\infty}} \otimes_K M$ (II, p. 83, prop. 2) et ce dernier anneau est réduit car M est séparable sur K. L'anneau $L^{p^{-\infty}} \otimes_L M$ est donc réduit, ce qui prouve que M est séparable sur L (V, p. 117, th. 2).

Remarque. — On peut formuler le critère de MacLane sans faire intervenir d'extension de K autre que L. En effet, d'après la condition *c*) du cor. 1, L est séparable sur K si et seulement si L et $K^{p^{-1}}$ sont linéairement disjointes sur K. Comme l'application $x \mapsto x^p$ est un isomorphisme de L sur le sous-corps L^p, on obtient le critère suivant (cf. V, p. 166, exerc. 11 pour un critère analogue concernant les algèbres) :

L *est séparable sur* K *si et seulement si les sous-corps* L^p *et* K *de* L *sont linéairement disjoints sur* K^p.

5. Extensions d'un corps parfait

Pour la commodité des références, nous résumons les principales propriétés des extensions des corps parfaits :

THÉORÈME 3. — *Soit* K *un corps parfait.*

a) *Toute extension algébrique de* K *est un corps parfait.*

b) *Toute extension de* K *est séparable.*

c) *Pour qu'une* K*-algèbre soit séparable, il faut et il suffit qu'elle soit réduite.*

d) *Soient* A *et* B *deux* K*-algèbres réduites. Alors* $A \otimes_K B$ *est réduite.*

e) *Si* E *et* F *sont deux extensions de* K, *l'anneau* $E \otimes_K F$ *est réduit.*

L'assertion *a*) n'est autre que le cor. 1 de la prop. 11 (V, p. 42).

L'assertion *b*) résulte du th. 1 (V, p. 117) lorsque K est de caractéristique 0, et du cor. 1 (V, p. 118) lorsque K est de caractéristique $p \neq 0$.

Prouvons *c*). Le cas où K est de caractéristique 0 résulte du th. 1 (V, p. 117). Il suffit donc de montrer que si K est parfait de caractéristique $p \neq 0$ et A est une K-algèbre réduite, alors A est séparable sur K. Or cela résulte de l'équivalence des conditions *a*) et *b*) du th. 2 (V, p. 117 ; faire $K' = K$ dans *b*)).

Enfin, l'assertion *d*) résulte de *c*) et de la prop. 5 (V, p. 115) et *e*) est un cas particulier de *d*).

6. Caractérisation de la séparabilité par les automorphismes

THÉORÈME 4. — *Soient* Ω *une extension algébriquement close d'un corps* K *et* L *une sous-extension de* Ω. *Les conditions suivantes sont équivalentes* :

a) L *est séparable sur* K.

b) *L'intersection des noyaux des homomorphismes de* Ω*-algèbres de* $\Omega \otimes_K L$ *dans* Ω *est réduite à* 0.

c) *Quels que soient les éléments* $a_1, \ldots, a_n$ *de* L *linéairement indépendants sur* K, *il existe des* K*-automorphismes* $\sigma_1, \ldots, \sigma_n$ *de* Ω *tels que* $\det(\sigma_i(a_j)) \neq 0$.

d) *Soit* V *un sous-*K*-espace vectoriel de* L, *de dimension finie. Toute application* K*-linéaire de* V *dans* Ω *est combinaison linéaire* (à coefficients dans Ω) *de restrictions à* V *de* K*-automorphismes de* Ω.

d) $\Rightarrow$ *c*) : Soient $a_1, \ldots, a_n$ des éléments de L linéairement indépendants sur K et V le sous-K-espace vectoriel de L engendré par $a_1, \ldots, a_n$. L'application $f \mapsto (f(a_1), \ldots, f(a_n))$ est une bijection Ω-linéaire de $\mathrm{Hom}_K(V, \Omega)$ sur Ω^n. Supposons *d*) satisfaite. Il existe alors des K-automorphismes $\sigma_1, \ldots, \sigma_n$ de Ω tels que les éléments $(\sigma_i(a_1), \ldots, \sigma_i(a_n))$ de Ω^n (pour $1 \leqslant i \leqslant n$) forment une base de Ω^n. On a $\det(\sigma_i(a_j)) \neq 0$, donc *d*) entraîne *c*).

c) $\Rightarrow$ *b*) : Supposons *c*) satisfaite et soit x dans $\Omega \otimes_K L$. Écrivons x sous la forme $\sum_{j=1}^{n} x_j \otimes a_j$ avec $x_1, \ldots, x_n$ dans Ω et des éléments $a_1, \ldots, a_n$ de L linéairement indépendants sur K. Choisissons des K-automorphismes $\sigma_1, \ldots, \sigma_n$ de Ω tels que $\det \sigma_i(a_j) \neq 0$; soient $\chi_1, \ldots, \chi_n$ les Ω-homomorphismes de $\Omega \otimes_K L$ dans Ω tels que $\chi_i(a \otimes b) = a . \sigma_i(b)$ pour $a \in \Omega$ et $b \in L$. Supposons que l'on ait $\chi_i(x) = 0$ pour $1 \leqslant i \leqslant n$, autrement dit, que l'on ait $\sum_{j=1}^{n} x_j . \sigma_i(a_j) = 0$ pour $1 \leqslant i \leqslant n$. Comme on a supposé que la matrice $(\sigma_i(a_j))$ a un déterminant non nul, on a par conséquent $x_i = 0$ pour $1 \leqslant i \leqslant n$, et finalement $x = 0$.

b) $\Rightarrow$ *a*) : Comme toute extension d'un corps de caractéristique 0 est séparable (V, p. 117, th. 1), il suffit d'examiner le cas où K est de caractéristique $p \neq 0$. Soient X l'ensemble des homomorphismes de Ω-algèbres de $\Omega \otimes_K L$ dans Ω et f l'homomorphisme de $\Omega \otimes_K L$ dans Ω^X défini par $f(u) = (\chi(u))_{\chi \in X}$ pour $u \in \Omega \otimes_K L$. La condition *b*) signifie que f est injectif et entraîne donc que l'anneau $\Omega \otimes_K L$ est réduit. La condition *b*) du th. 2 (V, p. 117) est alors satisfaite avec $K' = \Omega$, donc L est séparable sur K.

a) $\Rightarrow$ *d*) : Supposons L séparable sur K. Soient V un sous-K-espace vectoriel de dimension finie de L, $V_{(\Omega)} = \Omega \otimes_K V$ le Ω-espace vectoriel déduit de V par extension des scalaires, et f_0 la forme linéaire sur $V_{(\Omega)}$ telle que $f_0(x \otimes y) = xy$ pour $x \in \Omega$ et $y \in V$. Notons G le groupe des K-automorphismes de Ω ; pour $\sigma \in G$, on pose $\sigma_V = \sigma \otimes \mathrm{Id}_V$ et $g_\sigma = \sigma \circ f_0 \circ \sigma_V^{-1}$.

Pour tout $\sigma \in G$, l'application g_σ de $V_{(\Omega)}$ dans Ω est Ω-linéaire et transforme $x \otimes y$ en $x.\sigma(y)$ pour $x \in \Omega$ et $y \in V$. Le noyau N_σ de g_σ est donc un sous-espace vectoriel de $V_{(\Omega)}$, et il en est donc de même de $N = \bigcap_{\sigma \in G} N_\sigma$. Si p est l'exposant caractéristique de K, le corps des invariants de G dans Ω est égal à $K^{p^{-\infty}}$ (V, p. 107, prop. 10). On a évidemment $\sigma_V(N) = N$ pour tout $\sigma \in G$; par suite (V, p. 60, cor.), le Ω-espace vectoriel N est engendré par $N_0 = N \cap (K^{p^{-\infty}} \otimes V)$. Comme L est séparable sur K, les corps $K^{p^{-\infty}}$ et L sont linéairement disjoints sur K (V, p. 118, cor. 1) ; on a $K^{p^{-\infty}} \otimes_K V \subset K^{p^{-\infty}} \otimes_K L$ et $f_0(x \otimes y) = xy$ pour $x \in \Omega$ et $y \in V$. Par suite, la restriction de f_0 à $K^{p^{-\infty}} \otimes_K V$ est injective. Or $f_0 = g_1$ est nulle sur N et *a fortiori* sur $N_0 \subset K^{p^{-\infty}} \otimes_K V$. On a donc $N_0 = 0$, d'où $N = 0$. Comme V est de dimension finie sur K, $V_{(\Omega)}$ est de dimension finie sur Ω ; l'intersection des noyaux des formes linéaires g_σ est nulle, donc (II, p. 104, th. 7) la famille $(g_\sigma)_{\sigma \in G}$ engendre le dual de $V_{(\Omega)}$. Soit alors u une application K-linéaire de V dans Ω ; soit $\tilde{u}$ la forme linéaire sur $V_{(\Omega)}$ qui applique $x \otimes y$ sur $xu(y)$ pour $x \in \Omega$ et $y \in V$. D'après ce qui précède, il existe des éléments $\sigma_1, \ldots, \sigma_n$ de G et $\lambda_1, \ldots, \lambda_n$ de Ω tels que $\tilde{u} = \sum_{i=1}^{n} \lambda_i g_{\sigma_i}$, d'où $u(y) = \sum_{i=1}^{n} \lambda_i \sigma_i(y)$ pour tout $y \in V$. On a prouvé que *a)* entraîne *d)*.

§ 16. CRITÈRES DIFFÉRENTIELS DE SÉPARABILITÉ

1. Prolongement des dérivations : cas des anneaux

Soient K un anneau commutatif, A une K-algèbre commutative et $\mathbf{x} = (x_i)_{i \in I}$ une famille d'éléments de A. Soit par ailleurs Δ une dérivation de K dans un A-module M, autrement dit (III, p. 118) une application **Z**-linéaire de K dans M satisfaisant à la relation $\Delta(cc') = c.\Delta(c') + c'.\Delta(c)$ pour c, c' dans K. Pour tout $i \in I$, soit D_i la dérivation partielle par rapport à X_i dans l'anneau de polynômes $K[X_i]_{i \in I}$; c'est l'unique dérivation de cet anneau dans lui-même qui est nulle sur K et sur X_j pour tout j dans $I - \{i\}$, et qui prend la valeur 1 sur X_i (IV, p. 6). Pour tout polynôme $f = \sum_{\alpha \in \mathbf{N}^{(I)}} c_\alpha . X^\alpha$ dans $K[X_i]_{i \in I}$, on notera $f^\Delta(\mathbf{x})$ l'élément $\sum_{\alpha \in \mathbf{N}^{(I)}} \mathbf{x}^\alpha . \Delta(c_\alpha)$ de M.

PROPOSITION 1. — *On suppose que la famille* $\mathbf{x} = (x_i)_{i \in I}$ *engendre la* K*-algèbre* A. *Soient* $(m_i)_{i \in I}$ *une famille d'éléments de* M *et* $(f_\lambda)_{\lambda \in \Lambda}$ *une famille de polynômes engendrant l'idéal* $\mathfrak{a}$ *des polynômes* $f \in K[X_i]_{i \in I}$ *tels que* $f(\mathbf{x}) = 0$. *Pour qu'il existe une dérivation* D *de* A *dans* M *telle que* $D(c.1) = \Delta(c)$ *pour tout* $c \in K$ *et* $D(x_i) = m_i$ *pour tout* $i \in I$, *il faut et il suffit que l'on ait*

(1) $$f_\lambda^\Delta(\mathbf{x}) + \sum_{i \in I} D_i f_\lambda(\mathbf{x}).m_i = 0 \quad \textit{pour tout } \lambda \in \Lambda .$$

S'il en est ainsi, la dérivation D *est unique et satisfait à*

(2) $$D(f(\mathbf{x})) = f^\Delta(\mathbf{x}) + \sum_{i \in I} D_i f(\mathbf{x}).m_i \quad \textit{pour tout } f \in K[X_i]_{i \in I} .$$

Posons $E = K[X_i]_{i\in I}$ et notons φ le K-homomorphisme de E sur A qui applique X_i sur x_i pour tout $i \in I$; on a donc $\varphi(f) = f(\mathbf{x})$ pour tout $f \in E$. Considérons M comme un E-module au moyen de l'homomorphisme $\varphi : E \to A$ et définissons une application D' de E dans M par $D'(f) = f^{\Delta}(\mathbf{x}) + \sum_{i\in I} D_i f(\mathbf{x}).m_i$ (remarquer que la famille $(D_i f)_{i\in I}$ est à support fini pour tout $f \in E$). Il est immédiat que D' est l'unique dérivation de E dans M, prolongeant Δ et appliquant X_i sur m_i pour tout $i \in I$.

Soit D une dérivation de A dans M telle que $D(c.1) = \Delta(c)$ pour tout $c \in K$ et $D(x_i) = m_i$ pour tout $i \in I$. Alors $D \circ \varphi$ est une dérivation de E dans M, prolongeant Δ et appliquant X_i sur m_i pour tout $i \in I$. On a donc $D \circ \varphi = D'$, c'est-à-dire la relation (2). Ceci démontre l'unicité de D ; de plus, la formule (1) est conséquence de $f_\lambda(\mathbf{x}) = 0$ et de (2).

Réciproquement, supposons la relation (1) satisfaite ; autrement dit, on a $D'(f_\lambda) = 0$ pour tout $\lambda \in \Lambda$. Soit $f \in \mathfrak{a}$; il existe une famille à support fini $(q_\lambda)_{\lambda\in\Lambda}$ dans E telle que $f = \sum_{\lambda\in\Lambda} q_\lambda . f_\lambda$. On a

$$D'(f) = \sum_{\lambda\in\Lambda} [f_\lambda(\mathbf{x}).D'(q_\lambda) + q_\lambda(\mathbf{x}).D'(f_\lambda)]$$

d'où $D'(f) = 0$ puisque $f_\lambda(\mathbf{x})$ et $D'(f_\lambda)$ sont nuls pour tout $\lambda \in \Lambda$. Comme D' s'annule sur $\mathfrak{a}$, il existe une application $\mathbf{Z}$-linéaire D de A dans M telle que $D' = D \circ \varphi$; il est immédiat que D est la dérivation cherchée de A dans M.

2. Prolongement des dérivations : cas des corps

Soient K, L et M des corps tels que $K \subset L \subset M$. D'après la prop. 21 (III, p. 136), on a une suite exacte de M-espaces vectoriels

$$(E_{K,L,M}) \qquad \Omega_K(L) \otimes_L M \xrightarrow{\alpha} \Omega_K(M) \xrightarrow{\beta} \Omega_L(M) \to 0 ;$$

les applications M-linéaires α et β sont caractérisées par les relations

$$(3) \qquad \alpha(d_{L/K}x \otimes 1) = d_{M/K}x \quad \text{pour } x \in L$$

$$(4) \qquad \beta(d_{M/K}y) = d_{M/L}y \quad \text{pour } y \in M .$$

Soit V un M-espace vectoriel ; notons $D_K(M, V)$ l'espace vectoriel des K-dérivations de M à valeurs dans V, et introduisons de même $D_K(L, V)$ et $D_L(M, V)$. D'après III, p. 135, diagramme (42) et III, p. 136, diagramme (44), on a un diagramme commutatif d'homomorphismes d'espaces vectoriels

$$\begin{array}{ccccccc}
0 \to \mathrm{Hom}_M(\Omega_L(M), V) & \xrightarrow{\mathrm{Hom}(\beta,1)} & \mathrm{Hom}_M(\Omega_K(M), V) & \xrightarrow{\mathrm{Hom}(\alpha,1)} & \mathrm{Hom}_M(\Omega_K(L) \otimes_L M, V) \\
\downarrow & & \downarrow & & \downarrow \\
0 \to \mathrm{Der}_L(M, V) & \xrightarrow{i_V} & \mathrm{Der}_K(M, V) & \xrightarrow{r_V} & \mathrm{Der}_K(L, V) ,
\end{array}$$

où les flèches verticales sont des isomorphismes, où i_V est l'injection canonique et r_V l'application de restriction.

On déduit alors de II, p. 102, th. 5 et II, p. 104, prop. 10 la proposition suivante :

PROPOSITION 2. — *Les conditions suivantes sont équivalentes :*

a) L'application α est injective.

b) Toute K*-dérivation de* L *dans* M *se prolonge en une* K*-dérivation de* M *dans* M.

c) Toute K*-dérivation de* L *dans un* M*-espace vectoriel* V *se prolonge en une* K*-dérivation de* M *dans* V.

PROPOSITION 3. — *Soient* K *un corps,* L *une extension pure de* K *et $(x_i)_{i \in I}$ une base pure de* L (V, p. 102, déf. 2).

a) Soient V *un espace vectoriel sur* L*, Δ une dérivation de* K *dans* V *et $(v_i)_{i \in I}$ une famille d'éléments de* V*. Il existe une dérivation* D *de* L *dans* V*, et une seule, prolongeant Δ et telle que $D(x_i) = v_i$ pour tout $i \in I$.*

b) Le L*-espace vectoriel $\Omega_K(L)$ des* K*-différentielles de* L *a pour base la famille $(dx_i)_{i \in I}$.*

L'assertion *b*) a été démontrée en IV, p. 22, et l'assertion *a*) s'en déduit aussitôt.

COROLLAIRE. — *Soit* P *un sous-corps de* K*. L'application canonique α de $\Omega_P(K) \otimes_K L$ dans $\Omega_P(L)$ est injective, et la famille $(d_{L/P}x_i)_{i \in I}$ est une base (sur* L*) d'un sous-espace de $\Omega_P(L)$ supplémentaire de l'image de $\alpha : \Omega_P(K) \otimes_K L \to \Omega_P(L)$.*

La prop. 3, *a*) montre que toute P-dérivation de K dans un espace vectoriel V sur L se prolonge en une P-dérivation de L dans V ; l'injectivité de α résulte alors de la prop. 2. La deuxième assertion du corollaire résulte de l'exactitude de la suite $(E_{P,K,L})$ et de la prop. 3, *b*) (compte tenu de la formule (4)).

PROPOSITION 4. — *Soient* K *un corps,* L *une extension algébrique et séparable de* K *et* V *un espace vectoriel sur* L.

a) Toute K*-dérivation de* L *dans* V *est nulle.*

b) Si Δ est une dérivation de K *dans* V*, il existe une dérivation* D *de* L *dans* V*, et une seule, qui prolonge Δ.*

Soit D une K-dérivation de L dans V. Si E est une sous-extension de L, de degré fini sur K, la K-algèbre E est étale, et l'on a donc $\Omega_K(E) = 0$ (V, p. 32, th. 3), d'où $D|E = 0$ par la propriété universelle de $\Omega_K(E)$ (III, p. 134). Comme L est réunion d'une famille de sous-extensions de degré fini sur K, on a $D = 0$, d'où *a*).

Soit Δ une dérivation de K dans V. Si D′ et D″ sont deux prolongements de Δ en une dérivation de L dans V, la différence $D' - D''$ est une K-dérivation de L dans V ; elle est donc nulle d'après *a*), d'où $D' = D''$.

Il reste à prouver l'*existence* d'un prolongement de Δ. Le théorème de Zorn (E, III, p. 20) entraîne l'existence d'un prolongement *maximal* D_0 de Δ en une dérivation définie dans un sous-corps L_0 de L contenant K.

Soient x dans L et g le polynôme minimal de x sur L_0. Comme L est algébrique et séparable sur K, x est algébrique et séparable sur L_0 (V, p. 38, prop. 6 et p. 38, cor. 2) ; par suite, x est une racine simple de g (V, p. 38, prop. 5), d'où $g'(x) \neq 0$ (IV, p. 16, prop. 7). Si l'on définit $g^{D_0}(x)$ comme en V, p. 121, il existe donc un élément u de V tel que $g^{D_0}(x) + g'(x).u = 0$; d'après la prop. 1 (V, p. 121), il existe une dérivation D de $L_0(x)$ dans V, prolongeant D_0 et telle que $D(x) = u$. Vu le caractère maximal de (L_0, D_0), on a donc $L_0(x) = L_0$, d'où $x \in L_0$. Vu l'arbitraire de x, on a finalement $L_0 = L$.

Corollaire 1. — *On a* $\Omega_K(L) = 0$ *si* L *est algébrique et séparable sur* K.

Le corollaire résulte de la prop. 4, *a*) car le L-espace vectoriel $\Omega_K(L)$ est engendré par l'image de la K-dérivation canonique $d_{L/K} : L \to \Omega_K(L)$.

Corollaire 2. — *Si* L *est une extension algébrique et séparable d'un corps* K, *l'application canonique* $\alpha : \Omega_P(K) \otimes_K L \to \Omega_P(L)$ *est un isomorphisme pour tout sous-corps* P *de* K.

L'application α est injective d'après la prop. 2 (V, p. 123) et la prop. 4, *b*) ; comme $\Omega_K(L)$ est réduit à 0 (cor. 1), l'exactitude de la suite $(E_{P,K,L})$ entraîne que α est surjective.

Corollaire 3. — *Soient* E *une extension d'un corps* K *et* D *une dérivation de* E *dans* E, *appliquant* K *dans* K. *Si* L *est une sous-extension de* E *qui est algébrique et séparable sur* K, *on a* $D(L) \subset L$.

Soit Δ la dérivation de K dans L qui coïncide avec D sur K. D'après la prop. 4 (V, p. 123), il existe une dérivation D′ de L dans L prolongeant Δ. On peut considérer D′ et la restriction D″ de D à L comme des dérivations de L dans E ; comme elles coïncident sur K, on a D′ = D″ d'après la prop. 4, d'où

$$D(L) = D''(L) = D'(L) \subset L.$$

Remarques. — 1) Nous démontrerons plus loin (V, p. 125, cor. 3 et p. 129, cor. 2) une réciproque au cor. 1 de la prop. 4.

2) Toute extension algébrique d'un corps premier est séparable (V, p. 36, cor.). Comme toute dérivation d'un corps premier est nulle, toute dérivation d'une extension algébrique d'un corps premier est nulle (prop. 4).

3. Dérivations dans les corps de caractéristique 0

Théorème 1. — *Soient* K *un corps de caractéristique* 0, L *une extension de* K *et* V *un espace vectoriel sur* L. *Soient* Δ *une dérivation de* K *dans* V, $(x_i)_{i\in I}$ *une base de transcendance de* L *sur* K *et* $(u_i)_{i\in I}$ *une famille d'éléments de* V. *Il existe une dérivation* D *de* L *dans* V, *et une seule, prolongeant* Δ *et telle que* $D(x_i) = u_i$ *pour tout* $i \in I$.

Posons $E = K(x_i)_{i\in I}$. La prop. 3 (V, p. 123) montre que Δ se prolonge de manière unique en une dérivation D_0 de E dans V telle que $D_0(x_i) = u_i$ pour tout $i \in I$. Le corps L est extension algébrique de E, et comme L est de caractéristique 0, L est séparable sur E (V, p. 36, cor.). Par suite (V, p. 123, prop. 4), D_0 se prolonge de manière unique en une dérivation D de L dans V.

COROLLAIRE 1. — *Toute dérivation de* K *dans* V *se prolonge en une dérivation de* L *dans* V.

COROLLAIRE 2. — *Soient* E *une sous-extension de* L *et* U *le sous-*L*-espace vectoriel de* $\Omega_K(L)$ *engendré par les différentielles des éléments de* E. *Pour qu'un élément* x *de* L *soit algébrique sur* E, *il faut et il suffit que l'on ait* $dx \in U$.

Pour tout $y \in L$, soit $D(y)$ la classe de dy modulo U. Alors D est une E-dérivation de L dans $\Omega_K(L)/U$. Comme K est de caractéristique 0, toute extension algébrique de E est séparable (V, p. 36, cor.) ; si $x \in L$ est algébrique sur E, on a $Dx = 0$ d'après la prop. 4 (V, p. 123), c'est-à-dire $dx \in U$.

Si $x \in L$ est transcendant sur E, il existe une E-dérivation Δ de $E(x)$ dans L telle que $\Delta(x) = 1$ (V, p. 123, prop. 3) ; d'après le th. 1, Δ se prolonge en une E-dérivation D de L dans L. Soit φ la forme linéaire sur $\Omega_K(L)$ telle que $D = \varphi \circ d$; on a $\varphi(dy) = 0$ pour $y \in E$ et $\varphi(x) = 1$, d'où $dx \notin U$.

COROLLAIRE 3. — *Pour qu'un élément* x *de* L *soit algébrique sur* K, *il faut et il suffit que l'on ait* $dx = 0$ *dans* $\Omega_K(L)$. *En particulier, pour que* L *soit une extension algébrique de* K, *il faut et il suffit que l'on ait* $\Omega_K(L) = 0$.

Ce corollaire résulte immédiatement du cor. 2 où l'on fait $E = K$.

COROLLAIRE 4. — *Soient* K, L *et* M *des corps de caractéristique* 0 *tels que* $K \subset L \subset M$; *l'application canonique* $\alpha : \Omega_K(L) \otimes_L M \to \Omega_K(M)$ *est injective.*

Ce corollaire résulte aussitôt du cor. 1 et de V, p. 122, prop. 2.

THÉORÈME 2. — *Soient* K *un corps de caractéristique* 0, L *une extension de* K *et* $(x_i)_{i \in I}$ *une famille d'éléments de* L.

a) Pour que $(x_i)_{i \in I}$ *soit algébriquement libre sur* K, *il faut et il suffit que la famille des différentielles* dx_i *(pour* $i \in I$*) dans* $\Omega_K(L)$ *soit linéairement libre sur* L.

b) Pour que L *soit algébrique sur* $K(x_i)_{i \in I}$, *il faut et il suffit que les différentielles* dx_i *pour* $i \in I$ *engendrent l'espace vectoriel* $\Omega_K(L)$ *sur* L.

c) Pour que $(x_i)_{i \in I}$ *soit une base de transcendance de* L *sur* K, *il faut et il suffit que la famille* $(dx_i)_{i \in I}$ *soit une base de* $\Omega_K(L)$ *sur* L.

Pour tout $i \in I$, soit E_i le sous-corps $K(x_j)_{j \in I - \{i\}}$ de L. Pour que la famille $(x_i)_{i \in I}$ soit algébriquement libre sur K, il faut et il suffit (V, p. 104, prop. 5) que x_i soit transcendant sur E_i pour tout $i \in I$. D'après le cor. 2 du th. 1, ceci signifie que, pour tout $i \in I$, la différentielle dx_i n'est pas combinaison linéaire à coefficients dans L des différentielles dx_j pour $j \neq i$ dans I ; cette dernière condition signifie que la famille $(dx_i)_{i \in I}$ est libre sur L, d'où *a*).

L'assertion *b*) résulte aussitôt du cor. 2 du th. 1, et *c*) est conséquence de *a*) et *b*).

COROLLAIRE. — *On a* $[\Omega_K(L) : L] = \deg.\mathrm{tr}_K L$ *lorsque* K *est de caractéristique* 0.

4. Dérivations dans les extensions séparables

On a vu (V, p. 117, th. 1) que toute extension L d'un corps K de caractéristique 0 est séparable ; de plus, toute dérivation de K dans un espace vectoriel sur L se prolonge alors en une dérivation de L (V, p. 125, cor. 1). On a plus généralement l'énoncé suivant :

THÉORÈME 3. — *Soient* K *un corps et* L *une extension de* K. *Pour que* L *soit séparable sur* K, *il faut et il suffit que toute dérivation de* K *dans un* L-*espace vectoriel se prolonge en une dérivation de* L.

On peut supposer K de caractéristique $p \neq 0$. Supposons d'abord que L soit séparable sur K. Soient V un espace vectoriel sur L et Δ une dérivation de K dans V. D'après le critère de MacLane (V, p. 119, remarque), les corps L^p et K sont linéairement disjoints sur K^p. Comme Δ est une application K^p-linéaire de K dans V, elle se prolonge de manière unique en une application L^p-linéaire Δ' de $K[L^p] = K(L^p)$ dans V. Il est immédiat que Δ' est une dérivation de $K(L^p)$ dans V nulle sur L^p ; elle se prolonge donc (V, p. 97, cor. 1) en une dérivation de L dans V.

Réciproquement, supposons que toute dérivation de K à valeurs dans L se prolonge en une dérivation de L dans L. Soit B une p-base de K (V, p. 95) et soit Λ l'ensemble des familles $(\alpha_b)_{b \in B}$ à support fini formées d'entiers compris entre 0 et $p - 1$. Pour tout $b \in B$, il existe une dérivation Δ_b de K dans K caractérisée par $\Delta_b(b') = \delta_{bb'}$ (symbole de Kronecker) pour tout $b' \in B$ (V, p. 98). Par hypothèse, il existe pour chaque $b \in B$ une dérivation D_b de L dans L prolongeant Δ_b. On a $D_b(b') = \delta_{bb'}$ pour b, b' dans B, ce qui prouve que, dans $\Omega_{L^p}(L)$, les différentielles db (pour $b \in B$) sont linéairement indépendantes sur L. Par suite (V, p. 97, th. 1), B est p-libre sur L^p. Par suite (V, p. 94, prop. 1 et p. 119, remarque), l'extension L de K est séparable.

COROLLAIRE. — *Si* L *est extension* séparable *de* K, *l'application canonique* $\alpha_P : \Omega_P(K) \otimes_K L \to \Omega_P(L)$ *est injective pour tout sous-corps* P *de* K. *Réciproquement, s'il existe un sous-corps parfait* P *de* K (par exemple le sous-corps premier de K) *tel que l'application* α_P *soit injective, alors* L *est séparable sur* K.

La première assertion résulte de la prop. 2 (V, p. 123) et du th. 3. Réciproquement, soit P un sous-corps parfait de K ; on a $P = P^p \subset K^p$, donc toute dérivation de K dans un L-espace vectoriel est une P-dérivation ; la deuxième assertion du corollaire résulte alors de la prop. 2 (V, p. 123) et du th. 3.

5. Indice d'une application linéaire

Soit L un corps [1]. Soient U et V deux espaces vectoriels [2] sur L et $f : U \to V$ une application L-linéaire ; on dit que *f possède un indice* si le noyau N et le conoyau C de f sont de dimension finie, et l'on appelle *indice* de f l'entier

$$\chi(f) = [C : L] - [N : L].$$

[1] Non nécessairement commutatif.
[2] A gauche.

Lemme 1. — *Soient* U *et* V *deux espaces vectoriels de dimension finie sur un corps* L. *Toute application linéaire* $f : \mathrm{U} \to \mathrm{V}$ *possède un indice égal à* $[\mathrm{V} : \mathrm{L}] - [\mathrm{U} : \mathrm{L}]$.

Soient N le noyau, I l'image et C le conoyau de f. On a $\mathrm{C} = \mathrm{V}/\mathrm{I}$ et I est isomorphe à U/N ; on a donc $[\mathrm{U} : \mathrm{L}] = [\mathrm{N} : \mathrm{L}] + [\mathrm{I} : \mathrm{L}]$ et $[\mathrm{V} : \mathrm{L}] = [\mathrm{C} : \mathrm{L}] + [\mathrm{I} : \mathrm{L}]$, d'où le lemme.

Lemme 2. — *Soient* $f : \mathrm{U} \to \mathrm{V}$ *et* $g : \mathrm{V} \to \mathrm{W}$ *des applications* L-*linéaires. Si* f *et* g *possèdent un indice, il en est de même de* $g \circ f$ *et l'on a*

$$\chi(g \circ f) = \chi(f) + \chi(g) .$$

Posons $h = g \circ f$; notons respectivement N, N′, N″ les noyaux de f, g, h et C, C′, C″ les conoyaux de ces applications. On a $\mathrm{N} \subset \mathrm{N}'' \subset \mathrm{U}$ et $f(\mathrm{N}'') = f(\mathrm{U}) \cap \mathrm{N}'$; par suite, il existe une application linéaire $\bar{f} : \mathrm{N}'' \to \mathrm{N}'$ coïncidant avec f sur N″ et de noyau N. L'application canonique π de V sur $\mathrm{C} = \mathrm{V}/f(\mathrm{U})$ induit une application π' de N′ dans C dont le noyau est $f(\mathrm{U}) \cap \mathrm{N}' = f(\mathrm{N}'')$. Par passage au quotient, g définit une application $\bar{g}$ de $\mathrm{C} = \mathrm{V}/f(\mathrm{U})$ dans $\mathrm{C}'' = \mathrm{W}/g(f(\mathrm{U}))$ dont le noyau est évidemment $(\mathrm{N}' + f(\mathrm{U}))/f(\mathrm{U}) = \pi'(\mathrm{N}')$. Enfin, l'application canonique ρ de $\mathrm{C}'' = \mathrm{W}/g(f(\mathrm{U}))$ sur $\mathrm{C}' = \mathrm{W}/g(\mathrm{V})$ a pour noyau $g(\mathrm{V})/g(f(\mathrm{U})) = \bar{g}(\mathrm{C})$. En résumé, on a établi l'exactitude de la suite

$$0 \longrightarrow \mathrm{N} \xrightarrow{i} \mathrm{N}'' \xrightarrow{\bar{f}} \mathrm{N}' \xrightarrow{\pi'} \mathrm{C} \xrightarrow{\bar{g}} \mathrm{C}'' \xrightarrow{\rho} \mathrm{C}' \longrightarrow 0$$

(où i est l'injection canonique de N dans N″).

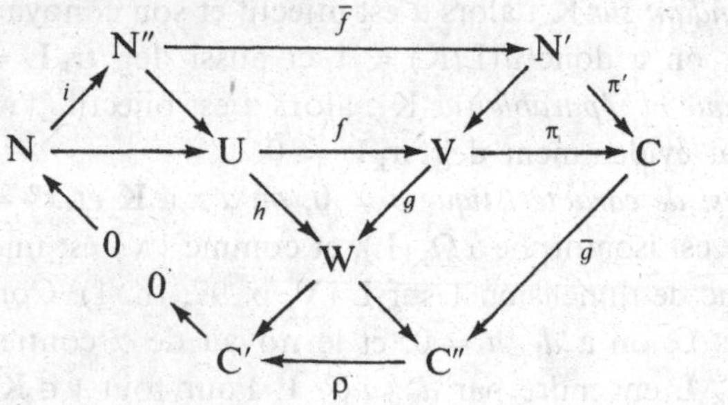

FIG. 1

Par hypothèse, N, N′, C et C′ sont de dimension finie ; il en est donc de même de N″ et C″. D'après le cor. 2 (II, p. 98), on a alors

$$[\mathrm{N} : \mathrm{L}] - [\mathrm{N}'' : \mathrm{L}] + [\mathrm{N}' : \mathrm{L}] - [\mathrm{C} : \mathrm{L}] + [\mathrm{C}'' : \mathrm{L}] - [\mathrm{C}' : \mathrm{L}] = 0$$

d'où $\chi(h) = \chi(f) + \chi(g)$.

6. Propriétés différentielles des extensions de type fini

THÉORÈME 4. — *Soient* P *un corps parfait*, L *une extension de* P *et* K *une sous-extension de* L ; *on suppose que* L *est une extension de* type fini *de* K. *Alors l'application* L-*linéaire canonique* $\alpha : \Omega_P(K) \otimes_K L \to \Omega_P(L)$ *a un indice égal au degré de transcendance de* L *sur* K.

Si E et F sont deux sous-extensions de L telles que $E \subset F$, nous noterons $\alpha(F/E)$ l'application F-linéaire canonique de $\Omega_P(E) \otimes_E F$ dans $\Omega_P(F)$ et, lorsqu'il est défini, l'indice de $\alpha(F/E)$ sera noté $d(F/E)$. Si E, F et G sont trois sous-extensions de L telles que $E \subset F \subset G$, on a un diagramme commutatif

$$\begin{array}{ccc} \Omega_P(F) \otimes_F G & \xrightarrow{\alpha(G/F)} & \Omega_P(G) \\ {\scriptstyle \alpha(F/E) \otimes_F \mathrm{Id}_G}\uparrow & & \uparrow{\scriptstyle \alpha(G/E)} \\ (\Omega_P(E) \otimes_E F) \otimes_F G & \xrightarrow{\beta} & \Omega_P(E) \otimes_E G \end{array}$$

où β est l'isomorphisme canonique défini dans la prop. 2 (II, p. 83). Comme l'indice est évidemment invariant par extension des scalaires et que l'indice d'un isomorphisme est nul, le lemme 2 (V, p. 127) montre que l'indice $d(G/E)$ est défini lorsque $d(F/E)$ et $d(G/F)$ le sont et que l'on a alors

$$d(G/E) = d(G/F) + d(F/E)\,. \tag{5}$$

Comme L est une extension de type fini de K, la formule (5) et le cor. de V, p. 106 montrent qu'il suffit de considérer le cas où il existe x tel que $L = K(x)$; de plus, si x est algébrique sur K, il existe une puissance q de l'exposant caractéristique de L tel que x^q soit algébrique et séparable sur K (V, p. 42, prop. 13). Il suffit d'établir l'égalité $d(L/K) = \deg.\mathrm{tr}_K L$ dans les trois cas particuliers ci-dessous.

a) *x est transcendant sur* K : alors α est injectif et son conoyau est de rang 1 sur L (V, p. 123, cor.) ; on a donc $d(L/K) = 1$ et aussi $\deg.\mathrm{tr}_K L = 1$.

b) *x est algébrique et séparable sur* K : alors α est bijectif (V, p. 124, cor. 2), d'où $d(L/K) = 0$; on a évidemment $\deg.\mathrm{tr}_K L = 0$.

c) *Le corps* L *est de caractéristique* $p \neq 0$, *on a* $x \notin K$ *et* $x^p = a$ *appartient à* K : le conoyau C de α est isomorphe à $\Omega_K(L)$, et comme $\{x\}$ est une p-base de L sur K, l'espace C est donc de dimension 1 sur L (V, p. 97, th. 1). Comme a est une puissance p-ième dans L, on a $d_{L/P}a = 0$, et le noyau de α contient le sous-espace R de $U = \Omega_P(K) \otimes_K L$ engendré par $d_{K/P}a \otimes 1$. Pour tout $y \in K$, soit $\Delta(y)$ la classe de $d_{K/P}y \otimes 1$ modulo R ; alors Δ est une P-dérivation de K dans U/R telle que $\Delta(a) = 0$. La prop. 5 (V, p. 96) montre que Δ se prolonge en une P-dérivation D de L dans U/R. Il existe alors une application L-linéaire $\beta : \Omega_P(L) \to U/R$ telle que $D = \beta \circ d_{L/P}$, et $\beta \circ \alpha$ est l'application canonique de U sur U/R. Ceci prouve que R est le noyau de α. Comme P est parfait, on a $P(K^p) = K^p$, d'où $a \notin P(K^p)$ et finalement $d_{K/P}a \neq 0$ (V, p. 99, prop. 6). Le noyau et le conoyau de α sont donc de dimension 1, d'où $d(L/K) = 0$; on a aussi $\deg.\mathrm{tr}_K L = 0$.

COROLLAIRE 1. — *Soit* L *une extension de type fini d'un corps* K, *de degré de transcendance s. L'espace vectoriel* $\Omega_K(L)$ *est de dimension* $\geqslant s$ *sur* L, *et l'on a égalité si et seulement si* L *est séparable sur* K.

Soit P le sous-corps premier de K. Soit N le noyau de α ; d'après l'exactitude de la suite $(E_{P,K,L})$ (V, p. 122) et le th. 4, on a $[\Omega_K(L):L] = s + [N:L]$; d'après V, p. 126, cor., l'extension L de K est séparable si et seulement si $N = 0$. D'où le corollaire.

Corollaire 2. — *Soit* L *une extension de type fini d'un corps* K. *Pour que* L *soit algébrique et séparable sur* K, *il faut et il suffit que l'on ait* $\Omega_K(L) = 0$.

Cela résulte aussitôt du corollaire 1.

Corollaire 3. — *Soient* K *un corps de caractéristique* $p \neq 0$ *et* L *une extension de type fini de* K, *de degré de transcendance* s. *Si* $[K:K^p]$ *est fini, il en en est de même de* $[L:L^p]$ *et l'on a* $[L:L^p] = p^s.[K:K^p]$.

Soit P le sous-corps premier de K. Si $[K:K^p]$ est fini, l'espace vectoriel $\Omega_P(K) = \Omega_{K^p}(K)$ est de dimension finie m sur K, et l'on a $[K:K^p] = p^m$ (V, p. 98, th. 2) ; l'espace vectoriel $\Omega_P(K) \otimes_K L$ est alors de dimension finie m sur L. Par ailleurs, comme K est de degré fini sur K^p, le corps $K(L^p)$ est de degré fini sur $K^p(L^p) = L^p$; comme le corps L est une extension de type fini de K et qu'il est algébrique sur $K(L^p)$, c'est une extension de degré fini de $K(L^p)$ (V, p. 17, th. 2) ; on en conclut que L est de degré fini sur L^p (V, p. 9, th. 1). Alors $\Omega_P(L)$ est un espace vectoriel de dimension finie n sur L, et l'on a $[L:L^p] = p^n$ (V, p. 98, th. 2). D'après le lemme 1 (V, p. 127), l'application L-linéaire $\alpha : \Omega_P(K) \otimes_K L \to \Omega_P(L)$ a donc un indice égal à $n - m$, d'où $n - m = s$ d'après le th. 4 (V, p. 127) et $p^n = p^s.p^m$.

Remarques. — 1) Soient K un corps de caractéristique $p \neq 0$ et L une extension de K. On a $\Omega_K(L) = 0$ si et seulement si l'on a $L = K(L^p)$ (V, p. 99, prop. 6). Par suite, si L est de type fini sur K, c'est une extension algébrique et séparable si et seulement si l'on a $L = K(L^p)$. Lorsque L n'est pas de type fini sur K, ce résultat cesse d'être valable comme le montre le cas où L est la clôture parfaite de K.

2) Soient K un corps, $F_1, \ldots, F_m$ des polynômes de $K[X_1, \ldots, X_n]$, et L une extension de K engendrée par des éléments $x_1, \ldots, x_n$. On suppose que les polynômes $F_1, \ldots, F_m$ engendrent l'idéal de $K[X_1, \ldots, X_n]$ formé des polynômes F tels que $F(x_1, \ldots, x_n) = 0$. On déduit facilement de la prop. 1 (V, p. 121) et de la propriété universelle des modules de différentielles (III, p. 134) le résultat suivant : l'espace vectoriel $\Omega_K(L)$ sur L est engendré par $dx_1, \ldots, dx_n$; on a les relations

$$(6) \qquad \sum_{i=1}^{n} D_i F_j(x_1, \ldots, x_n).dx_i = 0 \quad (\text{pour } 1 \leqslant j \leqslant m) ;$$

enfin, si $u_1, \ldots, u_n$ sont des éléments de L tels que $\sum_{i=1}^{n} u_i.dx_i = 0$, il existe des éléments $v_1, \ldots, v_m$ de L tels que $u_i = \sum_{j=1}^{m} D_i F_j(x_1, \ldots, x_n)\, v_j$ pour $1 \leqslant i \leqslant n$. Notons r le rang de la matrice $(D_i F_j(x_1, \ldots, x_n))$ à n lignes et m colonnes ; soit s le degré de transcendance de L sur K. On a alors $[\Omega_K(L):L] = n - r$. Par suite, l'extension L de K est séparable si et seulement si l'on a $r + s = n$ (cor. 1), elle est algébrique et séparable si et seulement si l'on a $r = n$ (cor. 2).

7. Bases de transcendance séparantes

DÉFINITION 1. — *Soit* L *une extension d'un corps* K. *On dit qu'une base de transcendance* B *de* L *sur* K *est séparante si l'extension algébrique* L *de* K(B) *est séparable.*

Si K est de caractéristique 0, toute base de transcendance de L sur K est séparante puisque toute extension algébrique d'un corps de caractéristique 0 est séparable (V, p. 36, cor.). Si une extension admet une base de transcendance séparante, elle est séparable (V, p. 116, prop. 6 et p. 117, prop. 9). Le théorème suivant montre que toute extension séparable de *type fini* admet une base de transcendance séparante ; cette restriction est essentielle (V, p. 166, exerc. 1).

THÉORÈME 5. — *Soient* K *un corps,* L *une extension de* K *et* $(x_i)_{i\in I}$ *une famille d'éléments de* L. *Si la famille* $(x_i)_{i\in I}$ *est une base de transcendance séparante de* L *sur* K, *la famille* $(dx_i)_{i\in I}$ *est une base de l'espace vectoriel* $\Omega_K(L)$ *sur* L. *La réciproque est vraie si* L *est une extension séparable de type fini de* K.

Posons $M = K(x_i)_{i\in I}$ et notons α l'application canonique de $\Omega_K(M) \otimes_M L$ dans $\Omega_K(L)$. Si $(x_i)_{i\in I}$ est une base de transcendance séparante de L sur K, la famille $(d_{M/K}x_i)_{i\in I}$ est une base du M-espace vectoriel $\Omega_K(M)$ (V, p. 123, prop. 3) et α est un isomorphisme de L-espaces vectoriels puisque L est algébrique et séparable sur M (V, p. 124, cor. 2). Comme on a $\alpha(d_{M/K}x_i \otimes 1) = d_{L/K}x_i$, la famille $(d_{L/K}x_i)_{i\in I}$ est donc une base de $\Omega_K(L)$ sur L.

Réciproquement, supposons que L soit une extension séparable de type fini de K, et que la famille $(d_{L/K}x_i)_{i\in I}$ soit une base de l'espace vectoriel $\Omega_K(L)$ sur L. D'après le cor. 1 de V, p. 128, le degré de transcendance de L sur K est égal à la dimension de $\Omega_K(L)$ sur L, donc au cardinal de I. D'après la suite exacte $(E_{K,M,L})$ (V, p. 122), on a $\Omega_M(L) = 0$; comme L est une extension de type fini de M, le cor. 2 de V, p. 129, montre que L est algébrique et séparable sur $M = K(x_i)_{i\in I}$; comme le degré de transcendance de L sur K est fini et égal au cardinal de I, la famille $(x_i)_{i\in I}$ est une base de transcendance de L sur K (V, p. 106, cor. 1).

COROLLAIRE. — *Soit* L *une extension séparable de type fini de* K, *et soit* S *une partie de* L *telle que* L = K(S). *Il existe alors une base de transcendance séparante* B *de* L *sur* K, *contenue dans* S.

Comme $\Omega_K(L)$ est engendré par les différentielles des éléments de S, il existe s éléments $x_1, \ldots, x_s$ de S tels que $(dx_1, \ldots, dx_s)$ soit une base de $\Omega_K(L)$ sur L. Il suffit alors d'appliquer le th. 5.

Remarque. — Soit L une extension séparable de type fini d'un corps K de caractéristique $p \neq 0$; il peut exister des bases de transcendance de L qui ne sont pas séparantes. Il suffit de noter que $\{X^p\}$ est une base de transcendance de K(X) mais que K(X) est une extension radicielle de degré p de $K(X^p)$.

PROPOSITION 5. — *Soient* L *et* M *deux extensions d'un corps* K, *contenues dans une même extension et algébriquement disjointes sur* K. *Si* M *est séparable sur* K, *alors* L(M) *est séparable sur* L.

Il suffit de montrer que, pour toute partie finie S de M, L(S) est séparable sur L (V, p. 116, prop. 8). Soit S une partie finie de M. Comme le corps K(S) est séparable sur K, il possède une base de transcendance séparante B (cor. du th. 5). Comme L et M sont algébriquement disjointes sur K, B est une base de transcendance de L(B) sur L (V, p. 108, prop. 12). De plus, tout élément de S est algébrique et séparable sur K(B), donc sur L(B) (V, p. 38, cor. 2). On en conclut (V, p. 38, prop. 6) que L(S) = L(B) (S) est algébrique et séparable sur L(B), donc L(S) est séparable sur L.

COROLLAIRE. — *Si* L *et* M *sont des extensions séparables et algébriquement disjointes de* K, *le corps* K(L ∪ M) *est séparable sur* K.

En effet, K(L ∪ M) = L(M) est séparable sur L d'après la prop. 5 (car M est séparable sur K) et L est séparable sur K, d'où le corollaire (V, p. 117, prop. 9).

L'hypothèse que les extensions L et M sont algébriquement disjointes est indispensable dans la prop. 5 et son corollaire. En effet, soient K un corps imparfait de caractéristique $p \neq 0$, et E une extension de la forme $K(x, a)$ avec x transcendant sur K et a radiciel de hauteur 1 sur K ; on pose $L = K(x)$ et $M = K(x + a)$. Alors $x + a$ est transcendant sur K (sinon $x = (x + a) - a$ serait algébrique sur K) et les corps L et M sont séparables sur K. Pourtant $K(L \cup M) = K(x, a)$ est radiciel de degré p sur $L = K(x)$ et n'est séparable ni sur L, ni sur K.

§ 17. EXTENSIONS RÉGULIÈRES

1. Compléments sur la fermeture algébrique séparable

THÉORÈME 1 (Zariski). — *Soient* K *un corps,* L *une extension de* K, K_1 *la fermeture algébrique séparable de* K *dans* L (V, p. 42), K_2 *la fermeture algébrique de* K *dans* L (V, p. 19) *et* $(X_i)_{i \in I}$ *une famille d'indéterminées. Alors* $K_1(X_i)_{i \in I}$ *est la fermeture algébrique séparable de* $K(X_i)_{i \in I}$ *dans* $L(X_i)_{i \in I}$, *et* $K_2(X_i)_{i \in I}$ *est la fermeture algébrique de* $K(X_i)_{i \in I}$ *dans* $L(X_i)_{i \in I}$.

A) On suppose que E est un corps et F un surcorps de E et que tout élément de F qui est algébrique séparable sur E appartient à E. Soit u un élément de F(X) qui est algébrique séparable sur E(X) ; nous allons montrer que u appartient à E(X). Il existe dans F[X] deux polynômes étrangers P et Q tels que $u = P/Q$, et l'on peut supposer que Q est unitaire. Soient S la partie *finie* de F formée des coefficients de P et Q, $F_0 = E(S)$, et Δ une E-dérivation de F_0 dans F_0. Soit D la dérivation de $F_0(X)$ dans lui-même qui coïncide avec Δ sur F_0 et annule X (V, p. 123, prop. 3).

Comme $u \in F_0(X)$ est algébrique séparable sur E(X) et que D est nulle sur E(X), on a $D(u) = 0$ (V, p. 123, prop. 4), d'où $D(P).Q = P.D(Q)$. Comme P et Q sont étrangers, on en déduit que Q divise D(Q) (IV, p. 12, cor. 4). Or, on peut écrire Q sous la forme

$$Q(X) = X^n + a_1 X^{n-1} + \cdots + a_{n-1} X + a_n$$

avec $a_1, \ldots, a_n$ dans F_0 ; comme on a $D(X) = 0$, on a donc

$$(1) \qquad D(Q) = \Delta(a_1)\, X^{n-1} + \cdots + \Delta(a_{n-1})\, X + \Delta(a_n)$$

d'où $\deg D(Q) < \deg Q$. Comme Q divise D(Q), ceci n'est possible que si D(Q) est nul. Mais alors D(P) est nul puisque $D(P).Q = P.D(Q)$. La formule (1) et une formule analogue pour P montrent alors que Δ annule l'ensemble S des coefficients de P et Q, d'où $\Delta = 0$ puisque $F_0 = E(S)$. D'après V, p. 129, cor. 2, l'extension de type fini F_0 de E est donc algébrique séparable ; vu les hypothèses faites sur E et F, on a $F_0 = E$, d'où finalement $u \in E(X)$.

B) Supposons maintenant que le corps E soit algébriquement fermé dans le surcorps F et notons *p* l'exposant caractéristique de E. Soit *u* un élément de F(X) algébrique sur E(X). Il existe un entier $f \geqslant 0$ tel que $v = u^{p^f}$ soit algébrique et séparable sur E(X) (V, p. 42, prop. 13). D'après *A*), on a donc $v \in E(X)$. Il existe une unique représentation de *u* sous la forme P/Q avec des polynômes P et Q étrangers dans F[X], et Q unitaire ; on a une décomposition analogue $v = P_1/Q_1$ avec P_1 et Q_1 étrangers dans E[X] et Q_1 unitaire. On en déduit $P_1/Q_1 = P^{p^f}/Q^{p^f}$; les polynômes P^{p^f} et Q^{p^f} sont étrangers dans F[X] (IV, p. 12, cor. 6), de même que P_1 et Q_1, et Q^{p^f} est unitaire. On en conclut $P^{p^f} = P_1 \in E[X]$ et $Q^{p^f} = Q_1 \in E[X]$. Par suite, les coefficients de P et Q sont radiciels sur E, donc appartiennent à E puisque E est algébriquement fermé dans F. On a donc $P \in E[X]$, $Q \in E[X]$ et finalement $u \in E(X)$. On a prouvé que E(X) est algébriquement fermé dans F(X).

C) Reprenons les notations du théorème 1. Comme K_1 est une extension algébrique séparable de K, l'extension $K_1(X_i)_{i\in I}$ de $K(X_i)_{i\in I}$ est algébrique et séparable (V, p. 38, prop. 6). De plus, tout élément de L qui est algébrique et séparable sur K_1 appartient à K_1 (V, p. 42, prop. 13, *a*)). Soit J une partie finie de I ; par une récurrence immédiate sur le cardinal de J, on déduit de *A*) que tout élément de $L(X_i)_{i\in J}$ qui est algébrique et séparable sur $K(X_i)_{i\in J}$ appartient à $K_1(X_i)_{i\in J}$. Soit enfin *u* un élément de $L(X_i)_{i\in I}$ algébrique et séparable sur $K(X_i)_{i\in I}$; il existe une partie finie J de I telle que *u* appartienne à $L(X_i)_{i\in J}$ et soit algébrique et séparable sur $K(X_i)_{i\in J}$; d'après ce qui précède, *u* appartient à $K_1(X_i)_{i\in J}$ et *a fortiori* à $K_1(X_i)_{i\in I}$.

On vient de déduire de *A*) que $K_1(X_i)_{i\in I}$ est la fermeture séparable de $K(X_i)_{i\in I}$ dans $L(X_i)_{i\in I}$; on déduit de manière analogue de *B*) que $K_2(X_i)_{i\in I}$ est la fermeture algébrique de $K(X_i)_{i\in I}$ dans $L(X_i)_{i\in I}$.

2. Produit tensoriel d'extensions

PROPOSITION 1. — *Soient* Ω *une extension d'un corps* K *et* L, M *deux sous-extensions de* Ω *algébriquement disjointes sur* K. *On suppose que la fermeture algébrique séparable de* K *dans* L *est égale à* K[1]. *Soient* φ *l'homomorphisme de* K*-algèbres de* $L \otimes_K M$ *dans* Ω *transformant* $x \otimes y$ *en* xy *pour* $x \in L$ *et* $y \in M$, *et* $\mathfrak{p}$ *le noyau de* φ. *Alors* $\mathfrak{p}$ *est l'ensemble des éléments nilpotents de* $L \otimes_K M$ *et c'est le plus petit des idéaux premiers de* $L \otimes_K M$.

Quitte à remplacer Ω par une clôture algébrique, on peut supposer que Ω est algébriquement clos. Notons B une base de transcendance de M sur K, N la fermeture algébrique de K(B) dans Ω et N_s (resp. N_r) l'ensemble des éléments de N qui sont séparables (resp. radiciels) sur K(B). Remarquons que M est algébrique sur K(B), donc que N est la fermeture algébrique de M dans Ω.

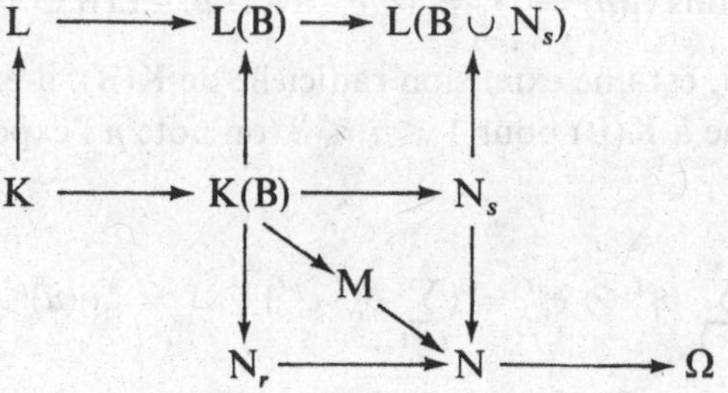

FIG. 1.

Définissons la chaîne suivante d'homomorphismes :

$$L \otimes_K M \xrightarrow{\alpha} L \otimes_K N \xrightarrow{\beta} (L \otimes_K K(B)) \otimes_{K(B)} N \xrightarrow{\gamma} L(B) \otimes_{K(B)} N$$
$$\xrightarrow{\delta} L(B) \otimes_{K(B)} N_s \otimes_{K(B)} N_r \xrightarrow{\varepsilon} L(B \cup N_s) \otimes_{K(B)} N_r \xrightarrow{\zeta} \Omega .$$

On a $\alpha = \mathrm{Id}_L \otimes u$ où u est l'injection canonique de M dans N, donc α est *injectif*. L'application β est l'*isomorphisme* de groupes commutatifs qui transforme $x \otimes y$ en $(x \otimes 1) \otimes y$ (II, p. 83, prop. 2) pour $x \in L$ et $y \in N$. On a $\gamma = v \otimes \mathrm{Id}_N$, où v est l'homomorphisme de K-algèbres de $L \otimes_K K(B)$ dans L(B) qui transforme $x \otimes y$ en xy pour $x \in L$ et $y \in K(B)$; comme L et M sont algébriquement disjointes sur K, la prop. 14 (V, p. 109) montre que L et K(B) sont linéairement disjointes sur K ; autrement dit, v est injectif, donc γ est *injectif*. Comme N est une extension quasi-galoisienne de K(B), il existe (V, p. 73, prop. 13) un isomorphisme w de K(B)-algèbres de $N_s \otimes_{K(B)} N_r$ sur N qui transforme $x \otimes y$ en xy pour $x \in N_s$ et $y \in N_r$; on a noté δ *l'isomorphisme* $\mathrm{Id}_{L(B)} \otimes w^{-1}$. D'après le th. 1 (V, p. 131) et l'hypothèse faite sur l'extension L de K, tout élément de L(B) qui est algébrique et séparable sur K(B) appartient à K(B) ; en particulier, on a $L(B) \cap N_s = K(B)$. Comme N_s est une extension galoisienne de K(B), le th. 5 (V, p. 68) montre qu'il existe un isomorphisme w' de K(B)-algèbres de $L(B) \otimes_{K(B)} N_s$ sur $L(B \cup N_s)$ transformant $x \otimes y$ en xy pour $x \in L(B)$ et $y \in N_s$; on a noté ε *l'isomorphisme* $w' \otimes \mathrm{Id}_{N_r}$. Enfin,

[1] On exprime parfois cette hypothèse en disant que L est une extension *primaire* de K.

ζ est l'homomorphisme de K-algèbres transformant $x \otimes y$ en xy pour $x \in L(B \cup N_s)$ et $y \in N_r$.

Ce qui précède montre que $\eta = \varepsilon\delta\gamma\beta\alpha$ est un homomorphisme injectif de K-algèbres de $L \otimes_K M$ dans $L(B \cup N_s) \otimes_{K(B)} N_r$. De plus, tout élément de M est de la forme $\sum_{i=1}^{n} a_i b_i$ avec $a_i \in N_s$ et $b_i \in N_r$ pour $1 \leqslant i \leqslant n$; on en déduit aussitôt $\varphi = \zeta\eta$.

Le noyau $\mathfrak{p}$ de φ est un idéal premier de $L \otimes_K M$, donc tout élément nilpotent de $L \otimes_K M$ appartient à $\mathfrak{p}$ d'après la prop. 2 (V, p. 113). Réciproquement, soit a un élément de $\mathfrak{p}$; posons $\eta(a) = \sum_{i=1}^{s} b_i \otimes c_i$ avec $b_i \in L(B \cup N_s)$ et $c_i \in N_r$ pour $1 \leqslant i \leqslant s$. Comme N_r est une extension radicielle de K(B), il existe un entier $f \geqslant 0$ tel que $c_i^{p^f}$ appartienne à K(B) pour $1 \leqslant i \leqslant s$ (on note p l'exposant caractéristique de K). Mais on a

$$\eta(a^{p^f}) = \sum_{i=1}^{s} b_i^{p^f} \otimes c_i^{p^f} = (\sum_{i=1}^{s} b_i^{p^f} c_i^{p^f}) \otimes 1 = \zeta\eta(a)^{p^f} \otimes 1 = 0$$

et comme η est injectif, on a finalement $a^{p^f} = 0$. On a donc prouvé que $\mathfrak{p}$ est l'ensemble des éléments nilpotents de $L \otimes_K M$. Tout idéal premier de $L \otimes_K M$ contient alors $\mathfrak{p}$ d'après la prop. 2 (V, p. 113).

Corollaire. — *Soient* L *et* M *deux extensions d'un corps* K. *On suppose que la fermeture algébrique séparable de* K *dans* L *est égale à* K. *Alors l'ensemble* $\mathfrak{p}$ *des éléments nilpotents de* $L \otimes_K M$ *est un idéal premier. Si de plus* L *ou* M *est séparable sur* K, *alors* $L \otimes_K M$ *est intègre.*

On peut supposer que L et M sont des sous-extensions algébriquement disjointes d'une extension Ω de K (V, p. 111, th. 5) ; alors $\mathfrak{p}$ est un idéal premier d'après la prop. 1 (V, p. 132). Si de plus L ou M est séparable sur K, alors $L \otimes_K M$ est un anneau réduit d'après la définition des extensions séparables (V, p. 114, déf. 1) ; on a donc $\mathfrak{p} = 0$ et $L \otimes_K M$ est intègre, puisque $\mathfrak{p}$ est premier.

3. Algèbres absolument intègres

Définition 1. — *Soit* K *un corps. On dit qu'une algèbre* A *sur* K *est absolument intègre si l'anneau* $L \otimes_K A$ *est intègre pour toute extension* L *de* K.

Une algèbre absolument intègre est en particulier un anneau intègre donc commutatif.

Proposition 2. — *Soient* A *et* B *deux algèbres sur un corps* K. *Si* A *est intègre et* B *absolument intègre, alors* $A \otimes_K B$ *est intègre.*

Soit L le corps des fractions de A. Comme B est absolument intègre, l'anneau $L \otimes_K B$ est intègre ; or l'anneau $A \otimes_K B$ est isomorphe à un sous-anneau de $L \otimes_K B$, donc est intègre.

Proposition 3. — *Soit* K *un corps.*

a) Toute sous-algèbre d'une K*-algèbre absolument intègre est absolument intègre.*

b) Le produit tensoriel de deux K*-algèbres absolument intègres est absolument intègre.*

c) Soient A *une* K*-algèbre absolument intègre et* K' *une extension de* K*. Pour que* A *soit absolument intègre, il faut et il suffit que la* K'*-algèbre* $A_{(K')}$ *déduite de* A *par extension des scalaires soit absolument intègre.*

La démonstration de *a*) (resp. *c*)) est identique à celle de la partie *a*) (resp. *d*)) de la prop. 3 de V, p. 114, en y remplaçant partout « réduit » par « intègre » et « séparable » par « absolument intègre ». Démontrons *b*).

Soient A et B deux K-algèbres absolument intègres. Soit L une extension de K. Comme A est absolument intègre, l'anneau $L \otimes_K A$ est intègre. D'après la prop. 2, l'anneau $(L \otimes_K A) \otimes_K B$ est donc intègre puisque B est absolument intègre. Finalement, l'anneau $L \otimes_K (A \otimes_K B)$ est isomorphe à $(L \otimes_K A) \otimes_K B$, donc est intègre. Cela prouve que $A \otimes_K B$ est absolument intègre.

4. Extensions régulières

Définition 2. — *On dit qu'une extension d'un corps* K *est régulière si c'est une* K*-algèbre absolument intègre.*

Proposition 4. — *Soient* A *une algèbre intègre sur un corps* K*, et* E *son corps des fractions. Soit* L *une extension de* K *; si l'anneau* $L \otimes_K A$ *est intègre, il en est de même de* $L \otimes_K E$.

Si l'anneau $L \otimes_K A$ est intègre, il se plonge dans son corps des fractions F. Posons $u(x) = x \otimes 1$ pour $x \in L$, et notons v le K-homomorphisme de E dans F qui prolonge l'homomorphisme injectif $y \mapsto 1 \otimes y$ de A dans F. D'après la prop. 6 (V, p. 14), les sous-corps $u(L)$ et $v(E)$ de F sont linéairement disjoints sur K ; par suite, l'homomorphisme $u * v$ de $L \otimes_K E$ dans F (V, p. 12) est injectif. Ceci prouve que l'anneau $L \otimes_K E$ est intègre.

Corollaire. — *Pour que* A *soit absolument intègre, il faut et il suffit que son corps des fractions soit une extension régulière de* K.

La condition est nécessaire d'après la prop. 4 et suffisante d'après la prop. 3, *a*).

Proposition 5. — *Toute extension pure d'un corps* K *est régulière.*

D'après le corollaire précédent, il suffit de prouver que toute algèbre de polynômes $A = K[X_i]_{i \in I}$ est absolument intègre sur K. Soit L une extension de K ; l'anneau $L \otimes_K A$ est isomorphe à $L[X_i]_{i \in I}$ (III, p. 22, remarque 2), donc est intègre (IV, p. 9, prop. 8).

Proposition 6. — *Soit* L *une extension d'un corps* K*. Si* L *est régulière, toute sous-extension de* L *est régulière. Inversement si toute sous-extension de type fini de* L *est régulière, alors* L *est régulière.*

La première assertion résulte de la prop. 3, *a*).

Soit M une extension de K, et soit $\mathscr{U}$ l'ensemble des sous-extensions de type fini de L. Pour tout $E \in \mathscr{U}$, l'anneau $M \otimes_K E$ s'identifie à un sous-anneau de $M \otimes_K L$, et l'on définit ainsi une famille filtrante croissante de sous-anneaux de $M \otimes_K L$, de réunion $M \otimes_K L$. On en déduit immédiatement la seconde assertion.

PROPOSITION 7. — *Soient* L *une extension d'un corps* K *et* M *une* L*-algèbre* (par exemple une extension de L). *Si* L *est régulière sur* K *et* M *absolument intègre sur* L, *alors* M *est absolument intègre sur* K.

Soit E une extension de K ; comme L est régulière sur K, l'anneau $E \otimes_K L$ est intègre. D'après la prop. 2 (V, p. 134), l'anneau $(E \otimes_K L) \otimes_L M$ est donc intègre, et il en est donc de même de l'anneau $E \otimes_K M$ qui lui est isomorphe (II, p. 83, prop. 2). D'où la proposition.

PROPOSITION 8. — *Soient* L *et* M *deux extensions d'un corps* K.

a) *Si* M *est régulière sur* K, *le corps des fractions de l'anneau intègre* $L \otimes_K M$ *est une extension régulière de* L.

b) *Si* L *et* M *sont des extensions régulières de* K, *il en est de même du corps des fractions de* $L \otimes_K M$.

L'assertion *a*) résulte de la prop. 3, *c*) (V, p. 135) et du cor. de V, p. 135 ; l'assertion *b*) résulte de la prop. 3, *b*) (V, p. 135) et du cor. de V, p. 135.

5. Caractérisation des extensions régulières

PROPOSITION 9. — *Soient* K *un corps,* $\overline{K}$ *une clôture algébrique de* K *et* L *une extension de* K. *Les conditions suivantes sont équivalentes* :

a) L *est séparable sur* K *et* K *est algébriquement fermé dans* L.

b) L *est une extension régulière de* K.

c) *L'anneau* $\overline{K} \otimes_K L$ *est intègre.*

d) *Soit* $\overline{L}$ *une clôture algébrique de* L. *Alors* L *est linéairement disjointe sur* K *de la fermeture algébrique de* K *dans* $\overline{L}$.

De plus, si ces conditions sont satisfaites, l'anneau $\overline{K} \otimes_K L$ *est un corps.*

a) ⇒ *b*) : soit M une extension de K. Sous les hypothèses de *a*), l'anneau $M \otimes_K L$ est intègre d'après V, p. 134, cor.

b) ⇒ *c*) : cela résulte de la déf. 2.

c) ⇒ *d*) : avec les notations de *d*), on peut identifier $\overline{K}$ à la fermeture algébrique de K dans $\overline{L}$ (V, p. 22, exemple 2). Supposons que l'anneau $A = \overline{K} \otimes_K L$ soit intègre. Soit E une sous-extension de $\overline{K}$, de degré fini sur K ; le sous-anneau $E \otimes_K L$ de A est intègre, et c'est une algèbre de degré fini sur L ; d'après le cor. de V, p. 10, c'est un corps. Comme $\overline{K}$ est réunion de l'ensemble filtrant croissant des extensions E du type précédent, A est un corps (V, p. 11, prop. 3). L'homomorphisme canonique de A dans $\overline{L}$ qui envoie $x \otimes y$ sur xy (pour $x \in \overline{K}$ et $y \in L$) est donc injectif, et par suite, L et $\overline{K}$ sont linéairement disjoints sur K.

d) ⇒ *a*) : Sous les hypothèses de *d*), on a $L \cap \overline{K} = K$, donc K est algébriquement fermé dans L ; de plus, si *p* est l'exposant caractéristique de K, le corps L est linéairement disjoint de $K^{p^{-\infty}}$ sur K, donc L est séparable sur K (V, p. 118, cor. 1).

COROLLAIRE 1. — *Soit* A *une algèbre sur le corps* K. *Pour que* A *soit absolument intègre, il faut et il suffit que l'anneau* $\overline{K} \otimes_K A$ *soit intègre.*

La condition énoncée est évidemment nécessaire. Inversement, supposons que l'anneau $\overline{K} \otimes_K A$ soit intègre, et notons E le corps des fractions de A. D'après la prop. 4 (V, p. 135), l'anneau $\overline{K} \otimes_K E$ est intègre, donc E est extension régulière de K par la proposition 9 ; on conclut par V, p. 135, cor., que A est une K-algèbre absolument intègre.

COROLLAIRE 2. — *Soit* K *un corps algébriquement clos. Toute* K*-algèbre intègre sur* K *est absolument intègre. En particulier, toute extension de* K *est régulière.*

Cela résulte du cor. 1.

COROLLAIRE 3. — *Soit* K *un corps algébriquement clos. Si* A *et* B *sont deux* K*-algèbres intègres, il en est de même de* $A \otimes_K B$.

D'après le cor. 2, A et B sont absolument intègres sur K, et il suffit d'appliquer la prop. 2 (V, p. 134).

6. Application aux extensions composées

PROPOSITION 10. — *Soient* L *et* M *deux extensions d'un corps* K *et* (E, u, v) *une extension composée de* L *et de* M (V, p. 11). *On suppose que l'anneau* $L \otimes_K M$ *est intègre et que les sous-extensions* $u(L)$ *et* $v(M)$ *de* E *sont algébriquement disjointes sur* K. *Alors* $u(L)$ *et* $v(M)$ *sont linéairement disjointes sur* K.

Posons $w = u * v$ (V, p. 12). Notons F le corps des fractions de l'anneau intègre $L \otimes_K M$ et identifions L (resp. M) à un sous-corps de F au moyen de l'application $x \mapsto x \otimes 1$ (resp. $y \mapsto 1 \otimes y$) ; alors la restriction de *w* à L (resp. M) est *u* (resp. *v*). Soit B une base de transcendance de M sur K (V, p. 105, th. 1).

Par hypothèse, $u(L)$ et $v(M)$ sont algébriquement disjointes sur K ; par suite (V, p. 109, prop. 14), $u(L)$ et $v(K(B))$ sont linéairement disjointes sur K. Il existe donc un K-homomorphisme $u' : L(B) \to E$ qui coïncide avec *u* sur L et avec *v* sur K(B). Par construction, L et M sont linéairement disjoints sur K dans F ; d'après la prop. 8 (V, p. 14), les sous-corps L(B) et M de F sont linéairement disjoints sur K(B). Il existe par conséquent un K-homomorphisme $w' : M[L(B)] \to E$ qui coïncide avec u' sur L(B) et avec *v* sur M. Mais le corps F est engendré par $M \cup L(B)$ et M est algébrique sur K(B) ; on a donc $M[L(B)] = F$ (V, p. 18, cor. 2). On conclut de là que w' est un K-isomorphisme de F sur E, dont la restriction à L (resp. M) est *u* (resp. *v*). Ceci prouve que $u(L)$ et $v(M)$ sont linéairement disjointes sur K.

COROLLAIRE 1. — *Soient* Ω *une extension d'un corps* K *et* L *une sous-extension de* Ω *régulière sur* K. *Toute sous-extension* M *de* Ω *qui est algébriquement disjointe de* L *sur* K *en est linéairement disjointe.*

L'anneau $L \otimes_K M$ est intègre par définition d'une extension régulière, et il suffit d'appliquer la prop. 10.

COROLLAIRE 2. — *Soient* Ω *une extension d'un corps* K *et* L, M *deux sous-extensions de* Ω. *On suppose que* L *est séparable sur* K *et que la fermeture séparable de* K *dans* M *est égale à* K. *Si* L *et* M *sont algébriquement disjointes sur* K, *elles sont linéairement disjointes sur* K.

D'après la prop. 10, il suffit de noter que l'anneau $L \otimes_K M$ est intègre (V, p. 134, cor.).

Exercices

§ 1

1) Soit A un anneau non nécessairement commutatif, non nul, sans diviseur de zéro (I, p. 93). Montrer que s'il existe un entier $m \geqslant 1$ tel que $m\mathrm{A} = 0$, l'ensemble des entiers ayant cette propriété est un idéal $p\mathbf{Z}$, où p est premier, et A est un anneau de caractéristique p.

2) Soient m, n des entiers tels que $0 \leqslant n \leqslant m$. Soit p un nombre premier, et soient $m = \alpha_0 + \alpha_1 p + \cdots + \alpha_r p^r$ et $n = \beta_0 + \beta_1 p + \cdots + \beta_r p^r$ les développements de base p de m et n, où l'on a donc $0 \leqslant \alpha_i < p$, $0 \leqslant \beta_i < p$ pour $0 \leqslant i \leqslant r$; on suppose $\alpha_r \neq 0$. Montrer que l'on a $\binom{m}{n} \equiv 0 \bmod. p$ si l'on a $\beta_i > \alpha_i$ pour un indice i au moins. Si, au contraire, $\beta_i \leqslant \alpha_i$ pour $0 \leqslant i \leqslant r$, on a

$$\binom{m}{n} \equiv \binom{\alpha_0}{\beta_0} \cdots \binom{\alpha_r}{\beta_r} \quad (\text{mod. } p)\,.$$

(Dans $(\mathbf{Z}/p\mathbf{Z})\,[\mathrm{X}]$ on a $(1 + \mathrm{X})^m = (1 + \mathrm{X})^{\alpha_0}(1 + \mathrm{X}^p)^{\alpha_1} \ldots (1 + \mathrm{X}^{p^r})^{\alpha_r}$.)

3) Soit A un anneau commutatif. Pour tout polynôme $f \in \mathrm{A}[\mathrm{X}]$, on pose dans l'anneau $\mathrm{A}[\mathrm{X}, \mathrm{Y}]$ des polynômes à deux indéterminées sur A,

$$f(\mathrm{X} + \mathrm{Y}) = \sum_{m=0}^{\infty} \Delta_m f(\mathrm{X})\, \mathrm{Y}^m\,,$$

Δ_m étant donc une application A-linéaire de A[X] dans lui-même.

a) Si Z est une indéterminée, et τ_{Z} l'application A-linéaire de A[X] dans A[X, Z] telle que $\tau_{\mathrm{Z}} f = f(\mathrm{X} + \mathrm{Z})$, montrer que l'on a $\tau_{\mathrm{Z}} \circ \Delta_m = \Delta_m \circ \tau_{\mathrm{Z}}$ (où au second membre Δ_m est l'application définie ci-dessus dans l'anneau B[X], où B = A[Z]). En déduire que, dans A[X], on a

$$\Delta_m \Delta_n = \Delta_n \Delta_m = \binom{m+n}{m} \Delta_{m+n}$$

pour m, n entiers $\geqslant 0$ (*cf.*, IV, p. 7).

b) On suppose que A est un anneau de caractéristique $p > 0$, et pour tout entier $k \geqslant 0$, on pose $D_k = \Delta_{p^k}$. Montrer que, si $f \in A[X]$ et $g \in A[X^{p^k}]$, on a $D_k(fg) = g.D_k f + f.D_k g$.

Tout polynôme $f \in A[X]$ s'écrit d'une seule manière $f(X) = \sum_{m=0}^{\infty} X^{mp^k} g_m(X)$, où $\deg(g_m) < p^k$; montrer que l'on a

$$D_k f(X) = \sum_{m=0}^{\infty} m X^{(m-1)p^k} g_m(X)$$

et en déduire que $D_k^p = 0$.

c) Pour tout entier $m > 0$, soit $m = \alpha_0 + \alpha_1 p + \cdots + \alpha_k p^k$ le développement de base p de m (E, III, p. 40), où l'on a donc $0 \leqslant \alpha_j < p$ pour $0 \leqslant j \leqslant k$; on suppose $\alpha_k \neq 0$. Montrer que l'on a

$$\Delta_m = \left(\frac{1}{\alpha_0!} D_0^{\alpha_0}\right)\left(\frac{1}{\alpha_1!} D_1^{\alpha_1}\right)\cdots\left(\frac{1}{\alpha_k!} D_k^{\alpha_k}\right).$$

(Si Δ'_m est le second membre de cette relation, remarquer que si l'on introduit le développement $f(X + Y) = \sum_{q=0}^{\infty} f_q(Y) X^q$, on a $\Delta'_m f(X + Y) = \sum_{q=0}^{\infty} f_q(Y) \Delta'_m(X^q)$ et en déduire que l'on peut écrire $\Delta'_m f(X + Y) = f_m(X) + Yg(X, Y)$, où g est un polynôme.)

4) Soit G un groupe commutatif, noté additivement, et soit p un nombre premier. On note $G\left[\frac{1}{p}\right]$ le groupe commutatif $G \otimes_{\mathbf{Z}} \mathbf{Z}\left[\frac{1}{p}\right]$. Montrer que si K est un corps de caractéristique p, la clôture parfaite de l'algèbre de groupe K[G] est l'algèbre de groupe $K^{p^{-\infty}}\left[G\left[\frac{1}{p}\right]\right]$.

* 5) Soit $\mathfrak{P}$ l'ensemble des nombres premiers et posons $A = \prod_{p \in \mathfrak{P}} \mathbf{F}_p$. Pour tout filtre $\mathfrak{F}$ sur $\mathfrak{P}$ (TG, I, p. 36), notons $m_{\mathfrak{F}} \subset A$, l'ensemble des $u = (u_p)_{p \in \mathfrak{P}}$ tels que l'ensemble des $p \in \mathfrak{P}$ tels que $u_p = 0$ soit un élément de $\mathfrak{F}$. Montrer que $m_{\mathfrak{F}}$ est un idéal et qu'on obtient ainsi une bijection entre les idéaux de A distincts de A et les filtres sur $\mathfrak{P}$. Soit $\mathfrak{F}$ un ultrafiltre (TG, I, p. 39) sur $\mathfrak{P}$ qui n'admet pas de limite pour la topologie discrète. Montrer que $A/m_{\mathfrak{F}}$ est un corps de caractéristique 0, isomorphe à un sous-corps de **C**. *

§ 2

1) *a*) Montrer que pour tout entier $a \neq 0$, le polynôme $X^4 - aX - 1$ est irréductible dans **Q**[X].

b) Soit α une racine de $X^4 - aX - 1$ dans une extension de **Q**, et soit $K = \mathbf{Q}(\alpha)$, qui est de degré 4 sur **Q**. Montrer qu'il y a une infinité de valeurs de $a \in \mathbf{Z}$ telles que K ne contienne aucun sous-corps F distinct de **Q** et de K.

* 2) Le polynôme $X^3 - 2$ de **Q**[X] est irréductible ; soit E une extension de décomposition de ce polynôme (V, p. 20), et soit F le corps engendré par une seule des racines de ce polynôme dans E. Montrer que deux extensions composées de E et F sont toujours isomorphes en tant qu'extensions de **Q**, mais non en tant qu'extensions composées. *

3) Soit A une algèbre de degré fini sur un corps commutatif K ; on ne suppose pas que A soit unifère. Montrer que si $a \in A$ est simplifiable à gauche, il existe $e \in A$ tel que $ex = x$ pour tout $x \in A$, et il existe $b \in A$ tel que $ab = e$. Si a est aussi simplifiable à droite, e est élément unité de A et a est inversible dans A. Cas où A est commutatif.

4) Soient K un corps, Ω une extension de K, et E, F deux sous-extensions linéairement disjointes sur K. Soit C la K-algèbre $K[E \cup F]$, isomorphe à $E \otimes_K F$.

a) Soit E′ (resp. F′) une sous-extension de E (resp. de F) et posons C′ = K[E′ ∪ F′]. Si un élément a de C′ est inversible dans C alors $a^{-1} \in$ C′. (Se ramener au cas F′ = F. Soit E″ un supplémentaire de E′ dans le E′-espace vectoriel E, de sorte que C est isomorphe à C′ ⊕ (E″ $\otimes_K$ F). Écrire la matrice de la multiplication par a dans cette décomposition.)
* *b*) Montrer que si C est un corps, alors E ou F est algébrique sur K. (Si $x \in$ E et $y \in$ F sont transcendants sur K, on prend E′ = K(x), F′ = K(y), et $a = x + y$ dans *a*).) *

§ 3

1) Soient E une extension d'un corps K, x et y deux racines distinctes dans E d'un même polynôme irréductible de K[X]. Montrer que les extensions K(x) et K(y) ne sont pas linéairement disjointes sur K (utiliser le th. 2). * Donner un exemple où K = **Q** et K(x) ∩ K(y) = K (*cf.* V, p. 152, exerc. 2). *

2) Soit $(E_i)_{i \in I}$ une famille d'extensions d'un corps K, contenues dans une extension L de K. Si F_i est la fermeture algébrique de K dans E_i, montrer que la fermeture algébrique de K dans $E = \bigcap_{i \in I} E_i$ est $F = \bigcap_{i \in I} F_i$.

3) Montrer que toute extension algébrique E d'un corps K est équipotente à une partie de K × **N** (considérer l'application qui, à tout élément de E, fait correspondre son polynôme minimal sur K). En particulier, toute extension algébrique d'un corps fini est dénombrable, et toute extension algébrique d'un corps infini K est équipotente à K. * En déduire qu'il existe dans le corps **R** des nombres réels des nombres transcendants sur le corps premier **Q**, et que l'ensemble de ces nombres a la puissance du continu. *

4) Soit F une extension transcendante d'un corps E. Montrer que

$$[F:E] \geqslant \mathrm{Sup}(\mathrm{Card}(E), \mathrm{Card}(\mathbf{N}))$$

et qu'il y a égalité si l'extension F peut être engendrée par une famille dénombrable d'éléments. (Utiliser l'exerc. 7 de IV, p. 85.)

5) Soit A une algèbre commutative, et soit S une partie de A engendrant A comme K-algèbre. On suppose Card(S) < Card(K). Montrer que, si $\mathfrak{M}$ est un idéal maximal de A, le corps A/$\mathfrak{M}$ est une extension algébrique de K. (Utiliser l'exercice 15 de V, p. 163 lorsque Card(K) ⩽ Card(**N**) et l'exerc. 4 lorsque

$$\mathrm{Card}(K) > \mathrm{Card}(\mathbf{N}).)$$

* En déduire que A/$\mathfrak{M}$ = K lorsque K est algébriquement clos. *

* 6) Soit C un corps algébriquement clos non dénombrable, et soit $P = C[(X_i)_{i \in I}]$ une algèbre de polynômes sur C. Soient $(f_\alpha)_{\alpha \in A}$, $(g_\beta)_{\beta \in B}$ deux familles d'éléments de P. On suppose :
a) B et I sont dénombrables.
b) Pour toute partie finie A′ de A et toute partie finie B′ de B, il existe $(x_i)_{i \in I} \in C^I$ tel que

$$f_\alpha(x_i) = 0 \quad \text{et} \quad g_\beta(x_i) \neq 0 \quad \text{pour tout } \alpha \in A', \beta \in B' .$$

Montrer qu'il existe alors $(x_i)_{i \in I} \in C^I$ tel que

$$f_\alpha(x_i) = 0 \quad \text{et} \quad g_\beta(x_i) \neq 0 \quad \text{pour tout } \alpha \in A, \beta \in B .$$

(Soit $(Y_\beta)_{\beta \in B}$ une famille d'indéterminées indexée par B et soit Q l'algèbre de polynômes $C[(X_i)_{i \in I}, (Y_\beta)_{\beta \in B}]$. Soit Λ le quotient de Q par l'idéal engendré par les f_α et par les $1 - g_\beta Y_\beta$. Montrer grâce à *a*) et *b*) que Λ ≠ 0, et appliquer l'exerc. 5 à un idéal maximal de Λ. *

7) Soient L un corps, A un sous-anneau de L, K ⊂ L le corps des fractions de A.
a) Montrer que si L est un A-module de type fini (II, p. 15), on a nécessairement A = K (montrer, en considérant un sous-espace supplémentaire de K dans L, considéré comme espace

vectoriel sur K, que K est un A-module de type fini, donc nécessairement de la forme $s^{-1}A$, où $s \in A$; prouver enfin que s est nécessairement inversible dans A).
b) Montrer que s'il existe un nombre fini d'éléments x_j ($1 \leqslant j \leqslant n$) de L, *algébriques* sur K tels que $L = A[x_1, \ldots, x_n]$, alors il existe un élément $b \neq 0$ dans A tel que $K = A[b^{-1}]$ (montrer qu'il existe $b \neq 0$ dans A tel que L soit un $A[b^{-1}]$-module de type fini). Montrer que, ou bien b est inversible (et K = A), ou bien tout idéal de A non réduit à 0 contient un idéal principal Ab^m. Réciproque. L'anneau $k[[X]]$ des séries formelles sur un corps k est un anneau de ce type.

* 8) Si K est un corps, montrer que K est algébriquement fermé dans le corps K(X) des fractions rationnelles en une indéterminée sur K (utiliser le fait que K[X] est un anneau principal.) *

9) Soient K un corps, E une extension de K, S une partie de E − K.
a) Montrer que l'ensemble des extensions $L \subset E$ de K telles que $L \cap S = \emptyset$, ordonné par inclusion, admet un élément maximal M.
b) Montrer que si S est fini, E est une extension algébrique de M.

* 10) Soient K un corps, P un polynôme de l'anneau K[X, Y] à deux indéterminées. On suppose qu'il existe un polynôme $H \in K[X]$ et deux polynômes Q, R de K[X, Y] tels que $H(X)\,P(X, Y) = Q(X, Y)\,R(X, Y)$ et que les coefficients de Q(X, Y), considéré comme polynôme en Y, soient des polynômes de K[X] sans facteur commun non constant. Montrer que tous les coefficients de R(X, Y), considéré comme polynôme en Y, sont divisibles par H(X). (Considérer H, P, Q, R comme des polynômes en X sur le corps K(Y) et les décomposer en facteurs du premier degré dans $\Omega[X]$, où Ω est une clôture algébrique de K(Y) ; observer que si H(X) et Q(X, Y) avaient un facteur du premier degré commun, ce facteur diviserait tous les coefficients de Q(X, Y) considéré comme polynôme en Y, et utiliser le fait (IV, p. 12) que si K′ est une extension de K, le pgcd dans K′[X] de deux polynômes de K[X] appartient à K[X].) *

11) Soient E une extension d'un corps K, $x \in E$ un élément transcendant sur K, de sorte que K(x) est isomorphe au corps K(T) des fractions rationnelles à une indéterminée sur K. Tout élément $y \in K(x)$ s'écrit donc $y = g(x)/h(x)$, où g et h sont deux polynômes de K[X] étrangers (IV, p. 12) déterminés à un facteur près appartenant à K et $\neq 0$; on appelle *hauteur* de y par rapport à x le plus grand des degrés de g et h.
a) Montrer que, dans l'anneau de polynômes $K(y)[X]$, le polynôme $g(X) - yh(X)$ est irréductible si $y \notin K$. En déduire que si y est de hauteur $n > 0$ par rapport à x, K(x) est une extension algébrique de degré n de K(y).

Soit $P(X) = \sum_{i=0}^{n} y_i X^i$ le polynôme minimal de x sur K(y). Montrer que, pour $0 \leqslant i \leqslant n$, on a ou bien $y_i \in K$, ou bien $K(y_i) = K(y)$.
b) Déduire de *a*) que tout $y \in K(x)$ tel que $K(y) = K(x)$ est de la forme $(ax + b)/(cx + d)$ où a, b, c, d sont des éléments de K tels que $ad - bc \neq 0$; réciproque. Trouver tous les K-automorphismes de K(x).
c) Montrer que si $y \in K(x)$ est de hauteur n par rapport à x, et $z \in K(y)$ de hauteur m par rapport à y, z est de hauteur mn par rapport à x.
* *d*) Soit F une extension de K telle que $K \subset F \subset K(x)$ et $F \neq K$; soit y un élément de F dont la hauteur m par rapport à x est la plus petite possible ; montrer que l'on a $F = K(y)$ (« Théorème de Lüroth »). (Soit P le polynôme minimal de x dans F[T] ; montrer que l'on a $P(T) = Q(T, x)/R(x)$, où Q est un polynôme de K[T, X] de degré $\geqslant m$ par rapport à X et qui n'est divisible par aucun polynôme non constant de K[X], et R un polynôme de K[X]. Si $y = g(x)/h(x)$, où g et h sont étrangers dans K[X], remarquer d'après *a*) que le polynôme $g(T)\,h(X) - g(X)\,h(T)$ n'est divisible par aucun polynôme non constant de K[T] ou de K[X] ; en déduire que l'on a nécessairement

$$g(T)\,h(X) - g(X)\,h(T) = c\,.\,Q(T, X)\,, \quad \text{où } c \in K\,,$$

en utilisant l'exerc. 10.) *

* 12) *a*) Les notations et hypothèses étant celles de l'exerc. 11, montrer que, pour qu'une extension F de K telle que $K \subset F \subset K(x)$ soit telle que $F \cap K[x] \neq K$, il faut et il suffit que $F = K(y)$, où $y = g(x)$ pour un polynôme non constant $g \in K[T]$; on a alors $K(y) \cap K[x] = K[y]$. (Écrire $F = K(y)$ avec $y = g(x)/h(x)$, g et h étant deux polynômes de K[T] étrangers. S'il existe un polynôme $P \in K[T]$ non constant et tel que $P(x) \in F$, on peut écrire $P(x) = Q(y)/R(y)$, où Q et R sont deux polynômes unitaires de K[T] étrangers et non constants tous deux. Distinguer deux cas selon que $R = 1$ ou que R est non constant ; dans le second cas, décomposer Q et R en facteurs du premier degré sur une clôture algébrique Ω de K, et observer que si a, b sont deux éléments distincts de Ω, $g - ah$ et $g - bh$ sont étrangers dans $\Omega[T]$.)

b) Si $F = K(y)$ avec $y = g(x)$, où $g \in K[T]$ est non constant, on peut supposer que l'on a $g(T) = Tg_1(T)$, où $g_1 \in K[T]$. Montrer que si $K(xg(x)) \cap K[y] \neq K$, on a nécessairement $g_1(T) = aT^n$ avec $a \in K$ et $n > 0$. (Observer que d'après l'hypothèse et *a*) il y a deux polynômes non constants P, Q dans K[T] tels que $P(xg(x)) = Q(g(x)) \notin K$; en déduire qu'il y a deux éléments a, b de K et un entier m tels que $g(T)$ divise $a - bT^m$.)

c) Soient y, z deux éléments de K[x] tels que $K(y) \cap K(z) \neq K$; montrer que l'on a alors $K[y] \cap K[z] \neq K$.

d) Trouver $y \in K(x)$ tel que $K(y) = K(x)$ mais $K[y] \cap K[x] = K$. *

* 13) Soient K un corps, $P(T, X) = a_0(T)\, X^n + a_1(T)\, X^{n-1} + \cdots + a_n(T)$ un polynôme de K[T, X] ; on suppose que : 1° le polynôme a_0 n'est pas divisible par T ; 2° chacun des polynômes $a_1, \ldots, a_n$ est divisible par T ; 3° le polynôme a_n n'est pas divisible par T^2. Montrer que dans ces conditions, P, considéré comme polynôme de K(T) [X], est irréductible (raisonner par l'absurde en utilisant l'exerc. 10). *

* 14) Les notations étant celles de l'exerc. 11, montrer que si l'on prend $g(X) = X$ et $h(X) = X^n + X + 1$ $(n \geqslant 2)$, le polynôme $(g(X)\, h(x) - h(X)\, g(x))/(X - x)$ de K(x) [X] est irréductible (utiliser l'exerc. 13). *

15) Donner un exemple de corps K contenant deux sous-corps K_1 et K_2 tels que K soit algébrique sur K_1 et sur K_2 mais pas sur $K_1 \cap K_2$. (Prendre $K = \mathbf{Q}(T)$, $K_1 = \mathbf{Q}(T^2)$, et $K_2 = \mathbf{Q}(T^2 - T)$. Vérifier que $[K : K_1] = 2$, $[K : K_2] = 2$, et $K_1 \cap K_2 = \mathbf{Q}$. Pour cela, observer qu'un élément $f(T)$ de $K_1 \cap K_2$ satisfait aux conditions $f(-T) = f(T)$ et $f(1 - T) = f(T)$.)

§ 4

1) Soient K un corps, $(E_i)_{i \in I}$ une famille quelconque d'extensions de K. Montrer qu'il existe une extension E de K et, pour chaque $i \in I$, un K-isomorphisme u_i de E_i dans E, tels que E soit engendré par la réunion des $u_i(E_i)$ (raisonner comme dans la prop. 4 (V, p. 21)).

* 2) Soient K un corps algébriquement clos de caractéristique 0, $F = K((X^{1/n!}))$ le corps des séries formelles en $X^{1/n!}$, $E = K((X))$ où $X = (X^{1/n!})^{n!}$, le sous-corps F, corps des séries formelles en X. Pour toute série formelle $f \in K((X))$, on note $\omega(f)$ son ordre.

a) Soit $P(Y) = a_0Y^n + a_1Y^{n-1} + \cdots + a_n$ un polynôme de E[Y] de degré n, tel que $a_n \neq 0$, montrer qu'il existe une suite strictement croissante $(i_k)_{0 \leqslant k \leqslant r}$ d'entiers de l'intervalle $[0, n]$ telle que : 1° $i_0 = 0$, $i_r = n$; 2° $\omega(a_{i_k})$ est fini pour $0 \leqslant k \leqslant r$; 3° pour tout indice j tel que $0 \leqslant j \leqslant n$, distinct des i_k et tel que $\omega(a_j)$ soit fini, le point $(j, \omega(a_j)) \in \mathbf{R}^2$ est au-dessus de la droite passant par les points $(i_k, \omega(a_{i_k}))$, $(i_{k-1}, \omega(a_{i_{k-1}}))$, et strictement au-dessus si $j < i_{k-1}$ ou $j > i_k$ $(1 \leqslant k \leqslant r)$. On dit que la réunion des segments joignant les points $(i_{k-1}, \omega(a_{i_{k-1}}))$ et $(i_k, \omega(a_{i_k}))$ pour $1 \leqslant k \leqslant r$ est le *polygône de Newton* de P, les segments précédents en sont appelés les *côtés* et les points $(i_k, \omega(a_{i_k}))$ $(0 \leqslant k \leqslant r)$ les *sommets*.

b) On pose $\rho_k = i_k - i_{k-1}$, $\sigma_k = (\omega(a_{i_k}) - \omega(a_{i_{k-1}}))/\rho_k$; montrer que P admet exactement ρ_k zéros (comptés avec leur ordre de multiplicité) appartenant au corps $K((X^{1/(\rho_k!)}))$ et dont les ordres sont égaux à σ_k (déterminer par récurrence les coefficients d'une série formelle de ce type vérifiant l'équation $P(z) = 0$).

c) En conclure que la réunion des corps $K((X^{1/n}))$ pour tous les entiers $n > 0$ est une clôture algébrique du corps $E = K((X))$ (« théorème de Puiseux »).
d) Si K′ est un corps de caractéristique 2 et si $E' = K'((X))$, le polynôme $Y^2 + XY + X$ de $E'[Y]$ n'a pas de racines dans la réunion des corps $K'((X^{1/n!}))$. $_*$

§ 5

1) *a*) Soient E une extension d'un corps K, $x \in E$ un élément transcendant sur K, et soit $F = K(x^n)$ pour un entier $n > 1$. Montrer que si l'intersection $F \cap K[(x-1)(x^n-1)]$ est distincte de K, K est de caractéristique $p > 0$ et $n = p^e$, de sorte que $K(x)$ est extension radicielle de F. (En posant $y = x - 1$ et utilisant l'exerc. 12, *b*) de V, p. 143, montrer que l'on a $(y+1)^n - 1 = ay^n$ pour un $a \in K$.)
b) Montrer que si $K \subset F' \subset K(x)$ et si $K(x)$ n'est pas une extension radicielle de F′ et si $K \neq F' \neq K(x)$, il existe $z \in K[x]$ tel que $z \notin K$ et $F' \cap K[z] = K$. (Raisonner par l'absurde, en utilisant *a*) et l'exerc. 12, *b*) de V, p. 143.)
c) Sous les mêmes hypothèses que dans *b*), on suppose que $F' = K(y)$, où $y \in K[x]$; montrer qu'il existe $u \in K[x]$ tel que $u \notin K$ et $F' \cap K(u) = F' \cap K[u] = K$. (Remarquer que s'il n'en était pas ainsi, on aurait $F' \cap K[z] \neq K$ pour tout $z \in K[x]$ tel que $z \notin K$, en utilisant l'exercice 12, *c*) de V, p. 143.)

2) Soient K un corps de caractéristique $p > 0$, f un polynôme unitaire irréductible de K[X]. Montrer que dans K[X], le polynôme $f(X^p)$ est, soit irréductible, soit puissance p-ième d'un polynôme irréductible, suivant qu'il existe ou non un coefficient de f qui n'appartient pas à K^p (décomposer $f(X^p)$ en facteurs du premier degré dans $\Omega[X]$, où Ω est une extension algébriquement close de K).

3) Soit K un corps de caractéristique $p > 2$, et soit F le corps de fractions rationnelles K(X, Y). Soit $E = F(\theta)$ une extension de F engendrée par une racine θ du polynôme

$$f(Z) = Z^{2p} + XZ^p + Y$$

de F[Z]. Montrer que $[E : F(\theta^p)] = p$, mais que E ne contient aucun élément radiciel sur F n'appartenant pas à F. (Remarquer d'abord que f est irréductible dans F[Z] ; s'il existait $\beta \in E$ tel que $\beta^p \in F$, $\beta \notin F$, f serait réductible dans $F(\beta)[Z]$; en utilisant l'exerc. 2, montrer que $X^{1/p}$ et $Y^{1/p}$ appartiendraient à E, et qu'on aurait $[E : F] \geqslant p^2$.) (Voir l'exerc. 1 de V, p. 145).

§ 6

1) Soient K un corps et A une K-algèbre commutative. Pour que A soit étale, il faut et il suffit qu'il existe une partie finie S de A qui engendre la K-algèbre A et telle que, pour tout $x \in S$, la sous-algèbre $K[x]$ engendrée par x soit étale. (Si S engendre A, la K-algèbre A est isomorphe à un quotient du produit tensoriel des $K[x]$ où x parcourt S.)

2) Soit Γ un monoïde commutatif fini. Considérons les conditions E_0 et E_p suivantes, où p désigne un nombre premier.
(E_0) Si $x \in \Gamma$ et si e, d sont des entiers $\geqslant 0$, la relation $x^{e+d} = x^d$ entraîne la relation $x^{e+1} = x$.
(E_p) Si $x, y \in \Gamma$ la relation $x^p = y^p$ entraîne la relation $x = y$.
Soit K un corps de caractéristique p ($\geqslant 0$) et soit A la K-algèbre $K^{(\Gamma)}$ du monoïde Γ.
a) Pour que A soit étale, il faut et il suffit que la condition (E_p) soit satisfaite. (Utiliser l'exerc. 1 pour la suffisance. Pour la nécessité, remarquer, pour $p = 0$, que $x^{e+1} - x$ est nilpotent si $x^{e+d} = x^d$; pour $p > 0$ utiliser le cor. de V, p. 34.)
b) Soit X l'ensemble des homomorphismes de Γ dans le monoïde multiplicatif de K. On a Card X $\leqslant$ Card Γ. Si K est algébriquement clos, on a Card X = Card Γ si et seulement si la condition (E_p) est satisfaite.
c) Si Γ est un groupe la condition (E_0) est toujours satisfaite ; si $p > 0$ la condition (E_p) équivaut à dire que tout élément de Γ est d'ordre premier à p, ou encore à dire que Card Γ n'est pas divisible par p.

§ 7

1) *a*) Soit K un corps de caractéristique $p > 0$. On dit qu'une extension algébrique F de K de degré fini est *exceptionnelle* si elle n'est pas séparable sur K et si elle ne contient aucun élément $x \notin K$ radiciel sur K, autrement dit si $F^p \cap K = K^p$ (V, p. 144, exerc. 3). Montrer que si F est exceptionnelle et si $E = F_s$, $z \in F$, $z \notin E$ et $z^p \in E$, alors, pour tout $t \in K$, on a $z^p \notin E^p(t)$ (observer que dans le cas contraire, on aurait $E^p(t) = E^p(z^p)$, et par suite $t \in E^p$).
b) Inversement, soient E une extension algébrique séparable de K, de degré fini, et soit $x \in E$ tel que, pour tout $t \in K$, on ait $x^p \notin E^p(t)$. Soit $F = E(x^{1/p})$, de sorte que $E = F_s$. Montrer que F est une extension exceptionnelle de K. (S'il existait $y \in F$ tel que $y \notin E$ et $y^p = z \in K$, montrer que l'on aurait $z \in E^p(x)$; cela entraîne que $z \in E^p$, donc $y \in E$, ce qui est contradictoire.)

On dit qu'une extension séparable E de K, de degré fini, est *fortement séparable* si la réunion des corps $E^p(t)$, où t parcourt K, est distincte de E ; il revient donc au même de dire que $E = F_s$, où F est une extension non séparable exceptionnelle de K. Une extension fortement séparable de K ne peut être un corps parfait.
c) Montrer que si E est une extension fortement séparable de K, il est impossible que $[E : E^p] = p$. (Raisonner par l'absurde en montrant que la relation $[E : E^p] = p$ entraînerait $E^p(t) = E$ pour tout $t \in K$ tel que $t \notin E^p$; remarquer d'autre part que si $K \subset E^p$, E ne peut être fortement séparable sur K que s'il est parfait.)
d) Montrer que si $[K : K^p] = p$, il n'y a pas d'extension fortement séparable de K, ni par suite d'extension exceptionnelle de K.

2) Soient k un corps imparfait de caractéristique p, $a \in k$ un élément tel que $a \notin k^p$, F le corps $k(X)$ des fractions rationnelles à une indéterminée sur k ; on pose $y = X^{p^2}/(X^p + a)$ et $K = k(y)$.
a) Montrer que $[F : K] = p^2$, de sorte que $T^{p^2} - yT^p - ay$ est le polynôme minimal de X dans K[T] ; en déduire que la fermeture séparable de K dans F est $E = k(X^p)$ (*cf.* V, p. 142, exerc. 11).
b) Montrer que F est une extension exceptionnelle (exerc. 1) de K. (Raisonner par l'absurde, en supposant qu'il existe $b \in F$ tel que $b \notin K$ et $b^p \in K$. Observer que $K(b) = k(z)$, où $z = r(X)/s(X)$ avec $\deg r = p$, $\deg s \leqslant p$, r et s étant des polynômes étrangers de $k[X]$; montrer que $z^p \in K$ et que le polynôme minimal de X sur K est $r(T)^p - z^p s(T)^p$ à un facteur près dans K. Conclure, en utilisant *a*), que l'on aurait $a \in k \cap F^p = k^p$ contrairement à l'hypothèse.)

3) Soient K un corps de caractéristique $p > 0$, E une extension de degré fini de K, E_r et E_s la plus grande extension radicielle et la plus grande extension séparable de K contenues dans E. Montrer que $E_s \otimes_K E_r$ est isomorphe à la fermeture séparable de E_r dans E, avec laquelle on l'identifie ; si elle n'est pas égale à E, E est une extension exceptionnelle de E_r et $E_s \otimes_K E_r$ une extension fortement séparable de E_r.

Inversement, soit E une extension exceptionnelle d'un corps L, et soit K un sous-corps de L tel que L soit radiciel sur K et $[L : K] < +\infty$; alors L est la plus grande extension radicielle de K contenue dans E.

4) Soient K un corps, $E = K(x)$ une extension algébrique séparable de K, f le polynôme minimal de x dans K[X].
a) Soit F une extension de K ; dans l'anneau F[X], le polynôme f se décompose en un produit $f_1 f_2 \dots f_r$ de polynômes irréductibles et séparables deux à deux distincts. Montrer que l'algèbre $E \otimes_K F$ est isomorphe au produit des corps $F[X]/(f_j)$ $(1 \leqslant j \leqslant r)$.
b) On suppose que $F = K(y)$ est une extension algébrique séparable de K ; soit g le polynôme minimal de y dans K[X], et soit $g = g_1 g_2 \dots g_s$ la décomposition de g en produit de polynômes irréductibles dans E[X]. Montrer que $r = s$ et que si $m = \deg f$, $n = \deg g$, $m_j = \deg f_j$, $n_j = \deg g_j$, on peut, après avoir éventuellement permuté les g_j, supposer que $m_j/n_j = m/n$ pour $1 \leqslant j \leqslant r$.

5) Soit K un corps fini à q éléments. Soit A la K-algèbre K^n. Pour que A soit engendrée par un seul élément, il faut et il suffit que l'on ait $n \leqslant q$.

§ 8

1) Soient K un anneau commutatif, $f(X)$ un polynôme unitaire dans K[X], A la K-algèbre $K[X]/(f)$, et x la classe de X dans A. Pour tout $a \in K$, on a $f(a) = N_{A/K}(a - x)$.

2) Soient K un corps et A une K-algèbre de degré fini n. Pour tout entier m étranger à n, on a $A^{*m} \cap K^* = K^{*m}$; autrement dit, si $x \in K^*$ et s'il existe un élément y de A tel que $x = y^m$, alors il existe un élément z de K tel que $x = z^m$.

§ 9

1) Le polynôme $X^2 - 2$ est irréductible dans **Q**[X] (*cf.* I, p. 49, th. 7) ; soit α une de ses racines dans une clôture algébrique Ω de **Q**. Montrer que le polynôme $X^2 - \alpha$ est irréductible sur $E = \mathbf{Q}(\alpha)$; soit β une des racines de ce polynôme dans Ω, et soit $F = E(\beta) = \mathbf{Q}(\beta)$. Montrer que F n'est pas une extension quasi-galoisienne de **Q** ; quelle est l'extension quasi-galoisienne de **Q** engendrée par F ?

* 2) Soit E la fermeture algébrique de **Q** dans le corps **R** (« corps des nombres algébriques réels ») ; si u est un automorphisme de E, on a $u(x) = x$ pour tout $x \in \mathbf{Q}$; montrer que si $y \in E$ est tel que $y > 0$, on a aussi $u(y) > 0$; en déduire que $u(y) = y$ pour tout $y \in E$. *

3) Montrer que toute extension algébrique d'un corps K, engendrée par un ensemble d'éléments de degré 2 sur K, est quasi-galoisienne sur K.

4) Soient K un corps, f un polynôme irréductible de K[X], séparable sur K et de degré n, et soient α_i $(1 \leqslant i \leqslant n)$ ses racines dans une clôture algébrique Ω de K. Soient g un polynôme de K[X], h un facteur irréductible dans K[X] du polynôme $f(g(X))$. Montrer que le degré de h est un multiple rn de n, et que h a exactement r racines communes avec chacun des polynômes $g(X) - \alpha_i$ $(1 \leqslant i \leqslant n)$ de $\Omega[X]$ (considérer les conjugués sur K d'une racine de h).

5) *a*) Soient K un corps, Ω une clôture algébrique de K, E et F deux sous-extensions de Ω. Montrer que toute extension composée de E et F (V, p. 11) est isomorphe à une extension composée de la forme $(L_w, 1, w)$, où w désigne un K-isomorphisme de F sur un sous-corps de Ω, 1 l'application identique de E, et L_w le sous-corps de Ω engendré par $E \cup w(F)$.
b) Déduire de *a*) que si F est de degré fini n sur K, il y a au plus n extensions composées de E et F deux à deux non isomorphes.
c) On suppose que E est une extension quasi-galoisienne de K, et F une sous-extension de E. Montrer que toute extension composée de E et F est isomorphe à une extension composée de la forme $(E, 1, v)$, où v est un K-isomorphisme de F sur un sous-corps de E.

6) *a*) Soient K un corps d'exposant caractéristique p, L une extension de K, Ω une clôture algébrique de L, $\overline{K}$ la fermeture algébrique de K dans Ω. Montrer que $\overline{K}$ et $L^{p^{-\infty}}$ sont linéairement disjointes sur $E = \overline{K} \cap L^{p^{-\infty}}$. (Soit (a_λ) une base de l'espace vectoriel $L^{p^{-\infty}}$ sur E ; considérer une relation linéaire $\sum_\lambda c_\lambda a_\lambda = 0$ où les $c_\lambda \in \overline{K}$ et où le nombre des c_λ qui sont $\neq 0$ est le plus petit possible, et appliquer à cette relation un L-automorphisme de Ω.)
b) Déduire de *a*) que si E et F sont deux extensions de K telles que E soit algébrique sur K et K algébriquement fermé dans F, deux extensions composées de E et F sont toujours isomorphes.

7) Soient K un corps de caractéristique 0, α, β, ξ trois éléments d'une clôture algébrique

de K, tels que $[K(\alpha):K] = 2$, $[K(\beta):K] = 3$, $[K(\xi):K] = n > 1$; on désigne par α' (resp. β', β'') l'unique conjugué $\neq \alpha$ de α (resp. les conjugués $\neq \beta$ de β).
a) Montrer que $[K(\alpha, \xi):K] = n$ si $\alpha \in K(\xi)$, $[K(\alpha, \xi):K] = 2n$ dans le cas contraire.
b) Montrer que $[K(\beta, \xi):K] = n$ si $\beta \in K(\xi)$, $[K(\beta, \xi):K] = 2n$ si $\beta \notin K(\xi)$ et un seul des deux éléments β', β'' appartient à $K(\xi)$, et enfin $[K(\beta, \xi):K] = 3n$ si aucun des trois éléments β, β', β'' n'appartient à $K(\xi)$.
c) Si d est le discriminant du polynôme minimal de β, montrer que $K(\beta, \beta') = K(\beta, \sqrt{d})$.
d) Montrer que l'on a $K(\beta, \beta') = K(\beta - \beta')$.
e) Si $n = 2$, et $\alpha \notin K(\xi)$, montrer que $K(\alpha, \xi) = K(\alpha + \xi)$.
f) Montrer que $K(\alpha, \beta) = K(\alpha + \beta)$.
g) Montrer que $K(\alpha, \beta) = K(\alpha\beta)$ sauf si $\alpha = aj$ et $\beta^3 = b$, où a, b sont des éléments de K et $j^3 = 1$.

8) Soient K un corps infini, E une extension algébrique de K, de degré fini, τ un automorphisme du K-espace vectoriel E, tel que pour tout $x \in E$, $\tau(x)$ soit conjugué de x sur K. Montrer que τ est un K-automorphisme du corps E. (Soit N l'extension quasi-galoisienne de K engendrée par E, et soient Γ le groupe des K-automorphismes de N, Δ le sous-groupe de Γ formé des E-automorphismes, σ_j $(1 \leqslant j \leqslant r)$ un système de représentants des classes à gauche suivant Δ. Si $(u_i)_{1 \leqslant i \leqslant n}$ est une base du K-espace vectoriel E, considérer le polynôme

$$F(X_1, \ldots, X_n) = \prod_{j=1}^{r} \Big(\sum_{i=1}^{n} (\tau(u_i) - \sigma_j(u_i))\, X_i \Big)\,.)$$

§ 10

1) *a*) Soient K un corps, f un polynôme séparable de K[X], N un corps de décomposition de f. Montrer que pour que le groupe Gal(N/K) opère transitivement sur l'ensemble des racines de f dans N, il faut et il suffit que f soit irréductible dans K[X].
b) On suppose en outre f irréductible dans K[X] ; soit x une racine de f dans N. Pour qu'il n'existe aucun corps E tel que $K \subset E \subset K(x)$, distinct de K et de $K(x)$, il faut et il suffit que le groupe Gal(N/K), considéré comme groupe transitif de permutations de l'ensemble des racines de f dans N, soit primitif (I, p. 131, exerc. 13).

2) Soient K un corps, f_0 un polynôme irréductible et séparable de K[X], de degré n ; soient α_i $(1 \leqslant i \leqslant n)$ ses racines dans un corps de décomposition N de f_0. Soient F le corps de fractions rationnelles $N(X_1, X_2, \ldots, X_n)$, E le sous-corps $K(X_1, X_2, \ldots, X_n)$ de F ; F est une extension galoisienne de E, et Gal(F/E) est canoniquement isomorphe à Gal(N/K) (V, p. 68, th. 5 ; V, p. 147, exerc. 8). Montrer que si $\theta = \alpha_1 X_1 + \alpha_2 X_2 + \cdots + \alpha_n X_n$, on a $F = E(\theta)$, et le polynôme minimal g_1 de θ dans E[T] est un facteur irréductible du polynôme

$$f(T) = \prod_{\sigma \in \mathfrak{S}_n} (T - \alpha_1 X_{\sigma(1)} - \alpha_2 X_{\sigma(2)} - \cdots - \alpha_n X_{\sigma(n)})\,.$$

Chaque permutation $\sigma \in \mathfrak{S}_n$ définit un K-automorphisme de E, encore noté σ, par la condition $\sigma(X_i) = X_{\sigma(i)}$ pour $1 \leqslant i \leqslant n$; montrer que Gal(N/K) est isomorphe au sous-groupe de $\mathfrak{S}_n$ formé des permutations telles que $\sigma(g_1) = g_1$. En outre, si $f = g_1 g_2 \ldots g_r$ est une décomposition de f en facteurs irréductibles dans E[T], montrer que pour tout indice j tel que $1 \leqslant j \leqslant r$, il existe une permutation $\sigma_j \in \mathfrak{S}_n$ telle que $\sigma_j(g_1) = g_j$.

3) Soit N une extension galoisienne d'un corps K, de degré infini sur K. Montrer que le cardinal du groupe Gal(N/K) est supérieur à celui de l'ensemble des parties de N (utiliser V, p. 59 et 60). En déduire qu'il existe des sous-groupes non fermés de Gal(N/K).

4) Soient N une extension galoisienne d'un corps K, $(E_i)_{i \in I}$ une famille de sous-extensions de N, galoisiennes sur K, telles que : 1° pour chaque indice i, si F_i est le corps engendré par la réunion des E_j pour $j \neq i$, on a $E_i \cap F_i = K$; 2° N est engendré par la réunion des E_i.
a) Montrer que N est isomorphe au produit tensoriel $\bigotimes_{i \in I} E_i$ (III, p. 42) (définir un isomorphisme de ce produit tensoriel sur N, en utilisant le th. 5 de V, p. 68).

b) Montrer que Gal(N/K) est isomorphe au produit des groupes topologiques $\mathrm{Gal}(\mathrm{E}_i/\mathrm{K})$.

5) Montrer que tout groupe compact totalement discontinu est isomorphe au groupe Gal(N/K) d'une extension galoisienne d'un corps (en utilisant TG, III, p. 86, exerc. 3, se ramener au cas où le groupe est produit de groupes finis, et utiliser l'exerc. 4 ainsi que V, p. 57, exemple 5).

6) Soit N une extension galoisienne d'un corps K, de degré infini, et soient ρ, σ deux éléments distincts de Gal(N/K). Si J est l'ensemble des $x \in \mathrm{N}$ tels que $\rho(x) \neq \sigma(x)$, montrer que K(J) est une extension de K de degré infini. (Observer qu'un corps ne peut être réunion de deux de ses sous-corps que s'il est égal à l'un d'eux.)

7) Soit N une extension galoisienne d'un corps K telle que Gal(N/K) soit isomorphe au groupe symétrique $\mathfrak{S}_n$ (V, p. 57, exemple 5), n étant un entier non premier ; on identifie Gal(N/K) et $\mathfrak{S}_n$. Soient Γ_1 le sous-groupe de $\mathfrak{S}_n$ d'ordre $(n-1)!$ laissant invariant le nombre 1, et Γ_2 le sous-groupe cyclique de $\mathfrak{S}_n$, d'ordre n, engendré par le cycle $(1, 2, \ldots, n)$ (I, p. 131, exerc. 12). Soient E_1, E_2 les corps des invariants des sous-groupes Γ_1, Γ_2 respectivement. Montrer que E_1 et E_2 sont linéairement disjoints sur K, qu'il n'existe aucun corps F tel que $\mathrm{K} \subset \mathrm{F} \subset \mathrm{E}_1$ autre que K et E_1, mais qu'il existe des corps F' tels que $\mathrm{E}_2 \subset \mathrm{F}' \subset \mathrm{N}$, distincts de E_2 et de N (utiliser les exerc. 13 et 14 de I, p. 131).

8) Soient K un corps, N une extension galoisienne de K, de degré fini n.
a) Soient p un nombre premier divisant n, et soit p^r la plus grande puissance de p divisant n. Montrer qu'il existe des sous-extensions L_i de N pour $0 \leqslant i \leqslant r$, telles que, pour $0 \leqslant i \leqslant r-1$, L_i contient L_{i+1}, $\mathrm{L}_0 = \mathrm{N}$, L_i est une extension galoisienne de L_{i+1} de degré p, et $[\mathrm{L}_r : \mathrm{K}]$ n'est pas divisible par p (*cf.* I, p. 73, th. 1 et I, p. 74, th. 2).
b) Soit $x \in \mathrm{N}$ tel que N soit engendré par x et ses conjugués. Montrer qu'il existe une sous-extension E de N telle que $x \notin \mathrm{E}$ et $[\mathrm{N} : \mathrm{E}] = p^r$. (Considérer les p-groupes de Sylow H_j de Gal(N/K), et le sous-groupe (distingué) H engendré par leur réunion ; si F_j (resp. F) est le sous-corps des invariants de H_j (resp. H), montrer que $x \notin \mathrm{F}$ et en déduire qu'il existe un indice j tel que $x \notin \mathrm{F}_j$; on peut prendre alors $\mathrm{E} = \mathrm{F}_j$.) Conclure qu'il existe une sous-extension L de N telle que L(x) soit une extension galoisienne de degré p de L (utiliser I, p. 73, prop. 12).
c) Inversement, soit Ω une clôture algébrique de N, et supposons qu'il existe une sous-extension L de Ω telle que L(x) soit une extension galoisienne de L, de degré p. Montrer alors que p divise n. (Observer que $\mathrm{N} \cap \mathrm{L}(x) = (\mathrm{N} \cap \mathrm{L})(x)$ et que $(\mathrm{N} \cap \mathrm{L})(x)$ est une extension galoisienne de degré p de $\mathrm{N} \cap \mathrm{L}$.)

9) Soient K un corps de caractéristique p, Ω une extension algébriquement close de K, x un élément de Ω tel que $x \notin \mathrm{K}$, M un élément maximal de l'ensemble des sous-extensions de Ω ne contenant pas x (V, p. 142, exerc. 9), de sorte que Ω est une extension algébrique de M (*loc. cit.*).
a) Montrer que si M n'est pas un corps parfait, Ω est une extension radicielle de M réunion des corps $\mathrm{M}(x^{p^{-n}})$ pour $n \geqslant 0$ (observer que pour tout élément $y \in \Omega$ radiciel sur M, le corps M(y) contient M(x) ; en déduire que l'on a nécessairement $[\mathrm{M}(x) : \mathrm{M}] = p$, puis que tout élément de Ω séparable sur M est nécessairement dans M).
b) Montrer que si M est parfait, M(x) est une extension galoisienne de M de degré premier q, et pour toute sous-extension N de Ω galoisienne et de degré fini sur M, le degré [N : M] est une puissance de q. (Prendre pour q un nombre premier divisant $[\mathrm{M}(x) : \mathrm{M}]$; noter que toute extension de M distincte de M et contenue dans Ω contient M(x), et utiliser l'exerc. 8, *a*).)

10) Soit K un corps parfait tel que, pour tout entier $n > 1$, il existe une extension galoisienne N de K telle que Gal(N/K) soit isomorphe au groupe alterné $\mathfrak{A}_n$; par exemple, pour tout corps k de caractéristique 0, le corps $\mathrm{K} = k(\mathrm{X}_n)_{n \in \mathbf{N}}$ des fractions rationnelles à une infinité d'indéterminées possède cette propriété (V, p. 57, exemple 5).
a) Soit A un ensemble fini d'entiers > 1, et soit Ω une clôture algébrique de K. On dit qu'un élément $x \in \Omega$ est A-*constructible* s'il existe une suite croissante $\mathrm{K} = \mathrm{E}_0 \subset \mathrm{E}_1 \subset \ldots \subset \mathrm{E}_r \subset \Omega$ d'extensions de K telles que chacun des degrés $[\mathrm{E}_j : \mathrm{E}_{j-1}]$ appartienne à A pour $1 \leqslant j \leqslant r$ et que $x \in \mathrm{E}_r$. Montrer qu'il existe un élément maximal L dans l'ensemble des sous-extensions

$E \subset \Omega$ telles que tout $x \in E$ soit A-constructible. Pour tout $x \notin L$, montrer que le degré $[L(x):L]$ appartient à $\mathbf{N} - A$.

b) Soit a le plus grand élément de A, et soit n un entier tel que $n \geqslant \max(a + 1, 5)$. Montrer qu'il existe une extension M de L telle que $[M : L] = n$. (Observer d'abord qu'il existe un polynôme irréductible $f \in K[X]$ de degré n tel que, si N est le corps de décomposition de f, Gal(N/K) soit isomorphe à $\mathfrak{A}_n$; soit $y \in \Omega$ une racine de f dans Ω et soit $E = K(y)$. Montrer que l'on a nécessairement $E \cap L = K$ et par suite que L(E) répond à la question. Pour cela, raisonner par l'absurde en notant que les éléments de $E \cap L$ sont A-constructibles, et que la relation $E \cap L \neq K$ entraînerait l'existence d'un sous-groupe distingué Γ de $\mathfrak{A}_n$ tel que $1 < (\mathfrak{A}_n : \Gamma) < n$, ce qui contredit la simplicité de $\mathfrak{A}_n$ (I, p. 131, exerc. 16).)

11) *a*) Soient E une extension séparable d'un corps K, de degré fini, N l'extension galoisienne de K engendrée par E. Si α est un élément de N dont les conjugués forment une base normale de N sur K, et si $\beta = \mathrm{Tr}_{N/E}(\alpha)$, montrer que $E = K(\beta)$.

b) Soient N une extension galoisienne de K, de degré fini, et soit α un élément de N dont les conjugués forment une base normale sur K. Si L est une sous-extension de N, galoisienne sur K, et si $\beta = \mathrm{Tr}_{N/L}(\alpha)$, montrer que les conjugués de β forment une base normale de L sur K.

c) Soient L, M deux extensions galoisiennes de K, de degré fini, telles que $L \cap M = K$; soit α (resp. β) un élément de L (resp. M) dont les conjugués sur K forment une base normale de L (resp. M) sur K ; montrer que les conjugués sur K de $\alpha\beta$ forment une base normale de $K(L \cup M)$.

12) Soient K un corps infini, N une extension galoisienne de degré n de K, $f \in K[X]$ le polynôme minimal d'un élément $\theta \in N$ tel que $N = K(\theta)$. On fait opérer le groupe $\Gamma = \mathrm{Gal}(N/K)$ sur les polynômes de N[X] en opérant sur les coefficients de ces polynômes.

a) Soit $g \in N[X]$ le polynôme de degré $\leqslant n - 1$ tel que $g(\theta) = 1$, $g(\sigma(\theta)) = 0$ pour tout $\sigma \neq 1$ dans Γ. Pour tout sous-groupe Δ de Γ, soit $p_\Delta \in N[X]$ le polynôme $\det(\sigma\tau(g))_{\sigma\in\Delta,\tau\in\Delta}$. Montrer que l'on a

$$p_\Delta^2 \equiv \sum_{\sigma\in\Delta} \sigma(g) \quad \text{mod. } f$$

et en déduire que $p_\Delta \neq 0$.

b) En déduire qu'il existe un élément $\alpha \in K$ tel que, pour *tout* sous-groupe Δ de Γ, les conjugués de $g(\alpha)$ sur le sous-corps $k(\Delta)$ forment une base normale de N sur $k(\Delta)$.

13) Soient E une extension algébrique d'un corps K, E_s et E_r la plus grande extension séparable et la plus grande extension radicielle de K contenues dans E. Dans une clôture algébrique de K, soit N l'extension quasi-galoisienne de K engendrée par E ; alors la plus grande extension séparable de K contenue dans N est l'extension quasi-galoisienne N_s engendrée par E_s. Pour que E_r soit la plus grande extension radicielle de K contenue dans N, il faut et il suffit que E soit séparable sur E_r (*cf.* V, p. 145, exerc. 3).

14) Soient E une extension algébrique d'un corps K, Γ le groupe des K-automorphismes de E, $S \subset E$ le corps des invariants de Γ.

a) Montrer que, pour que E soit quasi-galoisienne sur K, il faut et il suffit que S soit une extension radicielle de K.

b) Soit S_s la plus grande extension séparable de K contenue dans S. Montrer que S_s est le plus petit des corps F tels que $K \subset F \subset E$ et que E soit une extension quasi-galoisienne de F.

c) Soit E_s la plus grande extension séparable de K contenue dans E ; montrer que $E = S(E_s)$ (remarquer qu'aucun K-automorphisme de E autre que l'identité ne laisse invariants tous les éléments de $S(E_s)$).

15) Soit E une extension galoisienne de degré fini n d'un corps K, dont le groupe de Galois G est *nilpotent*. Soit P l'ensemble des nombres premiers qui divisent n. Il existe des sous-extensions galoisiennes E_p de E ($p \in P$) telles que $\mathrm{Gal}(E_p/K)$ soit un p-groupe pour tout $p \in P$, et telles que l'homomorphisme canonique $\bigotimes_{p\in P} E_p \to E$ soit un isomorphisme.

16) Soit a un entier, et soient x_1, x_2, x_3, x_4 les racines de $P(X) = X^4 - aX - 1$ dans une clôture algébrique de $\mathbf{Q}$. On identifie le groupe de Galois G de P à un groupe de permutations de $\{x_1, ..., x_4\}$. Supposons que $\mathbf{Q}(x_1)$ ne contienne pas de sous-extension quadratique (*cf.* exerc. 1 de V, p. 147).

a) Montrer qu'on a $G = \mathfrak{S}_4$ ou $\mathfrak{A}_4$. (Utiliser l'exerc. 1 de V, p. 147 : P est irréductible, donc G opère transitivement ; en outre $\mathbf{Q}(x_1)$ ne contient pas de sous-extension quadratique, donc le fixateur H de x_1 n'est pas contenu dans un sous-groupe d'indice 2 de G, tandis que l'on a $[G:H] = 4$; en déduire que G n'est pas un 2-groupe, donc son ordre est divisible par 3.)

b) Soit $\delta = \prod_{1 \leqslant i < j \leqslant 4} (x_i - x_j)$ et $d = \delta^2$. Montrer qu'on a $d = 4^4 - 3^3 a^4$; en outre $s(\delta) = \varepsilon_s \delta$ pour tout $s \in G$. En déduire que $G = \mathfrak{A}_4$ si $\delta \in \mathbf{Q}$, et $G = \mathfrak{S}_4$ sinon. Montrer que δ n'est pas rationnel. (On a ainsi construit une famille infinie d'équations de degré 4 sur $\mathbf{Q}$ de groupe de Galois $\mathfrak{S}_4$.)

* 17) Soit f un polynôme irréductible dans $\mathbf{Q}[X]$, de degré premier p, ayant exactement deux racines dans $\mathbf{C} - \mathbf{R}$. Alors le groupe de Galois G de f est isomorphe à $\mathfrak{S}_p$. (G contient un élément d'ordre p et une transposition.) *

18) Soient K un corps et F le corps de fractions rationnelles K(T). Le groupe $GL_2(K)$ opère sur F par la loi $(\gamma f)(T) = f\left(\frac{aT + b}{cT + d}\right)$ pour $\gamma = \begin{pmatrix} a & c \\ b & d \end{pmatrix} \in GL_2(K)$ et $f \in F$. Le centre $K^*.I$ de $GL_2(K)$ opère trivialement, d'où, par passage au quotient, un homomorphisme de $PGL_2(K) = GL_2(K)/K^*.I$ dans le groupe des automorphismes de l'extension F de K. Cet homomorphisme est bijectif (V, p. 142, exerc. 11).

a) Soit H un sous-groupe de $PGL_2(K)$ d'ordre fini h, et soit E le corps des invariants de H, de sorte que $F = E(T)$ est une extension galoisienne de E de groupe de Galois H (V, p. 64, th. 3). Soit

$$H(X) = \prod_{s \in H} (X - s(T)) = \sum_{i=0}^{h} (-1)^i S_i(T)\, X^{h-i}$$

le polynôme minimal de T sur E. Pour tout i tel que $0 \leqslant i \leqslant h$, ou bien $S_i(T) \in K$, ou bien $E = K(S_i(T))$. (Utiliser l'exerc. 11, *a*) de V, p. 149.)

b) Pour tout $s \in H$, soit $\begin{pmatrix} a_s & c_s \\ b_s & d_s \end{pmatrix}$ un représentant dans $GL_2(K)$, et soit H_0 le sous-groupe de H formé des s tels que $c_s = 0$; soit $h_0 = \text{Card}\, H_0$ et posons $R^H(T) = S_{h_0}(T)$. Montrer que $E = K(R^H(T))$ et que l'on a $R^H(T) = P(T)/Q(T)^{h_0}$ où P est un polynôme de degré h et $Q(T) = \prod_s (c_s T + d_s)$ où s parcourt un système de représentants des classes $H_0 s$ différentes de H_0 ; le degré de Q est donc $(h/h_0) - 1$.

c) Supposons que K^* contienne un sous-groupe μ_n d'ordre fini n. Soit C_n l'image dans $PGL_2(K)$ du sous-groupe de $GL_2(K)$ formé des matrices $\begin{pmatrix} a & 0 \\ 0 & 1 \end{pmatrix}$, $a \in \mu_n$. Alors $C_n(X) = X^n - T^n$ et $R^{C_n}(T) = (-1)^{n+1} T^n$.

d) Soit w l'élément de $PGL_2(K)$ représenté par $\begin{pmatrix} 0 & 1 \\ 1 & 0 \end{pmatrix}$. Alors $w^2 = 1$ et $wsw^{-1} = s^{-1}$ si s est représenté par une matrice diagonale. Le sous-groupe D_n de $PGL_2(K)$ engendré par C_n et w est donc d'ordre $2n$. On a $D_n(X) = (X^n - T^n)\left(X^n - \left(\frac{1}{T}\right)^n\right) = X^{2n} + (-1)^n R^{D_n}(T)\, X^n + 1$ où $R^{D_n}(T) = -((-T)^n + (-T)^{-n})$.

e) Soit S le groupe d'ordre 3 dans $PGL_2(K)$ engendré par l'image s de la matrice $\begin{pmatrix} 0 & -1 \\ 1 & 1 \end{pmatrix}$. On a $S(X) = (X - T)\left(X - \frac{1}{1 - T}\right)\left(X - \frac{T - 1}{T}\right)$ et $R^S(T) = \frac{T^3 - 3T + 1}{T^2 - T}$.

f) Supposons que K soit un corps fini à q éléments. Soit U l'image dans $PGL_2(K)$ du groupe formé des matrices $\begin{pmatrix} 1 & 0 \\ b & 1 \end{pmatrix}$, $b \in K$. Alors

$$U(X) = (X - T)^q - (X - T) = X^q - X - (T^q - T) \text{ et } R^U(T) = T^q - T.$$

Soit B le groupe engendré par C_{q-1} et U ; il est d'ordre $q(q-1)$. On a

$$B(X) = (X^q - X)^{q-1} - (T^q - T)^{q-1} \quad \text{et} \quad R^H(T) = (T^q - T)^{q-1} .$$

19) Soit E une extension galoisienne d'un corps K, de groupe de Galois G. Pour tout $x \in E$, notons Gx l'ensemble des conjugués de x dans E ; c'est un G-ensemble fini. Soient x, y deux éléments de E. Pour que les G-ensembles Gx et Gy soient isomorphes (c'est-à-dire, pour qu'il existe une bijection $Gx \to Gy$ compatible avec l'opération de G sur les deux ensembles) il faut et il suffit que les extensions $K(x)$ et $K(y)$ soient conjuguées.

20) Soit E une extension algébrique d'un corps K telle que tout polynôme non constant dans K[X] admette au moins une racine dans E. Montrer que E est algébriquement clos. (Dans une clôture algébrique de E, donc de K, soit F une extension de degré fini de K. Pour montrer que $F \subset E$ se ramener au cas où F est quasi-galoisienne, et ensuite, à l'aide de la prop. 13, de V, p. 73, au cas où F est soit galoisienne, soit radicielle.)

21) Soient $f(X) = X^n + a_1X^{n-1} + \cdots + a_n$ un polynôme de **Z**[X] et p un nombre premier. On suppose que $a_i \equiv 0(p)$, $1 \leqslant i \leqslant n$, et que $a_n \not\equiv 0(p^2)$. Montrer que $f(X)$ est irréductible dans **Q**[X]. (Soit $f(X) = P(X)\,Q(X)$ une décomposition dans **Q**[X]. Montrer que si P et Q sont unitaires, ils sont à coefficients entiers. Réduire modulo p.)

* 22) Soient m un entier pair et > 0, r un entier $\geqslant 3$, $n_1 < \cdots < n_{r-2}$, $r-2$ entiers pairs. On pose $g(X) = (X^2 + m)(X - n_1) \dots (X - n_{r-2})$.
a) On pose $f(X) = g(X) - 2$. Montrer que $f(X)$ possède au moins $r-2$ racines réelles. Calculer la somme des carrés des racines de f dans **C**. En déduire que pour $m \geqslant \sum n_i^2/2$, $f(X)$ est un polynôme à coefficients entiers ayant $r-2$ racines réelles et deux racines non réelles conjuguées.
b) Montrer que $f(X)$ est irréductible dans **Q**[X]. (Écrire $f(X) = X^r + \sum_{k=1}^{r} a_k X^{r-k}$; montrer que a_k est pair et que a_r n'est pas divisible par 4 ; appliquer l'exerc. 21.)
c) Montrer que lorsque r est premier et que $m \geqslant \sum n_i^2/2$, le groupe de Galois G du corps de décomposition de f est isomorphe à $\mathfrak{S}_r$ (*cf.* V, p. 150, exerc. 17).
d) Montrer que lorsque $r = 4$ et que $m \geqslant \sum n_i^2/2$, le degré sur **Q** du corps de décomposition de f est égal à 8 ou 24 et qu'il est égal à 8 si et seulement si $n_1 = -n_2$ ou encore si et seulement si $f(X)$ est de la forme $P(X^2)$ où P est un polynôme de degré 2. *

23) Soit k un corps de caractéristique 2.
a) Soient $A_1, \dots, A_n$ des indéterminées, K le corps $k(A_1, \dots, A_n)$, E un corps de décomposition du polynôme $P = X^n + A_1X^{n-1} + \cdots + A_n \in K[X]$, $X_1, \dots, X_n$ les racines de P dans E, de sorte que $E = k(X_1, \dots, X_n)$ (V, p. 20). Identifions le groupe de Galois de E/K au groupe symétrique $\mathfrak{S}_n$ agissant par permutation des variables $X_1, \dots, X_n$ (V, p. 57). Posons

$$\beta(X_1, \dots, X_n) = \sum_{i<j} X_i/(X_i + X_j) \in E \quad \text{et} \quad C(A_1, \dots, A_n) = \sum_{i<j} (X_iX_j)/(X_i^2 + X_j^2) \in K.$$

Alors $\beta \notin K$ et

$$\beta^2 + \beta + C = 0 .$$

On a $\sigma(\beta) = \beta$ pour $\sigma \in \mathfrak{A}_n$ et $\sigma(\beta) = \beta + 1$ pour $\sigma \in \mathfrak{S}_n - \mathfrak{A}_n$. En déduire que $K(\beta)$ est l'unique sous-extension quadratique de E/K.
b) Soit $D \in \mathbf{Z}[T_1, \dots, T_n]$ le discriminant du polynôme $X^n + T_1X^{n-1} + \cdots + T_n$. Montrer qu'il existe Q, R, S $\in \mathbf{Z}[T_1, \dots, T_n]$ avec

$$D = Q^2 - 4R + 8S$$

et

$$C = C(A_1, \ldots, A_n) = \frac{R(A_1, \ldots, A_n)}{Q^2(A_1, \ldots, A_n)} = \frac{R(A_1, \ldots, A_n)}{D(A_1, \ldots, A_n)}.$$

Pour tout triplet U, V, W d'éléments de $\mathbf{Z}[T_1, \ldots, T_n]$ tels que $D = U^2 - 4V + 8W$, il existe $M \in \mathbf{Z}[A_1, \ldots, A_n]$ tel que $C = \dfrac{V(A_1, \ldots, A_n)}{D(A_1, \ldots, A_n)} + \left(\dfrac{M}{D(A_1, \ldots, A_n)}\right)^2 + \dfrac{M}{D(A_1, \ldots, A_n)}$.

c) Soient $f = X^n + a_1 X^{n-1} + \cdots + a_n$ un polynôme *séparable* de $k[X]$ et G le groupe de Galois d'une de ses extensions de décomposition. Montrer que $(a_1, \ldots, a_n)$ est substituable dans C et que les conditions suivantes sont équivalentes

(i) tout élément de G induit une permutation *paire* des racines de f ;

(ii) il existe $\alpha \in k$ tel que $C(a_1, \ldots, a_n) = \alpha^2 + \alpha$.

* *d*) On suppose désormais que k est *fini*, et on choisit arbitrairement des éléments U, V, W de $\mathbf{Z}[T_1, \ldots, T_n]$ satisfaisant à la condition énoncée dans *b*).

Montrer que les conditions (i) et (ii) de *c*) équivalent aux conditions suivantes :

(iii) $$\mathrm{Tr}_{k/\mathbf{F}_2}(C) = 0 ;$$

(iv) $$\mathrm{Tr}_{k/\mathbf{F}_2}\left(\frac{V(a_1, \ldots, a_n)}{D(a_1, \ldots, a_n)}\right) = 0 .$$

(v) Le nombre de facteurs irréductibles de f est congru à n modulo 2 (utiliser l'exerc. 22 de V, p. 156). *

§ 11

1) Soient K un corps de caractéristique p, n un entier non multiple de p, $R_n(K)$ le corps des racines n-ièmes de l'unité, E une extension cyclique de $R_n(K)$ de degré n sur K ; E est donc le corps des racines d'un polynôme $X^n - \alpha \in R_n(K)[X]$ (V, p. 85, th. 4). Pour que E soit une extension galoisienne de K, il faut et il suffit que pour tout automorphisme $\tau \in \mathrm{Gal}(R_n(K)/K)$, il existe un entier $r > 0$ et un élément $\gamma \in R_n(K)$ tels que $\tau(\alpha) = \gamma^n \alpha^r$.

2) *a*) Soit E une extension de décomposition du polynôme $X^3 - 2 \in \mathbf{Q}[X]$. Le corps E est une extension cyclique de degré 3 de $R_3(\mathbf{Q})$, mais ne contient aucune extension cyclique de degré 3 de $\mathbf{Q}$.

b) Le corps $E = R_9(\mathbf{Q})$ est une extension cyclique de degré 3 de $R_3(\mathbf{Q})$, et contient une extension cyclique de degré 3 de $\mathbf{Q}$.

c) Les hypothèses et notations étant celles de V, p. 146, exerc. 7, montrer que pour que $K(\alpha, \beta)$ soit galoisien sur K, il faut et il suffit que d soit un carré dans $K(\alpha)$; pour que $K(\beta)$ soit cyclique sur K, il faut et il suffit que d soit un carré dans K.

* 3) Montrer que pour tout entier $n > 1$, il existe une extension cyclique de degré n du corps $\mathbf{Q}$. (Se ramener au cas où n est une puissance d'un nombre premier q, et utiliser la structure du groupe multiplicatif $(\mathbf{Z}/q^m\mathbf{Z})^*$ (VII, p. 13). *

4) Soient K un corps de caractéristique p, q un nombre premier $\neq p$ tel que K contienne les racines q-ièmes de l'unité ; soit ζ une racine primitive q-ième de l'unité.

a) Soient E une extension cyclique de K, de degré q^e, σ un K-automorphisme de E engendrant Gal(E/K). Soit F le corps tel que $K \subset F \subset E$, de degré q^{e-1} sur K ; il existe $\theta \in E$, racine d'un polynôme irréductible $X^q - \alpha$ de F[X], tel que $E = F(\theta)$ et $\theta^{\sigma^m} = \zeta\theta$ (où $m = q^{e-1}$). Montrer qu'on a aussi $E = K(\theta)$ et $\theta^\sigma = \beta\theta$, où $\beta \in F$ est tel que $\alpha^{\sigma-1} = \beta^q$ et $N_{F/K}(\beta) = \zeta$ (remarquer que l'on a $\theta^\sigma = \beta\theta^k$ avec $0 < k < q$ et $\beta \in F$, en vertu de l'exerc. 1 ; en calculant $\theta^{\sigma^{mq}}$, montrer que $k^{mq} - 1 \equiv 0 \pmod{q}$ et en déduire que $k = 1$).

b) Inversement, soit F une extension cyclique de K de degré q^{e-1} avec $e \geqslant 2$, et soit σ un K-automorphisme de F engendrant Gal(F/K). S'il existe un élément $\beta \in F$ tel que $N_{F/K}(\beta) = \zeta$ et si $\alpha \in F$ est tel que $\alpha^{\sigma-1} = \beta^q$, montrer que pour tout $c \in K^*$, le polynôme $X^q - c\alpha$ est irréductible dans F[X]. Si θ est une des racines de ce polynôme dans une clôture algébrique Ω

de F, montrer qu'il existe un K-homomorphisme $\bar{\sigma}$ de $E = F(\theta)$ dans Ω, prolongeant σ et tel que $\theta^{\sigma} = \beta\theta$; en déduire que E est une extension cyclique de K, de degré q^e, que $\bar{\sigma}$ engendre Gal(E/K) et que $E = K(\theta)$. Montrer enfin que toute extension cyclique de K, de degré q^e, contenant F, est corps des racines d'un polynôme $X^q - c\alpha$ de F[X], pour un $c \in K^*$ convenable (utiliser le th. 3 de V, p. 81).

c) On prend pour K le corps **Q** des nombres rationnels. Le polynôme $X^2 + 1$ est irréductible dans **Q**[X] ; si i est une de ses racines, $F = \mathbf{Q}(i)$ est une extension cyclique de **Q** de degré 2, mais il n'existe aucune extension cyclique de **Q**, de degré 4, contenant F.

5) Soient K un corps de caractéristique p, n un entier non multiple de p. Pour qu'un polynôme de K[X] de la forme $X^n - a$ soit irréductible, il faut et il suffit que, pour tout facteur premier q de n, a ne soit égal à aucune puissance q-ième d'un élément de K, et en outre, lorsque $n \equiv 0$ (mod. 4), que a ne soit pas de la forme $-4c^4$ avec $c \in K$. (Pour démontrer que la condition est suffisante, on se ramènera au cas où $n = q^e$ avec q premier, en utilisant l'exerc. 4 de V, p. 146. On raisonnera alors par récurrence sur e, en déterminant, grâce à l'exerc. 4 de V, p. 146, la forme du terme constant de chaque facteur irréductible de $X^{q^e} - a$.)

6) Soient K un corps de caractéristique p, n un entier non multiple de p, N un corps de décomposition du polynôme $X^n - a$ de K[X].

a) Montrer que le groupe Gal(N/K) est isomorphe à un sous-groupe du groupe Γ des matrices $\begin{pmatrix} x & y \\ 0 & 1 \end{pmatrix}$, où $x \in (\mathbf{Z}/n\mathbf{Z})^*$ et $y \in \mathbf{Z}/n\mathbf{Z}$. Si n est un nombre premier, le groupe Gal(N/K) n'est commutatif que si $R_n(K) = K$ ou si a est puissance n-ième d'un élément de K.

b) Si $K = \mathbf{Q}$ et si n est un nombre premier, montrer que si a n'est pas puissance n-ième d'un nombre rationnel, Gal(N/K) est isomorphe à Γ tout entier.

c) Si $K = \mathbf{Q}$, déterminer Gal(N/K) lorsque a est un entier non divisible par un carré dans **Z**.

7) Une extension E d'un corps K est dite *de Kummer* s'il existe un entier $n > 0$ tel que K contienne une racine primitive n-ième de l'unité et que E soit une extension abélienne de groupe de Galois annulé par n.

a) Soient K un corps, N une extension galoisienne de K de degré m, de groupe de Galois Γ. Pour que N soit une extension de Kummer de K, il faut et il suffit qu'il existe une base $(\theta_\sigma)_{\sigma\in\Gamma}$ de N sur K telle que les éléments $\gamma_{\sigma\tau} = \theta_\sigma^{1-\tau}$ appartiennent à K pour tout couple (σ, τ). (Pour voir que la condition est nécessaire, se ramener au cas où N est cyclique de degré une puissance d'un nombre premier. Pour voir qu'elle est suffisante, observer que si $\tau \in \Gamma$ est d'ordre n, il y a un $\sigma \in \Gamma$ tel que $\gamma_{\sigma\tau}$ soit racine primitive n-ième de l'unité.)

b) Si $(\theta_\sigma)_{\sigma\in\Gamma}$ est une base vérifiant la condition de *a*), montrer que pour qu'un élément $x = \sum_\sigma a_\sigma \theta_\sigma$ de N soit tel que les conjugués de x forment une base normale de N sur K, il faut et il suffit que $a_\sigma \neq 0$ pour tout $\sigma \in \Gamma$.

* 8) Soit N une extension de Kummer d'un corps K.

a) Soit E une sous-extension de N telle que $[E : K] = q$ soit premier. Montrer qu'il existe une décomposition $N = N_1 \otimes N_2 \otimes \ldots \otimes N_r$ de N en extensions cycliques de K telle que $E \subset N_j$ pour un indice j.

b) Déduire de *a*) que si $x \in N$ est tel que les conjugués de x sur K forment une base normale de N sur K, alors, pour tout corps E tel que $K \subset E \subset N$, les conjugués de x sur E forment une base normale de N sur E (se ramener au cas où [E : K] est premier et utiliser l'exerc. 7, *b*)). *

9) Soit K un corps de caractéristique $p > 0$.

a) Soit E une extension cyclique de K, de degré p^e, et soit σ un K-automorphisme engendrant le groupe Gal(E/K). Soit F le corps de degré p^{e-1} sur K tel que $K \subset F \subset E$; si l'on pose $m = p^{e-1}$, montrer qu'il existe $\theta \in E$, racine d'un polynôme irréductible $X^p - X - \alpha$ de F[X], tel que $E = F(\theta)$ et $\sigma^m(\theta) = \theta + 1$. Montrer qu'on a aussi $E = K(\theta)$ et $\sigma(\theta) = \theta + \beta$ où $\beta \in F$ est tel que $\sigma(\alpha) - \alpha = \beta^p - \beta$ et $\mathrm{Tr}_{F/K}(\beta) = 1$.

b) Inversement, soient F une extension cyclique de K, de degré p^{e-1} (avec $e > 1$), σ un K-automorphisme de F engendrant Gal(F/K). Montrer qu'il existe deux éléments α, β de F tels que $\mathrm{Tr}_{F/K}(\beta) = 1$ et $\sigma(\alpha) - \alpha = \beta^p - \beta$ (utiliser le th. 3 de V, p. 81 et le cor. de la prop. 1 de V, p. 48). En déduire que, pour tout $c \in K$, le polynôme $X^p - X - \alpha - c$ est irréductible dans $F[X]$; si θ est une racine de ce polynôme dans une clôture algébrique Ω de F, montrer qu'il existe un K-homomorphisme $\bar{\sigma}$ de $E = F(\theta)$ dans Ω prolongeant σ et tel que $\bar{\sigma}(\theta) = \theta + \beta$; en conclure que E est une extension cyclique de K, de degré p^e, que $\bar{\sigma}$ engendre $\mathrm{Gal}(E/K)$ et que $E = K(\theta)$. Montrer enfin que toute extension cyclique de K de degré p^e, contenant F, est corps de décomposition d'un polynôme $X^p - X - \alpha - c$ de $F[X]$ pour un $c \in K$ convenable.

10) *a*) Soit K un corps tel que sa clôture algébrique Ω soit une extension de degré premier q de K. Montrer que K est parfait, et que q est nécessairement distinct de la caractéristique de K (utiliser l'exerc. 9).
b) Montrer que K contient les racines q-ièmes de l'unité, et que Ω est corps de décomposition d'un polynôme irréductible $X^q - a$ de $K[X]$; en déduire que $q = 2$ (dans le cas contraire, déduire de l'exerc. 5 que le polynôme $X^{q^2} - a$ serait irréductible). Montrer en outre que $-a$ est un carré dans K (*loc. cit.*), que -1 n'est pas un carré dans K, et en déduire que $\Omega = K(i)$ où $i^2 = -1$.

11) Soit K un corps tel que sa clôture algébrique Ω soit une extension de degré fini > 1 de K. Montrer que $\Omega = K(i)$, où $i^2 = -1$. (Si l'on avait $\Omega \neq K(i)$, montrer à l'aide de la théorie de Galois et du th. de Sylow qu'il existerait un corps E tel que $K(i) \subset E \subset \Omega$ et que Ω soit une extension de degré premier de E ; appliquer alors l'exerc. 10.)

12) Soient K un corps de caractéristique q, Ω une extension algébriquement close de K, x un élément de Ω tel quc $x \notin K$, M un élément maximal de l'ensemble des sous-extensions de Ω ne contenant pas x (V, p. 148, exerc. 9) ; on suppose en outre que M est parfait, de sorte que $M(x)$ est une extension galoisienne de M de degré premier p (*loc. cit.*).
a) Montrer que, ou bien $p = 2$ et $\Omega = M(i)$, ou bien, pour chaque entier $r \geqslant 1$, il existe une seule extension de M de degré p^r ; cette extension M_r est cyclique sur M, Ω est réunion des M_r et les M_r sont les seules extensions de degré fini de M. (Noter que si un p-groupe Γ d'ordre p^r n'a qu'un seul sous-groupe d'ordre p^{r-1}, il est nécessairement cyclique, en raisonnant par récurrence sur r et utilisant I, p. 124, exerc. 10 et I, p. 73, cor. de la prop. 11).
b) On suppose que $\Omega \neq M(i)$ et que $p \neq q$. Montrer que M contient les racines p-ièmes de l'unité ; on a donc $M(x) = M_1 = M(\alpha)$ avec $\alpha^p \in M$. Montrer que si α est puissance p-ième d'un élément de M_1, on a $M_1 = M(\zeta)$, où ζ est une racine primitive p^2-ième de l'unité (si $\alpha = \beta^p$ pour un $\beta \in M_1$, considérer le polynôme minimal de β dans $M[X]$).
c) Sous les hypothèses de *b*), montrer que si α n'est pas puissance p-ième d'un élément de M_1, alors M_r est le corps de décomposition du polynôme $X^{p^{r-1}} - \alpha$ de $M_1[X]$ (utiliser *b*)).
d) Sous les hypothèses de *b*), montrer que si α est puissance p-ième d'un élément de M_1, il existe $\gamma \in M_1$ tel que $\gamma \notin M$ et que M_2 soit corps de décomposition de $X^p - \gamma$; montrer que γ n'est pas puissance p-ième d'un élément de M_2, et en déduire que M_r est le corps de décomposition du polynôme $X^{p^{r-1}} - \gamma$ de $M_1[X]$.

13) On dit qu'un corps K est un *corps de Moriya* si toute extension algébrique séparable de K, de degré fini sur K, est cyclique. * Tout corps fini est un corps de Moriya (V, p. 91, prop. 4). * Le corps M de l'exerc. 12 est un corps de Moriya.
a) Pour que K soit un corps de Moriya, il faut et il suffit que, pour tout entier $n > 0$, il existe au plus une extension séparable de K, de degré n sur K. (Utiliser le fait suivant : si G est un groupe fini et si, pour tout entier $m \geqslant 1$ divisant l'ordre de G, il existe au plus un sous-groupe de G d'ordre m, alors G est cyclique ; cela résulte de la même propriété pour les p-groupes (exerc. 12) et de I, p. 76, th. 4.)
b) Si K est un corps de Moriya, montrer que toute extension algébrique E de K est un corps de Moriya, et que si F est une extension de E de degré m sur E, il existe une extension de K de degré m sur K.

14) *a*) Soit K un corps tel qu'il existe des extensions algébriques de K de degré fini arbitrairement grand, et que toutes ces extensions aient un degré puissance d'un même nombre premier p. Montrer que dans ces conditions, pour toute puissance p^h ($h \geqslant 0$), il existe une extension de K de degré p^h (utiliser I, p. 73, th. 1).

b) Soient p un nombre premier, K un corps tel qu'il existe une extension algébrique de K de degré divisible par p si $p \neq 2$, divisible par 4 si $p = 2$. Montrer qu'il existe une extension algébrique E de K telle que l'ensemble des degrés des extensions algébriques de E soit l'ensemble des puissances p^h de p. (Si K est parfait ou de caractéristique $\neq p$, soit K_1 la clôture parfaite de K ; considérer une extension algébrique maximale de K_1 parmi toutes celles dont les éléments sont de degré non divisible par p sur K_1 ; utiliser a) et l'exerc. 11.)

15) Soient K un corps de Moriya (exerc. 13) et P l'ensemble des nombres premiers qui divisent le degré d'une extension algébrique de degré fini de K. Montrer que l'ensemble des degrés des extensions algébriques de degré fini de K est ou bien égal à l'ensemble N_P des entiers dont tous les facteurs premiers sont dans P, ou bien la partie de N_P formée des entiers non divisibles par 4.

16) Pour tout nombre premier p, il existe un corps de Moriya de caractéristique p tel que l'ensemble des degrés des extensions algébriques de degré fini de ce corps soit l'ensemble $\mathbf{N}^*$ des entiers > 0 [1]. Montrer que pour tout ensemble P de nombres premiers, il existe un corps de Moriya K de caractéristique quelconque, tel que l'ensemble des degrés des extensions algébriques de degré fini de K soit l'ensemble N_P (raisonner comme dans l'exerc. 14, b)).

* 17) Soit P_n l'ensemble des polynômes unitaires $X^n + a_1X^{n-1} + \cdots + a_n$ de $\mathbf{Z}[X]$, dont toutes les racines dans $\mathbf{C}$ ont une valeur absolue $\leqslant 1$.
a) Montrer que l'ensemble P_n est fini. En déduire que, pour tout polynôme $F \in P_n$, si on désigne par F_h le polynôme dont les racines sont les puissances h-ièmes des racines de F, il existe deux entiers distincts h, k tels que $F_k = F_h$.
b) Conclure de a) que toutes les racines d'un polynôme $F \in P_n$ sont, soit nulles, soit des racines de l'unité (« théorème de Kronecker »). *

18) Soient $p \in \mathbf{N}$ un nombre premier, C_p l'extension cyclotomique de niveau p de $\mathbf{Q}$, $\zeta \in C_p$ une racine primitive p-ième de l'unité et n un entier. On pose

$$X_n(\zeta) = \sum_{\alpha \in \mathbf{Z}/p\mathbf{Z}} \zeta^{\alpha^n}.$$

a) Calculer $d = [\mathbf{Q}(X_n(\zeta)) : \mathbf{Q}]$. Déterminer le groupe de Galois de l'extension $\mathbf{Q}(X_n(\zeta))$ de $\mathbf{Q}$ et les conjugués de $X_n(\zeta)$.
b) Soit $T^d + a_1T^{d-1} + \cdots + a_d$ le polynôme minimal de $X_n(\zeta)$ sur $\mathbf{Q}$. Montrer que $a_1 = 0$.
c) On suppose $n > 1$ et $p \equiv 1 \pmod{n}$. Montrer que $a_2 = -\dfrac{n(n-1)p}{2}$ si $\dfrac{p-1}{n}$ est pair et que $a_2 = \dfrac{np}{2}$ si $\dfrac{p-1}{n}$ est impair.
d) On suppose $p \equiv 1 \pmod{n}$. Soit $\beta \in \mathbf{F}_p^*$ un élément dont la classe dans $\mathbf{F}_p^*/\mathbf{F}_p^{*n}$ est un générateur. Soit μ le nombre de solutions dans $\mathbf{F}_p^n$ de l'équation $\sum_{i=1}^{n} \beta^{i-1}X_i^n = 0$. Montrer que $a_n = \dfrac{(-1)^n p(\mu - p^{n-1})}{p-1}$.
e) Calculer a_3 lorsque $n = 3$ et $p = 7, 13, 19$.

* 19) a) On admettra le théorème des nombres premiers : si $\pi(x)$ est le nombre des nombres premiers $p \leqslant x$, on a $\pi(x) \sim x/\log x$ lorsque x tend vers $+\infty$. En déduire que, pour tout entier impair m, il existe une suite croissante de nombres premiers $p_1 < p_2 < \cdots < p_m$ tels que $p_m < p_1 + p_2$ (considérer les nombres premiers compris entre x et $3x/2$).
b) La suite finie de nombres premiers p_j $(1 \leqslant j \leqslant m)$ étant déterminée comme dans a), on pose

* [1] La plus grande extension totalement ramifiée du corps $\mathbf{Q}_p$ des nombres p-adiques dans sa clôture algébrique est un corps ayant cette propriété. *

$n = p_1 p_2 \dots p_m$. Montrer que dans le polynôme cyclotomique $\Phi_n(X)$, les termes de degré $< p_m + 1$ sont les mêmes que ceux du polynôme

$$(1 - X)^{-1} \prod_{j=1}^{m} (1 - X^{p_j}) .$$

En déduire que le coefficient de X^{p_m} dans $\Phi_n(X)$ est $1 - m$ (« Théorème de I. Schur »). $_*$

* 20) Soient p un nombre premier et G un groupe commutatif de p-torsion (VII, p. 9).
a) Soit $G_i \subset G$ l'ensemble des éléments $x \in G$ tels que pour tout l, l'équation $p^l y = x$ admette une solution. Montrer que G_i est un facteur direct de G.
b) On suppose que l'équation $px = 0$ n'a qu'un nombre fini de solutions dans G. Montrer que pour tout entier l, le noyau ${}_lG$ de la multiplication par p^l dans G est un groupe fini et que le rang $r(l)$ du $\mathbf{Z}/p$-espace vectoriel ${}_lG/_{(l-1)}G$ est une fonction décroissante de l, donc constante pour $l > l_0$, l_0 assez grand. (Utiliser le théorème des diviseurs élémentaires (VII, p. 24). Montrer que G/G_i est un groupe fini annulé par p^{l_0}.)
c) On suppose de plus que $G = G_i$. Montrer que l'application $l \mapsto r(l)$ est constante. Posant $H = (\mathbf{Z}[1/p]/\mathbf{Z})^{r(1)}$, montrer que pour tout l il existe un isomorphisme ${}_lG \to {}_lH$ et que tout isomorphisme ${}_lG \to {}_lH$ se prolonge en un isomorphisme ${}_{(l+1)}G \to {}_{(l+1)}H$. En déduire que G est isomorphe à H.
d) Sous les hypothèses de *b*), montrer qu'il existe un entier n et une application $i \mapsto n_i$ de $\mathbf{N} - \{0\}$ dans $\mathbf{N}$, à support fini, tels que G soit isomorphe à $(\mathbf{Z}[1/p]/\mathbf{Z})^n \oplus \bigoplus_i (\mathbf{Z}/p^i\mathbf{Z})^{n_i}$. Montrer que l'entier n et l'application $i \mapsto n_i$ sont uniquement déterminés par l'application $l \mapsto \mathrm{Card}({}_lG)$. $_*$

* 21) Soient G et H deux groupes commutatifs dont les éléments sont de torsion tels que pour tout entier n, l'équation $nx = 0$ possède le même nombre *fini* de solutions dans G et dans H. Montrer que G est isomorphe à H. (Décomposer G et H en sommes directes de groupes de p-torsion et appliquer l'exerc. 20.) Soient $G = \bigoplus_{i \in \mathbf{N}} \mathbf{Z}/p^i\mathbf{Z}$ et $H = \bigoplus_{i \in \mathbf{N}} \mathbf{Z}/p^{2i}\mathbf{Z}$. Montrer que G et H ne sont pas isomorphes et que pour tout entier n le cardinal de l'ensemble des solutions de l'équation $nx = 0$ est le même dans G et dans H. $_*$

22) *a*) Soient k un corps, f un polynôme unitaire séparable de $k[X]$, D une extension de décomposition de f, $x_1, \dots, x_n$ les racines de f dans D, et G le groupe de Galois de D sur k. On suppose G *cyclique*. Démontrer que pour que tout élément de G induise une permutation *paire* des x_i, il faut et il suffit que le nombre de facteurs irréductibles de f soit congru au degré de f modulo 2 (considérer un générateur σ de G, et la décomposition en cycles de la permutation des x_i induite par σ).
b) On suppose de plus que k est de caractéristique $\neq 2$. Montrer que les deux conditions précédentes équivalent au fait que le discriminant de f soit un carré dans k (« théorème de Stickelberger »).

23) Soient n et p des nombres premiers impairs et distincts.
a) Soit $Q \in \mathbf{F}_p[X]$ l'image du polynôme cyclotomique Φ_n. Montrer que le nombre i de facteurs irréductibles de Q est pair si et seulement si p est un carré modulo n. (Soit K le corps de décomposition de Q. Montrer que $\mathrm{Gal}(K/\mathbf{F}_p)$ s'identifie au sous-groupe de $(\mathbf{F}_n)^*$ engendré par l'image de p. Étudier la parité du cardinal de $(\mathbf{F}_n)^*/\mathrm{Gal}(K/\mathbf{F}_p)$.)
b) Montrer que le discriminant de $X^n - 1 \in \mathbf{F}_p[X]$ est

$$(-1)^{\frac{n(n-1)}{2} + n - 1} n^n .$$

c) Montrer que i est pair si et seulement si $(-1)^{\frac{n(n-1)}{2}} n$ est un carré modulo p (appliquer l'exercice 22 au polynôme $X^n - 1$).
d) Posons $\left(\frac{n}{p}\right) = 1$ si n est un carré modulo p et $\left(\frac{n}{p}\right) = -1$ sinon. Déduire de *c*) que $\left(\frac{n}{p}\right)\left(\frac{p}{n}\right) = (-1)^{\frac{(n-1)(p-1)}{4}}$ (« Théorème de réciprocité quadratique »).

§ 12

¶ 1) *a*) Soit q une puissance d'un nombre premier. Montrer que, pour tout entier $n > 1$, si h_i ($1 \leqslant i \leqslant r$) sont les diviseurs premiers distincts de l'entier n, le nombre des éléments $\zeta \in \mathbf{F}_{q^n}$ tels que $\mathbf{F}_{q^n} = \mathbf{F}_q(\zeta)$ est égal à

$$\nu = q^n - \sum_i q^{n/h_i} + \sum_{i<j} q^{n/h_i h_j} - \sum_{i<j<k} q^{n/h_i h_j h_k} + \cdots + (-1)^r q^{n/h_1 h_2 \ldots h_r}$$

(remarquer qu'un tel élément est caractérisé par la propriété de n'appartenir à aucun des corps $\mathbf{F}_{q^{n/h_i}}$). On a, si $h_1 \leqslant \cdots \leqslant h_r$,

$$q^n - \sum_i q^{n/h_i} \leqslant \nu \leqslant q^n - q^{n/h_1}\,.$$

Cas où n est une puissance d'un nombre premier.

b) Soit $b_n(q)$ le nombre des polynômes unitaires irréductibles de degré n sur $\mathbf{F}_q$. Déduire de *a*) une expression de $b_n(q)$. En particulier, si $q \geqslant 3$, montrer que le nombre des polynômes (non nécessairement unitaires) de degré n de $\mathbf{F}_q[X]$ qui sont irréductibles est au moins égal à $q^n(q-2)/n \geqslant q^{n+1}/3n$.

c) Prouver que $\sum_{d|n} d b_d(q) = q^n$ (on démontrera l'identité $1/(1 - qT)^{-1} = \prod_n (1 - T^n)^{-b_n(q)}$).

* Utilisant la formule d'inversion de Möbius (LIE, II, p. 71, Appendice), montrer que

$$n b_n(q) = \sum_{d|n} \mu(n/d)\, q^d\,.$$

Comparer ce résultat avec celui obtenu en *b*). *

d) Soit $a_n(q)$ le nombre des polynômes unitaires de degré n et sans facteurs multiples dans $\mathbf{F}_q[X]$. Montrer que $a_0(q) = 1$, $a_1(q) = q$, $a_n(q) = q^n - q^{n-1}$ pour $n > 1$ (on démontrera l'identité $q^n = \sum_i a_{n-2i}(q)\, q^i$).

2) Démontrer que le nombre de polynômes unitaires de degré n de $\mathbf{F}_q[X]$ qui n'ont aucune racine dans $\mathbf{F}_q$ est $q^{n-q}(q-1)^q$ pour $n \geqslant q$ (remarquer que toute fonction $\mathbf{F}_q \to \mathbf{F}_q$ est polynomiale).

3) Soit K un corps fini à q éléments; pour tout nombre premier l, soit N_l la réunion des extensions de K (contenues dans une clôture algébrique Ω de K) dont le degré est une puissance de l. Montrer que N_l est une extension abélienne de K, dont le groupe de Galois est isomorphe au groupe $\mathbf{Z}_l$ des entiers l-adiques. En déduire que Ω est isomorphe au produit tensoriel $\bigotimes_l \mathrm{N}_l$, et par suite $\mathrm{Gal}(\Omega/\mathrm{K})$ isomorphe au produit $\prod_l \mathbf{Z}_l$.

* 4) Décomposer le polynôme $X^4 + 1 \in \mathbf{F}_p[X]$ en facteurs irréductibles. *

5) Soient K un corps fini à q éléments où q n'est pas une puissance de 2, a_1, a_2, b trois éléments de K tels que $a_1 a_2 \neq 0$. Montrer que le nombre ν des solutions $(x_1, x_2) \in \mathrm{K}^2$ de l'équation $a_1 x_1^2 + a_2 x_2^2 = b$ est donné par les formules suivantes :

1° si $b = 0$ et si $-a_1 a_2$ n'est pas un carré dans K, $\nu = 1$;
2° si $b \neq 0$ et si $-a_1 a_2$ n'est pas un carré dans K, $\nu = q + 1$;
3° si $b = 0$ et si $-a_1 a_2$ est un carré dans K, $\nu = 2q - 1$;
4° si $b \neq 0$ et si $-a_1 a_2$ est un carré dans K, $\nu = q - 1$.

(Lorsque $-a_1 a_2$ n'est pas un carré, adjoindre à K une racine de $X^2 + a_1 a_2$ et utiliser le fait que le groupe multiplicatif d'un corps fini est cyclique.)

6) Soit K un corps fini à q éléments, où q n'est pas une puissance de 2.

a) Soient $a_1, a_2, \ldots, a_{2m}, b$ des éléments de K tels que $a_1 a_2 \ldots a_{2m} \neq 0$. Montrer que le nombre ν des solutions $(x_1, \ldots, x_{2m}) \in \mathrm{K}^{2m}$ de l'équation $a_1 x_1^2 + \cdots + a_{2m} x_{2m}^2 = b$

est donné par les formules suivantes :
1° si $b = 0$ et si $(-1)^m a_1 a_2 \dots a_{2m}$ n'est pas un carré dans K, $\nu = q^{2m-1} - q^m + q^{m-1}$;
2° si $b \neq 0$ et si $(-1)^m a_1 a_2 \dots a_{2m}$ n'est pas un carré dans K, $\nu = q^{2m-1} + q^{m-1}$;
3° si $b = 0$ et si $(-1)^m a_1 a_2 \dots a_{2m}$ est un carré dans K, $\nu = q^{2m-1} + q^m - q^{m-1}$;
4° si $b \neq 0$ et si $(-1)^m a_1 a_2 \dots a_{2m}$ est un carré dans K, $\nu = q^{2m-1} - q^{m-1}$.
(Raisonner par récurrence sur m, en utilisant l'exerc. 5.)
b) Soient $a_1, a_2, \dots, a_{2m+1}, b$ des éléments de K tels que $a_1 a_2 \dots a_{2m+1} \neq 0$. Montrer que le nombre ν des solutions $(x_1, x_2, \dots, x_{2m+1}) \in K^{2m+1}$ de l'équation

$$a_1 x_1^2 + \cdots + a_{2m+1} x_{2m+1}^2 = b$$

est donné par les formules suivantes :
1° si $b = 0$, $\nu = q^{2m}$;
2° si $b \neq 0$ et si $(-1)^m a_1 a_2 \dots a_{2m+1} b$ n'est pas un carré dans K, $\nu = q^{2m} - q^m$;
3° si $b \neq 0$ et si $(-1)^m a_1 a_2 \dots a_{2m+1} b$ est un carré dans K, $\nu = q^{2m} + q^m$.
(Se ramener au cas *a*).)

7) Soient K un corps fini, E une extension algébrique de K de degré n, $(\alpha_1, \dots, \alpha_n)$ une base normale de E sur K ; on peut supposer que le groupe cyclique Gal(E/K) est engendré par la permutation circulaire $\sigma = (\alpha_1 \alpha_2 \dots \alpha_n)$. Soit τ un automorphisme du K-espace vectoriel E tel que pour tout $x \in E$, $\tau(x)$ soit conjugué de x sur K (*cf.* V, p. 147, exerc. 8).
a) Montrer que si K a au moins 3 éléments, τ est un K-automorphisme du corps E (se ramener au cas où $\tau(\alpha_1) = \alpha_1$ et considérer $\tau(\alpha_1 + c\alpha_j)$ pour $c \in K$).
b) Si $K = \mathbf{F}_2$, montrer que pour tout élément $\rho \in \mathrm{Gal}(E/K)$, les relations $\rho(\alpha_r) = \alpha_{r'}$ et $\rho(\alpha_s) = \alpha_{s'}$ entraînent $r' - r \equiv s' - s \pmod{n}$. En déduire que si $n > 5$, τ est un K-automorphisme du corps E. (Noter que si $\tau(\alpha_1) = \alpha_1$ et $\tau(\alpha_1 + \alpha_h) = \alpha_1 + \alpha_k$ avec $k \neq h$, on a nécessairement $h + k = n + 2$; déduire de là qu'on doit nécessairement avoir $\tau(\alpha_2) = \alpha_n$ et $\tau(\alpha_4) = \alpha_4$ ou $\tau(\alpha_4) = \alpha_{n-2}$, ce qui amène à une contradiction.)
c) Pour $K = \mathbf{F}_2$ et $3 \leqslant n \leqslant 5$, les automorphismes suivants du K-espace vectoriel E ne sont pas des automorphismes du corps E :

$$\text{pour } n = 3, \tau : (\alpha_1, \alpha_2, \alpha_3) \mapsto (\alpha_1, \alpha_3, \alpha_2)$$
$$\text{pour } n = 4, \tau : (\alpha_1, \alpha_2, \alpha_3, \alpha_4) \mapsto (\alpha_1, \alpha_4, \alpha_3, \alpha_2)$$
$$\text{pour } n = 5, \tau : (\alpha_1, \alpha_2, \alpha_3, \alpha_4, \alpha_5) \mapsto (\alpha_1, \alpha_5, \alpha_4, \alpha_3, \alpha_2)$$

mais sont tels que $\tau(x)$ soit conjugué de x pour tout $x \in E$.

8) Soient K un corps fini à q éléments, et

$$P(X) = a_0 + a_1 X + \cdots + a_{q-2} X^{q-2}$$

un polynôme de K[X] de degré $q - 2$. Soit r le rang de la matrice d'ordre $q - 1$

$$A = \begin{pmatrix} a_0 & a_1 & \dots & a_{q-2} \\ a_1 & a_2 & \dots & a_0 \\ \dots & \dots & \dots & \dots \\ a_{q-2} & a_0 & \dots & a_{q-3} \end{pmatrix}.$$

Montrer que le nombre des racines distinctes de P dans K, autres que 0, est égal à $q - 1 - r$. (Considérer le produit VA, où V est la matrice de Vandermonde des éléments $x_1, x_2, \dots, x_{q-1}$ de K^*.)

9) Soient K un corps fini à q éléments, et soit $r = q^n$ pour un entier $n \geqslant 1$. Pour tout polynôme $P(X) = \sum_{j=0}^{m} a_j X^j$ de K[X], on pose

$$\widehat{P}(X) = \sum_j a_j X^{(r^j - 1)/(r-1)}$$

et

$$\widetilde{P}(X) = X\widehat{P}(X^{r-1}) = \sum_j a_j X^{r^j}.$$

a) Montrer que si P, Q sont deux polynômes de K[X] et si R = PQ, on a $\tilde{R}(X) = \tilde{P}(\tilde{Q}(X))$. En déduire que pour que deux polynômes F, G de K[X] soient tels que F divise G, il faut et il suffit que $\hat{F}$ divise $\hat{G}$. (Pour voir que la condition est suffisante, considérer la division euclidienne de G par F.)
b) Soit F un polynôme irréductible de K[X], et soit G un polynôme de K[X]. S'il existe un entier $d \geqslant 1$ tel que $\hat{F}(X^d)$ et $\hat{G}(X^d)$ aient une racine commune, montrer que F divise G. (Si H est le pgcd de $\hat{F}(X^d)$ et $\hat{G}(X^d)$, considérer l'ensemble des polynômes $P \in K[X]$ tels que H divise $\hat{P}(X^d)$.)
c) Tout polynôme $F \neq 0$ de K[X] divise un polynôme de la forme $X^N - 1$. Montrer que si $r - 1 = de$, et si α est une racine de $\hat{F}(X^d)$, α appartient à l'extension de K de degré nN, et en déduire que le degré de tout facteur irréductible de $\hat{F}(X^d)$ dans K[X] divise nN (utiliser *a*)). Si en outre e et dN sont premiers entre eux, et si m est le degré de α sur l'extension de K de degré n, montrer que m divise N (utiliser le fait que $(r^N - 1)/e \equiv dN \pmod{e}$).
d) Les notations étant celles de *c*), on suppose que F est irréductible et que N est le plus petit des entiers h tels que F divise $X^h - 1$. Si alors e et dN sont premiers entre eux, et si tout facteur premier de n divise N, montrer que tout facteur irréductible de $\hat{F}(X^d)$ est de degré nN. (Noter qu'en vertu de *b*), on a alors $m = N$.)
e) Déduire en particulier de *d*) que si $P(X) = \sum_j a_j X^j$ est un polynôme irréductible de K[X] et si N est le plus petit des entiers h tels que P(X) divise $X^h - 1$, alors tout facteur irréductible de $\sum_j a_j X^{q^j - 1}$ est de degré N.

10) Soient t, n, k trois entiers $\geqslant 1$ tels que $t \leqslant n$ et que n divise $2^k - 1$. Soit S le plus petit ensemble d'entiers tel que $[1, t] \subset S \subset [1, n]$ et que la condition « $i \in S$, $2i \equiv j \bmod n$ et $1 \leqslant j \leqslant n$ » implique $j \in S$. Posons $m = \operatorname{Card} S$. Soit ξ un élément d'ordre n de $\mathbf{F}_{2^k}^*$. Posons $P(X) = \prod_{j \in S} (X - \xi^j)$.
a) Prouver que $P(X) \in \mathbf{F}_2[X]$.
b) Montrer que si $R(X) \in \mathbf{F}_2[X]$ est de degré $< n$ et est un multiple non nul de P(X), il a strictement plus de t coefficients non nuls.
c) En déduire la construction d'une application $\varphi : \mathbf{F}_2^n \to \mathbf{F}_2^m$ telle que si $u, v \in \mathbf{F}_2^n$ sont distincts et ont au plus t coordonnées distinctes on ait $\varphi(u) \neq \varphi(v)$.
d) Calculer S, m et P lorsque $t = 6$, $n = 15$, $k = 4$.

11) Soit f un polynôme unitaire de **Z**[X], irréductible dans **Q**[X], et soit p un nombre premier tel que l'image canonique $\bar{f}$ de f dans $\mathbf{F}_p[X]$ soit un polynôme sans racine multiple. Si Γ (resp. $\bar{\Gamma}$) est le groupe de Galois du polynôme f (resp. $\bar{f}$) sur **Q** (resp. $\mathbf{F}_p$), définir un isomorphisme d'un sous-groupe de Γ sur $\bar{\Gamma}$. En déduire que si $\bar{f} = g_1 g_2 \ldots g_r$ où les g_j sont irréductibles dans $\mathbf{F}_p[X]$, et si g_j est de degré n_j (de sorte que f est de degré $n = n_1 + n_2 + \cdots + n_r$), le groupe Γ, considéré comme sous-groupe de $\mathfrak{S}_n$, contient un produit $\sigma_1\sigma_2 \ldots \sigma_r$ de cycles de supports disjoints, σ_j étant d'ordre n_j pour $1 \leqslant j \leqslant r$ (*cf.* I, p. 60).

Généraliser au cas où f n'est pas unitaire, mais où son coefficient dominant n'est pas divisible par p.

12) Soit f un polynôme de **Z**[X] de degré n, et soient p_1, p_2, p_3 trois nombres premiers distincts ne divisant pas le coefficient dominant de f ; soient f_1, f_2, f_3 les images canoniques de f dans $\mathbf{F}_{p_1}[X]$, $\mathbf{F}_{p_2}[X]$, $\mathbf{F}_{p_3}[X]$ respectivement. On suppose que f_1 est produit d'un facteur linéaire et d'un facteur irréductible de degré $n - 1$, que f_2 est produit d'un facteur irréductible du second degré et de facteurs irréductibles de degrés impairs, et enfin que f_3 est irréductible. Montrer que dans ces conditions f est irréductible dans **Q**[X] et que le groupe de Galois du polynôme f sur **Q** est isomorphe au groupe symétrique $\mathfrak{S}_n$ (« critère de Dedekind » ; utiliser l'exerc. 11 ainsi que I, p. 61, prop. 9).

13) Soient $p_1, p_2, \ldots, p_m$ des nombres premiers impairs distincts, et $P = p_1 p_2 \ldots p_m$ ($m \geqslant 3$).
a) Étant donné un entier $n \geqslant 1$, soit E l'ensemble des polynômes de **Z**[X] de degré $\leqslant n$, dont les coefficients appartiennent à l'intervalle $[0, P[$ de N ; on a donc $\operatorname{Card}(E) = P^{n+1}$. Soit k un nombre tel que $0 < k < 1/3n$; montrer que parmi les polynômes $f \in E$, il y en a

au moins $k^m P^{n+1}$ tels que pour *tout* indice j tel que $1 \leqslant j \leqslant m$, l'image canonique f_j de f dans $\mathbf{F}_{p_j}[X]$ soit de degré n et irréductible (utiliser l'exerc. 1, *b*)). On suppose de plus que $k < \dfrac{1}{18(n-2)}$ et $n > 2$; en raisonnant de la même façon et en utilisant le critère de Dedekind (exerc. 12), montrer qu'il y a un ensemble de polynômes $f \in E$, de cardinal au moins égal à $(1 - 3(1-k)^m) P^{n+1}$ qui sont de degré n, irréductibles et dont le groupe de Galois sur $\mathbf{Q}$ soit isomorphe à $\mathfrak{S}_n$.
b) Pour tout entier N, soit $L_{n,N}$ l'ensemble des polynômes de $\mathbf{Z}[X]$ de degré $\leqslant n$, dont les coefficients appartiennent à l'intervalle $[-N, N]$; on a donc $\mathrm{Card}(L_{n,N}) = (2N+1)^{n+1}$. L'entier n étant fixé, montrer que pour tout ε tel que $0 < \varepsilon < 1$, il existe un entier N_0 tel que, pour $N \geqslant N_0$, parmi les polynômes $f \in L_{n,N}$, il y en a au moins $(1-\varepsilon)(2N+1)^{n+1}$ qui sont irréductibles, de degré n, et dont le groupe de Galois sur $\mathbf{Q}$ soit isomorphe à $\mathfrak{S}_n$ (utiliser *a*)).

* 14) Soient K un corps fini, *commutatif ou non*, Z son centre, q le nombre d'éléments de Z, n le rang $[K:Z]$.
a) Si E est un sous-corps de K contenant Z, montrer que $[E:Z]$ divise n.
b) Soit $x \in K$ un élément n'appartenant pas à Z ; montrer que le nombre des conjugués distincts yxy^{-1} de x dans K^* est de la forme $(q^n - 1)/(q^d - 1)$, où d divise n et est distinct de n (considérer dans K l'ensemble des éléments permutables avec x, et utiliser *a*)).
c) Déduire de *b*) que $q - 1$ est divisible par l'entier $\Phi_n(q)$ (décomposer le groupe K^* en classes d'éléments conjugués, et utiliser la relation (6) de V, p. 78).
d) Montrer que si $n > 1$, on a $\Phi_n(q) > (q-1)^{\varphi(n)}$ (décomposer $\Phi_n(X)$ dans le corps $\mathbf{C}$ des nombres complexes). En déduire que l'on a nécessairement $K = Z$, autrement dit que K est *nécessairement commutatif* (théorème de Wedderburn). *

§ 13

1) Soient K un corps de caractéristique $p > 0$, E une extension de K ; E est une extension radicielle de hauteur $\leqslant 1$ de $K(E^p)$. Le cardinal d'une p-base de E sur $K(E^p)$ (*cf.* V, p. 98, th. 2) est appelé le *degré d'imperfection* de E sur K. Si $K(E^p) = E$, on dit que E est *relativement parfait* sur K ; si E est parfait, il est relativement parfait sur chacun de ses sous-corps. Le *degré d'imperfection* (absolu) de K est le degré d'imperfection de K sur son sous-corps premier $\mathbf{F}_p$, ou encore le cardinal d'une p-base (absolue) de K.
a) Si B est une p-base de E sur $K(E^p)$, montrer que, pour tout entier $k > 0$, on a $E = K(E^{p^k})(B)$.
b) On suppose que $E \subset K^{p^{-n}}$ pour un entier $n > 0$. Montrer que, pour que le degré $[E:K]$ soit fini, il faut et il suffit que le degré d'imperfection m_0 de E sur K soit fini ; m_0 est alors le plus petit cardinal des ensembles S tels que $E = K(S)$. Montrer que, si m_k est le degré d'imperfection de $K(E^{p^k})$ sur K, on a $m_{k+1} \leqslant m_k$ pour tout k, et si $f = \sum_k m_k$, on a $[E:K] = p^f$.

2) *a*) Soient E une extension d'un corps K de caractéristique $p > 0$, F une extension de E. Montrer que si B est une p-base de E sur $K(E^p)$ et C une p-base de F sur $E(F^p)$, il existe une p-base de F sur $K(F^p)$ contenue dans $B \cup C$.
b) On suppose B finie et que F est une extension algébrique de E de degré fini. Montrer que l'on a $[E:K(E^p)] \geqslant [F:K(F^p)]$. Si en outre F est séparable sur E, montrer que $[E:K(E^p)] = [F:K(F^p)]$.

3) Soient K un corps imparfait, E une extension algébrique de K, de degré fini. Pour qu'il existe un élément $x \in E$ tel que $E = K(x)$, il faut et il suffit que le degré d'imperfection de E sur K (exerc. 1) soit égal à 0 ou à 1. (Pour voir que la condition est suffisante, remarquer que si E_s est la fermeture séparable de K dans E, on a $E = E_s(\alpha)$ et $E_s = K(\beta)$, et si $\alpha \notin E_s$, considérer les conjugués de $\alpha + c\beta$ sur K, pour $c \in K$.)

4) Soient K un corps de caractéristique $p > 0$, E une extension algébrique de K, de degré fini. Si $r > 0$ est le degré d'imperfection de E sur K (exerc. 1), montrer que r est le plus petit

cardinal des ensembles S tels que $E = K(S)$. (Pour voir que E peut être engendré par r de ses éléments, remarquer que si E_s est la fermeture séparable de K dans E, il existe r éléments a_i $(1 \leqslant i \leqslant r)$ de E tels que $E = E_s(a_1, \ldots, a_r)$, et utiliser l'exerc. 3.)

5) Soient K un corps, E une extension algébrique de K, de degré fini.
a) On suppose que K est de caractéristique $p > 0$. Montrer que si le degré d'imperfection de E sur K (exerc. 1) est > 1, il existe une infinité de corps distincts F tels que $K \subset F \subset E$ (se ramener au cas où $K(E^p) = K$, et considérer les corps $K(a + \lambda b)$, où la partie $\{a, b\}$ est p-libre sur K et $\lambda \in K$).
b) Conclure que, pour qu'il n'existe qu'un nombre fini de corps F tels que $K \subset F \subset E$, il faut et il suffit que le degré d'imperfection de E sur K soit $\leqslant 1$.

6) Soient K un corps de caractéristique $p > 0$, E une extension algébrique de K, de degré fini, N l'extension quasi-galoisienne de K engendrée par E.
a) Soient E_r et E_s (resp. N_r et N_s) la plus grande extension radicielle et la plus grande extension séparable de K contenues dans E (resp. dans N). Montrer que pour que $E = E_r(E_s)$ (auquel cas E est isomorphe à $E_s \otimes_K E_r$), il faut et il suffit que $E_r = N_r$.
b) Si le degré d'imperfection de E sur K est égal à 1, une condition nécessaire et suffisante pour que $E = E_r(E_s)$, est que le degré d'imperfection de N sur K soit égal à 1. En déduire que si N est une extension quasi-galoisienne de K, dont le degré d'imperfection sur K est égal à 1, on a $E = E_r(E_s)$ pour toute sous-extension E de N (*cf.* exerc. 2, *b*)).
c) Inversement, si N est une extension quasi-galoisienne de K de degré fini, dont le degré d'imperfection sur K est > 1, montrer que si $N_r \neq N$, il existe $t \in N$ tel que pour l'extension $E = K(t)$ de K, on ait $E \neq E_r(E_s)$ (si a, b sont deux éléments d'une p-base de N sur $K(N^p)$ et si $x \in N$ est séparable sur K et $x \notin K$, prendre $t = a + bx$).

§ 14

1) Soient E une extension d'un corps K, B une base de transcendance de E sur K. Montrer que E est équipotent à $K \times B$ si l'un des ensembles K, B est infini, et est dénombrable dans le cas contraire. * En déduire en particulier que toute base de transcendance du corps **R** des nombres réels sur le corps **Q** des nombres rationnels, a la puissance du continu. *

2) Soit K le corps **Q**(X) des fractions rationnelles à une indéterminée sur le corps **Q** des nombres rationnels. Montrer que, dans l'anneau K[Y], le polynôme $Y^2 + X^2 + 1$ est irréductible, et que si E est l'extension de K engendrée par une racine de ce polynôme (dans une clôture algébrique de K), **Q** est algébriquement fermé dans E, mais E n'est pas une extension pure de **Q**. (Pour voir qu'il n'existe dans E aucun élément $a \notin \mathbf{Q}$ algébrique sur **Q**, remarquer que l'existence d'un tel élément entraînerait la relation $E = \mathbf{Q}(a)(X)$, et observer que $-(X^2 + 1)$ n'est pas un carré dans $\Omega(X)$, où Ω est une clôture algébrique de **Q**.) Montrer que si i est une racine de $X^2 + 1$, $E(i)$ est une extension transcendante pure de $\mathbf{Q}(i)$.

* 3) Soit K le corps **C**(X) des fractions rationnelles à une indéterminée sur le corps (algébriquement clos) **C** des nombres complexes. Montrer que dans l'anneau K[Y], le polynôme $Y^3 + X^3 + 1$ est irréductible ; soit E l'extension de K engendrée par une racine de ce polynôme (dans une clôture algébrique de K). Montrer que E n'est pas une extension pure de **C**, bien que **C** soit algébriquement clos. (Montrer qu'il est impossible qu'il existe une relation $u^3 + v^3 + w^3 = 0$ entre trois polynômes u, v, w de **C**[X], premiers entre eux deux à deux et dont un au moins n'est pas une constante. Pour cela, raisonner par l'absurde : si r est le plus grand des degrés de u, v, w et si par exemple $\deg(w) = r$, déduire de la relation

$$w^3 = -(u + v)(u + jv)(u + j^2 v)$$

où j est une racine cubique primitive de l'unité, qu'il existerait trois polynômes u_1, v_1, w_1

de **C**[X], premiers entre eux deux à deux, dont un au moins n'est pas constant, ayant des degrés $< r$, et tels que $u_1^3 + v_1^3 + w_1^3 = 0$.) $_*$

4) Soit Ω une extension algébriquement close d'un corps K, ayant un degré de transcendance infini sur K.

a) Montrer qu'il existe une infinité de K-endomorphismes de Ω, ayant pour images des sous-corps de Ω distincts de K, et par rapport auxquels Ω peut avoir un degré de transcendance égal à un cardinal quelconque au plus égal à $\mathrm{deg.tr}_K \Omega$. * En particulier, il existe une infinité de **Q**-isomorphismes distincts du corps **C** des nombres complexes sur des sous-corps de **C** distincts de **C**. $_*$

b) Montrer que pour toute sous-extension E de Ω, telle que $\mathrm{deg.tr}_K E < \mathrm{deg.tr}_K \Omega$, tout K-isomorphisme de E sur un sous-corps de Ω peut être prolongé en un K-automorphisme de Ω. Donner des exemples où $\mathrm{deg.tr}_K E = \mathrm{deg.tr}_K \Omega$ et où il existe un K-isomorphisme de E sur un sous-corps de Ω qui ne peut se prolonger en un K-isomorphisme d'aucune extension F de E contenue dans Ω et distincte de E, sur un sous-corps de Ω.

5) Soit Ω une extension algébriquement close d'un corps K. Montrer que pour toute sous-extension E de Ω, transcendante sur K, il existe une infinité de K-isomorphismes de E sur un sous-corps de Ω (si $x \in E$ est transcendant sur K, considérer une sous-extension F de E telle que x soit transcendant sur F et E algébrique sur $F(x)$, et montrer qu'il existe une infinité de F-isomorphismes de E sur un sous-corps de Ω).

6) Soient Ω une extension algébriquement close d'un corps K, N une sous-extension de Ω. Montrer que si N est quasi-galoisienne sur K et si E et E' sont deux extensions conjuguées de K contenues dans Ω, alors N(E) et N(E') sont conjuguées sur K. Réciproquement, si N possède cette propriété et si $\mathrm{deg.tr}_K N$ est fini et $< \mathrm{deg.tr}_K \Omega$, N est nécessairement algébrique et quasi-galoisienne sur K.

7) Soit E une extension d'un corps K, $\mathrm{Aut}_K(E)$ le groupe des K-automorphismes de E.

a) Pour toute sous-extension L de E, de type fini sur K, $\mathrm{Aut}_L(E)$ est un sous-groupe de $\mathrm{Aut}_K(E)$. Montrer que lorsque L parcourt l'ensemble des sous-extensions de E de type fini sur K, les groupes $\mathrm{Aut}_L(E)$ forment un système fondamental de voisinages de l'élément neutre de $\mathrm{Aut}_K(E)$ pour une topologie compatible avec la structure de groupe de $\mathrm{Aut}_K(E)$, et pour laquelle $\mathrm{Aut}_K(E)$ est un groupe séparé et totalement discontinu.

b) Lorsqu'on munit E de la topologie discrète, la topologie de $\mathrm{Aut}_K(E)$ est la moins fine pour laquelle l'application $(u, x) \mapsto u(x)$ de $\mathrm{Aut}_K(E) \times E$ dans E est continue.

* *c*) Le groupe $\mathrm{Aut}_{\mathbf{Q}}(\mathbf{R})$ est réduit à l'élément neutre (V, p. 146, exerc. 2 du § 9). $_*$

d) Soit $K_0 \supset K$ la sous-extension de E formée des éléments invariants par tous les K-automorphismes de E. Montrer que, pour que E soit algébrique sur K_0, il faut et il suffit que $\mathrm{Aut}_K(E)$ soit compact.

e) Supposons K infini. Si $E = K(X)$, corps des fractions rationnelles en une indéterminée sur K, montrer que $\mathrm{Aut}_K(E)$ est un groupe discret infini (V, p. 142, exerc. 11). Si K est de caractéristique 0, le sous-groupe Γ de $\mathrm{Aut}_K(E)$ engendré par l'automorphisme $\sigma : X \mapsto X + 1$ est fermé dans $\mathrm{Aut}_K(E)$ et distinct de ce dernier, mais a le même corps des invariants.

8) Soit E une extension d'un corps K.

a) Soit x un élément de $E - K$. Montrer qu'il existe une extension pure $L \subset E$ de K telle que E soit algébrique sur L et $x \notin L$ (considérer l'ensemble des sous-extensions L de E, transcendantes pures sur K et telles que $x \notin L$).

b) Soient $x \in E$ un élément transcendant sur K et p un entier $\geqslant 2$. Montrer qu'il existe une extension transcendante pure $L \subset E$ de K telle que E soit algébrique sur L, $x \notin L$ et $x^p \in L$ (même méthode).

c) Soit F une sous-extension de E, et soient $x \in E$ un élément algébrique sur F, $P \in F[X]$ son polynôme minimal. Montrer qu'il existe une extension pure $L \subset E$ de K telle que E soit algébrique sur L et que P soit irréductible sur le corps F(L).

9) On dit qu'une extension E d'un corps K est *dedekindienne* sur K si, pour *toute* sous-extension

F de E, F est identique au sous-corps des éléments de E invariants par le groupe $\mathrm{Aut}_F(E)$ des F-automorphismes de E.
a) Pour qu'une extension algébrique E de K soit dedekindienne sur K, il faut et il suffit que E soit une extension galoisienne de K.
b) On suppose que K est de caractéristique $p > 0$. Montrer qu'une extension dedekindienne de K est nécessairement algébrique sur K (donc galoisienne). (Utiliser l'exerc. 8, *b*).)
c) Si E est une extension dedekindienne de K, L une sous-extension transcendante pure de E, distincte de K et telle que E soit une extension algébrique de L, montrer que E est de degré infini sur L.

10) Soit E une extension d'un corps K telle que l'application $F \mapsto \mathrm{Aut}_F(E)$ soit une *bijection* de l'ensemble des sous-extensions de E sur l'ensemble des sous-groupes de $\mathrm{Aut}_K(E)$. Montrer que E est alors une extension galoisienne de K de degré fini. (En utilisant l'exerc. 9, *c*), montrer d'abord que E est nécessairement algébrique sur K, puis utiliser l'exerc. 9, *a*).)

11) Soient E une extension d'un corps K, Ω une extension algébriquement close de E. Montrer que les conditions suivantes sont équivalentes :
α) E est une extension radicielle de K ;
β) pour toute extension F de K, $E \otimes_K F$ n'a qu'un seul idéal premier ;
γ) pour toute extension F de K, deux extensions composées de E et F sont isomorphes ;
δ) $E \otimes_K \Omega$ n'a qu'un seul idéal premier ;
ε) deux extensions composées de E et Ω sont toujours isomorphes.

12) *a*) Soient K un corps, Ω une extension algébriquement close de K, $E \subset \Omega$ et F deux extensions de K ; on suppose que $\mathrm{deg.tr}_E \Omega \geqslant \mathrm{deg.tr}_K F$. Montrer que toute extension composée de E et F est isomorphe à une extension composée de la forme $(L_w, 1, w)$, où w désigne un K-isomorphisme de F sur un sous-corps de Ω, et L_w le sous-corps de Ω engendré par E et $w(F)$.
b) Déduire de *a*) que si F est algébrique et de degré fini n sur K, il y a au plus n extensions composées de E et F deux à deux non isomorphes.

13) Dans une clôture algébrique Ω du corps $\mathbf{Q}(X)$, on considère les deux extensions transcendantes pures $E = \mathbf{Q}(X)$ et $F = \mathbf{Q}(X + i)$ (où $i^2 = -1$) du corps $\mathbf{Q}$. Montrer que l'on a $E \cap F = \mathbf{Q}$, mais que E et F ne sont pas algébriquement disjointes sur $\mathbf{Q}$.

14) Soient E, F, G trois extensions d'un corps K contenues dans une extension Ω de K et telles que $F \subset G$. Montrer que, pour que E et G soient algébriquement disjointes sur K, il faut et il suffit que E et F soient algébriquement disjointes sur K et que E(F) et G soient algébriquement disjointes sur F.

15) *a*) Soient K un corps, L un sous-corps de K tel que K soit une L-*algèbre de type fini*, autrement dit $K = L[a_1, a_2, \ldots, a_n]$ pour des éléments de K. Montrer que les a_j sont *algébriques* sur L. (Raisonner par l'absurde : si $a_1, \ldots, a_m$ $(m \geqslant 1)$ forment une sous-famille algébriquement libre maximale de $(a_j)_{1 \leqslant j \leqslant n}$, remarquer que dans l'anneau $A = L[a_1, \ldots, a_m]$, l'intersection de tous les idéaux $\neq \{0\}$ est réduite à 0, et utiliser l'exerc. 5 de V, p. 141.)
b) Déduire de *a*) que dans l'algèbre de polynômes $K[X_1, \ldots, X_n]$ tout idéal maximal est de codimension *finie* sur K. En conclure que si A est une algèbre commutative sur K, de type fini, tout sous-corps de A contenant K est de degré fini sur K.

16) **a*) Soient K un corps algébriquement clos, Ω une extension algébriquement close de K, E une sous-extension de Ω, x un élément de Ω transcendant sur E. Soit $\overline{K(x)}$ la fermeture algébrique de $K(x)$ dans Ω, et soit $M = E(\overline{K(x)})$; montrer que M est une extension algébrique de degré infini de $E(x)$. (Observer que pour tout entier $m > 1$, le polynôme $X^m - x$ est irréductible dans $E(x)[X]$ (V, p. 87, remarque).
b) Soient E un corps algébriquement clos, F une extension de type fini de E. Montrer que tout sous-corps algébriquement clos de F est nécessairement contenu dans E. (Dans le cas

contraire, il existerait un sous-corps $L \subset F$ algébriquement clos et un élément $x \in L$ transcendant sur E. Appliquer *a*) en prenant pour K la fermeture algébrique dans E du sous-corps premier de E et en notant que M devrait être de type fini sur E.)

17) Soient K un corps, Ω une extension algébriquement close de K, x un élément de Ω transcendant sur K. Montrer que pour tout nombre premier q, il existe une sous-extension M de Ω telle que $M(x)$ soit une extension galoisienne de M de degré q. (Considérer l'élément $y = x^q$ si q n'est pas la caractéristique de K, $y = x^q - x$ dans le cas contraire, et une sous-extension L de Ω engendrée par une base de transcendance de Ω sur K contenant y, et en outre par les racines q-ièmes de l'unité si $y = x^q$; utiliser l'exerc. 12 de V, p. 154.)

18) Soient K un corps, $K((X))$ le corps des séries formelles à une indéterminée sur K (IV, p. 36). Montrer que l'on a $\deg.\mathrm{tr}_K K((X)) = \mathrm{Card}(K^{\mathbf{N}})$. On distinguera deux cas :
a) Si $\mathrm{Card}(K) < \mathrm{Card}(K^{\mathbf{N}})$, remarquer que $\mathrm{Card}(K((X))) = \mathrm{Card}(K^{\mathbf{N}})$.
b) Si $\mathrm{Card}(K) = \mathrm{Card}(K^{\mathbf{N}})$, soient P le sous-corps premier de K, S un ensemble infini d'éléments de $K((X))$, algébriquement indépendants sur K, T l'ensemble des coefficients de toutes les séries formelles appartenant à S. Soient L la fermeture algébrique dans $K((X))$ du corps $K(S)$, u un élément de L ; il y a une équation $g(s_1, \ldots, s_m, u) = 0$, où $g \neq 0$ est un polynôme de $K[X_1, \ldots, X_m, X_{m+1}]$ et $s_1, \ldots, s_m$ des éléments de S. Soient A l'ensemble des coefficients du polynôme g, $C(u)$ l'ensemble des coefficients de la série formelle u ; montrer que le corps $P(T)(A \cup C(u))$ est algébrique sur $P(T \cup A)$ (dans le cas contraire, en désignant par Ω une clôture algébrique de K, montrer qu'il existerait une infinité de séries formelles $v \in \Omega((X))$ vérifiant l'équation $g(s_1, \ldots, s_m, v) = 0$). En utilisant l'exerc. 1, montrer que si $\mathrm{Card}(S) < \mathrm{Card}(K)$, le degré de transcendance de K sur P(T) est infini, et en déduire que dans ce cas L est distinct de $K((X))$ (si $(t_n)_{n \geqslant 0}$ est une suite infinie d'éléments de K algébriquement indépendants sur P(T), considérer la série formelle $\sum_{n=0}^{\infty} t_n X^n$).

19) Soient E et F deux extensions transcendantes d'un corps K, linéairement disjointes sur K. Montrer que $K(E \cup F)$ est distinct de l'anneau C (isomorphe à $E \otimes_K F$) engendré par $E \cup F$. (Se ramener au cas où les degrés de transcendance de E et F sur K sont égaux à 1 ; si $x \in E$ et $y \in F$ sont transcendants sur K, montrer qu'on ne peut avoir $(x + y)^{-1} \in C$; raisonner par l'absurde, en montrant que dans le cas contraire, si p est l'exposant caractéristique de K, il existerait un entier $r \geqslant 0$ tel que $(x + y)^{-p^r}$ appartiendrait au sous-anneau de C engendré par $K(x) \cup K(y)$.)

* 20) Soient n un entier, K un corps de caractéristique p première à n, possédant des racines primitives n-ièmes de l'unité, $\mu_n \subset K^*$ le sous-groupe des racines n-ièmes de l'unité, G un groupe commutatif fini annulé par n, $A = K^{(G)}$ l'algèbre du groupe G (III, p. 19).
a) Montrer que A est une algèbre diagonalisable (V, p. 28). (Décomposer G en somme directe de groupes cycliques (VII, p. 22).) En déduire que tout A-module est somme directe de modules qui sont des K-espaces vectoriels de dimension 1.
b) Soient V un A-module de dimension finie sur K, S l'algèbre symétrique du K-espace vectoriel V, F le corps des fractions de S. Le groupe G opère sur V, donc sur S et F. On suppose que G opère *fidèlement* sur V. Montrer que G opère fidèlement sur F. Calculer $[F : F^G]$.
c) Soit $(x_1, \ldots, x_n)$ une base du K-espace vectoriel V, formée de vecteurs propres pour l'action de G. Soit Γ le sous-groupe de F^* engendré par $x_1, \ldots, x_n$. Montrer que Γ est un groupe commutatif libre et que la sous-K-algèbre B de F engendrée par Γ s'identifie à $K^{(\Gamma)}$ et est stable par l'opération de G.
d) Pour tout $x \in \Gamma$, l'application $\gamma \mapsto \dfrac{\gamma x}{x}$ est un homomorphisme de G dans μ_n d'où un homomorphisme $\theta : \Gamma \to \mathrm{Hom}(G, \mu_n)$. Montrer que θ est surjectif. Posons $\Gamma_1 = \mathrm{Ker}(\theta)$. En utilisant le théorème des diviseurs élémentaires (VII, p. 24) montrer que B est un $K^{(\Gamma_1)}$-module libre de rang Card(G).
e) En passant aux corps des fractions, déduire de *d*) et *a*) que F^G est le corps des fractions de $K^{(\Gamma_1)}$. En déduire que F^G est une extension transcendante pure de K. *

§ 15

1) Soient K un corps de caractéristique $p > 0$, E une extension de K, B une p-base de E sur $K(E^p)$ (V, p. 93).
a) On suppose que $E \subset K^{p^{-1}}$; soit K_0 un sous-corps de K tel que E soit *séparable* sur K_0. Montrer que l'ensemble B^p est une partie p-indépendante sur $K_0(K^p)$ (observer que si (a_λ) est une base du K_0-espace vectoriel K, (a_λ^p) est une base de $K_0(K^p)$ sur K_0). Soit C une partie de K, disjointe de B^p et telle que $B^p \cup C$ soit une p-base de K sur $K_0(K^p)$; montrer que $B \cup C$ est une p-base de E sur $K_0(E^p)$.
b) On suppose que $E \subset K^{p^{-n}}$ et que E soit séparable sur un sous-corps K_0 de K. Montrer que si le degré d'imperfection de K sur K_0 est fini (V, p. 160, exerc. 1), il est égal au degré d'imperfection de E sur K_0 (utiliser *a*)).

2) Soient K un corps de caractéristique $p > 0$, E une extension de K, F une extension *séparable* de E. Montrer que deux des trois propriétés suivantes entraînent la troisième :
a) B est une p-base de E sur $K(E^p)$;
b) C est une p-base de F sur $E(F^p)$;
c) $B \subset E$, $B \cup C$ est une p-base de F sur $K(F^p)$ et $B \cap C = \varnothing$.
(Utiliser le fait que si (c_μ) est une base du E-espace vectoriel F, (c_μ^p) est une base de $K(E^p)[F^p]$ sur $K(E^p)$, et de $E[F^p]$ sur E.)

3) Soient K un corps de caractéristique $p > 0$, E une extension de K, F une extension de type fini de E. Montrer que le degré d'imperfection de F sur K est au moins égal à celui de E sur K (se ramener aux deux cas suivants : 1° F est séparable sur E ; 2° $F = E(x)$, où $x^p \in E$ (*cf.* V, p. 160, exerc. 2)).

4) Soit F une extension séparable d'un corps K de caractéristique $p > 0$. Montrer que si E est une sous-extension de F, relativement parfaite sur K (V, p. 160, exerc. 1), F est séparable sur E.

5) Soit K un corps de caractéristique $p > 0$. Montrer que si E est une extension algébrique de K, ou une extension relativement parfaite de K, on a $E^{p^{-\infty}} = E(K^{p^{-\infty}})$.

6) Soient K un corps de caractéristique $p > 0$, E une extension *séparable* de K, B une p-base de E sur $K(E^p)$.
a) Montrer que B est algébriquement libre sur K (considérer une relation algébrique de plus petit degré possible entre les éléments de B, et mettre les degrés des variables qui y figurent sous la forme $kp + h$ avec $0 \leqslant h \leqslant p - 1$). En déduire que si $\mathrm{deg.tr}_K E < +\infty$, le degré d'imperfection de E sur K est au plus égal à $\mathrm{deg.tr}_K E$.
b) Montrer que E est séparable et relativement parfait sur K(B).

7) Montrer qu'une extension transcendante relativement parfaite E d'un corps K de caractéristique $p > 0$ n'est pas de type fini sur K. (Montrer que dans le cas contraire, pour toute base de transcendance B de E sur K, E serait algébrique et séparable sur K(B).)

8) Si E est une extension algébrique séparable d'un corps K de caractéristique $p > 0$, la plus grande sous-extension parfaite E^{p^∞} de E (intersection des corps E^{p^n} pour $n \geqslant 0$) est algébrique sur le plus grand sous-corps parfait K^{p^∞} de K. (Si $x \in E^{p^\infty}$, montrer que pour tout entier $n > 0$, on a $x^{p^{-n}} \in K(x)$ et en déduire que le polynôme minimal de x sur K^{p^n} est le même que son polynôme minimal sur K.)

9) Soient E un corps, G un groupe d'automorphismes de E, K le sous-corps de E formé des éléments invariants par G.
a) Montrer que pour tout sous-corps L de E, stable pour les éléments de G, L et K sont linéairement disjoints sur $L \cap K$. (Considérer une relation linéaire $\sum_j \lambda_j x_j = 0$ entre des

éléments $x_j \in$ K, linéairement indépendants sur L $\cap$ K, avec $\lambda_j \in$ L non tous nuls, le nombre d'éléments $\lambda_j \neq 0$ étant le plus petit possible.)
b) Si L $\cap$ K est le corps des invariants d'un groupe d'automorphismes de K, montrer que L est le corps des invariants d'un groupe d'automorphismes de L(K).

10) Soit E une extension d'un corps K. Soit G un sous-groupe compact du groupe topologique $\mathrm{Aut}_{\mathrm{K}}(\mathrm{E})$, et soit F le corps des invariants de G. Montrer que E est une extension galoisienne de F et que G est canoniquement isomorphe au groupe topologique $\mathrm{Aut}_{\mathrm{F}}(\mathrm{E})$. (Observer que G opère continûment sur l'espace discret E pour établir qu'un élément $x \in$ E a une orbite finie pour l'action de G.)

11) Soit K un corps de caractéristique $p > 0$. Pour toute K-algèbre commutative A, l'élévation à la puissance p-ième fait de l'anneau A une A-algèbre et donc aussi une K-algèbre qu'on notera $\mathrm{A}^{p^{-1}}$. Soit A une K-algèbre commutative. Montrer que les conditions suivantes sont équivalentes :
(i) A est une K-algèbre séparable.
(ii) L'unique K-homomorphisme $\Phi : \mathrm{A} \otimes_{\mathrm{K}} \mathrm{K}^{p^{-1}} \to \mathrm{A}^{p^{-1}}$ tel que $\Phi(a \otimes \lambda) = a^p . \lambda$ ($a \in$ A, $\lambda \in$ K) est injectif.
(iii) Pour toute famille $(b_i)_{i \in \mathrm{I}}$ de K linéairement libre sur K^p, et toute famille $(a_i)_{i \in \mathrm{I}}$ de A, l'égalité $\sum_i a_i^p b_i = 0$ entraîne $a_i = 0$ pour tout i.
(On vérifiera que (ii) $\Leftrightarrow$ (iii) et que (ii) est une conséquence de V, p. 117, th. 2, *e*).)

12) Soient K un corps et $(\mathrm{X}_i)_{i \in \mathrm{I}}$ une famille d'indéterminées. Montrer que l'algèbre de séries formelles $\mathrm{K}[[(\mathrm{X}_i)_{i \in \mathrm{I}}]]$ est une K-algèbre séparable. (Appliquer l'exerc. 11 ; on pourra aussi vérifier que pour toute extension *finie* K′ de K, $\mathrm{K}[[(\mathrm{X}_i)_{i \in \mathrm{I}}]] \otimes_{\mathrm{K}} \mathrm{K}'$ est isomorphe à $\mathrm{K}'[[(\mathrm{X}_i)_{i \in \mathrm{I}}]]$ et appliquer le th. 2, *d*) de V, p. 117.) En déduire que le corps des fractions de $\mathrm{K}[[(\mathrm{X}_i)_{i \in \mathrm{I}}]]$ est une extension séparable de K (V, p. 115, prop. 4).

§ 16

1) Soient K un corps de caractéristique $p > 0$, E une extension *séparable* de K, de degré de transcendance *fini* sur K.
a) S'il existe une base de transcendance B_0 de E sur K et un entier $m \geqslant 0$ tel que $\mathrm{K}(\mathrm{E}^{p^m})$ soit séparable sur $\mathrm{K}(\mathrm{B}_0)$, montrer que pour *toute* base de transcendance B de E sur K, il existe un entier $n \geqslant 0$ tel que $\mathrm{K}(\mathrm{E}^{p^n})$ soit séparable sur K(B).
b) En déduire que si la condition de *a*) est vérifiée, E admet une base de transcendance séparante sur K (si S est une p-base de E sur $\mathrm{K}(\mathrm{E}^p)$, B une base de transcendance de E sur K contenant S (V, p. 165, exerc. 6), montrer que B est une base de transcendance séparante de E sur K, en utilisant l'exerc. 6 de V, p. 165).
c) Soient K un corps de caractéristique $p > 0$, et x un élément transcendant sur K (dans une extension algébriquement close Ω de K). Montrer que la réunion E des extensions $\mathrm{K}(x^{p^{-n}})$ de K est une extension séparable de K, telle que $\deg.\mathrm{tr}_{\mathrm{K}}\mathrm{E} = 1$, mais qui n'admet pas de base de transcendance séparante sur K.
d) Soit K un corps parfait. Montrer que la clôture parfaite du corps des fractions rationnelles K(T) est une extension de K de degré de transcendance 1 qui n'admet pas de base de transcendance séparante.

2) Soient K un corps de caractéristique $p > 0$, E une extension de K de degré de transcendance *fini* sur K. Pour que E admette une base de transcendance séparante sur K, il faut et il suffit que E soit séparable sur K et que le degré d'imperfection de E sur K soit égal à son degré de transcendance sur K.

3) Soient E une extension d'un corps K, F une extension de E.
a) Si E admet une base de transcendance séparante sur K et si F admet une base de transcendance séparante sur E, F admet une base de transcendance séparante sur K.
b) Si F admet une base de transcendance séparante sur K, et si $\deg.\mathrm{tr}_{\mathrm{K}}\mathrm{E} < +\infty$, alors E

admet une base de transcendance séparante sur K (se ramener au cas où $\deg.\mathrm{tr}_K F < +\infty$, et appliquer l'exerc. 1).

c) Si F admet une base de transcendance séparante finie sur K, et est séparable sur E, alors F admet une base de transcendance séparante sur E (utiliser l'exerc. 1).

4) Soit K un corps de caractéristique $p > 0$, dont le degré d'imperfection absolu (V, p. 160, exerc. 1) est égal à 1. Montrer que pour qu'une extension E de K soit séparable sur K, il faut et il suffit que E ne contienne aucun élément radiciel sur K et n'appartenant pas à K (si $a \in K$ forme une p-base de K sur K^p, montrer que $K^{p^{-1}} = K(a^{p^{-1}})$ et E sont linéairement disjoints sur K).

5) *a*) Soient K un corps de caractéristique $p > 0$, E une extension de K admettant une base de transcendance séparante sur K. Montrer que l'intersection L des corps $K(E^{p^n})$, où n parcourt **N**, est une extension algébrique de K. (Considérer d'abord le cas où $\deg.\mathrm{tr}_K E < +\infty$; montrer que L est relativement parfait sur K, donc E séparable sur L et utiliser les exerc. 2 et 6 de V, p. 165. Dans le cas général, si B est une base de transcendance séparante de E sur K, pour tout $x \in L$, il y a une partie finie B_0 de B telle que le polynôme minimal de x sur chacun des $K(B_0^{p^n})$ soit le même que son polynôme minimal sur K(B) et en déduire que si $F = K(B_0)(x)$, on a $x \in K(F^{p^n})$ pour tout n.)

b) Montrer que le plus grand corps parfait E^{p^∞} (intersection des E^{p^n}) contenu dans E est une extension algébrique de K^{p^∞} (utiliser *a*) et l'exerc. 8 de V, p. 165). Donner un exemple où E est une extension de type fini d'un corps parfait K, mais E^{p^∞} n'est pas contenu dans K.

6) Soient K un corps de caractéristique $p > 0$, E une extension de K telle qu'il existe un entier $h \geqslant 0$ pour lequel $K(E^{p^h})$ est séparable sur K (ce qui est toujours le cas lorsque E est une extension de K de type fini).

a) Si C est une p-base de E sur $K(E^p)$, il y a une partie B de C telle que B^{p^h} soit une p-base de $K(E^{p^h})$ sur $K(E^{p^{h+1}})$; B est une partie algébriquement libre sur K. Montrer que l'extension $F = K(E^{p^h})(B)$ est séparable sur K, et E est extension algébrique de F.

b) Montrer que B est une p-base de F sur $K(F^p)$. Montrer que si $x \in E$ et si m est le plus petit entier tel que $x^{p^m} \in F$, on a $x^{p^m} \in K(F^{p^m})$; par suite E est un sous-corps du corps $K^{p^{-\infty}}(F)$ (isomorphe à $K^{p^{-\infty}} \otimes_K F$). On dit qu'une sous-extension F de E est *distinguée* si elle est séparable sur K et si E est sous-corps de $K^{p^{-\infty}}(F)$; F est alors une extension séparable *maximale* de K dans E.

c) Soient P un corps parfait de caractéristique $p > 0$, $K = P(X, Y)$ le corps des fractions rationnelles à deux indéterminées, Ω une extension algébriquement close du corps de fractions rationnelles K(Z) sur K. Si $u \in \Omega$ est tel que $u^p = X + YZ^p$, montrer que $E = K(Z, u)$ est une extension de K telle que K(Z) et K(u) sont deux sous-extensions distinguées de E, de sorte qu'il n'existe pas de *plus grande* sous-extension séparable de E. Si $v \in \Omega$ est tel que $v^{p^2} = X + YZ^p$, montrer que dans l'extension $E' = K(Z, v)$, K(Z) est une sous-extension séparable maximale de E, mais n'est pas une sous-extension distinguée.

7) On suppose vérifiées les hypothèses de l'exerc. 6, et en outre que le degré d'imperfection de E sur K (V, p. 160, exerc. 1) est *fini* (ce qui est toujours le cas si E est une extension de K de type fini).

a) Soit B une p-base de F sur $K(F^p)$, qui est aussi une base de transcendance séparante de F sur K (et une base de transcendance de E sur K). Montrer que pour tout entier $k > 0$, B^{p^k} est une partie p-indépendante de $K(E^{p^k})$ sur $K(E^{p^{k+1}})$. Soit $q = \deg.\mathrm{tr}_K E$; si $m_k + q$ est le degré d'imperfection de $K(E^{p^k})$ sur $K(E^{p^{k+1}})$, montrer que p^f, où $f = \sum_{k=0}^{h-1} m_k$, est égal au degré [E : F], et est par suite indépendant du choix de la sous-extension distinguée F de E. On dit que p^f est l'*ordre d'inséparabilité* de E sur K et on le note $[E:K]_i$; ce nombre coïncide avec le degré inséparable noté $[E:K]_i$ en V, p. 45 lorsque E est de degré fini.

b) Pour $0 \leqslant k \leqslant h-1$, $[K^{p^{-k}}(E) : K^{p^{-k}}]_i$ est égal à p^{f_k}, où $f_k = \sum_{j=k}^{h-1} m_j$.

c) Soit L une sous-extension de E, séparable sur K et telle que E soit radiciel et de degré fini

sur L ; montrer que $[E:L] \geqslant [E:K]_i$ (si l'on pose $[L(E^{p^k}):K(E^{p^k})] = p^{r_k}$, montrer que $r_{k+1} \leqslant r_k + q$, en considérant une base de $L(E^{p^k})$ sur $K(E^{p^k})$ et une base de L sur $K(L^p)$).
d) Soit K′ une extension de K telle que K′ et E soient contenues dans une même extension algébriquement close Ω de K. Montrer que si K′(F) est séparable sur K′, c'est une sous-extension distinguée de l'extension K′(E) de K′. Il en est ainsi lorsque K′ et E sont algébriquement disjoints sur K, et l'on a alors $[K'(E):K']_i \leqslant [E:K]_i$; l'égalité a lieu lorsque K′ et E sont linéairement disjoints sur K, ou lorsque K′ est une extension algébrique séparable de K.
e) Montrer que $[E:K]_i$ est la plus petite valeur de $[E:K(B)]_i$ pour toutes les bases de transcendance B de E sur K ; si $\overline{K}$ est la fermeture algébrique de K dans Ω (qui est une clôture algébrique de K), on a $[E:K(B)]_i = [E:K]_i[\overline{K}(E):\overline{K}(B)]_i$. Si L est une sous-extension de E telle que E soit extension algébrique de L et $\overline{K}(E)$ une extension (algébrique) séparable de $\overline{K}(L)$, alors la plus grande extension séparable F de L contenue dans E est distinguée.
f) On suppose que E est une extension de type fini de K ; montrer que pour toute sous-extension L de E, on a $[L:K]_i \leqslant [E:K]_i \leqslant [L:K]_i[E:L]_i$. Donner un exemple où

$$[L:K]_i = [E:K]_i \quad \text{et} \quad [E:L]_i > 1 .$$

8) Soient k un corps et L une extension de k. Montrer que les conditions suivantes sont équivalentes :

(i) L est une extension algébrique séparable d'une extension transcendante pure de type fini.

(ii) L est une extension séparable de k et on a

$$[\Omega_{L/k}:L] = \deg.\mathrm{tr}_k L < +\infty .$$

(Pour démontrer (ii) ⇒ (i) on pourra opérer comme suit : soient $x_1, \ldots, x_n$ dans L tels que $dx_1, \ldots, dx_n$ forment une base de $\Omega_k(L)$ et posons $K = k(x_1, \ldots, x_n)$. On montrera d'abord que $\deg.\mathrm{tr}_k(K) = n$ et par suite que K est une extension transcendante pure de k. Soit L′ une extension algébrique finie de K contenue dans L. En comparant l'application canonique $u:\Omega_k(K) \otimes_K L' \to \Omega_k(L')$ avec l'application canonique $\Omega_k(K) \otimes_K L \to \Omega_k(L)$, montrer que u est injective. Calculer $[\Omega_k(L'):L']$ (V, p. 128, cor. 1). En déduire que u est bijectif et par suite que $\Omega_K(L') = 0$. Montrer que L′ est séparable sur K ; en déduire que L est séparable sur K.)

9) Avec les notations de l'exerc. 8, soit $M \subset L$ une sous-extension. Posons $m = \deg.\mathrm{tr}_k M$, $n = \deg.\mathrm{tr}_k L$, $r = n - m$. Soient $x_1, \ldots, x_n$ dans L tels que L soit une extension algébrique séparable de $k(x_1, \ldots, x_n) = K$.
a) Montrer que, quitte à changer l'indexation des x_i, on peut supposer que L est algébrique sur $M(x_1, \ldots, x_r)$.
b) Montrer qu'il existe une sous-extension de type fini $N \subset M$ telle que :
α) L soit algébrique sur $N(x_1, \ldots, x_s)$;
β) $K' = K(N(x_1, \ldots, x_r))$ soit une extension finie de $N(x_1, \ldots, x_r)$;
γ) l'homomorphisme canonique $K' \otimes_{N(x_1, \ldots, x_r)} M(x_1, \ldots, x_r) \to K(M(x_1, \ldots, x_r)) = K''$ soit bijectif.
c) Soit N une sous-extension comme dans *b*). Montrer successivement que K″ est une extension algébrique séparable de K′ (car L est séparable sur K), que $M(x_1, \ldots, x_r)$ est une extension algébrique séparable de $N(x_1, \ldots, x_r)$ (utiliser *b*), γ)), que M est une extension algébrique séparable de N.
d) Montrer que M est une extension algébrique séparable d'une extension transcendante pure (utiliser *c*) et le fait que N est une extension séparable de type fini de k).

§ 17

1) Soient K_0 un corps de caractéristique $p > 0$, $K = K_0(X, Y)$ le corps des fractions rationnelles à deux indéterminées sur K_0, U et V deux indéterminées, Ω une extension algébriquement close de K(U, V), $E = K(U, u)$, où $u^p = X + YU^p$, et $F = K(V, v)$, où $v^p = X + YV^p$; E et F ne sont pas séparables sur K (V, p. 167, exerc. 6, *c*)).

a) Montrer que K est algébriquement fermé dans E et dans F (si $x \in E$ est algébrique sur K, montrer qu'on a nécessairement $x^p \in K$; si l'on avait $x \notin K$, on aurait $E = K(U, x)$; en déduire que $X^{1/p}$ et $Y^{1/p}$ appartiendraient à $K(x)$).
b) Montrer que E et F sont linéairement disjoints sur K, mais que K n'est pas algébriquement fermé dans $K(E \cup F)$. (Prouver que $X^{1/p} \in K(E \cup F)$; en déduire que v ne peut appartenir à E(V), et conclure de là que E et F sont linéairement disjoints sur K.)

2) Soient K un corps de caractéristique $p > 0$, Ω une extension de K, E et F deux sous-extensions de Ω, algébriquement disjointes sur K.
a) Soit F_s la fermeture séparable de K dans F. Montrer que $E(F_s)$ est la fermeture séparable de E dans E(F). (Se ramener au cas où $F_s = K$; soient B une base de transcendance de E sur K et K′ la fermeture algébrique de K dans F, qui est radicielle sur F ; alors (V, p. 131) K′(B) est la fermeture algébrique de K(B) dans F(B) et est radicielle sur K(B). Si $x \in E(F)$ est algébrique sur E, il existe un entier $r \geqslant 0$ tel que $x^{p^r} \in M$, où M est une extension séparable de degré fini de F(B), ayant une base $(u_i)_{1 \leqslant i \leqslant n}$ sur F(B) formée d'éléments de E. Si $y = \sum_i b_i u_i$ avec $b_i \in F(B)$, montrer, en considérant les F(B)-isomorphismes de M dans une clôture algébrique de E(F), que les b_i appartiennent à K′(B), et en déduire que y est radiciel sur E.)
b) On suppose que E et F sont linéairement disjointes sur K, que K est algébriquement fermé dans F et que E est une extension séparable de K. Montrer que E est algébriquement fermé dans E(F). (Se ramener au cas où E est une extension algébrique séparable de K, à l'aide de V, p. 132. Déduire de *a*) que la fermeture algébrique de E dans E(F) est radicielle sur E, puis utiliser le fait que si (a_λ) est une base de E sur K, les $a_\lambda^{p^r}$ forment aussi une base de E sur K.)

3) Soient E un corps, G un groupe d'automorphismes de E, K le corps des invariants de G.
a) Montrer que s'il n'existe dans G aucun sous-groupe distingué distinct de G et d'indice fini dans G, E est une extension régulière de K.
b) Déduire de *a*) que si G est isomorphe à un produit fini de groupes simples infinis, E est une extension régulière de K.

4) Soient K un corps, E et F deux extensions de K.
a) On suppose que K est algébriquement fermé dans F. Montrer que si (L, u, v), (L′, u', v') sont deux extensions composées de E et F telles que u(E) et v(F) (resp. u'(E) et v'(F)) soient algébriquement disjointes sur K, ces deux extensions composées sont isomorphes. (Considérer d'abord le cas où E est une extension transcendante pure de K ; puis utiliser l'exerc. 2, *a*), ainsi que l'exerc. 6, *b*) de V, p. 146.)
b) Soient E_s, F_s les fermetures séparables de K dans E et F respectivement. On suppose que toutes les extensions composées de E_s et F_s sont isomorphes. Montrer alors que si (L, u, v) et (L′, u', v') sont deux extensions composées de E et F telles que u(E) et v(F) (resp. u'(E) et v'(F)) soient algébriquement disjointes sur K, ces deux extensions composées sont isomorphes (utiliser *a*) et l'exerc. 11 de V, p. 163).

5) Soient K un corps et p son exposant caractéristique. Pour tout entier $n > 0$ premier à p, on note $\varphi_K(n)$ le degré sur K de $R_n(K) = K(\mu_n)$, où μ_n désigne le groupe des racines n-ièmes de l'unité dans une clôture algébrique de K. Par exemple $\varphi_{\mathbf{Q}}(n) = \varphi(n)$ (V, p. 80, th. 2) ; si K est fini à q éléments, $\varphi_K(n)$ est l'ordre de la classe de q dans $(\mathbf{Z}/n\mathbf{Z})^*$ (V, p. 93, cor.) ; si K est algébriquement clos, $\varphi_K(n) = 1$ pour tout n.
a) Soit E la fermeture algébrique du corps premier K_0 dans K. Montrer que $\varphi_K(n) = \varphi_E(n)$.
b) Supposons que K soit une extension de type fini de K_0. Soit m un entier > 0. Il existe un entier $N > 0$ divisible par tout n tel que $\varphi_K(n) \leqslant m$.
c) Soit s un élément de $GL_m(K)$ d'ordre fini. Montrer que s^N est d'ordre une puissance de p. (On a $s = tu = ut$ où u est d'ordre une puissance de p et t est d'ordre n premier à p. L'élément t est racine du polynôme séparable $X^n - 1$ ainsi que de son polynôme caractéristique ; en déduire que la sous-algèbre A de $M_m(K)$ engendrée par t est étale, de degré $\leqslant m$, isomorphe à un produit d'extensions $R_d(K)$ où d parcourt certains des diviseurs de n, y compris n. Par suite $\varphi_K(n) \leqslant m$; utiliser *b*).)

Note historique

(chapitres IV et V)

(N.B. — Les chiffres romains renvoient à la bibliographie placée à la fin de cette note.)

La théorie des corps commutatifs — et la théorie des polynômes, qui lui est étroitement liée — sont dérivées directement de ce qui a constitué, jusqu'au milieu du XIXe siècle, l'objet principal de l'Algèbre classique : la résolution des équations algébriques, et des problèmes de constructions géométriques qui en sont l'équivalent.

Dès qu'on cherche à résoudre une équation algébrique de degré > 1, on se trouve en présence de difficultés de calcul toutes nouvelles, la détermination de l'inconnue ne pouvant plus se faire par des calculs « rationnels » à partir des données. Cette difficulté a dû être aperçue de très bonne heure ; et il faut compter comme une des contributions les plus importantes des Babyloniens le fait qu'ils aient su ramener la résolution des équations quadratiques et bicarrées à une seule opération algébrique nouvelle, l'extraction des racines carrées (comme le prouvent les nombreuses équations numériques qu'on trouve résolues de cette manière dans les textes qui nous sont parvenus ((I), p. 183-193)). En ce qui concerne le calcul formel, l'Antiquité ne dépassera jamais ce point dans le problème de la résolution des équations algébriques ; les Grecs de l'époque classique se bornent en effet à retrouver les formules babyloniennes en termes géométriques, et leur emploi sous forme algébrique n'est pas attesté avant Héron (100 ap. J.-C.) et Diophante.

C'est dans une tout autre direction que les Grecs apportent un progrès décisif. Nous sommes mal renseignés sur la façon dont les Babyloniens concevaient et calculaient les racines carrées de nombres entiers non carrés * ; dans les rares textes qui nous sont parvenus sur cette question, ils semblent se contenter de méthodes d'approximation assez grossières ((I), p. 33-38). L'école pythagoricienne, qui avait fixé avec rigueur le concept de grandeurs commensurables, et y attachait un caractère quasi-religieux, ne pouvait se tenir à ce point de vue ; et il est possible que ce soit

* Dans tous les exemples d'équations quadratiques et bicarrées des textes babyloniens, les données sont toujours choisies de sorte que les radicaux portent sur des carrés.

l'échec de tentatives répétées pour exprimer rationnellement $\sqrt{2}$ qui les conduisit enfin à démontrer que ce nombre est irrationnel *.

Nous avons dit ailleurs (*cf.* Note hist. du Livre III, chap. IV) comment cette découverte, qui marque un tournant capital dans l'histoire des Mathématiques, réagit profondément sur la conception du « nombre » chez les Grecs, et les amena à créer une algèbre de caractère exclusivement géométrique, pour y trouver un mode de représentation (ou peut-être une preuve d'« existence ») pour les rapports incommensurables, qu'ils se refusaient à considérer comme des nombres. Le plus souvent, un problème algébrique est ramené par eux à l'intersection de deux courbes planes auxiliaires, convenablement choisies, ou à plusieurs déterminations successives de telles intersections. Des traditions tardives et de peu d'autorité font remonter à Platon l'introduction d'une première classification de ces constructions, destinée à une longue et brillante carrière : pour des raisons plus philosophiques que mathématiques, semble-t-il, il aurait mis à part les constructions dites « par la règle et le compas », c'est-à-dire celles où n'interviennent comme courbes auxiliaires que des droites et des cercles **. En tout cas, Euclide, dans ses Éléments (II), se borne exclusivement à traiter des problèmes résolubles de cette manière (sans toutefois les caractériser par un nom particulier) ; circonstance qui ne contribua pas peu sans doute à fixer sur ces problèmes l'attention des mathématiciens des siècles suivants. Mais nous savons aujourd'hui *** que les équations algébriques qu'on peut résoudre « par la règle et le compas » sont d'un type très spécial ; en particulier,

* Un auteur récent a fait la remarque ingénieuse que la construction du pentagone étoilé régulier, connue des Pythagoriciens (dont c'était un des symboles mystiques) conduit immédiatement à une démonstration de l'irrationalité de $\sqrt{5}$, et a émis l'hypothèse (qui malheureusement n'est appuyée par aucun texte) que c'est de cette manière que les Pythagoriciens auraient découvert les nombres irrationnels (K. von Fritz, *Ann. of. Math.*, t. XLVI (1945), p. 242).

** En liaison avec ce principe, on attribue aussi à Platon la classification des courbes planes en « lieux plans » (droite et cercle), « lieux solides » (les coniques, obtenues par section plane d'un corps solide, le cône), toutes les autres courbes étant groupées sous le nom de « τόποι γραμμικοί ». Il est curieux de voir l'influence de cette classification s'exercer encore sur Descartes, qui, dans sa Géométrie, range dans un même « genre » les équations de degré $2n - 1$ et de degré $2n$, sans doute parce que celles de degré 1 ou 2 se résolvent par des intersections de « lieux plans » et celles de degré 3 ou 4 par des intersections de « lieux solides ».

*** La détermination des points d'intersection d'une droite et d'un cercle (ou de deux cercles) équivaut à la résolution d'une équation du second degré dont les coefficients sont fonctions rationnelles des coefficients des équations de la droite et du cercle (ou des deux cercles) considérés. On en conclut aisément que les coordonnées d'un point construit « par la règle et le compas » à partir des points donnés appartiennent à une extension L du corps $\mathbf{Q}$ des nombres rationnels, obtenue comme suit : si K est le corps obtenu en adjoignant à $\mathbf{Q}$ les coordonnées des points donnés, il existe une suite croissante $(L_i)_{0 \leqslant i \leqslant n}$ de corps intermédiaires entre K et L, satisfaisant aux conditions $K = L_0, L = L_n, [L_i : L_{i-1}] = 2$ pour $1 \leqslant i \leqslant n$. Par récurrence sur n, on en déduit que le degré sur K de l'extension galoisienne N engendrée par L est une *puissance de* 2 ; réciproquement, on peut démontrer que, si cette condition est vérifiée, il existe une suite (L_i) de corps intermédiaires entre K et L ayant les propriétés précédentes, et par suite le problème posé est résoluble par la règle et le compas (*cf.* N. Tschebotaröw, *Grundzüge der Galoisschen Theorie* (trad. H. Schwerdtfeger), Groningen (P. Noordhoff), 1950, p. 351).

une équation irréductible du 3e degré (sur le corps des rationnels) ne peut se résoudre de la sorte, et les Grecs avaient rencontré très tôt des problèmes du 3e degré restés célèbres, tels la duplication du cube (résolution de $x^3 = 2$) et la trisection de l'angle ; la quadrature du cercle les mettait d'autre part en présence d'un problème transcendant. Nous les voyons, pour résoudre ces problèmes, introduire de nombreuses courbes algébriques (coniques, cissoïde de Dioclès, conchoïde de Nicomède) ou transcendantes (quadratrice de Dinostrate, spirale d'Archimède) ; ce qui ne pouvait manquer de les conduire à une étude autonome de ces diverses courbes, préparant ainsi la voie aux développements futurs de la Géométrie analytique, de la Géométrie algébrique et du Calcul infinitésimal. Mais ces méthodes ne font faire aucun progrès à la résolution des équations algébriques *, et le seul ouvrage de l'Antiquité qui ait apporté une contribution notable à cette question et exercé une influence durable sur les algébristes du Moyen Age et de la Renaissance est le Livre X des Éléments d'Euclide (II) ; dans ce Livre (dont certains historiens voudraient faire remonter les principaux résultats à Théétète), il considère des expressions obtenues par combinaison de plusieurs radicaux, telles que $\sqrt{\sqrt{a} \pm \sqrt{b}}$ (a et b rationnels), donne des conditions moyennant lesquelles ces expressions sont irrationnelles, les classe en de nombreuses catégories (qu'il démontre être distinctes), et étudie les relations algébriques entre ces diverses irrationnelles, telles que celle que nous écririons aujourd'hui

$$\sqrt{\sqrt{p} + \sqrt{q}} = \sqrt{\frac{1}{2}(\sqrt{p} + \sqrt{p-q})} + \sqrt{\frac{1}{2}(\sqrt{p} - \sqrt{p-q})};$$

le tout exprimé dans le langage géométrique habituel des *Éléments*, ce qui rend l'exposé particulièrement touffu et incommode.

Après le déclin des mathématiques grecques classiques, les conceptions relatives aux équations algébriques se modifient. Il ne fait pas de doute que, pendant toute la période classique, les Grecs possédaient des méthodes d'approximation indéfinie des racines carrées, sur lesquelles nous sommes malheureusement mal renseignés **. Avec les Hindous, puis les Arabes et leurs émules occidentaux du Moyen Age,

* Faute d'un calcul algébrique maniable, on ne trouve pas trace chez les Grecs d'une tentative de classification des problèmes qu'ils ne savaient pas résoudre par la règle et le compas ; les Arabes sont les premiers à ramener de nombreux problèmes de cette espèce (par exemple la construction des polygones réguliers à 7 et 9 côtés) à des équations du 3e degré.

** Par exemple, la méthode d'Archimède pour le calcul approché du nombre π nécessite la connaissance de plusieurs racines carrées, avec une assez grande approximation, mais nous ignorons le procédé employé par Archimède pour obtenir ces valeurs. La méthode d'approximation de $\sqrt{2}$ qui fournit le développement de ce nombre en « fraction continue » est connue (sous forme géométrique) par un texte de Théon de Smyrne (IIe siècle après J.-C.), mais remonte peut-être aux premiers pythagoriciens. Quant à la méthode d'approximation indéfinie des racines carrées encore en usage de nos jours dans l'enseignement élémentaire, elle n'est pas attestée avant Théon d'Alexandrie (IVe siècle après J.-C.), bien qu'elle ait sans doute été déjà connue de Ptolémée. Notons enfin qu'on trouve chez Héron (vers 100 ap. J.-C.) un calcul approché d'une racine cubique (*cf.* G. ENESTRÖM, *Bibl. Math.* (3), t. VIII (1970), p. 412).

l'extraction des racines de tous ordres devient une opération qui tend à être considérée comme fondamentale au même titre que les opérations rationnelles de l'algèbre, et à être notée, comme ces dernières, par des symboles de plus en plus maniables dans les calculs *. La théorie de l'équation du second degré, qui se perfectionne durant tout le Moyen Age (nombre de racines, racines négatives, cas d'impossibilité, racine double), et celle des équations bicarrées, donnent des modèles de formules de résolution d'équations « par radicaux », sur lesquelles les algébristes vont essayer pendant des siècles de calquer des formules analogues pour la résolution des équations de degré supérieur, et en premier lieu pour l'équation du 3e degré. Léonard de Pise, le principal introducteur de la science arabe en Occident au XIIIe siècle, reconnaît en tout cas que les irrationnelles classées par Euclide dans son X^e^ livre ne peuvent servir à cette fin (nouvelle démonstration d'impossibilité, dans une théorie qui en compte tant), et nous le voyons déjà s'essayer à des calculs analogues sur les racines cubiques, obtenant des relations telles que

$$\sqrt[3]{16} + \sqrt[3]{54} = \sqrt[3]{250},$$

analogues aux formules d'Euclide pour les radicaux carrés (et dont on trouve d'ailleurs des exemples antérieurs chez les Arabes). Mais trois siècles d'efforts infructueux passeront encore avant que Scipion del Ferro, au début du XVIe siècle, n'arrive enfin, pour l'équation $x^3 + ax = b$, à la formule de résolution

$$(1) \qquad x = \sqrt[3]{\frac{b}{2} + \sqrt{\left(\frac{b}{2}\right)^2 + \left(\frac{a}{3}\right)^3}} + \sqrt[3]{\frac{b}{2} - \sqrt{\left(\frac{b}{2}\right)^2 + \left(\frac{a}{3}\right)^3}}\,.$$

Nous ne pouvons décrire ici le côté pittoresque de cette sensationnelle découverte — les querelles qu'elle provoqua entre Tartaglia, d'une part, Cardan et son école de l'autre —, ni les figures, souvent attachantes, des savants qui en furent les protagonistes. Mais il nous faut noter les progrès décisifs qui s'ensuivent pour la théorie des équations, entre les mains de Cardan et de ses élèves. Cardan, qui a moins de répugnance que la plupart de ses contemporains à employer les nombres négatifs, observe ainsi que les équations du troisième degré peuvent avoir trois racines, et les équations bicarrées quatre ((III), t. IV, p. 259), et il remarque que la somme des trois racines de $x^3 + bx = ax^2 + c$ (équation dont il sait d'ailleurs faire disparaître le terme en x^2) est toujours égale à a (*ibid.*). Sans doute guidé par cette relation et l'intuition de son caractère général, il a la première idée de la notion de multiplicité d'une racine ; surtout il s'enhardit (non sans précautions oratoires) à calculer formellement sur des expressions contenant des racines carrées de nombres négatifs. Il est vraisemblable qu'il y fut amené par le fait que de telles expressions se présentent

* L'irrationalité de $\sqrt[n]{a}$, lorsque a est un entier qui n'est pas une puissance n-ième exacte, n'est pas mentionnée ni démontrée avant Stifel (XVIe siècle) ; la démonstration de ce dernier est d'ailleurs calquée sur celle d'Euclide pour $n = 2$, et il est assez peu vraisemblable que cette généralisation facile n'ait pas été aperçue plus tôt.

naturellement dans l'emploi de la formule (1) lorsque $\left(\frac{b}{2}\right)^2 + \left(\frac{a}{3}\right)^3 < 0$ (cas — dit « irréductible » — où Cardan avait reconnu l'existence de trois racines réelles) ; c'est ce qui apparaît en tout cas avec netteté chez son disciple R. Bombelli, qui, dans son Algèbre ((IV), p. 293) démontre la relation

$$\sqrt[3]{2 + \sqrt{-121}} = 2 + \sqrt{-1}$$

et prend soin de donner explicitement les règles de calcul des nombres complexes sous une forme déjà très voisine des exposés modernes *. Enfin, dès 1545, un autre élève de Cardan, L. Ferrari, parvient à résoudre l'équation générale du 4e degré, à l'aide d'une équation auxiliaire du 3e degré **.

Après une avance aussi rapide, la période suivante, jusqu'au milieu du XVIIIe siècle, ne fait guère que développer les nouvelles idées introduites par l'école italienne. Grâce aux progrès essentiels qu'il apporte à la notation algébrique, Viète peut exprimer de façon générale les relations entre coefficients et racines d'une équation algébrique, tout au moins lorsque les racines sont toutes positives *** ((V), p. 158). Plus hardi, A. Girard (VI) n'hésite pas à affirmer (bien entendu sans démonstration) qu'une équation de degré n a exactement n racines, à condition de compter les « racines impossibles », chacune avec son degré de multiplicité, et que ces racines satisfont aux relations données par Viète ; il obtient aussi, pour la première fois, l'expression des sommes de puissances semblables des racines, jusqu'à l'exposant 4.

Mais l'esprit du XVIIe siècle est tourné vers d'autres directions et ce n'est que par contrecoup que l'Algèbre profite quelque peu des nouvelles découvertes de la Géométrie analytique et du Calcul infinitésimal. Ainsi, à la méthode de Descartes pour obtenir les tangentes aux courbes algébriques (*cf.* Note hist. du Livre IV, chap. I-II-III, p. 46) est lié le critère de multiplicité d'une racine d'une équation algébrique, qu'énonce son disciple Hudde ((VII), p. 433 et 507-509). C'est sans doute aussi à l'influence de Descartes qu'il faut faire remonter la distinction entre fonctions algébriques et fonctions transcendantes, parallèle à celle qu'il introduit dans sa

* Bombelli ((IV), p. 169 et 190) considère les nombres complexes comme « combinaisons linéaires » à coefficients positifs, de quatre éléments de base : « piu » (+ 1), « meno » (− 1), « piu de meno » ($+ i$) et « meno de meno » ($- i$) ; il pose notamment en axiome que « piu » et « piu de meno » ne s'additionnent pas, première apparition de la notion d'indépendance linéaire.

** L'équation étant ramenée à la forme $x^4 = ax^2 + bx + c$, on détermine un nombre z de sorte que le second membre de l'équation

$$(x^2 + z)^2 = (a + 2z)\,x^2 + bx + (c + z^2)$$

soit un carré parfait, ce qui donne pour z une équation du 3e degré.

*** Viète, admirateur passionné des Anciens, s'abstient systématiquement d'introduire des nombres négatifs dans ses raisonnements ; il n'en est pas moins capable, à l'occasion, d'exprimer dans son langage des relations entre coefficients et racines lorsque certaines de ces dernières sont négatives ; par exemple, si l'équation $x^3 + b = ax$ a deux racines positives x_1, x_2 ($a > 0$, $b > 0$), Viète montre que $x_1^2 + x_2^2 + x_1x_2 = a$ et $x_1x_2(x_1 + x_2) = b$ ((V), p. 106).

Géométrie entre les courbes « géométriques » et les courbes « mécaniques » (*cf.* Note hist. du Livre IV, chap. I-II-III, p. 46 et 61). En tout cas, cette distinction est parfaitement nette chez J. Gregory qui, en 1667, cherche même à démontrer que l'aire d'un secteur circulaire ne peut être fonction algébrique de la corde et du rayon *. L'expression « transcendant » est de Leibniz, que ces questions de classification ne cessent d'intéresser tout au long de sa carrière, et qui, vers 1682, découvre une démonstration simple du résultat poursuivi par Gregory, en prouvant que sin x ne peut être fonction algébrique de x ((VIII), t. V, p. 97-98) **. Avec son ami Tschirnhaus, Leibniz est d'ailleurs un des seuls mathématiciens de son époque qui s'intéresse encore au problème de la résolution « par radicaux » des équations algébriques. A ses débuts, nous le voyons étudier le « cas irréductible » de l'équation du 3ᵉ degré, et se convaincre (d'ailleurs sans preuve suffisante) qu'il est impossible dans ce cas de débarrasser les formules de résolution de quantités imaginaires ((IX), p. 547-564). Vers la même époque, il s'attaque aussi sans succès à la résolution par radicaux de l'équation du 5ᵉ degré ; et quand, plus tard, Tschirnhaus prétend résoudre le problème en faisant disparaître tous les termes de l'équation sauf les deux extrêmes par une transformation de la forme $y = P(x)$, où P est un polynôme du 4ᵉ degré convenablement choisi, Leibniz s'aperçoit aussitôt que les équations qui déterminent les coefficients de $P(x)$ sont de degré > 5, et estime la méthode vouée à l'échec ((IX), p. 402-403).

Il semble que ce soient les besoins de la nouvelle Analyse qui aient peu à peu ranimé l'intérêt porté à l'algèbre. L'intégration des fractions rationnelles, effectuée par Leibniz et Johann Bernoulli, et la question des logarithmes imaginaires qui s'y rattache étroitement, donnent l'occasion d'approfondir le calcul sur les nombres imaginaires, et de reprendre la question de la décomposition d'un polynôme en facteurs du premier degré (« théorème fondamental de l'algèbre ») ***. Dès le début du XVIIIᵉ siècle, la résolution de l'équation binôme $x^n - 1 = 0$ est ramenée par Cotes et de Moivre à la division du cercle en n parties égales ; pour obtenir des expressions de ses racines « par radicaux », il suffit donc de savoir le faire lorsque n est premier

* J. Gregory, *Vera Circuli et Hyperbolae Quadratura*..., Pataviae, 1667 ; *cf.* G. Heinrich, *Bibl. Math.* (3), t. II (1901), p. 77-85.

** La définition que donne Leibniz des « quantités transcendantes » ((VIII), t. V, p. 228 ; voir aussi *ibid.*, p. 120) semble plutôt s'appliquer aux fonctions qu'aux nombres (en langage moderne, ce qu'il fait revient à définir les éléments transcendants sur le corps obtenu en adjoignant au corps des nombres rationnels les données du problème) ; il est cependant vraisemblable qu'il avait une notion assez claire des nombres transcendants (encore que ces derniers ne paraissent pas avoir été définis de façon précise avant la fin du XVIIIᵉ siècle) ; en tout cas, il observe explicitement qu'une fonction transcendante peut prendre des valeurs rationnelles pour des valeurs rationnelles de la variable, et par suite que sa démonstration de la transcendance de sin x n'est pas suffisante pour prouver que π est irrationnel ((VIII), t. V, p. 97 et 124-126).

*** On se rend bien compte de l'état rudimentaire où se trouvait encore le calcul sur les nombres complexes à cette époque lorsqu'on voit Leibniz (un des plus exercés pourtant à cette technique, parmi les mathématiciens de son temps) s'exprimer comme s'il n'était pas possible de décomposer $x^4 + 1$ en deux facteurs réels du second degré ((VIII), t. V, p. 359-360).

impair, et de Moivre remarque que la substitution $y = x + \frac{1}{x}$ réduit alors le problème à la résolution « par radicaux » d'une équation de degré $(n - 1)/2$. En ce qui concerne le « théorème fondamental », après les échecs répétés de résolution générale « par radicaux » (y compris plusieurs tentatives d'Euler (X)), on commence à en chercher des démonstrations *a priori*, n'utilisant pas de formules explicites de résolution. Sans entrer dans le détail des méthodes proposées (qui devaient aboutir aux démonstrations de Lagrange et de Gauss ; *cf.* Notes hist. du Livre II, chap. VI-VII, et du Livre III, chap. VIII), il convient de noter ici le point de vue duquel le problème est envisagé au milieu du XVIIIe siècle : on admet (sans aucune justification autre qu'un vague sentiment de généralité, provenant sans doute, comme chez A. Girard, de l'existence des relations entre coefficients et racines) qu'une équation de degré n a toujours n racines « idéales », sur lesquelles on peut calculer comme sur des nombres, *sans savoir si ce sont des nombres* (réels ou complexes) ; et ce qu'il s'agit de démontrer, c'est (en se servant au besoin de calculs sur les racines idéales) qu'au moins une de ces racines est un nombre complexe ordinaire *. Sous cette forme défectueuse, on reconnaît là le premier germe de l'idée générale d'« adjonction formelle » qui, malgré les objections de Gauss ((XIII), t. III, p. 1), devait devenir la base de la théorie moderne des corps commutatifs.

Avec les mémoires fondamentaux de Lagrange (XI *a*) et de Vandermonde (XII), l'année 1770 voit s'ouvrir une nouvelle et décisive période dans l'histoire de la théorie des équations algébriques. A l'empirisme des essais plus ou moins heureux de formules de résolution, qui avait jusque-là régné sans partage, va succéder une analyse systématique des problèmes posés et des méthodes susceptibles de les résoudre, analyse qui en soixante ans conduira aux résultats définitifs de Galois. Lagrange et Vandermonde partent tous deux de l'ambiguïté qu'introduisent les déterminations multiples des radicaux dans les formules de résolution des équations de degré $\leqslant 4$; ce fait avait déjà attiré l'attention d'Euler (X *a*) qui avait montré entre autres comment, dans la formule de del Ferro, on doit associer les déterminations des radicaux qui y figurent de façon à obtenir 3 racines, et non 9. Lagrange remarque que chacun des radicaux cubiques de la formule de del Ferro peut s'écrire sous la forme $\frac{1}{3}(x_1 + \omega x_2 + \omega^2 x_3)$, où ω est une racine cubique de l'unité, x_1, x_2, x_3 les trois racines de l'équation proposée, prises dans un certain ordre, et il fait l'observation capitale que la fonction $(x_1 + \omega x_2 + \omega^2 x_3)^3$ des trois racines ne peut prendre que *deux* valeurs distinctes pour toute *permutation* des trois racines, ce qui explique *a priori* le succès des méthodes de résolution de cette équation. Une analyse semblable des méthodes de résolution de l'équation du 4e degré l'amène à la fonction $x_1 x_2 + x_3 x_4$ des quatre racines, qui ne prend que *trois* valeurs distinctes pour toute permutation des racines, et est par suite racine d'une équation du troisième degré

* Il est à noter que ce que les mathématiciens du XVIIIe siècle appellent « racines imaginaires » ne sont souvent que les racines « idéales » précédentes, et ils cherchent à démontrer que ces racines sont de la forme $a + b\sqrt{-1}$ (voir par exemple (XI *b*)).

à coefficients fonctions rationnelles de ceux de l'équation donnée * ; ces faits constituent, dit Lagrange, « *les vrais principes, et, pour ainsi dire, la métaphysique* ** *de la résolution des équations du* 3e *et du* 4e *degré* » ((XI *a*), p. 357). S'appuyant sur ces exemples, il se propose d'étudier en général, pour une équation de degré n, le nombre ν de valeurs *** que peut prendre une fonction rationnelle V des n racines quand on permute arbitrairement celles-ci ; il inaugure ainsi en réalité (sous cette terminologie encore étroitement adaptée à la théorie des équations) la théorie des groupes et celle des corps, dont il obtient déjà plusieurs résultats fondamentaux par l'utilisation des mêmes principes que ceux qui sont employés aujourd'hui. Par exemple, il montre que le nombre ν est un diviseur de $n!$, par le raisonnement qui sert aujourd'hui à prouver que l'ordre d'un sous-groupe d'un groupe fini divise l'ordre de ce groupe. Plus remarquable encore est le théorème où il montre que, si V_1 et V_2 sont deux fonctions rationnelles des racines telles que V_1 et V_2 restent invariantes par les mêmes permutations, alors chacune d'elles est fonction rationnelle de l'autre et des coefficients de l'équation (cas particulier du théorème de Galois caractérisant une sous-extension d'une extension galoisienne comme corps des invariants de son groupe de Galois) : « *Ce problème* », dit-il, « *me paraît un des plus importants de la théorie des équations, et la solution générale que nous allons en donner servira à jeter un nouveau jour sur cette partie de l'Algèbre* » ((XI *a*), p. 374).

Toutes ces recherches sont naturellement, dans l'esprit de Lagrange, des préliminaires à l'analyse des méthodes possibles de résolution des équations algébriques par réduction successive à des équations de moindre degré, une telle méthode étant liée, comme il le montre, à la formation de fonctions rationnelles des racines prenant moins de n valeurs par permutation des racines. Guidé sans doute par ses résultats sur l'équation du 3e degré, il introduit en général les « résolvantes de Lagrange » $y_k = \sum_{h=1}^{n} \omega_k^h x_h$, où ω_k est une racine n-ième de l'unité ($1 \leqslant k \leqslant n$), montre clairement comment la connaissance de ces n nombres entraîne celle des racines x_k, et recherche en général le degré de l'équation à laquelle satisfont les y_k ; il montre par exemple que, si n est premier, les y_k^n sont racines d'une équation de degré $n-1$, dont les coefficients sont fonctions rationnelles d'une racine d'une équation de degré $(n-2)!$ à coefficients qui s'expriment rationnellement à l'aide des coefficients de l'équation donnée. « *Voilà, si je ne me trompe* », conclut-il, « *les vrais principes de la résolution des équations, et l'analyse la plus propre à y conduire ; tout se réduit, comme on le*

* Waring fait aussi cette observation dans ses *Meditationes algebraicae*, parues en cette même année 1770, mais il est loin d'en tirer les mêmes conséquences que Lagrange.

** Sous ce mot, qui revient si souvent sous la plume des auteurs du XVIIIe siècle, il est permis de voir une première intuition (encore bien vague) de la conception moderne de *structure*.

*** Lagrange fait déjà la distinction entre les diverses *fractions rationnelles* qu'on obtient à partir de V par permutation des indéterminées x_i ($1 \leqslant i \leqslant n$), et les diverses *valeurs* que prennent ces fractions lorsque les x_i sont les racines d'une équation algébrique à coefficients numériques donnés ; mais il subsiste encore dans son exposé un certain flottement à ce sujet, et c'est seulement avec Galois que la distinction deviendra plus nette.

voit, à une espèce de calcul des combinaisons, par lequel on trouve a priori *les résultats auxquels on doit s'attendre* » ((XI *a*), p. 403).

Quant au mémoire de Vandermonde, indépendant de celui de Lagrange, il se rencontre en de nombreux points avec ce dernier, notamment en ce qui concerne l'idée de rechercher des fonctions rationnelles des racines prenant aussi peu de valeurs distinctes que possible par les permutations des racines *, et l'étude des « résolvantes de Lagrange » qu'il introduit aussi à cet effet. Son travail est loin d'avoir la clarté et la généralité de celui de Lagrange ; sur un point cependant il va nettement plus loin, en appliquant les mêmes idées à l'équation de la division du cercle $x^n - 1 = 0$ pour n premier impair. Alors que Lagrange se contente de rappeler que cette équation se ramène à une équation de degré $m = (n-1)/2$, à coefficients rationnels, sans chercher à la résoudre lorsque $n \geqslant 11$, Vandermonde affirme que les puissances m-ièmes des résolvantes de Lagrange de cette dernière équation sont rationnelles, en raison des relations entre les diverses racines de $x^n - 1 = 0$; mais il se borne à vérifier le bien-fondé de cette assertion pour le cas $n = 11$, sans la justifier de manière générale.

C'est seulement 30 ans plus tard que le résultat annoncé par Vandermonde fut complètement démontré par C. F. Gauss **. Ses résultats décisifs sur l'équation $x^n - 1 = 0$ (n premier impair) s'insèrent dans le programme général de ses mémorables recherches arithmétiques ((XIII), t. I, p. 413 et suiv.), et illustrent tout spécialement sa maîtrise dans le maniement de ce que nous appelons maintenant la théorie des groupes cycliques. Après avoir démontré que le polynôme $\Phi_n(x) = (x^n - 1)/(x - 1)$ est irréductible pour n premier impair ***, il a l'idée d'écrire ses $n - 1$ racines sous la forme $\zeta^{g^k} = \zeta_k$ $(0 \leqslant k \leqslant n-2)$, où g est racine primitive de la congruence $z^{n-1} \equiv 1 \pmod{n}$ (ce qui, en langage moderne, revient à mettre en évidence le fait que le groupe Γ de l'équation $\Phi_n(x) = 0$ est cyclique). A tout diviseur e de $n - 1$, il fait correspondre les $f = (n-1)/e$ « périodes » $\eta_\nu = \zeta_\nu + \zeta_{\nu+e} + \zeta_{\nu+2e} + \cdots + \zeta_{\nu+(f-1)e}$ $(1 \leqslant \nu \leqslant f)$ et montre en substance que les combinaisons linéaires à coefficients rationnels des η_ν forment un corps, engendré par une quelconque des f périodes η_ν, et de degré f sur le corps des nombres rationnels (ce corps correspondant naturellement au sous-groupe de Γ d'ordre e). Nous ne pouvons ici entrer dans le détail de son analyse, et des importantes consé-

* Dans cette recherche (qu'il ne développe en fait que pour l'équation du 5e degré) apparaît pour la première fois la notion d'*imprimitivité* ((XII), p. 390-391). On est d'ailleurs naturellement tenté de rapprocher les méthodes de Lagrange et Vandermonde de leurs travaux contemporains sur les déterminants, qui devaient leur rendre familière l'idée de permutation et tout ce qui s'y rattache.

** Gauss ne cite pas Vandermonde dans ses *Disquisitiones*, mais il est vraisemblable qu'il avait lu le mémoire de ce dernier (*cf.* (XIII), t. X_2, Abh. 4, p. 58).

*** La notion de polynôme irréductible (à coefficients rationnels) remonte au XVIIe siècle, et Newton et Leibniz avaient déjà donné des procédés permettant (tout au moins théoriquement) de déterminer les facteurs irréductibles d'un polynôme à coefficients rationnels explicités ((VIII), t. IV, p. 329 et 355) ; mais la démonstration de Gauss est la première démonstration d'irréductibilité s'appliquant à tout un *ensemble* de polynômes de degré arbitrairement grand.

quences arithmétiques qu'elle entraîne ; signalons seulement qu'elle lui donne en particulier le célèbre théorème sur la possibilité de construire « par la règle et le compas » les polygones ayant un nombre de côtés égal à un nombre premier de la forme $2^{2^k} + 1$ *. Quant à la résolution par radicaux de l'équation $\Phi_n(x) = 0$, elle découle aisément de la théorie des périodes, appliquées à la puissance f-ième d'une résolvante de Lagrange $\sum_{\nu=0}^{f-1} \omega^\nu \eta_\nu$ (où $\omega^f = 1$) **.

C'est directement à Lagrange que se rattachent les recherches de son compatriote Ruffini, contemporaines des *Disquisitiones* ; reprenant la question au point où Lagrange l'avait laissée, elles se proposent pour but la démonstration de l'impossibilité de la résolution « par radicaux » de l'équation « générale » *** du 5e degré. La démonstration de Ruffini, prolixe et obscure, reste incomplète bien que remaniée à plusieurs reprises ; mais elle est déjà très voisine de la démonstration (correcte dans son principe) qu'obtiendra plus tard Abel ****. Son principal intérêt réside surtout dans l'introduction du calcul sur les substitutions et des premières notions de théorie des groupes, que Ruffini développe pour montrer qu'il n'existe pas de fonction des 5 racines de l'équation prenant plus de 2 et moins de 5 valeurs lorsqu'on permute arbitrairement les racines.

Nous avons déjà dit (Note hist. du chap. I) comment cette première ébauche de la théorie des groupes de permutations fut développée et systématisée par Cauchy quelques années plus tard. Mais, si les notions nécessaires au développement des idées de Lagrange se clarifiaient ainsi peu à peu en ce qui concerne les substitutions, il fallait encore poser de façon aussi nette les premiers principes de la théorie des corps. C'est ce qui avait manqué à Ruffini, et c'est ce que vont faire Abel et Galois, dans la dernière phase du problème de la résolution des équations algébriques.

Pendant toute sa courte vie, Abel ne cesse d'être préoccupé par ce problème. Presque enfant encore, il avait cru obtenir une formule de résolution par radicaux

* Gauss affirme explicitement posséder une démonstration du fait que ce cas est le seul où l'on puisse construire par la règle et le compas un polygone ayant un nombre premier impair de côtés ((XIII), t. I, p. 462) ; mais cette démonstration ne fut jamais publiée et n'a pas été retrouvée dans ses papiers.

** En réalité, si on veut uniquement prouver que l'équation est résoluble par radicaux, on peut se borner à prendre $e = 1$, en raisonnant par récurrence sur n.

*** Les mathématiciens du XIXe siècle entendent par là, en substance, une équation dont les coefficients sont des *indéterminées* sur le corps des rationnels. Mais la notion moderne d'indéterminée ne se dégage guère avant les dernières années du XIXe siècle ; jusque-là, on entend toujours par « polynôme » ou « fraction rationnelle » une *fonction* de variables complexes. Une équation algébrique « générale » est conçue comme une équation dont les coefficients sont des variables complexes indépendantes, et dont les racines sont des « fonctions algébriques » de ces variables — notion à vrai dire totalement dénuée de sens précis si on donne au mot « fonction » son sens actuel. Bien entendu, les raisonnements sur ces « fonctions algébriques » sont en général intrinsèquement corrects, comme on s'en assure en les traduisant dans le langage algébrique moderne.

**** Voir P. RUFFINI, *Opere Matematiche*, 3 vol., Roma (Ed. Cremonese), 1953-1954, ainsi que H. BURKHARDT, *Zeitsch. für Math. und Phys.*, t. XXXVII (1892), Suppl., p. 121-159.

de l'équation générale du 5ᵉ degré. S'étant plus tard aperçu de son erreur, il n'a de cesse qu'il ne soit parvenu à démontrer qu'une telle formule n'existe pas ((XIV), t. I, p. 66). Mais il ne s'en tient pas là. Alors que son émule Jacobi développe la théorie des fonctions elliptiques en analyste, c'est le point de vue algébrique qui domine les travaux d'Abel sur cette question, centrés sur la théorie des équations de la division des fonctions elliptiques ((XIV), t. I, p. 265, 377 et *passim*). Il obtient ainsi de nouveaux types d'équations résolubles par radicaux par une méthode calquée sur celle de Gauss pour les équations de la division du cercle ((XIV), t. I, p. 310 et 358) * ; résultat d'où il s'élève à la conception des équations « abéliennes », dont il démontre, dans un mémoire célèbre, la résolubilité par radicaux ((XIV), t. I, p. 478) ; c'est à cette occasion qu'il définit de façon précise la notion de polynôme irréductible sur un corps donné (le corps engendré par les coefficients de l'équation qu'il étudie) **. Enfin, la mort le terrasse en 1829, alors qu'il s'attaque au problème général de la caractérisation de toutes les équations résolubles par radicaux, et vient de communiquer à Crelle et Legendre des résultats déjà tout proches de ceux de Galois ((XIV), t. II, p. 219-243, 269-270 et 279).

C'est à celui-ci qu'était réservé, trois ans plus tard, de couronner l'édifice (XV). Comme Abel, mais de façon encore plus nette, il commence par définir (à la terminologie près) l'appartenance d'une quantité à un corps engendré par des quantités données, la notion d'adjonction, et les polynômes irréductibles sur un corps donné. Étant donnée une équation $F(x) = 0$, sans racines multiples, à coefficients dans un corps donné K, il montre successivement qu'« *on peut toujours former une fonction* V *des racines, telle qu'aucune des valeurs que l'on obtient en permutant dans cette fonction les racines de toutes manières, ne soit égale à une autre* », que cette fonction « *jouira de la propriété que toutes les racines de l'équation proposée s'exprimeront rationnellement en fonction de* V », et que, V, V′, V″, ... étant les racines de l'équation irréductible à laquelle satisfait V, « *si* $a = f(V)$ *est une racine de la proposée,* $f(V')$ *sera également une racine de la proposée* » ((XV), p. 36-37) ; en langage moderne, il prouve donc que V, ainsi que l'un quelconque de ses conjugués sur K, engendre le corps N des racines de F. Il définit alors le groupe Γ de F comme l'ensemble des permutations des racines x_i que l'on obtient en substituant à V, dans l'expression rationnelle de chacune des x_i en fonction de V, un quelconque des conjugués de V ; et il obtient aussitôt la caractérisation fondamentale des éléments de K par la propriété d'être invariants par toute

* Gauss avait déjà indiqué, dans les *Disquisitiones*, la possibilité de généraliser ses méthodes aux équations de la division de la lemniscate ((XIII), t. I, p. 413), et développé, dans des notes publiées seulement de nos jours, le cas particulier de la division par 5 ((XIII), t. X, p. 161-162 et 517). Comme tant d'autres des brèves et énigmatiques indications dont Gauss se plaisait à parsemer ses écrits, la phrase des *Disquisitiones* frappa vivement l'esprit des contemporains ; et nous savons qu'elle ne contribua pas peu à inciter Abel et Jacobi à leurs recherches sur la question.

** La notion même de corps (comme, plus généralement, celle d'ensemble) est à peu près étrangère à la pensée mathématique avant Cantor et Dedekind. Abel et Galois définissent les *éléments* de leur « corps de base » comme étant tous ceux qui peuvent s'exprimer rationnellement en fonction des quantités données, sans songer à considérer explicitement l'ensemble que forment ces éléments.

permutation de Γ ((XV), p. 38-39). Il prouve ensuite que, si N contient le corps des racines L d'un autre polynôme, le groupe de N sur L est un sous-groupe distingué de Γ (notion qu'il introduit à cette occasion) ((XV), p. 41 et 25-26). De là il déduit enfin le critère de résolubilité d'une équation par radicaux, au moyen d'un raisonnement dont voici l'essentiel : le corps de base K étant supposé contenir toutes les racines de l'unité, il doit exister par hypothèse une suite croissante $(K_i)_{0 \leqslant i \leqslant m}$ de corps intermédiaires entre K et N, avec $K_0 = K$, $K_m = N$, le corps K_{i+1} s'obtenant par adjonction à K_i de toutes les racines d'une équation binôme $x^{n_i} - a_i = 0$ (avec $a_i \in K_i$). Il existe donc dans Γ une suite décroissante (Γ_i) de sous-groupes tels que $\Gamma_0 = \Gamma$, $\Gamma_m = \{\varepsilon\}$ (élément neutre), Γ_{i+1} étant distingué dans Γ_i et le groupe quotient Γ_i/Γ_{i+1} étant cyclique (cas où on dit que le groupe Γ est *résoluble*). Réciproquement, s'il en est ainsi, l'usage d'une résolvante de Lagrange montre que K_{i+1} s'obtient par adjonction à K_i de toutes les racines d'une équation binôme et par suite l'équation $F(x) = 0$ est résoluble par radicaux *. L'impossibilité de la résolution par radicaux de l'équation « générale » de degré $n > 4$ est alors une conséquence de ce que le groupe Γ de cette équation, isomorphe au groupe symétrique $\mathfrak{S}_n$ (V, p. 57, exemple 5), n'est pas résoluble (I, p. 130, exerc. 10 et p. 131, exerc. 16).

* * *

A partir du milieu du XIXe siècle, les algébristes, comme nous l'avons déjà marqué (*cf.* Note hist. du chap. I), élargissent considérablement le champ de leurs investigations, jusque-là à peu près entièrement confinées à l'étude des équations. A la lumière des découvertes de Galois, on s'aperçoit que le problème de la résolution « par radicaux » n'est qu'un cas particulier, assez artificiel, du problème général de la classification des irrationnelles. C'est ce dernier qui, pendant toute la fin du XIXe siècle, va être attaqué de divers côtés, et de nombreux résultats disparates s'accumuleront peu à peu, préparant la voie à la synthèse de Steinitz.

En ce qui concerne tout d'abord les irrationnelles algébriques, un principe fondamental de classification était fourni par la théorie de Galois, ramenant l'étude d'une équation algébrique à celle de son groupe. De fait, c'est surtout la théorie des groupes de permutations, dont nous n'avons pas à parler ici (*cf.* Note hist. du chap. I), qui, en Algèbre pure, fait l'objet principal des recherches de cette période. Les autres progrès de la théorie des corps algébriques proviennent du développement, à la

* Si K ne contient pas toutes les racines de l'unité, et si E est le corps obtenu en adjoignant à K toutes ces racines, $E \cap N$ est une extension abélienne de K ; d'où on déduit aisément (en utilisant la structure des groupes abéliens finis) que, pour que le groupe de N sur K soit résoluble, il faut et il suffit que le groupe de E(N) sur E le soit. Tenant compte du fait que les racines de l'unité sont exprimables « par radicaux », on voit que le critère de Galois est indépendant de toute hypothèse sur le corps de nombres K (et est valable plus généralement pour tout corps de caractéristique 0). En réalité, Galois ne fait aucune hypothèse simplificatrice sur K, et raisonne par récurrence sur l'ordre des radicaux successivement adjoints à K ((XV), p. 43).

même époque, de la Théorie des nombres et de la Géométrie algébrique. Ces progrès concernent surtout d'ailleurs le mode d'exposition de la théorie, et sont pour la plupart dus à Dedekind (XVIII), qui introduit les notions de corps et d'anneau *, et (en liaison avec ses recherches sur les systèmes hypercomplexes) développe systématiquement l'aspect linéaire de la théorie des extensions ((XVIII), t. 3, p. 33 et suiv.). C'est lui aussi qui considère le groupe de Galois comme formé d'automorphismes de l'extension considérée, et non plus seulement comme groupe de permutations des racines d'une équation ; et il démontre (pour les corps de nombres) le théorème fondamental d'indépendance linéaire des automorphismes ((XVIII), t. 3, p. 29) ainsi que l'existence des bases normales d'une extension galoisienne ((XVIII), t. 2, p. 433). Enfin, il aborde le problème des extensions algébriques de degré infini, et constate que la théorie de Galois ne peut s'y appliquer telle quelle (un sous-groupe quelconque du groupe de Galois n'étant pas toujours identique au groupe de l'extension par rapport à une sous-extension) ; et, par une intuition hardie, il songe déjà à considérer le groupe de Galois comme groupe topologique ** — idée qui ne viendra à maturité qu'avec la théorie des extensions galoisiennes de degré infini, développée par Krull en 1928 (XXIV).

Parallèlement à cette évolution se précise la notion d'élément transcendant sur un corps. L'existence des nombres transcendants est démontrée pour la première fois par Liouville en 1844, par un procédé de construction explicite, basé sur la théorie des approximations diophantiennes (XVII) ; Cantor, en 1874, donne une autre démonstration « non constructive » utilisant de simples considérations sur la puissance des ensembles (*cf.* V, p. 141, exerc. 3) ; enfin, Hermite démontre en 1873 la transcendance de e, et Lindemann en 1882, celle de π par une méthode analogue à celle d'Hermite, mettant ainsi un point final à l'antique problème de la quadrature du cercle ***.

Quant au rôle des nombres transcendants dans les calculs algébriques, Kronecker observe en 1882 que, si x est transcendant sur un corps K, le corps K(x) est isomorphe au corps des fractions rationnelles K(X) ((XIX *a*), p. 7). Il fait d'ailleurs de l'adjonction d'indéterminées à un corps la pierre angulaire de son exposé de la théorie des nombres algébriques (XIX *a*). D'autre part, Dedekind et Weber montrent la même année ((XVIII), t. I, p. 238) comment les méthodes arithmétiques peuvent servir à fonder la théorie des courbes algébriques. On voit ainsi apparaître dans plusieurs directions des analogies entre l'Arithmétique et la Géométrie algébrique, qui se révéleront extrêmement fécondes pour l'une et l'autre.

Dans toutes ces recherches, les corps qui interviennent sont formés d'éléments « concrets » au sens des mathématiques classiques — nombres (complexes) ou

* Le mot de « corps » est de Dedekind lui-même ; celui d'« anneau » fut introduit par Hilbert (Dedekind appelait les anneaux des « ordres »).

** « ... *L'ensemble de ces permutations forme en un certain sens une multiplicité continue, question que nous n'approfondirons pas ici* » ((XVIII), t. 2, p. 288).

*** On trouvera des démonstrations simples de ces théorèmes par exemple dans D. HILBERT, *Gesammelte Abhandlungen*, t. I, p. 1, Berlin (Springer), 1932.

fonctions de variables complexes *. Mais déjà Kronecker, en 1882, se rend bien compte du fait (obscurément pressenti par Gauss et Galois) que les « indéterminées » ne jouent dans sa théorie que le rôle d'éléments de base d'une algèbre, et non celui de variables au sens de l'Analyse ((XIX *a*), p. 93-95) ; et, en 1887, il développe cette idée, en liaison avec un vaste programme qui ne vise à rien moins qu'à refondre toutes les mathématiques en rejetant tout ce qui ne peut se ramener à des opérations algébriques sur les nombres entiers (*cf.* Note hist. du Livre I, chap. IV). C'est à cette occasion que, reprenant une idée de Cauchy (XVI) qui avait défini le corps $\mathbf{C}$ des nombres complexes comme le corps des restes $\mathbf{R}[X]/(X^2 + 1)$, Kronecker montre comment la théorie des nombres algébriques est tout à fait indépendante du « théorème fondamental de l'algèbre » et même de la théorie des nombres réels, tout corps de nombres algébriques (de degré fini) étant isomorphe à un corps de restes $\mathbf{Q}[X]/(f)$ (f polynôme irréductible sur $\mathbf{Q}$) (XIX *b*). Ainsi que le remarque quelques années plus tard H. Weber (XX), développant une première esquisse de théorie axiomatique des corps, cette méthode de Kronecker s'applique en réalité à tout corps de base K. Weber indique en particulier qu'on peut prendre pour $\mathbf{K}$ un corps $\mathbf{Z}/(p)$ (p nombre premier), faisant ainsi rentrer dans la théorie des corps le calcul des congruences « modulo p » ; ce dernier avait pris naissance dans la seconde moitié du XVIIIe siècle, chez Euler, Lagrange, Legendre et Gauss, et on n'avait pas manqué d'observer l'analogie qu'il présentait avec la théorie des équations algébriques ; développant cette analogie, Galois (en vue de recherches sur la théorie des groupes) n'avait pas hésité à introduire des « racines idéales » d'une congruence irréductible modulo p **, et en avait indiqué les principales propriétés ((XV), p. 15-23) ***. Lorsqu'on applique la méthode de Kronecker à $\mathbf{Z}/(p)$, on retrouve d'ailleurs (à la terminologie près) la présentation qu'avaient déjà donnée Serret et Dedekind ((XVIII), t. I, p. 40) de la théorie de ces « imaginaires de Galois ».

A tous ces exemples de « corps abstraits » viennent encore s'ajouter, au tournant du siècle, des corps d'un type nouveau très différent, les corps de séries formelles introduits par Veronese (XXI), et surtout les corps p-adiques de Hensel (XXII).

* Pas plus que leurs prédécesseurs, Kronecker ni Dedekind et Weber ne définissent en réalité la notion de « fonction algébrique » d'une ou plusieurs variables complexes. On ne peut en effet définir correctement une « fonction algébrique » d'une variable complexe (au sens de l'Analyse) qu'une fois définie la surface de Riemann correspondante, et c'est précisément la définition de la surface de Riemann (par des moyens purement algébriques) qui est le but poursuivi par Dedekind et Weber. Ce cercle vicieux apparent disparaît bien entendu quand on définit un corps de « fonctions algébriques » comme une extension algébrique abstraite d'un corps de fractions rationnelles : en fait, c'est uniquement de cette définition que se servent Dedekind et Weber, ce qui légitime pleinement leurs résultats.

** Dans un manuscrit datant vraisemblablement de 1799, mais publié seulement après sa mort, Gauss a déjà l'idée d'introduire de telles « imaginaires », et obtient une bonne partie des résultats de Galois ((XIII), t. II, p. 212-240, en particulier p. 217).

*** Galois a pleinement conscience du caractère formel des calculs algébriques, n'hésitant pas, par exemple, à prendre la dérivée du premier membre d'une congruence pour montrer que cette dernière n'a pas de racines « imaginaires » multiples ((XV), p. 18). Il souligne en particulier que le théorème de l'élément primitif est valable aussi bien pour un corps fini que pour un corps de nombres ((XV), p. 17, note [2]), sans en donner d'ailleurs de démonstration.

C'est la découverte de ces derniers qui conduisit Steinitz (comme il le dit explicitement) à dégager les notions abstraites communes à toutes ces théories, dans un travail fondamental (XXIII) qui peut être considéré comme ayant donné naissance à la conception actuelle de l'Algèbre. Développant systématiquement les conséquences des axiomes des corps commutatifs, il introduit ainsi les notions de corps premier, d'éléments (algébriques) séparables, de corps parfait, définit le degré de transcendance d'une extension, et démontre enfin l'existence des extensions algébriquement closes d'un corps quelconque.

A une époque toute récente, la théorie de Steinitz s'est complétée sur quelques points importants. D'une part, les travaux d'Artin ont mis en évidence le caractère linéaire de la théorie de Galois (XXV). D'un autre côté, la notion générale de dérivation (calquée sur les propriétés formelles du Calcul différentiel classique) pressentie par Dedekind ((XVIII), t. 2, p. 412), introduite par Steinitz dans le cas particulier d'un corps de fractions rationnelles ((XXIII), p. 209-212), a été utilisée avec succès dans l'étude (essentielle pour la Géométrie algébrique moderne) des extensions transcendantes, et notamment dans la généralisation à ces dernières de la notion de séparabilité (XXVI).

Bibliographie

(I) O. NEUGEBAUER, *Vorlesungen über Geschichte der antiken Mathematik*, Bd. I : Vorgriechische Mathematik, Berlin (Springer), 1934.
(II) *Euclidis Elementa*, 5 vol., éd. J. L. Heiberg, Lipsiae (Teubner), 1883-88.
(II *bis*) T. L. HEATH, *The thirteen books of Euclid's Elements*..., 3 vol., Cambridge, 1908.
(III) H. CARDANO, *Opera*, Lyon, 1663.
(IV) R. BOMBELLI, *L'Algebra*, Bologne (G. Rossi), 1572.
(V) FRANCISCI VIETAE, *Opera mathematica*..., Lugduni Batavorum (Elzevir), 1646.
(VI) A. GIRARD, *Invention nouvelle en Algèbre*, Amsterdam, 1629.
(VII) R. DESCARTES, *Geometria*, trad. latine de Fr. van Schooten, 2e éd., 2 vol., Amsterdam (Elzevir), 1659-61.
(VIII) G. W. LEIBNIZ, *Mathematische Schriften*, éd. C. I. Gerhardt, 7 vol., Berlin-Halle (Asher-Schmidt), 1849-63.
(IX) *Der Briefwechsel von Gottfried Wilhelm Leibniz mit Mathematikern*, herausg. von C. I. Gerhardt, t. I, Berlin (Mayer und Müller), 1899.
(X) L. EULER, *Opera Omnia* (1), t. VI, Berlin-Leipzig (Teubner), 1921 : *a*) De Formis Radicum Aequationum..., p. 1-19 ; *b*) De Resolutione Aequationum cujusvis gradus, p. 170-196.
(XI) J.-L. LAGRANGE, *Œuvres*, t. III, Paris (Gauthier-Villars), 1869 : *a*) Réflexions sur la résolution algébrique des équations, p. 205-421 ; *b*) Sur la forme des racines imaginaires des équations, p. 479.
(XII) A. VANDERMONDE, Mémoire sur la résolution des équations, *Hist. de l'Acad. royale des sciences*, année 1771, Paris (1774), p. 365-416.
(XIII) C. F. GAUSS, *Werke*, t. I-X, Göttingen, 1863-1923.
(XIV) N. H. ABEL, *Œuvres*, 2 vol., éd. Sylow et Lie, Christiania, 1881.
(XV) E. GALOIS, *Œuvres mathématiques*, Paris (Gauthier-Villars), 1897.
(XVI) A.-L. CAUCHY, *Œuvres complètes* (1), t. X, Paris (Gauthier-Villars), 1897, p. 312 et 351.
(XVII) J. LIOUVILLE, Sur des classes très étendues de quantités dont la valeur n'est ni algébrique, ni même réductible à des irrationnelles algébriques, *Journ. de Math.* (1), t. XVI (1851), p. 133.
(XVIII) R. DEDEKIND, *Gesammelte mathematische Werke*, 3 vol., Braunschweig (Vieweg), 1932.
(XIX) L. KRONECKER : *a*) Grundzüge einer arithmetischen Theorie der algebraischen Grössen, *J. de Crelle*, t. XCII (1882), p. 1-122 (= *Werke*, t. II, Leipzig (Teubner), 1897, p. 245-387) ; *b*) Ein Fundamentalsatz der allgemeinen Arithmetik, *J. de Crelle*, t. C (1887), p. 490-510 (= *Werke*, t. III_1, Leipzig (Teubner), 1899, p. 211-240).
(XX) H. WEBER, Untersuchungen über die allgemeinen Grundlagen der Galoisschen Gleichungstheorie, *Math. Ann.*, t. XLIII (1893), p. 521-544.
(XXI) G. VERONESE, *Fondamenti di geometria*, Padova, 1891.
(XXII) K. HENSEL, *Theorie der algebraischen Zahlen*, Leipzig-Berlin (Teubner), 1908.
(XXIII) E. STEINITZ, Algebraische Theorie der Körpern, *J. de Crelle*, t. CXXXVII (1910), p. 167-309.
(XXIV) W. KRULL, Galoissche Theorie der unendlichen algebraischen Erweiterungen, *Math. Ann.*, t. C (1928), p. 687.
(XXV) E. ARTIN, *Galois Theory*..., Ann Arbor, 1946.
(XXVI) A. WEIL, *Foundations of algebraic geometry*, Amer. Math. Soc. Coll. Public., t. XXIX, New York, 1946.

CHAPITRE VI

Groupes et corps ordonnés

§ 1. GROUPES ORDONNÉS. DIVISIBILITÉ

Les notions et résultats exposés dans ce paragraphe concernent l'étude des relations d'ordre dans les monoïdes commutatifs (I, p. 12, déf. 2), le cas le plus important étant celui des *groupes commutatifs*. Sauf mention expresse du contraire, la loi de composition dans les groupes et monoïdes étudiés sera notée *additivement*. D'autre part, nous exposerons chemin faisant certaines applications algébriques importantes de la théorie des monoïdes et groupes ordonnés, et nous traduirons au fur et à mesure une partie des résultats obtenus dans la notation *multiplicative* qui est propre à ces applications.

1. Définition des monoïdes et groupes ordonnés

DÉFINITION 1. — *Sur un ensemble* M, *on dit qu'une structure de monoïde commutatif* (notée additivement) *et une structure d'ordre* (notée $\leqslant$) *sont compatibles si elles satisfont à l'axiome suivant* :

(MO) *Quel que soit* $z \in \mathrm{M}$, *la relation* $x \leqslant y$ *entraîne* $x + z \leqslant y + z$.

Un ensemble M *muni d'une structure de monoïde commutatif et d'une structure d'ordre compatibles est appelé un monoïde ordonné ; si sa structure de monoïde commutatif est une structure de groupe, il est appelé groupe ordonné.*

On peut définir de façon analogue la notion de monoïde ordonné non commutatif (VI, p. 29, exerc. 1).

Si une structure d'ordre est compatible avec la structure d'un monoïde, il en est de même de la structure d'ordre *opposée*.

Exemples. — 1) Le groupe additif des entiers rationnels et celui des nombres rationnels sont des groupes ordonnés quand on les munit des structures d'ordre définies en I, p. 20 et 112.

* Il en est de même du groupe additif des nombres réels (TG, IV, p. 3). *

2) * Le groupe additif des *fonctions numériques finies* définies dans un ensemble E

est un groupe ordonné pour la structure d'ordre définie par la relation « quel que soit $x \in E$, $f(x) \leqslant g(x)$ » que l'on écrit « $f \leqslant g$ ». Cette relation exprime que le graphe de la fonction f est au-dessous de celui de la fonction g ; le lecteur pourra trouver commode de se reporter quelquefois à cette interprétation graphique. *

Conformément aux définitions générales (E, IV, p. 6), une application bijective f d'un monoïde ordonné M sur un monoïde ordonné M' est appelée un *isomorphisme* de M sur M' si la structure de M' est obtenue en transportant celle de M au moyen de f. Il revient au même de dire que f est une application de M *sur* M' telle que

$$f(x + y) = f(x) + f(y)$$

(c'est-à-dire un homomorphisme du monoïde M sur le monoïde M'), et que les relations $x \leqslant y$ et $f(x) \leqslant f(y)$ sont équivalentes (d'où résulte en particulier que $f(x) = f(y)$ entraîne $x = y$, c'est-à-dire que f est injective).

PROPOSITION 1 (« addition des inégalités »). — *Dans un monoïde ordonné* M, *soient* (x_i) *et* (y_i) $(1 \leqslant i \leqslant n)$ *deux suites de n éléments telles que, pour tout i, on ait* $x_i \leqslant y_i$; *alors on a*

$$x_1 + \cdots + x_n \leqslant y_1 + \cdots + y_n .$$

Si de plus tous les éléments x_i, y_i *sont simplifiables* (I, p. 15, déf. 5) (en particulier si M est un *groupe*), *et s'il existe i tel que* $x_i < y_i$, *on a* $x_1 + \cdots + x_n < y_1 + \cdots + y_n$.

Le cas où n est quelconque se ramène par récurrence au cas $n = 2$, en utilisant, pour la seconde assertion, le fait qu'une somme d'éléments simplifiables est un élément simplifiable (I, p. 15, prop. 2). La première assertion résulte des relations

$$x_1 + x_2 \leqslant x_1 + y_2 \quad \text{et} \quad x_1 + y_2 \leqslant y_1 + y_2 ,$$

conséquences des hypothèses et de (MO). Cela étant, la relation

$$x_1 + x_2 = y_1 + y_2$$

impliquerait $x_1 + x_2 = x_1 + y_2 = y_1 + y_2$, d'où $x_2 = y_2$ et $x_1 = y_1$ si x_1 et y_2 sont simplifiables, ce qui démontre la seconde assertion.

PROPOSITION 2. — *Dans un groupe ordonné* G *les relations* $x \leqslant y$ *et* $x + z \leqslant y + z$ *sont équivalentes.*

On passe en effet de l'une à l'autre par addition aux deux membres de z, ou de $(-z)$.

On exprime ce fait en disant que, dans un groupe ordonné G, la structure d'ordre est *invariante par translation*. En d'autres termes une translation est un *automorphisme* pour la structure *d'ordre* d'un groupe ordonné.

COROLLAIRE. — *Dans un groupe ordonné* G, *les relations* $x \leqslant y$, $0 \leqslant y - x$, $x - y \leqslant 0$ *et* $-y \leqslant -x$ *sont équivalentes.*

On applique en effet la prop. 2 en prenant successivement $z = -x$, $z = -y$, et $z = -(x + y)$.

On déduit en particulier de ce corollaire que, si G est un groupe ordonné, l'application $x \mapsto -x$ de G sur lui-même transforme sa structure d'ordre en la structure *opposée*.

2. Monoïdes et groupes préordonnés

Rappelons que, si une relation $x \preccurlyeq y$ entre éléments d'un ensemble E est réflexive et transitive, on dit que c'est une relation de *préordre* (E, III, p. 3). La relation « $x \preccurlyeq y$ et $y \preccurlyeq x$ » est une relation d'équivalence S dans E, compatible avec la relation $x \preccurlyeq y$; par passage au quotient, la relation $\preccurlyeq$ définit sur l'ensemble E/S une relation d'ordre, dite associée à $\preccurlyeq$.

DÉFINITION 2. — *Sur un ensemble* M, *on dit qu'une relation de préordre* (notée $\preccurlyeq$) *et une structure de monoïde commutatif* (notée additivement) *sont compatibles si elles satisfont à l'axiome suivant* :

(MPO) *Quel que soit* $z \in M$, $x \preccurlyeq y$ *entraîne* $x + z \preccurlyeq y + z$.

Un ensemble M *muni d'une structure de monoïde commutatif et d'une relation de préordre compatibles est appelé un monoïde préordonné.*

Soient M un monoïde préordonné, et S la relation d'équivalence « $x \preccurlyeq y$ et $y \preccurlyeq x$ ». En vertu de (MPO), la relation $x \equiv x'$ (mod. S) entraîne, pour tout $y \in M$, $x + y \preccurlyeq x' + y$ et $x' + y \preccurlyeq x + y$, c'est-à-dire $x + y \equiv x' + y$ (mod. S). En d'autres termes la relation d'équivalence S est *compatible* avec l'addition dans M (I, p. 26). Alors le quotient par S de la loi additive de M, et la structure d'ordre associée à $\preccurlyeq$, définissent sur M/S une structure de *monoïde ordonné*. Dans le cas où M est un *groupe* préordonné, M/S est le groupe quotient de M par le sous-groupe des éléments x qui satisfont à $x \preccurlyeq 0$ et $0 \preccurlyeq x$.

3. Éléments positifs

Soit G un groupe préordonné par une relation de préordre $\preccurlyeq$; de $0 \preccurlyeq x$ et $0 \preccurlyeq y$ on déduit $y \preccurlyeq x + y$ en vertu de (MPO), et $0 \preccurlyeq x + y$ par transitivité ; ceci exprime que l'ensemble G_+ des $x \in G$ tels que $0 \preccurlyeq x$ est *stable* pour l'addition ; en outre, la relation $x \preccurlyeq y$ est équivalente à $0 \preccurlyeq y - x$, c'est-à-dire à $y - x \in G_+$. Inversement :

PROPOSITION 3. — *Si* P *est une partie d'un groupe commutatif* G, *contenant* 0 *et telle que* $P + P \subset P$, *la relation* $y - x \in P$ *est une relation de préordre compatible avec la structure de groupe de* G. *Pour que cette relation définisse sur* G *une structure de groupe* ordonné, *il faut et il suffit que l'on ait* $P \cap (-P) = \{0\}$; *pour que* G *soit un groupe totalement ordonné pour cette structure, il faut et il suffit que l'on ait en outre* $P \cup (-P) = G$.

On vérifie aussitôt que la relation $y - x \in P$ est réflexive et transitive, et (si on la note $x \preccurlyeq y$) satisfait à l'axiome (MPO). Pour démontrer la seconde assertion, il suffit de remarquer que $P \cap (-P)$ est le sous-groupe G′ des éléments x tels que $x \preccurlyeq 0$ et $0 \preccurlyeq x$. Enfin, dire que G est totalement ordonné signifie que, pour tout couple d'éléments x, y de G, l'un des éléments $x - y$, $y - x$ appartient à P, ce qui achève la démonstration.

DÉFINITION 3. — *Dans un groupe ordonné* G, *on appelle élément positif* (resp. *négatif*) *tout élément* x *tel que* $0 \leqslant x$ (*resp.* $x \leqslant 0$).

On notera que 0 est l'unique élément *à la fois positif et négatif*; tout élément x tel que $0 < x$ (resp. $x < 0$) est dit *strictement positif* (resp. *strictement négatif*).

Exemple. — Dans le groupe additif $\mathbf{Z} \times \mathbf{Z}$, soit P l'ensemble des éléments (x, y) satisfaisant à deux inégalités $ax + by \geqslant 0$, $cx + dy \geqslant 0$, où a, b, c, d sont des entiers (* ou des nombres réels *) tels que $ad - bc \neq 0$; le « cône » P satisfait aux deux premières conditions de la prop. 3. On définit ainsi sur $\mathbf{Z} \times \mathbf{Z}$ diverses structures d'ordre compatibles avec sa structure de groupe ; le groupe n'est totalement ordonné pour aucune de ces structures.

Remarque. — En vertu de la condition $P + P \subset P$, dans un groupe ordonné G, la relation $x \geqslant 0$ implique $nx \geqslant 0$ pour tout entier naturel n. Si, de plus, l'élément positif x du groupe G est d'ordre fini n, $-x = (n-1)x$ est positif ; comme

$$P \cap (-P) = \{0\},$$

ceci entraîne $x = 0$. En particulier, si tous les éléments de G sont d'ordre fini, on a $P = \{0\}$; la relation $x \leqslant y$ est alors équivalente à $x = y$ (structure d'ordre *discrète*).

4. Groupes filtrants

Rappelons (E, III, p. 12, déf. 7) qu'un ensemble ordonné G est dit *filtrant à droite* (resp. *à gauche*) si, pour tout couple (x, y) d'éléments de G, il existe $z \in G$ tel que $x \leqslant z$ et $y \leqslant z$ (resp. $z \leqslant x$ et $z \leqslant y$). Tout groupe ordonné filtrant à droite G est aussi filtrant à gauche, et réciproquement : en effet, comme il existe $z \in G$ tel que $-x \leqslant z$ et $-y \leqslant z$, on a $-z \leqslant x$ et $-z \leqslant y$ (VI, p. 2, cor.). Nous parlerons donc simplement de groupe filtrant.

PROPOSITION 4. — *Pour qu'un groupe ordonné* G *soit filtrant, il faut et il suffit qu'il soit engendré par ses éléments positifs, c'est-à-dire que tout élément de* G *soit différence de deux éléments positifs.*

En effet, si G est filtrant, il existe, pour tout $x \in G$, un élément positif z tel que $x \leqslant z$, et x est différence des éléments positifs z et $z - x$. Si, réciproquement, on a $x = u - v$ et $y = w - t$ avec u, v, w, t positifs, l'élément $u + w$ est supérieur à x et à y.

PROPOSITION 5. — *Si* (x_i) *est une famille finie d'éléments d'un groupe filtrant* G, *il existe* $z \in G$ *tel que* $x_i + z$ *soit positif pour tout* i.

Si $x_i = u_i - v_i$, avec u_i et v_i positifs, il suffit de prendre pour z la somme de la famille (v_i).

5. Relations de divisibilité dans un corps

Nous allons ici définir certains groupes ordonnés qui jouent un rôle important en algèbre. Dans ces groupes c'est la notation multiplicative qui est usuelle ; l'application à ces groupes des résultats obtenus précédemment en notation additive suppose donc faite leur traduction en notation multiplicative — traduction qui ne présentera aucune difficulté au lecteur. *Dans tout ce n°*, A *désignera un anneau intègre et* K *le corps des fractions de* A (I, p. 110).

Dans le groupe multiplicatif K^* des éléments non nuls de K, l'ensemble P des éléments non nuls de A est stable, puisque A est un anneau. Il définit donc sur K^* la relation de préordre $x^{-1}y \in P$, c'est-à-dire « il existe $z \in P$ tel que $y = zx$ », qui en fait un *groupe préordonné* (noté multiplicativement) (VI, p. 3, prop. 3). Généralisant au cas où x et y sont des éléments de K^* la terminologie relative aux éléments de A (I, p. 93), la relation $x^{-1}y \in P$ s'énonce aussi : x *divise* y, ou x est *diviseur de* y, ou y est *multiple de* x (relativement à l'anneau A) ; et nous dirons que la relation $x^{-1}y \in P$ est la *relation de divisibilité* dans K^* relativement à l'anneau A. La relation « x divise y » se note $x|y$, et sa négation $x \nmid y$. Les éléments de P ne sont autres que les *multiples de* 1.

Remarques. — 1) La relation de divisibilité dans K^* dépend essentiellement de l'anneau A choisi. Si $A = K$, on obtient la relation « triviale » où $x|y$ pour tout couple (x, y) d'éléments de K^*. Soit p (resp. q) un nombre premier ; les nombres rationnels r/s dont le dénominateur n'est pas multiple de p (resp. q) forment un sous-anneau $\mathbf{Z}_{(p)}$ (resp. $\mathbf{Z}_{(q)}$) de $\mathbf{Q}$; les relations de divisibilité dans $\mathbf{Q}^*$ relatives à ces deux anneaux sont distinctes si $p \neq q$, le nombre p/q étant multiple de 1 pour l'une et non pour l'autre.

2) Nous étendrons parfois la définition de la relation $x|y$ à un couple d'éléments de K (et non plus seulement de K^*), cette relation étant synonyme de « il existe $z \in A$ tel que $y = zx$ » ; on aura donc $x|0$ pour tout $x \in K$. Ceci permet d'énoncer sans restriction les résultats suivants : si $x|y$ et $x|z$, alors $x|(y - z)$; si $x|y$ et $x \nmid z$, alors $x \nmid (y - z)$. On étend de même la terminologie correspondante.

Pour déduire de la relation de divisibilité une relation d'*ordre* (n° 2), il faut passer au groupe quotient de K^* par le sous-groupe A^* des éléments $x \in K^*$ tels que $x|1$ et $1|x$; ces éléments sont ceux de P qui sont *diviseurs de* 1, c'est-à-dire les éléments *inversibles* de A ; on les appelle souvent, par abus de langage, les *unités* de l'anneau A. Le groupe quotient K^*/A^* est alors un groupe ordonné. Deux éléments x et y de K^* qui appartiennent à la même classe mod. A^* sont dits *associés* ; ceci veut dire que l'on a $x|y$ et $y|x$. Lorsque au contraire x divise y sans que y divise x, on dit que x divise *strictement* y, ou que x est un diviseur strict de y, ou que y est un multiple strict de x.

On notera que K^*/A^* est un groupe *filtrant*, puisque K est corps des fractions de A (VI, p. 4, prop. 4).

Dire que deux éléments x et y de K^* sont associés revient, en vertu de la transitivité de la relation de divisibilité, à dire que x et y ont *mêmes multiples* dans K. Pour tout $x \in K$, nous noterons Ax l'ensemble des zx, où $z \in A$; l'ensemble Ax

est un sous-module de K considéré comme A-module. Par extension de la terminologie relative au cas où $x \in A$, nous l'appellerons un *idéal principal fractionnaire* du corps K relativement à l'anneau A. Par opposition les idéaux de l'anneau A seront dits *entiers*.

On notera que, si $A \neq K$, un idéal principal fractionnaire $\neq \{0\}$ *n'est pas* un idéal de K considéré comme anneau.

L'idéal principal fractionnaire Ax se note aussi (x). On écrira $x \equiv 0$ (mod. y) pour $x \in Ay$, et $x \equiv x'$ (mod. y) pour $x - x' \in Ay$; si $x \equiv x'$ (mod. y), on aura $zx \equiv zx'$ (mod. zy) quel que soit $z \in K$.

On notera que $x \equiv x'$ (mod. y) *n'entraîne pas* $zx \equiv zx'$ (mod. y) à moins que l'on ait $z \in A$. Ainsi, dans $\mathbf{Q}$, relativement à $\mathbf{Z}$, on a $4 \equiv 2$ (mod. 2) mais non $2 \equiv 1$ (mod. 2).

La relation $x|y$ équivaut évidemment à $(x) \supset (y)$. L'application $x \mapsto (x)$ de K^* sur l'ensemble $\mathscr{P}^*$ des idéaux principaux fractionnaires $\neq (0)$ de K définit donc, par passage au quotient, une application *bijective* de K^*/A^* sur $\mathscr{P}^*$; en transportant à $\mathscr{P}^*$, au moyen de cette application, la structure de groupe de K^*/A^*, on est conduit à définir comme produit des idéaux principaux fractionnaires (x) et (y) l'idéal (xy), celui-ci ne dépendant que de (x) et (y). Muni de cette loi et de la relation d'ordre $(x) \supset (y)$, $\mathscr{P}^*$ est un groupe ordonné, isomorphe à K^*/A^*, et qu'on conviendra d'identifier à K^*/A^* au moyen de l'application ci-dessus.

On notera que la relation « x divise y » qui, dans le cas des entiers positifs, implique que x est *plus petit* que y, correspond à l'inclusion $(x) \supset (y)$ où l'idéal (x) est « plus grand » que l'idéal (y). On se souviendra de ce « renversement d'ordre » en notant par exemple que 7 a « plus de multiples » que 91.

Lorsqu'on étend la relation $x|y$ à tous les éléments de K, cette relation est encore équivalente à $(x) \supset (y)$ dans l'ensemble $\mathscr{P}$ de tous les idéaux principaux fractionnaires de K (dans lequel (0) est le plus petit élément pour la relation d'inclusion).

Comme dans les nos précédents, nous allons utiliser dans la suite de ce paragraphe la notation additive. Cependant l'introduction de la terminologie relative à la divisibilité sera faite après l'introduction de la terminologie additive correspondante, dans des alinéas précédés du signe (DIV) (où il est entendu que les notations sont celles de ce no). Afin de faciliter le travail du lecteur, certains résultats importants seront traduits dans le langage de la divisibilité, la traduction de la prop. 7, par exemple, étant notée « Proposition 7 (DIV) ».

6. Opérations élémentaires sur les groupes ordonnés

Soit H un *sous-groupe* d'un groupe ordonné G ; il est clair que la structure d'ordre induite sur H par celle de G est compatible avec la structure de groupe de H ; c'est toujours de celle-ci dont H sera supposé muni, sauf mention expresse du contraire.

Si P est l'ensemble des éléments positifs de G, l'ensemble des éléments positifs de H est $H \cap P$.

Soit (G_α) une famille de groupes ordonnés ; conformément à la définition du *produit* d'ensembles ordonnés (E, III, p. 6), le groupe produit $G = \prod_\alpha G_\alpha$ est muni d'une structure d'ordre, la relation « $(x_\alpha) \leqslant (y_\alpha)$ » entre deux éléments de G étant, par définition, synonyme de « quel que soit α, $x_\alpha \leqslant y_\alpha$ ». On voit aussitôt que cette structure d'ordre est compatible avec la structure de groupe de G ; muni de cette structure, G est un groupe ordonné, qu'on appelle le *produit des groupes ordonnés* G_α. Les éléments positifs de G sont ceux dont toutes les composantes sont positives. Dans le cas où tous les facteurs G_α sont identiques à un même groupe ordonné H, G est le groupe H^I des applications de l'ensemble d'indices I dans H, la relation « $f \leqslant g$ » entre deux applications de I dans H étant synonyme de « quel que soit $\alpha \in I$, $f(\alpha) \leqslant g(\alpha)$ » ; les applications positives sont celles qui ne prennent que des valeurs positives. On définit la *somme directe* d'une famille (G_α) de groupes ordonnés comme sous-groupe ordonné de leur produit (II, p. 12).

Soit $(G_\iota)_{\iota \in I}$ une famille de groupes ordonnés dont l'ensemble d'indices I est *bien ordonné* ; rappelons (E, III, p. 22) que l'on définit, sur l'ensemble produit $G = \prod_\iota G_\iota$, une relation d'ordre, dite *lexicographique*, la relation « $(x_\iota) < (y_\iota)$ » entre deux éléments de G étant, par définition, synonyme de « si β est le plus petit des indices ι tels que $x_\iota \neq y_\iota$, on a $x_\beta < y_\beta$ ». Rappelons que le produit d'une famille bien ordonnée d'ensembles *totalement ordonnés* est totalement ordonné pour l'ordre lexicographique. Dans le cas général, la relation d'ordre lexicographique sur G est compatible avec sa structure de groupe, comme on le vérifie aussitôt ; muni de cette structure, G est donc un groupe ordonné, qu'on appelle le *produit lexicographique* de la famille bien ordonnée de groupes ordonnés (G_ι).

Remarques. — 1) Le cas le plus fréquent est celui où l'ensemble bien ordonné d'indices I est un intervalle *fini* $[1, n]$ de **N**.

2) L'ensemble des éléments positifs du produit lexicographique G se compose de 0 et des éléments dont la composante non nulle de plus petit indice est positive.

7. Homomorphismes croissants de groupes ordonnés

Soient G et G′ deux groupes ordonnés ; parmi les homomorphismes f du groupe additif sous-jacent de G dans celui de G′, il y a lieu de considérer les applications *croissantes*, c'est-à-dire celles pour lesquelles $x \leqslant y$ entraîne $f(x) \leqslant f(y)$. En vertu de la relation $f(y - x) = f(y) - f(x)$, les homomorphismes croissants de G dans G′ sont caractérisés par le fait que l'image par un tel homomorphisme d'un élément positif de G est un élément positif de G′ ; si P (resp. P′) désigne l'ensemble des éléments positifs de G (resp. G′), ceci s'écrit $f(P) \subset P'$. Il est clair que l'injection canonique d'un sous-groupe G dans un groupe ordonné G′, et la projection d'un produit de groupes ordonnés sur un de ses facteurs sont des homomorphismes croissants.

Un *isomorphisme* (VI, p. 2) f d'un groupe ordonné G sur un groupe ordonné G′ est un homomorphisme bijectif de G sur G′, tel que f *et* l'homomorphisme réciproque soient tous deux croissants, ce qui s'écrit $f(P) = P'$.

Il peut arriver qu'un isomorphisme du groupe sous-jacent de G sur celui de G′ soit croissant, sans que l'isomorphisme réciproque le soit aussi. Il en sera ainsi, par exemple, si $G = G'$, si f est l'application identique de G sur lui-même, et si $P \subset P'$ mais $P \neq P'$. Ainsi, sur **Z**, on peut prendre pour P′ l'ensemble des entiers positifs (ordinaires) et pour P celui des entiers positifs pairs.

(DIV) Soit K le corps des fractions rationnelles $\mathbf{F}_2(X)$ sur le corps à deux éléments $\mathbf{F}_2$. Les relations de divisibilité relatives aux anneaux $\mathbf{F}_2[X] = A'$ et $\mathbf{F}_2[X^2, X^3] = A$ définissent sur K* deux structures de groupe ordonné distinctes, telles que $A \subset A'$ (ce sont des structures de groupe ordonné puisque 1 est la seule unité de A et la seule de A′).

8. Bornes supérieure et inférieure dans un groupe ordonné

Rappelons (E, III, p. 10) que, si l'ensemble des majorants d'une partie F d'un ensemble ordonné E (c'est-à-dire l'ensemble des $z \in E$ tels que $x \leqslant z$ pour tout $x \in F$) admet un plus petit élément a, celui-ci, qui est alors unique, est appelé la *borne supérieure* de A. Si F est l'ensemble des éléments d'une famille $(x_\iota)_{\iota \in I}$ d'éléments de E, sa borne supérieure, si elle existe, se note $\sup_{\iota \in I} x_\iota$ (ou $\sup_\iota x_\iota$ ou simplement $\sup(x_\iota)$) ; s'il s'agit d'une famille finie (x_ι) $(1 \leqslant \iota \leqslant n)$, cette borne se note aussi $\sup(x_1, \ldots, x_n)$. La borne inférieure se définit d'une manière analogue et se note inf. Les opérations sup et inf sont *associatives* et *commutatives*.

Rappelons (E, *loc. cit.*) que, si F est une partie d'un ensemble ordonné E, et (x_ι) une famille d'éléments de F, l'existence de $\sup(x_\iota)$ dans E (que l'on peut noter $\sup_E(x_\iota)$) n'entraîne pas l'existence d'une borne supérieure des x_ι dans F (que l'on peut noter $\sup_F(x_\iota)$ lorsqu'elle existe) ; si toutes deux existent, on a seulement $\sup_E(x_\iota) \leqslant \sup_F(x_\iota)$; en revanche si $\sup_E(x_\iota)$ existe et appartient à F, $\sup_F(x_\iota)$ existe et est égal à $\sup_E(x_\iota)$. Par exemple, dans l'anneau de polynômes $A = K[X, Y]$ (K corps commutatif), les idéaux principaux AX et AY ont l'idéal $AX + AY$ pour borne supérieure (pour la relation $\subset$) dans l'ensemble ordonné de tous les idéaux de A, mais ont l'anneau A pour borne supérieure dans l'ensemble des idéaux principaux de A.

(DIV) On dit qu'un élément d de K* est un *plus grand commun diviseur*, ou, en abrégé, un *pgcd*, d'une famille (x_ι) d'éléments de K*, si l'idéal principal fractionnaire (d) est, dans $\mathscr{P}^*$, la *borne supérieure* (pour la relation $\subset$) de la famille d'idéaux $((x_\iota))$, ou, autrement dit, si, pour $z \in K^*$, la relation $z|d$ équivaut à « $z|x_\iota$ pour tout ι ». On dira de même que $m \in K^*$ est un *plus petit commun multiple* ou un *ppcm* de la famille (x_ι) si (m) est, dans $\mathscr{P}^*$, la *borne inférieure* de la famille d'idéaux $((x_\iota))$, c'est-à-dire si $m|z$ équivaut à « $x_\iota|z$ pour tout ι ». Il revient au même de dire que $(m) = \bigcap_\iota (x_\iota)$; en effet, la condition $x_\iota|z$ pour tout ι équivaut à $z \in Ax_\iota$ pour tout ι, c'est-à-dire à $z \in \bigcap_\iota (x_\iota)$, et la condition $m|z$ équivaut à $z \in (m)$ [1].

[1] Lorsque A est l'anneau des entiers (resp. l'anneau des polynômes à une indéterminée à coefficients dans un corps commutatif), ces définitions coïncident avec celles de I, p. 106 (resp. IV, p. 12, déf. 1).

On notera que si un idéal principal fractionnaire (d) est tel que $(d) = \sum_\iota (x_\iota)$, d est un pgcd de la famille (x_ι) ; mais inversement, un pgcd de (x_ι) *ne vérifie pas nécessairement* la condition précédente (cf. VI, p. 32, exerc. 24).

Le pgcd et le ppcm, s'ils existent, sont définis modulo le sous-groupe U des unités de K*, c'est-à-dire que deux pgcd (ou deux ppcm) d'une famille donnée sont associés ; par abus de langage on écrira souvent $\mathrm{pgcd}(x_\iota)$ et $\mathrm{ppcm}(x_\iota)$ pour l'un quelconque des pgcd ou des ppcm de la famille (x_ι) lorsque de tels éléments existent.

(DIV) Par abus de langage on étend parfois la notion de pgcd à une famille (x_ι) d'éléments de K dont certains peuvent être nuls ; ce pgcd est encore défini comme un élément d de K tel que la relation $z|d$ soit équivalente à « $z|x_\iota$ pour tout ι » ; il est clair que d est 0 si tous les x_ι sont nuls ; dans le cas contraire, d est un pgcd de la famille de ceux des x_ι qui ne sont pas nuls. De même le ppcm d'une famille dont certains éléments sont nuls est 0.

Dans un *groupe ordonné* G, il résulte aussitôt de l'invariance de l'ordre par translation (VI, p. 2, prop. 2) que l'on a :

$$\sup(z + x_\iota) = z + \sup(x_\iota) \tag{1}$$

en ce sens que, chaque fois que l'un des deux membres existe, l'autre existe aussi et lui est égal. De même, du fait que l'application $x \mapsto -x$ transforme l'ordre de G en l'ordre opposé (VI, p. 2, cor.) il résulte que l'on a

$$\inf(-x_\iota) = -(\sup(x_\iota)), \tag{2}$$

cette relation étant entendue dans le même sens que la précédente.

PROPOSITION 6. — *Soient $(x_\alpha)_{\alpha\in A}$, $(y_\beta)_{\beta\in B}$ deux familles d'éléments d'un groupe ordonné* G, *ayant chacune une borne supérieure. Alors la famille $(x_\alpha + y_\beta)_{(\alpha,\beta)\in A\times B}$ a une borne supérieure, et l'on a* $\sup_{(\alpha,\beta)\in A\times B}(x_\alpha + y_\beta) = \sup_{\alpha\in A} x_\alpha + \sup_{\beta\in B} y_\beta$.

En effet, de $x_\alpha + y_\beta \leqslant z$ pour tout α et tout β, on déduit $\sup(x_\alpha) + y_\beta \leqslant z$ pour tout β, et de là $\sup(x_\alpha) + \sup(y_\beta) \leqslant z$.

9. Groupes réticulés

Rappelons qu'un ensemble ordonné dans lequel toute partie finie *non vide* a une borne supérieure et une borne inférieure est dit *réticulé* (E, III, p. 13). Il est clair qu'un produit de groupes réticulés, et en particulier un produit de groupes totalement ordonnés, est un groupe réticulé. Par contre un sous-groupe d'un groupe réticulé n'est pas nécessairement réticulé.

Ainsi, dans le groupe ordonné produit $\mathbf{Z} \times \mathbf{Z}$, la « seconde bissectrice » (ensemble des couples (n, n') tels que $n + n' = 0$) est ordonnée par l'ordre discret, et n'est donc pas un groupe réticulé. * Le groupe additif des polynômes à une variable réelle (VI, p. 1, exemple 2) est un groupe filtrant (puisque $p(x)$ et $q(x)$ sont majorés par $(p(x))^2 + (q(x))^2 + 1$) dont on peut montrer qu'il n'est pas réticulé. *

PROPOSITION 7. — *Si x et y sont deux éléments d'un groupe ordonné G, et si l'un des éléments* $\inf(x, y)$, $\sup(x, y)$ *existe, il en est de même de l'autre, et l'on a* $x + y = \inf(x, y) + \sup(x, y)$.

En effet, d'après les relations (1) et (2) (VI, p. 9), on a

$$\sup(a - x, a - y) = a + \sup(-x, -y) = a - \inf(x, y),$$

et il suffit de prendre $a = x + y$.

PROPOSITION 7 (DIV). — *Si $a, b \in K^*$, et si d est un* pgcd *de a et b et m un* ppcm *de a et b, alors le produit dm est associé à ab.*

PROPOSITION 8. — *Soit P l'ensemble des éléments positifs d'un groupe ordonné G. Pour que G soit réticulé, il faut et il suffit que l'on ait $G = P - P$, et que de plus P, muni de l'ordre induit, satisfasse à l'une ou l'autre des conditions suivantes :*

a) Tout couple d'éléments de P a une borne supérieure dans P.

b) Tout couple d'éléments de P a une borne inférieure dans P.

La nécessité de ces conditions est évidente : en effet la relation $G = P - P$ exprime que G est filtrant (VI, p. 4, prop. 4); d'autre part les bornes inférieure et supérieure *dans* G de deux éléments de P sont positives, donc sont aussi leurs bornes dans P.

Réciproquement, remarquons d'abord que dans l'hypothèse *a*) (resp. *b*)), tout couple d'éléments x, y de P a une borne supérieure (resp. inférieure) *dans* G égale à sa borne supérieure a (resp. à sa borne inférieure b) *dans* P. Ceci est évident pour a, tout majorant de x et y étant positif ; pour b, soit $z \in G$ un minorant de x et y ; il existe alors $u \in P$ tel que $z + u \in P$, puisque $G = P - P$; or $\inf_P(x + u, y + u)$ majore $b + u$, et est donc de la forme $b + c + u$ ($c \geqslant 0$) ; comme $b + c$ est inférieur à x et à y, on a $c = 0$; donc $\inf_P(x + u, y + u) = b + u$, ce qui implique $z + u \leqslant b + u$, donc $z \leqslant b$, et b est bien la borne inférieure de x et y dans G. Si maintenant x et y sont des éléments quelconques de G, nous les translaterons dans P : soit $v \in P$ tel que $x + v$ et $y + v$ soient positifs (VI, p. 4, prop. 5) ; dans l'hypothèse *a*) (resp. *b*)) $x + v$ et $y + v$ admettent une borne supérieure (resp. inférieure) dans P, donc aussi dans G d'après ce qui vient d'être vu ; par translation x et y admettent une borne supérieure (resp. inférieure) dans G ; l'existence d'une des deux espèces de bornes pour tout couple (x, y) entraînant celle de l'autre en vertu de la prop. 7, ceci montre que les conditions sont suffisantes.

10. Le théorème de décomposition

THÉORÈME 1 (théorème de décomposition). — *Soient $(x_i)_{1 \leqslant i \leqslant p}$ et $(y_j)_{1 \leqslant j \leqslant q}$ deux suites finies d'éléments positifs d'un groupe réticulé G telles que $\sum_{i=1}^{p} x_i = \sum_{j=1}^{q} y_j$; il existe alors une suite double $(z_{ij})_{1 \leqslant i \leqslant p, 1 \leqslant j \leqslant q}$ d'éléments positifs de G telle que l'on ait $x_i = \sum_{j=1}^{q} z_{ij}$ pour tout i, et $y_j = \sum_{i=1}^{p} z_{ij}$ pour tout j.*

1° Démontrons d'abord le théorème lorsque $p = q = 2$. Soient x, x', y, y' des éléments positifs de G tels que $x + x' = y + y'$, et posons $a = \sup(0, x - y')$. Comme

$$x - y' = y - x'$$

est inférieur à x et y, $b = x - a$ et $c = y - a$ sont positifs, ainsi que $d = a - (x - y')$. Et l'on a $x = a + b$, $x' = c + d$, $y = a + c$ et $y' = b + d$.

2° Montrons maintenant que, si le théorème est vrai pour $p < m$ et $q = n$ ($m > 2$, $n \geqslant 2$) il est vrai pour $p = m$ et $q = n$. On a par hypothèse l'égalité $x_m + \sum_{i=1}^{m-1} x_i = \sum_{j=1}^{n} y_j$. Le théorème étant vrai pour $p = 2$ et $q = n$, il existe deux suites finies (z'_j), (z''_j) de n termes positifs telles que $\sum_{i=1}^{m-1} x_i = \sum_{j=1}^{n} z'_j$, $x_m = \sum_{j=1}^{n} z''_j$, et $y_j = z'_j + z''_j$ pour $1 \leqslant j \leqslant n$. D'autre part, le théorème étant vrai pour $p = m - 1$ et $q = n$, il existe une suite double $(u_{ij})_{1 \leqslant i \leqslant m-1, 1 \leqslant j \leqslant n}$ telle que $x_i = \sum_{j=1}^{n} u_{ij}$ pour $1 \leqslant i \leqslant m - 1$, et $z'_j = \sum_{i=1}^{m-1} u_{ij}$ pour $1 \leqslant j \leqslant n$. En posant

$$z_{ij} = u_{ij} \text{ pour } 1 \leqslant i \leqslant m - 1, \text{ et } z_{mj} = z''_j \ (1 \leqslant j \leqslant n),$$

on obtient bien une suite double satisfaisant aux conditions du théorème.

3° En échangeant les rôles des x_i et des y_j on voit de même que, si le théorème est vrai pour $p = m$ et $q < n$ ($m \geqslant 2$, $n > 2$), il est vrai pour $p = m$ et $q = n$. Le théorème est donc démontré par double récurrence à partir du cas $p = q = 2$, puisqu'il est trivial lorsque $p \leqslant 1$ ou $q \leqslant 1$.

Corollaire. — *Soient y, x_1, x_2, ..., x_n, $n + 1$ éléments positifs de* G *tels que $y \leqslant \sum_{i=1}^{n} x_i$; il existe alors n éléments positifs y_i ($1 \leqslant i \leqslant n$) tels que $y_i \leqslant x_i$ et $y = \sum_{i=1}^{n} y_i$.*

Il suffit d'appliquer le th. 1 à la suite (x_i) et à la suite formée des deux éléments y et $z = (\sum_{i=1}^{n} x_i) - y$.

11. Partie positive et partie négative

Définition 4. — *Dans un groupe réticulé* G *on appelle partie positive* (resp. *partie négative, valeur absolue*) *d'un élément $x \in$ G, et on note x^+*(resp. x^-, $|x|$) *l'élément* $\sup(x, 0)$ (resp. $\sup(-x, 0)$, $\sup(x, -x)$).

Malgré son nom, la partie négative x^- de x est un élément *positif*.

Il est clair que l'on a $x^- = (-x)^+$ et $|-x| = |x|$. Notons aussi les formules suivantes, dont la première est conséquence immédiate des définitions et de l'invariance de l'ordre par translation, et dont la seconde se déduit de la première au moyen de la prop. 7 de VI, p. 10 :

$$(3) \quad \begin{cases} \sup(x, y) = x + (y - x)^+ , \\ \inf(x, y) = y - (y - x)^+ . \end{cases}$$

PROPOSITION 9. — *a) Pour tout élément* x *d'un groupe réticulé* G, *on a* $x = x^+ - x^-$ *et* $\inf(x^+, x^-) = 0$.

b) Pour toute expression de x *comme différence de deux éléments positifs*, $x = u - v$, *on a* $u = x^+ + w$ *et* $v = x^- + w$ *avec* $w = \inf(u, v)$. *Si, en particulier*, $\inf(u, v) = 0$, *on a* $u = x^+$ *et* $v = x^-$.

c) La relation « $x \leqslant y$ » *est équivalente à* « $x^+ \leqslant y^+$ *et* $x^- \geqslant y^-$ ».

d) On a $|x| = x^+ + x^- \geqslant 0$.

e) Quels que soient x *et* y *dans* G, *on a l'inégalité* $|x + y| \leqslant |x| + |y|$, *et plus généralement* $\left| \sum_{i=1}^{n} x_i \right| \leqslant \sum_{i=1}^{n} |x_i|$ *pour toute famille finie* (x_i) *d'éléments de* G.

f) Quels que soient x *et* y *dans* G, *on a* $||x| - |y|| \leqslant |x - y|$.

Nous démontrerons *a*) et *b*) simultanément. Si $x = u - v$, avec u et v positifs, on a $u \geqslant x$, donc $u \geqslant \sup(x, 0) = x^+$, et $w = u - x^+$ est positif. D'autre part on a

$$x^+ - x = \sup(x, 0) - x = \sup(x - x, -x) = x^-$$

d'où résulte $x = x^+ - x^-$, et $v - x^- = w$. De $z \leqslant x^-$, on tire $z \leqslant x^+ - x$, et $x \leqslant x^+ - z$; si de plus $z \leqslant x^+$, $x^+ - z$ est positif, d'où on tire $x^+ \leqslant x^+ - z$ en vertu de la définition de x^+. On a donc $z \leqslant 0$, ce qui entraîne $\inf(x^+, x^-) = 0$, d'où, par translation, $\inf(u, v) = w$.

c) La relation $x \leqslant y$ entraîne $\sup(y, 0) \geqslant x$ et $\sup(y, 0) \geqslant 0$, d'où $x^+ \leqslant y^+$; de $-y \leqslant -x$ on déduit de même $x^- \geqslant y^-$. L'implication inverse se déduit aussitôt de $x = x^+ - x^-$ et $y = y^+ - y^-$.

d) Comme $x \leqslant x^+$ et $-x \leqslant x^-$, il est clair que

$$|x| = \sup(x, -x) \leqslant x^+ + x^- .$$

Inversement, de $a \geqslant x$ et $a \geqslant -x$, on déduit, en vertu de *c*), $a^+ \geqslant x^+$, $a^+ \geqslant x^-$, $a^- \leqslant x^-$ et $a^- \leqslant x^+$; comme a^- est positif et que $\inf(x^+, x^-) = 0$, les deux dernières inégalités entraînent $a^- = 0$ et $a = a^+$; les deux premières donnent alors $a \geqslant \sup(x^+, x^-)$, élément qui est égal à $x^+ + x^-$ en vertu de *a*) et de la prop. 7 de VI, p. 10.

e) De $x \leqslant |x|$ et $y \leqslant |y|$, on tire $x + y \leqslant |x| + |y|$; de $-x \leqslant |x|$ et $-y \leqslant |y|$, on tire $-x - y \leqslant |x| + |y|$; d'où la première inégalité. La seconde s'en déduit par récurrence sur n.

f) En remplaçant dans *e*) x et y par y et $x - y$, il vient

$$|x| - |y| \leqslant |x - y| ;$$

on a de même $|y| - |x| \leqslant |y - x| = |x - y|$; d'où le résultat annoncé.

Remarque. — On déduit de *d*) que $|x| = 0$ entraîne $x = 0$ (car x^+ et x^- sont positifs) ; donc $x \neq 0$ entraîne $|x| > 0$.

PROPOSITION 9 (DIV). — *Si le groupe* $\mathscr{P}^*$ *des idéaux principaux fractionnaires de* K *est réticulé, tout élément x de* K* *peut être mis sous la forme* $x = uv^{-1}$, *où u et v sont des éléments de* A *tels que* $1 = \text{pgcd}(u, v)$; *pour toute autre expression* $x = u'v'^{-1}$ *de x comme quotient de deux éléments de* A, *on a* $u' = uw$, $v' = vw$, *où* $w \in \text{A}$ *est un pgcd de u' et v' ; en particulier si* $1 = \text{pgcd}(u', v')$, *u' et v' sont respectivement associés à u et v.*

Une telle expression uv^{-1} d'un élément x de K* est souvent appelée une *fraction irréductible*.

12. Éléments étrangers

DÉFINITION 5. — *Dans un groupe ordonné, deux éléments x et y sont dits étrangers si l'on a* $\inf(x, y) = 0$.

On est conduit, dans certains cas, à appeler étrangers deux éléments tels que $\inf(|x|, |y|) = 0$ (*cf.* INT, II, § 1), ou à introduire la terminologie correspondante en théorie de la divisibilité. Nous ne le ferons pas ici.

Deux éléments étrangers sont nécessairement *positifs*. Les parties positive et négative x^+ et x^- de x sont des éléments étrangers (VI, p. 12, prop. 9, *a*)). On dit que les éléments x_ι d'une famille $(x_\iota)_{\iota\in I}$ sont *étrangers dans leur ensemble* si l'on a $\inf_{\iota\in I} x_\iota = 0$; si les x_ι sont $\geqslant 0$, il suffit pour cela qu'il existe une partie finie J de I telle que les éléments correspondants soient étrangers dans leur ensemble. Les éléments d'une famille (x_ι) sont dits *étrangers deux à deux* si l'on a $\inf(x_\iota, x_\varkappa) = 0$ pour tout couple $(\iota, \varkappa)$ d'indices distincts.

Les x_ι peuvent être étrangers dans leur ensemble sans être étrangers deux à deux.

Si x et y sont étrangers, on dit aussi que x est étranger à y, ou que y est étranger à x.

(DIV) On dit que deux éléments x et y de K sont *étrangers* si les idéaux principaux (x) et (y) sont non nuls et étrangers dans $\mathscr{P}^*$; ceci revient à dire que 1 est un pgcd de x et y, et implique que x et y *appartiennent à* A. Par exemple le numérateur et le dénominateur d'une fraction irréductible sont étrangers. On définit de même les notions d'éléments étrangers deux à deux, et d'éléments étrangers dans leur ensemble.

(DIV) On dit souvent, quand x et y sont étrangers, que x et y sont « premiers entre eux » ; il convient d'éviter cette terminologie, qui entraîne confusion avec la notion d'entier premier (I, p. 48, déf. 16).

PROPOSITION 10. — *Soient x, y, z trois éléments d'un groupe ordonné ; pour que $x - z$ et $y - z$ soient étrangers, il faut et il suffit que l'on ait $z = \inf(x, y)$.*

En effet les relations $z = \inf(x, y)$ et $0 = \inf(x - z, y - z)$ sont équivalentes.

PROPOSITION 10 (DIV). — *Soient a, b, c trois éléments de $\mathbf{K}$ tels que $c \neq 0$; pour que les quotients ac^{-1} et bc^{-1} soient étrangers, il faut et il suffit que c soit un pgcd de a et de b.*

PROPOSITION 11. — *Si (x_i), (y_j) sont deux familles finies d'éléments $\geqslant 0$ d'un groupe réticulé, on a*

$$\inf(\sum_i x_i, \sum_j y_j) \leqslant \sum_{i,j} \inf(x_i, y_j).$$

Raisonnant par récurrence sur le nombre d'éléments des familles (x_i) et (y_j), il suffit de prouver que si x, y, z sont des éléments $\geqslant 0$, on a

$$\inf(x, y + z) \leqslant \inf(x, y) + \inf(x, z).$$

En effet, posons $t = \inf(x, y + z)$; en vertu de VI, p. 11, cor., on peut écrire $t = t_1 + t_2$ avec $0 \leqslant t_1 \leqslant y$ et $0 \leqslant t_2 \leqslant z$; comme t_1 et t_2 sont positifs, on a aussi $t_1 \leqslant x$ et $t_2 \leqslant x$, d'où $t_1 \leqslant \inf(x, y)$ et $t_2 \leqslant \inf(x, z)$.

COROLLAIRE 1. — *Si x et y sont deux éléments étrangers et z un élément $\geqslant 0$ d'un groupe réticulé, on a $\inf(x, z) = \inf(x, y + z)$.*

En effet, $\inf(x, y + z) \leqslant \inf(x, z)$ en vertu de la prop. 11, et comme $y \geqslant 0$, $\inf(x, z) \leqslant \inf(x, y + z)$, d'où le corollaire.

COROLLAIRE 2. — *Dans un groupe réticulé, si x et y sont étrangers et si on a $z \geqslant 0$ et $x \leqslant y + z$, alors on a $x \leqslant z$.*

COROLLAIRE 3. — *Dans un groupe réticulé, si x est étranger à y et z, il l'est aussi à $y + z$.*

COROLLAIRE 4. — *Si $(x_i)_{1 \leqslant i \leqslant n}$, $(y_j)_{1 \leqslant j \leqslant m}$ sont deux familles finies d'éléments d'un groupe réticulé G telles que chacun des x_i soit étranger à chacun des y_j, alors $x_1 + \cdots + x_n$ est étranger à $y_1 + \cdots + y_m$.*

Ceci se déduit du cor. 3 par récurrence sur m et n.

COROLLAIRE 5. — *Quel que soit l'entier $n \geqslant 0$, on a $(nx)^+ = nx^+$ et $(nx)^- = nx^-$; pour tout $n \in \mathbf{Z}$, on a $|nx| = |n| . |x|$.*

On a en effet $nx = nx^+ - nx^-$; comme x^+ et x^- sont étrangers, il en est de même de nx^+ et nx^- si $n \geqslant 0$ (cor. 4) ; d'où la première assertion en vertu de la prop. 9, *b*) de VI, p. 12. La seconde s'ensuit en vertu de la prop. 9, *d*) dans le cas $n \geqslant 0$; on passe de là au cas $n < 0$ grâce à la relation $|-x| = |x|$.

PROPOSITION 11 (DIV). — *L'ensemble $\mathscr{P}^*$ étant supposé réticulé, soient (a_i), (b_j) deux familles finies d'éléments de* A. *Alors tout* pgcd *de* $\prod_i a_i$ *et de* $\prod_j b_j$ *divise le produit* $\prod_{i,j}$ pgcd(a_i, b_j).

COROLLAIRE 1 (DIV). — *Si a, b, c sont trois éléments de* A *tels que a soit étranger à b, tout* pgcd *de a et de c est aussi un* pgcd *de a et de bc.*

COROLLAIRE 2 (DIV) (lemme d'Euclide). — *Soient a, b, c trois éléments de* A. *Si a est étranger à b et divise bc, il divise c.*

COROLLAIRE 3 (DIV). — *Si x est étranger à y et z, il l'est à yz.*

COROLLAIRE 4 (DIV). — *Si (x_i) et (y_j) sont deux familles finies d'éléments de* A *telles que chaque x_i soit étranger à chaque y_j, alors le produit des x_i est étranger au produit des y_j.*

COROLLAIRE 5 (DIV). — *Si d est un* pgcd *de x et y, d^n est un* pgcd *de x^n et y^n pour tout entier positif n.*

En effet xd^{-1} et yd^{-1} sont étrangers (prop. 10 (DIV)), et il en est de même de $x^n d^{-n}$ et $y^n d^{-n}$ (cor. 4).

PROPOSITION 12. — *Soient x_i $(1 \leqslant i \leqslant n)$ n éléments étrangers deux à deux dans un groupe réticulé. Alors*

$$\sup(x_1, \dots, x_n) = x_1 + \cdots + x_n .$$

Ceci se déduit de la formule $u + v = \sup(u, v) + \inf(u, v)$ (VI, p. 10, prop. 7) par récurrence sur n, en tenant compte de ce que x_i est étranger à $x_1 + \cdots + x_{i-1}$ pour $2 \leqslant i \leqslant n$ (cor. 4 de la prop. 11).

Remarque. — La prop. 7 de VI, p. 10 montre aussi que, pour que x et y soient étrangers, il faut et il suffit que l'on ait $x + y = \sup(x, y)$.

PROPOSITION 12 (DIV). — *Soient a_i des éléments de* A *en nombre fini n et étrangers deux à deux ; alors le produit $a_1 \dots a_n$ est un* ppcm *de $a_1, \dots, a_n$.*

PROPOSITION 13. — *Dans un groupe réticulé* G, *soit (x_α) une famille admettant une borne inférieure* (resp. *supérieure*), *et soit z un élément quelconque de* G ; *alors la famille* (sup (z, x_α)) (resp. (inf(z, x_α))) *admet une borne inférieure* (resp. *supérieure*) *et l'on a respectivement*

$$(4) \qquad \begin{cases} \inf_\alpha(\sup(z, x_\alpha)) = \sup(z, \inf_\alpha x_\alpha) \\ \sup_\alpha(\inf(z, x_\alpha)) = \inf(z, \sup_\alpha x_\alpha) . \end{cases}$$

Supposons que la famille (x_α) admette une borne inférieure y et démontrons que $\sup(z, y)$ est une borne inférieure de la famille $(\sup(z, x_\alpha))$.

On a en effet $\sup(z, x_\alpha) = z + (x_\alpha - z)^+$, et, par translation, nous sommes ramenés au cas $z = 0$, c'est-à-dire qu'il nous faut montrer que la famille (x_α^+) admet une borne inférieure qui est y^+. Comme on a $y \leqslant x_\alpha$, on a $y^+ \leqslant x_\alpha^+$ pour tout α (VI, p. 12, prop. 9, *c*)). Si, inversement, on a $a \leqslant x_\alpha^+$ pour tout α, on en déduit $a \leqslant x_\alpha + x_\alpha^-$ (prop. 9, *a*)) ; or, de $y \leqslant x_\alpha$, on déduit $y^- \geqslant x_\alpha^-$; on a donc $a \leqslant x_\alpha + y^-$ pour tout α, c'est-à-dire $a \leqslant y + y^- = y^+$.

L'autre formule s'en déduit par passage à la relation d'ordre opposée.

COROLLAIRE. — *Si, dans un groupe réticulé* G, *un élément* z *est étranger à chacun des éléments* x_α *d'une famille admettant une borne supérieure* y, *alors* z *est étranger à* y.

Ceci est conséquence immédiate de la seconde formule (4).

Remarque. — En appliquant les formules de la prop. 13 à une famille de deux éléments (x, y), on obtient les formules suivantes qui expriment que, dans un groupe réticulé, chacune des lois de composition sup, inf est *distributive* par rapport à l'autre :

$$\sup(z, \inf(x, y)) = \inf(\sup(z, x), \sup(z, y))$$
$$\inf(z, \sup(x, y)) = \sup(\inf(z, x), \inf(z, y)) .$$

Cette propriété de distributivité est spéciale aux *groupes* réticulés et ne s'étend ni aux ensembles, ni même aux monoïdes réticulés (*cf.* VI, p. 32, exerc. 24).

13. Éléments extrémaux

DÉFINITION 6. — *On dit qu'un élément* x *d'un groupe ordonné* G *est extrémal si c'est un élément minimal de l'ensemble des éléments strictement positifs de* G.

Soit x un élément extrémal du groupe ordonné G ; si y est un élément positif de G, l'élément $\inf(x, y)$, s'il existe, ne peut donc être égal qu'à x ou à 0. Ainsi, dans un groupe réticulé G, tout y positif est, soit supérieur, soit étranger à l'élément extrémal x ; en particulier deux éléments extrémaux distincts sont étrangers.

(DIV) Un élément p de A est dit *extrémal* si l'idéal (p) est un élément extrémal du groupe ordonné $\mathscr{P}^*$; ceci exprime que p n'est ni nul, ni inversible, et que tout élément de A qui divise p est associé, soit à p, soit à 1. Si $\mathscr{P}^*$ est réticulé, tout $a \in$ A est, soit étranger à p, soit multiple de p.

Exemples (DIV). — 1) Un entier $p > 0$ est extrémal dans **Z** si et seulement s'il est *premier* (I, p. 48).

2) Un polynôme à une indéterminée sur un corps K est extrémal dans l'anneau K[X] si et seulement s'il est *irréductible* (IV, p. 13).

PROPOSITION 14. — *Pour qu'un élément* $x > 0$ *d'un groupe ordonné* G *soit extrémal, il suffit qu'il possède la propriété suivante* :

(P) *Les relations* $x \leqslant y + z$, $y \geqslant 0$, $z \geqslant 0$ *entraînent* $x \leqslant y$ *ou* $x \leqslant z$.

Cette condition est nécessaire lorsque G *est réticulé.*

Si G est réticulé et si x est extrémal, nous venons de voir que y est, soit supérieur à x, soit étranger à x ; dans ce dernier cas le cor. 2 de VI, p. 14 montre que z est supérieur à x. Réciproquement, supposons la condition satisfaite : de $0 \leqslant y \leqslant x$, on déduit, en posant $x = y + z$ $(z \geqslant 0)$ que l'on a, soit $x \leqslant y$, soit $x \leqslant z$; dans le premier cas on a $x = y$; dans le second on a $x \leqslant x - y$, donc $y \leqslant 0$ et par suite $y = 0$; ceci montre que x est bien extrémal.

PROPOSITION 14 (DIV). — *Pour qu'un élément p non nul de* A *soit extrémal, il suffit qu'il ne soit pas une unité, et qu'il ne puisse diviser un produit de deux éléments de* A *sans diviser l'un d'eux. Cette condition est nécessaire si* $\mathscr{P}^*$ *est réticulé.*

Remarque. — On peut aussi exprimer la proposition 14 (DIV) comme suit : si p est un élément non nul de A tel que l'idéal (p) soit *premier* (I, p. 111, déf. 3), alors p est extrémal ; inversement, si $\mathscr{P}^*$ est réticulé et p extrémal, l'idéal (p) est premier.

PROPOSITION 15. — *Dans un groupe ordonné* G, *soit* $(p_\iota)_{\iota \in \mathrm{I}}$ *une famille d'éléments* > 0 *deux à deux distincts et vérifiant la propriété* (P) *(donc extrémaux). Alors l'application*

$$(n_\iota)_{\iota \in \mathrm{I}} \mapsto \sum_{\iota \in \mathrm{I}} n_\iota p_\iota$$

est un isomorphisme du groupe ordonné $\mathbf{Z}^{(\mathrm{I})}$, *somme directe des groupes ordonnés* $\mathbf{Z}$ (VI, p. 7), *sur le sous-groupe ordonné de* G *engendré par les* p_ι.

Il suffit de montrer que la relation $\sum_{\iota \in \mathrm{I}} n_\iota p_\iota \geqslant 0$ est *équivalente* à $n_\iota \geqslant 0$ pour tout $\iota \in \mathrm{I}$, car en particulier la relation $\sum_{\iota \in \mathrm{I}} n_\iota p_\iota = 0$ entraînera $n_\iota = 0$ pour tout $\iota \in \mathrm{I}$, donc cela montrera que la famille (p_ι) est libre. Or, soit I′ (resp. I″) la partie finie de I formée des ι tels que $n_\iota > 0$ (resp. $n_\iota < 0$) ; on a

$$\sum_{\iota \in \mathrm{I}'} n_\iota p_\iota \geqslant \sum_{\iota \in \mathrm{I}''} (-n_\iota) p_\iota .$$

En particulier, pour $\lambda \in \mathrm{I}''$, cela entraîne $p_\lambda \leqslant \sum_{\iota \in \mathrm{I}'} n_\iota p_\iota$, et, par récurrence, il résulte de la propriété (P) que l'on doit avoir $p_\lambda \leqslant p_\iota$ pour un $\iota \in \mathrm{I}'$; comme p_ι est extrémal, cela entraînerait $p_\lambda = p_\iota$, ce qui est absurde. Donc I″ est vide, ce qui prouve la proposition.

THÉORÈME 2. — *Soit* G *un groupe ordonné filtrant. Les propriétés suivantes sont équivalentes :*

a) G *est isomorphe à un groupe ordonné de la forme* $\mathbf{Z}^{(\mathrm{I})}$.

b) G *est réticulé et vérifie la condition suivante :*

(MIN) *Tout ensemble non vide d'éléments positifs de* G *admet un élément minimal.*

c) G *vérifie la condition* (MIN) *et tout élément extrémal de* G *possède la propriété* (P).

d) G *est engendré par ses éléments extrémaux et tout élément extrémal de* G *possède la propriété* (P).

Montrons d'abord que *a*) entraîne *b*). Le groupe $\mathbf{Z}^{(I)}$ est réticulé, en tant que somme directe de groupes totalement ordonnés. Soit d'autre part E un ensemble non vide d'éléments positifs de $\mathbf{Z}^{(I)}$, et soit $x = \sum_\iota n_\iota e_\iota$ un élément de E ((e_ι) désignant la base canonique de $\mathbf{Z}^{(I)}$) ; les éléments y de $\mathbf{Z}^{(I)}$ tels que $0 \leqslant y \leqslant x$ sont en nombre fini égal à $\prod_\iota (n_\iota + 1)$, donc l'ensemble F des éléments de E qui sont $\leqslant x$ est *a fortiori* fini ; comme il n'est pas vide, il contient un élément minimal (E, III, p. 34, cor. 2), qui est évidemment élément minimal de E.

Il est clair que *b*) entraîne *c*), en vertu de la prop. 14. Montrons que *c*) entraîne *d*). Comme G est filtrant, il suffit (VI, p. 4, prop. 4) de voir que l'ensemble F des éléments > 0 de G qui sont sommes d'éléments extrémaux est égal à $G_+ - \{0\}$. Sinon, il résulterait de (MIN) que le complémentaire de F dans $G_+ - \{0\}$ aurait un élément minimal a ; a n'est pas extrémal par définition, donc est somme de deux éléments positifs x, y non nuls ; comme $x < a$ et $y < a$, ces éléments appartiennent à F, donc sont sommes d'éléments extrémaux, et on en déduit qu'il en est de même de a, ce qui est contradictoire. Enfin, *d*) entraîne *a*), en vertu de la prop. 15.

Nous appliquerons le th. 2 à la théorie de la divisibilité dans les anneaux principaux (VII, p. 3), et dans les anneaux factoriels (AC, VII, § 3), ainsi qu'à l'étude des idéaux d'un anneau de Dedekind (AC, VII, § 2).

§ 2. CORPS ORDONNÉS

1. Anneaux ordonnés

DÉFINITION 1. — *Étant donné un anneau* commutatif A, *on dit qu'une structure d'ordre sur* A *est compatible avec la structure d'anneau de* A *si elle est compatible avec la structure de groupe additif de* A, *et si elle vérifie l'axiome suivant* :

(AO) *Les relations* $x \geqslant 0$ *et* $y \geqslant 0$ *entraînent* $xy \geqslant 0$.

L'anneau A, muni d'une telle structure d'ordre, est appelé un *anneau ordonné*.

Exemples. — 1) Les anneaux **Q** et **Z**, ordonnés par l'ordre usuel, sont des anneaux ordonnés.

2) Un produit d'anneaux ordonnés, muni de la structure d'ordre produit, est un anneau ordonné. En particulier, l'anneau A^E des applications d'un ensemble E dans un anneau ordonné A est un anneau ordonné.

3) Un sous-anneau d'un anneau ordonné, ordonné par l'ordre induit, est un anneau ordonné.

Dans un anneau ordonné, les relations $x \geqslant y$ et $z \geqslant 0$ entraînent $xz \geqslant yz$. En effet ces inégalités sont respectivement équivalentes à $x - y \geqslant 0$, $z \geqslant 0$ et $(x - y)z \geqslant 0$.

On démontre de façon analogue que les relations $x \leqslant 0$ et $y \geqslant 0$ (resp. $y \leqslant 0$) entraînent $xy \leqslant 0$ (resp. $xy \geqslant 0$). Ces résultats sont souvent invoqués sous le nom de *règles des signes* (deux éléments étant dits *de même signe* s'ils sont tous deux $\geqslant 0$ ou tous deux $\leqslant 0$). Ils entraînent que, si A est un anneau *totalement ordonné*, tout carré est positif, et, en particulier, que tout idempotent (par exemple l'élément unité) est positif.

Exemple. — Sur **Z** il n'y a *qu'une seule* structure d'anneau totalement ordonné : en effet on a $1 > 0$, d'où $n > 0$, par récurrence, pour tout entier naturel $n \neq 0$. Il existe par contre sur **Z** des structures d'anneau ordonné, mais non totalement ordonné (*cf.* ci-dessous).

Soit P l'ensemble des éléments positifs d'un anneau ordonné A. On sait que P détermine la structure d'ordre de A (VI, p. 3, prop. 3). Dire que A est un anneau ordonné équivaut à dire que P jouit des propriétés suivantes :

$$(\mathrm{AP_I}) \qquad \mathrm{P} + \mathrm{P} \subset \mathrm{P}$$
$$(\mathrm{AP_{II}}) \qquad \mathrm{PP} \subset \mathrm{P}$$
$$(\mathrm{AP_{III}}) \qquad \mathrm{P} \cap (-\mathrm{P}) = \{0\}\,.$$

En effet ($\mathrm{AP_I}$) et ($\mathrm{AP_{III}}$) traduisent le fait que le groupe additif de A est un groupe ordonné (VI, p. 3, prop. 3), tandis que ($\mathrm{AP_{II}}$) est la traduction de (AO).

Rappelons que, pour que la relation d'ordre définie sur A soit *totale*, il faut et il suffit que la propriété suivante soit vraie :

$$(\mathrm{AP_{IV}}) \qquad \mathrm{P} \cup (-\mathrm{P}) = \mathrm{A}\,.$$

Exemple. — Si, dans **Z**, on prend pour P l'ensemble des entiers positifs (au sens usuel) et pairs, on obtient une structure d'anneau *non* totalement ordonné.

Rappelons encore que, dans un groupe abélien totalement ordonné, la relation $n.x = 0$ (pour un entier naturel $n \neq 0$) entraîne $x = 0$ (VI, p. 4) ; cela nous donne le résultat suivant :

PROPOSITION 1. — *Un anneau totalement ordonné est un* **Z**-*module sans torsion* (II, p. 115).

2. Corps ordonnés

DÉFINITION 2. — *Un corps* commutatif, *muni d'une structure d'ordre* total, *est appelé un corps ordonné si sa structure d'ordre et sa structure d'anneau sont compatibles.*

Nous nous restreignons aux relations d'ordre *total* sur les corps, car les autres sont très « pathologiques » (*cf.* VI, p. 36, exerc. 6).

Exemples. — 1) Le corps **Q** des nombres rationnels est un corps ordonné.

2) Un sous-corps d'un corps ordonné, ordonné par l'ordre induit, est un corps ordonné.

3) * Le corps des nombres réels est un corps ordonné. *

Soit K un corps ordonné. Pour tout $x \in \mathrm{K}$, on pose

$$\operatorname{sgn}(x) = 1 \quad \text{si} \quad x > 0\,,$$
$$\operatorname{sgn}(x) = -1 \quad \text{si} \quad x < 0\,,$$
$$\operatorname{sgn}(x) = 0 \quad \text{si} \quad x = 0\,.$$

On a alors $\operatorname{sgn}(xy) = \operatorname{sgn}(x)\operatorname{sgn}(y)$; on dit que $\operatorname{sgn}(x)$ est le *signe* de x. L'application $x \mapsto \operatorname{sgn}(x)$ de K^* dans le groupe multiplicatif $\{-1, +1\}$ est un homomorphisme surjectif, dont le noyau, qui est l'ensemble des éléments strictement positifs de K, est un sous-groupe d'indice 2 de K^*.

Inversement, si K est un corps commutatif et $s : K^* \to \{-1, +1\}$ un homomorphisme surjectif dont le noyau est stable pour l'addition, alors s est l'application signe pour une unique structure de corps ordonné, dont les éléments strictement positifs sont ceux du noyau de s.

Pour tout x et tout y dans K, on a $x = \operatorname{sgn}(x)\,|x|$ et $|xy| = |x|\,|y|$.

D'autre part tout corps ordonné est de caractéristique nulle (prop. 1).

PROPOSITION 2. — *Soit* A *un anneau intègre totalement ordonné, et soit* K *son corps des fractions. Il existe sur* K *une structure d'ordre et une seule, induisant sur* A *la structure d'ordre donnée, et pour laquelle* K *est un corps ordonné.*

Tout $x \in K$ s'écrit sous la forme $x = ab^{-1}$, avec a et b dans A et $b \neq 0$. Si x est positif, a et b sont de même signe, et réciproquement. On voit donc que, s'il existe une relation d'ordre sur K satisfaisant aux conditions prescrites, elle est unique, et l'ensemble P de ses éléments positifs est identique à l'ensemble des ab^{-1}, où a et b sont des éléments de même signe de A et $b \neq 0$. Reste donc à montrer que P vérifie les conditions (AP_I), (AP_{II}), (AP_{III}) et (AP_{IV}). C'est évident pour (AP_{II}) et (AP_{IV}). Pour (AP_I), considérons $ab^{-1} + cd^{-1}$, où nous pouvons supposer que a, b, c et d sont positifs ; cette somme s'écrit $(ad + bc)(bd)^{-1}$, et $ad + bc$ et bd sont positifs.

Pour (AP_{III}), considérons une égalité de la forme $ab^{-1} = -cd^{-1}$, d'où $ad + bc = 0$. Si l'on suppose que a et b sont de même signe, ainsi que c et d, la règle des signes montre que ad et bc sont de même signe ; d'où $ad = bc = 0$, et $a = c = 0$; donc P vérifie bien (AP_{III}).

Exemple. — Puisque **Z** n'admet qu'une seule structure d'anneau totalement ordonné (VI, p. 19, *exemple*), le corps **Q** n'admet qu'une seule structure d'ordre qui en fasse un corps ordonné ; cette structure est la structure usuelle.

3. Extensions de corps ordonnés

DÉFINITION 3. — *Soit* K *un corps ordonné. Une extension ordonnée de* K *est un couple* (E, *u*), *où* E *est un corps ordonné et u un homomorphisme croissant de* K *dans* E.

Soient K un corps, E un corps ordonné et $u : K \to E$ un homomorphisme. La relation

$$x \leqslant y \quad \text{si} \quad u(x) \leqslant u(y)$$

est une relation d'ordre total sur K qui le munit d'une structure de corps ordonné, dite *induite* par celle de E. Si K et E sont deux corps ordonnés, un homomorphisme $u : K \to E$ est croissant si et seulement si la structure de corps ordonné de K est induite par celle de E. Nous identifierons le plus souvent K à son image dans E par u.

Exemples. — 1) Tout corps ordonné K est extension ordonnée de **Q**. En effet, K, étant de caractéristique nulle, est extension de **Q**, et d'autre part **Q** ne peut être ordonné que d'une seule manière, comme nous venons de le voir.

2) Soient K un corps ordonné, et K(X) le corps des fractions rationnelles en une indéterminée sur K. Définissons une structure d'ordre sur l'anneau de polynômes K[X] en prenant pour éléments positifs 0 et les polynômes dont le coefficient dominant est positif. On obtient ainsi un anneau totalement ordonné dont l'ordre prolonge celui de K. En appliquant la prop. 2, on définit sur K(X) une structure d'extension ordonnée de K. * Pour K = **R**, on peut montrer que la relation d'ordre ainsi définie sur K(X) est celle de la croissance au voisinage de $+\infty$ (*cf.* VI, p. 23, prop. 4). *

Théorème 1. — *Pour qu'une extension* E *d'un corps ordonné* K *admette une structure d'extension ordonnée de* K, *il faut et il suffit qu'elle vérifie la condition suivante* :

(EO) *La relation* $p_1x_1^2 + \cdots + p_nx_n^2 = 0$ *entraîne*

$$p_1x_1 = \cdots = p_nx_n = 0$$

pour toute suite finie (x_i, p_i) *de couples d'éléments* x_i *de* E *et d'éléments positifs* p_i *de* K.

(EO) est visiblement équivalente à :

(EO') *L'élément* -1 *n'est pas somme d'éléments de la forme* px^2 ($x \in \mathrm{E}$, $p \in \mathrm{K}$, $p \geqslant 0$).

La condition (EO) est nécessaire : si E admet une structure d'extension ordonnée de K, les éléments $p_ix_i^2$ sont positifs dans E, donc nuls si leur somme est nulle ; d'autre part, $p_ix_i^2 = 0$ équivaut à $p_ix_i = 0$.

Inversement, supposant la condition (EO) satisfaite, nous allons définir une relation d'ordre sur E en construisant une partie P de E, qui satisfasse à $(\mathrm{AP_I})$, $(\mathrm{AP_{II}})$, $(\mathrm{AP_{III}})$ et $(\mathrm{AP_{IV}})$, et qui contienne l'ensemble K_+ des éléments positifs de K. Une telle partie P définira bien sur E une structure d'extension ordonnée de K, car on aura $\mathrm{K} \cap \mathrm{P} = \mathrm{K}_+$; en effet, si P contenait un élément $-a < 0$ de K, a appartiendrait à $\mathrm{P} \cap (-\mathrm{P})$, contrairement à $(\mathrm{AP_{III}})$.

Pour définir P, considérons l'ensemble $\mathfrak{M}$ des parties de E, qui vérifient $(\mathrm{AP_I})$, $(\mathrm{AP_{II}})$ et $(\mathrm{AP_{III}})$, et qui contiennent la réunion de K_+ et de l'ensemble C des carrés d'éléments de E. Cet ensemble $\mathfrak{M}$ n'est pas vide, car il contient l'ensemble P_0 des éléments de la forme $\sum_i p_ix_i^2$ (que P_0 satisfasse à $(\mathrm{AP_{III}})$ résulte aussitôt de (EO)). De plus $\mathfrak{M}$ est inductif (E, III, p. 20, déf. 3). Il existe alors, d'après le th. 2 de E, III, p. 20, un élément maximal de $\mathfrak{M}$, dont il nous reste à montrer qu'il satisfait à $(\mathrm{AP_{IV}})$; or ceci résulte du lemme suivant :

Lemme. — *Soient* $\mathrm{P} \in \mathfrak{M}$ *et* $x \notin \mathrm{P}$; *il existe alors* $\mathrm{P}' \in \mathfrak{M}$ *tel que* $\mathrm{P} \subset \mathrm{P}'$ *et que* $-x \in \mathrm{P}'$

Prenons $\mathrm{P}' = \mathrm{P} - x\mathrm{P}$, et vérifions que P' possède les propriétés requises. Comme $0 \in \mathrm{C} \subset \mathrm{P}$, on a $\mathrm{P} \subset \mathrm{P}'$. D'où $\mathrm{C} \subset \mathrm{P}'$ et $\mathrm{K}_+ \subset \mathrm{P}'$. Comme $1 \in \mathrm{C} \subset \mathrm{P}$, on a $-x \in \mathrm{P}'$. On a

$$\mathrm{P}' + \mathrm{P}' = \mathrm{P} - x\mathrm{P} + \mathrm{P} - x\mathrm{P} = \mathrm{P} + \mathrm{P} - x(\mathrm{P} + \mathrm{P}) \subset \mathrm{P} - x\mathrm{P} = \mathrm{P}',$$

d'où (AP_I). On a

$$P'P' = (P - xP)(P - xP)$$
$$\subset PP + x^2PP - x(PP + PP) \subset P + CP - xP \subset P - xP = P',$$

d'où (AP_{II}). Vérifions enfin (AP_{III}) : supposons que nous ayons une égalité de la forme $p - xq = -(r - xs)$ où p, q, r, s appartiennent à P ; on en déduit la relation $x(s + q) = p + r$; si $(s + q) \neq 0$, on a $x = (s + q)^{-2}(s + q)(p + r) \in CPP \subset P$ contrairement à l'hypothèse ; on a donc $s + q = 0$, d'où $p + r = 0$; comme P vérifie (AP_{III}) on en déduit $s = q = r = p = 0$, ce qui achève la démonstration.

Corollaire 1 (« Théorème d'Artin-Schreier »). — *Pour qu'il existe sur un corps commutatif* E *une structure d'ordre qui en fasse un corps ordonné, il faut et il suffit que la relation* $x_1^2 + \cdots + x_n^2 = 0$ *entraîne* $x_1 = \cdots = x_n = 0$.

La nécessité est évidente. Réciproquement la condition énoncée entraîne que E est de caractéristique nulle, donc extension de **Q** ; alors la condition (EO) est vérifiée, et le th. 1 montre qu'il existe sur E une structure d'extension ordonnée de **Q**, c'est-à-dire une structure de corps ordonné.

Il n'existe *pas* de structure de corps ordonné sur un corps E où -1 est un carré, et, en particulier, sur un corps algébriquement clos.

Corollaire 2. — *Soit* E *une extension de* K *admettant une structure d'extension ordonnée de* K. *Pour qu'un élément* $x \in E$ *soit positif pour toutes les structures d'extension ordonnée de* K *sur* E, *il faut et il suffit que* x *soit de la forme* $\sum_i p_i x_i^2$, *où* $x_i \in E$ *et où les* p_i *sont des éléments positifs de* K.

La condition est évidemment suffisante ; elle est aussi nécessaire, car (avec les notations de la démonstration du th. 1), si $x \notin P_0$, il existe un élément maximal P de $\mathfrak{M}$ tel que $x \notin P$; on a alors $-x \in P$ d'après le lemme, et comme $x \neq 0$, x n'est pas positif pour la structure d'ordre définie par P.

4. Extensions algébriques de corps ordonnés

Soient K un corps ordonné, et f un polynôme de K[X]. Nous dirons que f *change de signe dans* K s'il existe deux éléments a et b de K tels que $f(a)f(b) < 0$; on dit alors que f *change de signe entre a et b*.

Proposition 3. — *Soient* K *un corps ordonné et* f *un polynôme irréductible sur* K *et changeant de signe entre* a *et* b *dans* K. *L'extension* $E = K[X]/(f)$ *de* K *admet alors une structure d'extension ordonnée.*

Nous raisonnerons par récurrence sur le degré n de f. Pour $n = 1$, la vérification est triviale. Supposons le résultat vrai pour les degrés $\leqslant n - 1$, et démontrons-le par l'absurde pour n ; d'après le th. 1, nous supposons donc vraie une relation de la forme

$$1 + \sum_i p_i f_i^2(X) \equiv 0 \pmod{f(X)}, \quad \text{où} \quad f_i \in K[X], \quad p_i \in K \quad \text{et} \quad p_i \geqslant 0 .$$

On peut, sans restreindre la généralité, supposer que les f_i sont de degré $\leqslant n - 1$ (IV, p. 10, cor.). On a alors

$$1 + \sum_i p_i f_i^2(X) = h(X)\, f(X)$$

où $h \neq 0$ est au plus de degré $n - 2$. En remplaçant dans l'égalité précédente X par a et b, on voit que $h(a)\, f(a) > 0$ et $h(b)\, f(b) > 0$. Comme f change de signe entre a et b par hypothèse, on en conclut que $h(a)\, h(b) < 0$. On a alors une inégalité de même nature pour un des facteurs irréductibles $g(X)$ de $h(X) : g(a)\, g(b) < 0$. Mais l'on a $1 + \sum_i p_i f_i^2(X) \equiv 0 \pmod{g(X)}$, ce qui montre que le corps $K[X]/(g)$ n'admet pas de structure d'extension ordonnée de K (th. 1), contrairement à l'hypothèse de récurrence.

Remarque. — Il existe des polynômes irréductibles f sur un corps ordonné K qui ne changent pas de signe dans K, mais qui sont tels que $K[X]/(f)$ admette une structure d'extension ordonnée de K (*cf.* VI, p. 41, exerc. 26, *c*)).

Pour appliquer la proposition précédente, nous aurons besoin du résultat suivant :

PROPOSITION 4. — *Soient* K *un corps ordonné et* $f \in K[X]$. *Il existe un intervalle de* K *dans le complémentaire duquel* f *a même signe que son terme de plus haut degré.*

On se ramène aussitôt au cas d'un polynôme unitaire ; on peut alors écrire $f(x) = x^n(1 + a_1 x^{-1} + \cdots + a_n x^{-n})$ pour $x \neq 0$. Soit

$$M = \sup(1, |a_1| + \cdots + |a_n|) .$$

Pour $|x| > M$, on a $1 + a_1 x^{-1} + \cdots + a_n x^{-n} > 0$, ce qui démontre la proposition.

COROLLAIRE 1. — *Toute extension de degré fini impair d'un corps ordonné admet une structure d'extension ordonnée.*

Une telle extension étant monogène (V, p. 39, th. 1) est isomorphe à $K[X]/(f)$ où f est un polynôme irréductible de degré impair. Il suffit alors de montrer que f change de signe dans K (prop. 3), ce qui résulte aussitôt de la prop. 4.

COROLLAIRE 2. — *Si a est un élément positif d'un corps ordonné* K, *tout corps de décomposition* E *du polynôme* $X^2 - a$ *admet une structure d'extension ordonnée de* K.

Le résultat est trivial si a est un carré dans K. Sinon le polynôme $f(X) = X^2 - a$ est irréductible et change de signe, puisque $f(0) < 0$, et que $f(x)$ est du signe de x^2, donc > 0, pour x dans le complémentaire d'un certain intervalle de K. Il suffit alors d'appliquer la prop. 3.

Remarque. — Lorsque le corps ordonné K contient les « racines carrées » d'un élément positif a de K (racines du polynôme $X^2 - a$), on réserve en général la notation $\sqrt{a}$ à celle de ces racines qui est *positive*. Si K ne contient *pas* les racines carrées b et $-b$ de a dans le corps E, ce dernier admet *deux* structures d'extension ordonnée de K, se déduisant l'une de l'autre par le K-automorphisme défini par $b \mapsto -b$; le choix d'une de ces structures d'ordre détermine alors $\sqrt{a}$: c'est celui des éléments b et $-b$ qui est positif.

Si a et a' sont deux éléments positifs de K, dont les racines carrées sont dans K, on a $\sqrt{aa'} = (\sqrt{a})(\sqrt{a'})$, comme il résulte de la définition de $\sqrt{a}$, et de la règle des signes.

5. Corps ordonnés maximaux

DÉFINITION 4. — *Un corps ordonné* K *est dit maximal si toute extension* algébrique *ordonnée de* K *est triviale.*

Exemple. — * On verra plus tard (TG, VIII, p. 1) que le corps **R** des nombres réels est un corps ordonné maximal. *

L'existence de corps ordonnés maximaux résulte du théorème suivant :

THÉORÈME 2. — *Tout corps ordonné* K *admet une extension algébrique ordonnée qui est un corps ordonné maximal.*

On peut montrer que cette extension ordonnée est bien déterminée à un K-isomorphisme près (VI, p. 38, exerc. 15).

Soit Ω une clôture algébrique de K, et soit $\mathfrak{N}$ l'ensemble des couples (A, ω), où A est une sous-K-extension de Ω, et ω une structure d'extension ordonnée sur l'extension A de K. Ordonnons $\mathfrak{N}$ par la relation « L est une extension ordonnée de M » entre M et L. Muni de cette structure d'ordre, $\mathfrak{N}$ est un ensemble ordonné *inductif* : en effet, si (L_ι) est une famille totalement ordonnée d'éléments de $\mathfrak{N}$, le corps $L = \bigcup_\iota L_\iota$ ordonné en prenant $L_+ = \bigcup_\iota (L_\iota)_+$ est un majorant des L_ι. En vertu de E III, p. 20, th. 2, $\mathfrak{N}$ possède un élément maximal qui répond à la question.

PROPOSITION 5. — *Soient* K *un corps ordonné maximal, et f un polynôme de* K[X] *changeant de signe entre deux éléments a et b de* K (*avec $a < b$*). *Alors f admet une racine x dans* K, *telle que $a < x < b$.*

L'un au moins des facteurs irréductibles de f change de signe entre a et b, soit h. Le corps $K[X]/(h)$ admet alors (VI, p. 22, prop. 3) une structure d'extension ordonnée de K, et h est de degré 1 (déf. 4). Comme $h(a)\,h(b) < 0$, l'unique racine x de h est telle que $a < x < b$ puisqu'une fonction polynôme de degré 1 est monotone.

PROPOSITION 6. — *Tout élément positif d'un corps ordonné maximal* K *a une racine carrée dans* K. *Tout polynôme de degré impair de* K[X] *a au moins une racine dans* K.

Ceci résulte aussitôt des cor. 2 et 1 de la prop. 4 de VI, p. 23.

COROLLAIRE. — *Sur un corps ordonné maximal* K, *il n'existe qu'une seule structure d'ordre compatible avec la structure de corps.*

En effet les éléments positifs de K sont déterminés par la structure algébrique : ce sont les carrés.

6. Caractérisation des corps ordonnés maximaux. Théorème d'Euler-Lagrange

La propriété exprimée par la prop. 6 de VI, p. 24 caractérise les corps ordonnés maximaux. De façon plus précise :

THÉORÈME 3 (Euler-Lagrange). — *Soit* K *un corps ordonné. Les trois propriétés suivantes sont équivalentes* :

a) *Le corps* K(i) *est algébriquement clos* (i désignant une racine carrée de -1).

b) *Le corps* K *est ordonné maximal.*

c) *Tout élément positif de* K *est un carré, et tout polynôme de degré impair de* K[X] *a une racine dans* K.

Il est clair que *a*) implique *b*) : en effet, K ne possède, à un isomorphisme près, que deux extensions algébriques, K lui-même et K(i), qui ne peut être ordonné, -1 étant un carré.

Le fait que *b*) implique *c*) n'est autre que la prop. 6 de VI, p. 24.

Il nous reste à démontrer que *c*) entraîne *a*). Cela va résulter des deux propositions suivantes.

PROPOSITION 7. — *Soit* K *un corps ordonné dans lequel tout élément positif est un carré. Alors tout élément de* K(i) *est un carré, et tout polynôme du second degré sur* K(i) *a une racine dans* K(i).

Montrons d'abord que la seconde assertion se ramène à la première. On peut mettre le polynôme du second degré $aX^2 + bX + c$, où $a \neq 0$ sous la forme suivante, souvent appelée *forme canonique du trinôme* :

$$a((X + (b/2a))^2 - (b^2 - 4ac)/4a^2) .$$

Si d est une racine carrée de $(b^2 - 4ac)/4a^2$, alors $d - (b/2a)$ est une racine du polynôme du second degré étudié.

Montrons maintenant que tout élément $a + bi (a \in K, b \in K)$ est un carré ; cherchons un élément $x + yi$ tel que

$$(x + yi)^2 = a + bi ;$$

cela se traduit par $x^2 - y^2 = a$ et $2xy = b$. On en tire

$$(x^2 + y^2)^2 = a^2 + b^2 .$$

Désignons par c la racine positive de $a^2 + b^2$; on a $c \geqslant |a|$, $c \geqslant |b|$ et $x^2 + y^2 = c$. D'où $x^2 = (c + a)/2$ et $y^2 = (c - a)/2$. Comme $c \geqslant |a|$, ces équations sont résolubles dans K, et, si x_0 et y_0 en sont des solutions, on a $x_0^2 - y_0^2 = a$, et $2x_0y_0 = \pm b$. En prenant $x = x_0$ et $y = b/2x_0$, on obtient une racine carrée cherchée.

PROPOSITION 8. — *Soient* K *un corps commutatif* (de caractéristique quelconque) *et* K' *un corps de décomposition du polynôme* $X^2 + 1 \in K[X]$ (V, p. 20). *On suppose que* :

a) *tout polynôme de* K[X], *de degré impair, a une racine dans* K' ;

b) *tout polynôme de* K'[X], *de degré* 2, *a une racine dans* K'.

Alors K' *est algébriquement clos.*

Notons d'abord qu'il suffit de prouver que tout polynôme non constant de K[X] a une racine dans K' : cela est en effet clair si $K' = K$; si $K' \neq K$, alors $[K' : K] = 2$; notons $a \mapsto \bar{a}$ l'unique K-automorphisme de K' distinct de l'application identique ; si $f \in K'[X]$, et si $\bar{f}$ désigne le polynôme obtenu en appliquant $a \mapsto \bar{a}$ aux coefficients de f, on a $f\bar{f} \in K[X]$; si $a \in K'$ est une racine de $f\bar{f}$, alors a est une racine de f ou de $\bar{f}$, donc a ou $\bar{a}$ est une racine de f.

Soit donc f un polynôme sur K, de degré $2^n p$, p impair. La propriété étant vraie pour $n = 0$ d'après l'hypothèse *a*), nous allons procéder par récurrence sur n. Soit E une extension de K, où f se décompose en facteurs linéaires :

$$f(X) = \prod_i (X - a_i) .$$

Soit $b \in K$; posons $y_{ij} = a_i + a_j + b a_i a_j \in E$ et

$$h(X) = \prod_{i<j} (X - y_{ij}) \in E[X] .$$

Ce polynôme a pour coefficients des fonctions symétriques des a_i, à coefficients dans K ; il appartient donc à K[X] (IV, p. 58, théorème 1) ; comme il est de degré $2^n p(2^n p - 1)/2 = 2^{n-1} p'$ (p' impair), il a une racine y_{ij} dans K' d'après l'hypothèse de récurrence. Si l'on remarque que ceci a lieu pour tout $b \in K$, et que K est un corps infini (en effet un corps fini, qui a des extensions monogènes de degré impair arbitrairement grand (V, p. 90, prop. 3), ne peut vérifier *a*)), on en déduit l'existence d'au moins un couple (i, j) tel que

$$a_i + a_j + b a_i a_j \in K' \quad \text{et} \quad a_i + a_j + b' a_i a_j \in K' ,$$

avec $b \neq b'$. Alors $a_i + a_j$ et $a_i a_j$ sont éléments de K', donc aussi a_i et a_j, puisque ce sont les racines de l'équation du second degré $x^2 - (a_i + a_j)x + a_i a_j = 0$.

C.Q.F.D.

Pour une généralisation et une autre démonstration de la prop. 8, basée sur la théorie de Galois, voir VI, p. 43, exerc. 33.

Soit K un corps ordonné et soit $K' = K(i)$; pour tout élément $z = a + bi$ de K', la *norme* $z\bar{z} = a^2 + b^2$ de z par rapport à K (III, p. 111, exemple 1) est un élément positif de K, qui n'est nul que pour $z = 0$. Si dans K tout élément positif est un carré (et en particulier si K est un corps ordonné maximal), on appelle *valeur absolue* de z et l'on note $|z|$ la racine carrée positive de la norme $z\bar{z}$. Comme $|zz'|^2 = |z|^2 \, |z'|^2$, on a $|zz'| = |z| \, |z'|$.

En outre, on a l'*inégalité du triangle*

$$|z + z'| \leqslant |z| + |z'|$$

pour tout couple d'éléments z, z' de K'. En effet, si $z = a + bi$, $z' = a' + b'i$, cette inégalité équivaut à

$$(a + a')^2 + (b + b')^2 \leqslant a^2 + b^2 + a'^2 + b'^2 + 2\sqrt{(a^2 + b^2)(a'^2 + b'^2)}$$

ou encore à

$$(aa' + bb')^2 \leqslant (a^2 + b^2)(a'^2 + b'^2)$$

qui s'écrit elle-même $(ab' - ba')^2 \geqslant 0$.

Le th. 3 nous permet de déterminer tous les polynômes irréductibles sur un corps ordonné maximal :

PROPOSITION 9. — *Si* K *est un corps ordonné maximal, les seuls polynômes irréductibles de* K[X] *sont les polynômes du premier degré, et les polynômes du second degré* $aX^2 + bX + c$ *tels que* $b^2 - 4ac < 0$.

Comme K(i) est algébriquement clos, toute extension algébrique de K est de degré 1 ou 2, donc aussi tout polynôme irréductible sur K. Pour voir quels sont les polynômes du second degré qui sont irréductibles, il suffit de considérer la forme canonique $a((X + (b/2a))^2 - (b^2 - 4ac)/4a^2)$ (*cf.* VI, p. 25, prop. 7).

Remarque. — La mise sous forme canonique des trinômes donne le résultat plus fort que voici : étant donné un corps ordonné K, pour que le polynôme $aX^2 + bX + c$ ait un signe constant dans K, il faut et il suffit que $b^2 - 4ac < 0$, et le signe du polynôme est alors celui de a.

7. Espaces vectoriels sur un corps ordonné

Soient K un corps ordonné, E un espace vectoriel sur K. Dans l'ensemble E $-$ {0}, la relation « il existe $\lambda > 0$ dans K tel que $y = \lambda x$ » entre x et y est une *relation d'équivalence*. Les classes d'équivalence pour cette relation sont appelées les *demi-droites ouvertes d'origine* 0 ; la réunion d'une demi-droite ouverte et de {0} est appelée *demi-droite fermée* (ou quelquefois simplement *demi-droite*) d'origine 0. Tout vecteur $a \neq 0$ contenu dans une demi-droite ouverte (resp. fermée) Δ est dit *vecteur directeur* de Δ, et Δ est l'ensemble des vecteurs λa pour tous les scalaires $\lambda > 0$ (resp. $\lambda \geqslant 0$). Toute droite D passant par 0 contient exactement deux demi-droites ouvertes (resp. fermées) d'origine 0 ; si Δ est l'une d'elles, l'autre est $-\Delta$ (dite *opposée* de Δ).

Si maintenant F est un *espace affine* sur K, et E l'espace des translations de F, on appelle *demi-droite ouverte* (resp. *fermée*) *d'origine* $a \in$ F toute partie de F de la forme $\Delta = a + \Delta_0$, où Δ_0 est une demi-droite ouverte (resp. fermée) de E, qui est bien déterminée par la donnée de Δ (car, pour $b \neq a$ dans Δ, c'est la demi-droite de vecteur directeur $b - a$) et est appelée la *direction* de Δ ; un vecteur directeur de Δ_0 est aussi appelé *vecteur directeur de* Δ.

Supposons maintenant que E soit de dimension *finie n* sur K ; alors on sait (III,

p. 87, cor. 1) que la *puissance extérieure n-ième* $\bigwedge^n E$ est un espace vectoriel de dimension 1 sur K, donc réunion de deux demi-droites fermées opposées d'origine 0. On appelle ces demi-droites les *orientations sur* E ; l'espace E muni de la structure définie par la donnée d'une de ces demi-droites Δ est dit *orienté* ; un n-vecteur z est alors dit *positif* (resp. *négatif*) pour cette orientation s'il appartient à Δ (resp. à $-\Delta$) ; il est négatif (resp. positif) pour l'orientation opposée.

Une orientation d'un espace *affine* F sur K, de dimension finie, est par définition une orientation de l'espace des translations de F ; muni d'une telle orientation, F est appelé un *espace affine orienté*.

Soit E un espace vectoriel orienté sur K, de dimension n ; une base ordonnée $(a_i)_{1 \leqslant i \leqslant n}$ de E est dite *positive* ou *directe* (resp. *négative* ou *rétrograde*) si le n-vecteur $a_1 \wedge a_2 \wedge \dots \wedge a_n$ est positif (resp. négatif). Si u est un automorphisme de l'espace vectoriel E, on a $(\bigwedge^n u)(z) = \det(u).z$ pour tout $z \in \bigwedge^n E$, donc pour que $\bigwedge^n u$ laisse invariante l'orientation de E (ou comme on dit encore, pour que *u conserve l'orientation*) il faut et il suffit que $\det(u) > 0$; les automorphismes ayant cette propriété ne sont autres que les automorphismes de la structure d'*espace vectoriel orienté* de E ; ils forment un sous-groupe distingué $\mathbf{GL}^+(E)$ du groupe linéaire $\mathbf{GL}(E)$, qui est d'indice 2 dans ce dernier lorsque $E \neq 0$.

Lorsque $E = 0$, $\mathbf{GL}(E) = \mathrm{End}(E)$ est réduit à l'application identique 1_E et l'on a par définition $\det(1_E) = 1$. On notera que dans ce cas $\bigwedge^n E = \bigwedge^0 E = K$ par définition ; la demi-droite de K formée des scalaires $\geqslant 0$ est appelée l'orientation *canonique* de l'espace réduit à 0.

Soient M, N deux sous-espaces *supplémentaires* de dimensions p et $n - p$ respectivement dans un espace vectoriel E de dimension n ; si z' (resp. z'') est un vecteur $\neq 0$ de $\bigwedge^p M$ (resp. de $\bigwedge^{n-p} N$), $z' \wedge z''$ est un vecteur $\neq 0$ de $\bigwedge^n E$. Lorsqu'on s'est donné une orientation sur M et une orientation sur N, les vecteurs $z' \wedge z''$, pour z' et z'' positifs, forment une orientation de E, dite *orientation produit de l'orientation de* M *par l'orientation de* N (qui dépend de l'ordre des facteurs lorsque $p(n - p)$ est impair). Inversement, si l'on s'est donné des orientations sur E et sur M, il existe sur N une seule orientation telle que l'orientation donnée sur E soit produit de l'orientation donnée sur M et de cette orientation sur N (dans cet ordre) ; on dit que cette orientation est *supplémentaire* de l'orientation de M par rapport à celle de E. Si N′ est un second sous-espace supplémentaire de M, la projection canonique $N \to N'$ parallèlement à M transforme l'orientation supplémentaire de N en celle de N′. L'image de l'orientation supplémentaire de N par l'application canonique $N \to E/M$ ne dépend donc pas du supplémentaire choisi N ; on dit que, sur E/M, c'est l'orientation *quotient* de celle de E par celle de M.

Exercices

§ 1

1) Un monoïde ordonné non nécessairement commutatif M est un monoïde (noté multiplicativement) muni d'une structure d'ordre telle que la relation $x \leqslant y$ entraîne $zx \leqslant zy$ et $xz \leqslant yz$ pour tout $z \in \mathrm{M}$. Soit G un groupe ordonné non nécessairement commutatif. Montrer que :
a) Si P désigne l'ensemble des éléments supérieurs à l'élément neutre e de G, on a $\mathrm{P}.\mathrm{P} = \mathrm{P}$, $\mathrm{P} \cap \mathrm{P}^{-1} = \{e\}$, et $a\mathrm{P}a^{-1} = \mathrm{P}$ pour tout $a \in \mathrm{G}$. Réciproque. Condition pour que G soit totalement ordonné.
b) Si l'un des éléments $\sup(x, y)$, $\inf(x, y)$ existe, l'autre existe aussi et l'on a
$$\sup(x, y) = x(\inf(x, y))^{-1}y = y(\inf(x, y))^{-1}x.$$
c) Les éléments $\sup(x, e)$ et $\sup(x^{-1}, e)$ sont permutables. Deux éléments étrangers sont permutables.
d) Le sous-groupe G′ engendré par les éléments extrémaux de G est commutatif. En déduire que le th. 2 de VI, p. 17 est encore valable.

2) Soit E un ensemble réticulé sur lequel on se donne une loi de composition $(x, y) \mapsto xy$ (non nécessairement associative), telle que, pour tout $a \in \mathrm{E}$, les applications $x \mapsto ax$ et $x \mapsto xa$ soient des isomorphismes de l'ensemble ordonné E sur lui-même. On désigne par x_a (resp. ${}_ax$) l'élément de E défini par $(x_a)\, a = x$ (resp. $a({}_ax) = x$) et l'on suppose que pour tout $a \in \mathrm{E}$, $x \mapsto a_x$ et $x \mapsto {}_xa$ sont des isomorphismes de l'ensemble ordonné E sur E muni de l'ordre opposé. Dans ces conditions, montrer que l'on a, quels que soient x, y, z,
$$(z_{\inf(x,y)}).x = (z_y).\sup(x, y)\,.$$

3) Soit G un groupe ordonné tel que l'ensemble P des éléments positifs ne soit pas réduit à 0 ; montrer que G est un groupe infini, et ne peut avoir de plus grand (ni de plus petit) élément.

4) Soient G un groupe ordonné, P l'ensemble des éléments $\geqslant 0$ de G, f l'application canonique de G sur un *groupe quotient* G/H. Pour que $f(\mathrm{P})$ détermine sur G/H une structure de groupe ordonné, il faut et il suffit que $0 \leqslant y \leqslant x$ et $x \in \mathrm{H}$ entraînent $y \in \mathrm{H}$; on dit alors que H est un sous-groupe *isolé* de G, et G/H est considéré comme muni de cette structure de groupe ordonné. Si G est de plus réticulé, alors, pour que G/H soit réticulé et que l'on ait l'identité

$f(\sup(x, y)) = \sup(f(x), f(y))$, il faut et il suffit que les relations $|y| \leqslant |x|$ et $x \in \mathrm{H}$ entraînent $y \in \mathrm{H}$; montrer que ceci exprime que H est un sous-groupe isolé et filtrant. Montrer qu'un groupe réticulé G qui n'a d'autres sous-groupes isolés et filtrants que lui-même et $\{0\}$ est totalement ordonné (considérer les sous-groupes isolés et filtrants engendrés par deux éléments > 0 de G) ; * en déduire (TG, V, p. 16, exerc. 1) que G est alors isomorphe à un sous-groupe du groupe additif des nombres réels. *

5) Donner un exemple de groupe ordonné dont la relation d'ordre est non discrète, ayant des éléments $\neq 0$ d'ordre fini (prendre le quotient d'un groupe ordonné convenable par un sous-groupe H tel que $\mathrm{P} \cap \mathrm{H} = \{0\}$).

6) Soient G un groupe ordonné, P l'ensemble de ses éléments $\geqslant 0$. Montrer que $\mathrm{P} - \mathrm{P}$ est le plus grand sous-groupe filtrant de G, et que c'est un sous-groupe isolé. Quelle est la relation d'ordre sur le groupe quotient ?

7) Si, sur le groupe **Z**, on prend pour ensemble P des éléments positifs l'ensemble composé de 0 et des entiers $\geqslant 2$, le groupe ordonné obtenu est filtrant, mais non réticulé (montrer que l'ensemble des x tels que $x \geqslant 0$ et $x \geqslant 1$ a deux éléments minimaux distincts).

8) Soit x un élément d'un groupe ordonné tel que $y = \inf(x, 0)$ soit défini ; alors, si n est un entier > 0, $nx \geqslant 0$ entraîne $x \geqslant 0$ (on a

$$ny = \inf(nx, (n-1)x, \ldots, 0) \geqslant \inf((n-1)x, \ldots, 0) = (n-1)y);$$

par suite $nx = 0$ entraîne $x = 0$.

9) Dans un groupe réticulé G, montrer que la somme d'une famille (H_α) de sous-groupe isolés et filtrants est un sous-groupe isolé et filtrant (utiliser VI, p. 11, cor.).

10) Montrer que, dans un groupe réticulé G, on a, pour toute suite finie (x_i) $(1 \leqslant i \leqslant n)$ d'éléments de G,

$$\sup(x_i) = \sum_i x_i - \sum_{i<j} \inf(x_i, x_j) + \cdots + (-1)^{p+1} \sum_{i_1 < i_2 < \ldots < i_p} \inf(x_{i_1}, \ldots, x_{i_p}) + \\ + \cdots + (-1)^{n+1} \inf(x_1, \ldots, x_n).$$

(Raisonner par récurrence à partir de la prop. 7 (VI, p. 10), en utilisant la distributivité de sup par rapport à inf.)

11) Soit (x_i) une famille de n éléments d'un groupe réticulé G ; pour tout entier k tel que $0 \leqslant k \leqslant n$, on désigne par d_k (resp. m_k) la borne inférieure (resp. supérieure) des $\binom{n}{k}$ sommes de k termes x_i d'indices distincts. Montrer que $d_k + m_{n-k} = x_1 + x_2 + \cdots + x_n$.

12) Étant donné un groupe réticulé G, on dit qu'un sous-groupe H de G est *coréticulé* si, pour tout couple d'éléments x, y de H, $\sup_{\mathrm{G}}(x, y) \in \mathrm{H}$ (et est donc égal à $\sup_{\mathrm{H}}(x, y)$).
a) Si $\mathrm{G} = \mathbf{Q} \times \mathbf{Q} \times \mathbf{Q}$ (**Q** étant ordonné par l'ordre usuel), le sous-groupe H des (x, y, z) tels que $z = x + y$ est réticulé, mais non coréticulé.
b) Tout sous-groupe isolé (exerc. 4) et filtrant H d'un groupe réticulé G est coréticulé.
c) Soient G un groupe réticulé, H un sous-groupe quelconque de G, H′ l'ensemble des bornes inférieures des parties finies de H, et H″ l'ensemble des bornes supérieures des parties finies de H′. Montrer que H″ est le plus petit sous-groupe coréticulé de G contenant H (utiliser la remarque de VI, p. 16).

13) *a*) On dit qu'un monoïde M est *semi-réticulé inférieurement* (ou *semi-réticulé* pour simplifier), si c'est un monoïde ordonné, si $\inf(x, y)$ existe pour tout couple d'éléments x, y de M, et si l'on a

$$\inf(x + z, y + z) = \inf(x, y) + z$$

quels que soient x, y, z dans M. Démontrer qu'on a alors les identités :

$$\inf(x, z) + \inf(y, z) = \inf(x + y, z + \inf(x, y, z))$$

$$\inf(x, y, z) + \inf(x + y, y + z, z + x) = \inf(x, y) + \inf(y, z) + \inf(z, x) .$$

Déduire de la première de ces relations que $x \leqslant z$ et $y \leqslant z$ entraînent $x + y \leqslant z + \inf(x, y)$.

Montrer que la prop. 11 et ses corollaires (VI, p. 14) sont valables dans un monoïde semi-réticulé.

b) Soient M un monoïde semi-réticulé, N un sous-monoïde de M tel que $\inf_M(x, y) = \inf_N(x, y)$ pour x, y dans N et que les éléments de N soient *symétrisables* dans M. Montrer que le sous-groupe G de M formé des éléments $x - y$, pour x, y dans N, est réticulé.

14) Montrer que, dans un monoïde semi-réticulé M, on a

$$\inf(x_i + y_i) \geqslant \inf(x_i) + \inf(y_i)$$

quelles que soient les suites finies de n termes (x_i), (y_i). En déduire que, dans un groupe réticulé, on a les inégalités

$$(x + y)^+ \leqslant x^+ + y^+, \quad |x^+ - y^+| \leqslant |x - y| .$$

15) Montrer que, dans un groupe réticulé, on a

$$|x^+ - y^+| + |x^- - y^-| = |x - y|$$

(remarquer que $x - y \leqslant |x - y|$ et $|x| - |y| \leqslant |x - y|$).

16) Montrer que, dans un monoïde semi-réticulé, on a

$$n.\inf(x, y) + \inf(nx, ny) = 2n.\inf(x, y)$$

(*cf.* exerc. 8). En déduire que $\inf(nx, ny) = n.\inf(x, y)$ si $\inf(x, y)$ est un élément régulier.

17) Soit M un monoïde semi-réticulé et soient x, y, z, t quatre éléments de M tels que $z \geqslant 0$ et $t \geqslant 0$. Démontrer l'inégalité

$$\inf(x + z, y + t) + \inf(x, y) \geqslant \inf(x + z, y) + \inf(x, y + t) .$$

18) Soit $(G_\iota)_{\iota \in I}$ une famille de groupes totalement ordonnés indexée par un ensemble totalement ordonné I ; on définit sur le groupe G′ *somme directe* des G_ι une structure de groupe ordonné en prenant comme éléments > 0 de G′ les (x_ι) non nuls tels que, pour le plus petit indice ι pour lequel $x_\iota \neq 0$, on ait $x_\iota > 0$. Montrer que, muni de cette structure, G′ est un groupe totalement ordonné.

19) Soient G un groupe additif, (P_α) une famille non vide de parties de G telles que l'on ait $P_\alpha + P_\alpha \subset P_\alpha$ et $P_\alpha \cap (-P_\alpha) = \{0\}$; soit G_α le groupe ordonné obtenu en munissant G de la structure d'ordre pour laquelle P_α est l'ensemble des éléments positifs. On pose $P = \bigcap_\alpha P_\alpha$; montrer que l'on a $P + P \subset P$ et $P \cap (-P) = \{0\}$; si H est le groupe ordonné obtenu en munissant G de la structure d'ordre pour laquelle P est l'ensemble des éléments positifs, montrer que H est isomorphe à la diagonale du produit des G_α.

¶ 20) Soit G un groupe additif, et soit P une partie de G satisfaisant aux conditions : 1° $P + P = P$; 2° $P \cap (-P) = \{0\}$; 3° pour tout entier $n > 0$, $nx \in P$ entraîne $x \in P$ (conditions (C)).

a) Si a est un élément de G tel que $a \notin P$, montrer qu'il existe une partie P′ de G, satisfaisant à (C), et telle que $P \subset P'$ et $-a \in P'$ (on prendra pour P′ l'ensemble des $x \in G$ tels qu'il existe deux entiers $m > 0$, $n \geqslant 0$ et un élément $y \in P$ satisfaisant à $mx = -na + y$).

b) Déduire de *a*) que P est l'intersection des parties T de G telles que $T + T = T$, $T \cap (-T) = \{0\}$, $T \cup (-T) = G$ (c'est-à-dire définissant sur G une structure de groupe *totalement ordonné*) et contenant P (utiliser le th. de Zorn).

c) En particulier si G est un groupe additif dont tous les éléments $\neq 0$ sont d'ordre infini, l'intersection des parties T de G telles que $T + T = T$, $T \cap (-T) = \{0\}$, $T \cup (-T) = G$, est réduite à 0.

¶ 21) On dit qu'un groupe ordonné est *réticulable* s'il est isomorphe à un sous-groupe d'un groupe réticulé. Montrer que, pour qu'un groupe G soit réticulable, il faut et il suffit que, pour tout entier $n > 0$, la relation $nx \geqslant 0$ entraîne $x \geqslant 0$ (pour montrer que la condition est suffisante, utiliser les exerc. 20, *b*) et 19). Montrer que tout groupe réticulable est isomorphe à un sous-groupe d'un produit de groupes totalement ordonnés.

22) Soient G un groupe réticulable (considéré comme **Z**-module) et E l'espace vectoriel $G_{(\mathbf{Q})}$ (II, p. 81); montrer que l'on peut définir sur le groupe additif sous-jacent de E une structure d'ordre et une seule, compatible avec la structure de groupe de E, induisant sur G la structure d'ordre donnée et pour laquelle E est réticulable.

23) Soit G le groupe réticulé $\mathbf{Z} \times \mathbf{Z}$ (**Z** étant muni de l'ordre usuel) et H le sous-groupe isolé de G engendré par $(2, -3)$; montrer que le groupe ordonné G/H n'est pas réticulable (*cf.* VI, p. 29, exerc. 4).

24) Soient A un anneau commutatif et I l'ensemble de tous les *idéaux* de A. Pour $\mathfrak{a}$, $\mathfrak{b}$, $\mathfrak{c}$ dans I, on a d'après I, p. 102, la relation $\mathfrak{a}(\mathfrak{b} + \mathfrak{c}) = \mathfrak{ab} + \mathfrak{ac}$; en d'autres termes, I, muni de la relation d'ordre $\mathfrak{a} \supset \mathfrak{b}$, et de la loi de composition $(\mathfrak{a}, \mathfrak{b}) \mapsto \mathfrak{ab}$, est un *monoïde semi-réticulé* (VI, p. 30, exerc. 13), la borne supérieure de deux éléments $\mathfrak{a}$, $\mathfrak{b}$ de I étant $\mathfrak{a} \cap \mathfrak{b}$, et leur borne inférieure $\mathfrak{a} + \mathfrak{b}$.

a) Soient K un corps, $A = K[X, Y]$ l'anneau des polynômes à 2 indéterminées sur K. Dans A, on considère les idéaux principaux $\mathfrak{a} = (X)$, $\mathfrak{b} = (Y)$, $\mathfrak{c} = (X + Y)$; montrer qu'on a

$$(\mathfrak{a} \cap \mathfrak{b}) + \mathfrak{c} \neq (\mathfrak{a} + \mathfrak{c}) \cap (\mathfrak{b} + \mathfrak{c}),$$
$$(\mathfrak{a} + \mathfrak{b}) \cap \mathfrak{c} \neq (\mathfrak{a} \cap \mathfrak{c}) + (\mathfrak{b} \cap \mathfrak{c}),$$
$$(\mathfrak{a} \cap \mathfrak{b})(\mathfrak{a} + \mathfrak{b}) \neq (\mathfrak{a}(\mathfrak{a} + \mathfrak{b})) \cap (\mathfrak{b}(\mathfrak{a} + \mathfrak{b})).$$

b) Dans l'anneau A, 1 est un pgcd de X et Y, mais $(X) + (Y) \neq A$.

¶ 25) Soit I le monoïde semi-réticulé des idéaux d'un anneau commutatif A (exerc. 24). Pour qu'un système de congruences en nombre fini $x \equiv a_i \ (\mathfrak{a}_i)$ admette une solution chaque fois que deux quelconques d'entre elles ont une solution commune (c'est-à-dire que l'on a

$$a_i \equiv a_j (\mathfrak{a}_i + \mathfrak{a}_j)$$

pour tout couple d'indices i, j), il faut et il suffit que, dans I, chacune des lois

$$(\mathfrak{a}, \mathfrak{b}) \mapsto \mathfrak{a} \cap \mathfrak{b}, \quad (\mathfrak{a}, \mathfrak{b}) \mapsto \mathfrak{a} + \mathfrak{b},$$

soit distributive par rapport à l'autre (« *théorème chinois* »). On pourra procéder de la façon suivante :

a) Si l'on a $(\mathfrak{a}_1 \cap \mathfrak{a}_2) + (\mathfrak{a}_1 \cap \mathfrak{a}_3) = \mathfrak{a}_1 \cap (\mathfrak{a}_2 + \mathfrak{a}_3)$ et si deux quelconques des trois congruences $x \equiv a_i(\mathfrak{a}_i)$ $(i = 1, 2, 3)$ admettent une solution commune, alors les trois congruences ont une solution commune (soit x_{12} une solution commune de $x \equiv a_1(\mathfrak{a}_1)$ et $x \equiv a_2(\mathfrak{a}_2)$, x_{13} une solution commune de $x \equiv a_1(\mathfrak{a}_1)$ et $x \equiv a_3(\mathfrak{a}_3)$; montrer que les congruences $x \equiv x_{12}(\mathfrak{a}_1 \cap \mathfrak{a}_2)$ et $x \equiv x_{13}(\mathfrak{a}_1 \cap \mathfrak{a}_3)$ ont une solution commune).

b) Si tout système de trois congruences, telles que deux quelconques d'entre elles aient une solution commune, admet une solution commune, montrer qu'on a les formules de distributivité

$$\mathfrak{a} + (\mathfrak{b} \cap \mathfrak{c}) = (\mathfrak{a} + \mathfrak{b}) \cap (\mathfrak{a} + \mathfrak{c}), \quad \text{et} \quad \mathfrak{a} \cap (\mathfrak{b} + \mathfrak{c}) = (\mathfrak{a} \cap \mathfrak{b}) + (\mathfrak{a} \cap \mathfrak{c}).$$

(Pour la première, remarquer que pour tout $x \in (\mathfrak{a} + \mathfrak{b}) \cap (\mathfrak{a} + \mathfrak{c})$, il existe y tel que $y \in \mathfrak{b} \cap \mathfrak{c}$ et $y \equiv x(\mathfrak{a})$; pour la seconde, remarquer que, pour tout $x \in \mathfrak{a} \cap (\mathfrak{b} + \mathfrak{c})$, il existe $y \in \mathfrak{a} \cap \mathfrak{b}$ tel que $y \equiv x(\mathfrak{c})$.) On notera que, en vertu de *a*) et *b*), la seconde formule de distributivité entraîne la première (*cf.* E, III, p. 72, exerc. 16).

c) Démontrer le « théorème chinois » par récurrence sur le nombre des congruences considérées, par une méthode analogue à celle de *a*).

d) * Traduction dans le cas des anneaux principaux. *

26) Montrer que, dans le monoïde des idéaux de l'anneau de polynômes K[X, Y] (K étant un corps commutatif), l'idéal (X) satisfait à la condition (P) de la prop. 14 de VI, p. 16 mais n'est pas maximal.

27) Soit A l'algèbre quadratique sur **Z** ayant pour base $(1, e)$, avec $e^2 = -5$. Montrer que A est un anneau intègre ; dans cet anneau on a $9 = 3.3 = (2+e)(2-e)$; montrer que $3, 2+e, 2-e$ sont éléments extrémaux de A, mais ne satisfont pas à la condition de la prop. 14 (DIV) de VI, p. 17.

¶ 28) Soient G un groupe réticulé, P l'ensemble des éléments $\geqslant 0$ de G. On dit que deux éléments x, y de P sont *équivalents* si tout élément étranger à l'un est étranger à l'autre ; les classes d'équivalence suivant cette relation sont appelées les *filets* de P ; on note $\bar{x}$ le filet contenant x.

a) Soient $\bar{a}$ et $\bar{b}$ deux filets ; soient x, x_1 deux éléments de $\bar{a}$, y et y_1 deux éléments de $\bar{b}$; montrer que, si tout élément étranger à x est étranger à y, alors tout élément étranger à x_1 est étranger à y_1. On définit ainsi une relation entre $\bar{a}$ et $\bar{b}$, qu'on note $\bar{a} \geqslant \bar{b}$; montrer que c'est une relation d'ordre sur l'ensemble F des filets.

b) Montrer que, pour la relation d'ordre ainsi définie, F est réticulé et que l'on a

$$\inf(\bar{a}, \bar{b}) = \overline{\inf(a, b)}, \quad \sup(\bar{a}, \bar{b}) = \overline{\sup(a, b)} = \overline{a + b}$$

(utiliser le cor. 3 de VI, p. 14). Montrer que F a pour plus petit élément le filet $\bar{0} = \{0\}$.

c) On dit que deux filets $\bar{a}$, $\bar{b}$ sont étrangers si $\inf(\bar{a}, \bar{b}) = \bar{0}$. Montrer que si $\bar{a}$ et $\bar{b}$ sont deux filets $\neq \bar{0}$ et si $\bar{a} < \bar{b}$, il existe un filet $\bar{c} \neq \bar{0}$, étranger à $\bar{a}$ et tel que $\bar{c} < \bar{b}$.

d) On dit qu'un filet $\bar{m} \neq \bar{0}$ est extrémal si c'est un élément minimal de l'ensemble des filets $\neq \bar{0}$. Montrer qu'un filet extrémal $\bar{m}$ est totalement ordonné (si a et b sont deux éléments de $\bar{m}$, considérer les filets auxquels appartiennent $a - \inf(a, b)$ et $b - \inf(a, b)$ et utiliser *b*)). Montrer en outre que la réunion de $\bar{m}$, de $-\bar{m}$ et de $\{0\}$ est un sous-groupe totalement ordonné $H(\bar{m})$ de G.

e) Étant donnée une famille $(\bar{m}_\iota)$ de filets extrémaux distincts de G, montrer que le sous-groupe H engendré par la réunion des $\bar{m}_\iota$ est isomorphe à la somme directe des groupes $H(\bar{m}_\iota)$ (se ramener à une famille finie, et procéder par récurrence).

f) Montrer que, dans un produit (resp. une somme directe) de groupes totalement ordonnés non réduits à l'élément neutre, les éléments des filets extémaux sont ceux dont toutes les coordonnées sont nulles, à l'exception d'une seule (qui est > 0). En déduire qu'un groupe ordonné ne peut être que d'une seule manière produit (resp. somme directe) de groupes totalement ordonnés non réduits à 0 (c'est-à-dire que les facteurs sont uniquement déterminés).

29) On dit qu'un groupe ordonné G est *complètement réticulé* s'il est filtrant et si toute partie majorée non vide de G admet une borne supérieure dans G. On dit qu'un monoïde semi-réticulé inférieurement M est *complètement semi-réticulé* si, pour toute famille minorée non vide (x_α) d'éléments de M, $\inf\limits_\alpha (x_\alpha)$ existe, et si l'on a

$$\inf_{\alpha,\beta} (x_\alpha + y_\beta) = \inf_\alpha (x_\alpha) + \inf_\beta (y_\beta)$$

pour deux familles minorées non vides (x_α), (y_β). Un groupe complètement réticulé est un monoïde complètement semi-réticulé.

a) Montrer que, pour qu'un groupe filtrant G soit complètement réticulé, il faut et il suffit que toute partie non vide de l'ensemble P des éléments $\geqslant 0$ de G admette une borne inférieure dans P.

b) Tout produit de groupes complètement réticulés est complètement réticulé.

c) Tout sous-groupe isolé et filtrant d'un groupe complètement réticulé est complètement réticulé.

¶ 30) Soit G un groupe ordonné. Pour toute partie A de G, on note $m(A)$ (resp. $M(A)$) l'ensemble des minorants (resp. majorants) de A dans G ; on a $m(A) = -M(-A)$.

a) La relation $A \subset B$ entraîne $m(B) \subset m(A)$ et $M(m(A)) \subset M(m(B))$.
b) On a $A \subset M(m(A))$ et $M(m(M(A))) = M(A)$.
c) Si (A_ι) est une famille quelconque de parties de G, on a $m(\bigcup_\iota A_\iota) = \bigcap_\iota m(A_\iota)$.

d) Tout ensemble M(B), où B est une partie majorée et non vide de G est appelé un ensemble *majeur* dans G. Pour toute partie minorée non vide A de G, $M(m(A))$ est le plus petit ensemble majeur contenant A ; on le note $\langle A \rangle$; si $A \subset B$, on a $\langle A \rangle \subset \langle B \rangle$; si A admet une borne inférieure a dans G, on a $\langle A \rangle = M(a)$, ensemble qu'on note encore $\langle a \rangle$.

e) Si A et B sont deux parties minorées non vides de G, on a $\langle A + B \rangle = \langle \langle A \rangle + B \rangle$. En déduire que, dans l'ensemble $\mathfrak{M}(G)$ des ensembles majeurs de G, l'application $(A, B) \mapsto \langle A + B \rangle$ est une loi de composition associative et commutative, pour laquelle $\langle 0 \rangle = P$ est élément neutre, que la relation d'ordre $A \supset B$ est compatible avec cette loi de composition, et que $\mathfrak{M}(G)$, pour ces structures, est un monoïde complètement semi-réticulé (exerc. 29) si G est filtrant. En outre l'application $x \mapsto \langle x \rangle$ de G dans $\mathfrak{M}(G)$ est un isomorphisme du groupe ordonné G sur un sous-groupe du monoïde $\mathfrak{M}(G)$.
f) Si un élément A de $\mathfrak{M}(G)$ est symétrisable pour la loi de composition de ce monoïde, son symétrique est $M(-A) = -m(A)$ (remarquer que, si B est symétrique de A, on a les relations $B \subset M(-A)$, et $A + M(-A) \subset \langle 0 \rangle$, d'où $\langle A + B \rangle = \langle A + M(-A) \rangle$).
g) Pour qu'un élément A de $\mathfrak{M}(G)$ soit symétrisable, il faut et il suffit que $x + A \subset A$ entraîne $x \geqslant 0$ (exprimer que $0 \in \langle A + M(-A) \rangle$).

¶ 31) On dit qu'un groupe ordonné G est *archimédien* si les seuls éléments $x \in G$ tels que l'ensemble des nx (n entier > 0) soit minoré, sont les éléments positifs de G.
a) Pour que le monoïde $\mathfrak{M}(G)$ des ensembles majeurs d'un groupe ordonné G soit un groupe, il faut et il suffit que G soit archimédien (utiliser l'exerc. 30, *g*) et *d*)). Si en outre G est filtrant, $\mathfrak{M}(G)$ est alors un groupe complètement réticulé.
b) En déduire que, pour qu'un groupe ordonné filtrant G soit isomorphe à un sous-groupe d'un groupe complètement réticulé, il faut et il suffit que G soit archimédien.

¶ 32) *a*) Soient G un groupe complètement réticulé, et H un sous-groupe de G. Pour tout ensemble majeur A *du groupe* H, on note x_A la borne inférieure de A *dans* G ; montrer que l'application $A \mapsto x_A$ de $\mathfrak{M}(H)$ dans G est injective (établir que A est l'ensemble des $y \in H$ tels que $y \geqslant x_A$).
b) Pour toute partie B de H, minorée dans H, on désigne par $\langle B \rangle$ l'ensemble majeur engendré par B *dans* H (élément de $\mathfrak{M}(H)$). Si, pour toute partie B de H, minorée dans H, on a l'égalité $\inf B = \inf \langle B \rangle$ (bornes inférieures prises dans G), montrer que l'application $A \mapsto x_A$ est un isomorphisme du groupe ordonné $\mathfrak{M}(H)$ sur un sous-groupe de G (*cf.* exerc. 30, *e*)).
c) Si tout élément de G est borne inférieure d'une partie de H, montrer que, pour toute partie B de H, minorée dans H, on a $\inf B = \inf \langle B \rangle$ (bornes inférieures prises dans G). (Remarquer que cette relation est vraie si $\inf B \in H$; dans le cas général, considérer un élément $x \in G$ tel que $x + \inf B \in H$, exprimer que x est borne inférieure d'une partie de H et utiliser l'exerc. 30, *e*).)
d) * Soit G le groupe complètement réticulé $\mathbf{Z} \times \mathbf{Z} \times \mathbf{R}$. Soit θ un nombre irrationnel > 0 ; soit H le sous-groupe des (x, y, z) tels que $\theta(z - x) + y = 0$. Montrer qu'il n'existe *aucun* isomorphisme du groupe ordonné $\mathfrak{M}(H)$ sur un sous-groupe de G, se réduisant à l'application identique dans H (remarquer que $\mathfrak{M}(H)$ est isomorphe à $K = \mathbf{Z} \times \mathbf{R}$; considérer dans K le sous-groupe des u tels que, pour tout entier $n > 0$, il existe $v \in K$ tel que $nv = u$, et le sous-groupe analogue de G). *

33) *a*) Pour qu'un groupe totalement ordonné G soit archimédien, il faut et il suffit que, pour tout couple d'éléments $x > 0$, $y > 0$, de G, il existe un entier $n > 0$ tel que $y \leqslant nx$.
* *b*) Tout groupe archimédien totalement ordonné et complètement réticulé G est isomorphe à $\{0\}$, $\mathbf{Z}$ ou $\mathbf{R}$ (en écartant les deux premiers cas, on prend $a > 0$ dans G, et on fait correspondre à tout $x \in G$ la borne inférieure des nombres rationnels p/q tels que $qx \leqslant pa$).
c) En déduire que tout groupe totalement ordonné archimédien est isomorphe à un sous-groupe de $\mathbf{R}$ (remarquer que $\mathfrak{M}(G)$ est totalement ordonné). *
d) Le produit lexicographique $\mathbf{Z} \times \mathbf{Z}$ est totalement ordonné et n'est pas archimédien.

34) Soit $G = \mathbf{Z}^{\mathbf{N}}$ le produit d'une famille dénombrable de groupes totalement ordonnés $\mathbf{Z}$, $H = \mathbf{Z}^{(\mathbf{N})}$ le sous-groupe isolé et filtrant de G, somme directe des facteurs de G. Montrer que le groupe réticulé G/H (VI, p. 29, exerc. 4) n'est pas archimédien, bien que G et H soient complètement réticulés.

¶ 35) Dans un groupe ordonné G, on dit qu'un ensemble majeur A est de *type fini* s'il existe un ensemble fini F tel que $A = \langle F \rangle$. On dit que G est *semi-archimédien* si tout ensemble majeur de type fini est symétrisable dans le monoïde $\mathfrak{M}(G)$. Tout groupe réticulé (resp. archimédien) est semi-archimédien (exerc. 31, *a*)).

a) Montrer que tout groupe filtrant semi-archimédien est réticulable (si $nx \geqslant 0$, considérer l'ensemble majeur $\langle F \rangle$ où $F = \{0, x, \ldots, (n-1)x\}$, et exprimer qu'il est symétrisable en utilisant l'exerc. 30, *g*)).

b) * Soient K le produit lexicographique $\mathbf{R} \times \mathbf{R}$, et G le groupe produit (usuel) $K \times \mathbf{R}$. Soient θ un nombre irrationnel tel que $0 < \theta < 1$, et H le sous-groupe de G engendré par $((1, 0), 0)$, $((\theta, 0), \theta)$ et $((0, x), 0)$, où x parcourt $\mathbf{R}$. Montrer que H, sous-groupe du produit de deux groupes totalement ordonnés, n'est pas semi-archimédien (considérer l'ensemble majeur engendré par les deux éléments $((1, 0), 0)$ et $((\theta, 0), \theta)$ de H et montrer qu'il n'est pas symétrisable). *

c) Soit G un groupe filtrant semi-archimédien ; montrer que la partie stable de $\mathfrak{M}(G)$ engendrée par les ensembles majeurs de type fini et leurs symétriques est un *groupe réticulé* (*cf.* VI, p. 31, exerc. 13, *b*)).

d) * Soient θ un nombre irrationnel > 0, G le groupe $\mathbf{Z} \times \mathbf{Z}$, où l'on prend pour ensemble P des éléments positifs l'ensemble des (x, y) tels que $x \geqslant 0$ et $y \geqslant \theta x$. Montrer que G est un groupe archimédien, mais que le symétrique, dans $\mathfrak{M}(G)$, d'un ensemble majeur de type fini qui n'est pas de la forme $\langle a \rangle$, n'est pas de type fini. *

36) Soient G un groupe ordonné filtrant, P l'ensemble des éléments $\geqslant 0$ dans G. Pour que G soit isomorphe à un groupe $\mathbf{Z}^{(\mathrm{I})}$, il faut et il suffit qu'il existe une application $x \mapsto d(x)$ de P dans $\mathbf{N}$ telle que, si l'on n'a pas $b \geqslant a$, il existe dans l'ensemble majeur $\langle a, b \rangle$ un élément c tel que $d(c) < d(a)$. (Montrer que cette condition est vérifiée dans $\mathbf{Z}^{(\mathrm{I})}$ par $d((x_\iota)) = \sum_\iota x_\iota$ (pour $x_\iota \geqslant 0$ pour tout ι). Inversement, si la condition est vérifiée, montrer que tout ensemble majeur $A \subset P$ est de la forme $\langle a \rangle$, en considérant dans A un élément a tel que $d(a) \leqslant d(x)$ pour tout $x \in A$. Appliquer ensuite le th. 2 de VI, p. 17.)

§ 2

Tous les anneaux considérés sont supposés *commutatifs* sauf mention expresse du contraire.

1) Soient A un anneau totalement ordonné, B un sous-groupe additif de A stable par multiplication.

a) On dit qu'un élément $x \in A$ est *infiniment grand par rapport à* B si $|y| < |x|$ pour tout $y \in B$. Montrer que l'ensemble F(B) des éléments de A qui ne sont pas infiniment grands par rapport à B est un sous-anneau de A contenant B.

b) On dit qu'un élément $x \in A$ est *infiniment petit par rapport à* B si, pour tout $y \in B$ tel que $y > 0$, on a $|x| < y$. Si, pour tout $y \in B$ tel que $y > 0$, il existe $z \in B$ tel que $0 < z < y$, l'ensemble des éléments de A infiniment petits par rapport à B est un sous-pseudo-anneau I(B) de A. Si en outre, pour tout couple d'éléments y, z de B tels que $0 < y < z$, il existe $x \in B$ tel que $0 < xz < y$, alors I(B) est un *idéal* dans l'anneau F(B).

2) Soient A un anneau totalement ordonné, $\mathfrak{n}$ l'ensemble des éléments nilpotents de A (qui est un idéal de A). Tout élément de A n'appartenant pas à $\mathfrak{n}$ est infiniment grand par rapport à $\mathfrak{n}$; l'anneau quotient $A/\mathfrak{n}$ est totalement ordonné (VI, p. 29, exerc. 4) et c'est un anneau intègre.

3) Dans le corps $\mathbf{Q}$, soit P l'ensemble formé de 0 et des nombres rationnels $\geqslant 1$ (pour l'ordre usuel). Montrer que P satisfait aux axiomes (AP_I), (AP_{II}) et (AP_{III}).

¶ 4) *a*) Soient K un corps, P une partie de K satisfaisant aux conditions (AP_I), (AP_{II}) et (AP_{III}) et telle que $K^2 \subset P$ (K^2 désignant l'ensemble des carrés des éléments de K) ; montrer que si $x > 0$ pour la structure d'ordre définie par P, on a $x^{-1} > 0$; en déduire que l'ensemble K_+^* des éléments > 0 de K est un sous-groupe du groupe multiplicatif de K.
b) Dans le corps **Q**, le seul ensemble P satisfaisant aux conditions de *a*) est celui des nombres rationnels $\geqslant 0$ (pour l'ordre usuel).
c) * Soit P une partie de K satisfaisant à (AP_I), (AP_{II}), (AP_{III}), telle que $1 \in P$ et que, pour l'ordre défini par P, $x > 0$ entraîne $x^{-1} > 0$. Montrer que, pour y et z positifs, $y^2 \geqslant z^2$ entraîne $y \geqslant z$. En déduire que, si y est un élément > 0 quelconque, on a

$$\tfrac{1}{2}(y + y^{-1}) \geqslant 1 - n^{-1}$$

pour tout entier $n > 0$ (remarquer que l'on a $(y + y^{-1})^{2m} \geqslant \binom{2m}{m}$ pour tout entier $m > 0$).
En déduire que, si la structure de groupe additif ordonné définie par P sur K est *archimédienne* (VI, p. 34, exerc. 31), on a $(y - z)^2 \geqslant 0$ pour tout couple d'éléments y, z de P ; si K' est le sous-corps de K engendré par P, on a $x^2 \geqslant 0$ pour tout $x \in K'$. *
d) * Soit $K = \mathbf{R}(X)$ le corps des fractions rationnelles à une indéterminée sur **R** ; soit P l'ensemble formé de 0 et des fractions rationnelles $u \in K$ telles que, pour tout nombre réel t, $u(t)$ soit défini et > 0. Montrer que P satisfait aux conditions de *c*) et engendre K, mais qu'il existe des éléments $v \in K$ tels que $v^2 \notin P$. *

¶ 5) Soit A un anneau ordonné *réticulé*. On dit qu'un idéal *isolé* (VI, p. 29, exerc. 4) de A est *irréductible* s'il n'est pas intersection de deux idéaux *isolés* distincts de lui-même.
a) Montrer que dans A, l'intersection des idéaux isolés irréductibles est réduite à 0 (si $a \in A$ n'est pas nul, considérer un idéal isolé maximal parmi ceux qui ne contiennent pas a). En déduire que A est isomorphe à un sous-anneau A' d'un produit $\prod_\iota A_\iota$, tel que $pr_\iota(A') = A_\iota$ pour tout ι, A_ι est réticulé et l'idéal $\{0\}$ est irréductible dans A_ι (en tant qu'idéal isolé) pour tout ι.
b) Montrer que dans A les conditions suivantes sont équivalentes :
α) $|xy| = |x| . |y|$ quels que soient x, y ;
β) $x . \sup(y, z) = \sup(xy, xz)$ quels que soient $x \geqslant 0$, y et z ;
γ) $x . \inf(y, z) = \inf(xy, xz)$ quels que soient $x \geqslant 0$, y et z ;
δ) la relation $\inf(y, z) = 0$ implique $\inf(xy, z) = 0$ pour tout $x \geqslant 0$.
(Pour voir que γ) implique δ), observer que $xy \leqslant y (\sup(x, 1))$.)
Lorsque ces conditions sont satisfaites, on dit que A est *fortement réticulé*.
c) Montrer que pour qu'un anneau A soit fortement réticulé, il faut et il suffit qu'il soit isomorphe à un sous-anneau d'un produit $\prod_\iota A_\iota$ d'anneaux totalement ordonnés. (Utilisant *a*), se ramener à prouver que si $\{0\}$ est irréductible dans un anneau fortement réticulé A, A est totalement ordonné ; pour cela, noter que si B est un anneau fortement réticulé, pour tout $b \in B$, l'ensemble $\mathfrak{m}$ des $x \in B$ tels que $\inf(|x|, |b|) = 0$ et l'ensemble $\mathfrak{n}$ des $y \in B$ tels qu'il existe $z \in B$ pour lequel $|y| \leqslant |zb|$, sont des idéaux isolés tels que $\mathfrak{m} \cap \mathfrak{n} = \{0\}$.)
d) Montrer que dans un anneau fortement réticulé A, la relation $\inf(x, y) = 0$ implique $xy = 0$; pour tout $z \in A$, on a $z^2 \geqslant 0$; quels que soient x, y dans A, on a $xy \leqslant \sup(x^2, y^2)$.
e) Soit A un anneau réticulé sans élément nilpotent > 0 ; montrer que si la relation $\inf(x, y) = 0$ entraîne $xy = 0$, A est fortement réticulé (vérifier la condition δ) de *b*)).

¶ 6) *a*) Soit K un corps muni d'une structure d'ordre *réticulée* compatible avec sa structure d'*anneau*. Montrer que les conditions suivantes sont équivalentes :
α) On a $x^2 \geqslant 0$ pour tout $x \in K$.
β) La relation $x > 0$ entraîne $x^{-1} > 0$.
γ) K est fortement réticulé (exerc. 5).
δ) K est totalement ordonné.
(Pour voir que β) entraîne δ), remarquer que β) entraîne l'inégalité $xy \leqslant x^2 + y^2$ pour deux éléments $x \geqslant 0$, $y \geqslant 0$ de K.)

b) Soit K le corps $\mathbf{Q}(\sqrt{2})$ obtenu en adjoignant $\sqrt{2}$ au corps des nombres rationnels ; K est identifié à $\mathbf{Q} \times \mathbf{Q}$ en tant que groupe additif, par la bijection $x + y\sqrt{2} \mapsto (x, y)$; montrer que si on transporte à K par cette bijection l'ordre *produit* sur $\mathbf{Q} \times \mathbf{Q}$ ($\mathbf{Q}$ étant muni de sa structure d'ordre usuelle), on obtient sur K une structure d'ordre réticulée compatible avec sa structure d'anneau, mais non fortement réticulée.
c) Le corps $K = \mathbf{Q}(X)$ des fractions rationnelles à une indéterminée sur $\mathbf{Q}$ est engendré par l'ensemble K^2 de ses carrés. Montrer que l'ensemble P des sommes de carrés d'éléments de K définit une structure d'ordre non réticulée compatible avec la structure d'anneau de K et pour laquelle $u > 0$ entraîne $u^{-1} > 0$.

7) Dans un corps commutatif K de caractéristique $\neq 2$, pour que tout élément soit une somme de carrés, il faut et il suffit que -1 soit somme de carrés (remarquer que tout élément de K est différence de deux carrés).

¶ 8) Soit A une partie non vide d'un corps commutatif K de caractéristique $\neq 2$; on dit que K est *A-ordonnable* si aucun des éléments de A n'est somme de carrés dans K. On dit que K est *ordonnable* s'il existe sur K une structure d'ordre total compatible avec la structure d'anneau de K.
a) Montrer que si K est A-ordonnable, il est ordonnable (exerc. 7), et par suite de caractéristique 0.
b) Montrer qu'une extension pure et une extension algébrique de degré impair d'un corps A-ordonnable K sont des corps A-ordonnables (raisonner comme dans la prop. 3 de VI, p. 22).
c) Soit K un corps A-ordonnable, et soit *b* un élément de K qui n'est pas de la forme $ca - d$, où $a \in A$ où *c* et *d* sont des sommes de carrés dans K. Montrer que le corps $K(\sqrt{b})$ est A-ordonnable.
d) On dit qu'un corps A-ordonnable K est un corps *A-ordonnable maximal* s'il n'existe aucune extension algébrique de K qui soit A-ordonnable et distincte de K. Montrer que si K est un corps A-ordonnable maximal, il possède les propriétés suivantes : 1° K est *pythagoricien*, c'est-à-dire que toute somme de carrés dans K est un carré ; 2° aucun élément de A n'est un carré ; 3° tout élément de K qui n'est pas un carré est de la forme $c^2a - d^2$, où $a \in A$; 4° tout polynôme de K[X], de degré impair, a au moins une racine dans K (utiliser *b*) et *c*)).
e) Montrer que si K satisfait aux quatre conditions de *d*), tout élément algébrique sur K a un degré de la forme 2^q sur K (raisonner comme dans la prop. 8 de VI, p. 26, par récurrence sur l'exposant de 2 dans le degré de l'élément considéré). Montrer d'autre part qu'aucune extension quadratique de K n'est A-ordonnable. En déduire que K est un corps A-ordonnable maximal (on utilisera la théorie de Galois et la prop. 12 de I, p. 73).
f) Soient K un corps A-ordonnable, et Ω une extension algébriquement close de K. Montrer qu'il existe un corps A-ordonnable maximal contenu dans Ω et contenant K.

9) Soit *q* un entier naturel > 0 et non carré ; dans le corps $K = \mathbf{Q}(\sqrt{q})$, soit A l'ensemble des éléments -1 et $\sqrt{q}$; montrer que K est A-ordonnable. Montrer qu'il existe une extension algébrique E de K telle que E soit ordonnable, pythagoricien, que tout polynôme de degré impair sur E ait une racine dans E, mais que E n'admette pas de structure de corps ordonné maximal (considérer une extension A-ordonnable maximale de K).

¶ 10) *a*) Soient K un corps ordonnable, E une extension galoisienne de K. Montrer que, ou bien E est ordonnable, ou bien il existe une extension algébrique ordonnable F de K, contenue dans E, et telle que E soit extension quadratique de F (utiliser le th. 6 de V, p. 70).
b) Montrer que le polynôme $X^4 + 2$ est irréductible sur $\mathbf{Q}$, et que, si K est l'extension de degré 4 de $\mathbf{Q}$ obtenue par adjonction à $\mathbf{Q}$ d'une racine de ce polynôme, K ne contient aucun sous-corps ordonnable distinct de $\mathbf{Q}$ (déterminer les sous-corps de K par la théorie de Galois).

11) Soient K un corps ordonné, G un sous-corps de K.
a) Montrer que, pour que $x \neq 0$ soit infiniment grand par rapport à G (exerc. 1), il faut et il suffit que x^{-1} soit infiniment petit par rapport à G. On dit que K est *comparable* à G s'il

n'existe aucun élément de K infiniment grand par rapport à G (ni, par suite, aucun élément $\neq 0$ de K infiniment petit par rapport à G). Pour que K soit comparable à son sous-corps premier **Q**, il faut et il suffit que le groupe additif de K soit *archimédien* (VI, p. 34, exerc. 31), * et par suite que K soit isomorphe à un sous-corps de **R** (VI, p. 34, exerc. 33, *c*)). *

b) Montrer que, dans l'anneau F(G) des éléments de K non infiniment grands par rapport à G, l'ensemble I(G) des éléments infiniment petits par rapport à G est un idéal maximal; en outre, sur le corps quotient K(G) = F(G)/I(G), la structure d'ordre déduite de celle de F(G) par passage au quotient (VI, p. 29, exerc. 4) est compatible avec la structure d'anneau et est totale.

c) Montrer qu'une classe mod. I(G) ne peut contenir qu'un seul élément de G; en déduire que l'application canonique de G dans K(G) est un isomorphisme du corps ordonné G sur un sous-corps G′ du corps ordonné K(G), et que K(G) est *comparable* à G′.

12) Soient K un corps ordonné maximal, f un polynôme sur K, a et b deux racines de f dans K telles que $a < b$ et que f n'ait aucune racine entre a et b. Montrer que si g est une fraction rationnelle sur K dont le dénominateur ne s'annule pas pour $a \leqslant x \leqslant b$, l'équation $f(x)\,g(x) + f'(x) = 0$ a un nombre impair de racines dans $[a, b]$ (chacune des racines étant comptée avec son ordre de multiplicité; utiliser la prop. 5 de VI, p. 24). En déduire que si h est une fraction rationnelle sur K ayant a et b pour racines, et dont le dénominateur ne s'annule pas dans $]a, b[$, l'équation $h'(x) = 0$ a au moins une racine dans $]a, b[$.

13) Soient K un corps ordonné maximal, h une fraction rationnelle sur K, $[a, b]$ un intervalle fermé dans lequel h est définie. Montrer qu'il existe $c \in\,]a, b[$ tel que $h(b) - h(a) = (b - a)\,h'(c)$ (utiliser l'exerc. 12). En déduire que, pour que $h(x)$ soit une fonction croissante dans $[a, b]$, il faut et il suffit que $h'(x) \geqslant 0$ dans cet intervalle (pour voir que la condition est nécessaire, décomposer l'intervalle par les racines de $h'(x) = 0$).

¶ 14) *a*) Soient K un corps ordonné maximal, E un sous-corps de K, et f un polynôme sur E; montrer que toutes les racines de f dans K sont dans F(E) (exerc. 11, *b*)) (utiliser la prop. 4 de VI, p. 23). En déduire que, si G est un sous-corps de K, et $E \subset K$ une extension comparable à G (exerc. 11), l'ensemble des éléments de K algébriques sur E est un corps ordonné maximal, comparable à G.

b) Déduire de *a*) que le corps K(G) (exerc. 11, *b*)) est, avec les hypothèses de *a*), un corps ordonné maximal.

c) Soit f un polynôme sur G, de degré $\geqslant 1$. Montrer que, pour que $f(t)$ soit infiniment grand par rapport à G, il faut et il suffit que t soit infiniment grand par rapport à G; pour que $f(t)$ soit infiniment petit par rapport à G, il faut et il suffit que t soit congru (mod. I(G)) à une racine de f dans K (décomposer K en intervalles par les racines de f et de f' appartenant à K, et utiliser l'exerc. 13; remarquer que, si $x < t$ et si $x \in K$ n'est pas congru à t mod. I(G), il existe $y \in K$ tel que $x < y < t$ et que $y - x \in G$).

¶ 15) Soient E un corps ordonné, K un sous-corps de E tel que E soit algébrique sur K, R une extension ordonnée maximale de K.

a) Parmi les éléments de E − K, soit x_0 un de ceux dont le polynôme minimal f sur K a le *plus petit degré* possible. Montrer que, dans R[T], $f'(T)$ est produit de facteurs de la forme $(T - a_i)^2 + c_i^2$ ($a_i \in R$ et $c_i \in R$) et de facteurs du premier degré $T - b_j$ avec $b_j \in K$, les b_j étant deux à deux distincts. En déduire qu'il existe dans R un élément y_0 tel que $f(y_0) = 0$ et que pour tout $z \in K$, $x_0 - z$ et $y_0 - z$ aient le *même signe dans* E et dans R respectivement (*cf.* VI, p. 41, exerc. 26, *c*)).

b) Déduire de *a*) qu'il existe un K-isomorphisme (pour la structure de corps ordonné) de E sur un sous-corps de R. (Montrer d'abord qu'il existe un tel isomorphisme pour le sous-corps ordonné $K(x_0)$ de E; pour tout polynôme $g \in K[T]$ tel que $\deg(g) < \deg(f)$, on appliquera à g le même raisonnement qu'à f' dans *a*), afin d'évaluer les signes de $g(x_0)$ et de $g(y_0)$; puis appliquer le th. de Zorn.)

c) Montrer que si R, R′ sont deux extensions algébriques ordonnées maximales de K, il existe un K-isomorphisme et un seul de R sur R′ (appliquer *b*)).

16) Soient K un corps ordonné maximal,

$$g(\mathrm{T}) = a_0 + a_1\mathrm{T} + \cdots + a_n\mathrm{T}^n$$

un polynôme non nul de K[T] dont toutes les racines sont dans K. Montrer que pour tout polynôme $f \in \mathrm{K}[\mathrm{T}]$, le nombre des racines du polynôme

$$a_0 f(\mathrm{T}) + a_1 f'(\mathrm{T}) + a_2 f''(\mathrm{T}) + \cdots + a_n f^{(n)}(\mathrm{T})$$

qui n'appartiennent pas à K, comptées avec leur ordre de multiplicité, est au plus égal au nombre des racines de f, comptées avec leur ordre de multiplicité, qui n'appartiennent pas à K (utiliser l'exerc. 12 pour $n = 1$, puis procéder par récurrence). En déduire que le polynôme

$$a_0 + \frac{a_1}{1!}\mathrm{T} + \frac{a_2}{2!}\mathrm{T}^2 + \cdots + \frac{a_n}{n!}\mathrm{T}^n$$

a toutes ses racines dans K.

17) Soient K un corps ordonné maximal, g un polynôme non nul de K[T] dont toutes les racines sont dans K, et n'appartiennent pas à l'intervalle $(0, n)$ de K. Montrer que pour tout polynôme $f(\mathrm{T}) = a_0 + a_1\mathrm{T} + \cdots + a_n\mathrm{T}^n$ de K[T], le nombre de racines du polynôme :

$$a_0 g(0) + a_1 g(1)\,\mathrm{T} + a_2 g(2)\,\mathrm{T}^2 + \cdots a_n g(n)\,\mathrm{T}^n$$

qui n'appartiennent pas à K, comptées avec leur ordre de multiplicité, est au plus égal au nombre des racines de f, comptées avec leur ordre de multiplicité, qui n'appartiennent pas à K (même méthode que dans l'exerc. 16).

18) Soient K un corps ordonné maximal, f un polynôme de K[T] de degré n, dont toutes les racines sont dans K. Montrer que pour tout $c \neq 0$ dans K, le polynôme $f^2 + cf'$ a au moins $n - 1$ et au plus $n + 1$ racines comptées avec leur ordre de multiplicité dans K (utiliser l'exerc. 13).

19) Soient K un corps ordonné maximal, f un polynôme non nul de K[T]. Afin que, pour tout polynôme $g \in \mathrm{K}[\mathrm{T}]$, le nombre de racines du polynôme $fg + g'$, comptées avec leur ordre de multiplicité, qui n'appartiennent pas à K, soit au plus égal au nombre des racines de g, comptées avec leur ordre de multiplicité, qui n'appartiennent pas à K, il faut et il suffit que $f(\mathrm{T}) = a - b\mathrm{T}$ avec $b \geqslant 0$ dans K. (Pour voir que la condition est suffisante, utiliser l'exerc. 12 ; pour montrer qu'elle est nécessaire, prendre $g = 1$ et $g = f$.)

20) Soient K un corps ordonné maximal,

$$f(\mathrm{T}) = a_0 + \binom{n}{1} a_1\mathrm{T} + \binom{n}{2} a_2\mathrm{T}^2 + \cdots + a_n\mathrm{T}^n$$

un polynôme de K[T]. Quels que soient les entiers p, q tels que $0 \leqslant p < p + q \leqslant n$, le nombre de racines du polynôme

$$a_p + \binom{q}{1} a_{p+1}\mathrm{T} + \binom{q}{2} a_{p+2}\mathrm{T}^2 + \cdots + a_{p+q}\mathrm{T}^q$$

comptées avec leur ordre de multiplicité, qui n'appartiennent pas à K, est au plus égal au nombre des racines de f, comptées avec leur ordre de multiplicité, qui n'appartiennent pas à K (utiliser l'exerc. 12).

En déduire que si $b_1, b_2, \ldots, b_n$ sont n éléments distincts et > 0 de K, et si l'on pose

$$(\mathrm{T} + b_1) \ldots (\mathrm{T} + b_n) = \mathrm{T}^n + \binom{n}{1} m_1\mathrm{T}^{n-1} + \cdots + m_n$$

on a

$$m_k^{1/k} > m_{k+1}^{1/(k+1)} \quad \text{pour} \quad 1 \leqslant k \leqslant n - 1 .$$

21) Soit $(a_i)_{1 \leqslant i \leqslant n}$ une suite finie de n éléments d'un corps ordonné K, non tous nuls ; soit $(a_{i_k})_{1 \leqslant k \leqslant p}$ (où $p \leqslant n$) la suite extraite de (a_i) formée des a_i non nuls $(i_1 < i_2 < \cdots < i_p)$; on appelle *nombre de variations* de la suite (a_i) le nombre des indices $k \leqslant p - 1$ tels que a_{i_k} et $a_{i_{k+1}}$ soient de signes contraires.

Soit K un corps ordonné maximal et soit f un polynôme non nul de K[T] de degré $n > 0$; pour tout $a \in \mathrm{K}$, on désigne par $w(a)$ le nombre de variations de la suite $(f^{(i)}(a))_{0 \leqslant i \leqslant n}$. Si ν est le nombre de racines comptées avec leur ordre de multiplicité de f dans l'intervalle $]a, b]$ $(a < b)$, montrer que $\nu \leqslant w(a) - w(b)$ et que la différence $w(a) - w(b) - \nu$ est paire (« règle de Budan-Fourier » ; décomposer l'intervalle $]a, b]$ par les racines des dérivées de f, et évaluer la quantité dont varie $w(x)$ lorsque x traverse une de ces racines).

En déduire que si $f(\mathrm{T}) = a_0 + a_1\mathrm{T} + \cdots + a_n\mathrm{T}^n$, le nombre de racines > 0 de f, comptées avec leur ordre de multiplicité, est au plus égal au nombre de variations de la suite $(a_i)_{0 \leqslant i \leqslant n}$, et que la différence de ces deux nombres est paire (« règle de Descartes »).

22) Soient K un corps ordonné maximal,

$$f(\mathrm{T}) = a_0 + a_1\mathrm{T} + \cdots + a_n\mathrm{T}^n$$

un polynôme de K[T], tel que $a_0 \neq 0$, $a_n \neq 0$ et

$$a_p = a_{p+1} = \cdots = a_{p+2m-1} = 0 \quad (1 \leqslant p < p + 2m - 1 < n)\,.$$

Montrer que f a au plus $n - 2m$ racines comptées avec leur ordre de multiplicité dans K (appliquer la règle de Descartes).

En déduire que si $g(\mathrm{T}) = 1 + c_1\mathrm{T} + \cdots + c_n\mathrm{T}^n$ a toutes ses racines dans K, et si $h(\mathrm{T}) = 1 + b_1\mathrm{T} + \cdots + b_{2m}\mathrm{T}^{2m}$ est le polynôme formé des $2m + 1$ premiers termes de la série formelle $1/g$ dans K[[T]], h n'a aucune racine dans K.

23) Soient K un corps ordonné maximal, $a_1, \ldots, a_n$, $b_1, \ldots, b_n$ $2n$ éléments de K tels que $\sum a_i \neq 0$ et $b_1 < b_2 < \cdots < b_n$. Montrer que, pour m entier $\geqslant 1$, le nombre ν de racines dans K, comptées avec leur ordre de multiplicité, du polynôme

$$f(\mathrm{T}) = a_1(\mathrm{T} - b_1)^m + a_2(\mathrm{T} - b_2)^m + \cdots + a_n(\mathrm{T} - b_n)^m$$

est au plus égal au nombre de variations w de la suite

$$(a_1, a_2, \ldots, a_n, (-1)^m a_1)\,,$$

et que la différence $w - \nu$ est paire. (Raisonner par récurrence sur n, en appliquant l'exerc. 13 (VI, p. 38) à une fraction rationnelle de la forme $f(\mathrm{T})/(\mathrm{T} - c)^m$.)

¶ 24) Soit K un corps ordonné maximal ; on considère sur le corps de fractions rationnelles K(X) une structure d'ordre qui en fasse une extension ordonnée de K. Montrer que cette structure d'ordre est déterminée par la connaissance de l'ensemble A des $x \in \mathrm{K}$ tels que $x < \mathrm{X}$ (montrer que le signe de tout polynôme f sur K est déterminé par la connaissance de A, en utilisant la prop. 9 de VI, p. 27). Inversement, montrer qu'à tout ensemble $\mathrm{A} \subset \mathrm{K}$ tel que $x \in \mathrm{A}$ et $y \leqslant x$ entraînent $y \in \mathrm{A}$, correspond sur K(X) une structure d'extension ordonnée de K, telle que A soit l'ensemble des $x \in \mathrm{K}$ tels que $x < \mathrm{X}$ (même méthode). Lorsque A admet un plus grand élément, ou $\complement$ A un plus petit élément, ou lorsque $\mathrm{A} = \mathrm{K}$ ou $\mathrm{A} = \varnothing$, la structure d'ordre sur K(X) correspondant à A est telle que K(X) n'est pas comparable à K. Si, au contraire, A et $\complement$ A ne sont pas vides, et s'il n'existe pas de plus grand élément de A ni de plus petit élément de $\complement$ A, K(X) est comparable à K.

25) Déduire de l'exerc. 24 un exemple de corps E muni de plusieurs structures de corps ordonné qui ne se déduisent pas les unes des autres par des automorphismes de E. En déduire un exemple de corps, muni d'une structure d'ordre compatible avec sa structure d'anneau, mais non réticulée (considérer la diagonale de E × E, et utiliser VI, p. 36, exerc. 5).

¶ 26) *a*) Si K est un corps ordonné archimédien (VI, p. 37, exerc. 11, *a*)), x et y deux éléments de K tels que $x < y$, montrer qu'il existe $r \in \mathbf{Q}$ tel que $x < r < y$. * En déduire qu'il n'existe qu'un sous-corps ordonné de $\mathbf{R}$ isomorphe à K. *

b) Dans le corps $K = \mathbf{Q}(X)$ on considère la structure d'ordre pour laquelle $X > 0$ est infiniment grand par rapport à $\mathbf{Q}$ (exerc. 24). Montrer que K est comparable à son sous-corps $\mathbf{Q}(X^2)$, et donner un exemple de deux éléments x, y de K tels que $x < y$ et qu'il n'existe aucun élément de $\mathbf{Q}(X^2)$ entre x et y.

c) Soit K le corps ordonné défini en *b*) ; montrer que le polynôme

$$f(Y) = (Y^2 - X)(Y^2 - 4X) - 1$$

sur K est irréductible, qu'il admet des racines dans toute extension ordonnée maximale de K, et que $f(a) > 0$ pour tout $a \in K$.

¶ 27) Soient K un corps ordonné, E une extension pure de K, $(X_\iota)_{\iota \in I}$ une base pure de E (V, p. 102).

a) * Si K est archimédien, pour qu'il existe sur E une structure d'extension ordonnée de K telle que E soit comparable à K, il faut et il suffit que la puissance de I soit au plus égale à celle d'une base de transcendance de $\mathbf{R}$ sur K (K étant considéré comme sous-corps de $\mathbf{R}$, *cf.* exerc. 26, *a*)) ; l'ensemble de ces structures est alors équipotent à l'ensemble des applications injectives f de I dans $\mathbf{R}$, telles que $f(I)$ soit un système algébriquement libre sur K. *

b) Si K n'est pas archimédien, il existe toujours sur E (au moins) une structure d'extension ordonnée de K telle que E soit comparable à K (lorsque I a un seul élément, utiliser l'exerc. 24 en remarquant que $\mathbf{Q}$ n'a pas de borne supérieure dans K ; passer au cas général par le th. de Zorn).

* 28) *a*) Soient K un sous-corps de $\mathbf{R}$, θ un nombre réel algébrique sur K. Montrer que sur $K(\theta)$ le nombre de structures d'extension ordonnée de K est égal au nombre des conjugués réels de θ (utiliser les exerc. 14, *a*) (VI, p. 38) et 26, *a*)).

b) Soient K un sous-corps de $\mathbf{R}$, muni de n structures distinctes d'extension ordonnée de $\mathbf{Q}$, toutes archimédiennes ; soient P_i $(1 \leqslant i \leqslant n)$ les ensembles d'éléments $\geqslant 0$ pour ces structures. Montrer qu'il existe une famille de n éléments b_i de K $(1 \leqslant i \leqslant n)$ tels que, pour tout i, on ait $b_i \in P_i$ et $b_i \notin P_k$ pour $k \neq i$. (Pour tout couple d'indices i, k distincts, soit a_{ik} tel que $a_{ik} \notin P_i$, $a_{ik} \in P_k$; considérer les éléments

$$c_i = \sum_{k \neq i} \left(\frac{1 + a_{ik}}{1 - a_{ik}} \right)^{2r}$$

où r est un entier assez grand.)

c) Soit $K = \mathbf{Q}(\theta)$ une extension algébrique de $\mathbf{Q}$ contenue dans $\mathbf{R}$, et soit n le nombre des conjugués réels de θ. Soit C l'ensemble des sommes de carrés d'éléments de K ; montrer que $C^* = C \cap K^*$ est un sous-groupe de K^* et que $(K^* : C^*) = 2^n$. (Utiliser *b*) ainsi que le cor. 2 de VI, p. 22.) *

¶ 29) Soient K un corps ordonné maximal, G un sous-corps de K. Montrer que l'ensemble des extensions de G contenues dans K, et qui sont comparables à G, est inductif ; si E_0 est un élément maximal de cet ensemble, montrer que E_0 est isomorphe au corps K(G) défini dans l'exerc. 11, *b*) de VI, p. 38 (prouver que l'application canonique de F(G) sur K(G) applique E_0 sur K(G), en montrant d'abord, à l'aide de l'exerc. 14, *a*) de VI, p. 38, que E_0 est un corps ordonné maximal, puis, à l'aide de l'exerc. 24, qu'il n'existe aucun élément de K(G) transcendant sur l'image canonique de E_0).

30) *a*) Soient K un corps ordonné maximal, m et M deux éléments de K tels que $m < M$. Montrer que tout polynôme $f \in K[X]$ qui est positif dans l'intervalle $[m, M]$, est somme de polynômes de la forme $(\alpha X + \beta) g^2$, où $g \in K[X]$ et où $\alpha X + \beta$ est positif dans $[m, M]$. (On se ramènera au cas des polynômes du premier ou du second degré, et pour ces derniers on utilisera les formules

$$(X - a)(X - b) = (X - b)^2 + (b - a)(X - b)$$

$$(X - a)(b - X) = ((X - a)(b - X)^2 + (b - X)(X - a)^2)/(b - a)$$

pour $a < b$.)

b) Montrer que le résultat de *a*) ne subsiste plus nécessairement lorsque K est un corps ordonné quelconque (remarquer qu'un polynôme peut être > 0 dans K, mais non dans une extension ordonnée maximale de K ; *cf.* exerc. 26, *c*)).

¶ 31) *a*) Soit K un corps tel que sa clôture algébrique E soit une extension de degré premier q de K. Montrer que K est parfait (V, p. 7).
b) Montrer que q est distinct de la caractéristique de K (V, p. 153, exerc. 9).
c) Montrer que K contient les racines q-ièmes de l'unité, et que E est le corps de décomposition d'un polynôme irréductible $X^q - a$ sur K ; en déduire que $q = 2$ (dans le cas contraire, déduire de l'exerc. 5, V, p. 153, que $X^{q^2} - a$ serait irréductible). Montrer en outre que $-a$ est un carré dans K (V, *loc. cit.*), que -1 n'est pas un carré dans K, et que $E = K(i)$ ($i^2 = -1$).
d) Supposons maintenant que K soit tel que sa clôture algébrique E soit de degré fini quelconque $\neq 1$ sur K. Montrer que $i \notin K$ et que $E = K(i)$ (si $E \neq K(i)$, montrer à l'aide de la théorie de Galois qu'il existerait un corps F tel que $K(i) \subset F \subset E$, et que E soit de degré premier sur F ; appliquer alors *c*)). En déduire que K est un corps ordonnable maximal (c.-à-d. susceptible d'une structure de corps ordonné maximal) (montrer par récurrence sur n que toute somme de n carrés dans K est un carré dans K ; pour prouver que $a^2 + b^2$ est un carré, considérer une racine carrée $x + iy$ de $a + ib$ dans $K(i)$).

¶ 32) Soit A un corps algébriquement clos de caractéristique 0.
a) Les seuls éléments d'ordre fini dans le groupe Aut(A) des automorphismes de A sont l'élément neutre et les éléments d'ordre 2 (*involutions* de A) ; ces derniers correspondent bijectivement aux sous-corps ordonnables maximaux E de A tels que $[A:E] = 2$, ou encore $A = E(i)$ (*cf.* exerc. 31). Si σ est une involution de A et E le sous-corps des invariants de σ, le groupe Aut(E) des automorphismes de E est isomorphe au quotient $Z(\sigma)/\{e, \sigma\}$, où $Z(\sigma)$ est le centralisateur de σ dans Aut(A).
b) Si A est algébrique sur son corps premier **Q**, deux involutions quelconques de A sont conjuguées dans Aut(A) et le centralisateur d'une involution σ est réduit à $\{e, \sigma\}$; Aut(A) et l'ensemble des involutions de A ont la puissance du continu, et le centre de Aut(A) est réduit à e.
c) Si A a un degré de transcendance fini sur **Q**, montrer que pour toute involution σ de A, $Z(\sigma)$ est dénombrable (observer que si E est le sous-corps des invariants de σ, E est dénombrable, et tout automorphisme de E qui laisse invariants les éléments d'une base de transcendance de E sur **Q** est l'identité). Si $\deg.\mathrm{tr}_{\mathbf{Q}} A = n$, montrer qu'il existe au moins $n + 1$ classes de conjugaison d'involutions de A (si $E \subset A$ est ordonnable maximal et tel que $[A:E] = 2$, considérer le degré de transcendance sur **Q** du sous-corps de E formé des éléments invariants par Aut(E), et utiliser l'exerc. 24).
d) Si A a un degré de transcendance infini $\mathfrak{m}$ sur **Q**, montrer qu'il existe des involutions σ de A telles que $\mathrm{Card}(Z(\sigma)) = \mathrm{Card}(\mathrm{Aut}(A)) = 2^{\mathfrak{m}}$ (en utilisant l'exerc. 24, montrer qu'il existe des corps ordonnables maximaux E tels que $\deg.\mathrm{tr}_{\mathbf{Q}} E = \mathfrak{m}$, tels que si B est une base de transcendance de E sur **Q**, pour toute partie M de B, il y a un automorphisme u_M de E tel que $u_M(x) \neq x$ pour $x \in M$ et $u_M(x) = x$ pour $x \in B - M$).
e) Si $\deg.\mathrm{tr}_{\mathbf{Q}} A = 1$, montrer qu'il n'existe qu'une seule classe de conjugaison d'involutions de A formée d'involutions σ telles que $Z(\sigma)$ soit infini. (Si E est une extension ordonnable maximale de **Q** de degré de transcendance 1 telle que Aut(E) ne soit pas réduit à l'élément neutre, montrer que E ne peut être comparable à **Q** en utilisant l'exerc. 24 ; si $t \in E$ est infiniment grand par rapport à **Q**, montrer que pour tout automorphisme u de E, $u(t)$ est infiniment grand par rapport à **Q** et que réciproquement, pour tout $t' \in E$ infiniment grand par rapport à **Q**, il existe un automorphisme u de E tel que $u(t) = t'$, en utilisant l'exerc. 15 de VI, p. 38.)
f) Soit u un automorphisme de A qui commute à toutes les involutions de A. Montrer que si $a \in A$ est transcendant sur **Q**, a et $u(a)$ sont algébriquement dépendants sur **Q**. (Raisonner par l'absurde en considérant deux éléments b, c de A tels que $b^2 = a$, $c^2 = -u(a)$, et en observant qu'il existe une extension ordonnable maximale $E \subset A$ telle que $[A:E] = 2$ et que b, c soient dans E ; en remarquant que l'on doit avoir $u(E) = E$, obtenir une contradiction.)
g) Déduire de *f*) que pour tout élément $a \in A$ transcendant sur **Q**, on a nécessairement $u(a) = a$ (considérer une extension ordonnée maximale E de $\mathbf{Q}(a)$ contenue dans A, algébrique

sur $\mathbf{Q}(a)$ et comparable à $\mathbf{Q}$, en utilisant l'exerc. 24). Conclure que u est nécessairement l'identité (observer que si a est algébrique sur $\mathbf{Q}$ et b transcendant sur $\mathbf{Q}$, ab est transcendant sur $\mathbf{Q}$).

33) Soient K un corps commutatif (de caractéristique p quelconque), et l un nombre premier. Soit K′ une extension algébrique de K ayant les deux propriétés suivantes :

(i) tout polynôme de K[X], de degré non divisible par l, a une racine dans K′ ;

(ii) tout polynôme de K′[X], de degré égal à l, a une racine dans K′.

a) Montrer que la clôture parfaite K_1 de K est contenue dans K′ et satisfait à la condition analogue à (i).

b) Toute extension algébrique de K dont le degré n'est pas divisible par l est isomorphe à une sous-extension de K′ (utiliser le théorème de l'élément primitif).

c) Soit L un sous-corps de K′ contenant K, et soit M une extension galoisienne de L, dont le degré est une puissance de l. Montrer que M est isomorphe à une sous-extension de K′ (utiliser le fait qu'un l-groupe est nilpotent).

d) En déduire que K′ est une clôture algébrique de K (si F est une extension (séparable) de degré fini de K, considérer une extension galoisienne $F_1 \supset F$ de degré fini, et le sous-corps de F_1 formé des invariants d'un l-sous-groupe de Sylow du groupe de Galois de F_1 sur K).

34) Soit E un ensemble totalement ordonné. On appelle *coupure* (de Dedekind) une partition (S, D) de E en deux parties non vides telles que D soit de la forme M(A), ensemble des majorants d'une partie non vide A de E ; pour que D ait un plus petit élément x, il faut et il suffit que $D = [x, \rightarrow[$, donc $S =]\leftarrow, x[$.

Dans un groupe commutatif totalement ordonné G, on dit qu'une coupure (S, D) est *propre* si, pour tout $e > 0$ dans G, il existe $x' \in S$ et $x'' \in D$ tels que $x'' - x' < e$. Montrer que pour que (S, D) soit propre, il faut et il suffit que D soit *symétrisable* dans le monoïde $\mathfrak{M}(G)$ des ensembles majeurs de G (VI, p. 33, exerc. 30) ; pour que toute coupure soit propre, il faut et il suffit que G soit archimédien (VI, p. 34, exerc. 31) et par suite * isomorphe à un sous-groupe de $\mathbf{R}$ (VI, p. 34, exerc. 33). *

35) On dit qu'un sous-corps K d'un corps ordonné E est *dense* dans E si, pour tout intervalle ouvert non vide $]a, b[$ de E, il existe $x \in K$ tel que $a < x < b$. Montrer alors que E est *comparable* à K (exerc. 11, *a*)). Si on prend E = R(X), où R est un corps ordonné maximal et X est infiniment grand par rapport à R (VI, p. 40, exerc. 24), montrer que E est comparable à son sous-corps $K = R(X^2)$, mais que K n'est pas dense dans E.

Pour que K soit dense dans E, il faut et il suffit que pour tout $x \in E$, la partition de K formée de $K \cap]\leftarrow, x[$ et $K \cap [x, \rightarrow[$ soit une coupure propre (exerc. 34).

36) Soit K un corps ordonné, et soit $\tilde{K}$ l'ensemble des ensembles majeurs D tels que la coupure (S, D) soit propre ; montrer que $\tilde{K}$ est un corps ordonné, lorsqu'on y prend pour addition celle du monoïde $\mathfrak{M}(K)$, et que l'on prend pour produit de deux éléments D_1 et D_2 de $\tilde{K}$ contenus dans K_+ l'ensemble $\langle D_1 D_2 \rangle$ (VI, p. 33, exerc 30), où $D_1 D_2$ désigne l'ensemble des $x_1 x_2$ pour $x_1 \in D_1$ et $x_2 \in D_2$. Montrer que pour tout isomorphisme croissant f de K sur un sous-corps dense F d'un corps ordonné E, il existe un isomorphisme croissant g de E dans $\tilde{K}$ tel que $g \circ f$ soit l'injection canonique de K dans $\tilde{K}$.

37) Soient K un corps ordonné, n un entier > 0 tel que tout élément $x > 0$ de K soit égal à une puissance y^n d'un élément $y > 0$. Montrer que le corps $\tilde{K}$ a la même propriété.

38) On suppose que le corps K est ordonné maximal. Montrer que le corps $\tilde{K}$ est aussi ordonné maximal. (On pourra raisonner par l'absurde, en considérant une extension algébrique ordonnée E de $\tilde{K}$ qui est ordonnée maximale et en supposant que $E \neq \tilde{K}$. Il existe alors parmi les éléments de $E \cap \complement \tilde{K}$ un élément w dont le polynôme minimal $f \in \tilde{K}[X]$ est de plus petit degré $n > 1$. Montrer qu'il existe un intervalle $]a, b[$ dans E tel que $a \in K$, $b \in K$ et $a < w < b$, et un élément $e > 0$ de E tel que $f'(x) > e$ pour tout $x \in [a, b]$, ou $f'(x) < -e$ pour tout $x \in [a, b]$. Montrer qu'il existe $r > 0$ dans K tel que $f(a) \leqslant -r$ et $r \leqslant f(b)$, ou $f(a) \geqslant r$ et $f(b) \leqslant -r$. Approcher alors les coefficients de f par des éléments de K, et montrer qu'on obtient ainsi un polynôme $g \in K[X]$ tel que la fonction $x \mapsto g(x)$ soit monotone dans $[a, b]$ et s'annule en un point de cet intervalle appartenant à K et arbitrairement voisin de w.)

39) Soient K un corps ordonné, E une extension algébrique ordonnée qui est ordonnée maximale. Montrer que le seul K-automorphisme du corps E est l'identité. (Montrer d'abord que tout K-homomorphisme de E dans lui-même est surjectif, et est un isomorphisme de corps *ordonné* ; si $x \in E$ a pour polynôme minimal $f \in K[X]$, un automorphisme de E permute nécessairement les racines de f appartenant à E ; en déduire qu'il laisse x invariant.)

40) Soit K un corps ordonné. Sur le corps des séries formelles $E = K((X))$, on définit une structure de corps ordonné en prenant comme éléments > 0 les séries formelles $\sum_{n=-h}^{\infty} r_n X^n$ dont le coefficient du terme non nul de plus petit degré est > 0.

a) Montrer que si $L = K(X)$ est le sous-corps de E formé des fractions rationnelles à une indéterminée, on a $E = \tilde{L}$ (exerc. 36) à isomorphisme près de corps ordonné (observer que pour tout élément $a > 0$ de L, il existe un entier $n > 0$ tel que $0 < X^n < a$).

b) On suppose que K est ordonné maximal. Montrer que la réunion F des corps $K((X^{1/n}))$ pour $n \geqslant 1$, ordonnés de la même manière que E, est une extension algébrique ordonnée de E qui est ordonnée maximale (utiliser l'exerc. 2 de V, p. 143).

c) Montrer que le corps $\tilde{F}$ (exerc. 36) est le corps des séries formelles $\sum_r \alpha_r X^r$, où r parcourt l'ensemble **Q** des nombres rationnels, $\alpha_r \in K$ et l'ensemble des r tels que $\alpha_r \neq 0$ est une suite croissante finie ou tendant vers $+\infty$; on ordonne ce corps de la même manière que E. En particulier $\tilde{F} \neq F$.

41) Soient K un corps ordonné, E un espace vectoriel sur K, de dimension 2.

a) Montrer que dans l'ensemble des triplets de droites deux à deux distinctes (D_1, D_2, D_3) passant par 0, il y a deux orbites pour le groupe $\mathbf{GL}^+(E)$ (considérer le sous-groupe laissant invariantes deux droites).

b) Dans l'ensemble des triplets de demi-droites fermées d'origine 0, $(\Delta_1, \Delta_2, \Delta_3)$, deux à deux distinctes, il y a 7 orbites pour $\mathbf{GL}(E)$ et 14 pour $\mathbf{GL}^+(E)$ (même méthode).

CHAPITRE VII

Modules sur les anneaux principaux

§ 1. ANNEAUX PRINCIPAUX

1. Définition d'un anneau principal

Rappelons (I, p. 99) qu'un idéal d'un anneau commutatif A est dit *principal* s'il est de la forme $(a) = Aa$, avec $a \in A$.

DÉFINITION 1. — *Un anneau principal est un anneau commutatif, intègre* (I, p. 110) *dont tout idéal est principal.*

Exemples. — L'anneau **Z** des entiers rationnels est principal (I, p. 47). Si K est un corps commutatif, l'anneau K[X] des polynômes à une indéterminée sur K est un anneau principal (IV, p. 11, prop. 11) ; il en est de même de l'anneau de séries formelles K[[X]], car tout idéal de cet anneau est de la forme (X^n) (IV, p. 36, prop. 12). * L'anneau des entiers d'un corps $\mathfrak{p}$-adique est principal. *

Si $\mathbf{Q}(i)$ désigne le corps obtenu à partir du corps **Q** des nombres rationnels par adjonction d'une racine i du polynôme irréductible $X^2 + 1$, les éléments $a + bi$ de $\mathbf{Q}(i)$, où a et b sont des entiers rationnels, forment un sous-anneau A de $\mathbf{Q}(i)$, appelé « anneau des *entiers de Gauss* », qui est principal (VII, p. 49, exerc. 7). Par contre, dans le corps $\mathbf{Q}(\rho)$, où ρ est une racine de $X^2 + 5$, le sous-anneau B composé des éléments $a + b\rho$ (a et b entiers rationnels) n'est pas un anneau principal (VII, p. 51, exerc. 12).

L'anneau K[X, Y] des polynômes à deux indéterminées sur un corps K n'est pas principal : en effet seules les constantes non nulles divisent à la fois X et Y, et aucune n'engendre l'idéal engendré par X et Y.

2. Divisibilité dans les anneaux principaux

Soient A un anneau principal, et K son corps des fractions (I, p. 110) ; nous allons voir que le groupe ordonné $\mathscr{P}^*$ des idéaux principaux fractionnaires (VI, p. 6) de K est réticulé ; de façon plus précise :

PROPOSITION 1. — *Soient* K *le corps des fractions d'un anneau principal* A, *et* $(x_\iota)_{\iota \in I}$ *une famille d'éléments de* K *admettant un dénominateur commun* $b \in K^*$ (c'est-à-dire que $bx_\iota \in A$ pour tout ι). *Alors* :

a) *La famille* (x_ι) *admet un pgcd dans* K.

b) *Tout pgcd de* (x_ι) *se met sous la forme* $d = \sum_\iota a_\iota x_\iota$ *où les* a_ι *sont des éléments de* A, *nuls à l'exception d'un nombre fini d'entre eux.*

En effet l'idéal $\sum_\iota \mathrm{A}bx_\iota$ de A est principal, donc de la forme Ad'. Posons $d' = bd$ ($d \in \mathrm{K}$). De la relation $d' = \sum_\iota a_\iota bx_\iota$, on tire $d = \sum_\iota a_\iota x_\iota$, où $a_\iota \in \mathrm{A}$, donc tout diviseur commun des x_ι divise d. D'autre part, comme bd est un diviseur commun des bx_ι par construction, d est un diviseur commun des x_ι.

Remarque. — La prop. 1 s'applique sans restriction à une famille quelconque (x_ι) d'éléments *de* A (il suffit de prendre $b = 1$), et aussi à une famille *finie* (x_i) d'éléments de K (en effet, si $x_i = c_i b_i^{-1}$, avec $c_i \in \mathrm{A}$ et $b_i \in \mathrm{A}$, il suffit de prendre pour b le produit des b_i).

COROLLAIRE. — *Soit* (x_ι) *une famille quelconque d'éléments d'un sous-anneau principal* A *d'un anneau intègre* B, *et soit* d *un pgcd de la famille* (x_ι) *dans* A. *Alors la famille* (x_ι) *admet des pgcd dans* B, *et* d *est l'un de ces pgcd.*

En effet d est un diviseur commun des x_ι dans B. D'autre part la relation $d = \sum_\iota a_\iota x_\iota$ ($a_\iota \in \mathrm{A}$) montre que tout diviseur commun des x_ι dans B divise d.

Un cas important d'application de ce corollaire est celui où A = K[X], B = E[X], K étant un corps et E une extension de K (IV, p. 12, cor. 1).

La première assertion de la prop. 1 montre que le groupe ordonné $\mathscr{P}^*$ est *réticulé* (VI, p. 10). En particulier toute famille finie d'éléments de K admet un ppcm. Nous pouvons donc appliquer à un anneau principal les résultats notés (DIV) de VI, p. 10 à 17.

Comme conséquence de la seconde assertion de la prop. 1, on a le résultat suivant :

THÉORÈME 1 (« identité de Bezout »). — *Pour que les éléments* x_ι ($\iota \in \mathrm{I}$) *d'un anneau principal* A *soient étrangers dans leur ensemble, il faut et il suffit qu'il existe des éléments* a_ι ($\iota \in \mathrm{I}$) *de* A, *nuls sauf un nombre fini d'entre eux, et tels que* $\sum_\iota a_\iota x_\iota = 1$.

C'est nécessaire d'après la prop. 1. Réciproquement, si $\sum_\iota a_\iota x_\iota = 1$, tout diviseur commun des x_ι dans K divise 1, donc 1 est un pgcd des x_ι.

PROPOSITION 2. — *Soient* a, b, d, m *et* p *des éléments du corps des fractions* K *d'un anneau principal* A.

a) « d *est un pgcd de* a *et* b » *équivaut à* « $(d) = (a) + (b)$ ».

b) « m *est un ppcm de* a *et* b » *équivaut à* « $(m) = (a) \cap (b)$ ».

c) « p *est élément extrémal de* A » *équivaut à* « (p) *est un idéal maximal non nul de* A » *et à* « (p) *est un idéal premier non nul de* A ».

Nous avons déjà démontré *a*) (prop. 1). Comme les multiples communs de a et b sont les éléments de $(a) \cap (b)$, et que $(a) \cap (b)$ est, par hypothèse, un idéal principal (m), m est un ppcm de a et b, ce qui démontre *b*). Enfin dire que $p \neq 0$ est élément extrémal de A veut dire, par définition (VI, p. 16), que (p) est un élément maximal de la famille ordonnée par inclusion des idéaux principaux $\neq$ A de A ; comme A n'a d'autres idéaux que les idéaux principaux, ceci veut dire que (p) est idéal maximal de A, d'où *c*), compte tenu de la remarque de VI, p. 17.

Dans un anneau principal A, on dit encore que la somme (resp. l'intersection) d'un nombre fini d'idéaux de A est le pgcd (resp. ppcm) de ces idéaux.

PROPOSITION 3. — *Soient a, b, c des éléments du corps des fractions d'un anneau principal* A, *et soit d un pgcd de a et c ; pour que la congruence $ax \equiv b$ (mod. c) admette une solution $x_0 \in$ A, il faut et il suffit que d divise b ; dans ce cas les éléments $x \in$ A solutions de $ax \equiv b$ (mod. c) sont les mêmes que ceux qui satisfont à $x \equiv x_0$ (mod. cd^{-1}).*

Si $ax \equiv b$ (mod. c) avec $x \in$ A, il existe $y \in$ A tel que $b = ax + cy$, donc d divise b. Réciproquement, si d divise b, on a $b = ax_0 + cy_0$, où x_0 et y_0 appartiennent à A (prop. 1), donc $ax_0 \equiv b$ (mod. c) ; en outre, la relation $ax \equiv b$ (mod. c) est alors équivalente à $a(x - x_0) \equiv 0$ (mod. c) ; en posant $a = da'$ et $c = dc'$, ceci s'écrit $a'(x - x_0) \equiv 0$ (mod. c'). Mais cette dernière relation équivaut (pour $x \in$ A) à $x - x_0 \equiv 0$ (mod. c'), puisque a' et c' sont des éléments étrangers (VI, p. 14, prop. 10 (DIV) et VI, p. 15, cor. 2 de la prop. 11 (DIV)).

PROPOSITION 4. — *Soit $(a_i)_{1 \leqslant i \leqslant n}$ une famille finie d'éléments deux à deux étrangers d'un anneau principal* A. *Alors l'homomorphisme canonique* (I, p. 104) *de* $\mathrm{A}/(\prod_{i=1}^{n} a_i)$ *dans le produit* $\prod_{i=1}^{n} \mathrm{A}/(a_i)$ *est un isomorphisme de* A*-algèbres.*

Cela résulte de I, p. 104, prop. 9 et de la prop. 2, *a*).

La conclusion de la prop. 4 n'est plus valable si on ne suppose pas que les a_i sont deux à deux étrangers (*cf.* VII, p. 24, prop. 9).

3. Décomposition en facteurs extrémaux dans les anneaux principaux

Nous allons maintenant appliquer aux anneaux principaux les résultats de VI, p. 17, relatifs à la décomposition en éléments extrémaux. D'après la prop. 2, pour qu'un élément $p \neq 0$ d'un anneau principal A soit extrémal, il faut et il suffit que l'anneau $\mathrm{A}/(p)$ soit un corps (I, p. 109, cor. 1), c'est-à-dire que la congruence $ax \equiv b$ (mod. p) admette une solution dans A quels que soient $b \in$ A et $a \in$ A non multiple de p.

DÉFINITION 2. — *Soit* A *un anneau intègre. On appelle système représentatif d'éléments extrémaux de* A *une famille (p_α) d'éléments extrémaux de* A *telle que tout élément extrémal de* A *soit associé à un p_α et à un seul.*

THÉORÈME 2. — *Soient* A *un anneau principal et (p_α) un système représentatif d'éléments extrémaux de* A. *Alors tout élément non nul x du corps des fractions de* A *s'écrit, et d'une seule manière, sous la forme*

$$x = u \prod_{\alpha} p_\alpha^{n_\alpha}, \tag{1}$$

où u est un élément inversible de A, *et où les* n_α *sont des entiers rationnels nuls sauf un nombre fini d'entre eux. Pour que x appartienne à* A, *il faut et il suffit que tous les* n_α *soient positifs.*

Nous allons utiliser le théorème de décomposition en somme d'éléments extrémaux (VI, p. 17, th. 2), dont l'énoncé ci-dessus n'est qu'une traduction. Comme $\mathscr{P}^*$ est un groupe réticulé, il nous suffira, pour constater que nous sommes bien dans les conditions d'application de ce théorème, de montrer que tout ensemble non vide d'idéaux principaux de A contient un élément maximal ; or c'est ce qui résulte du lemme suivant :

Lemme 1. — *Soit* A *un anneau tel que tout idéal à gauche de* A *soit de type fini. Alors tout ensemble non vide* Φ *d'idéaux à gauche de* A, *ordonné par inclusion, possède un élément maximal.*

En vertu du th. de Zorn (E, III, p. 20, th. 2), il nous suffit de prouver que Φ est inductif. Or, si $(\mathfrak{a}_\lambda)$ est une famille totalement ordonnée d'éléments de Φ, la réunion $\mathfrak{a}$ des idéaux $\mathfrak{a}_\lambda$ est un idéal à gauche de A, et admet donc un système fini de générateurs $(a_i)_{1 \leqslant i \leqslant n}$. Comme chacun des a_i appartient à un idéal $\mathfrak{a}_{\lambda_i}$, et que la famille $(\mathfrak{a}_\lambda)$ est totalement ordonnée, les a_i $(1 \leqslant i \leqslant n)$ appartiennent tous au plus grand des idéaux $\mathfrak{a}_{\lambda_i}$, soit $\mathfrak{a}_\mu$. Alors $\mathfrak{a} = \mathfrak{a}_\mu$ appartient à Φ, qui est donc bien un ensemble inductif.

Nous étudierons plus tard, sous le nom *d'anneaux noethériens*, les anneaux B tels que tout ensemble non vide d'idéaux à gauche de B possède un élément maximal.

Remarque. — La famille $(u, (n_\alpha))$ est appelée la décomposition de x en facteurs extrémaux ; par abus de langage, on dit aussi que la formule (1) est la décomposition de x en facteurs extrémaux. Si $x = u \prod_\alpha p_\alpha^{n_\alpha}$ et $y = v \prod_\alpha p_\alpha^{m_\alpha}$ sont les décompositions de x et y en facteurs extrémaux, une condition nécessaire et suffisante pour que x divise y est que l'on ait $n_\alpha \leqslant m_\alpha$ pour tout α ; de ceci on déduit les formules

$$\text{(2)} \qquad \operatorname{pgcd}(x, y) = \prod_\alpha p_\alpha^{\inf(n_\alpha, m_\alpha)}$$

$$\text{(3)} \qquad \operatorname{ppcm}(x, y) = \prod_\alpha p_\alpha^{\sup(n_\alpha, m_\alpha)} .$$

La propriété exprimée par le th. 2 est vraie pour des anneaux plus généraux que les anneaux principaux ; nous les étudierons plus tard sous le nom d'*anneaux factoriels* ; et nous verrons que les anneaux de polynômes et de séries formelles à un nombre quelconque d'indéterminées sur un corps sont des anneaux factoriels (AC, VII, § 3).

4. Divisibilité des entiers rationnels

Comme il a été dit au nº 1, l'anneau **Z** des entiers rationnels est un anneau principal ; son corps des fractions est **Q**. Le groupe multiplicatif U des éléments inversibles de **Z** a deux éléments 1 et − 1. Le groupe $\mathbf{Q}_+^*$ des nombres rationnels > 0 contient un élément et un seul de chaque classe d'éléments associés de **Q** ; il est donc isomorphe au groupe multiplicatif $\mathscr{P}^* = \mathbf{Q}^*/\mathrm{U}$ des idéaux principaux fractionnaires de **Q**, auquel on l'identifiera le plus souvent. En particulier, chaque fois qu'il sera question de pgcd ou de ppcm dans le corps **Q** (relativement à l'anneau **Z**), il sera sous-entendu que ce sont des éléments $\geqslant 0$; grâce à cette convention on pourra parler sans ambiguïté *du* pgcd et *du* ppcm d'une famille de nombres rationnels.

Les entiers extrémaux > 0 de **Z** ne sont autres que ceux que nous avons appelés *nombres premiers* (I, p. 48) (on les appelle parfois *nombres premiers rationnels*) ; tout élément extrémal de **Z** est donc de la forme p ou $-p$, où p est un nombre premier, et l'ensemble P des nombres premiers est un système représentatif d'éléments extrémaux de **Z**.

PROPOSITION 5. — *L'ensemble des nombres premiers est infini.*

En effet, étant donnée une famille finie quelconque (p_i) $(1 \leqslant i \leqslant n)$ de nombres premiers distincts, un diviseur premier q du nombre $(\prod_{i=1}^{n} p_i) + 1$ (qui est > 1) est distinct de tous les p_i, sinon il diviserait 1.

5. Divisibilité des polynômes à une indéterminée sur un corps

L'anneau K[X] des polynômes à une indéterminée sur un corps commutatif K est un anneau principal (IV, p. 11, prop. 11). Son corps des fractions est le corps K(X) des fractions rationnelles en X à coefficients dans K. L'anneau K[X] contient le sous-anneau des polynômes de degré 0, c'est-à-dire le corps des constantes, qu'on identifie à K ; les éléments de K* sont inversibles dans K, donc dans K[X] ; et réciproquement la formule $\deg(uv) = \deg(u) + \deg(v)$ montre que tout polynôme inversible de K[X] est de degré 0 ; le groupe U des éléments inversibles de K[X] est donc identique à K*. Ainsi deux polynômes associés ne diffèrent que par un facteur constant non nul ; en particulier toute classe de polynômes associés contient un polynôme *unitaire* et un seul. Le sous-groupe du groupe multiplicatif K(X)* engendré par les polynômes unitaires contient donc un élément et un seul de chaque classe de fractions rationnelles associées, et est par conséquent isomorphe au groupe

$$\mathscr{P}^* = K(X)^*/U$$

des idéaux principaux fractionnaires de K(X). En particulier, chaque fois qu'il sera question de pgcd ou de ppcm dans le corps K(X) (relativement à l'anneau K[X]), il sera le plus souvent sous-entendu que ce sont des quotients de polynômes unitaires (ou 0) ; grâce à cette convention on pourra parler *du* pgcd et *du* ppcm d'une famille de fractions rationnelles.

Les éléments extrémaux de K[X] ne sont autres que les *polynômes irréductibles* (IV, p. 13, déf. 2), et l'ensemble des polynômes unitaires irréductibles est un système représentatif d'éléments extrémaux de K[X].

Un polynôme du premier degré est toujours irréductible. Si K est un corps *algébriquement clos* la réciproque est vraie (V, p. 19, prop. 1) ; donc, dans ce cas, tout polynôme

$p(X)$ de degré n de $K[X]$ s'écrit, d'une façon et d'une seule (à l'ordre près des facteurs)

$$p(X) = c(X - a_1)(X - a_2) \dots (X - a_n)$$

où c et les a_i sont des éléments de K.

PROPOSITION 6. — *Pour tout corps* K, *l'ensemble des polynômes unitaires irréductibles de* K[X] *est infini.*

En effet, étant donnée une famille finie non vide quelconque (p_i) $(1 \leqslant i \leqslant n)$ de polynômes unitaires irréductibles distincts, le polynôme $\left(\prod_{i=1}^{n} p_i\right) + 1$ n'est pas inversible, et un facteur unitaire irréductible q de ce polynôme est nécessairement distinct de tous les p_i, sinon il diviserait 1.

§ 2. MODULES DE TORSION SUR UN ANNEAU PRINCIPAL

1. Modules sur un produit d'anneaux

Soient A un anneau et $(\mathfrak{b}_i)_{i \in I}$ une décomposition directe de A, c'est-à-dire (I, p. 105, déf. 7) une famille finie d'idéaux bilatères de A telle que l'homomorphisme canonique de A dans le produit des $A/\mathfrak{b}_i$ soit bijectif. D'après *loc. cit.*, prop. 10, il existe une famille $(e_i)_{i \in I}$ d'idempotents centraux de A tels que $\mathfrak{b}_i = A(1 - e_i)$, $\sum_{i \in I} e_i = 1$ et $e_i e_j = 0$ pour $i \neq j$.

Pour tout A-module à gauche M, notons M_i l'ensemble des $m \in M$ tels que $\mathfrak{b}_i m = 0$; comme $\mathfrak{b}_i$ est un idéal bilatère, c'est un sous-module de M ; de plus, si $a, b \in A$ et $a - b \in \mathfrak{b}_i$, les homothéties a_{M_i} et b_{M_i} coïncident ; il existe donc une unique structure de $A/\mathfrak{b}_i$-module sur M_i telle que la structure de A-module de M_i s'en déduise par l'homomorphisme $A \to A/\mathfrak{b}_i$.

PROPOSITION 1. — *Le* A-*module* M *est somme directe de ses sous-modules* M_i.

Notons $p_i : M \to M$ l'homothétie $m \mapsto e_i m$; comme e_i est central, p_i est A-linéaire ; comme $e_i^2 = e_i$, $\sum_{i \in I} e_i = 1$, et $e_i e_j = 0$ pour $i \neq j$, on a

$$p_i \circ p_i = p_i\,, \quad \sum_{i \in I} p_i = 1_M\,, \quad p_i \circ p_j = 0 \quad \text{pour } i \neq j\,,$$

et les p_i forment une famille orthogonale de projecteurs de somme l'identité (II, p. 18, déf. 7). D'après *loc. cit.*, prop. 12, M est somme directe des sous-modules $p_i(M) = e_i M$. Par ailleurs $e_i M$ est annulé par $\mathfrak{b}_i = A(1 - e_i)$; si $i \neq j$ et $m \in M$, on a $(1 - e_i)\, e_j m = e_j m$, de sorte qu'aucun élément non nul de $e_j M$ n'est annulé par $1 - e_i$ et *a fortiori* par $\mathfrak{b}_i$. Il s'ensuit que $e_i M = M_i$, d'où la proposition.

Remarques. — 1) Inversement, donnons-nous pour chaque i un $A/\mathfrak{b}_i$-module M'_i, et considérons le A-module M somme directe des A-modules M'_i ; alors les sous-modules M_i construits ci-dessus coïncident avec les M'_i (il suffit de noter que, si

$i \neq j$, aucun élément non nul de M'_j n'est annulé par $\mathfrak{b}_i$ puisque $\mathfrak{b}_i + \mathfrak{b}_j = A$). En termes imagés, il revient donc au même de se donner un A-module M ou une famille (M_i) de modules sur les anneaux $A/\mathfrak{b}_i = A_i$.

2) D'après la démonstration précédente, les projecteurs de M sur ses composants M_i sont des homothéties.

3) Pour que le A-module M soit monogène, il faut et il suffit que chacun des M_i le soit : si $M = Am$, alors $M_i = A_i e_i m$; inversement, si $M_i = A_i m_i$, et si $m = \sum_{i \in I} m_i$, alors $M = Am$; en effet, si $n \in M$ se projette sur $a_i m_i$ pour chaque i, et si $a \in A$ est congru à a_i mod. $\mathfrak{b}_i$ pour chaque i, am et n ont même projection sur chaque M_i, donc coïncident.

4) Soient M et N deux A-modules, (M_i) et (N_i) leurs composants. Soit $u \in \operatorname{Hom}_A(M, N)$ une application A-linéaire de M dans N ; pour tout i et tout $m \in M_i$, on a $u(m) \in N_i$, d'où une application A_i-linéaire $u_i \in \operatorname{Hom}_{A_i}(M_i, N_i)$. On vérifie aussitôt que l'application $u \mapsto (u_i)$ est un isomorphisme de **Z**-modules (resp. de A-modules lorsque A est commutatif)

$$\operatorname{Hom}_A(M, N) \to \prod_{i \in I} \operatorname{Hom}_{A_i}(M_i, N_i).$$

2. Décomposition canonique d'un module de torsion sur un anneau principal

Soit M un module sur un anneau commutatif A. Pour tout $\alpha \in A$, nous noterons $M(\alpha)$ le noyau de l'endomorphisme $x \mapsto \alpha x$ de M. Si α et β sont deux éléments de A tels que α divise β, il est clair que $M(\alpha) \subset M(\beta)$. En particulier, lorsque n parcourt l'ensemble des entiers rationnels $\geqslant 1$, les sous-modules $M(\alpha^n)$ forment une suite croissante ; la réunion M_α des $M(\alpha^n)$ est donc un sous-module de M, formé des éléments de M qui sont annulés par une puissance de α. Pour tout sous-module N de M, il est clair que $N_\alpha = N \cap M_\alpha$.

DÉFINITION 1. — *Soit* π *un élément extrémal d'un anneau principal* A ; *on dit qu'un* A-*module* M *est* π-*primaire si, pour tout* $x \in M$, *il existe un entier* $n \geqslant 1$ *tel que* $\pi^n x = 0$ (en d'autres termes, si M est égal au sous-module M_π).

Il est clair que tout module monogène de la forme $A/(\pi^s)$ est π-primaire. Pour un A-module quelconque M, le sous-module M_π est π-primaire.

Lemme 1. — *Soit* M *un module sur un anneau principal* A ; *pour tout* $\alpha \in A$ *tel que* $\alpha \neq 0$, *soit* $\alpha = \varepsilon \prod_{i=1}^{r} \pi_i^{n(i)}$ *une décomposition de* α *en facteurs extrémaux* (VII, p. 3). *Le sous-module* $N = M(\alpha)$ *des éléments de* M *annulés par* α *est somme directe des sous-modules* $M(\pi_i^{n(i)})$, *et l'application qui, à tout* $x \in M(\alpha)$, *fait correspondre son composant dans* $M(\pi_i^{n(i)})$, *est de la forme* $x \mapsto \gamma_i x$ $(\gamma_i \in A)$. *En outre, on a*

$$M(\pi_i^{n(i)}) = N \cap M_{\pi_i} = N_{\pi_i}.$$

Notons d'abord que N est annulé par α, donc muni d'une structure naturelle de $A/(\alpha)$-module. D'après la prop. 4 de VII, p. 3, l'homomorphisme canonique de A/(α) dans le produit des anneaux $A/(\pi_i^{n(i)})$ est un isomorphisme d'anneaux ; appliquant alors la prop. 1 de VII, p. 6, on en déduit que N est somme directe des $M(\pi_i^{n(i)})$; les projecteurs de cette décomposition sont des homothéties d'après VII, p. 7, remarque 2. L'inclusion $M(\pi_i^{n(i)}) \subset M(\alpha) \cap M_{\pi_i}$ est évidente ; inversement, soit $x \in M(\alpha) \cap M_{\pi_i}$. Il existe une puissance π_i^s de π_i qui annule x ; on peut supposer $s \geqslant n(i)$; d'après l'identité de Bezout, il existe $\lambda, \mu \in A$ tels que $\pi_i^{n(i)} = \lambda\pi_i^s + \mu\alpha$, donc $\pi_i^{n(i)}x = 0$ et finalement $x \in M(\pi_i^{n(i)})$.

Lemme 2. — *Soit* M *un module de torsion* (II, p. 115) *sur un anneau intègre* A. *Pour toute famille finie* $(x_i)_{1 \leqslant i \leqslant n}$ *d'éléments de* M, *il existe un élément* $\gamma \neq 0$ *dans* A *tel que les* x_i *appartiennent tous à* M(γ).

En effet, pour chaque indice i, il existe un élément $\alpha_i \neq 0$ dans A qui annule x_i ; l'élément $\gamma = \prod_{i=1}^{n} \alpha_i$ répond à la question.

THÉORÈME 1. — *Soit* M *un module de torsion sur un anneau principal* A ; *pour tout élément extrémal* π *de* A, *soit* M_π *le sous-module de* M *formé des éléments annulés par une puissance de* π. *Si* P *est un système représentatif d'éléments extrémaux de* A, M *est somme directe des sous-modules* M_π, *pour* $\pi \in P$.

Tout élément $x \in M$ appartient à un sous-module M(α) pour un $\alpha \neq 0$, donc, en vertu du lemme 1 est somme d'un nombre fini d'éléments dont chacun appartient à un sous-module M_π. D'autre part, si l'on a $\sum_{\pi \in P} x_\pi = \sum_{\pi \in P} y_\pi$, où $x_\pi \in M_\pi$ et $y_\pi \in M_\pi$ pour tout $\pi \in P$ et où les x_π et y_π sont nuls sauf un nombre fini d'entre eux, le lemme 2 montre qu'il existe $\gamma \neq 0$ dans A tel que les x_π et y_π appartiennent à un même sous-module M(γ) ; l'application du lemme 1 à M(γ) montre que $x_\pi = y_\pi$ pour tout $\pi \in P$, ce qui achève la démonstration.

Il est clair que, si π et π′ sont deux éléments extrémaux associés, on a $M_\pi = M_{\pi'}$; pour un module donné M, le sous-module M_π ne dépend donc que de l'idéal (π) de A ; on dit que c'est *le composant* π-*primaire* du module M, et la décomposition de M en somme directe des M_π est appelée la *décomposition canonique* de M en somme directe de ses composants π-primaires.

COROLLAIRE 1. — *Tout sous-module* N *d'un module de torsion* M *est somme directe des sous-modules* $N \cap M_\pi$.

Cela résulte de ce que $N \cap M_\pi$ est le composant π-primaire N_π de N.

COROLLAIRE 2. — *Pour que le sous-module* N *du* A-*module de torsion* M *soit facteur direct, il faut et il suffit que* N_π *soit facteur direct dans* M_π *pour tout élément extrémal* π *de* A.

En effet, si N et N′ sont deux sous-modules de M, on a $M = N \oplus N'$ si et seulement si $M_\pi = N_\pi \oplus N'_\pi$ pour tout élément extrémal π de A (cor. 1).

COROLLAIRE 3. — *Soit* N *un sous-module du* A*-module de torsion* M. *Si, pour tout élément extrémal* π *de* A, *on a, soit* $N_\pi = 0$, *soit* $(M/N)_\pi = 0$, *alors* N *est facteur direct dans* M.

En effet, la condition $(M/N)_\pi = 0$ implique $N_\pi = M_\pi$, et on applique le cor. 2.

On dit qu'un A-module M est *semi-simple* si tout sous-module de M est facteur direct (*cf.* A, VIII, § 4).

COROLLAIRE 4. — *Soient* A *un anneau principal qui n'est pas un corps, et* M *un* A*-module. Alors* M *est semi-simple si et seulement s'il est de torsion et si* $M_\pi = M(\pi)$ *pour tout élément extrémal* π *de* A.

Supposons d'abord M semi-simple ; soit $x \in M$ et soit π un élément extrémal de A. Si N est un supplémentaire de $A\pi x$ dans M, on peut écrire $x = \alpha\pi x + y$, avec $\alpha \in A$ et $y \in N$; mais cela implique $y = (1 - \alpha\pi)\, x$, donc

$$\pi(1 - \alpha\pi)\, x \in A\pi x \cap N = 0 .$$

Il en résulte d'abord que M est de torsion ; de plus, si $x \in M_\pi$, on a $\pi(1 - \alpha\pi)\, x = 0$ donc $\pi x = \alpha\pi^2 x = \alpha^2\pi^3 x = \cdots = \alpha^n\pi^{n+1} x$ est nul et l'on a $M_\pi = M(\pi)$.

Inversement, il suffit, d'après le cor. 2, de prouver qu'un A-module M annulé par un élément extrémal π est semi-simple ; mais cela est clair, puisque M est alors muni d'une structure naturelle d'espace vectoriel sur le corps $A/(\pi)$, et que les sous-modules de M ne sont autres que les sous-espaces vectoriels de cette structure.

Remarque 1. — Il est clair que l'annulateur de tout élément $\neq 0$ d'un module π-primaire est de la forme $A\pi^k$ (k entier > 0), puisque c'est un idéal principal contenant une puissance de π. Soit x un élément de M ; pour chaque $\pi \in P$, soit x_π le composant de x dans M_π ; l'annulateur de x est le ppcm des annulateurs de ceux des x_π qui sont $\neq 0$, mais en vertu de ce qui précède il est ici égal au *produit* des annulateurs des $x_\pi \neq 0$ (VI, p. 15, prop. 12 (DIV)).

PROPOSITION 2. — *Si* M *est un module de torsion de type fini sur un anneau principal* A, *les composants* π*-primaires de* M *sont nuls à l'exception d'un nombre fini d'entre eux, et les projections de* M *sur ses composants* M_π *sont des homothéties.*

Cela résulte aussitôt du lemme 1, car, en vertu du lemme 2, il existe $\alpha \neq 0$ dans A tel que $M = M(\alpha)$.

Remarque 2. — D'après VII, p. 7, remarque 3, un A-module de torsion de type fini est monogène si et seulement si chacun de ses composants π-primaires l'est.

Un cas particulier important d'application du th. 1 et de la prop. 2 est celui où $A = \mathbf{Z}$; les **Z**-modules ne sont autres que les *groupes commutatifs*. On dit qu'un groupe commutatif est un *groupe de torsion* si c'est un **Z**-module de torsion, c'est-à-dire si tous ses éléments sont d'*ordre fini*. On prend alors pour P l'ensemble des nombres premiers > 0 ; pour tout nombre premier $p > 0$, on dit qu'un groupe (commutatif) est de p-torsion si tous ses éléments ont pour ordre une puissance de p. Avec cette terminologie, le th. 1 montre que *tout groupe commutatif de torsion est somme directe de groupes de p-torsion.* Dans le cas des groupes finis, cela résulte aussi de I, p. 76, th. 4.

3. Applications : I. Décomposition canonique des nombres rationnels et des fractions rationnelles à une indéterminée

THÉORÈME 2. — *Soient* A *un anneau principal,* K *son corps des fractions et* P *un système représentatif d'éléments extrémaux de* A. *Étant donné un élément* $x \in \mathrm{K}$, *il existe une partie finie* H *de* P, *des éléments* $a_0 \in \mathrm{A}$ *et* $a_p \in \mathrm{A}$ *non multiple de* p *dans* A ($p \in \mathrm{H}$), *et des entiers* $s(p) > 0$ ($p \in \mathrm{H}$) *tels que*

$$x = a_0 + \sum_{p \in \mathrm{H}} a_p p^{-s(p)}, \tag{1}$$

où H *et les* $s(p)$ *sont déterminés de façon unique par ces conditions.*

Si de plus R_p *désigne une partie de* A *contenant un élément et un seul de chaque classe de* A mod. p ($p \in \mathrm{P}$), *tout* $x \in \mathrm{K}$ *s'écrit, d'une manière et d'une seule, sous la forme*

$$x = a + \sum_{p \in \mathrm{P}} \Big(\sum_{h=1}^{\infty} r_{ph} p^{-h} \Big) \tag{2}$$

où $a \in \mathrm{A}$ *et* $r_{ph} \in \mathrm{R}_p$ *quels que soient* h *et* p, *les* r_{ph} *étant nuls sauf un nombre fini d'entre eux.*

Considérons K comme muni de sa structure de A-module ; alors A est le sous-module de K engendré par 1. Le module quotient K/A est le quotient de K par la relation d'équivalence $x' - x \in \mathrm{A}$, qui, avec les notations de VI, p. 6, s'écrit aussi $x \equiv x'$ (mod. 1) ; nous noterons f l'application canonique de K sur $\mathrm{M} = \mathrm{K}/\mathrm{A}$.

Le module quotient M est un *module de torsion*, car tout élément de M est de la forme $f(a/b)$ ($a \in \mathrm{A}, b \in \mathrm{A}, b \neq 0$), d'où $bf(a/b) = f(a) = 0$. On peut donc lui appliquer le th. 1 de VII, p. 8. Soit M_p ($p \in \mathrm{P}$) le sous-module des éléments de M annulés par une puissance de p ; alors $\overset{-1}{f}(\mathrm{M}_p)$ est le sous-anneau A_p des éléments de K de la forme ap^{-n} où $a \in \mathrm{A}$ et où n est un entier $\geqslant 0$. Le module M étant somme directe des M_p, tout $x \in \mathrm{K}$ est congru mod. 1 à un élément de la somme des A_p ; en d'autres termes, on peut écrire la formule (1), où les $s(p)$ sont des entiers > 0, et les a_p des éléments de A en nombre fini tels que a_p ne soit pas multiple de p.

Montrons que ces conditions sur les $s(p)$ et les a_p déterminent complètement H et les $s(p)$. En effet, H est alors l'ensemble des $p \in \mathrm{P}$ tels que le composant de $f(x)$ dans M_p soit $\neq 0$. D'autre part si s et s' sont deux entiers > 0 tels que $s \geqslant s'$, a et a' des éléments de A non multiples de p tels que $ap^{-s} \equiv a'p^{-s'}$ (mod. 1) on en déduit que $a \equiv a'p^{s-s'}$ (mod. p^s) ; si l'on avait $s > s'$, on aurait $a \equiv 0$ (mod. p), contrairement à l'hypothèse. Ce raisonnement montre de plus que chaque a_p est bien déterminé mod. $p^{s(p)}$.

Pour achever la démonstration, remarquons d'abord que, dans chaque classe de A mod. p^s, il existe un élément et un seul de la forme $\sum_{h=0}^{s-1} r_h p^h$ avec $r_h \in \mathrm{R}_p$ pour $0 \leqslant h \leqslant s - 1$. Procédons en effet par récurrence sur s (la propriété résultant de la définition de R_p pour $s = 1$) : soit $x \in \mathrm{A}$; dans la classe de x mod. p^{s-1} il existe par hypothèse, un élément et un seul de la forme $\sum_{h=0}^{s-2} r_h p^h$ ($r_h \in \mathrm{R}_p$) ; alors $x - \sum_{h=0}^{s-2} r_h p^h$ est un multiple ap^{s-1} de p^{s-1} ; or il existe un élément r_{s-1} et un seul de R_p tel que $a \equiv r_{s-1}$ (mod. p) ; d'où $x \equiv \sum_{h=0}^{s-1} r_h p^h$ (mod. p^s). Il suffit alors d'appliquer ceci à chaque a_p de la formule (1) pour obtenir la formule (2). L'unicité est évidente en vertu de ce qui précède.

Les cas les plus importants d'application du th. 2 sont les suivants :

I. *L'anneau* A *est l'anneau* **Z** *des entiers rationnels, et* $\mathrm{K} = \mathbf{Q}$. On prend pour P l'ensemble des nombres premiers > 0, et, pour tout $p \in \mathrm{P}$, on prend pour R_p l'intervalle $[0, p-1]$ de **Z**. D'où la décomposition canonique

$$x = a + \sum_{p \in \mathrm{P}} \left(\sum_{h=1}^{\infty} e_{ph}\, p^{-h} \right)$$

où $a \in \mathbf{Z}$, $e_{ph} \in \mathbf{Z}$, $0 \leqslant e_{ph} \leqslant p - 1$.

II. *L'anneau* A *est l'anneau* E[X] *des polynômes à une indéterminée sur un corps commutatif* E, *et* $\mathrm{K} = \mathrm{E(X)}$. On prend pour P l'ensemble des polynômes unitaires irréductibles de E[X] (VII, p. 5). Pour $p \in \mathrm{P}$, on peut, en vertu de la division euclidienne des polynômes (IV, p. 10), prendre pour R_p l'ensemble des polynômes de degré strictement inférieur à celui de p. D'où la décomposition (dite canonique) d'une fraction rationnelle $r(\mathrm{X}) \in \mathrm{E(X)}$:

$$r(\mathrm{X}) = a(\mathrm{X}) + \sum_{p \in \mathrm{P}} \left(\sum_{h=1}^{\infty} v_{ph}(\mathrm{X}) . p(\mathrm{X})^{-h} \right)$$

où $a(\mathrm{X})$ est un polynôme, où $v_{ph}(\mathrm{X})$ est un polynôme de degré strictement inférieur à celui de $p(\mathrm{X})$, quels que soient p et h. Si, en particulier, E est un corps *algébriquement clos*, les $p(\mathrm{X})$ sont de la forme $\mathrm{X} - \alpha$ avec $\alpha \in \mathrm{E}$ (V, p. 19) et les $v_{ph}(\mathrm{X})$ sont donc des constantes.

On peut donc dire que l'espace vectoriel E(X) sur le corps E admet pour *base* l'ensemble formé des monômes X^n (n entier $\geqslant 0$) et des fractions rationnelles de la forme $\mathrm{X}^m/(p(\mathrm{X}))^h$ où p parcourt l'ensemble P, et où, pour chaque p, h parcourt l'ensemble des entiers $\geqslant 1$, et m l'ensemble des entiers tels que $0 \leqslant m < \deg(p)$.

4. Applications : II. Groupe multiplicatif des entiers inversibles modulo *a*

Soit a un entier rationnel > 1, et soit $(\mathbf{Z}/a\mathbf{Z})^*$ le groupe multiplicatif des éléments inversibles de l'anneau $\mathbf{Z}/a\mathbf{Z}$. Si $a = \prod_i p_i^{n(i)}$ est la décomposition de a en facteurs premiers, l'anneau $\mathbf{Z}/a\mathbf{Z}$ est isomorphe au produit des anneaux $\mathbf{Z}/p_i^{n(i)}\mathbf{Z}$ (VII, p. 3, prop. 4), et le groupe $(\mathbf{Z}/a\mathbf{Z})^*$ isomorphe au produit des groupes $(\mathbf{Z}/p_i^{n(i)}\mathbf{Z})^*$. Nous sommes ainsi ramenés à étudier les groupes $(\mathbf{Z}/p^n\mathbf{Z})^*$, où p est un nombre premier ; rappelons (V, p. 77) que l'ordre $\varphi(p^n)$ de $(\mathbf{Z}/p^n\mathbf{Z})^*$ est $p^n - p^{n-1} = p^{n-1}(p-1)$.

Supposons d'abord $p > 2$; l'homomorphisme canonique $\mathbf{Z}/p^n\mathbf{Z} \to \mathbf{Z}/p\mathbf{Z}$ induit par passage aux sous-ensembles un homomorphisme de groupes de $(\mathbf{Z}/p^n\mathbf{Z})^*$ dans $(\mathbf{Z}/p\mathbf{Z})^*$, dont nous noterons le noyau $\mathrm{U}(p^n)$; d'après VII, p. 3, prop. 3, pour que la classe mod. p^n d'un entier m soit inversible, il faut et il suffit que m soit étranger à p, c'est-à-dire que la classe de m mod. p soit inversible. On en déduit que $\mathrm{U}(p^n)$ est formé des classes mod. p^n des entiers congrus à 1 mod. p, donc possède p^{n-1} éléments, et qu'on a la suite exacte

$$\{1\} \to \mathrm{U}(p^n) \to (\mathbf{Z}/p^n\mathbf{Z})^* \to (\mathbf{Z}/p\mathbf{Z})^* \to \{1\}\,. \tag{3}$$

De même, pour $n \geqslant 2$, on note $\mathrm{U}(2^n)$ le noyau de l'homomorphisme canonique de $(\mathbf{Z}/2^n\mathbf{Z})^*$ dans $(\mathbf{Z}/4\mathbf{Z})^*$; c'est un groupe à 2^{n-2} éléments, formé des classes mod. 2^n des entiers congrus à 1 mod. 4, et l'on a la suite exacte

$$\{1\} \to \mathrm{U}(2^n) \to (\mathbf{Z}/2^n\mathbf{Z})^* \to (\mathbf{Z}/4\mathbf{Z})^* \to \{1\}\,. \tag{4}$$

Lemme 3. — *Soient x, y des entiers, k un entier* $\geqslant 0$, *et p un nombre premier* > 2. *Si* $x \equiv 1 + py$ mod. p^2, *on a* $x^{p^k} \equiv 1 + p^{k+1}y$ mod. p^{k+2}. *Si* $x \equiv 1 + 4y$ mod. 8, *on a* $x^{2^k} \equiv 1 + 2^{k+2}y$ mod. 2^{k+3}.

Pour démontrer la première assertion, il suffit de prouver que si $k \geqslant 1$ et si $x \equiv 1 + p^k y$ mod. p^{k+1}, alors $x^p \equiv 1 + p^{k+1}y$ mod. p^{k+2}, et on conclura par récurrence sur l'entier k. Or on a aussitôt, pour $a \in \mathbf{Z}$ et $k \geqslant 1$,

$$(1 + p^k a)^p \equiv 1 + p^{k+1}a \text{ mod. } p^{k+2},$$

donc

$$(1+p^k y+p^{k+1}z)^p = (1+p^k(y+pz))^p \equiv 1+p^{k+1}(y+pz) \equiv 1+p^{k+1}y \text{ mod. } p^{k+2}\,.$$

De même, pour $k \geqslant 1$, on a $(1 + 2^{k+1}a)^2 \equiv 1 + 2^{k+2}a$ mod. 2^{k+3}, donc

$$(1 + 2^{k+1}y + 2^{k+2}z)^2 \equiv 1 + 2^{k+2}y \text{ mod. } 2^{k+3}\,,$$

d'où la deuxième assertion par récurrence sur k.

Proposition 3. — *Soient p un nombre premier* > 2 *et n un entier* > 0 ; *le groupe* $\mathrm{U}(p^n)$ *est cyclique d'ordre* p^{n-1} ; *si* $n \geqslant 2$, *pour que la classe modulo p^n d'un entier x congru à* 1 mod. *p soit un générateur de* $\mathrm{U}(p^n)$, *il faut et il suffit que x ne soit pas congru à* 1 mod. p^2. *Soit m un entier* > 1 ; *le groupe* $\mathrm{U}(2^m)$ *est cyclique d'ordre* 2^{m-2} ; *si* $m \geqslant 3$, *pour que la classe modulo* 2^m *d'un entier x congru à* 1 mod. 4 *soit un générateur de* $\mathrm{U}(2^m)$, *il faut et il suffit que x ne soit pas congru à* 1 mod. 8.

Comme $\mathrm{U}(p^n)$ est d'ordre p^{n-1}, l'ordre de tout élément u de $\mathrm{U}(p^n)$ est une puissance de p, et u est un générateur de $\mathrm{U}(p^n)$ si et seulement si $u^{p^{n-2}} \neq 1$. Or, si u est la classe de $x = 1 + py$, $u^{p^{n-2}}$ est d'après le lemme 3 la classe de $1 + p^{n-1}y$, de sorte que u engendre $\mathrm{U}(p^n)$ si et seulement si $y \not\equiv 0$ mod. p, c'est-à-dire $x \not\equiv 1$ mod. p^2. Par exemple, la classe de $1 + p$ engendre $\mathrm{U}(p^n)$. De même, la classe u de x mod. 2^n engendre $\mathrm{U}(2^n)$ si et seulement si $u^{2^{n-3}} \neq 1$, ce qui d'après le lemme 3 signifie que x n'est pas congru à 1 mod. 8 ; cela est vérifié pour $x = 5$.

Lemme 4. — *Soient* A *un anneau principal, et* $0 \to \mathrm{N} \to \mathrm{M} \to \mathrm{P} \to 0$ *une suite exacte de* A*-modules. Supposons qu'il existe* $a, b \in \mathrm{A}$, *étrangers, tels que* $a\mathrm{N} = 0$, $b\mathrm{P} = 0$. *Alors la suite exacte est scindée. Si de plus* N *et* P *sont monogènes,* M *est monogène.*

On a $ab\mathrm{M} = 0$, donc M est de torsion. La première assertion résulte du cor. 3 de VII, p. 9. Si N et P sont monogènes, ils sont de type fini, ainsi par conséquent que M (II, p. 17, cor. 5) ; comme les composants p-primaires de M sont isomorphes à des composants p-primaires, soit de N, soit de P, M est monogène d'après la remarque 2 de VII, p. 9.

THÉORÈME 3. — *Si* $a = \prod_i p_i^{n(i)}$ *est la décomposition en facteurs premiers de l'entier* $a > 1$, *le groupe* $(\mathbf{Z}/a\mathbf{Z})^*$ *des éléments inversibles de l'anneau* $\mathbf{Z}/a\mathbf{Z}$ *est isomorphe au produit des groupes* $(\mathbf{Z}/p_i^{n(i)}\mathbf{Z})^*$. *Si p est un nombre premier* > 2, *et n un entier* $\geqslant 1$, *le groupe* $(\mathbf{Z}/p^n\mathbf{Z})^*$ *est cyclique d'ordre* $p^{n-1}(p-1)$. *Le groupe* $(\mathbf{Z}/2\mathbf{Z})^*$ *est réduit à l'élément neutre ; pour* $n \geqslant 2$, *le groupe* $(\mathbf{Z}/2^n\mathbf{Z})^*$ *est le produit direct du groupe cyclique d'ordre* 2^{n-2} *engendré par la classe de* 5 mod. 2^n *et du groupe cyclique d'ordre* 2 *formé des classes de* 1 *et* -1 mod. 2^n.

Les ordres p^{n-1} de $\mathrm{U}(p^n)$ et $p-1$ de $(\mathbf{Z}/p\mathbf{Z})^*$ sont étrangers ; comme $\mathrm{U}(p^n)$ et $(\mathbf{Z}/p\mathbf{Z})^*$ sont cycliques (prop. 3 et V, p. 75, lemme 1), le groupe $(\mathbf{Z}/p^n\mathbf{Z})^*$ est cyclique (appliquer le lemme 4 à la suite exacte (3)). Si $n \geqslant 2$, la restriction de l'homomorphisme canonique $v : (\mathbf{Z}/2^n\mathbf{Z})^* \to (\mathbf{Z}/4\mathbf{Z})^*$ au sous-groupe $\{1, -1\}$ est bijectif ; le groupe $(\mathbf{Z}/2^n\mathbf{Z})^*$ est donc produit direct de ce sous-groupe et du noyau $\mathrm{U}(2^n)$ de v ; on conclut grâce à la prop. 3.

Remarque. — Soient p un nombre premier > 2 et x un entier congru à 1 mod. p et non congru à 1 mod. p^2 ; on a une suite exacte de groupes

$$\{0\} \to \mathbf{Z}/p^{n-1}\mathbf{Z} \xrightarrow{u} (\mathbf{Z}/p^n\mathbf{Z})^* \xrightarrow{v} (\mathbf{Z}/p\mathbf{Z})^* \to \{1\}, \tag{5}$$

où v est la projection canonique et où u est déduit par passage aux quotients de l'application $r \mapsto x^r$. Soit $\mathbf{Z}_p$ l'anneau des entiers p-adiques (V, p. 92), et soit x un élément de $\mathbf{Z}_p$ tel que $x - 1 \in p\mathbf{Z}_p$, $x - 1 \notin p^2\mathbf{Z}_p$; par passage à la limite projective, on déduit des suites exactes (5) une suite exacte

$$\{0\} \to \mathbf{Z}_p \xrightarrow{u} \mathbf{Z}_p^* \xrightarrow{v} (\mathbf{Z}/p\mathbf{Z})^* \to \{1\}$$

où v est l'application canonique, et où l'application continue u prolonge l'application $n \mapsto x^n$, $n \in \mathbf{Z}$. On pose souvent $x^n = u(x)$ pour $n \in \mathbf{Z}_p$.

De même, si $x \in \mathbf{Z}_2$, avec $x - 1 \in 4\mathbf{Z}_2$, $x - 1 \notin 8\mathbf{Z}_2$, on a une suite exacte scindée

$$\{0\} \to \mathbf{Z}_2 \xrightarrow{u} \mathbf{Z}_2^* \xrightarrow{v} (\mathbf{Z}/4\mathbf{Z})^* \to \{1\},$$

où u prolonge par continuité l'application $n \mapsto x^n$.

§ 3. MODULES LIBRES SUR UN ANNEAU PRINCIPAL

THÉORÈME 1. — *Soit* A *un anneau tel que tout idéal à gauche de* A *soit un* A-*module projectif* (II, p. 39, déf. 1). *Tout sous-module* M *d'un* A-*module à gauche libre* L *est somme directe de modules isomorphes à des idéaux de* A.

Soit $(e_\iota)_{\iota \in I}$ une base de L, et soient p_ι les fonctions coordonnées relatives à cette base. Munissons I d'une structure d'ensemble *bien ordonné* (E, III, p. 20, th. 1), et désignons par L_ι le sous-module engendré par les e_λ pour $\lambda \leqslant \iota$; nous poserons $M_\iota = M \cap L_\iota$. La fonction coordonnée p_ι applique M_ι sur un idéal $\mathfrak{a}_\iota$ de A ; puisque $\mathfrak{a}_\iota$ est un A-module projectif, il existe (II, p. 39, prop. 4) un sous-module N_ι de M_ι tel que l'application $x \mapsto p_\iota(x)$ de N_ι dans $\mathfrak{a}_\iota$ soit bijective. Soit M'_ι le sous-module de L engendré par les N_λ pour $\lambda \leqslant \iota$; nous allons montrer que $M'_\iota = M_\iota$ pour tout ι, ce qui impliquera que M est engendré par la famille $(N_\iota)_{\iota \in I}$. Supposons en effet que l'on ait $M'_\lambda = M_\lambda$ pour tout $\lambda < \iota$; alors, pour tout $x \in M_\iota$, on a $p_\iota(x) \in \mathfrak{a}_\iota$; il existe donc $y \in N_\iota$ tel que $x - y$ soit combinaison linéaire d'un nombre fini d'éléments e_λ avec $\lambda < \iota$; autrement dit, $x - y$ est élément d'un M_λ avec $\lambda < \iota$; l'hypothèse de récurrence montre que $x - y \in M'_\lambda \subset M'_\iota$ c'est-à-dire $x \in M'_\iota$, d'où $M'_\iota = M_\iota$. Reste à montrer que la somme des N_ι est directe ; or, supposons qu'il existe une relation linéaire $\sum_\iota a_\iota = 0$, avec $a_\iota \in N_\iota$ où les a_ι (nuls sauf un nombre fini d'entre eux) ne sont pas tous nuls. Soit μ le plus grand des indices ι tels que $a_\iota \neq 0$; comme $p_\mu(a_\lambda) = 0$ pour $\lambda < \mu$, on a $p_\mu(a_\mu) = p_\mu(\sum_\iota a_\iota) = 0$ donc $a_\mu = 0$, ce qui est contraire à l'hypothèse.

COROLLAIRE 1. — *Si tout idéal à gauche de* A *est projectif, tout sous-module d'un* A-*module à gauche projectif est projectif.*

En effet, tout A-module projectif est isomorphe à un sous-module d'un module libre (II, p. 39, prop. 4) et on applique le th. 1.

COROLLAIRE 2. — *Sur un anneau principal, tout sous-module d'un module libre est libre.*

Tous les idéaux d'un anneau principal étant des modules libres, cela résulte directement du th. 1.

COROLLAIRE 3. — *Tout module projectif sur un anneau principal est libre.*

Remarque. — La démonstration du th. 1 montre que tout sous-module de $A^{(I)}$ est isomorphe à une somme directe $\bigoplus_{\iota \in I} \mathfrak{a}_\iota$, où chaque $\mathfrak{a}_\iota$ est un idéal de A.

PROPOSITION 1. — *Si* L *est un module libre de rang fini* n *sur un anneau principal* A, *tout sous-module* M *de* L *est un module libre de rang* $\leqslant n$.

En effet, M est un module libre d'après le cor. 2 au th. 1, et il est de rang $\leqslant n$ d'après la remarque précédente ou le lemme suivant :

Lemme 1. — *Soient* L *un module sur un anneau commutatif* A, *ayant un système générateur de n éléments, et* M *un sous-module libre de* L ; *alors* M *est de rang* $\leqslant n$.

Supposons tout d'abord L libre. Notons i l'injection canonique de M dans L. D'après III, p. 88, cor., l'homomorphisme $\bigwedge^{n+1} i : \bigwedge^{n+1} \mathrm{M} \to \bigwedge^{n+1} \mathrm{L}$ est injectif ; d'après III, p. 80, prop. 6, $\bigwedge^{n+1} \mathrm{L} = \{0\}$, donc $\bigwedge^{n+1} \mathrm{M} = \{0\}$; il en résulte que M est de rang $\leqslant n$ (III, p. 87, cor. 1). Passons maintenant au cas général ; L est un quotient d'un module libre L′ de rang n. Il existe un sous-module M′ de L′ isomorphe à M (II, p. 27, prop. 21). D'après la première partie du raisonnement, M′ est de rang $\leqslant n$, d'où le résultat.

Corollaire. — *Soit* E *un module sur un anneau principal* A, *engendré par n éléments. Tout sous-module* F *de* E *admet un système générateur ayant au plus n éléments.*

Il existe en effet un homomorphisme f de A^n sur E (II, p. 25, cor. 3), et $\overset{-1}{f}(\mathrm{F})$, qui est un module libre de rang $m \leqslant n$, est engendré par m éléments ; les images de ceux-ci par f engendrent F.

§ 4. MODULES DE TYPE FINI SUR UN ANNEAU PRINCIPAL

1. Sommes directes finies de modules monogènes

Soit A un anneau commutatif. Rappelons (II, p. 29, prop. 22) qu'un A-module monogène est isomorphe à un *module quotient* $\mathrm{A}/\mathfrak{a}$, où $\mathfrak{a}$ est un idéal de A. Nous verrons plus loin dans ce paragraphe (n° 4) que tout module de type fini sur un anneau principal est somme directe d'un nombre fini de modules monogènes.

Proposition 1. — *Soit* E *un module sur un anneau commutatif* A ; *supposons que* E *soit somme directe de n modules monogènes* $\mathrm{A}/\mathfrak{a}_k$ $(1 \leqslant k \leqslant n)$, *les* $\mathfrak{a}_k$ *étant des idéaux de* A ; *alors, pour tout entier* $p > 0$, *le* A-*module* $\bigwedge^p \mathrm{E}$ *est isomorphe à la somme directe des modules* $\mathrm{A}/\mathfrak{a}_\mathrm{H}$, $\mathfrak{a}_\mathrm{H}$ *désignant, pour toute partie* $\mathrm{H} = \{k_1, \ldots, k_p\}$ *à p éléments de* $[1, n]$, *l'idéal* $\sum_{j=1}^{p} \mathfrak{a}_{k_j}$ *de* A.

Soit x_k le générateur de $\mathrm{A}/\mathfrak{a}_k$ image canonique de l'élément unité de A, de sorte que E est somme directe des $\mathrm{A}x_i$ $(1 \leqslant i \leqslant n)$. On sait alors (III, p. 84, prop. 10) que l'algèbre extérieure $\bigwedge \mathrm{E}$, en tant que A-module, est isomorphe au produit tensoriel $\bigotimes_{i=1}^{n} (\bigwedge (\mathrm{A}x_i))$. Or $\bigwedge (\mathrm{A}x_i)$ se réduit à la somme directe $\mathrm{A} \oplus \mathrm{A}x_i$, tout produit extérieur de deux éléments de $\mathrm{A}x_i$ étant nul, et $\bigwedge^p \mathrm{E}$ est donc somme directe des modules $\mathrm{M}_\mathrm{H} = (\mathrm{A}x_{k_1}) \otimes \ldots \otimes (\mathrm{A}x_{k_p})$, $\mathrm{H} = \{k_1, \ldots, k_p\}$ parcourant l'ensemble des parties à p éléments de $[1, n]$ (avec $k_1 < k_2 < \ldots < k_p$) ; or, on sait que M_H est isomorphe à $\mathrm{A}/\mathfrak{a}_\mathrm{H}$ (II, p. 60, cor. 4), ce qui achève la démonstration.

Nous allons maintenant voir que, avec les notations de la prop. 1, si les idéaux $\mathfrak{a}_k$ forment une suite *croissante*, ils sont entièrement déterminés par la connaissance du module E ; de façon plus précise :

PROPOSITION 2. — *Soient* A *un anneau commutatif, et* E *un* A-*module somme directe de n modules monogènes* $A/\mathfrak{a}_k$, *les* $\mathfrak{a}_k$ *étant tels que* $\mathfrak{a}_1 \subset \mathfrak{a}_2 \subset \ldots \subset \mathfrak{a}_n$. *Alors, pour* $1 \leqslant p \leqslant n$, $\mathfrak{a}_p$ *est l'annulateur de* $\bigwedge^p E$; *si* $\mathfrak{a}_n \neq A$, *le module* $\bigwedge^p E$ *n'est pas réduit à* 0 *pour* $1 \leqslant p \leqslant n$ *et on a* $\bigwedge^m E = 0$ *pour* $m > n$.

En effet, avec les notations de la prop. 1, on a $\mathfrak{a}_H = \mathfrak{a}_{s(H)}$, $s(H)$ désignant le plus grand élément de la partie H. Comme $s(H) \geqslant p$ pour toute partie H à p éléments, et que $s(H) = p$ pour $H = \{1, 2, \ldots, p\}$, $\mathfrak{a}_p$ est l'intersection des $\mathfrak{a}_H$, H parcourant l'ensemble des parties à p éléments de $[\![1, n]\!]$; l'idéal $\mathfrak{a}_p$ est donc bien, en vertu de la prop. 1, l'annulateur de $\bigwedge^p E$.

COROLLAIRE. — *Les notations étant celles de la prop.* 2 *avec* $\mathfrak{a}_n \neq A$, *si* E *est aussi isomorphe à la somme directe de m modules monogènes* $A/\mathfrak{a}'_j$ *avec* $\mathfrak{a}'_1 \subset \ldots \subset \mathfrak{a}'_m \neq A$, *on a* $m = n$ *et* $\mathfrak{a}_k = \mathfrak{a}'_k$ *pour* $1 \leqslant k \leqslant n$ (« unicité des $\mathfrak{a}_k$ »).

2. Contenu d'un élément d'un module libre

Soient A un anneau principal, L un A-module libre, et x un élément de L. Lorsque f parcourt l'ensemble L^* des formes linéaires sur L, les éléments $f(x)$ forment un idéal $\mathfrak{c}_L(x)$ de A, que l'on appelle le *contenu* de x dans L. Un élément c de A est appelé un *contenu* de x dans L s'il engendre l'idéal $\mathfrak{c}_L(x)$; cela revient à dire qu'il existe une forme linéaire f sur L telle que $f(x) = c$ et que c divise $g(x)$ pour toute forme linéaire g sur L. Soit $(e_i)_{i \in I}$ une base de L ; posons $x = \sum a_i e_i$, $a_i \in A$; l'idéal $\mathfrak{c}_L(x)$ est formé des sommes $\sum a_i b_i$, où (b_i) parcourt l'ensemble A^I ; il en résulte aussitôt qu'un élément c de A est un contenu de x dans L si et seulement si c'est un pgcd de la famille (a_i) des coordonnées de x.

On dit que x est *indivisible* si $\mathfrak{c}_L(x) = A$, c'est-à-dire si les coordonnées de x par rapport à une base de L sont étrangères dans leur ensemble.

Lemme 1. — *Soient* L *un module libre sur un anneau principal* A *et x un élément de* L. *Les conditions suivantes sont équivalentes* :

(i) *x est indivisible* ;

(ii) *il existe une forme linéaire f sur* L *telle que* $f(x) = 1$;

(iii) *x est non nul et le sous-module* Ax *de* L *est facteur direct* ;

(iv) *x fait partie d'une base de* L.

(i) ⇒ (ii) : cela résulte de la définition.

(ii) ⇒ (iii) : soit f une forme linéaire sur L telle que $f(x) = 1$; alors $x \neq 0$ et l'application $y \mapsto f(y)\,x$ est un projecteur de L, d'image Ax.

(iii) ⇒ (iv) : soit L′ un supplémentaire de Ax dans L, et soit B′ une base de L′ (VII, p. 14, cor. 2) ; alors $B' \cup \{x\}$ est une base de L.

(iv) ⇒ (i) : c'est trivial.

Remarques. — 1) Si x est un élément non nul de L et c un contenu de x, il existe un unique élément y de L tel que $x = cy$; on le note x/c ; c'est un élément indivisible de L.

2) Le contenu $\mathfrak{c}_L(x)$ est l'annulateur du module de torsion de L/Ax.

Soient L un module libre sur un anneau principal A et M un sous-module de L ; d'après VII, p. 4, lemme 1, la famille des idéaux $\mathfrak{c}_L(x)$, $x \in M$, possède un élément maximal ; si $M \neq \{0\}$, un tel élément maximal est non nul.

PROPOSITION 3. — *Soient* L *un module libre sur un anneau principal* A *et* M *un sous-module non nul de* L. *Soient* x *un élément de* M *tel que* $\mathfrak{c}_L(x)$ *soit maximal parmi les contenus des éléments de* M, c *un contenu de* x *dans* L *et* f *une forme linéaire sur* L *telle que* $f(x) = c$.

a) L *est somme directe de* $A(x/c)$ *et du noyau* K *de* f.

b) M *est somme directe de* Ax *et de* $K \cap M$.

c) *Pour toute forme linéaire* g *sur* L, *on a* $g(M) \subset Ac$.

Posons $y = x/c$; il est clair que $Ay \cap K = \{0\}$, puisque $f(y) = 1$. Par ailleurs, pour tout $u \in L$, on a

$$u = f(u)\,y + (u - f(u)\,y)\,,$$

avec $f(u)\,y \in Ay$ et $u - f(u)\,y \in K$; cela prouve *a*). Notons maintenant que pour $u \in M$, on a $f(u) \in Ac$: en effet, soit $u \in M$, et soit d un pgcd de $f(u)$ et c ; il existe $\lambda, \mu \in A$ avec $d = \lambda f(u) + \mu c = f(\lambda u + \mu x)$; le contenu de l'élément $\lambda u + \mu x$ de M divise donc d ; d'après le caractère maximal de c, cela implique que d est associé à c, donc que $f(u) \in Ac$. Pour tout u dans M, on peut donc écrire

$$u = (f(u)/c)\,x + (u - (f(u)/c)\,x) \in Ax + (K \cap M)\,,$$

d'où *b*). Soit enfin g une forme linéaire sur L ; d'après *a*), il existe un scalaire $\alpha \in A$ et une forme linéaire h sur K tels que l'on ait $g(u) = \alpha f(u) + h(u - f(u)\,y)$; d'après *b*), on a donc $g(M) \subset Ac + h(K \cap M)$. Pour prouver *c*), il suffit donc de démontrer que pour toute forme linéaire h sur K, ou, ce qui revient au même, pour toute forme linéaire h sur L telle que $h(x) = 0$, on a $h(K \cap M) \subset Ac$; or, si $u \in K \cap M$ et si d est un pgcd de $h(u)$ et c, il existe $\lambda, \mu \in A$ avec $d = \lambda h(u) + \mu c$; on a alors $(f + h)\,(\lambda u + \mu x) = d$, ce qui implique comme ci-dessus $h(u) \in Ac$, d'où *c*).

3. Facteurs invariants d'un sous-module

THÉORÈME 1. — *Soient* L *un module libre sur un anneau principal* A, *et* M *un sous-module de rang fini* n *de* L. *Il existe alors une base* B *de* L, n *éléments* e_i *de* B, *et* n *éléments non nuls* α_i *de* A $(1 \leqslant i \leqslant n)$ *tels que* :

a) *les* $\alpha_i e_i$ *forment une base de* M ;

b) α_i *divise* α_{i+1} *pour* $1 \leqslant i \leqslant n - 1$.

De plus le module M' *ayant pour base* (e_i) *et les idéaux principaux* $A\alpha_i$ *sont déter-*

minés de façon unique par les conditions précédentes ; M′/M *est le sous-module de torsion de* L/M, *et est isomorphe à la somme directe des* A*-modules* $A/A\alpha_i$; *enfin* L/M *est somme directe de* M′/M *et d'un module libre isomorphe à* L/M′.

1) *Existence des e_i et des α_i.*

Si $M = \{0\}$, le théorème est trivial. Si $M \neq \{0\}$, il résulte de la prop. 3 qu'il existe un élément e_1 de L, un élément α_1 de A, non nuls, et un sous-module L_1 de L, tels que L soit somme directe de Ae_1 et L_1, que M soit somme directe de $A\alpha_1 e_1$ et du sous-module $M_1 = M \cap L_1$ de L_1, et que pour toute forme linéaire g sur L, on ait $g(M) \subset A\alpha_1$.

On peut alors procéder par récurrence sur le rang n de M. Comme L_1 est un module libre (VII, p. 14, cor. 2), et comme M_1 est de rang $n-1$, il existe une base B_1 de L_1, $n-1$ éléments $e_2, \ldots, e_n$ de B_1, et des éléments non nuls $\alpha_2, \ldots, \alpha_n$ de A tels que $(\alpha_2 e_2, \ldots, \alpha_n e_n)$ soit une base de M_1, et que α_i divise α_{i+1} pour $2 \leqslant i \leqslant n-1$. Si L′ est le sous-module de L_1 engendré par les éléments de B_1 distincts de $e_2, \ldots, e_n$, L est somme directe de L′ et du module M′ engendré par $e_1, \ldots, e_n$; $(e_1, \ldots, e_n)$ est une base de M′, et $(\alpha_1 e_1, \ldots, \alpha_n e_n)$ une base de M. Il ne reste plus qu'à montrer que α_1 divise α_2 ; or, $A\alpha_2$ est de la forme $g(M_1)$, où g est la forme linéaire sur L définie par $g(e_2) = 1$, $g(e_i) = 0$ pour $i \neq 2$, et $g(L') = \{0\}$; et l'on a vu ci-dessus que $g(M_1) \subset A\alpha_1$.

2) *Propriétés d'unicité.*

Comme les α_i sont différents de 0, M′ est l'ensemble des $x \in L$ pour lesquels il existe $\beta \neq 0$ dans A tel que $\beta x \in M$; autrement dit M′/M est le sous-module de torsion de L/M. Ceci détermine M′ de façon unique.

Il est clair que M′/M est isomorphe à la somme directe des n modules monogènes $A/A\alpha_i$ (II, p. 14, formule (26)). Soit r le nombre des idéaux $A\alpha_i$ qui sont distincts de A : les $n-r$ premiers idéaux $A\alpha_i$ sont ainsi égaux à A, les r derniers en étant distincts. Alors M′/M est aussi isomorphe à la somme directe des modules $A/A\alpha_n, \ldots, A/A\alpha_{n-r+1}$, où $A\alpha_n \subset A\alpha_{n-1} \subset \ldots \subset A\alpha_{n-r+1} \neq A$.

Nous sommes donc dans les conditions d'application du cor. de la prop. 2 (VII, p. 16) : les idéaux $A\alpha_i$ $(1 \leqslant i \leqslant n)$ sont déterminés de façon unique par M′/M.

Comme L est somme directe de M′ et de L′, L/M est somme de M′/M et de $(L' + M)/M$, somme qui est directe puisque $M' \cap (L' + M) = M$; d'autre part $(L' + M)/M$ est isomorphe à $L'/(M \cap L')$ (I, p. 39, th. 4, *c*)), c'est-à-dire à L′, ce qui montre que $(L' + M)/M$ est un module libre isomorphe à L/M′.

Corollaire. — *Pour qu'un sous-module de rang fini* M *d'un module libre* L *sur un anneau principal* A *admette un supplémentaire, il faut et il suffit que* L/M *soit sans torsion.*

Avec les notations du th. 1, si L/M est sans torsion, on a $M = M'$, et M′ admet un supplémentaire L′ dans L. Si réciproquement M admet un supplémentaire L′ dans L, L/M est isomorphe à L′, qui est libre (VII, p. 14, cor. 2), et *a fortiori* sans torsion.

Remarque. — Il peut se faire qu'un sous-module M de rang *infini* d'un module libre L soit tel que L/M soit sans torsion, mais que M n'admette pas de supplémentaire dans L (VII, p. 58, exerc. 6, *b*)).

DÉFINITION 1. — *Les hypothèses et les notations étant celles du th.* 1, *les idéaux* $A\alpha_i$ *de* A *sont appelés les facteurs invariants du sous-module* M *par rapport au module* L.

Dans le cas où A est, soit l'anneau **Z** des entiers rationnels, soit l'anneau K[X] des polynômes à une indéterminée sur un corps K, on peut choisir de façon canonique un générateur dans chaque idéal de A : un entier positif dans le cas de **Z**, un polynôme unitaire dans celui de K[X] (VII, p. 5). Dans chacun de ces cas, le générateur canonique du facteur invariant $A\alpha_i$ est aussi appelé, par abus de langage, *facteur invariant* de M par rapport à L.

4. Structure des modules de type fini

THÉORÈME 2. — *Tout module de type fini* E *sur un anneau principal* A *est isomorphe à une somme directe de modules monogènes* $A/\mathfrak{a}_k$, *en nombre fini* m, *où les* $\mathfrak{a}_k$ *sont des idéaux de* A (*dont certains peuvent être nuls*), *tels que* $\mathfrak{a}_1 \subset \mathfrak{a}_2 \ldots \subset \mathfrak{a}_m \neq A$, *et qui sont déterminés de façon unique par ces conditions.*

Si E peut être engendré par q générateurs, il est isomorphe à un module quotient L/M où $L = A^q$ (II, p. 27). Comme M est de rang fini $n \leqslant q$ (VII, p. 14, prop. 1), nous sommes dans les conditions d'application du th. 1 (VII, p. 17). Avec les notations de ce dernier, L/M est isomorphe à la somme directe d'un supplémentaire L′ de M′ dans L, et du module de torsion M′/M. Le module L′ est libre et de rang fini $p = q - n$, donc isomorphe à A^p. Si r est le plus petit indice tel que $A\alpha_r \neq A$, M′/M est isomorphe à la somme directe des modules $A/A\alpha_i$ pour $r \leqslant i \leqslant n$. On satisfera alors aux conditions énoncées en prenant $m = p + (n - r + 1)$, $\mathfrak{a}_k = (0)$ pour $1 \leqslant k \leqslant p$, et $\mathfrak{a}_{p+j} = A\alpha_{n-j+1}$ pour $1 \leqslant j \leqslant n - r + 1$. Quant à l'unicité, elle résulte du cor. de VII, p. 16.

COROLLAIRE 1. — *Tout module de type fini* E *sur un anneau principal est somme directe du sous-module de torsion de* E *et d'un module libre.*

Le sous-module de torsion de E admet en général plusieurs supplémentaires distincts. Par exemple si $E = \mathbf{Z} \times (\mathbf{Z}/(2))$, le sous-module de torsion de E est $\{0\} \times (\mathbf{Z}/(2))$; il admet pour supplémentaire le sous-module $\mathbf{Z} \times \{0\}$, et aussi le sous-module formé des éléments $(n, \bar{n})$, où n parcourt **Z** et $\bar{n}$ est la classe de n mod. 2.

COROLLAIRE 2. — *Sur un anneau principal, tout module sans torsion et de type fini est un module libre de rang fini.*

Ceci résulte aussitôt du cor. 1.

L'hypothèse que le module est de type fini est essentielle. Par exemple le groupe additif du corps des fractions K de A, considéré comme A-module, est sans torsion ; cependant ce n'est pas un module libre si $A \neq K$, car, d'une part, toute famille d'au moins 2 éléments de K est liée, et d'autre part K n'est pas un A-module monogène, sinon on aurait $K = ab^{-1}A$ ($a \in A$, $b \in A$), d'où $b^{-2} = acb^{-1}$ ($c \in A$), $b^{-1} = ac \in A$, et $K = A$.

DÉFINITION 2. — *Les hypothèses et les notations étant celles du th. 2, les idéaux* $\mathfrak{a}_k$ *sont appelés les facteurs invariants du module* E.

Comme dans la déf. 1 (VII, p. 19), lorsque A = **Z** ou A = K[X], le générateur canonique de l'idéal $\mathfrak{a}_k$ (entier positif, ou polynôme unitaire) est aussi appelé, par abus de langage, *facteur invariant* du module de type fini E.

On aura soin de ne pas confondre les facteurs invariants d'*un* module E, avec ceux d'un sous-module M d'un module libre L *par rapport au module* L (déf. 1).

5. Calcul des facteurs invariants

PROPOSITION 4. — *Soient* A *un anneau principal,* L *un* A*-module libre de base finie* (u_j) $(1 \leqslant j \leqslant k)$, M *un sous-module de* L, (x_ι) *un système de générateurs de* M, *et* $A\alpha_i$ $(1 \leqslant i \leqslant n)$ *les facteurs invariants de* M *par rapport à* L. *Alors, pour* $1 \leqslant m \leqslant n$, *le produit* $\delta_m = \alpha_1 \ldots \alpha_m$ *est un pgcd des mineurs d'ordre m de la matrice dont les colonnes sont formées avec les coordonnées des* x_ι *par rapport à la base* (u_j).

D'après le th. 1, il est clair que l'on a $M \subset \alpha_1 L$; donc les coordonnées d'un élément quelconque de M sont toutes multiples de α_1. D'autre part, il existe un élément x de M dont α_1 est un contenu dans L. En exprimant x comme combinaison linéaire des x_ι, on en déduit que α_1 est élément de l'idéal engendré par les coordonnées des x_ι. Comme celles-ci sont toutes multiples de α_1, il en résulte que α_1 est bien leur pgcd, et notre assertion est démontrée pour $m = 1$.

Pour m quelconque, considérons le module $\bigwedge^m M$, *puissance extérieure m-ième* de M (III, p. 76). Avec les notations du th. 1, M admet pour base (a_i) où $a_i = \alpha_i e_i$ $(1 \leqslant i \leqslant n)$; donc $\bigwedge^m M$ admet une base formée des éléments $a_{i_1} \wedge \ldots \wedge a_{i_m}$, $(i_1, \ldots, i_m)$ parcourant l'ensemble des suites strictement croissantes de m indices de $[\![1, n]\!]$. Or les éléments $e_{i_1} \wedge \ldots \wedge e_{i_m}$ appartiennent à une base B_m de $\bigwedge^m L$. Donc l'application canonique de $\bigwedge^m M$ dans $\bigwedge^m L$ est un isomorphisme de $\bigwedge^m M$ sur le sous-module de $\bigwedge^m L$ ayant pour base les éléments $(\alpha_{i_1} \ldots \alpha_{i_m})\, e_{i_1} \wedge \ldots \wedge e_{i_m}$, sous-module que l'on identifie à $\bigwedge^m M$. Comme α_j est multiple de α_k pour $j \geqslant k$, les éléments $\alpha_{i_1} \ldots \alpha_{i_m}$ sont tous multiples de $\delta_m = \alpha_1 \ldots \alpha_m$, et l'un d'eux lui est égal ; donc δ_m est un pgcd de l'ensemble des coordonnées, par rapport à la base B_m de $\bigwedge^m L$, des éléments d'un système de générateurs de $\bigwedge^m M$. La première partie du raisonnement montre alors que δ_m est un pgcd de l'ensemble des coordonnées d'un système quelconque de générateurs de $\bigwedge^m M$, par rapport à une base quelconque de $\bigwedge^m L$. En prenant pour base de $\bigwedge^m L$ celle qui est canoniquement déduite de la base (u_j) de L, et pour système de générateurs de $\bigwedge^m M$ celui formé par les produits extérieurs des (x_ι), l'expression des coordonnées de ces produits au moyen de déterminants (III, p. 96, prop. 9) donne le résultat annoncé.

6. Applications linéaires de modules libres, et matrices sur un anneau principal

Soit A un anneau principal. Considérons une application linéaire f d'un A-module libre L de rang m dans un A-module libre L′ de rang n. Les résultats précédents permettent, par un choix convenable des bases de L et L′, de mettre la matrice de f sous une forme particulièrement simple, dite *forme canonique* de cette matrice.

PROPOSITION 5. — *Soient* A *un anneau principal, et* f *une application linéaire de rang* r *d'un* A-*module libre* L *de rang* m *dans un* A-*module libre* L′ *de rang* n. *Il existe alors des bases* (e_i) $(1 \leqslant i \leqslant m)$ *de* L *et* (e'_j) $(1 \leqslant j \leqslant n)$ *de* L′ *telles que* $f(e_i) = \alpha_i e'_i$ *pour* $1 \leqslant i \leqslant r$ *et* $f(e_i) = 0$ *pour* $i > r$, *les* α_i *étant des éléments non nuls de* A *dont chacun divise le suivant ; les idéaux* $A\alpha_i$ *sont les facteurs invariants de* $f(L)$ *dans* L′, *et sont donc déterminés de façon unique.*

Soit $L_0 = \overset{-1}{f}(0)$ le noyau de f ; le quotient L/L_0 est isomorphe au module $f(L)$, qui est libre en tant que sous-module de L′ (VII, p. 14, cor. 2) ; donc L_0 admet un supplémentaire L_1 dans L (II, p. 27, prop. 21), et la restriction de f à L_1 est un isomorphisme de L_1 sur $f(L) = M'$. Si les idéaux $A\alpha_i$ $(1 \leqslant i \leqslant r)$ sont les facteurs invariants de M′ dans L′, le th. 1 de VII, p. 17 montre qu'il existe une base (e'_j) $(1 \leqslant j \leqslant n)$ de L′ telle que $(\alpha_i e'_i)$ $(1 \leqslant i \leqslant r)$ soit une base de M′. Comme la restriction de f à L_1 est un isomorphisme de L_1 sur M′, il existe une base (e_i) $(1 \leqslant i \leqslant r)$ de L_1 telle que $f(e_i) = \alpha_i e'_i$. On complète cette base de L_1 en une base (e_k) $(1 \leqslant k \leqslant m)$ de L au moyen d'une base (e_s) $(r + 1 \leqslant s \leqslant m)$ du noyau L_0.

COROLLAIRE 1. — *Soit X une matrice de rang r, à n lignes et m colonnes, sur un anneau principal* A ; *il existe alors une matrice X_0 équivalente à X* (II, p. 155) *de la forme*

$$\begin{pmatrix} \alpha_1 & 0 & \ldots & 0 & 0 & \ldots & 0 \\ 0 & \alpha_2 & \ldots & 0 & 0 & \ldots & 0 \\ \cdots & \cdots & \cdots & \cdots & \cdots & \cdots & \cdots \\ 0 & 0 & \ldots & \alpha_r & 0 & \ldots & 0 \\ 0 & 0 & \ldots & 0 & 0 & \ldots & 0 \\ \cdots & \cdots & \cdots & \cdots & \cdots & \cdots & \cdots \\ 0 & 0 & \ldots & 0 & 0 & \ldots & 0 \end{pmatrix}$$

les α_i étant des éléments non nuls de A *dont chacun divise le suivant. Dans ces conditions les α_i sont déterminés à des facteurs inversibles près.*

Étant données que deux matrices X et X' sont équivalentes s'il existe des matrices carrées inversibles P et Q, d'ordres n et m, sur A, telles que $X' = PXQ$, le corollaire 1 n'est que la traduction en termes de matrices de la prop. 5.

Avec les notations de la prop. 5 et du cor. 1, les idéaux (non nuls) $A\alpha_i$ sont appelés les *facteurs invariants* de l'application linéaire f, ou de la matrice X. Il résulte alors aussitôt du cor. 1 que :

COROLLAIRE 2. — *Pour que deux matrices X et X' à n lignes et m colonnes sur un anneau principal* A *soient équivalentes, il faut et il suffit qu'elles aient mêmes facteurs invariants.*

On remarquera que, lorsque A est un *corps*, on peut prendre les α_i égaux à 1, et l'on retrouve alors la prop. 13 de II, p. 160.

Si X est la matrice de l'application linéaire f par rapport à une base quelconque de L et une base quelconque de L′, les colonnes de X sont formées avec les coordonnées, par rapport à la base de L′, d'éléments de L′ qui constituent un système générateur de f(L). On déduit donc aussitôt de la prop. 4 le résultat suivant :

PROPOSITION 6. — *Soient X une matrice de rang r sur un anneau principal* A, *et* $A\alpha_i$ $(1 \leqslant i \leqslant r)$ *la suite de ses facteurs invariants. Alors* α_1 *est un pgcd des éléments de X ; et le produit* $\alpha_1 \dots \alpha_q$ *est un pgcd des mineurs d'ordre q de X pour tout* $q \leqslant r$.

7. Groupes commutatifs de type fini

Dans le cas où A = **Z**, les résultats du n° 4 s'écrivent :

THÉORÈME 3. — *Tout groupe commutatif* G *de type fini est somme directe de son sous-groupe de torsion* F (sous-groupe des éléments d'ordre fini de G) *et d'un groupe commutatif libre de rang fini p* (isomorphe à $\mathbf{Z}^p$). *Le groupe* F *est somme directe d'un nombre fini de groupes cycliques d'ordres* $n_1, n_2, \dots, n_q$, *où les n_i sont des entiers* > 1 *dont chacun divise le précédent* ; *en outre, les entiers p, q et n_i* $(1 \leqslant i \leqslant q)$ *sont déterminés de façon unique par* G.

Remarque. — Tandis que les *ordres* $n_1, \dots, n_q$ des groupes cycliques dont F est la somme directe sont bien déterminés par la condition de divisibilité du th. 3, il n'en est *pas* ainsi de ces sous-groupes eux-mêmes : par exemple, dans le produit G de $\mathbf{Z}/(p)$ par lui-même (p premier), les sous-groupes sont identiques aux sous-espaces vectoriels sur le corps $\mathbf{F}_p$, et G est somme directe de deux sous-espaces de dimension 1 de $p(p+1)$ façons différentes.

COROLLAIRE 1. — *Dans un groupe commutatif fini* G, *il existe un élément dont l'ordre est le ppcm des ordres de tous les éléments de* G ; *cet ordre n_1 est le premier facteur invariant de* G.

COROLLAIRE 2. — *Tout groupe commutatif fini* G *dont l'ordre n'est pas divisible par le carré d'un entier* > 1 *est cyclique.*

Conservons les notations du th. 3. On a $p = 0$ car G est fini et $q \leqslant 1$, car sinon l'ordre de G serait divisible par n_q^2. Donc G est cyclique.

COROLLAIRE 3. — *Soient* L, M *deux* **Z***-modules libres de rang n*, (e_i) *une base de* L, (f_i) *une base de* M $(1 \leqslant i \leqslant n)$, *$u$ un homomorphisme de* L *dans* M, *U sa matrice par rapport aux bases* (e_i) *et* (f_i). *Pour que* Coker(u) = M/u(L) *soit fini, il faut et il suffit que* $\det(U) \neq 0$, *et on a alors* $\mathrm{Card}(\mathrm{Coker}(u)) = |\det(U)|$.

En changeant au besoin de bases dans L et M on peut supposer que U est de la forme décrite dans VII, p. 21, cor. 1 de la prop. 5 (les α_i étant ici des entiers) ; le corollaire devient alors évident, l'ordre d'une somme directe de $\mathbf{Z}$-modules $\mathbf{Z}/\alpha_i\mathbf{Z}$ ($1 \leqslant i \leqslant n$) étant infini si l'un des α_i est nul et égal à $|\alpha_1 \alpha_2 \ldots \alpha_n|$ sinon.

8. Modules indécomposables. Diviseurs élémentaires

Définition 3. — *Un module à gauche* M *sur un anneau* A *est dit décomposable s'il est somme directe d'une famille de sous-modules distincts de* M *et de* $\{0\}$, *indécomposable dans le cas contraire.*

Un module réduit à 0 est donc *décomposable*, étant somme directe de la famille vide de sous-modules.

Soit $\mathfrak{a}$ un idéal à gauche de l'anneau A ; les sous-modules de $A_s/\mathfrak{a}$ sont les quotients $\mathfrak{b}/\mathfrak{a}$, où $\mathfrak{b}$ est un idéal de A contenant $\mathfrak{a}$ (I, p. 39, th. 4) ; si $\mathfrak{b}$ et $\mathfrak{c}$ sont deux idéaux de A contenant $\mathfrak{a}$, le module $A/\mathfrak{a}$ est somme directe de ses sous-modules $\mathfrak{b}/\mathfrak{a}$ et $\mathfrak{c}/\mathfrak{a}$ si et seulement si on a $A = \mathfrak{b} + \mathfrak{c}$ et $\mathfrak{b} \cap \mathfrak{c} = \mathfrak{a}$. Par conséquent :

Lemme 2. — Pour que le module $A/\mathfrak{a}$ *soit indécomposable, il faut et il suffit que* $\mathfrak{a} \neq A$, *et qu'il n'existe pas de couple* $(\mathfrak{b}, \mathfrak{c})$ *d'idéaux de* A, *distincts de* A *et de* $\mathfrak{a}$, *et tels que* $A = \mathfrak{b} + \mathfrak{c}$, $\mathfrak{a} = \mathfrak{b} \cap \mathfrak{c}$.

Proposition 7. — *Soient* A *un anneau commutatif,* $\mathfrak{p}$ *un idéal premier de* A (I, p. 111, déf. 3) *et* $\mathfrak{q}$ *un idéal de* A *contenu dans* $\mathfrak{p}$. *On suppose qu'il existe pour tout* $x \in \mathfrak{p}$ *un entier* $n > 0$ *tel que* $x^n \in \mathfrak{q}$. *Alors le* A-*module* $A/\mathfrak{q}$ *est indécomposable.*

Soient $\mathfrak{b}$ et $\mathfrak{c}$ deux idéaux de A, tels que $A = \mathfrak{b} + \mathfrak{c}$ et $\mathfrak{b} \cap \mathfrak{c} = \mathfrak{q}$. On a $\mathfrak{b}\mathfrak{c} \subset \mathfrak{b} \cap \mathfrak{c} = \mathfrak{q} \subset \mathfrak{p}$; si $x \notin \mathfrak{p}$ et $x \in \mathfrak{c}$, alors $x\mathfrak{b} \subset \mathfrak{p}$, donc $\mathfrak{b} \subset \mathfrak{p}$ (I, p. 111, prop. 4) ; on a donc, soit $\mathfrak{b} \subset \mathfrak{p}$, soit $\mathfrak{c} \subset \mathfrak{p}$. Supposons par exemple $\mathfrak{c} \subset \mathfrak{p}$, donc $\mathfrak{b} + \mathfrak{p} = A$; il existe $x \in \mathfrak{b}$ et $y \in \mathfrak{p}$ tels que $1 = x + y$; soit $n \in \mathbf{N}$ tel que $y^n \in \mathfrak{q}$; on a $1 = (x + y)^n$, donc $1 \in xA + y^nA \subset \mathfrak{b} + \mathfrak{q} \subset \mathfrak{b}$, donc $\mathfrak{b} = A$. Appliquant le lemme 2, on en déduit que $A/\mathfrak{q}$ est indécomposable.

Supposons maintenant A principal ; d'après VII, p. 2, prop. 2, les idéaux premiers de A sont les idéaux (p), où p est un élément extrémal de A, et l'idéal 0 ; d'après la proposition précédente, les modules A et $A/(p^n)$, p extrémal, $n > 0$, sont indécomposables. Comme tout module monogène est somme directe de modules du type précédent (VII, p. 3, prop. 4) et que tout A-module de type fini est somme directe de modules monogènes (VII, p. 19, th. 2), on en conclut :

Proposition 8. — *Soient* A *un anneau principal et* M *un* A-*module de type fini.*

a) *Pour que* M *soit indécomposable, il faut et il suffit qu'il soit isomorphe à* A *ou à un module de la forme* $A/(p^n)$, *où* p *est un élément extrémal de* A *et* n *un entier* > 0.

b) M *est somme directe d'une famille finie de sous-modules indécomposables.*

On peut préciser la partie *b*) de la proposition précédente comme suit :

PROPOSITION 9. — *Soient* A *un anneau principal,* P *un système représentatif d'éléments extrémaux de* A *et* M *un* A*-module de type fini. Il existe des entiers positifs* $m(0)$ *et* $m(p^n)$, $p \in \mathrm{P}$, $n > 0$, *uniquement déterminés, nuls à l'exception d'un nombre fini et tels que* M *soit isomorphe à la somme directe de* $\mathrm{A}^{m(0)}$ *et des* $(\mathrm{A}/(p^n))^{m(p^n)}$, $p \in \mathrm{P}$, $n > 0$.

L'existence des entiers $m(0)$ et $m(p^n)$, $p \in \mathrm{P}$, $n > 0$ résulte de la prop. 8. L'entier $m(0)$ est uniquement déterminé : c'est le rang du module libre quotient de M par son sous-module de torsion. Enfin, le composant p-primaire de M est isomorphe à la somme directe des $(\mathrm{A}/(p^n))^{m(p^n)}$; comme la famille des idéaux (p^n) $(n \geqslant 1)$ est totalement ordonnée par inclusion, l'unicité des $m(p^n)$ résulte du cor. de la prop. 2 de VII, p. 16.

DÉFINITION 4. — *Les notations étant celles de la prop.* 9, *les idéaux* (p^n) $(p \in \mathrm{P}$, *n entier* $\geqslant 1)$ *tels que* $m(p^n) > 0$ *sont appelés les diviseurs élémentaires du module* M, *et les entiers* $m(p^n)$ *leurs multiplicités ; si l'entier* $m(0)$ *est* > 0, *on l'appelle la multiplicité du diviseur élémentaire* 0.

Comme pour les facteurs invariants (VII, p. 19, déf. 1), lorsque $\mathrm{A} = \mathbf{Z}$, ou $\mathrm{A} = \mathrm{K}[\mathrm{X}]$ (K corps commutatif), le générateur canonique de l'idéal (p^n) (entier positif ou polynôme unitaire) est aussi appelé, par abus de langage, *diviseur élémentaire* du module de type fini M.

Remarques. — 1) Si M est un groupe commutatif fini, on décrit sa structure en écrivant successivement ses diviseurs élémentaires, chacun autant de fois que l'indique sa multiplicité. On dira, par exemple, que le groupe M est « de type (2, 2, 4, 27, 27, 25) » (ou que c'est « un groupe (2, 2, 4, 27, 27, 25) ») s'il est isomorphe au produit de deux groupes $\mathbf{Z}/(2)$, d'un groupe $\mathbf{Z}/(2^2)$, de deux groupes $\mathbf{Z}/(3^3)$ et d'un groupe $\mathbf{Z}/(5^2)$.

2) Si un module de torsion de type fini M sur un anneau principal A est donné comme somme directe de modules monogènes isomorphes à des $\mathrm{A}/(a_i)$ (et en particulier lorsqu'on connaît les facteurs invariants de M), on détermine les diviseurs élémentaires de M, ainsi que leurs multiplicités, en remarquant que $\mathrm{A}/(a)$ est isomorphe au produit des $\mathrm{A}/(p^{n(p)})$, si $a = \varepsilon \prod_{p \in \mathrm{P}} p^{n(p)}$ est la décomposition de a en facteurs extrémaux (VII, p. 3). Étudions par exemple le groupe multiplicatif G(464 600), où G(n) désigne pour simplifier le groupe multiplicatif $(\mathbf{Z}/n\mathbf{Z})^*$ (VII, p. 11). Comme $464\,600 = 2^3.5^2.23.101$, ce groupe est isomorphe au produit des groupes $\mathrm{G}(2^3)$, $\mathrm{G}(5^2)$, G(23) et G(101) (VII, p. 13, th. 3) ; or, les trois derniers groupes sont cycliques d'ordres 20, 22 et 100, et $\mathrm{G}(2^3)$ est produit de deux groupes cycliques d'ordre 2 (*loc. cit.*) ; comme $20 = 2^2.5$, $22 = 2.11$ et $100 = 2^2.5^2$, le groupe G(464 600) est du type $(2, 2, 2, 2^2, 2^2, 5, 5^2, 11)$.

3) Pour le calcul des facteurs invariants d'un module de torsion dont on suppose connus les diviseurs élémentaires, on s'appuie encore sur le fait que, si les a_i sont des éléments de A étrangers deux à deux, le produit $\prod_i \mathrm{A}/(a_i)$ est un module monogène isomorphe à $\mathrm{A}/(a_1 a_2 \ldots a_n)$ (VII, p. 3, prop. 4). Exposons la méthode sur l'exemple du groupe $\mathrm{M} = \mathrm{G}(464\,600)$: on écrit sur une même ligne les diviseurs élémentaires p^n de M relatifs au même élément extrémal p, en commençant par ceux d'exposant le plus élevé ; chaque ligne ainsi formée est complétée (si nécessaire) par des 1, de façon à avoir des lignes de même longueur :

$$\begin{matrix} 2^2, & 2^2, & 2, & 2, & 2 \\ 5^2, & 5, & 1, & 1, & 1 \\ 11, & 1, & 1, & 1, & 1 \end{matrix}$$

Les facteurs invariants sont alors les produits des éléments d'une même colonne : 1 100, 20, 2, 2, 2. En effet, M est isomorphe à un produit de groupes cycliques d'ordres 1 100, 20, 2, 2, 2 d'après la prop. 4 de VII, p. 3 ; comme chacun de ces ordres est multiple du suivant, ce sont les facteurs invariants de M (VII, p. 22, th. 3).

4) Un A-module est dit *simple* (I, p. 36) s'il est non nul et s'il ne possède pas d'autres sous-modules que lui-même et 0 ; il est alors nécessairement monogène, donc de type fini, et indécomposable ; comme les modules $A/(p^n)$ pour $n \neq 1$ ne sont pas simples, que les modules $A/(p)$ le sont, et que A n'est simple que si l'anneau A est un corps, on en conclut que les A-modules simples sont :

a) lorsque A est un corps, les modules libres de rang 1 ;

b) lorsque A n'est pas un corps, les modules isomorphes à des quotients $A/(p)$, où p est un élément extrémal de A.

9. Dualité des modules de longueur finie sur un anneau principal

Dans ce n°, A désigne un anneau principal qui n'est pas un corps (et a donc au moins un élément extrémal), K le corps des fractions de A. Pour tout A-module M, on posera

$$D(M) = \mathrm{Hom}_A(M, K/A) ;$$

on sait que D(M) est canoniquement muni d'une structure de A-module, telle que, pour tout homomorphisme $u : M \to K/A$ et tout $\alpha \in A$, αu soit l'homomorphisme $x \mapsto \alpha u(x) = u(\alpha x)$. A tout homomorphisme de A-modules $f : M \to N$, on associe l'homomorphisme $D(f) : D(N) \to D(M)$ tel que $D(f)(v) = v \circ f$ (II, p. 6). Pour $x \in M$, $x' \in D(M)$, nous poserons $\langle x, x' \rangle = x'(x) \in K/A$; $(x, x') \mapsto \langle x, x' \rangle$ est une application A-*bilinéaire* de $M \times D(M)$ dans K/A, dite *canonique*.

Si M et N sont deux A-modules, à toute application A-bilinéaire $\varphi : M \times N \to K/A$ sont associées l'application A-linéaire $d_\varphi : N \to D(M)$ et l'application A-linéaire $s_\varphi : M \to D(N)$ telles que $d_\varphi(y)(x) = \varphi(x, y)$ et $s_\varphi(x)(y) = \varphi(x, y)$ (II, p. 74, cor. de la prop. 1). En particulier, l'application A-bilinéaire canonique $M \times D(M) \to K/A$ définit ainsi une application A-linéaire (dite aussi *canonique*).

$$c_M : M \to D(D(M))$$

telle que $\langle x', c_M(x) \rangle = \langle x, x' \rangle$ pour $x \in M$, $x' \in D(M)$.

PROPOSITION 10. — *Si* M *est un* A-*module de longueur finie*, D(M) *est isomorphe* (non canoniquement, en général) *à* M, *et l'application canonique* $c_M : M \to D(D(M))$ *est un isomorphisme.*

Utilisant VII, p. 19, th. 2 et II, p. 13, cor. 1, on se ramène au cas où M est monogène. On peut donc supposer $M = A/tA$, avec $t \neq 0$. Notons que tout homomorphisme $u : A/tA \to K/A$ est entièrement déterminé par l'image $\xi \in K/A$ par u de la classe ε de 1 mod. tA, cet élément devant satisfaire à la relation $t\xi = 0$; inversement, pour tout $\xi \in K/A$ tel que $t\xi = 0$, il existe un homomorphisme $u : A/tA \to K/A$ tel que $u(\varepsilon) = \xi$. On en conclut que D(M) est isomorphe à $t^{-1}A/A$, et comme l'homothétie de rapport t est bijective dans K, D(M) est aussi isomorphe à A/tA, ce qui démontre la première assertion. Cela montre que M et D(D(M)) sont isomorphes, donc ont même longueur ; d'autre part, c_M est injective, car si $y \in A$ est tel que la relation $tz \in A$ (pour $z \in K$) entraîne $yz \in A$, on a, en prenant $z = t^{-1}$, $y \in tA$. On en conclut que l'image $c_M(M)$ est nécessairement égale à D(D(M)).

COROLLAIRE. — *Soient* M, N *deux* A-*modules de longueur finie,* φ *une application* A-*bilinéaire de* $M \times N$ *dans* K/A, *telle que* : 1° *la relation* $\varphi(x, y) = 0$ *pour tout* $y \in N$ *entraîne* $x = 0$; 2° *la relation* $\varphi(x, y) = 0$ *pour tout* $x \in M$ *entraîne* $y = 0$. *Alors les applications* A-*linéaires* $s_\varphi : M \to D(N)$ *et* $d_\varphi : N \to D(M)$ *associées à* φ *sont des isomorphismes.*

En effet, les hypothèses sur φ signifient que s_φ et d_φ sont *injectives*, et comme long(D(N)) = long(N) et long(D(M)) = long(M) en vertu de la prop. 10, cela entraîne que long(M) = long(N), et par suite s_φ et d_φ sont bijectives.

PROPOSITION 11. — *Si* $M' \xrightarrow{u} M \xrightarrow{v} M''$ *est une suite exacte de* A-*modules de longueur finie, la suite* $D(M'') \xrightarrow{D(v)} D(M) \xrightarrow{D(u)} D(M')$ *est exacte* [1].

Montrons d'abord que si l'on a une suite exacte

$$0 \to M' \to M \to M'' \to 0 \tag{1}$$

la suite correspondante

$$0 \to D(M'') \to D(M) \to D(M') \to 0$$

est exacte ; on sait en effet que la suite

$$0 \to D(M'') \to D(M) \to D(M')$$

est exacte (II, p. 36, th. 1) ; d'autre part, on tire de (1) que l'on a

$$\mathrm{long}(M) = \mathrm{long}(M') + \mathrm{long}(M'')$$

(II, p. 21, prop. 16) ; compte tenu de la prop. 10, on a donc

$$\mathrm{long}(D(M)) = \mathrm{long}(D(M')) + \mathrm{long}(D(M'')),$$

autrement dit, long(D(M')) = long(D(M)/D(M'')). Comme D(M)/D(M'') s'identifie canoniquement à un sous-module de D(M'), il est nécessairement identique à D(M'), ce qui prouve notre assertion.

Cela entraîne aussitôt que si $u : M' \to M$ est injectif, $D(u) : D(M) \to D(M')$ est surjectif ; la conclusion résulte alors de II, p. 9, remarque 4.

Pour tout A-module M, désignons par $\mathfrak{S}(M)$ l'ensemble des sous-modules de M. Pour tout sous-module N de M (resp. tout sous-module N' de D(M)), désignons par N^0 (resp. N'^0) le sous-module de D(M) (resp. de M) formé des $x' \in D(M)$ (resp. $x \in M$) tels que $\langle y, x' \rangle = 0$ pour tout $y \in N$ (resp. $\langle x, y' \rangle = 0$ pour tout $y' \in N'$).

[1] Nous verrons plus tard (A, X, p. 18) que le A-module K/A est injectif. Par suite, la prop. 11 reste valable pour des A-modules quelconques M, M' et M''.

PROPOSITION 12. — *Soit* M *un* A*-module de longueur finie. Alors l'application qui, à tout sous-module* N *de* M, *fait correspondre* N^0, *est une bijection de* $\mathfrak{S}(M)$ *sur* $\mathfrak{S}(D(M))$, *et la bijection réciproque fait correspondre à tout sous-module* N' *de* D(M) *le sous-module* N'^0 *de* M ; D(N) *s'identifie canoniquement à* $D(M)/N^0$ *et* D(M/N) *à* N^0. *En outre, on a*

$$(N_1 + N_2)^0 = N_1^0 \cap N_2^0, \quad (N_1 \cap N_2)^0 = N_1^0 + N_2^0 \tag{2}$$

quels que soient les sous-modules N_1, N_2 *de* M.

Pour tout sous-module N de M, on a la suite exacte

$$0 \to N \to M \to M/N \to 0$$

d'où la suite exacte (prop. 11)

$$0 \to D(M/N) \to D(M) \to D(N) \to 0$$

et comme l'image de D(M/N) dans D(M) est évidemment N^0, on voit (prop. 10) que l'on a $\mathrm{long}(N^0) = \mathrm{long}(M) - \mathrm{long}(N)$; comme M s'identifie à D(D(M)) par la prop. 10, on a de même

$$\mathrm{long}(N^{00}) = \mathrm{long}(M) - \mathrm{long}(N^0) = \mathrm{long}(N) ;$$

d'ailleurs on a évidemment $N \subset N^{00}$, d'où $N^{00} = N$. De plus la première relation (2) est évidente, et en l'appliquant aux sous-modules N_1^0 et N_2^0 de D(M), il vient $(N_1^0 + N_2^0)^0 = N_1 \cap N_2$, d'où $N_1^0 + N_2^0 = (N_1^0 + N_2^0)^{00} = (N_1 \cap N_2)^0$. Ceci achève de démontrer la proposition.

Exemples. — 1) Pour A = **Z**, les **Z**-modules de longueur finie ne sont autres que les *groupes commutatifs finis* ; on a alors K = **Q**, donc K/A = **Q**/**Z**. Pour définir alors D(M), on prend parfois, au lieu de **Q**/**Z**, un **Z**-module qui lui est isomorphe, par exemple (V, p. 75, prop. 2) le groupe R des racines de l'unité (noté multiplicativement) dans un corps algébriquement clos de caractéristique 0 ; on pose alors $D(M) = \mathrm{Hom}_{\mathbf{Z}}(M, R)$. Nous laissons au lecteur le soin de traduire les résultats qui précèdent dans ce cas particulier et avec les notations correspondantes.

2) Soit a un élément non nul de A. L'application $x \mapsto x/a$ de A dans K induit par passage au quotient un isomorphisme de A-modules de $A/(a)$ sur le sous-module $(K/A)(a)$ de K/A formé des éléments annulés par a. Si M est un A-module annulé par a, ou, ce qui revient au même, un $A/(a)$-module, le A-module D(M) s'identifie donc à $\mathrm{Hom}_{A/(a)}(M, A/(a))$. Nous laissons au lecteur le soin de traduire les résultats qui précèdent dans ce cas particulier et avec les notations correspondantes (*cf.* V, p. 82).

§ 5. ENDOMORPHISMES DES ESPACES VECTORIELS

Notations. — Étant donnés un module M, un élément $x \in \mathrm{M}$, et deux endomorphismes u et v de M, nous écrirons dans ce paragraphe $u.x$, $uv.x$, uv, au lieu de $u(x)$, $(u \circ v)(x)$, $u \circ v$ respectivement ; nous désignerons par 1 l'application identique de M sur lui-même, lorsqu'il n'en résultera pas de confusion.

1. Le module associé à un endomorphisme

Soient A un anneau commutatif, M un A-module, u un A-endomorphisme de M. Rappelons (III, p. 105) que l'application $(p(\mathrm{X}), x) \mapsto p(u).x$ de $\mathrm{A}[\mathrm{X}] \times \mathrm{M}$ dans M munit M d'une structure de A[X]-module, notée M_u. Rappelons aussi (III, p. 105 et 106) que si l'on note M[X] le A[X]-module obtenu par extension des scalaires du A-module M de A à A[X], et si $\bar{u}$ désigne le A[X]-endomorphisme de M[X] déduit de u, on a une suite exacte de A[X]-modules [1]

$$0 \to \mathrm{M}[\mathrm{X}] \xrightarrow{\psi} \mathrm{M}[\mathrm{X}] \xrightarrow{\varphi} \mathrm{M}_u \to 0\,, \tag{1}$$

où $\varphi(p(\mathrm{X}) \otimes x) = p(u).x$ et $\psi = \mathrm{X} - \bar{u}$.

On dit qu'un endomorphisme u d'un A-module M et un endomorphisme u' d'un A-module M′ sont *semblables* s'il existe un isomorphisme g de M sur M′ tel que $u' \circ g = g \circ u$, c'est-à-dire (III, p. 106, prop. 19) un isomorphisme g de M_u sur $\mathrm{M}'_{u'}$. Si M (resp. M′) est libre de base finie B (resp. B′), et si $M(u)$ (resp. $M(u')$) est la matrice de u (resp. u') par rapport à B (resp. B′), u et u' sont semblables si et seulement si les matrices $M(u)$ et $M(u')$ sont semblables (II, p. 155, déf. 6). Les *polynômes caractéristiques* (III, p. 107, déf. 3) de deux endomorphismes semblables de modules libres de type fini sont égaux (III, p. 106, prop. 19).

Soit K un corps commutatif ; la donnée d'un couple (E, u) formé d'un espace vectoriel E sur K, et d'un endomorphisme u de E, est donc équivalente à celle du K[X]-module E_u. Comme l'anneau K[X] est un anneau *principal* (IV, p. 11, prop. 11), on peut appliquer à E_u les résultats des paragraphes précédents.

Traduisons d'abord certaines notions, du langage des modules dans celui des endomorphismes d'espaces vectoriels :

« V est un sous-module de E_u » signifie : « V est un sous-espace vectoriel de E, stable pour u ».

[1] L'injectivité de ψ, qui n'est pas énoncée dans la prop. 18 de III, p. 106, se démontre comme suit : avec les notations de *loc. cit.*, on a

$$\psi(\textstyle\sum (\mathrm{X}^k \otimes x_k)) = \sum \mathrm{X}^k \otimes (x_{k-1} - u(x_k))\,.$$

Si $\sum \mathrm{X}^k \otimes x_k$ appartient au noyau de ψ, on a donc $x_{k-1} = u(x_k)$ pour tout k, et les x_k sont tous nuls, puisque la famille (x_k) est à support fini.

« V est un sous-module monogène de E_u » signifie : « il existe $x \in V$ tel que le sous-espace vectoriel V soit engendré par les éléments $u^i.x$ ($i \in \mathbf{N}$) ». On dit alors que V est *monogène* (pour u), et que x en est un générateur.

« V est un sous-module indécomposable de E_u » signifie : « V est non nul et n'est pas somme directe de deux sous-espaces non nuls stables pour u. »

« $\mathfrak{a}$ est l'annulateur du sous-module V » signifie : « $\mathfrak{a}$ est l'idéal des polynômes $p(X) \in K[X]$ tels que, pour tout $x \in V$, $p(u).x = 0$ ».

Le polynôme unitaire g tel que $\mathfrak{a}$ soit égal à l'idéal principal (g) est appelé le *polynôme minimal* de la restriction de u à V.

« E_u est monogène et d'annulateur $\mathfrak{a} = (g)$ »

$$(\text{avec } g(X) = X^n + \alpha_{n-1}X^{n-1} + \cdots + \alpha_0)$$

signifie : « il existe $x \in E$ tel que $(u^i.x)$ $(0 \leqslant i \leqslant n-1)$ soit une base de l'espace vectoriel E, et que l'on ait $g(u).x = 0$ ». Autrement dit, on peut trouver une base de E telle que la matrice U de u par rapport à cette base soit

$$U = \begin{pmatrix} 0 & 0 & 0 & \dots & 0 & -\alpha_0 \\ 1 & 0 & 0 & \dots & 0 & -\alpha_1 \\ 0 & 1 & 0 & \dots & 0 & -\alpha_2 \\ \dots & \dots & \dots & \dots & \dots & \dots \\ 0 & 0 & 0 & \dots & 0 & -\alpha_{n-2} \\ 0 & 0 & 0 & \dots & 1 & -\alpha_{n-1} \end{pmatrix}. \tag{2}$$

« E_u est un module de torsion » signifie d'après la caractérisation des modules de torsion monogènes donnée ci-dessus : « tout sous-module monogène de E_u est de dimension finie sur K ». En particulier :

« E_u est un module de torsion de type fini » signifie : « E est de dimension finie sur K ».

2. Valeurs propres et vecteurs propres

DÉFINITION 1. — *Soient* E *un espace vectoriel sur un corps commutatif* K, *u un endomorphisme de* E. *On dit qu'un élément x de* E *est un vecteur propre de u s'il existe* $\alpha \in K$ *tel que* $u.x = \alpha x$; *si* $x \neq 0$, *le scalaire* α *est appelé valeur propre de u correspondant à x. Pour tout scalaire* α, *le sous-espace vectoriel* V_α *formé des* $x \in E$ *tels que* $u.x = \alpha x$ *est appelé le sous-espace propre de* E *relatif à* α.

La *multiplicité géométrique* de la valeur propre α est le cardinal $\dim V_\alpha$.

Supposons E de dimension finie. Les valeurs propres de u sont les éléments α de K tels que l'endomorphisme $\alpha.1 - u$ de E ne soit pas injectif, c'est-à-dire (III,

p. 91, prop. 3) tels que $\det(\alpha.1 - u) = 0$. Mais, d'après la définition du polynôme caractéristique χ_u de u (III, p. 107, déf. 3), on a $\det(\alpha.1 - u) = \chi_u(\alpha)$. Par conséquent :

PROPOSITION 1. — *Supposons* E *de dimension finie. Pour qu'un élément* $\alpha \in K$ *soit valeur propre de l'endomorphisme u, il faut et il suffit qu'il soit racine du polynôme caractéristique de u.*

Si L est une extension du corps K, les racines de χ_u dans L sont les valeurs propres de l'endomorphisme $1_L \otimes u$ du L-espace vectoriel $L \otimes_K E$. On dit souvent que ce sont les *valeurs propres de u dans* L. On dit par abus de langage que toutes les valeurs propres de u appartiennent à L s'il en est ainsi de toutes les valeurs propres de u dans une extension algébriquement close de L ; cela signifie donc que χ_u se décompose dans L[X] en facteurs linéaires.

Soit U une matrice carrée d'ordre n à coefficients dans K. Le polynôme caractéristique de U est par définition

$$\chi_U(X) = \det(X.I_n - U) ;$$

les *valeurs propres* de U (dans une extension L de K) sont les racines (dans L) du polynôme χ_U ; ce sont aussi les scalaires α (dans L) tels qu'il existe une solution non nulle du système d'équations linéaires $UX = \alpha X$, où X est une matrice colonne d'ordre n ; une matrice colonne X satisfaisant à l'équation précédente est appelée un vecteur propre de U relatif à la valeur propre α.

Si U est la matrice d'un endomorphisme u d'un espace vectoriel de dimension n par rapport à une base B, on a $\chi_U = \chi_u$, les valeurs propres de U sont les valeurs propres de u, et les vecteurs propres de U sont les matrices des vecteurs propres de u par rapport à la base B.

PROPOSITION 2. — *Soit u un endomorphisme d'un espace vectoriel* E *sur un corps commutatif* K ; *pour chaque scalaire* α, *soit* V_α *le sous-espace propre relatif à* α. *Les sous-espaces* V_α *sont stables pour u et la somme des sous-espaces* V_α *est directe.*

La première assertion est claire. Par définition, le sous-espace V_α est annulé par l'élément $X - \alpha$ de K[X] ; les $X - \alpha$, $\alpha \in K$, sont extrémaux et deux à deux non associés ; la seconde assertion résulte donc de VII, p. 8, th. 1.

3. Invariants de similitude d'un endomorphisme

Si l'on traduit la décomposition d'un module de torsion de type fini qui fait l'objet de VII, p. 8, th. 1 et p. 9, prop. 2, on obtient :

PROPOSITION 3. — *Soient* E *un espace vectoriel de dimension finie n sur un corps commutatif* K, *et u un endomorphisme de* E ; *pour tout polynôme unitaire irréductible* $p(X)$, *soit* M_p *le sous-espace vectoriel formé des éléments x de* E *tels qu'il existe un entier k pour lequel* $(p(u))^k.x = 0$. *Alors* M_p *est stable pour u,* E *est somme directe des* M_p, *et il existe des polynômes* s_p *tels que, pour tout* $x \in E$, *le composant de* x *dans* M_p *soit égal à* $s_p(u).x$.

Remarque 1. — Il est clair que le polynôme minimal de la restriction de u à M_p est la plus grande puissance de p qui divise le polynôme minimal de u. Par ailleurs, on a $s_p(u).x = x$ pour $x \in M_p$, d'où il résulte aussitôt que, si $M_p \neq 0$, s_p est étranger à p.

De même, d'après le th. 2 de VII, p. 19, le module E_u est isomorphe à une somme directe de modules monogènes $F_j = K[X]/\mathfrak{a}_j$ $(1 \leqslant j \leqslant r)$, où les idéaux $\mathfrak{a}_j$ sont distincts de K[X] et tels que $\mathfrak{a}_j \subset \mathfrak{a}_{j+1}$; et les $\mathfrak{a}_j$ sont déterminés par ces conditions. Comme, en outre, E_u est un module de torsion, on a $\mathfrak{a}_1 \neq (0)$; comme E est de dimension n, on a $r \leqslant n$. Posons $\mathfrak{a}_j = (h_j)$ $(1 \leqslant j \leqslant r)$, h_j étant un polynôme unitaire, et considérons la suite de polynômes (q_i) $(1 \leqslant i \leqslant n)$ définie par :

$$(3) \qquad \begin{cases} q_i(X) = 1 & \text{si } i \leqslant n - r \\ q_i(X) = h_{n-i+1}(X) & \text{si } n - r < i \leqslant n . \end{cases}$$

Il est clair que la connaissance des polynômes q_i est équivalente à celle des polynômes h_j, et que E_u est isomorphe à la somme directe des n modules $K[X]/(q_i)$ $(1 \leqslant i \leqslant n)$, dont les $n - r$ premiers sont réduits à 0.

En d'autres termes :

PROPOSITION 4. — *Soient* E *un espace vectoriel de dimension finie* n *sur un corps commutatif* K, *et* u *un endomorphisme de* E. *Il existe* n *polynômes unitaires* $q_i(X) \in K[X]$ $(1 \leqslant i \leqslant n)$ *tels que* q_i *divise* q_{i+1} *pour* $1 \leqslant i \leqslant n - 1$, *et que* E *soit somme directe de* n *sous-espaces* V_i $(1 \leqslant i \leqslant n)$ *stables pour* u, *monogènes* (*pour* u) *et tels que le polynôme minimal de la restriction de* u *à* V_i *soit égal à* q_i $(1 \leqslant i \leqslant n)$. *Les polynômes* q_i *sont déterminés de façon unique par ces conditions, et* q_n *est le polynôme minimal* q *de* u.

Remarque 2. — En vertu de la proposition précédente, il existe une base de E par rapport à laquelle la matrice U de u est de la forme

$$\begin{pmatrix} A_{n-r+1} & 0 & \ldots & 0 & 0 \\ 0 & A_{n-r+2} & \ldots & 0 & 0 \\ \ldots & \ldots & \ldots & \ldots & \ldots \\ 0 & 0 & \ldots & A_{n-1} & 0 \\ 0 & 0 & & 0 & A_n \end{pmatrix}$$

chaque matrice A_i étant de la forme (2) (où l'on prend $g(X) = q_i(X)$) (*cf.* VII, p. 29).

DÉFINITION 2. — *Les notations étant celles de la prop.* 4, *les* n *polynômes unitaires* $q_i(X)$ $(1 \leqslant i \leqslant n)$ *sont appelés les invariants de similitude de l'endomorphisme* u.

Le n-ième invariant de similitude q_n est donc le polynôme minimal de u (prop. 4) ; autrement dit, pour qu'un polynôme $p(X) \in K[X]$ soit tel que $p(u) = 0$, il faut et il suffit que p soit multiple de q_n.

Corollaire 1. — *Soient* K *un corps commutatif,* E *et* E′ *deux espaces vectoriels de dimension finie sur* K, *u* (*resp. u′*) *un endomorphisme de* E (*resp.* E′). *Pour que u et u′ soient semblables* (VII, p. 28), *il faut et il suffit qu'ils aient mêmes invariants de similitude.*

En effet, u et u' sont semblables si et seulement si les K[X]-modules E_u et $E'_{u'}$ sont isomorphes.

Corollaire 2. — *Soient u un endomorphisme d'un espace vectoriel* E *de dimension finie sur un corps commutatif* K, $(q_1, \ldots, q_n)$ *la famille des invariants de similitude de u,* L *une extension de* K, $E_{(L)} = L \otimes_K E$ *le* L*-espace vectoriel déduit de* E *par extension des scalaires et* $u_{(L)} = 1_L \otimes u$ *l'endomorphisme de* $E_{(L)}$ *déduit de u. Les invariants de similitude de* $u_{(L)}$ *sont les images* $\overline{q}_1, \ldots, \overline{q}_n$ *de* $q_1, \ldots, q_n$ *dans* L[X].

Cela résulte directement de la proposition 4 et du fait que les L[X]-modules $E_{(L)u_{(L)}}$ et $(K[X]/(q_i))_{(L)}$ s'identifient respectivement à $L[X] \otimes_{K[X]} E_u$ et $L[X]/(\overline{q}_i)$.

Soit U une matrice carrée d'ordre n à coefficients dans un corps commutatif K. On appelle *invariants de similitude de la matrice U* les invariants de similitude de l'endomorphisme de K^n défini par u. Il résulte alors du cor. 1 précédent que deux matrices carrées sont semblables si et seulement si elles ont mêmes invariants de similitude, et que, si u est un endomorphisme d'un espace vectoriel de dimension finie sur K, et U la matrice de u relativement à une base B de E, les invariants de similitude de u et U coïncident. D'après les cor. 1 et 2 ci-dessus, on a :

Corollaire 3. — *Soient U et V deux matrices carrées d'ordre n dont les éléments appartiennent à un corps commutatif* K. *S'il existe une matrice carrée inversible P, dont les éléments appartiennent à une extension* K′ *de* K, *et telle que* $V = PUP^{-1}$, *alors il existe une matrice carrée inversible Q, dont les éléments appartiennent à* K, *et telle que* $V = QUQ^{-1}$.

Soient E un espace vectoriel de dimension finie sur un corps commutatif K, $(e_i)_{1 \leqslant i \leqslant n}$ une base de E et u un endomorphisme de E. D'après la suite exacte (1) de VII, p. 28, le K[X]-module E_u associé à u est isomorphe au quotient du K[X]-module *libre* E[X], de base $(1 \otimes e_i)$, par le sous-module M image de E[X] par l'application K[X]-linéaire $X - \overline{u}$. Les invariants de similitude $q_i(X)$ de u (VII, p. 31, déf. 2) sont donc les *facteurs invariants* de $X - \overline{u}$ (VII, p. 21). La prop. 6 de VII, p. 22, entraîne donc :

Proposition 5. — *Soient* E *un espace vectoriel de dimension finie n sur un corps commutatif* K, *u un endomorphisme de* E, *U sa matrice par rapport à une base quel-*

conque de E. *Pour tout entier m tel que* $1 \leqslant m \leqslant n$, *le produit*

$$d_m(X) = q_1(X)\, q_2(X) \dots q_m(X)$$

des m premiers invariants de similitude de u est égal au pgcd des mineurs d'ordre m de la matrice $XI_n - U$.

COROLLAIRE 1. — *Soient u un endomorphisme d'un espace vectoriel de dimension finie n sur un corps commutatif* K, $\chi_u(X)$ *son polynôme caractéristique et* $q_i(X)$ $(1 \leqslant i \leqslant n)$ *ses invariants de similitude. On a alors*

$$\chi_u(X) = q_1(X)\, q_2(X) \dots q_n(X).$$

COROLLAIRE 2. — *Les notations étant celles du cor. 1, soit* $q(X)$ *le polynôme minimal de u ; alors* $q(X)$ *divise* $\chi_u(X)$ *et* $\chi_u(X)$ *divise* $q(X)^n$. *En particulier le polynôme minimal et le polynôme caractéristique de u ont les mêmes racines, qui sont les valeurs propres de u.*

Comme $q(X) = q_n(X)$, il est clair que $q(X)$ divise $\chi_u(X)$. D'autre part, puisque chaque q_i divise q, leur produit χ_u divise q^n.

COROLLAIRE 3. — *Pour qu'un endomorphisme u soit nilpotent, il faut et il suffit que son polynôme caractéristique soit de la forme* X^n.

Ceci résulte aussitôt du cor. 2.

Traduisons maintenant la prop. 9 de VII, p. 24, donnant la décomposition d'un module en somme directe de sous-modules indécomposables :

PROPOSITION 6. — *Soient* E *un espace vectoriel de dimension finie n sur un corps commutatif* K, *et u un endomorphisme de* E. *Alors* E *est somme directe de sous-espaces* E_k, *stables pour u, monogènes pour u, tels que le polynôme minimal de la restriction de u à* E_k *soit de la forme* $p_k^{n(k)}$, *où* p_k *est un polynôme irréductible, et que* E_k *ne puisse être somme directe de deux sous-espaces stables pour u, et non réduits à* 0. *Pour tout polynôme unitaire irréductible* $p \in K[X]$ *et pour tout entier* $n \geqslant 1$, *le nombre* $m(p^n)$ *des sous-espaces* E_k *d'une telle décomposition tels que* p^n *soit le polynôme minimal de la restriction de u à* E_k, *est déterminé de façon unique.*

La connaissance des $p_k^{n(k)}$ est équivalente à celle des invariants de similitude de u : on passe des uns aux autres par le procédé expliqué en VII, p. 24, remarques 2 et 3. En outre, on passe immédiatement de la décomposition considérée dans la prop. 6 à celles considérées dans les prop. 3 et 4.

On notera que les polynômes unitaires irréductibles $p \in K[X]$ tels que $m(p^n) > 0$ pour un entier $n \geqslant 1$, ne sont autres que les facteurs unitaires irréductibles du polynôme minimal de u. Donc, contrairement aux invariants de similitude, ces polynômes dépendent en général du corps K dans lequel on se place.

4. Endomorphismes trigonalisables

Dans ce numéro, nous nous intéressons au cas où le polynôme minimal $p(X)$ de u se décompose dans K[X] en produit de facteurs linéaires, c'est-à-dire (VII, p. 33, cor. 2) au cas où toutes les valeurs propres de u appartiennent à K. Ce sera en particulier le cas lorsque K est *algébriquement clos*. La prop. 3 de VII, p. 30, donne aussitôt :

PROPOSITION 7. — *Soient* E *un espace vectoriel de dimension finie sur un corps commutatif* K, *u un endomorphisme de* E *dont toutes les valeurs propres sont dans* K. *Pour toute valeur propre* α *de u, soit* M_α *le sous-espace vectoriel de* E *formé des éléments x pour lesquels il existe un entier* $k \geqslant 1$ *tel que* $(u - \alpha)^k . x = 0$. *Alors* M_α *est stable pour u,* E *est somme directe des* M_α, *et il existe des polynômes* $s_\alpha \in K[X]$ *tels que, pour tout* $x \in E$, *le composant de x dans* M_α *soit égal à* $s_\alpha(u).x$.

Le sous-module M_α étant un K[X]-module de type fini, admet alors un annulateur de la forme $(X - \alpha)^r$; autrement dit, il existe un entier $r \geqslant 1$ tel que

$$(u - \alpha)^r . x = 0$$

pour *tout* $x \in M_\alpha$; la restriction à M_α de $u - \alpha$ est un endomorphisme *nilpotent*.

Supposant toujours que les valeurs propres de u soient dans K, appliquons maintenant à u la prop. 6 de VII, p. 33. Les polynômes p_k ne sont autres que les $X - \alpha$ (où α parcourt l'ensemble des valeurs propres de u), et l'on voit que E est somme directe de sous-espaces E_i stables pour u, monogènes (pour u), et tels que le polynôme minimal de la restriction de u à E_i soit de la forme $(X - \alpha)^m$. Soit E'_i le K[X]-module associé à E_i ; E'_i est donc isomorphe à l'un des modules $K[X]/((X - \alpha)^m)$. Or les classes mod.$(X - \alpha)^m$ des éléments $(X - \alpha)^k$ $(0 \leqslant k \leqslant m - 1)$ forment une base de $K[X]/((X - \alpha)^m)$ par rapport à K (IV, p. 10, cor.), et l'on a

$$X(X - \alpha)^k = \alpha(X - \alpha)^k + (X - \alpha)^{k+1}$$

pour $0 \leqslant k \leqslant m - 1$; on en déduit que si E_i est de dimension m, et si α est l'unique valeur propre de la restriction u_i de u à E_i, il existe une base de E_i par rapport à laquelle la matrice de u_i est la matrice d'ordre m

$$(4) \qquad U_{m,\alpha} = \begin{pmatrix} \alpha & 0 & 0 \ldots 0 & 0 \\ 1 & \alpha & 0 \ldots 0 & 0 \\ 0 & 1 & \alpha \ldots 0 & 0 \\ \ldots & \ldots & \ldots & \ldots \\ 0 & 0 & 0 \ldots \alpha & 0 \\ 0 & 0 & 0 \ldots 1 & \alpha \end{pmatrix}$$

DÉFINITION 3. — *Pour tout corps* K, *tout entier* $m \geqslant 1$ *et tout* $\alpha \in K$, *la matrice* $U_{m,\alpha}$ *est dite matrice de Jordan d'ordre m de valeur propre* α.

PROPOSITION 8. — *Soient* E *un espace vectoriel de dimension finie sur un corps commutatif* K, *u un endomorphisme de* E. *Les conditions suivantes sont équivalentes* :

(i) *les valeurs propres de u (dans une extension algébriquement close de* K) *appartiennent à* K ;

(ii) *il existe une base de* E *par rapport à laquelle la matrice de u est triangulaire inférieure* (resp. *supérieure*) ;

(iii) *il existe une base de* E *par rapport à laquelle la matrice de u est un tableau diagonal de matrices de Jordan.*

On a (i) ⇒ (iii) d'après la prop. 7 et les remarques précédentes, et les assertions (iii) ⇒ (ii) et (ii) ⇒ (i) sont triviales.

DÉFINITION 4. — *On appelle trigonalisables les endomorphismes satisfaisant aux conditions* (i), (ii), (iii) *de la prop.* 8.

En particulier, si K est algébriquement clos, tout endomorphisme d'un K-espace vectoriel de dimension finie est trigonalisable.

Pour des matrices, la prop. 8 entraîne :

COROLLAIRE. — *Soit U une matrice carrée sur un corps commutatif* K *telle que toutes les valeurs propres de U soient dans* K ; *il existe une matrice semblable à U et qui est un tableau diagonal de matrices de Jordan.*

Remarques. — 1) Il résulte de la prop. 6 de VII, p. 33, que, si U est semblable à un tableau diagonal de matrices de Jordan (J_k), le nombre des J_k de la forme $U_{m,\alpha}$ (pour m et α donnés) est déterminé de façon unique par U.

2) Plus généralement, si U est semblable à un tableau diagonal de matrices de Jordan U_{m_i,α_i} on calcule immédiatement les invariants de similitude de U par une méthode calquée sur celle exposée en VII, p. 24, remarque 3 : on écrit sur une même ligne les $(X - \alpha_i)^{m_i}$ relatifs à un même α par ordre décroissant des exposants, et on complète par des 1, pour avoir des lignes de longueur égale à l'ordre de U ; ceci fait, on obtient les invariants de similitude de U, rangés dans l'ordre des indices décroissants, en formant les produits des termes qui sont dans une même colonne. Par exemple, pour la matrice

$$\begin{pmatrix} 2 & 0 & 0 \\ 0 & 3 & 0 \\ 0 & 1 & 3 \end{pmatrix}$$

on écrit

$$(X - 2),\ 1,\ 1$$
$$(X - 3)^2,\ 1,\ 1$$

et les invariants de similitude sont 1,1, et $(X - 2)(X - 3)^2$.

En remarquant que le polynôme minimal de la matrice de Jordan $U_{m,\alpha}$ est $(X - \alpha)^m$ et qu'il est égal à son polynôme caractéristique, on obtient le résultat suivant :

PROPOSITION 9. — *Si la matrice carrée U est semblable à un tableau diagonal de matrices de Jordan (U_{m_i,α_i}), le polynôme minimal de U est le ppcm des $(X - \alpha_i)^{m_i}$, le polynôme caractéristique de U est le produit des $(X - \alpha_i)^{m_i}$.*

COROLLAIRE. — *Avec les notations de la prop. 7, la dimension du sous-espace* M_α *est la multiplicité de la valeur propre* α *comme racine du polynôme caractéristique de* u.

5. Propriétés du polynôme caractéristique : trace et déterminant

Soient E un espace vectoriel de dimension finie n sur un corps commutatif K, et u un endomorphisme de E. D'après III, p. 107, le polynôme caractéristique de u est de la forme :

$$\chi_u(X) = X^n - \mathrm{Tr}(u)\, X^{n-1} + \cdots + (-1)^n \det(u) . \tag{5}$$

PROPOSITION 10. — *Soient* E *un espace vectoriel de dimension finie* n *sur un corps commutatif* K, u *un endomorphisme de* E, *et* $\chi_u(X) = \prod_{i=1}^{n} (X - \alpha_i)$ *une décomposition en facteurs linéaires de son polynôme caractéristique (dans une extension convenable de* K, *cf.* V, p. 21). *Si* q *est un polynôme à coefficients dans* K, *le polynôme caractéristique de* $q(u)$ *est donné par*

$$\chi_{q(u)}(X) = \prod_{i=1}^{n} (X - q(\alpha_i)) , \tag{6}$$

sa trace et son déterminant par

$$\mathrm{Tr}(q(u)) = \sum_{i=1}^{n} q(\alpha_i) , \tag{7}$$

$$\det(q(u)) = \prod_{i=1}^{n} q(\alpha_i) . \tag{8}$$

Il est clair que (7) et (8) résultent de (6) en vertu de (5). Pour prouver la formule (6), on peut supposer K algébriquement clos. Prenons alors une base de E par rapport à laquelle la matrice U de u est triangulaire inférieure (VII, p. 35, cor. à la prop. 8) ; nous nous appuierons sur le lemme immédiat suivant :

Lemme 1. — *Si* B *et* C *sont des matrices triangulaires inférieures d'ordre* n *et de diagonales* (β_i) *et* (γ_i), *les matrices* $B + C$ *et* BC *sont triangulaires inférieures et ont pour diagonales* $(\beta_i + \gamma_i)$ *et* $(\beta_i\gamma_i)$.

Comme la matrice U de u est une matrice triangulaire de diagonale (α_i), il résulte du lemme 1 que $q(U)$ est une matrice triangulaire de diagonale $(q(\alpha_i))$. Alors $X.I_n - q(U)$ est une matrice triangulaire de diagonale $(X - q(\alpha_i))$, ce qui démontre (6).

COROLLAIRE 1. — *Pour que* $q(u)$ *soit inversible, il faut et il suffit que* q *soit étranger à* χ_u.

En effet, dire que q et χ_u sont étrangers équivaut à dire qu'ils n'ont pas de racine commune dans une extension algébriquement close de K, c'est-à-dire, d'après (8), que $\det(q(u)) \neq 0$.

Remarque 1. — Être étranger à χ_u équivaut à être étranger au polynôme minimal de u (VII, p. 33, cor. 2).

COROLLAIRE 2. — *Soit* $r \in \mathrm{K}(\mathrm{X})$ *une fraction rationnelle sur* K. *Pour que* u *soit substituable dans* r (IV, p. 20) *il faut et il suffit que chacune des valeurs propres* α_i *de* u *le soit. Lorsqu'il en est ainsi, on a les formules* :

$$\chi_{r(u)}(\mathrm{X}) = \prod_{i=1}^{n} (\mathrm{X} - r(\alpha_i)), \quad \mathrm{Tr}(r(u)) = \sum_{i=1}^{n} r(\alpha_i), \quad \det(r(u)) = \prod_{i=1}^{n} r(\alpha_i).$$

Écrivons $r = p/q$, où p et q sont des polynômes étrangers. Pour que u soit substituable dans r, il faut et il suffit que $\det(q(u)) \neq 0$, d'où la première assertion en vertu de la formule (8). Supposons donc, en vertu du cor. 1, que q soit étranger à χ_u. D'après l'identité de Bezout, il existe des polynômes g et h tels que $qg + h\chi_u = 1$. On a alors $q(\alpha_i)\, g(\alpha_i) = 1$, et $q(u)\, g(u) = 1$ en vertu du théorème de Hamilton-Cayley (III, p. 107). Il suffit alors d'appliquer les formules (6), (7) et (8) à $p(u)\, g(u) = r(u)$ pour obtenir les formules annoncées.

COROLLAIRE 3. — *Pour tout entier* $s \geqslant 0$, *on a* $\mathrm{Tr}(u^s) = \sum_{i=1}^{n} \alpha_i^s$; *cette formule est valable pour* $s < 0$ *pourvu que* u *soit inversible.*

Ceci est un cas particulier du corollaire précédent.

COROLLAIRE 4. — *Supposons le corps* K *de caractéristique nulle* ; *pour que l'endomorphisme* u *soit nilpotent, il faut et il suffit que l'on ait* $\mathrm{Tr}(u^s) = 0$ *pour* $1 \leqslant s \leqslant n$.

Si u est nilpotent, les α_i sont nuls, et l'on a $\mathrm{Tr}(u^s) = 0$ pour tout $s > 0$ (cor. 3). Si, réciproquement, on a $\mathrm{Tr}(u^s) = 0$ pour $1 \leqslant s \leqslant n$, les α_i sont nuls puisque K est de caractéristique nulle (IV, p. 67, cor.), et u est nilpotent (VII, p. 33).

COROLLAIRE 5. — *Soit* Y *une indéterminée. Notons* $\tilde{u}$ *l'endomorphisme du* K(Y)*-espace vectoriel* $\mathrm{K}(\mathrm{Y}) \otimes_{\mathrm{K}} \mathrm{E}$ *déduit de* u *par extension des scalaires de* K *au corps* K(Y) *des fractions rationnelles en* Y *à coefficients dans* K. *L'endomorphisme* $\mathrm{Y}.1 - \tilde{u}$ *est inversible. En outre, si* χ'_u *désigne la dérivée du polynôme* χ_u, *on a*

$$\mathrm{Tr}((\mathrm{Y}.1 - \tilde{u})^{-1}) = \chi'_u(\mathrm{Y})/\chi_u(\mathrm{Y}).$$

L'endomorphisme $\mathrm{Y}.1 - \tilde{u}$ est inversible, puisque son déterminant est l'élément non nul $\chi_u(\mathrm{Y})$ de K(Y). Il s'ensuit que $\tilde{u}$ est substituable dans la fraction rationnelle $r(\mathrm{X}) = (\mathrm{Y} - \mathrm{X})^{-1}$ de K(Y) (X). La seconde assertion résulte alors du cor. 2, compte tenu de la relation

$$\chi'_u(\mathrm{Y})/\chi_u(\mathrm{Y}) = \sum_i (\mathrm{Y} - \alpha_i)^{-1} = \sum_i r(\alpha_i).$$

Corollaire 6. — *Supposons le corps* K *de caractéristique nulle. Dans l'anneau de séries formelles* K[[T]], *on a*

$$- \mathrm{T}\frac{d}{d\mathrm{T}}\log\det(1 - \mathrm{T}u) = \sum_{m \geqslant 1} \mathrm{Tr}(u^m)\,\mathrm{T}^m .$$

Plaçons-nous d'abord dans le corps de fractions rationnelles K(T), et posons $\mathrm{P}(\mathrm{T}) = \det(I_n - \mathrm{T}.U)$, où U est la matrice de u relativement à une base de E. On a

$$\mathrm{P}(\mathrm{T}) = \det(\mathrm{T}(\mathrm{T}^{-1}.I_n - U)) = \mathrm{T}^n\chi_U(\mathrm{T}^{-1}) ,$$

donc $\mathrm{P}'(\mathrm{T})/\mathrm{P}(\mathrm{T}) = n/\mathrm{T} - \chi'_U(\mathrm{T}^{-1})/\mathrm{T}^2\chi_U(\mathrm{T}^{-1})$. Par ailleurs, d'après le cor. 5, on a

$$\chi'_U(\mathrm{T}^{-1})/\mathrm{T}\chi_U(\mathrm{T}^{-1}) = \mathrm{Tr}((\mathrm{T}^{-1}.I_n - U)^{-1})/\mathrm{T} = \mathrm{Tr}((I_n - \mathrm{T}.U)^{-1}) .$$

On en tire $- \mathrm{TP}'(\mathrm{T})/\mathrm{P}(\mathrm{T}) = - n + \mathrm{Tr}((I_n - \mathrm{T}U)^{-1})$. Prenant le développement en série formelle des deux membres de cette égalité, on obtient le corollaire.

Remarque 2. — D'après IV, p. 75, cor. 1 et la formule (8), on a, pour tout polynôme $q \in \mathrm{K}[\mathrm{X}]$

(9) $$\det q(u) = \mathrm{res}(\chi_u, q) ,$$

où $\mathrm{res}(\chi_u, q)$ est le résultant des polynômes χ_u et q. En particulier, si l'on prend $q = \chi'_u$, on obtient

(10) $$\det \chi'_u(u) = (-1)^{n(n-1)/2}\mathrm{dis}(\chi_u) ,$$

où $\mathrm{dis}(\chi_u)$ est le discriminant du polynôme χ_u (IV, p. 78, formule (47)). De plus :

Corollaire 7. — *On a* $\det(\mathrm{Tr}(u^{i+j})_{0 \leqslant i,j \leqslant n-1}) = \mathrm{dis}(\chi_u)$.

Soit D la matrice de Vandermonde $(\alpha_j^{i-1})_{1 \leqslant i,j \leqslant n}$. On a (III, p. 99, formule (29))

$$\det(D)^2 = \prod_{i<j} (\alpha_i - \alpha_j)^2 = \mathrm{dis}(\chi_u) .$$

Par ailleurs, le terme d'indices (i, j) de $D\,.\,{}^tD$ est $\sum_k \alpha_k^{i+j-2} = \mathrm{Tr}(u^{i+j-2})$, d'où le corollaire.

6. Polynôme caractéristique du produit tensoriel de deux endomorphismes

Proposition 11. — *Soient* E (resp. E') *un espace vectoriel de dimension finie sur un corps commutatif* K, u (resp. u') *un endomorphisme de* E (resp. E'). *Soient*

$$\chi_u(\mathrm{X}) = \prod_i (\mathrm{X} - \alpha_i) , \quad \chi_{u'}(\mathrm{X}) = \prod_j (\mathrm{X} - \beta_j)$$

des décompositions en facteurs linéaires des polynômes caractéristiques de u *et* u'

dans une extension convenable de K. *Alors le polynôme caractéristique de l'endomorphisme* $u \otimes u'$ *de l'espace vectoriel* $E \otimes_K E'$ *est donné par la formule*

$$\chi_{u \otimes u'}(X) = \prod_{i,j} (X - \alpha_i \beta_j) .$$

Raisonnant comme dans la démonstration de la prop. 10 de VII, p. 36, on voit qu'il suffit de démontrer le lemme suivant :

Lemme 2. — *Soient B et C deux matrices triangulaires inférieures d'ordres respectifs m et n et de diagonales* $(\beta_i)_{1 \leqslant i \leqslant m}$, $(\gamma_j)_{1 \leqslant j \leqslant n}$. *Identifions le produit lexicographique des ensembles ordonnés* $\{1, 2, \ldots, m\}$ *et* $\{1, 2, \ldots, n\}$ *à l'intervalle* $\{1, 2, \ldots, mn\}$. *Alors la matrice produit tensoriel* (II, p. 157) $B \otimes C$ *est triangulaire inférieure de diagonale* $(\beta_i \gamma_j)$.

Cela résulte aussitôt de la définition du produit tensoriel de deux matrices (*loc. cit.*) et du produit lexicographique (E, III, p. 23).

7. Endomorphismes diagonalisables

DÉFINITION 5. — *Soient* E *un espace vectoriel de dimension finie sur un corps commutatif* K *et* $\mathfrak{F}$ *un ensemble d'endomorphismes de* E. *On dit que* $\mathfrak{F}$ *est diagonal par rapport à une base* (e_i) *de* E *si les matrices de tous les* $u \in \mathfrak{F}$ *par rapport à* (e_i) *sont diagonales. On dit que* $\mathfrak{F}$ *est diagonalisable s'il existe une base de* E *telle que* $\mathfrak{F}$ *soit diagonal par rapport à cette base.*

Cette définition s'applique en particulier au cas où $\mathfrak{F}$ est réduit à un élément u ; on dit alors que u est diagonal (diagonalisable). Notons aussi que $\mathfrak{F}$ est diagonal par rapport à une base (e_i) si et seulement si les (e_i) sont des vecteurs propres communs aux éléments de $\mathfrak{F}$; il en résulte que $\mathfrak{F}$ est diagonalisable si et seulement si E est engendré par les vecteurs propres communs aux éléments de $\mathfrak{F}$.

Soit A une sous-algèbre de $\mathrm{End}_K(E)$ contenant Id_E. Alors A est diagonalisable si et seulement si elle est isomorphe à une algèbre K^r (c'est-à-dire est diagonalisable au sens de V, p. 28, déf. 1) ; en effet, si A est isomorphe à K^r, alors A est diagonalisable d'après V, p. 28, prop. 1 ; inversement, si A est diagonalisable, elle est isomorphe à une sous-algèbre de l'algèbre des matrices diagonales, algèbre qui est isomorphe à K^n, $n = \dim(E)$, donc A est isomorphe à une algèbre K^r (V, p. 29, prop. 3).

PROPOSITION 12. — *Soient* E *un espace vectoriel de dimension finie sur un corps commutatif* K *et u un endomorphisme de* E. *Les conditions suivantes sont équivalentes* :

(i) *u est diagonalisable.*

(ii) E *est somme directe des sous-espaces propres de u.*

(iii) *Le polynôme minimal de u a toutes ses racines dans* K, *et ces racines sont simples.*

De plus, si ces conditions sont satisfaites, tout sous-espace de E *stable pour u est somme directe de ses intersections avec les sous-espaces propres de u.*

L'équivalence de (i) et (ii) résulte des remarques qui précèdent et de VII, p. 30, prop. 2. Supposons u diagonalisable, et soit (α_i) la famille des valeurs propres de u et (V_i) la famille des sous-espaces propres correspondants ; comme la restriction de u à V_i est l'homothétie de rapport α_i, elle annule le polynôme $X - \alpha_i$; il s'ensuit que u annule le polynôme $\prod_i (X - \alpha_i)$ qui est donc un multiple du polynôme minimal, donc coïncide avec celui-ci, ce qui démontre (iii). Inversement, si (iii) est satisfaite, il existe une base de E par rapport à laquelle la matrice U de u est un tableau diagonal de matrices de Jordan $U_{m,\alpha}$ (VII, p. 35, prop. 8) ; alors d'après la prop. 9, tous les entiers m sont égaux à 1 et U est diagonale. Enfin, la dernière assertion résulte de ce que, si u est diagonalisable, les sous-espaces propres sont les composants primaires de E_u et de VII, p. 8, cor. 1.

COROLLAIRE. — *Si le polynôme caractéristique de u a toutes ses racines dans* K, *et si elles sont simples, u est diagonalisable.*

En effet le polynôme minimal divise le polynôme caractéristique.

PROPOSITION 13. — *Soient* E *un espace vectoriel de dimension finie sur un corps commutatif* K, $\mathfrak{F}$ *un ensemble d'endomorphismes de* E, *et* A *la sous-algèbre de* $End_K(E)$ *engendrée par* $\mathfrak{F}$ *et* Id_E. *Les conditions suivantes sont équivalentes :*

(i) $\mathfrak{F}$ *est diagonalisable.*

(ii) *La* K-*algèbre* A *est diagonalisable.*

(iii) *Les éléments de* $\mathfrak{F}$ *sont diagonalisables et deux à deux permutables.*

Si (e_i) est une base de E par rapport à laquelle $\mathfrak{F}$ est diagonal, alors A est contenu dans l'algèbre des endomorphismes diagonaux par rapport à cette base, donc est aussi diagonalisable ; si A est diagonalisable, le même raisonnement montre que $\mathfrak{F}$ est diagonalisable. Cela montre l'équivalence de (i) et (ii). Comme deux matrices diagonales sont permutables, on a (i) ⇒ (iii) et il reste à prouver la réciproque. Supposons donc les éléments de $\mathfrak{F}$ diagonalisables et deux à deux permutables. Nous utiliserons le lemme suivant :

Lemme 3. — *Soient g et h deux endomorphismes permutables d'un espace vectoriel* E. *Tout sous-espace propre de g est stable pour h.*

En effet, si W_λ est le sous-espace propre de g relatif à la valeur propre λ, la relation $x \in W_\lambda$ entraîne

$$gh.x = hg.x = h.\lambda x = \lambda h.x\,,$$

ce qui exprime que $h.x \in W_\lambda$.

Revenons à la démonstration de la prop. 13. Parmi toutes les décompositions de E en somme directe de sous-espaces non nuls stables pour tous les éléments de $\mathfrak{F}$, choisissons-en une qui ait le nombre maximum d'éléments (ce nombre est majoré par la dimension de E), soit $E = \sum_{i \in I} E_i$. Soit $u \in \mathfrak{F}$ et soit $E = \sum_\alpha V_\alpha$ la décomposition de E en somme directe des sous-espaces propres de u. D'après le lemme 3, chacun des V_α est stable pour $\mathfrak{F}$, donc aussi chacun des $V_\alpha \cap E_i$; d'après la prop. 12, chaque

E_i est somme directe des $V_\alpha \cap E_i$. Le choix des E_i impose donc que chaque E_i soit contenu dans un des V_α ; la restriction de u à chacun des E_i est donc une homothétie. Comme cela est vrai pour tous les éléments de $\mathfrak{F}$, $\mathfrak{F}$ est diagonalisable.

COROLLAIRE. — *La somme et le composé de deux endomorphismes diagonalisables permutables de* E *sont diagonalisables.*

8. Endomorphismes semi-simples et absolument semi-simples

DÉFINITION 6. — *Soit* E *un espace vectoriel de dimension finie sur un corps commutatif* K. *Un endomorphisme u de* E *est dit semi-simple si tout sous-espace de* E *stable pour u possède un supplémentaire stable pour u.*

Cela signifie donc que tout sous-module du K[X]-module E_u est facteur direct, c'est-à-dire que le K[X]-module E_u est semi-simple (VII, p. 9).

PROPOSITION 14. — *Pour qu'un endomorphisme u d'un espace vectoriel de dimension finie sur un corps commutatif soit semi-simple, il faut et il suffit que le polynôme minimal de u soit sans facteur multiple.*

Cela résulte aussitôt de VII, p. 9, cor. 4 et p. 31, remarque 1.

Soient E un espace vectoriel sur un corps commutatif K, L une extension de K, et u un endomorphisme de E ; on note $u_{(L)}$ le L-endomorphisme $1_L \otimes u$ du L-espace vectoriel $E_{(L)} = L \otimes_K E$ déduit de E par extension des scalaires. De même, si $\mathfrak{F}$ est un ensemble d'endomorphismes de E, on note $\mathfrak{F}_{(L)}$ l'ensemble des $u_{(L)}$, pour u dans $\mathfrak{F}$.

COROLLAIRE. — *Soient u un endomorphisme d'un espace vectoriel de dimension finie sur un corps commutatif* K *et* L *une extension de* K. *Si $u_{(L)}$ est semi-simple, u est semi-simple. Si u est semi-simple et* L *séparable sur* K, *$u_{(L)}$ est semi-simple.*

Cela résulte aussitôt de la prop. 14 et de V, p. 115, cor. 1 (noter que les polynômes minimaux de u et $u_{(L)}$ coïncident).

PROPOSITION 15. — *Soient* E *un espace vectoriel de dimension finie sur un corps commutatif* K, *u un endomorphisme de* E *et q*(X) *son polynôme minimal. Les conditions suivantes sont équivalentes :*

(i) *Pour toute extension* L *de* K, *l'endomorphisme $u_{(L)}$ est semi-simple.*

(ii) *Il existe une extension* L *de* K *telle que l'endomorphisme $u_{(L)}$ soit diagonalisable.*

(iii) *Le polynôme q*(X) *est séparable sur* K.

En effet, la condition (i) signifie que le polynôme $1 \otimes q(X)$ de L[X] est sans facteur multiple pour toute extension L de K (prop. 14), la condition (ii) signifie qu'il existe une extension L de K telle que $q(X)$ ait toutes ses racines dans L et qu'elles soient simples (VII, p. 39, prop. 12), et ces conditions équivalent à (iii) par définition (V, p. 37).

DÉFINITION 7. — *Un endomorphisme* u *satisfaisant aux conditions* (i), (ii) *et* (iii) *de la prop.* 15 *est dit absolument semi-simple.*

COROLLAIRE. — *Pour que* u *soit absolument semi-simple, il faut et il suffit qu'il existe une extension* L *de* K, *qui soit un corps parfait, et telle que* $u_{(L)}$ *soit semi-simple.*

En effet, la condition du corollaire signifie qu'il existe une extension L de K, qui soit un corps parfait, telle que $q(X)$ soit sans facteur multiple dans L[X] (prop. 14) ; cette condition équivaut à (iii) d'après V, p. 37, cor. 2.

PROPOSITION 16. — *Soient* E *un espace vectoriel de dimension finie sur un corps commutatif* K, $\mathfrak{F}$ *un ensemble d'endomorphismes de* E, A *la sous-algèbre de* $End_K(E)$ *engendrée par* $\mathfrak{F}$ *et* Id_E. *Les conditions suivantes sont équivalentes* :

(i) *Il existe une extension* L *de* K *telle que* $\mathfrak{F}_{(L)}$ *soit diagonalisable.*

(ii) *La* K*-algèbre* A *est étale* (V, p. 28, déf. 1).

(iii) *Les éléments de* $\mathfrak{F}$ *sont absolument semi-simples et deux à deux permutables.*

Notons d'abord que, pour toute extension L de K, la L-algèbre engendrée par $\mathfrak{F}_{(L)}$ et $Id_{E_{(L)}}$ coïncide avec $L \otimes_K A$; d'après la prop. 13, $\mathfrak{F}_{(L)}$ est donc diagonalisable si et seulement si la L-algèbre $L \otimes_K A$ est diagonalisable. L'équivalence des conditions (i) et (ii) résulte donc de V, p. 28, déf. 1. D'autre part, on a aussitôt (i) $\Rightarrow$ (iii). Supposons enfin (iii) vérifiée, et soit L une clôture algébrique de K ; les éléments de $\mathfrak{F}_{(L)}$ sont diagonalisables (VII, p. 39, prop. 12) et deux à deux permutables ; $\mathfrak{F}_{(L)}$ est donc diagonalisable d'après VII, p. 40, prop. 13.

COROLLAIRE. — *La somme et le produit de deux endomorphismes permutables et absolument semi-simples sont absolument semi-simples.*

Remarque. — Supposons les conditions de la prop. 16 vérifiées et soit L une extension de K. D'après la prop. 13, l'ensemble $\mathfrak{F}_{(L)}$ est diagonalisable si et seulement si l'algèbre $L \otimes_K A$ est diagonalisable. On en conclut par V, p. 29, prop. 2, qu'il existe une extension finie L de K telle que $\mathfrak{F}_{(L)}$ soit diagonalisable. En fait, on peut même supposer L *galoisienne* ; en effet, prenant une partie finie $\mathfrak{F}'$ de $\mathfrak{F}$ qui engendre A, on peut prendre pour L un corps de décomposition des polynômes minimaux des éléments de $\mathfrak{F}'$ (prop. 12 et 13).

9. Décomposition de Jordan

DÉFINITION 8. — *Soient* E *un espace vectoriel de dimension finie sur un corps commutatif et* u *un endomorphisme de* E. *On appelle décomposition de Jordan de* u *un couple* (u_s, u_n), *où* u_s *est un endomorphisme absolument semi-simple de* E *et* u_n *un endomorphisme nilpotent de* E, *tels que* $u_s u_n = u_n u_s$ *et* $u = u_s + u_n$.

THÉORÈME 1. — *Soient* E *un espace vectoriel de dimension finie sur un corps commutatif* K *et* u *un endomorphisme de* E. *Pour que* u *possède une décomposition de Jordan* (u_s, u_n), *il faut et il suffit que les valeurs propres de* u *soient séparables sur* K. *De plus, celle-ci est uniquement déterminée, les polynômes caractéristiques de* u *et* u_s *coïnci-*

dent, et il existe des polynômes P, Q ∈ K[X], *sans terme constant, tels que* $u_s = \mathrm{P}(u)$, $u_n = \mathrm{Q}(u)$.

A) Démontrons d'abord le cas particulier suivant :

Lemme 4. — *Soient* E *un espace vectoriel de dimension finie sur un corps commutatif* K *et u un endomorphisme trigonalisable de* E. *Il existe un endomorphisme diagonalisable v de* E, *et un seul, qui commute à u et soit tel que* $u - v$ *soit nilpotent. De plus, sous ces conditions, les polynômes caractéristiques de u et v coïncident, et il existe un polynôme* P ∈ K[X] *tel que* $v = \mathrm{P}(u)$.

Soit v un endomorphisme diagonalisable de E tel que $uv = vu$ et que $v - u$ soit nilpotent ; soit α une valeur propre de v et soit V_α le sous-espace propre correspondant. D'après le lemme 3 (VII, p. 40), V_α est stable pour u, et la restriction de $u - \alpha$ à V_α est aussi la restriction de $u - v$, donc est nilpotente ; V_α est donc contenu dans le sous-espace M_α formé des $x \in \mathrm{E}$ annulés par une puissance de $u - \alpha$. Comme E est somme directe des V_α et aussi des M_α (VII, p. 34, prop. 7), cela montre que $\mathrm{V}_\alpha = \mathrm{M}_\alpha$ pour tout α. D'après le cor. à la prop. 9 (VII, p. 36), il s'ensuit que $\chi_u = \chi_v$; on en conclut aussi que v est bien déterminé par u : sa restriction à chaque M_α est l'homothétie de rapport α.

Inversement, définissons v par la condition précédente ; il est clair que v est diagonalisable et $u - v$ nilpotent. D'après la prop. 7 de VII, p. 34, il existe des polynômes q_α tels que, pour tout $x \in \mathrm{E}$, le composant de x dans M_α soit $q_\alpha(u).x$. On a alors $v = \sum_\alpha \alpha q_\alpha(u)$; cela implique que u et v commutent et achève la démonstration.

B) Revenons à la démonstration du th. 1.

Supposons d'abord que u s'écrive sous la forme $s + n$, où s est absolument semi-simple, n nilpotent et où s et n commutent. Soit Ω une clôture algébrique de K ; on a $u_{(\Omega)} = s_{(\Omega)} + n_{(\Omega)}$, où $s_{(\Omega)}$ est diagonalisable, $n_{(\Omega)}$ est nilpotent, et $s_{(\Omega)}$ et $n_{(\Omega)}$ commutent ; d'après le lemme 4, il en résulte que $s_{(\Omega)}$ et donc s sont uniquement déterminés, que les polynômes $\chi_{u_{(\Omega)}}$ et $\chi_{s_{(\Omega)}}$ de Ω[X] coïncident, donc aussi les polynômes χ_u et χ_s, et que s s'exprime comme un polynôme en u à coefficients dans Ω. Cela montre d'abord que les valeurs propres de u sont aussi celles de s, donc sont séparables sur K (VII, p. 41, prop. 15) ; par ailleurs, s étant combinaison linéaire à coefficients dans Ω de puissances de u est aussi combinaison linéaire de ces mêmes puissances à coefficients dans K (II, p. 113, prop. 19), et il existe un polynôme P ∈ K[X] tel que $s = \mathrm{P}(u)$, donc $n = \mathrm{Q}(u)$ avec $\mathrm{Q}(\mathrm{X}) = \mathrm{X} - \mathrm{P}(\mathrm{X})$. Montrons que l'on peut choisir Q (et donc P) sans terme constant. Si u est inversible, son polynôme caractéristique possède un terme constant non nul, et le th. de Hamilton-Cayley (III, p. 107, prop. 20) montre que 1 peut s'exprimer comme un polynôme en u sans terme constant, d'où l'assertion dans ce cas. Si u n'est pas inversible, son noyau W n'est pas réduit à 0 et est stable pour n (VII, p. 40, lemme 3) ; comme la restriction de n à W est nilpotente, il existe un vecteur $x \neq 0$ dans W tel que $u(x) = n(x) = 0$, ce qui montre que Q ne peut avoir de terme constant.

Inversement, supposons maintenant que les valeurs propres de u soient séparables sur K, et soit L une extension galoisienne finie de K contenant ces valeurs propres. D'après le lemme 4, on peut écrire $u_{(\mathrm{L})} = v + w$, où v est diagonalisable, w est nilpotent et $vw = wv$. Soient B une base de E, B' la base correspondante de $\mathrm{L} \otimes_{\mathrm{K}} \mathrm{E}$, U, V, W les matrices de $u_{(\mathrm{L})}$, v, w relativement à B' ; notons que U est aussi la matrice de u par rapport à B, donc est à coefficients dans K. Pour tout K-automorphisme σ de L, et toute matrice A à éléments dans L, notons A^{σ} la matrice obtenue en appliquant σ aux éléments de A. Soit σ un K-automorphisme de L ; on a $U = U^{\sigma} = (V + W)^{\sigma} = V^{\sigma} + W^{\sigma}$, $V^{\sigma}W^{\sigma} = (VW)^{\sigma} = (WV)^{\sigma} = W^{\sigma}V^{\sigma}$; comme V^{σ} est la matrice d'un endomorphisme diagonalisable et W^{σ} est nilpotente, il résulte du lemme 4 que $V^{\sigma} = V$, $W^{\sigma} = W$. Comme cela est valable pour tout σ, V et W sont à coefficients dans K ; si u_s et u_n sont les endomorphismes de E de matrices V et W par rapport à B, on a $(u_s)_{(\mathrm{L})} = v$, $(u_n)_{(\mathrm{L})} = w$. Il s'ensuit que u_s est absolument semi-simple, que u_n est nilpotent, que u_s et u_n commutent et que $u = u_s + u_n$. Cela achève la démonstration.

Lorsqu'un endomorphisme f possède une décomposition de Jordan, on note celle-ci (f_s, f_n) et les endomorphismes f_s et f_n sont appelés respectivement la *composante absolument semi-simple* et la *composante nilpotente* de f. Lorsque K est *parfait*, tout endomorphisme possède une décomposition de Jordan ; par ailleurs, il y a alors identité entre endomorphismes absolument semi-simples et endomorphismes semi-simples et on dit aussi « *composante semi-simple* » au lieu de « composante absolument semi-simple ».

COROLLAIRE 1. — *Supposons que u possède une décomposition de Jordan, et soit* L *une extension de* K. *Alors l'endomorphisme* $u_{(\mathrm{L})}$ *de* $\mathrm{E}_{(\mathrm{L})}$ *possède une décomposition de Jordan, et l'on a* $(u_{(\mathrm{L})})_s = (u_s)_{(\mathrm{L})}$, $(u_{(\mathrm{L})})_n = (u_n)_{(\mathrm{L})}$.

COROLLAIRE 2. — *Supposons que u possède une décomposition de Jordan. Tout endomorphisme de* E *qui commute à u commute aussi à u_s et u_n.*

COROLLAIRE 3. — *Soient u et v deux endomorphismes permutables de* E *possédant des décompositions de Jordan.*

a) *Les endomorphismes u, v, u_s, v_s, u_n, v_n sont deux à deux permutables.*

b) *Les endomorphismes $u + v$ et uv possèdent des décompositions de Jordan et on a* $(u + v)_s = u_s + v_s$, $(u + v)_n = u_n + v_n$, $(uv)_s = u_s v_s$, $(uv)_n = u_s v_n + u_n v_s + u_n v_n$.

La partie *a*) résulte du cor. 2. Pour démontrer la partie *b*), il suffit de remarquer que $u_s + v_s$ et $u_s v_s$ sont absolument semi-simples (VII, p. 42, cor.) et $u_n + v_n$ et $u_s v_n + u_n v_s + u_n v_n$ sont nilpotents (comme somme d'endomorphismes nilpotents permutables).

COROLLAIRE 4. — *Supposons que u possède une décomposition de Jordan, et soit* R *un polynôme de* K[X]. *Alors l'endomorphisme* R(u) *possède une décomposition de Jordan et on a* $\mathrm{R}(u)_s = \mathrm{R}(u_s)$.

Remarques. — 1) On a $\det(u_s) = \det(u)$, $\mathrm{Tr}(u_s) = \mathrm{Tr}(u)$.

2) Pour que u soit trigonalisable, il faut et il suffit que u possède une décomposition de Jordan et que u_s soit diagonalisable. Il existe alors une base de E par rapport à laquelle la matrice de u est triangulaire inférieure, celle de u_s est diagonale et à même diagonale que la matrice de u (*cf.* lemme 4 et ci-dessous prop. 19).

On notera cependant que si la matrice de u par rapport à une base est triangulaire, la matrice de u_s par rapport à cette même base n'est pas en général diagonale.

3) On définit de façon analogue la notion de décomposition de Jordan pour une matrice carrée. Par exemple, pour la matrice de Jordan $U_{m,\alpha}$, on a

$$(U_{m,\alpha})_s = \alpha . I_m, \quad (U_{m,\alpha})_n = U_{m,0}.$$

4) Si u est semi-simple, mais non absolument semi-simple, il ne possède pas de décomposition de Jordan.

Un endomorphisme u d'un espace vectoriel V sur un corps commutatif est dit *unipotent* si l'endomorphisme $u - \mathrm{Id}_V$ est nilpotent, c'est-à-dire s'il existe un entier r tel que $(u - \mathrm{Id}_V)^r = 0$; u est alors un *automorphisme* de V, puisque si $u = \mathrm{Id}_V - n$ avec $n^r = 0$, on a

$$(\mathrm{Id}_V + n + \cdots + n^{r-1})\, u = u(\mathrm{Id}_V + n + \cdots + n^{r-1}) = \mathrm{Id}_V .$$

Si V est de dimension finie m, alors u est unipotent si et seulement si $\chi_u(X) = (X - 1)^m$ (VII, p. 33, cor. 3).

PROPOSITION 17. — *Soient* E *un espace vectoriel de dimension finie sur un corps commutatif, et f un endomorphisme de* E. *Les conditions suivantes sont équivalentes* :

(i) *f possède une décomposition de Jordan et est un automorphisme* ;

(ii) *f possède une décomposition de Jordan et f_s est un automorphisme* ;

(iii) *il existe un automorphisme absolument semi-simple a de* E *et un automorphisme unipotent u de* E *tels que $f = ua = au$.*

De plus, sous ces conditions, et avec les notations de (iii), *on a nécessairement $a = f_s$, $u = 1 + f_s^{-1} f_n$.*

(i) ⇒ (ii) : cela résulte de la remarque 1.

(ii) ⇒ (iii) : prenons $a = f_s$, $u = 1 + f_s^{-1} f_n$; alors $f = ua = au$, a est un automorphisme absolument semi-simple, et u est unipotent.

(iii) ⇒ (i) : avec les notations de (iii), posons $n = a(u - 1) = (u - 1)\,a$. Alors $an = na$, $f = a + n$, et n est nilpotent. Il en résulte que (a, n) est la décomposition de Jordan de f ; cela implique (i) ainsi que les relations $a = f_s$, $u = 1 + f_s^{-1} f_n$.

On pose $f_u = f_s^{-1} f = f f_s^{-1} = 1 + f_s^{-1} f_n$, et on dit que c'est la composante *unipotente* de f. Le couple (f_s, f_u) est souvent appelé la *décomposition de Jordan multiplicative* de l'automorphisme f.

PROPOSITION 18. — *Soient* E *un espace vectoriel de dimension finie sur un corps commutatif* K, E′ *un sous-espace de* E *et u un endomorphisme de* E *laissant* E′ *stable.*

Soit u' (resp. u'') *l'endomorphisme de* E' (resp. E/E') *déduit de* u. *On a* $\chi_u = \chi_{u'} \cdot \chi_{u''}$.

Pour que u *possède une décomposition de Jordan, il faut et il suffit qu'il en soit de même pour* u' *et* u'' ; *de plus, sous ces conditions, les composantes absolument semi-simples* (resp. *nilpotentes*) *de* u' *et* u'' *sont les endomorphismes de* E' *et* E/E' *déduits de la composante absolument semi-simple* (resp. *nilpotente*) *de* u.

Soient B une base de E contenant une base B' de E' et B'' la base de E'' image de B − B'. Notons U, U', U'' les matrices de u, u', u'' par rapport à B, B', B'' respectivement. Alors U est de la forme

$$\begin{pmatrix} U' & Z \\ 0 & U'' \end{pmatrix}$$

et on a $\chi_u = \chi_U = \chi_{U'}\chi_{U''} = \chi_{u'}\chi_{u''}$ (cf. III, p. 100, exemple 2). On en déduit que l'ensemble des valeurs propres de u est la réunion des ensembles de valeurs propres de u' et u''. Si u' et u'' possèdent des décompositions de Jordan, alors les valeurs propres de u' et u'' sont séparables sur K, donc aussi les valeurs propres de u, et u possède une décomposition de Jordan (VII, p. 42, th. 1). Inversement, si u possède la décomposition de Jordan (s, n), s et n laissent stable E' car ce sont des polynômes en u ; notons s', n', s'', n'' les endomorphismes de E', E', E/E', E/E' déduits respectivement de s, n, s, n. Comme les polynômes minimaux de s' et s'' divisent celui de s, s' et s'' sont absolument semi-simples (VII, p. 41, prop. 15) ; par ailleurs, n' et n'' sont nilpotents. Enfin, on a $u' = s' + n'$, $u'' = s'' + n''$ et $s'n' = n's'$, $s''n'' = n''s''$, ce qui achève la démonstration.

Proposition 19. — *Soient* E *un espace vectoriel de dimension finie sur un corps commutatif* K, *et* $\mathfrak{F}$ *un ensemble d'endomorphismes trigonalisables de* E *deux à deux permutables. Alors il existe une base de* E *telle que, par rapport à cette base, la matrice de tout élément* u *de* $\mathfrak{F}$ *soit triangulaire inférieure et que la matrice de* u_s *soit diagonale et ait mêmes éléments diagonaux que celle de* u.

D'après le cor. 3 de VII, p. 44, l'ensemble $\mathfrak{F}_s$ des composantes absolument semi-simples des éléments de $\mathfrak{F}$ est formé d'éléments diagonalisables deux à deux permutables, donc est diagonalisable (VII, p. 40, prop. 13), l'ensemble $\mathfrak{F}_n$ des composantes nilpotentes des éléments de $\mathfrak{F}$ est formé d'éléments nilpotents deux à deux permutables, et chaque élément de $\mathfrak{F}_n$ commute à chaque élément de $\mathfrak{F}_s$. Raisonnant alors comme dans la démonstration de la prop. 13 (VII, p. 40), on voit qu'il existe une décomposition de E en somme directe de sous-espaces E_i, qui sont stables pour $\mathfrak{F}_s$ et $\mathfrak{F}_n$ et tels que chaque élément de $\mathfrak{F}_s$ induise sur chaque E_i une homothétie. Remplaçant E par chacun des E_i, on peut donc supposer que les éléments de $\mathfrak{F}_s$ sont des homothéties ; il nous suffit de démontrer qu'il existe une base de E par rapport à laquelle les éléments de $\mathfrak{F}_n$ sont représentés par des matrices triangulaires inférieures à éléments diagonaux nuls ; on est donc ramené au cas où $\mathfrak{F}$ est formé d'éléments nilpotents.

Supposons alors $E \neq 0$, et soit F un sous-espace non nul de E, stable pour $\mathfrak{F}$, et de dimension minimum. Pour tout $u \in \mathfrak{F}$, le noyau de la restriction de u à F est non nul et stable pour $\mathfrak{F}$ (VII, p. 40, lemme 3) ; d'après le choix de F, la restriction de u à F est donc nulle pour tout $u \in \mathfrak{F}$. Soit alors $x \in \mathrm{F}$, $x \neq 0$; on a $u(x) = 0$ pour tout $u \in \mathfrak{F}$; raisonnant par récurrence sur la dimension de E, on peut supposer qu'il existe une base $(\overline{e}_1, \ldots, \overline{e}_{n-1})$ du quotient $\mathrm{E}' = \mathrm{E}/\mathrm{K}x$ telle que, pour tout $u \in \mathfrak{F}$, l'endomorphisme $\overline{u}$ de E′ déduit de u ait par rapport à cette base une matrice triangulaire inférieure à coefficients diagonaux nuls ; si $e_i \in \mathrm{E}$ se projette sur $\overline{e}_i$ pour $i = 1, \ldots, n-1$, la base $(e_1, \ldots, e_{n-1}, x)$ répond aux conditions exigées.

Exercices

§ 1

1) Montrer que, si A est un anneau intègre, l'anneau de polynômes $A[X_\iota]_{\iota \in I}$ n'est pas un anneau principal lorsque l'une des deux conditions suivantes est réalisée : 1° $\mathrm{Card}(I) \geqslant 2$; 2° A n'est pas un corps (considérer les idéaux $(X_\alpha) + (X_\beta)$ pour $\alpha \neq \beta$, et $(a) + (X_\alpha)$, où a est un élément non inversible et $\neq 0$ dans A).

2) Montrer que, dans l'anneau de séries formelles K[[X]] sur un corps K, tout élément extrémal est associé à X.

3) *a*) Soit A un anneau intègre dans lequel tout ensemble non vide d'idéaux admet un élément maximal et dans lequel tout idéal maximal est principal ; montrer que A est un anneau principal. (Remarquer que si $\mathfrak{a}$ est un idéal $\neq$ A dans A, il existe un idéal maximal $(p) \supset \mathfrak{a}$ tel que $\frac{1}{p}\,\mathfrak{a}$, qui est un idéal de A, contienne $\mathfrak{a}$ et en soit distinct.)
b) Soient K un corps, $K_1 = K((X))$ le corps des séries formelles à une indéterminée X sur K (IV, p. 36), $B = K_1[[Y]]$ l'anneau des séries formelles en Y à coefficients dans K_1. Soit A le sous-anneau de B formé des séries formelles $\sum_{n=0}^{\infty} a_n(X)\, Y^n$ telles que, dans la série formelle $a_0(X)$, ne figurent que des puissances de X d'exposant $\geqslant 0$. Montrer que, dans A, l'idéal principal (X) est l'unique idéal maximal, mais que l'idéal engendré par les éléments YX^{-n} (n entier $\geqslant 0$ arbitraire) n'est pas principal.

4) Soient A un anneau intègre, S une partie de A, stable pour la multiplication, et ne contenant pas 0. On note $S^{-1}A$ l'anneau des éléments $s^{-1}a$ ($a \in A$, $s \in S$) dans le corps des fractions K de A (I, p. 107).
a) Montrer que si A est un anneau principal, $S^{-1}A$ est un anneau principal.
b) Soient A un anneau principal, p un élément extrémal de A ; montrer que le complémentaire S de l'idéal (p) est stable pour la multiplication ; dans l'anneau $S^{-1}A$, l'idéal $pS^{-1}A$ est l'unique idéal maximal, et le corps quotient $S^{-1}A/pS^{-1}A$ est isomorphe à $A/(p)$.

5) Soit A un anneau commutatif dans lequel tout idéal est de type fini.
a) On dit qu'un élément $p \neq 0$ de A est *indivisible* s'il n'est pas inversible et si la relation $p = xy$ ($x \in A$, $y \in A$) entraîne que x ou y appartient à Ap. Montrer que tout élément $a \neq 0$ de A s'écrit (au moins d'une manière) comme produit d'éléments indivisibles et d'un élément inversible (utiliser le lemme 1 de VII, p. 4).
b) On dit que dans un anneau commutatif B, un idempotent e est *indécomposable* s'il n'existe aucun couple d'idempotents non nuls f, g tels que $e = f + g$ et $fg = 0$. Deux idempotents indécomposables distincts ont leur produit nul. Montrer que dans l'anneau A, tout idempotent est somme d'idempotents indécomposables (observer que si e est un idempotent, il en est de même de $1 - e$, et utiliser le lemme 1 de VII, p. 4). En déduire que A est composé direct d'une famille finie d'anneaux A_i, dans chacun desquels tout idéal est de type fini et l'élément unité est le seul idempotent $\neq 0$. Supposons que cette famille ait au moins deux éléments. Pour qu'un élément $a = \sum_i a_i$ (avec $a_i \in A_i$ pour tout i) soit indivisible dans A, il faut et il suffit qu'il existe un indice k tel que, pour $i \neq k$, a_i soit inversible dans A_i et que a_k soit indivisible dans A_k ou nul ; si a est indivisible et $a_k = 0$, A_k est nécessairement intègre.
c) Montrer que si 1 est le seul idempotent $\neq 0$ dans A, et si $x \in A$ est tel que $x^k \in Ax^{k+1}$ pour un entier $k \geqslant 1$, ou bien x est inversible, ou bien $x^k = 0$ (si $x^k = ax^{k+1}$, considérer $a^k x^k$).
d) Soit $p \neq 0$ un diviseur de zéro dans A. Montrer qu'il existe une suite finie $(a_k)_{1 \leqslant k \leqslant m}$ d'éléments $\neq 0$ de A telle que $0 = pa_1$, $a_k = pa_{k+1}$ pour $1 \leqslant k < m$, $a_m \notin Ap$, $(a_k) \neq (a_{k+1})$ pour $1 \leqslant k < m$.

¶ 6) On dit qu'un anneau commutatif A est *quasi-principal* si tout idéal de A est principal.
a) Montrer qu'un anneau quotient d'un anneau quasi-principal et un produit fini d'anneaux quasi-principaux sont quasi-principaux.
b) Montrer que tout anneau quasi-principal A est composé direct d'une famille finie $(A_i)_{1 \leqslant i \leqslant m}$ d'anneaux quasi-principaux dans chacun desquels l'élément unité est le seul idempotent $\neq 0$ (utiliser l'exerc. 5, *b*)).
c) On suppose que A est un anneau quasi-principal dans lequel l'élément unité est le seul idempotent $\neq 0$ et où il existe des diviseurs de zéro autres que 0. Montrer qu'il existe un élément *indivisible nilpotent* p dans A. (Utilisant l'exerc. 5, *a*), montrer qu'il existe un élément indivisible $p \neq 0$ dans A qui est diviseur de 0 ; appliquer alors l'exerc. 5, *d*), puis prouver que l'idéal principal Ab des $y \in A$ tels que $yp^m \in Ap^{m+1}$ est égal à A ; utiliser enfin l'exerc. 5, *c*)).
d) Les hypothèses et notations étant celles de *c*), supposons que $p^m = 0$, $p^{m-1} \neq 0$. Montrer que l'annulateur de p^{m-1} est Ap (dans le cas contraire, ce serait un idéal principal Ac avec $p \in Ac$, $c \notin Ap$; utilisant le fait que p est indivisible, en déduire que c serait inversible) ; en déduire que pour $1 \leqslant k \leqslant m - 1$, l'annulateur de p^{m-k} est Ap^k. Conclure de là que l'idéal Ap est maximal (raisonner comme pour la première assertion de *d*), en utilisant le fait que $1 - xp$ est inversible dans A pour tout $x \in A$).
e) Déduire de *d*) que pour tout $x \in A$, il existe un entier $k \geqslant 0$ et un élément inversible u tels que $x = up^k$, et que les seuls idéaux de A sont les Ap^k ($0 \leqslant k \leqslant m$) (observer que tout élément de A n'appartenant pas à Ap est inversible dans A).
f) Soient A un anneau quasi-principal, (x_ι) une famille d'éléments de A, Ad l'idéal engendré par la famille (x_ι) ; montrer qu'il existe des éléments x'_ι de A tels que $x_\iota = dx'_\iota$ pour tout ι, et $\sum_\iota Ax'_\iota = A$ (se ramener au cas où 1 est le seul idempotent $\neq 0$ de A).
g) Donner un exemple d'un anneau quasi-principal A et d'un élément indivisible $p \in A$ tel que l'idéal Ap ne soit pas maximal (utiliser l'exerc. 5, *b*)).

7) Étant donné un anneau intègre A, on dit qu'une application w de $A' = A - \{0\}$ dans **N** est un *stathme euclidien* si elle satisfait aux conditions suivantes :
(S_I) $w(xy) \geqslant w(y)$ pour tout couple d'éléments x, y de A'.
(S_{II}) Si $a \in A'$ et $b \in A'$, il existe des éléments q, r de A tels que $a = bq + r$, et que l'on ait, soit $r = 0$, soit $w(r) < w(b)$.
On dit que A est un anneau *euclidien* s'il existe un stathme euclidien sur A.
a) Montrer que **Z** et K[X] (où K est un corps) sont des anneaux euclidiens.

b) Montrer que tout anneau euclidien est principal (si $\mathfrak{a}$ est un idéal de A, prendre $a \in \mathfrak{a}$ tel que $w(a)$ soit le plus petit possible).
c) Montrer que l'anneau A des entiers de Gauss (VII, p. 1) est euclidien pour le stathme $w(a + bi) = a^2 + b^2 = \mathrm{N}_{\mathbf{Q}(i)/\mathbf{Q}}(a + bi)$ (remarquer que, pour tout $x \in \mathbf{Q}(i)$, il existe $y \in \mathrm{A}$ tel que $\mathrm{N}(x - y) \leqslant 1/2$).
d) Montrer que l'anneau B, extension quadratique de $\mathbf{Z}$ ayant pour base $(1, e)$ $(e^2 = 2)$, est euclidien pour le stathme

$$w(a + be) = |a^2 - 2b^2| = |\mathrm{N}_{\mathbf{Q}(e)/\mathbf{Q}}(a + be)|$$

(pour tout $x \in \mathbf{Q}(e)$, il existe $y \in \mathrm{B}$ tel que $|\mathrm{N}(x - y)| \leqslant 1/2$).

8) Soit K un *corps quadratique*, c'est-à-dire une extension de degré 2 de $\mathbf{Q}$.
a) Montrer que l'on a $\mathrm{K} = \mathbf{Q}(e)$ où e^2 est un entier rationnel $d \neq 1$ non divisible par un carré > 1 (dans $\mathbf{Z}$).
b) Si $\alpha = a + be$ $(a \in \mathbf{Q}, b \in \mathbf{Q})$, on note $\bar{\alpha}$ le conjugué $a - be$ de α. On dit que α est un *entier* du corps quadratique K si sa norme $\alpha\bar{\alpha}$ et sa trace $\alpha + \bar{\alpha}$ sont des entiers rationnels. Montrer que les entiers de K forment un anneau A (remarquer que, si α et β sont des entiers de K, la somme et le produit des nombres rationnels $\alpha\beta + \overline{\alpha\beta}$ et $\alpha\bar{\beta} + \beta\bar{\alpha}$ sont des entiers, donc que ces nombres rationnels sont des racines d'un polynôme unitaire sur $\mathbf{Z}$; en déduire que ce sont des entiers rationnels).
c) Montrer que les entiers de $\mathrm{K} = \mathbf{Q}(e)$ forment un $\mathbf{Z}$-module ayant pour base $(1, e)$ si $d - 1 \not\equiv 0 \pmod{4}$, et $(\frac{1}{2}(1 + e), \frac{1}{2}(1 - e))$ si $d - 1 \equiv 0 \pmod{4}$ (si $a + be$ est un entier de K, constater que $2a$ et $2b$ sont des entiers rationnels tels que $(2a)^2 - d(2b)^2 \equiv 0(4)$, et étudier s'ils peuvent être impairs). Montrer que les discriminants de ces bases (III, p. 115, déf. 3) sont respectivement $4d$ et d.

9) * (*Lemme de Minkowski*) Si a, b, c, d sont des nombres réels, et si $\mathrm{D} = \begin{vmatrix} a & b \\ c & d \end{vmatrix}$, les inégalités $|na + mb| \leqslant \mathrm{A}$, $|nc + md| \leqslant \mathrm{B}$ ont des solutions en nombres entiers non tous deux nuls (n, m) si $\mathrm{A} > 0$, $\mathrm{B} > 0$, $\mathrm{D} > 0$ et $\mathrm{AB} \geqslant \mathrm{D}$, et ces solutions sont en nombre fini (considérer, dans $\mathbf{R}^2$, le sous-groupe discret G engendré par (a, c) et (b, d), et montrer que le pavé E défini par les relations $0 \leqslant x \leqslant \mathrm{A}$, $0 \leqslant y \leqslant \mathrm{B}$, dont l'aire est supérieure à celle du parallélogramme construit sur les vecteurs (a, c) et (b, d), contient deux vecteurs distincts congrus mod. G ; on raisonnera par l'absurde en remarquant que, dans le cas contraire, les p^2 pavés déduits de E par les translations $(ha + kb, hc + kd)$, où $0 \leqslant h < p$, $0 \leqslant k < p$, seraient deux à deux sans point commun.) *

¶ 10) Soit d un entier rationnel non divisible par un carré > 1. Dans le corps quadratique $\mathrm{K} = \mathbf{Q}(\sqrt{d})$ on se propose d'étudier les *unités*, c'est-à-dire les éléments inversibles de l'anneau A des entiers de K (exerc. 8, *b*)).
a) Si $d < 0$ (« corps quadratiques imaginaires ») montrer que les seules unités de K sont 1 et -1, sauf pour $d = -1$, où i et $-i$ sont aussi des unités, et $d = -3$, où les quatre nombres $\frac{1}{2}(\pm 1 \pm \sqrt{-3})$ sont aussi des unités.
b) On suppose désormais $d > 0$ (« corps quadratiques réels »), et l'on suppose K plongé dans une extension ordonnée maximale de $\mathbf{Q}$ (VI, p. 24), * par exemple dans $\mathbf{R}$. * Montrer que les unités positives forment un sous-groupe U′ du groupe U des unités de K, et que U est produit direct de U′ et de $\{-1, 1\}$.
c) Montrer que les unités de K sont les entiers de norme 1 ou -1.
d) Montrer que le groupe U′ n'est pas réduit à 1 (on note D le discriminant de la base des entiers (exerc. 8, *c*)) ; montrer que les entiers de K tels que $\mathrm{N}(\alpha) \leqslant \mathrm{D}$ se répartissent en un nombre fini de classes mod. U ; prendre un entier β_i dans chacune ; si B est un nombre rationnel tel que $0 < \mathrm{B} < \inf(|\beta_i|)$, montrer (exerc. 9) qu'il existe un entier β de K tel que $0 < |\beta| \leqslant \mathrm{B}$ et que $\mathrm{N}(\beta) \leqslant \mathrm{D}$; en déduire que l'un des $\beta\beta_i^{-1}$ est une unité η telle que $|\eta| < 1$).
e) Montrer que U′ est isomorphe à $\mathbf{Z}$ (montrer qu'il existe une unité ε telle que $|\varepsilon| < 1$ et que $|\varepsilon|$ soit le plus grand possible, en utilisant l'exerc. 9 et le fait que $|\bar{\xi}| = |\xi|^{-1}$ pour une unité).
f) Montrer que, dans $\mathbf{Q}(\sqrt{2})$, l'élément $\sqrt{2} - 1$ est un générateur de U′, et est de norme -1.

g) Montrer que si d a un facteur premier p de la forme $4n - 1$, tout générateur de U′ est de norme 1. (Observer que -1 ne peut être un carré dans le corps $\mathbf{F}_p$, en utilisant V, p. 89, prop. 1, *c*)).

¶ 11) On se propose de trouver les corps quadratiques $\mathbf{Q}(\sqrt{d})$ tels que l'application $\alpha \mapsto |\mathrm{N}(\alpha)|$ soit un *stathme euclidien* sur l'anneau des entiers du corps (exerc. 7).

a) Montrer qu'une condition nécessaire et suffisante pour cela est que, étant donné $\alpha \in \mathbf{Q}(\sqrt{d})$, il existe un entier β du corps tel que $|\mathrm{N}(\alpha - \beta)| < 1$; écrire cette condition en exprimant α et β au moyen d'une base des entiers du corps (exerc. 8, *c*)).

b) Dans le cas d'un corps quadratique imaginaire ($d < 0$) montrer que les seules valeurs de d pour lesquelles $|\mathrm{N}(\alpha)|$ est un stathme euclidien sont $-1, -2, -3, -7, -11$.

c) Pour le cas des corps quadratiques réels, on se bornera aux cas $d \equiv 2$ ou $3 \pmod 4$. Montrer qu'il n'y a alors qu'un nombre *fini* de valeurs de d telles que $|\mathrm{N}(\alpha)|$ soit un stathme euclidien. (Si $|\mathrm{N}(\alpha)|$ est un stathme euclidien et si a est un entier naturel tel que $0 \leqslant a \leqslant d$ et que $a \equiv t^2(d)$, on montrera que a ou $a - d$ est de la forme $x^2 - dy^2$ où x et y sont des entiers rationnels, en considérant l'élément $t/\sqrt{d}$ de $\mathbf{Q}(\sqrt{d})$; on montrera ensuite que, si d est assez grand, on peut trouver un entier impair z tel que $5d < z^2 < 6d$ (si $d \equiv 3 \bmod 4$), ou que $2d < z^2 < 3d$ (si $d \equiv 2 \bmod 4$) ; prendre alors $a = z^2 - d[z^2/d]$, et montrer que, dans ces conditions, ni a ni $a - d$ ne sont de la forme $x^2 - dy^2$, ceci en examinant les restes mod. 8). Montrer que les seules valeurs de d pour lesquelles l'entier z n'existe pas sont 3, 7, 11, 19, 35, 47 et 59 (pour $d \equiv 3 \bmod 4$), et 2, 6, 14 et 26 (pour $d \equiv 2 \bmod 4$). Montrer qu'il y a effectivement un stathme euclidien pour $d = 2$ et $d = 3$.

12) Montrer que l'anneau des entiers du corps quadratique $\mathbf{Q}(\alpha)$, où $\alpha^2 = -5$, n'est pas principal (voir VI, p. 33, exerc. 27). Même question avec $\mathbf{Q}(\beta)$, où $\beta^2 = 10$ (on a

$$2.3 = (4 + \beta)(4 - \beta)).$$

13) Soit f un polynôme non constant en une indéterminée sur $\mathbf{Z}$. Montrer que pour tout entier $k \geqslant 1$, il existe une infinité d'entiers $n \in \mathbf{N}$ tels que $f(n)$ soit non nul et divisible par au moins k nombres premiers distincts (on pourra procéder par récurrence sur k ; si $n \in \mathbf{N}$ est tel que $f(n)$ soit non nul et divisible par au moins k nombres premiers distincts, étudier le polynôme $f(n + \mathrm{X}f(n)^2)$).

14) L'ensemble des nombres premiers de la forme $4n - 1$ (resp. $6n - 1$) est infini (méthode de la prop. 5 (VII, p. 5) ; remarquer que tout nombre premier $\neq 2$ (resp. $\neq 2$ et $\neq 3$) est de la forme $4n \pm 1$ (resp. $6n \pm 1$)).

15) Un nombre de la forme $2^k + 1$ (k entier $\geqslant 1$) ne peut être premier que si k est une puissance de 2. Si un nombre premier p divise $2^{2^n} + 1$, il ne peut diviser $2^{2^m} + 1$ pour $m > n$ (on a $2^{2^m} \equiv 1(p)$) ; en déduire une nouvelle démonstration de la prop. 5. Montrer que $n = 2^{2^5} + 1$ n'est pas premier (on pose $a = 2^7$, $b = 5$; montrer que $1 + ab - b^4 = 2^4$ et mettre $1 + ab$ en facteur dans

$$n = 2^4a^4 + 1 = (1 + ab - b^4)\,a^4 + 1).$$

16) Un nombre de la forme $a^k - 1$ (a et k entiers, $a > 0$, $k > 1$) ne peut être premier que si $a = 2$ et si k est premier.

17) Montrer que, si $a^n + 1$ est premier, $a > 1$ et $n > 1$, alors a est pair et $n = 2^m$.

18) Soit M le monoïde multiplicatif engendré par un nombre fini d'entiers $q_i > 1$ ($1 \leqslant i \leqslant m$). Montrer que, pour tout entier $k > 0$, il existe k entiers consécutifs qui n'appartiennent pas à M(si $h_1, \ldots, h_m$ sont m entiers > 1, et si k est le plus grand nombre d'entiers consécutifs dont aucun n'est divisible par un au moins des h_i, on a $(k + 1)^{-1} \leqslant h_1^{-1} + \cdots + h_m^{-1}$; remarquer ensuite que, pour tout $r > 0$, tous les nombres assez grands de M sont multiples d'un des q_i^r au moins). Déduire de ce résultat une nouvelle démonstration de la prop. 5 de VII, p. 5.

19) Pour tout entier $n > 0$, montrer que l'exposant auquel figure un nombre premier p dans la décomposition de $n!$ est $\sum_{k=1}^{\infty} [np^{-k}]$ (somme qui n'a qu'un nombre fini de termes non nuls).

¶ 20) * Soit $\pi(x)$ le nombre des nombres premiers inférieurs au nombre réel $x > 0$. Pour tout entier $n > 0$, montrer que l'on a

$$n^{\pi(2n)-\pi(n)} \leqslant \binom{2n}{n} \leqslant (2n)^{\pi(2n)}$$

(remarquer que $\binom{2n}{n}$ est multiple du produit des nombres premiers q tels que $n < q \leqslant 2n$; montrer d'autre part, en utilisant l'exerc. 19, que $\binom{2n}{n}$ divise le produit $\prod p^{r(p)}$ où p parcourt l'ensemble des nombres premiers $\leqslant 2n$, et où $r(p)$ est le plus grand entier tel que $p^{r(p)} \leqslant 2n$. Déduire de ce résultat l'existence de deux nombres réels a, b tels que $0 < a < b$ et que [1]

$$an(\log n)^{-1} \leqslant \pi(n) \leqslant bn(\log n)^{-1}$$

(remarquer que l'on a $2^{2n}(2n+1)^{-1} \leqslant (2n)!\,(n!)^{-2} \leqslant 2^{2n}$). *

21) Pour $m \geqslant 1$ et $n \geqslant 1$ montrer que le nombre rationnel $\sum_{k=n}^{n+m} k^{-1}$ n'est jamais un entier (si 2^q est la plus grande puissance de 2 qui divise au moins un des nombres $n, n+1, \ldots, n+m$, elle divise un seul de ces nombres).

22) Soient a et b deux entiers > 0, d leur pgcd, n un entier $\geqslant 1$; on pose $a = da_1$, $b = db_1$; montrer que, dans l'expression irréductible de la fraction $a(a+b)\cdots(a+(n-1)b)/n!$, le dénominateur ne contient que des facteurs premiers divisant b_1 et $\leqslant n$ (observer que si p est un nombre premier ne divisant pas b_1, b_1 est inversible mod. p^r pour tout $r > 0$). En déduire une démonstration directe du fait que les coefficients binomiaux $n!/(m!(n-m)!)$ sont des entiers.

23) Soit n un entier rationnel > 1 ; montrer que le pgcd des $n-1$ coefficients binomiaux $\binom{n}{k}$ $(1 \leqslant k \leqslant n-1)$ est égal à 1 si n est divisible par deux nombres premiers distincts, et est égal à p si n est une puissance du nombre premier p.

24) *a*) Soit $n = \prod_k p_k^{\nu_k}$ un nombre entier rationnel > 0 décomposé en facteurs premiers. Montrer que la somme des diviseurs > 0 de n est donnée par la formule

$$\sigma(n) = \prod_k \frac{p_k^{\nu_k+1} - 1}{p_k - 1}.$$

b) On dit que n est *parfait* si on a $2n = \sigma(n)$. Montrer que, pour qu'un nombre pair n soit parfait, il faut et il suffit qu'il soit de la forme $2^h(2^{h+1}-1)$, où $h \geqslant 1$ et où $2^{h+1}-1$ est premier. (Si n est de la forme $2^m q$, où $m \geqslant 1$ et où q est impair, montrer que q est divisible par $2^{m+1}-1$, et en déduire que, si q n'était pas premier, on aurait $\sigma(n) > 2n$.)

25) Soient a et b deux entiers > 0 et étrangers. Si a et b sont > 2, il existe deux entiers x et y tels que $ax + by = 1$ et $|x| < \frac{1}{2}b$, $|y| < \frac{1}{2}a$; en outre le couple d'entiers satisfaisant à ces conditions est unique. Cas où un des entiers a, b est égal à 2.

[1] On a démontré que lorsque x tend vers $+\infty$, on a $\pi(x) \sim x/\log x$ (*cf.* par exemple A. E. Ingham, *The distribution of prime numbers* (Cambridge tracts, n° 30), Cambridge, University Press, 1932).

26) Soient x, y deux entiers étrangers ; tout entier z tel que $|z| < |xy|$ peut être mis, d'une ou de deux manières, sous la forme $z = ux + vy$ où u et v sont des entiers tels que $|u| < |y|$ et $|v| < |x|$. Si z peut être mis de deux manières sous la forme précédente, ni x ni y ne peut diviser z ; l'exemple $x = 5$, $y = 7$, $z = 12$ montre que la réciproque est inexacte.

27) Soient f et g deux polynômes étrangers de K[X] ; montrer que tout polynôme h tel que $\deg(h) < \deg(fg)$ peut être mis, d'une manière et d'une seule, sous la forme $h = uf + vg$ où u et v sont des polynômes tels que $\deg(u) < \deg(g)$ et $\deg(v) < \deg(f)$. On donnera d'abord une démonstration analogue à celle de l'exerc. 26 (basée sur la division euclidienne), puis une démonstration dans laquelle le problème sera considéré comme un problème linéaire.

¶ 28) *a*) Soient K un corps commutatif algébriquement clos, f un polynôme unitaire non constant de K[X], g un polynôme de K[X, Y] ; pour chacune des racines α_i de f, on suppose qu'il existe une racine β_i de $g(\alpha_i, Y) = 0$ telle que $\frac{\partial g}{\partial Y}(\alpha_i, \beta_i) \neq 0$. Montrer qu'il existe un polynôme $h(X) \in K[X]$ tel que $g(X, h(X)) \equiv 0 \pmod{f(X)}$. (A l'aide de la prop. 4, se ramener au cas où $f(X) = X^m$ ($m \geqslant 1$) ; remarquer que l'anneau $K[X]/(X^m)$ est isomorphe à l'anneau quotient $K[[X]]/(X^m)$, et utiliser le cor. de IV, p. 35.)
b) Montrer en particulier que si m est un entier non divisible par la caractéristique de K, pour tout couple de polynômes unitaires f et f_0 étrangers dans K[X], il existe un polynôme $h(X)$ dans K[X] tel que $(h(X))^m \equiv f_0(X) \pmod{f(X)}$.

§ 2

1) Soient A un anneau principal, M un A-module de torsion, x, y deux éléments de M, $A\alpha$ et $A\beta$ les annulateurs de x et y respectivement ; si δ est un pgcd de α et β, montrer que l'annulateur $A\gamma$ de $x + y$ est tel que γ divise le ppcm $\alpha\beta/\delta$ de α et β, et soit multiple de $\alpha\beta/\delta^2$. Lorsque α et β sont des puissances *distinctes* π^μ, π^ν d'un même élément extrémal π, montrer que $\gamma = \pi^{\sup(\mu, \nu)}$.

2) Soient A un anneau principal, π un élément extrémal de A, M un module π-primaire ; montrer que pour tout $x \in M$ et tout $\alpha \in A$ non multiple de π, il existe un $y \in M$ et un seul tel que $x = \alpha y$ (utiliser l'identité de Bezout) ; on pose $y = \alpha^{-1}x$. En déduire que, si $A_{(\pi)}$ désigne l'anneau principal formé des éléments β/α du corps des fractions K de A, où $\beta \in A$ et $\alpha \in A$ n'est pas multiple de π (VII, p. 48, exerc. 4), il existe sur M une structure de $A_{(\pi)}$-module et une seule telle qu'en restreignant à A l'anneau d'opérateurs de cette structure, on obtienne sur M la structure donnée de A-module. On dit que le $A_{(\pi)}$-module ainsi défini est *canoniquement associé* à M ; ses sous-modules sont identiques aux sous-A-modules de M.

¶ 3) Soit A un anneau principal.
a) Pour qu'un A-module M soit *injectif* (II, p. 184, exerc. 11), il faut et il suffit que pour tout $x \in M$ et tout $\alpha \neq 0$ dans A, il existe $y \in M$ tel que $x = \alpha y$; on dit alors encore que le A-module M est *divisible*. Si E est un A-module quelconque, la somme de tous les sous-modules divisibles de E est le plus grand sous-module divisible $\Delta(E)$ de E. Pour tout sous-module F de E, on a $\Delta(F) \subset \Delta(E)$.
b) Soient M un A-module divisible, π un élément extrémal de A, x_0 un élément de M dont l'annulateur soit de la forme $A\pi^n$ (n entier > 0). On définit par récurrence une suite (x_s) d'éléments de M par les conditions $x_s = \pi x_{s+1}$ pour tout entier $s > 0$. Montrer que le sous-module de M engendré par la suite (x_s) est isomorphe au composant π-primaire U_π du module $U = K/A$, où K est le corps des fractions de A.
c) Montrer que U_π est un module divisible et que tout sous-module de U_π distinct de U_π et de 0 est monogène et engendré par la classe mod. A d'une puissance de π ; en déduire que U_π est indécomposable (II, p. 187, exerc. 21).
d) Montrer que tout A-module divisible et indécomposable est isomorphe, soit à K, soit à un des modules U_π (utiliser *a*) et *b*)).
e) Montrer que tout A-module divisible est somme directe d'une famille de sous-modules

divisibles et indécomposables (appliquer le th. de Zorn aux familles de sous-modules divisibles et indécomposables de M, dont la somme est directe).

¶ 4) On dit qu'une famille (x_ι) d'éléments $\neq 0$ d'un module M sur un anneau principal A est *pseudolibre* si toute relation de la forme $\sum_\iota \alpha_\iota x_\iota = \beta y$ ($y \in M$, $\alpha_\iota \in A$, $\beta \in A$) entraîne l'existence d'éléments $\alpha'_\iota \in A$ tels que l'on ait $\alpha_\iota x_\iota = \beta\alpha'_\iota x_\iota$ pour tout indice ι. La relation $\iota \neq \kappa$ entraîne alors $x_\iota \neq x_\kappa$; on dit que l'ensemble des éléments d'une famille pseudolibre est une partie pseudolibre de M.
a) Soit π un élément extrémal de A. Montrer que, dans un A-module d'annulateur $A\pi^n$ ($n \geqslant 1$), un élément d'annulateur $A\pi^n$ est pseudolibre (utiliser l'identité de Bezout).
b) Soit (x_ι) une famille pseudolibre dans un A-module M, et soit N le sous-module de M engendré par cette famille. Montrer que, pour tout élément $\dot{x}$ de M/N, il existe un élément $x \in \dot{x}$ dont l'annulateur est égal à l'annulateur de $\dot{x}$ dans M/N. Si en outre $\dot{x}$ est pseudolibre dans M/N, montrer que la famille formée des x_ι et de x est pseudolibre dans M.
c) Déduire de *a*) et *b*) que si le A-module M a un annulateur non nul, il est somme directe de modules monogènes (se ramener à un module π-primaire, et appliquer le th. de Zorn aux familles pseudolibres d'éléments de M) (*cf.* VII, p. 19, th. 2).

5) Soit M un module de torsion de type fini sur un anneau principal A. Montrer que M est un module de longueur finie ; par suite, tout ensemble non vide de sous-modules de M admet un élément maximal et un élément minimal.

¶ 6) Soit M un module de torsion sur un anneau principal A, qui n'est pas de type fini, mais dont tous les sous-modules $\neq$ M sont de type fini. Montrer qu'il existe un élément extrémal π de A tel que M soit isomorphe au composant π-primaire U_π du module U = K/A (exerc. 3, *c*)). (Montrer d'abord que M ne peut avoir plus d'un composant π-primaire $\neq 0$, et par suite est un module π-primaire pour un élément extrémal $\pi \in A$. Montrer alors que $M = \pi M$ en observant que $M/\pi M$ ne pourrait être de type fini s'il était $\neq 0$; mais $M/\pi M$ est un espace vectoriel sur le corps $A/A\pi$ et contiendrait un sous-module distinct de lui-même et non de type fini.)

¶ 7) Soit M un module sur un anneau principal A ; on dit qu'un sous-module N de M est *pur* si, pour tout $\alpha \in A$, on a $N \cap (\alpha M) = \alpha N$.
a) Pour que N soit un sous-module pur de M, il faut et il suffit que, pour tout $\alpha \in A$, et tout élément $\dot{x} \in M/N$ dont l'annulateur est $A\alpha$, il existe un élément $x \in \dot{x}$ dont l'annulateur est $A\alpha$.
b) Montrer que le sous-module de torsion de M est pur. Pour qu'une famille (x_ι) d'éléments de M soit pseudolibre (exerc. 4), il faut et il suffit que la somme des sous-modules Ax_ι soit directe et soit un sous-module pur de M. Montrer que, si P et Q sont des sous-modules de M tels que $P \cap Q$ et $P + Q$ soient purs, P et Q sont purs. Si Q est un sous-module pur de M, et $P \supset Q$ un sous-module de M, pour que P soit pur dans M, il faut et il suffit que P/Q soit pur dans M/Q.
c) Montrer que tout sous-module N de M qui est facteur direct dans M est pur. Il en est de même de la réunion d'une famille filtrante croissante de facteurs directs de M. Inversement, si N est un sous-module pur de M, et si M/N est somme directe de sous-modules monogènes, montrer que N est facteur direct dans M (utiliser *a*)). Donner des exemples de sous-modules P, Q facteurs directs de M tels que $P \cap Q$ (resp. $P + Q$) ne soit pas un sous-module pur (pour le premier exemple, on pourra prendre $M = (\mathbf{Z}/4\mathbf{Z}) \oplus (\mathbf{Z}/2\mathbf{Z})$, et pour le second, $M = \mathbf{Z}^2$).
d) Soit N un sous-module pur de M, dont l'annulateur $A\alpha$ est $\neq (0)$. Si f est l'homomorphisme canonique de M sur $M/\alpha M$, montrer que la restriction de f à N est un isomorphisme de N sur $f(N)$ et que $f(N)$ est un sous-module pur de $M/\alpha M$ (utiliser l'identité de Bezout). En déduire (à l'aide de *c*) et de l'exerc. 4, *c*)) que $f(N)$ est facteur direct dans $M/\alpha M$, et que N est facteur direct dans M. En particulier, si le sous-module de torsion d'un module M admet un annulateur non nul (ce qui est le cas lorsqu'il est de type fini), il est facteur direct dans M (*cf.* VII, p. 19, cor. 1 du th. 2).

e) Soit p un entier premier ; on désigne par N le **Z**-module somme directe des modules monogènes $\mathbf{Z}/(p^n)$ $(n \geqslant 1)$, par e_n l'élément de N dont toutes les coordonnées sont nulles sauf celle d'indice n, égale à la classe de 1 mod. p^n. Soit M le sous-module du **Z**-module $\mathrm{N} \times \mathbf{Q}$, engendré par les éléments (e_n, p^{-n}). Montrer que le sous-module de torsion P de M n'est pas facteur direct dans M (remarquer que, dans M/P, tout élément est divisible par p^n quel que soit n, et qu'aucun élément de M non multiple de (0,1) ne possède cette propriété).

8) Soient A un anneau principal, π un élément extrémal de A, et M un module π-primaire. On dit qu'un élément $x \in \mathrm{M}$ est *de hauteur n* si $x \in \pi^n\mathrm{M}$ et $x \notin \pi^{n+1}\mathrm{M}$. On dit que x est *de hauteur infinie* si $x \in \pi^n\mathrm{M}$ pour tout entier $n \geqslant 1$.
a) Montrer que, pour que M soit divisible, il faut et il suffit que tous ses éléments soient de hauteur infinie (exerc. 3).
b) Soit x un élément de M de hauteur n, tel que $\pi x = 0$; montrer que si $x = \pi^n y$, le sous-module monogène $\mathrm{A}y$ de M est facteur direct dans M (remarquer que $\mathrm{A}y$ est un sous-module pur, et appliquer l'exerc. 7, *d*)).
c) Montrer qu'un module π-primaire non divisible M contient toujours au moins un sous-module monogène $\neq 0$ facteur direct dans M (si $x \in \mathrm{M}$ est de hauteur finie, et s'il existe des entiers m tels que $\pi^m x \neq 0$ soit de hauteur infinie, soit s le plus petit de ces entiers ; écrire $\pi^s x = \pi y$, où y est de hauteur strictement supérieure à $\pi^{s-1}x$, et appliquer *b*) à $y - \pi^{s-1}x$). En déduire qu'un module π-primaire indécomposable est, soit monogène, soit isomorphe au module U_π (exerc. 3).
d) Montrer que si tout sous-module pur du module π-primaire M est facteur direct dans M, alors M est somme directe d'un module divisible P et d'un module π-primaire Q dont l'annulateur est $\neq 0$. (Se ramener au cas où M ne contient aucun sous-module divisible $\neq 0$, et raisonner par l'absurde. Montrer en utilisant *b*) qu'il existerait une suite infinie (x_k) d'éléments de hauteur 1 dans M tels que : 1° l'annulateur de x_k soit $\mathrm{A}\pi^{n_k}$, où la suite d'entiers (n_k) est strictement croissante ; 2° la somme des $\mathrm{A}x_k$ est directe, et toute somme d'un nombre fini de ces sous-modules est facteur direct dans M. Montrer alors que le sous-module N de M engendré par les éléments $x_k - \pi^{n_{k+1}-n_k}x_{k+1}$ est pur, mais n'est pas facteur direct de M, en raisonnant comme dans l'exerc. 7, *e*).)

9) *a*) Soit M un module π-primaire, et soit M_0 le sous-module de M formé des éléments de hauteur infinie dans M. Montrer que le module π-primaire M/M_0 ne contient aucun élément $\neq 0$ de hauteur infinie.
b) Soit p un nombre premier, et soit E le p-groupe somme directe des groupes $\mathrm{E}_n = \mathbf{Z}/(p^n)$ $(n \geqslant 1)$; on désigne par e_n la classe de 1 mod. p^n dans E_n. Soit H le sous-module de E engendré par les éléments $e_1 - p^{n-1}e_n$ pour tous les entiers $n \geqslant 2$. Soit M le module quotient E/H. Montrer que dans M le sous-module M_0 des éléments de hauteur infinie est le sous-module $(\mathrm{E}_1 + \mathrm{H})/\mathrm{H}$, qui est isomorphe à E_1, et montrer qu'il n'existe dans M_0 aucun élément $\neq 0$ qui soit de hauteur infinie *dans* M_0.

¶ 10) *a*) Soit M un module π-primaire sans éléments $\neq 0$ de hauteur infinie et soit N un sous-module pur de M engendré par une famille pseudolibre maximale d'éléments de M (exerc. 4 et 7, *b*)). Montrer que M/N est un module divisible (raisonner par l'absurde, en appliquant l'exerc. 8, *c*), l'exerc. 7, *c*), l'exerc. 7, *b*) et conclure à l'aide de l'exerc. 4, *c*)).
b) On considère sur M la topologie métrisable $\mathscr{T}$ définie en prenant comme système fondamental de voisinages de 0 les sous-modules $\pi^n\mathrm{M}$ pour n entier $\geqslant 0$ (TG, III, p. 5). Pour qu'un sous-module P de M soit tel que M/P soit divisible, il faut et il suffit que P soit partout dense dans M pour la topologie $\mathscr{T}$.
c) Soient P_1, P_2 deux sous-modules de M qui sont purs, partout denses dans M pour la topologie $\mathscr{T}$, et sommes directes de sous-modules monogènes. Montrer que P_1 et P_2 sont isomorphes (remarquer que pour tout n, $\mathrm{P}_1/\pi^n\mathrm{P}_1$ est isomorphe à $\mathrm{M}/\pi^n\mathrm{M}$).
d) Soit $\widehat{\mathrm{M}}$ le complété de M pour la topologie $\mathscr{T}$ (TG, III, p. 24). Montrer que pour tout $\alpha \in \mathrm{A}$, $x \mapsto \alpha x$ est un morphisme strict de $\widehat{\mathrm{M}}$ sur $\alpha\widehat{\mathrm{M}}$, que pour tout entier n, $\pi^n\widehat{\mathrm{M}}$ est un sous-module ouvert et fermé, adhérence de $\pi^n\mathrm{M}$, et que les modules quotients $\widehat{\mathrm{M}}/\pi^n\widehat{\mathrm{M}}$ et $\mathrm{M}/\pi^n\mathrm{M}$ sont isomorphes.

e) Soit $\overline{\mathrm{M}}$ le sous-module de torsion de $\widehat{\mathrm{M}}$; montrer que $\overline{\mathrm{M}}$ est un module π-primaire, que l'on a $\overline{\overline{\mathrm{M}}} = \overline{\mathrm{M}}$, et que M est un sous-module pur de $\overline{\mathrm{M}}$.
f) On suppose que le module π-primaire M est somme directe d'une famille (E_α) de sous-modules monogènes. Pour que $\mathscr{T}$ ne soit pas discrète il faut et il suffit que l'annulateur de M soit réduit à 0. Dans ce cas, soit E le module produit $\prod_\alpha \mathrm{E}_\alpha$ et soit F le sous-module de E formé des éléments dont les coordonnées sont nulles à l'exception d'une famille *dénombrable* d'entre elles ; montrer que $\widehat{\mathrm{M}}$ peut alors être identifié (en tant que module non topologique) au sous-module de F formé des (x_α) tels que, pour tout entier *n*, il n'y ait qu'un nombre *fini* d'indices α pour lesquels $x_\alpha \notin \pi^n \mathrm{E}_\alpha$. Montrer alors que les quatre modules M, $\widehat{\mathrm{M}}$, $\overline{\mathrm{M}}$ et F sont distincts. En déduire que $\overline{\mathrm{M}}$ n'est pas somme directe de modules monogènes (utiliser *e*)), et qu'il n'est pas somme directe de modules indécomposables (remarquer que $\overline{\mathrm{M}}$ ne contient aucun élément de hauteur infinie, et appliquer l'exerc. 8, *c*)).

¶ 11) Soient M un module π-primaire, N un sous-module de M dont tous les éléments $\neq 0$ ont une hauteur $\leqslant h$ *dans* M.
a) Soit P un sous-module pur de M tel que $\mathrm{P}(\pi) \subset \mathrm{N}(\pi)$ et $\mathrm{P}(\pi) \neq \mathrm{N}(\pi)$. Soit *a* un élément de N(π) n'appartenant pas à P(π), et soit x_0 un élément de $a + \mathrm{P}(\pi)$ dont la hauteur *k* dans M soit la plus grande possible ; soit $x_0 = \pi^k y_0$. Montrer que la somme $\mathrm{P} + \mathrm{A}y_0$ est directe et est un sous-module pur de M.
b) Soit B une partie pseudolibre de M telle que, si P est le sous-module pur de M engendré par B, on ait $\mathrm{P}(\pi) \subset \mathrm{N}(\pi)$. Montrer qu'il existe une partie pseudolibre $\mathrm{C} \supset \mathrm{B}$ de M telle que, si Q est le sous-module pur de M engendré par C, on ait $\mathrm{Q}(\pi) = \mathrm{N}(\pi)$ (appliquer le th. de Zorn, en utilisant *a*)).

¶ 12) *a*) Pour qu'un module π-primaire M soit somme directe de sous-modules monogènes, il faut et il suffit qu'il existe dans M une partie pseudolibre H telle que, si N est le sous-module pur de M engendré par H, on ait $\mathrm{M}(\pi) = \mathrm{N}(\pi)$.
b) Pour que M soit somme directe de sous-modules monogènes, il faut et il suffit que M soit réunion d'une suite croissante (P_k) de sous-modules, telle que pour chacun des P_k, les hauteurs dans M des éléments $\neq 0$ de P_k soient *bornées*. (Pour voir que la condition est suffisante, utiliser *a*), et l'exerc. 11, *b*).)
c) Déduire de *b*) que si M est somme directe de sous-modules monogènes, tout sous-module de M est somme directe de sous-modules monogènes.
d) Soit M un module π-primaire sans élément de hauteur infinie, admettant un système *dénombrable* (x_k) de générateurs. Montrer que M est somme directe de sous-modules monogènes (si P_k est le sous-module engendré par les x_i d'indice $\leqslant k$, appliquer *b*) à la suite croissante des P_k, en utilisant l'exerc. 5 appliqué (pour *k* fixe) à la suite décroissante des $\mathrm{P}_k \cap \pi^j\mathrm{M}$).
e) Soit M un module π-primaire admettant un système dénombrable de générateurs. Pour que M soit somme directe de sous-modules indécomposables, il faut et il suffit que le sous-module N des éléments de hauteur infinie dans M soit pur (utiliser *d*) et l'exerc. 7, *c*)).

¶ 13) Soient A un anneau principal, π un élément extrémal de A, M un module π-primaire sur A. Soit I l'ensemble des ordinaux α (E, III, p. 77, exerc. 14) tels que la puissance de l'ensemble des ordinaux $< \alpha$ soit au plus égale à celle de M. On définit par induction transfinie, pour tout $\alpha \in \mathrm{I}$, le sous-module $\mathrm{M}^{(\alpha)}$ de M de la façon suivante : on prend $\mathrm{M}^{(0)} = \mathrm{M}$; si α admet un antécédent $\alpha - 1$, $\mathrm{M}^{(\alpha)} = \pi\mathrm{M}^{(\alpha-1)}$; dans le cas contraire, $\mathrm{M}^{(\alpha)}$ est l'intersection des $\mathrm{M}^{(\beta)}$ tels que $\beta < \alpha$.
a) Montrer qu'il existe un plus petit ordinal $\tau \in \mathrm{I}$ tel que $\mathrm{M}^{(\tau+1)} = \mathrm{M}^{(\tau)}$ (ordinal *ultime* de M). Montrer que $\mathrm{M}^{(\tau)}$ admet un supplémentaire dans M, et est somme directe de sous-modules isomorphes à U_π (exerc. 3). On dit qu'un π-module M est *réduit* si $\mathrm{M}^{(\tau)} = 0$.
b) Soit M un π-module réduit. Pour tout $x \in \mathrm{M}$, montrer qu'il existe un plus grand ordinal $\gamma(x) \leqslant \tau$ tel que $x \in \mathrm{M}^{(\gamma(x))}$ (en particulier, $\gamma(0) = \tau$). Généralisant la définition de l'exerc. 8, on dit que γ(*x*) est la *hauteur* de *x* dans M. Montrer que si $\gamma(x) < \gamma(y)$, on a $\gamma(x + y) = \gamma(x)$ et que, si $\gamma(x) = \gamma(y)$, on a $\gamma(x + y) \geqslant \gamma(x)$. On dit que *x* est *propre* par rapport à un sous-module N de M si pour tout $y \in \mathrm{N}$, la hauteur $\gamma(x + y)$ est au plus égale à $\gamma(x)$; montrer qu'alors $\gamma(x + y) = \inf(\gamma(x), \gamma(y))$ pour tout $y \in \mathrm{N}$.

c) Soit α un ordinal $< \tau$, et soit $\tilde{M}^{(\alpha)}$ le sous-module de $M^{(\alpha)}$ formé des x tels qu'il existe $y \in M^{(\alpha+1)}$ satisfaisant à la relation $\pi x = \pi y$. Pour les $y \in M^{(\alpha+1)}$ ayant cette propriété, les éléments de la forme $u = x - y$ forment une classe mod. $M(\pi) \cap M^{(\alpha+1)}$ dans le sous-module $M(\pi) \cap M^{(\alpha)}$; si φ est l'homomorphisme canonique de $M(\pi) \cap M^{(\alpha)}$ sur le quotient de ce module par $M(\pi) \cap M^{(\alpha+1)}$, montrer que l'application ψ qui à x fait correspondre $\varphi(u)$ est un homomorphisme dont le noyau est $M^{(\alpha+1)}$, et par suite que $\tilde{M}^{(\alpha)}/M^{(\alpha+1)}$ est isomorphe à $(M(\pi) \cap M^{(\alpha)})/(M(\pi) \cap M^{(\alpha+1)})$.
d) Soit N un sous-module de M, et soit $x \in \tilde{M}^{(\alpha)}$ un élément de hauteur α ; montrer que, pour que x soit propre par rapport à N, il faut et il suffit que les éléments $u = x - y$ de $M(\pi) \cap M^{(\alpha)}$ qui lui correspondent (*cf.* *c*)) soient propres par rapport à N. Pour qu'il existe un tel élément x, il faut et il suffit que l'image de $N \cap \tilde{M}^{(\alpha)}$ par l'homomorphisme ψ soit distincte de $(M(\pi) \cap M^{(\alpha)})/(M(\pi) \cap M^{(\alpha+1)})$.

¶ 14) Soit M un module π-primaire réduit. Avec les notations de l'exerc. 13, pour tout ordinal $\alpha < \tau$, $(M(\pi) \cap M^{(\alpha)})/(M(\pi) \cap M^{(\alpha+1)})$ peut être considéré comme espace vectoriel sur le corps $F_\pi = A/A\pi$; on désigne par $c(\alpha)$ la dimension de cet espace vectoriel et l'on dit que $c(\alpha)$ est la *multiplicité* de l'ordinal α dans le module M (*cf.* VII, p. 24).
a) Montrer que, si M et N sont deux modules π-primaires dont chacun est somme directe de sous-modules monogènes (ce qui entraîne que $\tau \leqslant \omega$, plus petit ordinal infini), pour que M et N soient isomorphes, il faut et il suffit que M et N aient même ordinal ultime τ et que la multiplicité de tout entier $n < \tau$ soit la même dans M et dans N.
b) Donner un exemple de deux modules π-primaires non isomorphes, sans élément de hauteur infinie, et pour lesquels tout entier n a la même multiplicité dans chacun des deux π-modules (*cf.* exerc. 10, *f*)).
c) Soient M et N deux modules réduits π-primaires, admettant chacun un système infini *dénombrable* de générateurs. Montrer que, si M et N ont même ordinal ultime τ, et si, pour tout ordinal $\alpha < \tau$, la multiplicité de α dans M et dans N est la même, M et N sont *isomorphes* (« *théorème d'Ulm-Zippin* »). (Étant donnés deux sous-modules $S \subset M$, $T \subset N$, on dit qu'un isomorphisme h de S sur T est *indiciel* si, pour tout $x \in S$, la hauteur de x dans M est égale à la hauteur de $h(x)$ dans N. On définira un isomorphisme indiciel de M sur N en procédant par récurrence et en alternant les rôles joués par M et N, de façon à se ramener au problème suivant : étant donnés deux sous-modules $S \subset M$, $T \subset N$, de type *fini*, un isomorphisme indiciel h de S sur T, et un élément $x \in M \cap \complement S$, prolonger h en un isomorphisme indiciel de $S + Ax$ sur un sous-module de N contenant T. Montrer qu'on peut se ramener au cas où $\pi x \in S$; en utilisant l'exerc. 5, prendre dans $(S + Ax) \cap \complement S$ un élément w_1 dont la hauteur α dans M est la plus grande possible, puis prendre dans $S \cap M^{(\alpha)}$ un élément w_2 tel que la hauteur de $\pi(w_1 + w_2)$ dans M soit la plus grande possible ; montrer que $w = w_1 + w_2$ est propre par rapport à S (exerc. 13, *b*)). Soit $z = h(\pi w) \in T$; montrer que, s'il existe un élément $t \in N$, de hauteur α dans N, propre par rapport à T et tel que $\pi t = z$, alors on obtient un prolongement $\bar{h}$ de h répondant à la question en posant $\bar{h}(w) = t$. Reste à montrer l'existence de l'élément t. Si

$$\gamma(z) = \gamma(\pi w) = \alpha + 1 < \tau,$$

on montrera qu'il existe dans $N^{(\alpha)} \cap \complement T$ des éléments u tels que $z = \pi u$, et qu'on peut prendre pour t n'importe lequel de ces éléments. Si au contraire $\gamma(z) = \gamma(\pi w) > \alpha + 1$ ou bien si $\gamma(z) = \gamma(\pi w) = \alpha + 1 = \tau$, utiliser l'exerc. 13, *d*) pour démontrer l'existence de l'élément t, en remarquant (avec les notations de l'exerc. 13) que l'image par ψ de $S \cap \tilde{M}^{(\alpha)}$ dans $(M(\pi) \cap M^{(\alpha)})/(M(\pi) \cap M^{(\alpha+1)})$ est de dimension finie par rapport au corps F_π.)
$_*$ *d*) Déduire de *c*) une nouvelle démonstration de l'exerc. 12, *d*) (on utilisera aussi le th. 1 de VII, p. 14). $_*$

15 *a*) Soient A un anneau principal, M un A-module divisible (exerc. 3), N un A-module de torsion. Montrer que $M \otimes_A N = 0$.
b) Soient M et N deux modules π-primaires sans élément de hauteur infinie ; montrer que $M \otimes_A N$ est somme directe de modules monogènes (utiliser *a*) et l'exerc. 10, *a*)).

§ 3

1) Soit A un anneau commutatif. Montrer que, si tout sous-module d'un A-module libre quelconque est un A-module libre, alors tout idéal dans A est principal, et A est un anneau intègre (et par suite un anneau principal).

¶ 2) Soit M un module sur un anneau principal A ; on suppose que M est somme directe de sous-modules monogènes. Montrer que tout sous-module N de M est somme directe de sous-modules monogènes (si T est le sous-module de torsion de N, montrer d'abord que N/T est un module libre, en utilisant le th. 1, et en déduire que T admet un supplémentaire dans N ; montrer ensuite que T est somme directe de sous-modules monogènes, en utilisant l'exerc. 12, *c*) de VII, p. 56).

3) Soit (p_n) une suite strictement croissante de nombres premiers telle que p_n ne divise aucun des nombres

$$a + b(1 + p_1 + p_1 p_2 + \cdots + p_1 p_2 \ldots p_{n-1}) \quad \text{pour} \quad |a| \leqslant n \text{ et } |b| \leqslant n\,.$$

Dans le plan rationnel $\mathbf{Q}^2$, on considère le $\mathbf{Z}$-module M engendré par la suite (x_n) définie de la façon suivante :

$$x_0 = (1, 0)\,, \quad x_1 = (0, 1)\,, \quad x_{n+1} = p_n^{-1}(x_0 + x_n) \quad \text{pour} \quad n \geqslant 1\,.$$

Montrer que M est de rang 2, et que tout sous-module de rang 1 de M est monogène (remarquer que x_0 et x_n forment une base du sous-module de M engendré par les x_i d'indice $i \leqslant n$).

4) Soit E un module sans torsion sur un anneau principal A.
a) Montrer que, si F est un sous-module pur de E (VII, p. 54, exerc. 7), E/F est sans torsion, et réciproquement.
b) Soit F un sous-module de E engendré par une famille pseudolibre maximale (VII, p. 54, exerc. 4) ; F est un sous-module libre et pur de E. Montrer que, pour tout $\dot{x} \in$ E/F, il existe un élément non inversible α de A, et un élément $\dot{y} \in$ E/F tels que $\dot{x} = \alpha\dot{y}$, mais que E/F n'est pas nécessairement un module divisible (*cf.* exerc. 3).

5) Soit A un anneau principal ayant un seul idéal maximal $A\pi$ (*cf.* VII, p. 48, exerc. 4). Soient E un A-module sans torsion, et M un sous-module libre de E, tel que E/M soit sans torsion, divisible et de rang 1. Soient (e_α) une base de M, $\dot{u}$ un élément $\neq 0$ de E/M, u un élément de la classe $\dot{u}$; pour tout entier $n > 0$, soit u_n un élément de E tel que $u \equiv \pi^n u_n$ (mod. M). On pose $u = \pi^n u_n + \sum_\alpha \lambda_{n\alpha} e_\alpha$.

a) Montrer que E est engendré par M et les u_n, et que l'on a $\lambda_{n\alpha} - \lambda_{n+1,\alpha} \in A\pi^n$ pour tout α et tout entier $n > 0$ (*cf.* exerc. 4, *a*)).
b) On suppose de plus que A est un anneau *complet* pour la topologie $\mathscr{T}$ définie en prenant les idéaux $A\pi^n$ comme système fondamental de voisinages de 0 dans A (TG, III, p. 5) ; on pose $\lambda_\alpha = \lim_{n\to\infty} \lambda_{n\alpha}$. Montrer que, si μ et les μ_α sont tels que $\mu u - \sum_\alpha \mu_\alpha e_\alpha$ appartienne à tous les sous-modules π^nE, on a nécessairement $\mu_\alpha = \lambda_\alpha \mu$ pour tout α.

¶ 6) Soit A un anneau principal ayant un seul idéal maximal $A\pi$, et complet pour la topologie $\mathscr{T}$ définie dans l'exerc. 5.
a) Montrer que tout A-module sans torsion E, ne contenant aucun sous-module divisible $\neq 0$, et de rang *fini*, est un module libre (considérer un sous-module M de E engendré par une famille pseudolibre maximale ; si M $\neq$ E, montrer, à l'aide des exerc. 4, *b*) et 5, *b*), que E contient un sous-module divisible $\neq 0$). Généraliser ce résultat au cas où E est de rang dénombrable (procéder par récurrence).
b) Dans le module libre $E = A^{(\mathbf{N})}$ (somme directe d'une infinité dénombrable de modules

isomorphes à A), soit $(a_n)_{n\geqslant 0}$ la base canonique, et soit $e_n = a_{n-1} - \pi a_n$ pour tout entier $n \geqslant 1$. Montrer que le sous-module M de E engendré par les e_n est pur et que les e_n forment une famille pseudolibre maximale, mais que E/M est un module divisible, et par suite que M n'admet pas de supplémentaire dans E.

7) Soient p un nombre premier, A l'anneau des nombres rationnels de la forme r/s, où s est étranger à p (VII, p. 48, exerc. 4).

Soient $u = (1, 0)$ et $v = (0, 1)$ les éléments de la base canonique de l'espace vectoriel $E = \mathbf{Q}^2$ sur $\mathbf{Q}$. Dans E, on détermine par récurrence sur n la suite des éléments u_n de sorte que $u_0 = u$ et $u_n = pu_{n+1} + v$ pour $n \geqslant 0$. Soit F le A-module engendré par v et les u_n ; montrer que F n'est pas un module libre, mais ne contient aucun sous-module divisible $\neq 0$ (*cf.* exerc. 6, *a*)).

¶ 8) Soit A un anneau principal qui n'est pas un corps.

a) Montrer que le A-module produit $A^{\mathbf{N}}$ n'admet pas de système dénombrable de générateurs. (Si A est dénombrable, considérer $\mathrm{Card}(A^{\mathbf{N}})$; sinon, remarquer que si, pour tout $x \in A$, v_x est l'élément $(x^n)_{n\in\mathbf{N}}$ de $A^{\mathbf{N}}$, les v_x forment un système libre.)

b) Soit π un élément extrémal de A. On désigne par S le sous-module de $A^{\mathbf{N}}$ formé des suites $z = (z_n)_{n\in\mathbf{N}}$ telles qu'il existe une suite d'entiers $(k(n))_{n\in\mathbf{N}}$, tendant vers $+\infty$, et pour laquelle $z_n \in A\pi^{k(n)}$ (la suite $(k(n))$ dépendant naturellement de z). Montrer que le (A/π)-espace vectoriel $S/\pi S$ possède une base dénombrable.

c) Déduire de *a*) et *b*) que $A^{\mathbf{N}}$ *n'est pas un* A-*module libre*. (Dans le cas contraire, S serait un A-module libre ayant une base dénombrable ; mais $(x_n) \mapsto (x_n\pi^n)$ est une application A-linéaire injective de $A^{\mathbf{N}}$ dans S.)

9) Soient A un anneau principal et M le dual du A-module $A^{\mathbf{N}}$. Soit $f : M \to A^{\mathbf{N}}$ l'application transposée de l'injection canonique $A^{(\mathbf{N})} \to A^{\mathbf{N}}$ (on identifie $A^{\mathbf{N}}$ au dual de $A^{(\mathbf{N})}$).

a) Soient π un élément extrémal de A et $\varphi : A^{\mathbf{N}}/A^{(\mathbf{N})} \to A$ une forme linéaire ; montrer que si $u \in A^{\mathbf{N}}/A^{(\mathbf{N})}$ est la classe d'un élément $(u_n) \in A^{\mathbf{N}}$ tel que $u_n \in (\pi^n)$ pour tout n, alors $\varphi(u) = 0$. Si A possède deux éléments extrémaux non associés, en déduire que f est injective. (En utilisant ce qui précède et l'identité de Bezout, montrer que le dual de $A^{\mathbf{N}}/A^{(\mathbf{N})}$ est nul.)

b) On munit A de la topologie de l'exerc. 5 de VII, p. 58. Montrer que, si $f(M)$ n'est pas contenu dans $A^{(\mathbf{N})}$, alors A est complet. (Se ramener à prouver que si $\varphi : A^{\mathbf{N}} \to A$ est une forme linéaire telle que $\varphi(e_n) \neq 0$ pour tout élément e_n de la base canonique de $A^{(\mathbf{N})}$, alors $\mathrm{Im}(\varphi)$ contient les sommes de toutes les séries d'éléments de A qui tendent vers 0 assez vite.)

c) Si A possède deux éléments extrémaux non associés, l'application canonique de $A^{(\mathbf{N})}$ (resp. $A^{\mathbf{N}}$) dans son bidual est bijective (utiliser *a*) et *b*)).

10) Soit M un sous-**Z**-module non nul de l'anneau des entiers p-adiques $\mathbf{Z}_p$ tel que M soit un sous-**Z**-module pur du **Z**-module $\mathbf{Z}_p$ (VII, p. 54, exerc. 7). Montrer que l'on a $M + p\mathbf{Z}_p = \mathbf{Z}_p$; en déduire que M est indécomposable (observer que $\mathbf{Z}_p/p\mathbf{Z}_p$ est isomorphe à $\mathbf{Z}/p\mathbf{Z}$). Donner un exemple de sous-**Z**-module de $\mathbf{Z}_p$ qui est décomposable (observer que $\mathbf{Z}_p$ a la puissance du continu).

¶ 11) Soient A, B deux ensembles infinis de nombres premiers rationnels, sans élément commun et ne contenant pas le nombre 5. Soit $(e_i)_{1\leqslant i\leqslant 4}$ la base canonique du **Q**-espace vectoriel $\mathbf{Q}^4$.

a) Soient M le sous-**Z**-module de $\mathbf{Q}^4$ engendré par les éléments e_1/m, pour $m \in A$; N le sous-**Z**-module de $\mathbf{Q}^4$ engendré par les éléments e_2/m avec $m \in A$, e_3/n avec $n \in B$ et $(e_2 + e_3)/5$. On a $M \cap N = 0$. On pose $e'_1 = 8e_1 + 3e_2$, $e'_2 = 5e_1 + 2e_2$. Soient M′ le sous-**Z**-module de $\mathbf{Q}^4$ engendré par les éléments e'_1/m avec $m \in A$; N′ le sous-**Z**-module de $\mathbf{Q}^4$ engendré par les éléments e'_2/m avec $m \in A$, e_4/n avec $n \in B$, et $(3e'_2 + e_3)/5$. Montrer que $M' \cap N' = 0$, $M \oplus N = M' \oplus N'$; M et M′ sont isomorphes et indécomposables, N et N′ sont indécomposables mais non isomorphes (comparer à VII, p. 65, exerc. 23).

b) Soient M le sous-**Z**-module de $\mathbf{Q}^4$ engendré par les éléments e_1/m avec $m \in A$, e_2/n avec $n \in B$ et $(e_1 + e_2)/5$; N le sous-**Z**-module de $\mathbf{Q}^4$ engendré par les éléments e_3/m avec $m \in A$, e_4/n avec $n \in B$, et $(e_3 + e_4)/5$. On pose $e'_1 = 2e_1 + e_3$, $e'_2 = e_2 + 3e_4$, $e'_3 = 17e_1 + 9e_3$,

$e'_4 = e_2 + 2e_4$. Soient M′ le sous-**Z**-module de $\mathbf{Q}^4$ engendré par les e'_1/m avec $m \in$ A, e'_2/n avec $n \in$ B, et $(e'_1 + 2e'_2)/5$; N′ le sous-**Z**-module de $\mathbf{Q}^4$ engendré par les e'_3/m avec $m \in$ A, e'_4/n avec $n \in$ B, et $(e'_3 + 2e'_4)/5$. Montrer que M ⊕ N = M′ ⊕ N′, que M et N sont isomorphes, ainsi que M′ et N′, mais que M n'est pas isomorphe à M′.

c) Soient M le sous-**Z**-module de $\mathbf{Q}^4$ engendré par les $e_1/5^n$ $(n \geqslant 0)$; N le sous-**Z**-module de $\mathbf{Q}^4$ engendré par les éléments $e_2/5^n$, $e_3/2^n$, $e_4/3^n$ $(n \geqslant 0)$, $(e_2 + e_3)/3$ et $(e_2 + e_4)/2$. On pose $e'_1 = 3e_1 - e_2$, $e'_2 = 2e_1 - e_2$. Soient M′ le sous-**Z**-module de $\mathbf{Q}^4$ engendré par les éléments $e'_1/5^n$, $e_3/2^n$ $(n \geqslant 0)$ et $(e'_1 - e_3)/8$; N′ le sous-**Z**-module de $\mathbf{Q}^4$ engendré par les éléments $e'_2/5^n$, $e_4/3^n$ $(n \geqslant 0)$ et $(e'_2 - e_4)/2$. Montrer que M ⊕ N = M′ ⊕ N′, que M′ et N′ sont indécomposables et de rang 2, tandis que M est de rang 1.

§ 4

1) Soit $U = (\alpha_{ij})$ une matrice à m lignes et n colonnes sur un anneau principal A.
a) On suppose d'abord que les α_{ij} sont étrangers dans leur ensemble. Montrer qu'il existe deux matrices carrées inversibles P et Q à éléments dans A, telles que l'un des éléments de la matrice PUQ soit égal à 1. (Pour chaque $\alpha_{ij} \neq 0$, soit $s(\alpha_{ij})$ la somme des exposants dans une décomposition de α_{ij} en éléments extrémaux, et soit $s(U)$ le plus petit des nombres $s(\alpha_{ij})$; si $s(U) > 0$, montrer qu'il existe deux matrices carrées inversibles R, S telles que

$$s(RUS) < s(U) ;$$

on utilisera l'identité de Bezout, et on se bornera, au besoin par des permutations de lignes ou de colonnes, à n'utiliser que des matrices R ou S qui sont de la forme $\begin{pmatrix} T & 0 \\ 0 & I \end{pmatrix}$, où T est d'ordre 2 et I une matrice unité, ou qui sont des produits de telles matrices et de matrices de permutations.)
b) Si δ_1 est un pgcd des éléments de U, montrer qu'il existe deux matrices inversibles P_1, Q_1, telles que l'on ait

$$P_1 U Q_1 = \begin{pmatrix} \delta_1 & 0 \\ 0 & U_1 \end{pmatrix}$$

où tous les éléments de U_1 sont divisibles par δ_1 (utiliser *a*)).
c) Lorsque A = **Z**, déduire de *b*) une méthode de détermination explicite des facteurs invariants d'une matrice explicitée à éléments dans **Z**. Appliquer cette méthode à la matrice

$$\begin{pmatrix} 6 & 8 & 4 & 20 \\ 12 & 12 & 18 & 30 \\ 18 & 4 & 4 & 10 \end{pmatrix}.$$

2) Soit A un anneau principal. Pour que deux sous-modules M, N de A^q soient transformés l'un de l'autre par un automorphisme de A^q, il faut et il suffit qu'ils aient mêmes facteurs invariants par rapport à A^q.

3) Soient A un anneau principal, K son corps des fractions, E un espace vectoriel sur K, M un A-module de type fini et de rang n contenu dans E, N un A-module de type fini et de rang $p \leqslant n$ contenu dans KM. Montrer qu'il existe une base $(e_i)_{1 \leqslant i \leqslant n}$ de M et une base de N formée des vecteurs $\alpha_i e_i$ $(1 \leqslant i \leqslant p)$, où $\alpha_i \in$ K et α_i divise α_{i+1} (par rapport à l'anneau A) pour $1 \leqslant i \leqslant p - 1$; montrer en outre que les idéaux fractionnaires $\mathrm{A}\alpha_i$ sont déterminés de façon unique (*facteurs invariants de* N *par rapport à* M).

4) Soit G un groupe commutatif fini.
a) Pour tout nombre premier p, montrer que le nombre des éléments de G qui sont d'ordre p est $p^{\mathrm{N}} - 1$, où $\mathrm{N} = \sum_{n=1}^{\infty} m(p^n)$ (notation de la prop. 9 de VII, p. 24).
b) En déduire que si, pour tout nombre premier p, l'équation $x^p = 1$ a au plus p solutions dans G, G est cyclique.

5) Soit G un groupe commutatif fini d'ordre n. Montrer que, pour tout entier q diviseur de n, il existe un sous-groupe de G d'ordre q (décomposer G en somme directe de groupes cycliques indécomposables).

¶ 6) Soit A un anneau commutatif et soit E un A-module. On désigne par $\mathscr{E}$ l'anneau $\mathrm{End}_{\mathbf{Z}}(E)$ des endomorphismes du groupe commutatif (sans opérateurs) E ; pour tout sous-anneau $B \subset \mathscr{E}$, on désigne par B' le commutant de B dans $\mathscr{E}$ (sous-anneau de $\mathscr{E}$ formé des éléments de $\mathscr{E}$ permutables avec tous les éléments de B).

a) Soit A_0 le sous-anneau de $\mathscr{E}$ formé des homothéties $x \mapsto \lambda x$ ($\lambda \in A$) ; on sait que si $\mathfrak{a}$ est l'annulateur de E, A_0 est isomorphe à $A/\mathfrak{a}$ et son commutant A'_0 dans $\mathscr{E}$ est l'anneau $\mathrm{End}_{\mathbf{A}}(E)$ des endomorphismes du A-module E. Montrer que le commutant A''_0 de A'_0 est commutatif, et que son commutant A'''_0 est égal à A'_0 (remarquer que $A_0 \subset A'_0$).

b) Si un sous-module F de E est facteur direct de E, montrer que $u(F) \subset F$ pour tout $u \in A''_0$ (considérer la projection de E sur F dans une décomposition de E en somme directe de F et d'un autre sous-module).

c) On suppose que E soit somme directe d'une famille (F_ι) de sous-modules monogènes. Si $u \in A''_0$, montrer que, pour tout indice ι, il existe un élément $\alpha_\iota \in A$ tel que, pour tout $x \in F_\iota$, on ait $u(x) = \alpha_\iota x$ (utiliser *b*)).

d) On suppose que E soit somme directe d'une suite (E_n) (finie ou infinie) de sous-modules monogènes telle que, si $\mathfrak{b}_n$ est l'annulateur de E_n, la suite $(\mathfrak{b}_n)$ soit croissante. Montrer qu'on a $A''_0 = A_0$ (utiliser *c*), ainsi que le fait que, pour tout indice $i > 1$, il existe un endomorphisme $v_i \in A'_0$ qui transforme E_{i-1} en E_i).

Application au cas où A est un anneau principal et E un module de type fini sur A.

7) Soient A un anneau principal, K son corps des fractions, E un module sans torsion de type fini et de rang n sur A. Soit E^* le dual de E ; E et E^* sont tous deux isomorphes à A^n.

a) Soit M un sous-module de E ; montrer que, si M^0 est le sous-module de E^* orthogonal à M, le module E^*/M^0 est sans torsion, et par suite M^0 est facteur direct dans E^* ; le sous-module M^{00} de E orthogonal à M^0 est identique à $E \cap KM$ (E étant considéré comme plongé canoniquement dans un espace vectoriel sur K de dimension n). On peut considérer E^*/M^0 comme plongé canoniquement dans le dual M^* de M ; montrer que les facteurs invariants de E^*/M^0 par rapport à M^* sont égaux aux facteurs invariants de M par rapport à E (utiliser le th. 1 de VII, p. 17).

b) Soit F un second module sans torsion et de type fini sur A, et soit u une application linéaire de E dans F. Montrer que les facteurs invariants de ${}^t u(F^*)$ par rapport à E^* sont égaux à ceux de $u(E)$ par rapport à F (procéder comme dans la prop. 5 de VII, p. 21).

8) Soit G un module de longueur finie sur un anneau principal A. Pour tout couple de deux modules libres M, N tels que $N \subset M$ et que G soit isomorphe à M/N, les facteurs invariants de N par rapport à M qui sont distincts de A sont identiques aux facteurs invariants de G (VII, p. 20, déf. 2) ; leur nombre est appelé le *rang* de G.

a) Montrer que le rang r de G est le plus petit nombre de sous-modules monogènes de G dont G soit la somme directe, et est égal au plus grand des rangs des composants π-primaires de G.

b) Montrer que le rang d'un sous-module ou d'un module quotient de G est au plus égal au rang de G (considérer G comme quotient de deux modules libres de rang r).

c) Pour tout $\lambda \in A$, montrer que le rang du sous-module λG est égal au nombre des facteurs invariants de G qui ne divisent pas λ (remarquer que, si $E = A/(A\alpha)$, le module λE est isomorphe à $(A\lambda)/((A\alpha) \cap (A\lambda))$). En déduire que le k-ième facteur invariant de G (lorsque ces idéaux sont rangés par ordre *décroissant*) est un pgcd des $\lambda \in A$ tels que λG soit de rang $\leqslant r - k$.

d) Soient $A\alpha_k$ ($1 \leqslant k \leqslant r$) les facteurs invariants de G rangés par ordre décroissant. Soit H un sous-module de G, de rang $r - q$, et soient $A\beta_k$ ($1 \leqslant k \leqslant r - q$) ses facteurs invariants, rangés par ordre décroissant. Déduire de *b*) et de *c*) que β_k divise α_{k+q} pour $1 \leqslant k \leqslant r - q$. Montrer de même que, si G/H est de rang $r - p$, et si $A\gamma_k$ ($1 \leqslant k \leqslant r - p$) sont ses facteurs invariants, rangés par ordre décroissant, γ_k divise α_{k+p} pour $1 \leqslant k \leqslant r - p$.

e) Inversement, soit L un module de torsion de rang $r - q$, dont les facteurs invariants $A\lambda_k$

($1 \leqslant k \leqslant r - q$) sont tels que λ_k divise α_{k+q} pour $1 \leqslant k \leqslant r - q$. Montrer qu'il existe deux sous-modules M et N de G tels que L soit isomorphe à M et à G/N (décomposer G en somme directe de sous-modules isomorphes aux $A/A\alpha_k$).

¶ 9) Soient A un anneau principal, K le corps des fractions de A, E un espace vectoriel sur K, M un A-module de type fini et de rang n contenu dans E, N un A-module de type fini et de rang p contenu dans KM, P un A-module de type fini et de rang q contenu dans KN.
a) Soient $A\alpha_i$ ($1 \leqslant i \leqslant p$) les facteurs invariants de N par rapport à M, rangés par ordre décroissant (exerc. 3). Montrer que, pour $1 \leqslant k \leqslant p$, α_k est un pgcd des éléments $\lambda \in K$ tels que le rang du module quotient $(N + \lambda(KN \cap M))/N$ soit $\leqslant p - k$ (*cf.* exerc. 8, *d*)).
b) Soient $A\beta_j$ ($1 \leqslant j \leqslant q$) les facteurs invariants de P par rapport à M, $A\gamma_j$ ($1 \leqslant j \leqslant q$) les facteurs invariants de P par rapport à N, rangés par ordre décroissant. Montrer que $\alpha_1\gamma_j$ divise β_j pour $1 \leqslant j \leqslant q$ (*cf.* exerc. 8).
c) Montrer que $\gamma_1\alpha_j$ divise β_j pour $1 \leqslant j \leqslant q$. (Considérer d'abord le cas où $n = p = q$, et appliquer l'exerc. 8. En général, montrer qu'on peut toujours supposer $p = n$, et considérer un sous-module Q de M tel que $P + \rho Q$ soit de rang p pour tout $\rho \in A$; prendre ensuite l'idéal $A\rho$ assez petit et utiliser la prop. 4 de VII, p. 20.)
d) Pour tout sous-module H de N, de rang $k \leqslant p$, soit (μ_H) l'idéal fractionnaire des $\mu \in K$ tels que $\mu(M \cap KH) \subset H$. Déduire de *c*) que, pour $1 \leqslant k \leqslant p$, α_k est un pgcd des μ_H lorsque H parcourt l'ensemble des sous-modules de N de rang k.

¶ 10) Soient A un anneau principal et M un sous-module de rang n de $E = A^n$; soient $A\alpha_i$ ($1 \leqslant i \leqslant n$) les facteurs invariants de M par rapport à E, rangés par ordre décroissant. Soit N un sous-module de M, admettant un supplémentaire *dans* M (c'est-à-dire tel que $N = M \cap KN$, K étant le corps des fractions de A).
a) Soit P un sous-module de M supplémentaire de N. Montrer que le sous-module $(P + (E \cap KN))/M$ de E/M est isomorphe à $(E \cap KN)/N$. En déduire que, si N est de rang p, et si $A\beta_k$ ($1 \leqslant k \leqslant p$) sont les facteurs invariants de N par rapport à E, pour $1 \leqslant k \leqslant p$, β_k divise α_{k+n-p} (utiliser l'exerc. 8, *d*)).
b) Donner un exemple montrant que le module E/M n'est pas nécessairement isomorphe au produit des modules $(E \cap KN)/N$ et $E/(P + (E \cap KN))$ (prendre un cas où E/M est indécomposable).

¶ 11) Soient A un anneau principal, H un sous-module de $E = A^n$, et H^0 le sous-module du dual E^* de E, orthogonal à H (exerc. 7). Soient M un sous-module de rang p de E, $A\alpha_i$ ($1 \leqslant i \leqslant p$) les facteurs invariants de M par rapport à E, rangés par ordre décroissant. Lorsque f parcourt H^0, soit (ν_H) le pgcd des idéaux $f(M)$ de A ; montrer que, pour $1 \leqslant k \leqslant p$, α_k est un ppcm des ν_H, lorsque H parcourt l'ensemble des sous-modules de E, de rang $k - 1$, et admettant un supplémentaire dans E (considérer d'abord le cas où $k = 1$; appliquer le résultat au sous-module $(M + H)/H$ de E/H, et utiliser l'exerc. 8, *d*), appliqué au module quotient $E/(M + H)$ de E/M).

12) Soit G un module de longueur finie sur un anneau A. Montrer qu'un sous-module H de G ne peut être isomorphe à G sans être égal à G (*cf.* II, p. 21, prop. 16).

¶ 13) Soient A un anneau principal, K son corps des fractions.
a) Montrer que pour tout A-module M, l'homomorphisme canonique $c_M : M \to D(D(M))$ est injectif (*cf.* II, p. 185, exerc. 13).
b) Si $u : M \to N$ est un homomorphisme de A-modules, définir des isomorphismes canoniques de $D(\mathrm{Im}(u))$ sur $\mathrm{Im}(D(u))$, de $D(\mathrm{Ker}(u))$ sur $\mathrm{Coker}(D(u))$, de $D(\mathrm{Coker}(u))$ sur $\mathrm{Ker}(D(u))$.
c) Soient M un A-module, N un sous-module de M. Avec les notations du n° 9, montrer que l'on a $N^{00} = N$ (utiliser *a*) et *b*)). Pour que N^0 soit de longueur finie, il faut et il suffit que M/N soit de longueur finie. Inversement, pour tout sous-module N' de D(M), de longueur finie, N'^0 est un sous-module de M tel que M/N'^0 soit de longueur finie, et l'on a $N' = N'^{00}$.
d) Si M est un A-module de torsion, et si M_π désigne le composant π-primaire de M, montrer

que D(M) est isomorphe à $\prod_{\pi \in P} \mathrm{Hom}_A(M_\pi, U_\pi)$, P étant un système représentatif d'éléments extrémaux de A, et, pour tout $\pi \in P$, U_π étant le composant π-primaire de K/A (VII, p. 53, exerc. 3).

e) Déduire de *d*) que D(K/A) est isomorphe au produit $\prod_{\pi \in P} (\hat{A}_{(\pi)})$, $\hat{A}_{(\pi)}$ désignant le complété de l'anneau $A_{(\pi)}$ défini en VII, p. 53, exerc. 2, pour la topologie dont un système fondamental de voisinages de 0 est formé des idéaux $\pi^n A_{(\pi)}$ (complété qu'on peut aussi identifier à la limite projective $\varprojlim (A/A\pi^n)$).

f) Si M est un A-module de longueur finie, et si $\mathfrak{a}$ est son annulateur, montrer que D(M) est isomorphe au *dual* du $(A/\mathfrak{a})$-module fidèle associé à M.

g) Soit M un A-module de longueur finie. Montrer que si N est un sous-module de M, il existe un sous-module P de M tel que M/N soit isomorphe à P et que M/P soit isomorphe à N (utiliser VII, p. 25, prop. 10 et VII, p. 27, prop. 12) ; deux sous-modules de M ayant ces propriétés sont dits *réciproques*. Montrer que, pour tout $\alpha \in A$, le sous-module $M(\alpha)$ de M formé des x tels $\alpha x = 0$, et le sous-module αM, sont réciproques.

¶ 14) Soit M un module de longueur finie sur un anneau principal A de corps des fractions K.

a) Montrer que, si N est un sous-module de M, le rang n de M est au plus égal à la somme des rangs de N et de M/N (soit M = E/H, où E est un module libre de rang n et H un sous-module de E, de rang n ; si N = L/H, où $H \subset L \subset E$, remarquer que, si le rang de N est p, il existe un sous-module R de H, de rang $n - p$, admettant un supplémentaire S dans L tel que $S \cap H$ soit supplémentaire de R dans H ; en outre, $(E \cap KR)/R$ est de rang $\geqslant n - p$ et est isomorphe à un module quotient de E/L (exerc. 10, *a*)) ; conclure en utilisant l'exerc. 8, *b*)).

b) Soit N un sous-module de M, de rang p, et soit q le rang de M/N. Soient $A\alpha_i$ $(1 \leqslant i \leqslant n)$ les facteurs invariants de M et $A\beta_k$ $(1 \leqslant k \leqslant p)$ ceux de N, rangés par ordre décroissant. Montrer que, pour $p + q - n + 1 \leqslant k \leqslant p$, β_k est un multiple de $\alpha_{k-(p+q-n)}$ (utiliser *a*) et l'exerc. 8, *c*), en remarquant que $(\lambda M)/(\lambda N)$ est isomorphe à un module quotient de M/N).

¶ 15) *a*) Soit M un module de longueur finie, et de rang n sur un anneau principal A, et soient $A\alpha_i$ $(1 \leqslant i \leqslant n)$ ses facteurs invariants rangés par ordre décroissant. Soit (β_i) $(1 \leqslant i \leqslant n)$ une suite d'éléments de A telle que, pour $1 \leqslant i \leqslant n$, β_i divise α_i et que, pour $1 \leqslant i \leqslant n - 1$, α_i divise β_{i+1}. Soit $(M_i)_{1 \leqslant i \leqslant n}$ une suite de sous-modules de M telle que M soit somme directe des M_i et que M_i soit isomorphe à $A/A\alpha_i$ pour $1 \leqslant i \leqslant n$; soit a_i un générateur de M_i $(1 \leqslant i \leqslant n)$. On pose

$$b = \beta_1 a_1 + \frac{\beta_1 \beta_2}{\alpha_1} a_2 + \frac{\beta_1 \beta_2 \beta_3}{\alpha_1 \alpha_2} a_3 + \cdots + \frac{\beta_1 \beta_2 \ldots \beta_n}{\alpha_1 \alpha_2 \ldots \alpha_{n-1}} a_n .$$

Montrer que le quotient de M par le sous-module monogène Ab est isomorphe à la somme directe des n modules $A/A\beta_i$ $(1 \leqslant i \leqslant n)$.

b) Soient M et N deux modules de longueur finie sur A ; soient $A\alpha_i$ $(1 \leqslant i \leqslant n)$ et $A\beta_k$ $(1 \leqslant k \leqslant p)$ les facteurs invariants respectifs de M et N, rangés par ordre décroissant ; on suppose que $p \leqslant n$, que β_k divise α_{k+n-p} pour $1 \leqslant k \leqslant p$, et que α_k divise $\beta_{k+(p+q-n)}$ pour $1 \leqslant k \leqslant n - q$, q étant un entier tel que

$$q \leqslant n \leqslant p + q .$$

Montrer qu'il existe un sous-module P de M, isomorphe à N, et tel que M/P soit de rang $\leqslant q$ (décomposer chacun des deux modules M et N en somme directe de q modules, de façon à se ramener au cas $q = 1$; utiliser ensuite *a*) et l'exerc. 13, *g*)).

c) Pour qu'un module N sur A soit isomorphe à un facteur direct d'un module de longueur finie M, il faut et il suffit que tout diviseur élémentaire de N soit un diviseur élémentaire de M, et que sa multiplicité dans N soit au plus égale à sa multiplicité dans M. En déduire un exemple d'un module de longueur finie M et d'un sous-module N de M tel que le rang de M soit égal à la somme des rangs de N et de M/N, et que N n'admette pas de supplémentaire dans M (utiliser *a*)).

16) Soit M un module sur un anneau commutatif A. On dit qu'un sous-module N de M

est *caractéristique* si, pour tout endomorphisme u de M, on a $u(\mathrm{N}) \subset \mathrm{N}$. Pour tout $\alpha \in \mathrm{A}$, le sous-module $\mathrm{M}(\alpha)$ des éléments $x \in \mathrm{M}$ annulés par α, et le sous-module $\alpha\mathrm{M}$, sont caractéristiques.

a) Si N est un sous-module caractéristique de M, P et Q deux sous-modules supplémentaires dans M, montrer que N est somme directe de $\mathrm{N} \cap \mathrm{P}$ et de $\mathrm{N} \cap \mathrm{Q}$ (considérer les projections de M sur P et Q).

b) Soit M un module de longueur finie sur un anneau principal A ; soient $\mathrm{A}\alpha_i$ les facteurs invariants de M, rangés par ordre décroissant ($1 \leqslant i \leqslant n$) ; soit $(\mathrm{M}_i)_{1 \leqslant i \leqslant n}$ une suite de sous-modules de M telle que M soit somme directe des M_i et que M_i soit isomorphe à $\mathrm{A}/\mathrm{A}\alpha_i$ pour $1 \leqslant i \leqslant n$. Soit N un sous-module caractéristique de M, et soit $\mathrm{A}\beta_i$ l'annulateur de $\mathrm{N} \cap \mathrm{M}_i$ ($1 \leqslant i \leqslant n$) ; si l'on pose $\alpha_i = \beta_i\gamma_i$, montrer que, pour $1 \leqslant i \leqslant n-1$, β_i divise β_{i+1} et γ_i divise γ_{i+1} (remarquer que, pour $1 \leqslant i \leqslant n-1$, il existe un endomorphisme de M qui transforme M_{i+1} en M_i, et un endomorphisme de M qui transforme M_i en un sous-module de M_{i+1}).

c) Réciproquement, soit N un sous-module de M, somme directe de sous-modules $\mathrm{N}_i \subset \mathrm{M}_i$; on suppose que les annulateurs $\mathrm{A}\beta_i$ des N_i ($1 \leqslant i \leqslant n$) satisfassent aux conditions précédentes. Montrer que N est un sous-module caractéristique de M. En déduire que, si deux sous-modules caractéristiques de M ont mêmes facteurs invariants, ils sont égaux.

17) Soient A un anneau principal, α un élément $\neq 0$ de A, E le module $\mathrm{A}/\mathrm{A}\alpha$. Le produit E^n est isomorphe à $\mathrm{A}^n/(\alpha\mathrm{A}^n)$.

a) Soit u une application linéaire de E^n dans E^m ; montrer que u peut s'obtenir par passage aux quotients à partir d'une application linéaire v de A^n dans A^m.

b) Soient $\mathrm{A}\beta_i$ ($1 \leqslant i \leqslant p \leqslant \inf(m, n)$) les facteurs invariants de $v(\mathrm{A}^n)$ par rapport à A^m, rangés par ordre décroissant ; soit $q \leqslant p$ le plus grand des indices i tels que α ne divise pas β_i, et soit δ_i un pgcd de α et β_i pour $1 \leqslant i \leqslant q$. Montrer que le noyau $u^{-1}(0)$ de u est somme directe de $n - q$ modules isomorphes à E et de q modules monogènes isomorphes aux modules $\mathrm{A}/\mathrm{A}\delta_i$ respectivement ($1 \leqslant i \leqslant q$). Si l'on pose $\alpha = \gamma_i\delta_i$ ($1 \leqslant i \leqslant q$), montrer que le module $u(\mathrm{E}^n)$ a pour facteurs invariants les $\mathrm{A}\gamma_i$.

18) Soit C un anneau principal. On considère un système d'équations linéaires

$$\sum_{j=1}^{n} \alpha_{ij}\xi_j = \beta_i \quad (1 \leqslant i \leqslant m)$$

dont les coefficients et les seconds membres appartiennent à C, et l'on désigne par A la matrice (α_{ij}) à m lignes et n colonnes, et par B la matrice obtenue en bordant A par la $(n+1)$-ième colonne (β_i). Montrer que, pour que le système admette au moins une solution (ξ_i) dans C^n, il faut et il suffit que les conditions suivantes soient vérifiées : 1° A et B ont même rang p ; 2° un pgcd des mineurs d'ordre p de A est égal à un pgcd des mineurs d'ordre p de B (utiliser la prop. 4 de VII, p. 20 et l'exerc. 9, *c*)).

19) Soit C un anneau principal. On considère un système de m « congruences linéaires » $\sum_{j=1}^{n} \alpha_{ij}\xi_j \equiv \beta_i \pmod{\alpha}$, où les coefficients, les seconds membres et l'élément α appartiennent à C, et où α est non nul ; on désigne par A la matrice (α_{ij}), par B la matrice obtenue en bordant A par la colonne (β_i), par δ_k (resp. δ'_k) un pgcd des mineurs d'ordre k de A (resp. B). Pour que le système admette au moins une solution dans C^n, il faut et il suffit que :

a) Si $m \leqslant n$, un pgcd de $\alpha^m, \alpha^{m-1}\delta_1, \ldots, \alpha\delta_{m-1}, \delta_m$ soit égal à un pgcd de

$$\alpha^m, \alpha^{m-1}\delta'_1, \ldots, \alpha\delta'_{m-1}, \delta'_m ;$$

b) si $m > n$, un pgcd de $\alpha^{n+1}, \alpha^n\delta_1, \ldots, \alpha\delta_n$ soit égal à un pgcd de $\alpha^{n+1}, \alpha^n\delta'_1, \ldots, \delta'_{n+1}$.

(Ramener le système de congruences linéaires à un système d'équations linéaires, et utiliser l'exerc. 18.)

20) *a*) Soit C un anneau principal, et soit

$$f(x_1, \ldots, x_p) = \sum_{(i_k)} \alpha_{i_1 \ldots i_p}\xi_{1,i_1} \cdots \xi_{p,i_p}$$

une forme p-linéaire sur E^p, où E est le C-module C^n (ξ_{ij} désignant la j-ième coordonnée de x_i). Montrer que si δ est un pgcd des coefficients $\alpha_{i_1 \ldots i_p}$, il existe un élément $(a_k) \in \mathrm{E}^p$ tel que $f(a_1, \ldots, a_p) = \delta$ (se ramener au cas où $\delta = 1$, et raisonner par récurrence sur p, en utilisant le th. 1 de VII, p. 17).

b) Soient n un entier > 1, α_i $(1 \leqslant i \leqslant n)$ n éléments de C, δ un pgcd des α_i. Montrer qu'il existe une matrice carrée A d'ordre n sur C, ayant pour première colonne (α_i) et pour déterminant δ (utiliser *a*)).

21) Soient C un anneau principal, $A = (\alpha_{ij})$ une matrice carrée d'ordre n sur C.

a) Montrer qu'il existe une matrice carrée U d'ordre n sur C, de déterminant 1, telle que la dernière colonne de la matrice UA ait ses $n - 1$ premiers termes nuls, le n-ième étant un pgcd des termes de la n-ième colonne de A (utiliser l'exerc. 20, *b*)).

b) Déduire de *a*) qu'il existe une matrice carrée V d'ordre n sur C, de déterminant 1, telle que la matrice $VA = (\beta_{ij})$ soit triangulaire inférieure (« forme réduite d'Hermite » de A).

c) Si W est une matrice carrée d'ordre n sur C, de déterminant 1, telle que $WA = (\gamma_{ij})$ soit triangulaire inférieure, montrer que β_{ii} et γ_{ii} sont associés pour $1 \leqslant i \leqslant n$.

¶ 22) On dit qu'un module M sur un anneau principal est *de rang fini* s'il existe un entier $m \geqslant 0$ ayant la propriété suivante : tout sous-module de type fini de M est contenu dans un sous-module de M ayant un système de générateurs de m éléments au plus. Le plus petit nombre m ayant cette propriété est appelé le *rang* de M.

a) Montrer que si M est de rang fini, tout module quotient de M est de rang fini, au plus égal à celui de M.

b) Pour un module sans torsion M, la notion de rang définie ci-dessus coïncide avec celle définie en II, p. 117.

c) Montrer que si M est de rang fini, tout sous-module de M est de rang fini, au plus égal à celui de M.

d) Soit M un module π-primaire tel que $\mathrm{M}(\pi) = \mathrm{M}$ (notations de VII, p. 7). Montrer que si M est de rang fini, il est de type fini.

e) Soit M un module π-primaire sans élément de hauteur infinie. Montrer que si M est de rang fini, il est de type fini, et que la notion de rang coïncide alors avec celle définie dans l'exerc. 8. (Remarquer que si $\mathrm{M}(\pi)$ est de type fini, il en est de même de M, en prouvant que les hauteurs dans M des éléments de $\mathrm{M}(\pi)$ sont bornées ; on utilisera pour cela l'exerc. 5 de VII, p. 54.)

f) Soient M un module π-primaire de rang fini r, M_0 le sous-module de M formé des éléments de hauteur infinie dans M. Montrer que M_0 est un module divisible, somme directe d'un nombre fini $p \leqslant r$ de sous-modules indécomposables U_π (VII, p. 53, exerc. 3), et que M est somme directe de M_0 et d'un sous-module N de type fini et de rang $r - p$. (Remarquer, à l'aide de *e*), que M/M_0 est de type fini ; utiliser ensuite l'exerc. 3 de VII, p. 53.)

g) Conclure de ce qui précède que, pour que M soit un A-module de rang fini r, il faut et il suffit que le module quotient M/T de M par son module de torsion T soit de rang fini $p \leqslant r$, et que chacun des composants π-primaires de T soit de rang $\leqslant r - p$, l'un au moins étant de rang $r - p$.

h) Soit (p_n) la suite des nombres premiers distincts ; soit E le **Z**-module somme directe des **Z**-modules monogènes $\mathbf{Z}/p_n^2\mathbf{Z}$, et soit e_n l'élément de E dont toutes les coordonnées sont nulles sauf celle d'indice n, égale à la classe de 1 mod. p_n^2. Soit M le sous-module du **Z**-module $\mathrm{E} \times \mathbf{Q}$, engendré par les éléments $(e_n, 1/p_n)$. Montrer que M est un **Z**-module de rang 2, que le sous-module de torsion T de M est engendré par les éléments $(p_n e_n, 0)$, et n'est pas facteur direct dans M. (Si $\overline{x}_n$ est la classe de $(e_n, 1/p_n)$ modulo T, montrer que pour tout $m \neq n$ il existe une classe $\overline{y}_{nm}$ modulo T telle que $\overline{x}_n = p_m \overline{y}_{nm}$, mais qu'il n'existe aucun élément x_n de la classe $\overline{x}_n$ tel que, pour tout $m \neq n$, il existe $y_{nm} \in \mathrm{M}$ tel que $x_n = p_n y_{nm}$.)

i) Si M est un A-module de type fini, montrer que le rang de M est égal au minimum $\gamma(\mathrm{M})$ des cardinaux des systèmes générateurs de M.

j) Soit M un A-module de torsion de rang fini. Montrer que si N est un sous-module de M, distinct de M, alors N ne peut être isomorphe à M (utiliser *f*)).

¶ 23) Soient A un anneau principal, M un A-module de type fini. Montrer que si N et P sont deux A-modules tels que $\mathrm{M} \oplus \mathrm{N}$ et $\mathrm{M} \oplus \mathrm{P}$ soient isomorphes, alors N et P sont isomorphes. (Se ramener au cas où M est monogène ; en identifiant M ⊕ N et M ⊕ P, on peut considérer que l'on a un A-module E décomposé de deux manières en somme directe de sous-modules, F ⊕ N et G ⊕ P, où F et G sont monogènes et isomorphes. Lorsque F et G sont isomorphes à A, montrer que si N ≠ P, N est somme directe de N ∩ P et d'un sous-module isomorphe à A. Si F et G sont isomorphes à $A/A\pi^n$, où π est un élément extrémal de A, considérer deux générateurs a, b respectivement de F et G, et examiner successivement le cas où $\pi^{n-1}a \notin G$, $\pi^{n-1}b \notin F$, et finalement le cas où l'on a à la fois $\pi^{n-1}a \in G$ et $\pi^{n-1}b \in F$; dans ce dernier cas, considérer l'élément $a + b$ de E et le sous-module qu'il engendre.)

¶ 24) Pour qu'un groupe commutatif G soit isomorphe à un sous-groupe du groupe multiplicatif K* des éléments ≠ 0 d'un corps commutatif K, il faut et il suffit que le groupe de torsion T de G soit de rang ⩽ 1 (exerc. 22). (Pour la nécessité de la condition, *cf.* V, p. 75, prop. 2 ; même référence pour prouver que la condition est suffisante pour que T soit isomorphe à un sous-groupe de E*, où E est un corps. Si, pour tout $\alpha \in G/T$, g_α est un représentant de la classe α dans G, on peut alors écrire, en identifiant T à un sous-groupe de E*, $g_\alpha g_\beta = e_{\alpha\beta} g_{\alpha\beta}$ avec $e_{\alpha\beta} \in E$, quels que soient α et β dans G/T. Montrer qu'il existe une E-algèbre B ayant une base $(b_\alpha)_{\alpha \in G/T}$ telle que $b_\alpha b_\beta = e_{\alpha\beta} b_{\alpha\beta}$ quels que soient α, β, et prouver que B est un anneau intègre en utilisant VI, p. 31, exerc. 20, *c*). Le corps des fractions K de B répond alors à la question.)

25) Généraliser le th. 1 de VII, p. 17 aux modules à gauche sur un anneau non nécessairement commutatif A, dans lequel tout idéal à gauche et tout idéal à droite est principal (un exemple d'un tel anneau est donné par le produit tensoriel $K[X] \otimes_K D$, où K est un corps commutatif, D une K-algèbre qui est un corps non nécessairement commutatif).

§ 5

Sauf mention expresse du contraire, tous les corps intervenant dans les exercices de ce paragraphe sont supposés commutatifs.

1) Soit u un endomorphisme d'un espace vectoriel E de dimension finie, et soit V un sous-espace de E stable pour u. Montrer que le polynôme caractéristique de la restriction de u à V divise celui de u. En déduire une démonstration élémentaire du th. de Hamilton-Cayley (se ramener au cas où E_u est monogène, et utiliser la formule (2) de VII, p. 29).

2) *a*) Montrer que toute matrice carrée sur un corps K est semblable à sa transposée (se ramener au cas d'une matrice de Jordan).

b) Montrer que sur l'anneau **Z** des entiers rationnels, la matrice $\begin{pmatrix} 8 & 2 \\ 0 & 1 \end{pmatrix}$ n'est pas semblable à sa transposée.

c) Soit u un endomorphisme d'un espace vectoriel E de dimension finie sur K. Toute valeur propre λ de u est aussi valeur propre de l'endomorphisme transposé ${}^t u$ de E*. En outre, si λ et μ sont deux valeurs propres distinctes de u, x un vecteur propre de u correspondant à λ, y^* un vecteur propre de ${}^t u$ correspondant à μ, on a $\langle x, y^* \rangle = 0$.

3) Soient u un endomorphisme d'un espace vectoriel E de dimension finie, λ une valeur propre de u, v l'endomorphisme $u - \lambda$. Montrer que, pour que E soit somme directe de $v^{-1}(0)$ et de $v(E)$, il faut et il suffit que λ soit racine simple du polynôme minimal de u.

4) Montrer, en adjoignant un élément transcendant au corps de base, que dans la prop. 10 de VII, p. 36, la formule (6) peut se déduire de la formule (8). Démontrer directement cette dernière en décomposant le polynôme q en facteurs linéaires.

¶ 5) *a*) Soient K un corps algébriquement clos, A une matrice carrée d'ordre n sur K, mise sous forme d'un tableau diagonal diag(A_i) de matrices triangulaires inférieures telles que tous les éléments diagonaux de A_i soient égaux à un même élément $\alpha_i \in K$ $(1 \leqslant i \leqslant r)$, et

que $\alpha_i \neq \alpha_j$ pour $i \neq j$. Montrer que toute matrice carrée B permutable avec A est un tableau diagonal $\operatorname{diag}(B_i)$, où B_i est de même ordre que A_i pour $1 \leqslant i \leqslant r$.
b) Soit M un ensemble de matrices carrées d'ordre n sur K, deux à deux permutables. Montrer qu'en faisant une même similitude sur toutes les matrices de M, on peut les supposer être toutes des tableaux diagonaux $\operatorname{diag}(X_i)$ de matrices triangulaires inférieures, le nombre r des X_i et, pour chaque i, l'ordre m_i de X_i étant les mêmes pour toutes les matrices de M, et la matrice X_i ayant toutes ses valeurs propres égales. (Utiliser *a*) pour se ramener au cas où $r = 1$, puis le lemme 3 de VII, p. 40 pour montrer que dans ce cas toutes les matrices de M ont un vecteur propre non nul commun, et terminer en raisonnant par récurrence sur n.)

6) On dit que deux couples (A_1, A_2), (B_1, B_2) de matrices carrées d'ordre n sur un corps commutatif K sont *équivalents* s'il existe deux matrices carrées inversibles P et Q sur K telles que $A_1 = PB_1Q$ et $A_2 = PB_2Q$. Si A_1 et B_1 sont inversibles, montrer que, pour que les deux couples soient équivalents, il faut et il suffit que les deux matrices $XA_1 + A_2$ et $XB_1 + B_2$ soient équivalentes sur l'anneau K[X].

7) Soit A une matrice à m lignes et n colonnes, de rang r, sur un corps K. Si P est une matrice carrée d'ordre m, Q une matrice carrée d'ordre n sur K, telles que $PAQ = A$, montrer qu'il existe une matrice P' semblable à P et une matrice Q' semblable à Q, telles que

$$P' = \begin{pmatrix} R & S \\ 0 & U \end{pmatrix}, \qquad Q' = \begin{pmatrix} R^{-1} & 0 \\ S' & U' \end{pmatrix}$$

où R est une matrice carrée inversible d'ordre r, U (resp. U') une matrice carrée d'ordre $m - r$ (resp. $n - r$), S (resp. S') une matrice à r lignes et $m - r$ colonnes (resp. $n - r$ lignes et r colonnes).

8) Soient E un espace vectoriel de dimension finie n sur un corps K, u un endomorphisme de E, V un sous-espace vectoriel de E stable pour u, $u|V$ la restriction de u à V. Si f_i $(1 \leqslant i \leqslant n)$ (resp. g_j $(1 \leqslant j \leqslant m)$) sont les invariants de similitude de u (resp. $u|V$), montrer que g_j divise f_{j+n-m} pour $1 \leqslant j \leqslant m$ (*cf.* VII, p. 61, exerc. 8, *d*)). Énoncer et démontrer la propriété analogue pour l'endomorphisme de E/V déduit de u par passage au quotient.

¶ 9) Soient A une matrice carrée d'ordre n, B une matrice carrée d'ordre m, C une matrice à m lignes et n colonnes sur un corps K. Ramener la solution de l'équation $XA = BX + C$, où X est une matrice inconnue à m lignes et n colonnes sur K, à la résolution d'un système de congruences linéaires dans l'anneau de polynômes K[Y] (pour tout $f \in$ K[Y], remarquer que l'on doit avoir $Xf(A) = f(B)X + H(f)$, où $H(f)$ est une matrice à m lignes et n colonnes bien déterminée ; soit $\bigoplus_i \mathrm{E}_i$ la décomposition du module E associé à A (nº 1) en somme directe de modules monogènes, les annulateurs des E_i étant les invariants de similitude f_i distincts de 1 de A (prop. 2), et soient a_i des générateurs des E_i ; on définit de même les sous-modules F_j, de générateurs b_j, et les polynômes g_j relatifs à B ; écrire que $Xf_i(A)\,a_i = 0$; puis décomposer Xa_i et $H(f_i)\,a_i$ suivant les F_j, et montrer que les conditions obtenues ainsi en partant des équations $Xf_i(A)\,a_i = 0$ sont nécessaires et suffisantes pour l'existence d'une solution).

10) *a*) Montrer que, sur un corps quelconque K, la matrice

$$\begin{pmatrix} \lambda & \alpha & \beta_{13} & \beta_{14} & \ldots & \beta_{1n} \\ 0 & \lambda & \alpha & \beta_{24} & \ldots & \beta_{2n} \\ 0 & 0 & \lambda & \alpha & \ldots & \beta_{3n} \\ \ldots & \ldots & \ldots & \ldots & \ldots & \ldots \\ 0 & 0 & 0 & 0 & \ldots & \alpha \\ 0 & 0 & 0 & 0 & \ldots & \lambda \end{pmatrix}$$

est semblable à la matrice de Jordan $U_{n,\lambda}$ si $\alpha \neq 0$.

b) Si $\lambda \neq 0$ et si K est de caractéristique 0, montrer que $(U_{n,\lambda})^m$ est semblable à la matrice de Jordan U_{n,λ^m} pour tout entier m (positif ou négatif).
c) On a $(U_{n,0})^m = 0$ pour $m \geqslant n$. Pour $0 < m < n$, soit $n - 1 = km + q$ avec $0 \leqslant q < m$; montrer que $(U_{n,0})^m$ a $q + 1$ invariants de similitude égaux à X^{k+1} et $m - q - 1$ invariants de similitude égaux à X^k (ranger dans un ordre convenable les éléments de la base canonique de K^n).
d) Déterminer de même les invariants de similitude de $f(U_{n,\lambda})$ où $f \in K[X]$.
e) Traiter les mêmes problèmes lorsque K est de caractéristique $p \neq 0$.

11) Soient K un corps algébriquement clos, A une matrice inversible sur K, m un entier > 0. Montrer que, si m n'est pas multiple de la caractéristique de K, il existe un polynôme $g(X) \in K[X]$ tel que $(g(A))^m = A$ (utiliser le th. de Hamilton-Cayley et l'exerc. 28 de VII, p. 53). Généraliser à l'équation $f(U) = A$ ($f \in K[X]$, U matrice inconnue d'ordre n sur K).

¶ 12) *a*) Soient A et B deux matrices carrées d'ordre n sur un corps commutatif K, f_i et g_i ($1 \leqslant i \leqslant n$) leurs invariants de similitude respectifs. Montrer que l'espace vectoriel (sur K) des matrices carrées U d'ordre n telles que $UA = BU$ est isomorphe à l'espace $M_0 = M/N$ défini de la façon suivante : M est l'espace des matrices carrées $(u_{ij}(X))$ d'ordre n sur K[X] telles que $u_{ij}(X)\, f_j(X)$ soit multiple de $g_i(X)$ pour tout couple d'indices i, j ; N est le sous-espace de M formé des matrices telles que $u_{ij}(X)$ soit multiple de $g_i(X)$ pour tout couple d'indices i, j. (Considérer U, A et B comme matrices d'endomorphismes u, v et w de $E = K^n$ et remarquer que u est une application K[X]-linéaire de E_v dans E_w ; exprimer alors E_v et E_w comme des modules quotients.)
b) Lorsque $B = A$, les matrices U telles que $UA = AU$ forment un anneau P ; M est alors un anneau de matrices carrées, N un idéal bilatère dans M, et P est isomorphe à l'anneau quotient M/N. Montrer que, pour que P soit identique à l'anneau $K[A]$ engendré par I_n et A, il faut et il suffit que le polynôme minimal de A soit égal à son polynôme caractéristique.
c) Lorsque A et B sont quelconques, montrer que la dimension de M_0 est égale à $\sum_{i,j} m_{ij}$, où m_{ij} est le degré du pgcd de f_i et de g_j (méthode de *a*)).
d) Montrer que le plus grand des rangs des matrices $U \in M_0$ est égal à $\sum_k d_k$, où d_k est le degré du pgcd de f_k et de g_k (utiliser l'exerc. 8).
e) Généraliser les résultats de *a*), *c*) et *d*) au cas où A est une matrice carrée d'ordre n, B une matrice carrée d'ordre m et U une matrice à m lignes et n colonnes.

¶ 13) Soit (Z_{ij}) ($1 \leqslant i, j \leqslant n$) une famille de n^2 indéterminées sur un corps K_0. Soient A l'anneau de polynômes $K_0[Z_{11}, \ldots, Z_{nn}]$, et $K = K_0(Z_{ij})$ son corps des fractions ; soit χ_U le polynôme caractéristique de la matrice $U = (Z_{ij})$ sur K.
a) Montrer que χ_U est un polynôme irréductible et séparable (on montrera que, si χ_U était réductible sur K, il serait le produit de deux polynômes de $K_0[X, Z_{ij}]$ de degrés > 0 en X ; déduire de là que le polynôme caractéristique de toute matrice carrée d'ordre n sur K serait réductible ; tirer alors une contradiction de l'exemple d'un polynôme à coefficients algébriquement indépendants sur K_0 ; méthode analogue pour la séparabilité).
b) Montrer que U est semblable à une matrice dont chaque coefficient est égal à 0, à 1, ou à un coefficient du polynôme χ_U (*cf.* VII, p. 29, formule (2)). En déduire que, si K_0 est un corps infini, et si p est un polynôme de A tel que $p(u'_{ij}) = p(u''_{ij})$ chaque fois que les matrices (u'_{ij}) et (u''_{ij}) sur K_0 sont semblables, p est dans le sous-anneau de A engendré par les coefficients de χ_U. Énoncer et démontrer le résultat analogue pour les fractions rationnelles $r \in K = K_0(Z_{ij})$.

14) Soient K un corps imparfait, p sa caractéristique, a un élément de $K - K^p$, et L le corps $K(a^{1/p})$. On considère le K-espace vectoriel $E = L \otimes_K L$; soit u (resp. u') le K-endomorphisme de E donné par la multiplication par $a^{1/p} \otimes 1$ (resp. $1 \otimes a^{1/p}$) dans l'algèbre E. Montrer que u et u' sont semi-simples, que u et u' commutent, et que $u - u'$ est nilpotent non nul.

Note historique

(Chapitres VI et VII)

(N.B. — Les chiffres romains entre parenthèses renvoient à la bibliographie placée à la fin de cette note.)

Les opérations arithmétiques élémentaires, et surtout le calcul des fractions, ne peuvent manquer de conduire à de nombreuses constatations empiriques sur la divisibilité des nombres entiers. Mais ni les Babyloniens (pourtant si experts en algèbre), ni les Égyptiens (malgré leur acrobatique calcul des fractions) ne semblent avoir connu de règles générales gouvernant ces propriétés, et c'est aux Grecs que revient ici l'initiative. Leur œuvre arithmétique, dont on trouve un exposé magistral dans les Livres VII et IX d'Euclide (I), ne le cède en rien à leurs plus belles découvertes dans les autres branches des mathématiques. L'existence du pgcd de deux entiers est démontrée dès le début du Livre VII par le procédé connu sous le nom d'« algorithme d'Euclide » * ; elle sert de base à tous les développements ultérieurs (propriétés des nombres premiers, existence et calcul du ppcm, etc.), fondés sur des raisonnements qui ne diffèrent guère en substance de ceux du chap. VI, § 1 ci-dessus ; et le couronnement de l'édifice est formé par les deux remarquables théorèmes démontrant l'existence d'une infinité de nombres premiers (Livre IX, prop. 20) et donnant un procédé de construction de nombres parfaits pairs à partir de certains nombres premiers (*cf.* VII, p. 52, exerc. 24 ; ce procédé donne en fait tous les nombres parfaits pairs, comme devait le démontrer Euler). Seule l'existence et l'unicité de la décomposition en facteurs premiers ne sont pas démontrées de façon générale ; toutefois Euclide démontre explicitement que tout entier est divisible par un nombre premier (Livre VII, prop. 31), ainsi que les deux propositions suivantes (Livre IX, prop. 13 et 14) :

« *Si, à partir de l'unité, des nombres aussi nombreux qu'on veut, sont en progression*

* Si a_1 et a_2 sont deux entiers, tels que $a_1 \geqslant a_2$, on définit par récurrence a_n (pour $n \geqslant 3$) comme étant le reste de la division euclidienne de a_{n-2} par a_{n-1} ; si m est le plus petit indice tel que $a_m = 0$, a_{m-1} est le pgcd de a_1 et a_2. C'est là la transposition dans le domaine des entiers de la méthode de soustractions successives (dite parfois aussi ἀνθυφαίρεσις) pour la recherche de la commune mesure à deux grandeurs. Celle-ci remonte sans doute aux Pythagoriciens, et semble avoir été à la base d'une théorie pré-eudoxienne des nombres irrationnels.

de rapport constant [i.e. géométrique], *et que celui après l'unité soit premier, le plus grand ne sera divisible par aucun excepté ceux qui figurent dans la progression* » (autrement dit, une puissance p^n d'un nombre premier ne peut être divisible que par les puissances de p d'exposant $\leqslant n$).

« *Si un nombre est le plus petit qui soit divisible par des nombres premiers* [donnés], *il ne sera divisible par aucun autre nombre premier à l'exception de ceux initialement* [donnés comme] *le divisant* » (autrement dit, un produit de nombres premiers distincts $p_1, \ldots, p_k$ n'a pas d'autre facteur premier que $p_1, \ldots, p_k$).

Il semble donc que si Euclide n'énonce pas le théorème général c'est seulement faute d'une terminologie et d'une notation adéquates pour les puissances quelconques d'un entier *.

Bien qu'une étude attentive rende vraisemblable l'existence, dans le texte d'Euclide, de plusieurs couches successives, dont chacune correspondrait à une étape du développement de l'Arithmétique **, il semble que cette évolution se soit tout entière accomplie entre le début du ve siècle et le milieu du ive, et on ne peut qu'admirer la finesse et la sûreté logique qui s'y manifestent : il faudra attendre deux millénaires pour assister à des progrès comparables en Arithmétique.

Ce sont les problèmes dits « indéterminés » ou « diophantiens » qui sont à la source des développements ultérieurs de la Théorie des nombres. Le terme « d'équations diophantiennes », tel qu'il est utilisé aujourd'hui, n'est pas, historiquement, tout à fait justifié ; on entend généralement par là des équations (ou systèmes d'équations) algébriques à coefficients entiers, dont on ne cherche que les solutions en nombres entiers : problème qui est d'ordinaire impossible si les équations sont « déterminées », c'est-à-dire n'ont qu'un nombre fini de solutions (en nombres réels ou complexes), mais qui, au contraire, admet souvent des solutions lorsqu'il y a plus d'inconnues que d'équations. Or, si Diophante semble bien être le premier à avoir considéré des problèmes « indéterminés », il ne cherche qu'exceptionnellement des solutions entières, et se contente le plus souvent d'obtenir *une seule* solution en nombres *rationnels* (II). C'est là un type de problèmes qu'il peut résoudre le plus souvent par des calculs algébriques où la nature arithmétique des inconnues n'inter-

* A l'appui de cette hypothèse, on peut encore remarquer que la démonstration du théorème sur les nombres parfaits n'est au fond qu'un autre cas particulier du théorème d'unique décomposition en facteurs premiers. D'ailleurs, tous les témoignages concordent pour prouver que dès cette époque la décomposition d'un nombre explicité en facteurs premiers était connue et utilisée couramment ; mais on ne trouve pas de démonstration complète du théorème de décomposition avant celle donnée par Gauss au début des *Disquisitiones* ((VIII), t. I, p. 15).

** Cf. B. L. van der Waerden, Die Arithmetik der Pythagoreer, *Math. Ann.*, t. CXX (1947-49), p. 127. Un exemple de résidu d'une version antérieure est fourni par les prop. 21 à 34 du Livre IX, qui traitent des propriétés les plus élémentaires de la divisibilité par 2, et remontent sans doute à une époque où la théorie générale des nombres premiers n'était pas encore développée. On sait d'ailleurs que les catégories du Pair et de l'Impair jouaient un grand rôle dans les spéculations philosophico-mystiques des premiers Pythagoriciens, à qui on est naturellement tenté de faire remonter ce fragment.

vient pas * ; aussi la théorie de la divisibilité n'y joue qu'un rôle très effacé (le mot de nombre premier n'est prononcé qu'une seule fois ((II), Livre V, problème 9, t. I, p. 334-335), et la notion de nombres premiers entre eux n'est invoquée qu'à propos du théorème affirmant que le quotient de deux nombres premiers entre eux ne peut être un carré que si chacun d'eux est un carré) **.

L'étude des solutions entières des équations indéterminées ne commence vraiment qu'avec les mathématiciens chinois et hindous du haut Moyen âge. Les premiers semblent avoir été conduits à des spéculations de ce genre par les problèmes pratiques de confection des calendriers (où la détermination des périodes communes à plusieurs cycles de phénomènes astronomiques constitue précisément un problème « diophantien » du premier degré) ; on leur doit en tout cas (sans doute entre le IVe et le VIIe siècle de notre ère) une règle de résolution des congruences linéaires simultanées (*cf.* VI, p. 32, exerc. 25). Quant aux Hindous, dont la mathématique connaît son plein épanouissement du Ve au XIIIe siècle, non seulement ils savent traiter méthodiquement (par application de l'algorithme d'Euclide) les systèmes d'équations diophantiennes linéaires à un nombre quelconque d'inconnues ***, mais ils sont les premiers à aborder et résoudre des problèmes du second degré, dont certains cas particuliers de l'« équation de Fermat » $Nx^2 + 1 = y^2$ ((III), vol. II, p. 87-307).

Nous n'avons pas à poursuivre ici l'historique de la théorie des équations diophantiennes de degré > 1, qui, à travers les travaux de Fermat, Euler, Lagrange et Gauss, devait aboutir au XIXe siècle à la théorie des entiers algébriques. Comme nous l'avons déjà marqué (*cf.* Note hist. des chap. II-III), l'étude des systèmes linéaires, qui ne paraît plus présenter de problèmes dignes d'intérêt, est quelque peu négligée pendant cette période : en particulier, on ne cherche pas à formuler de conditions générales de possibilité d'un système quelconque, ni à décrire l'ensemble des solutions. Toutefois, vers le milieu du XIXe siècle, Hermite est conduit à utiliser, en vue de ses recherches de Théorie des nombres, divers lemmes sur les équations diophantiennes linéaires, et notamment une « forme réduite » d'une substitution linéaire à coefficients entiers ((XIII), p. 164 et 265) ; enfin, après que Heger eut donné

* Si Diophante, dans les problèmes indéterminés, se ramène toujours à des problèmes à une seule inconnue, par un choix numérique des autres inconnues qui rende possible son équation finale, il semble bien que cette méthode soit due surtout à sa notation qui ne lui permettait pas de calculer sur plusieurs inconnues à la fois ; en tout cas, il ne perd pas de vue, au cours du calcul, les substitutions numériques qu'il a faites, et les modifie, le cas échéant, si elles ne conviennent pas, en écrivant une condition de compatibilité pour les variables substituées, et en résolvant ce problème auxiliaire au préalable. En d'autres termes, il manie ces valeurs numériques substituées comme nous le ferions de paramètres, si bien que ce qu'il fait en définitive revient à trouver une représentation paramétrique rationnelle d'une variété algébrique donnée, ou d'une sous-variété de celle-ci (cf. (II *bis*)).

** Divers indices témoignent cependant de connaissances arithmétiques plus avancées chez Diophante : il sait par exemple que l'équation $x^2 + y^2 = n$ n'a pas de solutions rationnelles si n est un entier de la forme $4k + 3$ (Livre V, problème 9 et Livre VI, problème 14 ((II), t. I, p. 332-335 et p. 425 ; cf. aussi (II *bis*), p. 105-110)).

*** Les problèmes astronomiques ont été aussi parmi ceux qui ont amené les Hindous à s'occuper de ce genre d'équations (cf. (III), t. II, p. 100, 117 et 135).

en 1858 la condition de possibilité d'un système dont le rang est égal au nombre d'équations, H. J. Smith, en 1861, définit les facteurs invariants d'une matrice à termes entiers, et obtient le théorème général de réduction d'une telle matrice à la « forme canonique », que nous avons donné en VII, p. 21, cor. 1 (XVII).

Mais dans l'intervalle se précisait peu à peu la notion de groupe abélien, à la suite de son introduction par Gauss (*cf.* Notes hist. des chap. I, II et III), et de l'importance prise par cette notion dans le développement ultérieur de la Théorie des nombres. Dans l'étude particulièrement approfondie, exposée dans les *Disquisitiones*, du groupe abélien fini des classes de formes quadratiques de discriminant donné, Gauss s'était vite aperçu que certains de ces groupes n'étaient pas cycliques : « *dans ce cas* », dit-il, « *une base* [c'est-à-dire un générateur] *ne peut suffire, il faut en prendre deux ou un plus grand nombre qui, par la multiplication et la composition* *, *puissent produire toutes les classes* » ((VIII), t. I, p. 374-375). Il n'est pas certain que, par ces mots, Gauss ait voulu décrire la décomposition du groupe en produit direct de groupes cycliques ; toutefois, dans le même article des *Disquisitiones*, il démontre qu'il existe un élément du groupe dont l'ordre est le ppcm des ordres de tous les éléments — en d'autres termes, il obtient l'existence du plus grand facteur invariant du groupe ((VIII), t. I, p. 373) — ; et d'autre part, la notion de produit direct lui était connue, car dans un manuscrit datant de 1801 mais non publié de son vivant, il esquisse une démonstration générale de la décomposition d'un groupe abélien fini en produit direct de p-groupes ** ((VIII), t. II, p. 266). En tout cas, en 1868, Schering, l'éditeur des œuvres de Gauss, inspiré par ces résultats (et notamment par ce manuscrit qu'il venait de retrouver) démontre (toujours pour le groupe des classes de formes quadratiques) le théorème général de décomposition (XVIII) par une méthode qui, reprise deux ans plus tard en termes abstraits par Kronecker (XX), est essentiellement celle que nous avons utilisée plus haut (VII, p. 17, th. 1). Quant aux groupes abéliens sans torsion, nous avons déjà dit (*cf.* Note hist. des chap. II-III) comment la théorie des fonctions elliptiques et des intégrales abéliennes, développée par Gauss, Abel et Jacobi, amenait peu à peu à prendre conscience de leur structure ; le premier et le plus célèbre exemple de décomposition d'un groupe infini en somme directe de groupes monogènes est donné en 1846 par Dirichlet dans son mémoire sur les unités d'un corps de nombres algébriques (XI). Mais ce n'est qu'en 1879 que le lien entre la théorie des groupes abéliens de type fini et le théorème de Smith est reconnu et utilisé explicitement par Frobenius et Stickelberger ((XXIII), § 10).

Vers la même époque s'achève également la théorie de la similitude des matrices (à coefficients réels ou complexes). La notion de valeur propre d'une substitution linéaire apparaît explicitement dans la théorie des systèmes d'équations différentielles linéaires à coefficients constants, appliquée par Lagrange (VI *a*) à la théorie des petits mouvements, par Lagrange (VI *b*) et Laplace (VII *a*) aux inégalités « séculaires »

* Gauss note additivement la loi de composition des classes, par « multiplication » il entend donc le produit d'une classe par un entier.

** Abel démontre aussi en passant cette propriété dans son mémoire sur les équations abéliennes ((IX), t. I, p. 494-497).

des planètes. Elle est implicite dans bien d'autres problèmes abordés aussi vers le milieu du XVIIIe siècle, comme la recherche des axes d'une conique ou d'une quadrique (effectuée d'abord par Euler (V *a*)), ou l'étude (développée aussi par Euler (V *b*)) des axes principaux d'inertie d'un corps solide (découverts par De Segner en 1755); nous savons aujourd'hui que c'est elle aussi (sous une forme beaucoup plus cachée) qui intervenait dans les débuts de la théorie des équations aux dérivées partielles, et en particulier dans l'équation des cordes vibrantes. Mais (sans parler de ce dernier cas) la parenté entre ces divers problèmes n'est guère reconnue avant Cauchy (X). En outre, comme la plupart font intervenir des matrices symétriques, ce sont les valeurs propres de ces dernières qui sont surtout étudiées au début; nous renvoyons pour plus de détails sur ce point aux Notes historiques qui suivront, dans ce Traité, les chapitres consacrés aux opérateurs hermitiens; notons simplement ici que dès 1826, Cauchy démontre l'invariance par similitude des valeurs propres de ces matrices, et prouve qu'elles sont réelles pour une matrice symétrique du 3e ordre (X *a*), résultat qu'il généralise aux matrices symétriques réelles quelconques trois ans plus tard (X *b*) *. La notion générale de projectivité, introduite par Möbius en 1827, amène rapidement au problème de la classification de ces transformations (pour 2 et 3 dimensions tout d'abord), ce qui n'est autre que le problème de la similitude des matrices correspondantes; mais pendant longtemps cette question n'est traitée que par les méthodes « synthétiques » en honneur au milieu du XIXe siècle, et ses progrès (d'ailleurs assez lents) ne paraissent pas avoir eu d'influence sur la théorie des valeurs propres. Il n'en est pas de même d'un autre problème de géométrie, la classification des « faisceaux » de coniques ou de quadriques, qui, du point de vue moderne, revient à l'étude des diviseurs élémentaires de la matrice $U + \lambda V$, où U et V sont deux matrices symétriques; c'est bien dans cet esprit que Sylvester, en 1851, aborde ce problème, examinant avec soin (en vue de trouver des « formes canoniques » du faisceau considéré) ce que deviennent les mineurs de la matrice $U + \lambda V$ quand on y substitue à λ une valeur annulant son déterminant (XIV). L'aspect purement algébrique de la théorie des valeurs propres progresse simultanément; c'est ainsi que plusieurs auteurs (dont Sylvester lui-même) démontrent vers 1850 que les valeurs propres de U^n sont les puissances n-ièmes des valeurs propres de U, tandis qu'en 1858 Cayley, dans le mémoire où il fonde le calcul des matrices (XVI), énonce le « théorème de Hamilton-Cayley » pour une matrice carrée d'ordre quelconque **, en se contentant de le démontrer par calcul direct pour les matrices d'ordre 2 et 3. Enfin, en 1868, Weierstrass, reprenant la méthode de Sylvester, obtient des « formes canoniques » pour un « faisceau » $U + \lambda V$, où, cette fois,

* Un essai de démonstration de ce résultat, pour le cas particulier des inégalités « séculaires » des planètes, avait déjà été fait en 1784 par Laplace (VII *b*). En ce qui concerne l'équation du 3e degré donnant les axes d'une quadrique réelle, Euler avait admis sans démonstration la réalité de ses racines, et une tentative de démonstration de Lagrange, en 1773 (VI *e*), est insuffisante; ce point fut démontré rigoureusement pour la première fois par Hachette et Poisson, en 1801 (*Journal de l'École Polytechnique*, cahier 11 (an X), p. 170-172).

** Hamilton avait incidemment démontré ce théorème pour les matrices d'ordre 3 quelques années auparavant ((XV), p. 566-567).

U et V sont des matrices carrées non nécessairement symétriques, soumises à la seule condition que $\det(U + \lambda V)$ ne soit pas identiquement nul ; il en déduit la définition des diviseurs élémentaires d'une matrice carrée quelconque (à termes complexes), et prouve qu'ils caractérisent celle-ci à une similitude près (XIX) ; ces résultats sont d'ailleurs retrouvés partiellement (et apparemment de façon indépendante) par Jordan deux ans plus tard * (XXI). Ici encore, c'est Frobenius qui, en 1879, montre qu'on peut déduire simplement le théorème de Weierstrass de la théorie de Smith, étendue aux polynômes ((XXII), § 13) ; son procédé est à la base de la démonstration de ce théorème que nous avons donnée plus haut (VII, p. 35).

Nous venons de faire allusion à la théorie de la divisibilité des polynômes d'une variable ; la question de la division des polynômes devait naturellement se poser dès le début de l'algèbre, comme opération inverse de la multiplication (cette dernière étant déjà connue de Diophante, tout au moins pour les polynômes de petit degré) ; mais on conçoit qu'il n'était guère possible d'aborder le problème de façon générale avant qu'une notation cohérente se fût imposée pour les diverses puissances de la variable. De fait, on ne trouve guère d'exemple du processus de division « euclidienne » des polynômes, tel que nous le connaissons, avant le milieu du XVIe siècle ** ; et S. Stevin (qui utilise essentiellement la notation des exposants) paraît être le premier qui ait eu l'idée d'en déduire l'extension de l'« algorithme d'Euclide » pour la recherche du pgcd de deux polynômes ((IV), t. I, p. 54-56). A cela près, la notion de divisibilité était restée propre aux entiers rationnels jusqu'au milieu du XVIIIe siècle. C'est Euler qui, en 1770, ouvre un nouveau chapitre de l'Arithmétique en étendant, non sans témérité, la notion de divisibilité aux entiers d'une extension quadratique : cherchant à déterminer les diviseurs d'un nombre de la forme $x^2 + cy^2$ (x, y, c entiers rationnels), il pose

$$x + y\sqrt{-c} = (p + q\sqrt{-c})(r + s\sqrt{-c}) \quad (p, q, r, s \text{ entiers rationnels})$$

et en prenant les normes des deux membres, il n'hésite pas à affirmer qu'il obtient ainsi tous les diviseurs de $x^2 + cy^2$ sous la forme $p^2 + cq^2$ (V c). En d'autres termes, Euler raisonne comme si l'anneau $\mathbf{Z}[\sqrt{-c}]$ était principal ; un peu plus loin, il utilise un raisonnement analogue pour appliquer la méthode de « descente infinie » à l'équation $x^3 + y^3 = z^3$ (il se ramène à écrire que $p^2 + 3q^2$ est un cube, ce qu'il fait en posant $p + q\sqrt{-3} = (r + s\sqrt{-3})^3$). Mais dès 1773, Lagrange démontre (VI c) que les diviseurs des nombres de la forme $x^2 + cy^2$ ne sont pas toujours de cette forme, premier exemple de la difficulté fondamentale qui allait se présenter avec bien plus de netteté dans les études, poursuivies par Gauss et ses successeurs,

* Jordan ne mentionne pas l'invariance de la forme canonique qu'il obtient. Il est intéressant d'observer par ailleurs qu'il traite la question, non pour des matrices à termes complexes, mais pour des matrices sur un corps fini. Signalons d'autre part que, dès 1862, Grassmann avait donné une méthode de réduction d'une matrice (à termes complexes) à la forme triangulaire, et mentionné explicitement le lien entre cette réduction et la classification des projectivités (*Ges. Math. Werke*, t. I_2, Leipzig (Teubner), 1896, p. 249-254).

** Cf. par exemple H. BOSMANS, Sur le « libro del Algebra » de Pedro Nuñez, *Bibl. Math.* (3), t. VIII (1907-1908), p. 154-169.

sur la divisibilité dans les corps de racines de l'unité * ; il n'est pas possible, en général, d'étendre directement à ces corps les propriétés essentielles de la divisibilité des entiers rationnels, existence du pgcd et unicité de la décomposition en facteurs premiers. Ce n'est pas ici le lieu de décrire en détail comment Kummer pour les corps de racines de l'unité (XII) **, puis Dedekind et Kronecker pour les corps de nombres algébriques quelconques, parvinrent à surmonter ce formidable obstacle par la création de la théorie des idéaux, un des progrès les plus décisifs de l'algèbre moderne. Mais Dedekind, toujours curieux des fondements des diverses théories mathématiques, ne se contente pas de ce succès ; et, analysant le mécanisme des relations de divisibilité, il pose les bases de la théorie des groupes réticulés, dans un mémoire (sans retentissement sur ses contemporains, et tombé pendant 30 ans dans l'oubli) qui est sans doute un des premiers en date des travaux d'algèbre axiomatique (XXIV) ; aux notations près, son travail est déjà très proche de la forme moderne de cette théorie, telle que nous l'avons exposée au chap. VI, § 1.

* *
*

Dès le milieu du XVIIIe siècle, la recherche d'une démonstration du « théorème fondamental de l'algèbre » est à l'ordre du jour (*cf.* Note hist. des chap. IV et V). Nous n'avons pas à rappeler ici la tentative de d'Alembert, qui inaugurait la série des démonstrations utilisant le calcul infinitésimal (*cf.* TG, Note hist. du chap. VIII). Mais, en 1749, Euler aborde le problème d'une tout autre façon (V *d*) : pour tout polynôme f à coefficients réels, il cherche à démontrer l'existence d'une décomposition $f = f_1 f_2$ en deux polynômes (non constants) à coefficients *réels*, ce qui lui donnerait la démonstration du « théorème fondamental » par récurrence sur le degré de f. Il suffit même, comme il le remarque, de s'arrêter au premier facteur de degré impair, et par conséquent toute la difficulté revient à considérer le cas où le degré n de f est pair. Euler se borne alors à l'étude du cas où les facteurs cherchés sont tous deux de degré $n/2$, et il indique que, par un calcul d'élimination convenablement mené, on peut exprimer les coefficients inconnus de f_1 et f_2 rationnellement en fonction d'une racine d'une équation à coefficients réels dont les termes extrêmes sont *de signes contraires*, et qui par suite a au moins une racine réelle. Mais la démonstration

* Gauss semble avoir un moment espéré que l'anneau des entiers dans le corps des racines n-ièmes de l'unité soit un anneau principal ; dans un manuscrit non publié de son vivant ((VIII), t. II, p. 387-397), on le voit démontrer l'existence d'un processus de division euclidienne dans le corps des racines cubiques de l'unité, et donner quelques indications sur un processus analogue dans le corps des racines 5-ièmes ; il utilise ces résultats pour démontrer par un raisonnement de « descente infinie » plus correct que celui d'Euler l'impossibilité de l'équation $x^3 + y^3 = z^3$ dans le corps des racines cubiques de l'unité, signale qu'on peut étendre la méthode à l'équation $x^5 + y^5 = z^5$, mais s'arrête à l'équation $x^7 + y^7 = z^7$ en constatant qu'il est impossible alors de rejeter *a priori* le cas où x, y, z ne sont pas divisibles par 7.

** Dès son premier travail sur les « nombres idéaux », Kummer signale explicitement la possibilité d'appliquer sa méthode, non seulement aux corps de racines de l'unité, mais aussi aux corps quadratiques, et de retrouver ainsi les résultats de Gauss sur les formes quadratiques binaires ((XII), p. 324-325).

d'Euler n'est qu'une esquisse, où de nombreux points essentiels sont passés sous silence ; et ce n'est qu'en 1772 que Lagrange parvint à résoudre les difficultés soulevées par cette démonstration (VI *d*) au moyen d'une analyse fort longue et fort minutieuse, où il fait preuve d'une remarquable virtuosité dans l'emploi des méthodes « galoisiennes » nouvellement créées par lui (*cf.* Note hist. des chap. IV et V).

Toutefois Lagrange, comme Euler et tous ses contemporains, n'hésite pas à raisonner formellement dans un « corps de racines » d'un polynôme (c'est-à-dire, dans son langage, à considérer des « racines imaginaires » de ce polynôme) ; la Mathématique de son époque n'avait fourni aucune justification de ce mode de raisonnement. Aussi Gauss, délibérément hostile, dès ses débuts, au formalisme effréné du XVIIIe siècle, s'élève-t-il avec force, dans sa dissertation, contre cet abus ((VIII), t. III, p. 3). Mais il n'eût pas été lui-même s'il n'avait senti qu'il ne s'agissait là que d'une présentation extérieurement défectueuse d'un raisonnement intrinsèquement correct. Aussi le voyons-nous, quelques années plus tard ((VIII), t. III, p. 33 ; *cf.* aussi (VIII *bis*)) reprendre une variante plus simple du raisonnement d'Euler, suggérée dès 1759 par de Foncenex (mais que ce dernier n'avait pas su mener à bien), et en déduire une nouvelle démonstration du « théorème fondamental » où il évite soigneusement tout emploi de racines « imaginaires » : ce dernier étant remplacé par d'habiles adjonctions et spécialisations d'indéterminées. C'est essentiellement cette démonstration de Gauss que nous avons donnée dans le texte (VI, p. 25, th. 3), avec les simplifications qu'apporte l'emploi des extensions algébriques.

Le rôle de la Topologie dans le « théorème fondamental » se trouvait ainsi ramené à l'unique théorème suivant lequel un polynôme à coefficients réels ne peut changer de signe dans un intervalle sans s'annuler (théorème de Bolzano pour les polynômes). Ce théorème est aussi à la base de tous les critères de séparation des racines réelles d'un polynôme (à coefficients réels), qui constituent un des sujets de prédilection de l'Algèbre pendant le XIXe siècle *. Au cours de ces recherches, on ne pouvait manquer de constater que c'est la structure d'ordre de $\mathbf{R}$, bien plus que sa topologie, qui y joue le rôle essentiel ** ; par exemple, le théorème de Bolzano pour les polynômes est encore vrai pour le corps de tous les nombres algébriques réels. Ce mouvement d'idées a trouvé son aboutissement dans la théorie abstraite des corps ordonnés, créée par E. Artin et O. Schreier (XXV) ; un des plus remarquables résultats en est sans doute la découverte que l'existence d'une relation d'ordre sur un corps est liée à des propriétés purement algébriques de ce corps. C'est cette théorie qui a été exposée au § 2 du chap. VI.

* Sur ces questions, que nous n'abordons pas dans cet ouvrage, le lecteur pourra par exemple consulter J.-A. SERRET, *Cours d'Algèbre supérieure*, 3e éd., Paris (Gauthier-Villars), 1866, ou B. L. van der WAERDEN, *Moderne Algebra*, t. I (1re éd.), Berlin (Springer), 1930, p. 223-235.

** La tendance à attribuer à la structure d'ordre des nombres réels une place prépondérante se marque aussi dans la définition des nombres réels par le procédé des « coupures » de Dedekind, qui est au fond un procédé applicable à tous les ensembles ordonnés (*cf.* VI, p. 33, exerc. 30 et suiv.).

Bibliographie

(I) *Euclidis Elementa*, 5 vol., éd. J. L. Heiberg, Lipsiae (Teubner), 1883-88.

(I *bis*) T. L. HEATH, *The thirteen books of Euclid's Elements...*, 3 vol., Cambridge, 1908.

(II) *Diophanti Alexandrini Opera Omnia...*, 2 vol., éd. P. Tannery, Lipsiae (Teubner), 1893-95.

(II *bis*) T. L. HEATH, *Diophantus of Alexandria*, 2e éd., Cambridge, 1910.

(III) B. DATTA and A. N. SINGH, *History of Hindu Mathematics*, 2 vol., Lahore (Motilal Banarsi Das), 1935-38.

(IV) S. STEVIN, *Les œuvres mathématiques...*, éd. A. Girard, Leyde (Elsevier), 1634, vol. I.

(V) L. EULER : *a*) *Introductio in Analysin Infinitorum* (*Opera Omnia*, (1), t. IX, Zürich-Leipzig-Berlin (O. Füssli et B. G. Teubner), 1945, p. 384) ; *b*) *Theoria motus corporum solidorum seu rigidorum* (*Opera Omnia* (2), t. III, Zürich-Leipzig-Berlin (O. Füssli et B. G. Teubner), 1948, p. 200-201) ; *c*) *Vollständige Anleitung zur Algebra* (*Opera Omnia* (1), t. I, Leipzig-Berlin (Teubner), 1911, p. 422) ; *d*) Recherches sur les racines imaginaires des équations (*Opera Omnia* (1), t. VI, Leipzig-Berlin (Teubner), 1921, p. 78).

(VI) J.-L. LAGRANGE, *Œuvres*, Paris (Gauthier-Villars), 1867-1892 : *a*) Solutions de divers problèmes de Calcul intégral, t. I, p. 520 ; *b*) Recherches sur les équations séculaires du mouvement des nœuds, t. VI, p. 655-666 ; *c*) Recherches d'arithmétique, t. III, p. 695-795 ; *d*) Sur la forme des racines imaginaires des équations, t. III, p. 479 ; *e*) Nouvelle solution du problème de rotation d'un corps quelconque qui n'est animé par aucune force accélératrice, t. III, p. 579-616.

(VII) P. S. LAPLACE : *a*) Mémoire sur les solutions particulières des équations différentielles et sur les inégalités séculaires des planètes (*Œuvres*, t. VIII, Paris (Gauthier-Villars), 1891, p. 325-366) ; *b*) Mémoire sur les inégalités séculaires des planètes et des satellites (*Œuvres*, t. XI, Paris (Gauthier-Villars), 1895, p. 49-92).

(VIII) C. F. GAUSS, *Werke*, t. I (Göttingen, 1870), t. II (*ibid.*, 1876) et t. III (*ibid.*, 1876).

(VIII *bis*) *Die vier Gauss'schen Beweise für die Zerlegung ganzer algebraischer Functionen in reelle Factoren ersten oder zweiten Grades* (Ostwald's Klassiker, no 14, Leipzig (Teubner), 1904).

(IX) N. H. ABEL, *Œuvres*, t. I, éd. Sylow et Lie, Christiania, 1881.

(X) A. L. CAUCHY : *a*) *Leçons sur les applications du Calcul infinitésimal à la Géométrie* (*Œuvres complètes* (2), t. V, Paris (Gauthier-Villars), 1903, p. 248) ; *b*) Sur l'équation à l'aide de laquelle on détermine les inégalités séculaires des planètes (*Œuvres complètes* (2), t. IX, Paris (Gauthier-Villars), 1891, p. 174).

(XI) P. G. LEJEUNE-DIRICHLET, *Werke*, t. I, Berlin (G. Reimer), 1889, p. 619-644.

(XII) E. KUMMER, Zur Theorie der complexen Zahlen, *J. de Crelle*, t. XLIII (1847), p. 319 (Collected papers, vol. I, Heidelberg (Springer V.), 1975, p. 203).

(XIII) Ch. HERMITE, *Œuvres*, t. I, Paris (Gauthier-Villars), 1905.

(XIV) J. J. SYLVESTER, *Collected Mathematical Papers*, vol. I, Cambridge, 1904 : An enumeration of the contacts of lines and surfaces of the second order, p. 219 (= *Phil. Mag.*, 1851).

(XV) W. R. HAMILTON, *Lectures on Quaternions*, Dublin, 1853.

(XVI) A. CAYLEY, *Collected Mathematical Papers*, Cambridge, 1889-1898 : A memoir on the theory of matrices, t. II, p. 475-496 (= *Phil. Trans.*, 1858).

(XVII) H. J. SMITH, *Collected Mathematical Papers*, vol. I, Oxford, 1894 ; On systems of linear indeterminate equations and congruences, p. 367 (= *Phil. Trans.*, 1861).

(XVIII) E. Schering, Die fundamental Classen der zusammengesetzbaren arithmetischen Formen, *Abh. Ges. Göttingen*, t. XIV (1868-69), p. 13.

(XIX) K. Weierstrass, *Mathematische Werke*, Bd. II, Berlin (Mayer und Müller), 1895 : Zur Theorie der bilinearen und quadratischen Formen, p. 19.

(XX) L. Kronecker, Auseinandersetzungen einiger Eigenschaften der Klassenanzahl idealer complexer Zahlen, *Monats. Abhandl. Berlin* (1870), p. 881 (= *Werke*, t. I, Leipzig (Teubner), 1895, p. 273).

(XXI) C. Jordan, *Traité des substitutions et des équations algébriques*, Paris (Gauthier-Villars), 1870, p. 114-125.

(XXII) G. Frobenius, Theorie der linearen Formen mit ganzen Coefficienten, *Gesammelte Abhandlungen*, vol. I, Heidelberg (Springer V.), 1968, p. 482 (= J. de Crelle, 1879).

(XXIII) G. Frobenius und L. Stickelberger, Ueber Gruppen von vertauschbaren Elementen, *J. de Crelle*, t. LXXXVI (1879), p. 217 (= Frobenius, Ges. Abh., vol. I, p. 545).

(XXIV) R. Dedekind, *Gesammelte mathematische Werke*, t. II, Braunschweig (Vieweg), 1932 : Ueber Zerlegungen von Zahlen durch ihre grössten gemeinsamen Teiler, p. 103.

(XXV) *a*) E. Artin und O. Schreier, Algebraische Konstruktion reeller Körper, *Abh. Math. Sem. Univ. Hamburg*. t. V (1927), p. 83 ; *b*) E. Artin, Ueber die Zerlegung definiter Funktionen in Quadrate (*ibid.*, p. 100) ; *c*) E. Artin und O. Schreier, Eine Kennzeichnung der reell abgeschlossenen Körper (*ibid.*, p. 225).

Index des notations

Index terminologique

Table des matières

MASSON S.A., Éditeur
120, bd Saint-Germain, 75280 PARIS CEDEX 06
Dépôt légal : 4e trim. 1981

Imprimé en France
Imprimerie JOUVE, 17, rue du Louvre, 75001 Paris
Dépôt légal no 18270